JN443754

환경영향평가

이종호 · 구자건 · 김명진 · 김임순 · 남영숙 · 류재근 · 박영민
성현찬 · 이동근 · 이명우 · 이무춘 · 이상돈 · 이상희 · 장영기
정종관 · 최준규 · 하성룡 · 한상욱 · 홍기훈 · 홍상표 · 황상일

도서출판 동화기술

머리말

자연생태계가 파괴되고 환경오염문제가 심각해짐에 따라 오염물질의 처리 등과 같은 사후 대책만으로는 환경문제에 대한 근본적 해결이 어렵다는 인식 하에서 환경영향평가제도가 출현하게 되었다. 이 제도는 개발사업의 사업계획을 수립함에 있어서 환경은 물론 사회적 · 경제적 측면에 미치는 해로운 영향을 미리 예측 · 분석하고 부정적인 영향을 줄이는 방안을 마련하여 환경적으로 건전하고 지속가능한 개발(Environmentally Sound and Sustainable Development)을 달성하는 계획과정의 일환이며 의사결정을 지원하는 사전예방적 정책수단이다.

환경영향평가제도는 미국에서 국가환경정책법(NEPA : National Environmental Policy Act)이 1969년에 제정되고 1970년에 시행되면서 세계에서 처음으로 실시되었다.

우리나라는 1977년에 제정된 환경보전법에 행정기관이 시행하는 도시개발, 산업입지의 조성, 에너지개발 등에 대한 협의근거를 마련함으로써 환경영향평가제도를 처음 도입하였는데, 1990년 이후 환경정책기본법으로, 1993년 이후 환경영향평가법으로, 1999년 이후 「환경 · 교통 · 재해 등에 관한 영향평가법」으로 환경영향평가제도를 운영해 오다가 2009년 교통 · 재해 · 인구영향평가 제도를 분리하여 「환경영향평가법」을 제정함으로써 다시 환경영향평가제도만을 규정하게 되었다.

2012년 7월 환경평가 체계 및 절차의 개선과 평가의 효율성 제고를 위해 환경영향평가법이 대폭 개정되어 시행되고 있는데, 환경정책기본법에 근거하는 사전환경성검토제도와 환경영향평가법에 근거하는 환경영향평가제도를 환경영향평가법으로 단일화하고 환경평가체계를 전략환경영향평가, 환경영향평가, 소규모환경영향평가로 구분하였다.

1981년 환경영향평가제도가 도입된 후 국내 대학의 환경 관련 학과, 도시공학 · 도시계획 관련 학과에서 환경영향평가 과목이 설강되어 왔다. 국내에서 발간된 교재 중 훌륭한 교재도 있었지만 독창성이 떨어지거나 체계적으로 정리되지 못한 교재도 있었다. 외국 교재(전문서적)는 시사하는 바가 적지 않지만 우리 실정에 부합되지 않은 내용이 포함되어 교재로 채택하여 강의하기가 적합하지 않았다.

그래서 한국환경영향평가학회는 인문 · 사회 · 자연과학 · 공학을 넘나드는 학제적 · 종합적 · 융합적 연구에 뛰어난 분들을 선정하여 환경영향평가 교재를 저술하기로 결정하였다.

한국환경영향평가학회는 1992년 6월 정용 초대회장(연세대 명예교수)을 비롯한 환경학계의 중심인물들이 모여 환경영향평가제도를 체계적으로 정립하고 실천하고자 출범하였는데,

환경 분야는 물론 인문, 사회과학 전공의 학자 · 전문가들이 학제적, 종합적, 융합적 접근방법으로 연구와 실천을 해왔다.

이 책은 4편, 21장으로 구성되어 있다. 제1편에서는 환경영향평가제도의 도입과 발전을 다루는데, 제1장에서 환경영향평가제도의 도입과 발전, 제2장에서 현재 우리나라의 환경영향평가 제도의 운영 현황, 제3장에서 우리나라 환경영향평가 제도의 발전방안을 다루고 있다. 그리고 2012년 7월부터 시행되고 있는 환경영향평가법에 전략환경평가가 전략환경영향평가라는 명칭으로 도입된 점을 감안하여 제4장에서 전략환경평가를 중점적으로 다루고 있다.

제2편에서는 환경영향의 조사방법, 영향 예측, 저감 방안, 평가를 분야별로 다루고 있다. 제5장은 대기환경, 제6장은 수질, 제7장은 수리 · 수문, 제8장은 해양환경, 제9장은 토지환경, 제10장은 자연생태환경, 제11장은 폐기물과 친환경적 자원순환, 제12장은 소음과 진동, 제13장은 경관, 제14장은 사회 · 경제환경을 다루고 있다. 제15장은 평가기법을 평가항목 선정기법, 대안평가기법, 종합적 기법으로 구분하여 살펴본다.

제3편에서는 환경영향평가제도가 법적 차원을 벗어나 사회정의의 구현이라는 시대적 책무에 유의하여 제16장은 환경윤리와 철학을 다룬다, 그리고 협치(거버넌스, governance)가 의사결정과정에 자리 잡으면서 주민을 비롯한 관련 이해당사자의 참여가 강조되고 있어 제17장에서 환경영향평가과정에서 주민참여를 다룬다.

제4편에서는 향후 환경영향평가제도의 발전적 운영을 위해 필요한 부문과 학제적 · 종합적으로 여러 기법이 동원되는 현안 주제를 포함하였다. 제18장은 생태평가와 이를 위한 환경시료은행을 다루고 있으며, 제19장은 환경영향평가의 목적을 실현하기 위해 모든 기법이 망라되는 생태복원을 다루고 있다. 제20장은 건강영향평가를 다루고 제21장은 환경영향평가의 패러다임 전환 방안을 다루고 있다.

이 책의 특징은 각 분야 최고의 전문가가 제각기 하나의 장을 맡아 책임지고 집필하였기 때문에 각 분야별로 높은 수준의 전문성을 확보하고 있다는 점이다. 그리고 본문에서 자료의 출처를 밝히고, 참고문헌과 찾아보기 등을 제공함으로써 학습이나 연구에 도움을 주고자 하였다.

끝으로 저자들은 구도자의 심정으로 끊임없이 연구하면서 내용을 수정 · 보완할 것을 굳게 약속한다.

2014년 2월

저자 대표 이종호

개정판에 부쳐

2013년 가을 한국환경영향평가학회 소속 21명의 전문가가 본 교재의 집필을 의기양양하게 시작한 후 2014년 3월에 초판이 나오게 되어 많은 대학에서 강의교재로 채택하였고, 국내외 환경영향평가 전문가들이 이론과 실무의 기본서로 활용해 왔다.

그러나 그동안 법적인 측면에서 변화가 있었고, 주요 내용이 일부 누락되었고 환경영향평가제도에 대한 설명이 여러 장에서 중복되어 개정판 작업을 서두르게 되었다. 주요 개정 내용은 4~13장에서 관련법과 제도의 내용을 보다 강화하였고, 사후관리를 다룬 장을 새롭게 추가하였으며, 내용이 상당히 중복된 장(章)은 삭제하고 통합시켰으며, 장들 사이의 중복된 내용 또한 삭제하고 특정 장에서 중심적으로 다루도록 편집하였다는 점이다.

이 책은 초판과 마찬가지로 4편, 21장으로 구성된다. 제1편에서는 환경영향평가제도의 도입과 발전을 다루고 있다. 제2편에서는 환경영향의 조사, 영향 예측, 저감 방안, 사후관리와 평가기법을 분야별로 다루는데, 특히 최근 중요성이 더욱 부각되는 사후관리를 새로이 추가하였다. 제3편에서 사회정의와 거버넌스의 구현에 유의하여 환경윤리와 주민참여를 다룬다. 제4편에서 생태평가, 생태복원, 건강영향평가를 다룬 후 환경영향평가의 패러다임 전환과 발전방안을 제시한다.

새만금간척사업, 신행정수도 건설, 한반도 대운하(4대강 살리기사업) 등 대통령선거공약에서 출발한 대규모 국책사업에 대해 나중에 환경영향평가가 이뤄졌으나 과학적 분석에 따른 대안 및 저감방안의 제시보다는 정치논리나 경제논리에 함몰되었고, 갈등과 분쟁의 예방과 해소에도 제대로 기여하지 못해 결국 법원의 결정에 의존할 수밖에 없었다.

그러나 2012년 환경영향평가법의 개정을 통해 사전환경성검토제도에 포함되었던 전략환경영향평가가 명시적으로 규정되어 정책계획과 개발기본계획 단계부터 환경보전을 기할 수 있게 되었으며, 주민참여와 거버넌스의 강화 등 때문에 갈등·분쟁의 가능성은 이전보다 훨씬 줄어들 수 있게 되었다. 그러나 보다 상위계획에 대한 영향평가는 개발부서인 국토교통부의 국토계획평가에 의해 이뤄지도록 되어 있어, 최상위계획부터 개발사업에 이르기까지 환경영향평가법에 근거하여 일관되고 체계적으로 이뤄지는 영향평가는 여전히 미완의 숙제로 남아 있다.

어려운 여건 하에서 환경영향평가제도의 실시를 통해 모든 정책계획 및 개발기본계획과 개발사업이 친환경적으로 수립되고 시행되어 좁은 국토 안에서 개발과 환경보전사이의 조화를 도모하고, 갈등·분쟁의 예방과 해소에 기여할 수 있기를 기대한다.

끝으로 저자들은 환경영향평가제도의 발전을 선도하는 역할을 수행한다는 자부심을 가지고 본서의 내용을 끊임없이 수정・보완・발전시킬 것임을 굳게 다짐하는 바이다.

2016년 8월

저자 일동

차례

I 환경영향평가제도의 도입과 발전

II 환경영향의 조사 · 영향예측 · 저감방안 · 사후관리와 종합평가

Development of Environmental Impact Assessment

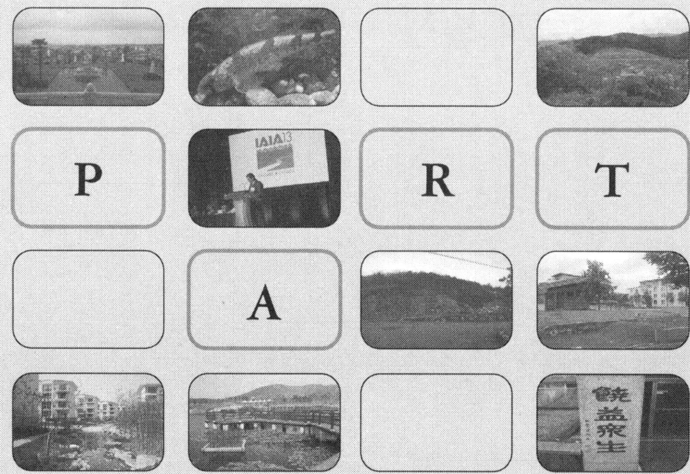

PART I

환경영향평가제도의 도입과 발전

제1장 환경영향평가제도의 도입과 발전

제2장 한국의 환경영향평가제도

제3장 전략환경영향평가

제1장

환경영향평가제도의 도입과 발전

1 서론

지구환경의 악화와 더불어 1987년 WCED Brundtland위원장에 의해 작성된 Our Common Future를 통해 소개된 지속가능한 개발(Sustainable development)과 같은 해 유엔 환경계획(UNEP, 1987)이 환경영향평가의 목표와 원칙이라는 국가간 협의문서에서 「환경영향평가는 환경적으로 건전하고 지속가능한 개발을 보장하는 관점에서 인간활동이나 프로그램에 의해 환경에 미치는 영향을 조사·분석·평가하는 것」이라 정의하고 있는 환경영향평가와 불가분의 관계가 있다.

> Sustainable development is "development that meets the needs of the present without compromising the ability of future generations to meet their own needs".
> It "contains within it two key concerns:
> 1) the concept of 'needs', in particular the essential needs of the world's poor, to which overriding priority should be given; and 2) the idea of limitations imposed by the state of technology and social organization on the environment's ability to meet present and future needs."
>
> 출처 : G. Brundtland(ed.), 1987, Our common future: The World Commission on Environment and Development(Oxford: Oxford University Press).

20세기에 가장 큰 영향력을 발휘한 책으로 일컬어지는 레이첼 카슨(1962년)의 '침묵의 봄'은 환경 문제에 대한 새로운 대중적 인식을 이끌어 내어 정부의 정책 변화와 현대적인 환경운동을 촉발시켰다. 1963년 케네디 대통령은 환경 문제를 다룰 자문위원회를 구성했고, 1969년 미국 의회는 국가환경정책법안을 통과시켰다. 1970년 1월 1일 Nixon 대통령은 이에 서명함으로써 세계 최초의 환경영향평가제도의 근거법인 미국의 국가환경정책법(NEPA : National Environmental Policy Act)이 탄생되었다.

이후 캐나다, 네덜란드, 호주의 제도화에 큰 영향을 주었다. 특히 「리우선언 원칙 17」에서 환경에 심각한 악영향을 초래할 가능성이 있으며 관할 국가당국의 의사결정을 필요로 하는 사업계획에 대하여 환경영향평가가 국가적 제도로 실시되어야 함을 강조한 것은 환경영향평가를 국가적인 도구로 인정한 역사적인 사건이었다. NEPA가 소개된 이후 환경영향평가의 제도화의 핵심적인 개념과 도구는 다음과 같다.

> Record of institutionalisation of EIA
> - NEPA introduces requirement and procedure for EIA in 1970
> - Australia, Canada and New Zealand follow US lead in 1973
> - EIA process is established in developing countries in mid- to late 1980s
> - European Commission Directive on EIA in Member States (1985, amended, 1997)
> - World Bank Operational Directive on Environmental Assessment (1989)
> - UNECE (Espoo) Convention on EIA in a Transboundary Context (1991)
> - Principle 17 of Rio Declaration of Environment and Development (1992) endorses use of EIA as a national instrument.
>
> 출처 : Sadler & Weaver, 1999, EIA and sustainable development: Key concepts and tools.

1972년 스웨덴의 스톡홀름에서의 「인간환경선언」에 이어 1987년 WCED(환경과 개발에 관한 세계위원회)가 발간한 「Our Common Future(우리 공동의 미래)」에서 지속가능한 개발의 개념이 천명되었다. 1992년 브라질 리우데자네이루에서의 21세기 지구환경문제 해결의 실천 강령인 「환경과 개발에 관한 리우선언」과 「의제21」이 채택되었다.

2002년 남아공의 요하네스버그에서의 「정치선언」과 「실천계획」은 지속가능한 개발의 방향성에 대한 지침이 되고 있다.

또한 2012년 RIO+20에서 채택된 The Future We Want와 회의 주제인 지속가능한 개발과 빈곤퇴치 맥락에서의 녹색경제(약칭 녹색경제)와 지속가능한 개발을 위한 제도적 체계(약칭 협치)는 추상적인 개념을 지닌 지속가능한 개발의 구현을 촉진시킬 것이다.

1972년 UN인간환경선언이후 40년간 세계적인 협치이정표와 주요년도의 결과물은 다음과 같다.

> Global environmental governance milestones-Year Event Key outcomes
> - 1972 UN Conference on the Human Environment Stockholm Declaration Stockholm Action Plan-UNEP established
> - 1983 Establishment of World Commission on Environment and Development
> - 1987 Our Common Future(the Brundtland report)
> - 1992 UN Conference on Environment and Development, Rio Declarationon Environment and Development: Agenda 21, Statement of Forest Principles, UN Framework Conventionon Climate Change, Convention on Biological Diversity, Convention to Combat Desertification, Call for creation of a Commission on Sustainable Development
> - 2002 World Summit on Sustainable Development-Johannesburg Declaration-Johannesburg Plan of Implementation
> - 2012 UN Conference on Sustainable Development-The Future We Want
>
> 출처 : UNEP Year Book 2013-emerging issues in our global environment.

2002년 UNEP가 발간한 "Environmental Impact Assessment Training Resource Manual, Second edition"은 환경영향평가의 발전단계를 세대개념으로 제1세대 프로젝트 단계의 환경영향평가 EIA, 제2세대 전략단계의 환경평가 SEA, 제3세대 환경적인 지속성 보장(ESA : Environmental Sustainability Assurance), 다음 세대 지속성평가(SA : Sustainability Appraisal) -통합환경관리(IEM : Integrated Environmental Management)를 제시하였다.

국내에서 환경영향평가제도는 1977년 처음 도입된 이후 1980년 환경부의 전신인 환경청 설립과 함께 1981년부터 본격적으로 시행되었다. 환경보전법(1977~1999) → 환경정책기본법(1990~1993) → 환경영향평가법(1993~1999) → 환경·교통·재해 등에 관한 영향평가법(1999~2008) → 환경영향평가법(2008~)을 거쳐 현재 환경영향평가법의 모태가 되었다.

한편 국무총리훈령에 의한 '행정계획 및 사업의 환경성 검토에 관한 규정'(1993년 1월) → 환경정책기본법 개정으로 사전환경성검토제도의 법률에 기반을 둔 제도로 전환(2000년 8월) → 행정계획에 대한 사전환경성검토를 전략환경평가 체계를 갖춘 제도로 개편(2005년 1월) → 대안의 검토, 분석, 주민 등의 의견수렴 법제화, 전략환경평가(SEA) 체계로 개선(2005년 5월) → "기존 사전환경성검토"제도에 "전략환경평가"의 개념을 반영하여 대상 확대발전시행(2006년 6월)과정을 거쳐 온 환경정책기본법으로 이원화된 환경평가제도를 단일법률로 통합하는 환경영향평가법(환경영향평가법 전부 개정법률)이 2011년 6월 23일 국회의결을 거쳐 동년 7월 21일자로 확정·공포되었다.

이와 같이 환경부제출법안이 국회에서 심의과정 중 국토해양부(현 국토교통부)는 국토기본법에 국토계획평가 제도를 신설하고 법적근거 없이 훈령으로 운영되어 오던 전략환경평가제도의 법적 근거를 국토기본법시행령에 둠으로써 한국의 영향평가체계는 국토계획평가, 전략환경평가, 전략환경영향평가, 환경영향평가 및 소규모 환경영향평가의 토막치기구조로 변질되었다. 이는 의사결정의 혼란을 야기할 뿐더러 업무처리의 중복을 가져올 소지가 있는바 근거 법령의 일원화는 미룰 수 없는 과제라 본다. NEPA와 2010년 개정된 네덜란드의 환경영향평가제도, 2011년 개정된 일본의 개정환경영향평가법을 벤치마킹의 대상으로 삼아 단일법령 하에 체계화·단순화시키는 것이 바람직하다.

2 환경영향평가제도의 발전과정

1) 세계적인 환경영향평가의 발전

세계적인 환경영향평가의 발전은 초기발전단계, 확장단계, 방향조정단계, 지속가능성과의 조율단계의 4단계로 구분할 수 있다(UNEP, 2002).

첫째는 미국제도가 시행되던 해인 1970년부터 1970년대 중반까지는 초기발전단계로서 환경영향평가의 기본원칙, 제도 및 분석기법을 소개하는 작업이 이루어졌다.

둘째는 1970년대 후반부터 1980년대 초반까지의 확장단계로서 사회분야, 위험도, 건강 그리고 대중의 참여 기회의 증진 등을 포함하여 진보적인 발전이 이루어졌다.

셋째는 1980년대 중반부터 1980년대 후반까지의 방향조정단계로서 사업계획수준에서의 환경영향평가를 정책, 계획 및 기타 과정까지 확장시키고 누적영향을 고려할 수 있도록 하는 한편, 모니터링 및 감사 등 사후검토 과정을 포함시켰다.

넷째는 1990년대 초반 이후부터는 지속가능성과의 조율단계로서 사업수준에서의 환경영향평가의 한계성을 극복하기 위해 의사결정의 초기단계인 정책, 계획, 프로그램 수준에서의 전략환경평가를 시행하려는 노력이 계속 진행되고 있다.

2) 지속가능성과의 조율단계

지속가능성과의 조율단계는 미국제도의 이념이 담긴 전략환경평가의 도입시기로 형성단계, 형식화단계, 확장단계로 구분될 수 있다(UNEP, 2002).

첫째, 형성단계(formative stage, 1970～1989) 동안에는 환경영향평가(EIA : Environmental Impact Assessment)틀 하에서 전략환경평가(SEA : Strategic Environmental Assessment)에 이르는 단계로서 특정 법률과 정책을 대상으로 하는 환경영향평가라는 인식이 형성되었다. 일반적으로 SEA는 그 역할과 범위가 제한적이었다. 미국의 NEPA와 캘리포니아 환경법(California Environmental Quality Act, 1970) 하에서 계획 및 프로그램에 EIA가 공식적으로 적용되는 형태였다. 또한 네덜란드에서도 EIA절차의 일부로 적용되었다.

둘째, 형식화 단계(formalisation stage, 1990～2001) 기간에는 많은 국가들이 SEA에 대한 규정을 제정하였다. SEA 절차 또한 EIA 제도와 관련하여 점차적으로 다각화된 바, 일부 국가들은 정책이나 행정상의 명령(예 : 캐나다, 덴마크), 지침(예 : UK)에 기초하여 EIA 법률과는 별개로 SEA시스템을 구축하였다. 많은 체제 전환국(예 : 체코, 폴란드, 슬로바키아) 등을 포함하여 다양한 국가들이 EIA틀 하에서 혹은 법적 개선책의 일부로서 SEA 필요조건을 수용하였으며 이러한 조건들을 좀 더 포괄적인 자원관리체제에 통합하였다(예 : 뉴질랜드, 호주).

셋째, 확장단계(extension stage, 2001년 이후)인 현재의 SEA는 국제적인 법률 및 정책 발전에 따라서 다양하게 적용되고 한층 더 확장되었다. 이러한 발전의 일환으로 2004년 7월부터 각 회원국내에서 효력을 발휘하게 된 SEA에 대한 유럽 지령(European Directive on SEA)과 초국가적 EIA에 대한 UNECE협약의 보강을 위한 SEA의정서(SEA Protocol)에 대한 협상을 들 수 있다. 이와 함께 다음 10년이 지나면 다수의 체제 전환국과 소수의 신생 독립국을 포함하여 SEA에 대한 규정을 제정하는 국가들의 수가 3배 이상 증가될 수 있을 것으로 전망되고 있다.

3) 지속가능한 개발과 환경평가

2010년 발간된 UNCTAD의 전문가보고서 "Green Economy and Sustainable Development"에서는 지속가능한 개발은 환경과 개발, 남과 북, 정부, 기업, 시민사회, 현재와 미래, 장기와 단기, 과학과 정책, 효율성, 공평성, 참가, 시민과 국가 간의 교량역할을 한다고 설명하고 있다. 이러한 상황에서 "지속가능한 개발에 대한 견제와 균형(Check and Balance)을 담당하는 환경영향평가(지속가능성평가, 전략환경평가 및 환경영향평가를 포함한 개념)에 대하여 세심한 배려가 요구된다"라 하고 있다.

이러한 요구는 지속가능한 개발에 부합된 통합적 영향평가모형을 필요로 하는데 이는 경제적 타당성(economic feasibility) · 환경적 적합성(environmental capacity) · 사회적 형평성(social equity)이 삼주(Triple bottomline : 수익과 환경보전 및 사회적 책임)가 되고 지속가능성평가, 전략환경평가 및 환경영향평가(SA, SEA 및 EIA)가 상류(upstream)를, 환경경영(EMS)이 하류(downstream)를 이루는 서열화(Tiering) · 주류화(Streamline)된 통합(integrated)된 메커니즘을 이루는 구조와 절차로 된 모형이다.

이는 환경, 경제, 사회가 통합되어 녹색경제를 견인할 수 있도록 환경영향평가(SA, SEA 및 EIA가 포함된 개념)의 역할을 부여하는 것이다. 이는 환경영향평가는 잘 정리된 의사결정 체계 하에서 지속가능한 개발에 더욱 공헌할 수 있으며 이의 잠재성을 현재화시킬 수 있는 구조의 절차로 개편되어야 함을 시사한다.

4) SEA와 EIA의 관계 및 특성

정책(Policy), 계획(Plan), 프로그램(Programme) 그리고 프로젝트(Project)의 구분은 전략환경평가의 잠재적 범위와 SEA와 EIA의 관계를 이해하는데 매우 중요하다. 전략적 수준에서부터 운영수준에 이르기까지 기획단계, 기획과정, 영향평가의 관계에 대하여 확정된 정의는 발견하기 어려우나 정책은 기획과정을 거쳐 계획, 프로그램, 프로젝트로 보다 세분화, 가시화, 행동화되어 간다고 볼 수 있다. UNEP (2002) EIA Training Resource Manual 2nd Edition 및 Imperial College London Consultants (2005)의 The Relationship EIA and SEA Directives에서 EIA와 SEA의 특성을 다음과 같이 비교 기술하고 있다(표 1.1).

표 1.1 SEA와 EIA의 특성 비교

프로젝트의 EIA	정책 · 계획 · 프로그램의 SEA
• 의사결정 과정의 후반부에서 실시	• 의사결정의 더 이른 단계에서 실시
• 개발 제안에 대해 민감한 접근	• 개발 제안에 대해 예견적 접근
• 환경에 대한 특정 영향을 확인	• 지속가능한 개발의 환경적 관련 및 이슈를 확인
• 한정된 수의 실행 가능한 대안을 고려	• 광범위하며 가능한 대안을 고려
• 누적영향의 한정된 심사	• 누적영향을 초기에 고려
• 영향의 저감 및 최소화를 강조	• 환경목표 충족 및 자연체계유지를 강조
• 협소한 조망, 높은 수준의 상세성	• 광범위한 조망, 비전과 전반적인 틀을 제공하는 낮은 수준의 상세성
• 명확한 과정, 분명한 시작과 결말	• 다단계 과정, 구성요소가 중복, 정책단계가 지속적이며 반복적임
• 표준의제에 초점을 두어 환경열악의 징후를 다룸	• 지속성 의제에 초점을 두고, 환경열악의 근원을 입수

5) 경제사회의 그린화, 경제의 민주화 및 지속가능한 개발의 이론적 근거

21세기에 접어들어 경제사회의 그린화가 세계적인 화두가 되고 있다. 그린화의 실체는 지속가능한 개발을 지향하는 녹색성장, 녹색경제 그리고 창조경제로 불리는 녹색경제체제를 의미한다고 볼 수 있다. 그리고 경제민주화는 지속가능한 개발과 이념을 같이한다고 볼 수 있다. 경제의 민주화는 우리나라 헌법과 RIO+20 Dictionary에서 발견할 수 있다. 헌법 제119조 제①과 제②항에 규정된 내용을 보면 ① 대한민국의 경제질서는 개인과 기업의 경제상의 자유와 창의를 존중함을 기본으로 한다. ② 국가는 균형 있는 국민경제의 성장 및 안정과 적정한 소득의 분배를 유지하고, 시장의 지배와 경제력의 남용을 방지하며, 경제주체간의 조화를 통한 경제의 민주화를 위하여 경제에 관한 규제와 조정을 할 수 있다. RIO+20 Dictionary의 경제민주화(Economic Democracy)를 보면 경제의 민주화는 제대로 된 삶, 식품, 보건, 거처와 생필품 : 생활의 전매권과 유전자원 배척 : 집약된 화학물질, 대규모 산업농장의 배척에 대한 권리라 하고 있다.

UNEP는 2009년 3월 녹색경제선도(Green Economy Initiative)의 일환으로 다양한 국제협력단체 및 전문가들의 도움을 받아 발간한 글로벌 그린뉴딜(GGND : Global Green New Deal)에서 1929년대 경제가 공황의 수렁에 빠져있을 때, 프랭클린 루즈벨트 당시 미국대통령은 뉴딜(New Deal)정책을 펼쳤음을 설명하고 있다. 뉴딜정책은 일자리와 사회 안정성을 제공하고, 세금정책과 상거래관행을 개혁하며, 경기를 부양시키기 위한 일련의 광범위한 계획들을 담고 있다. 이 계획에는 주택, 병원, 학교, 공공건물, 길, 댐, 배전망 등의 건설도 포함되어 있다. 뉴딜정책은 수백만 명의 사람들에게 일터를 되찾아주었다. 그러나 이 경기부양책은 단순히 재정지출과 직업창출에 그치지 않고 이 정책을 통해 미국의 기반시설을 현대화하는 동시에 남은 20세기 동안에도 지속된 정부의 정책구조를 형성했다는데 그 의의가 있다. 여기서 글로벌은 세계적이고 그린은 친환경적인 것을 의미하는데 다음의 3가지를 이론적 근거로 제시하고 있다. ① 구체제는 더 이상 효력이 없다는 데 대한 전반적인 동의가 있으며, 그에 따라 새로운 해결책을 찾으려는 의지가 있다는 것이다. ② 시중에 풀리게 될 막대한 재정지원들이 지속가능한 패러다임을 시작하기 위해 막대한 양의 투자와 고용을 확보하는 데 잠재적으로 사용될 수 있다는 것이다. ③ 2009년 코펜하겐에서 세계 배출권관리를 목표로 차세대 관리구조를 마련하고 있더라도 이와는 별도로 금융시스템의 구조는 새로 쓰여 지고 있다. 와이오밍 대학교의 Edward Barbier는 글로벌 그린뉴딜의 3가지 포괄적인 목표를 다음과 같이 제시하고 있다. ① 단기적으로 세계 경제회복, 고용창출, 취약계층 보호에 기여한다. ② 중기적으로 투명하고 안정적인 경제발전을 이룩하며, 탄소 의존도와 생태계 파괴를 줄인다. ③ 중장기적으로 지속가능하고 통합적인 성장을 이루고 새천년 개발목표를 달성하며 2025년까지 극심한 빈곤을 해소한다(이는 제70차 유엔총회에서 지속가능한 개발을 위한 지속가능개발목표(Sustainable Delopment Goals : SDGs)는 사람(people), 지구(planet), 번영(prosperity), 평화(peace), 파트너십(partnership)의 5개 부문을 대상으로 I. 종전의 새천년개발목표 중 미진한 5개 분야(1-5 : MDG'S 'UNFINISHED BUSINESS') : 건강한 삶보장(3. Ensure healthy lives), 성평등(5. Gender equality), 교육보장(4. Ensure education), 기아해소(2. End hunger), 빈곤종식(1. End poverty) ; II. 새로운 6개 분야(6-11 : NEW AREAS) : 안전한 도시정주(11. Safe urban settlements), 불평등 감소(10. Reduce inequality), 고용(8. Employment), 에너지(7. Energy), 탄력적인인프라(9. Resilient infrastructure), 물과 위생(6. Water & sanitation); III. 녹색어젠더(12-15 : GREEN AGENDA) : 지속가능한 소비와 생산(12. Sustainable consumption and production), 기후변화(13. Climate change), 해양(14. Oceans), 육상생태계(15. Terrestrial ecosystems) ; IV. 협치와 평화(16 : Governance/peace) ; 그리고 V. 이행수단과 글로벌파트너십(17. Means of Implementation and Global Partnership)로서 회원국간에 합의를 본 17개의 목표와 169개의 세부목표 등을 내용으로 하는 TRANSFORMING OUR WORLD : THE 2030 AGENDA FOR SUSTAINABLE DEVELOPMENT로 이어진다).

(1) 지속가능한 개발과 환경영향평가의 개념 및 관계

한편 UNEP는 1987년 6월 17일 정부간위원회 결정문서인 「Goals and Principles of Environmental Impact Assessment」에서 "환경영향평가는 환경적으로 건전하고 지속가능한 개발을 보장하는 관점에서 개발행위에 있어 계획된 활동에 의한 환경 영향을 조사·분석·

평가하는 것을 의미한다"라 하고 있다.

'지속가능한 개발'이라는 용어는 1987년 환경과 개발에 관한 세계위원회(WCED : World Commission on Environment and Development)가 UN에 제출한 보고서인 「우리 공동의 미래(Our Common Future)」에서 처음 공식적으로 사용한 바, WCED는 그 개념을 아래와 같이 정의하고 있다.

개발의 1차적 목적은 인간의 욕구충족이다. 인간욕구는 음식, 에너지, 주택, 물 공급, 위생과 건강 등을 포함하여 인간의 삶 자체이기에 그 내용이 매우 광범위하다. 인간욕구는 시간적으로 세대를 초월하고, 공간적으로는 국가를 초월한 생산활동을 통해 충족되는데 이는 자원의 채취를 통해 이루어진다. 따라서 지속가능한 개발이란 '미래세대가 그들 자신의 욕구를 만족시키는 능력을 저해하지 않으면서 현세대의 욕구를 충족시키는 것'이다.

또한 두 가지 핵심주제에 대하여 지속가능한 개발을 구체화 할 것이 주목되는데 두 가지는 특히 최우선적으로 다루어져야 할 세계적인 빈곤의 필수적인 필요의 개념: 현세대와 미래세대에 부합되는 환경역량에 따른 사회조직과 기술상태에 의해서 부과되는 한계의 개념이다(WCED, 1987: 43).

(2) 녹색성장, 녹색경제 및 창조경제의 개념과 상호 관계

녹색성장은 Economist지(2000년 1월 27일)에서 최초로 언급되었고 다보스 포럼을 통해 널리 사용되기 시작하였다. 2005년 개최된 「아・태 환경과 개발에 관한 장관회의」에서는 녹색성장을 위한 서울이니셔티브(SI : Seoul Iniciatives)를 채택하였으며, 2008년 광복절 경축사에서 우리나라 대통령이 미래성장동력으로 선포하고 OECD 각료회의 이사회(2009년 6월 24일) 선언으로 채택되었다. OECD가 2011년 발간한 「Towards Green Growth : A summary for policy makers」에서 "녹색성장은 지속가능한 개발을 대체하는 것으로 인식되지 않으며 오히려 지속가능한 개발의 하위 아젠다로 간주되어야 한다. 녹색성장전략은 녹색경제로의 전환과정에서 발생할 수 있는 제반 사회문제와 평등에 특별한 관심을 두어야한다. 이를 달성하기 위해서는 지속가능한 개발에 대한 보다 폭넓은 합의가 이루어져야 한다."라고 하였다.

UNEP는 2011년 「녹색경제를 향하여: 지속가능한 개발과 빈곤퇴치로의 도정－정책결정자를 위한 종합보고서」에서 "농업, 건설업, 에너지업, 어업, 임업, 제조업, 관광업, 운수업, 수자원 및 폐기물관리의 10개 부문에 세계 GDP의 불과 2%를 투자하는 것만으로 저탄소, 자원효율이 높은 경제를 향한 이행이 가능하다"라고 하였다.

창조경제는 2013년 2월 24일 박근혜대통령 취임사에서 "과학기술과 산업이 융합하고, 문화와 산업이 융합하고, 산업간의 벽을 허문 경계선에 창조의 꽃을 피우는 것입니다. 기존의 시장을 단순히 확대하는 방식에서 벗어나 융합의 터전 위에 새로운 시장, 새로운 일자리를 만드는 것입니다"라고 천명하였다.

2008년 UNCTAD는 창조경제보고서 「Creative Economy Report」에서 창조경제를 다음과 같이 정의하고 있다.

① 창조경제는 잠재적으로 순환하는 경제성장과 개발의 창조자산에 기반을 둔 발전하는 개념

② 이는 사회적 형평성 · 문화적 다양성과 인간개발의 증진을 통해 수입순환을 조성하고 일자리창출과 수출이득을 조성할 수 있다.

③ 이는 기술 · 지적자산 및 관광목적과 연계, 경제적 · 문화적 · 사회적인 면을 포용한다.

④ 이는 전체적인 경제활동에서 거시적 · 미시적 경제수준에서 개발차원과 분야횡단적인 연계로 지식에 기반을 둔 경제활동의 집합이다.

또한 2010년 UNCTAD의 Creative Economy Report : A Feasible Development Option 중 2.5 창조경제와 녹색경제(Creative economy and the green economy)에서 "지속가능한 사업 관행을 비즈니스 사고의 중심에 둘 수 있는 창조적 사업은 장기적인 성공을 위해 보다 자리매김 할 것이며, 그들이 가난과 환경의 질적 저하에 의해 나타난 지구적 도전과제들에 귀중한 공헌을 할 수 있도록 할 것이다. 이러한 맥락에서 창조경제와 소위 녹색경제는 서로를 보완할 수 있다. 왜냐하면 보다 지속가능하고 포괄적인 개발을 촉진한다는 목표를 공유하고 있기 때문이다. 많은 창조적 산업이 이미 환경적, 사회적, 경제적 문제점에 해결책을 제시하고 있으며 성공을 거두고 있다."라 하고 있다. 창조산업은 유산, 공예품, 미디어 및 기능적인 창조물로 구분된다(UNCED 웹사이트). 유산으로 전통적 문화적 표현물과 문화적 장소가 있고, 공예품으로 가시적 공예품과 공연을 요하는 창조물이 있다. 기능적 창조물로 디자인과 창조서비스가 있다.

특히 2013년 UNDP와 UNICEF에 의해 발간된 보고서 Creative Economy Report : Widening Local Development Pathways 2013 Special Edition에서는 문화가 경제적, 사회적, 환경적 발전의 원동력이고 견인차(Culture is a driver and enabler of economic, social and environmental development)라 강조하고 있다.

2004년 이래 UN내외에서 최초의 조직인 창조경제프로그램의 책임자 및 관리자로 헌신해 온 UNCTAD의 창조경제프로그램의 책임자인 Edna dos Santos-Duisenberg는 2012년 정년이 되어 29년간 근무해온 직장을 떠나면서 고별사에서 창조경제를 다음 3가지에 초점을 두고 강조하였다.

① 창조경제는 포괄적인 개발의 정점이 될 수 있다.

② 창조경제는 지속 가능한 개발에 기여하는 녹색산업이다.

③ 창조경제는 문화적인 면에서 다양성, 민주적인 방식에서 아이디어와 생각을 촉진시킨다.

"Building an Inclusive Green Economy for All : Poverty Environment Partnership Joint Agency Paper June 2012에서 포괄적 녹색경제는 녹색성장에 포괄적 성장이 결합된 것이다." 녹색성장은 가난을 퇴치하고 형평성과 포괄적 성장을 지속시킬 수 있다.

「United Nations, 2012, A Guidebook to the Green Economy Issue 2 : exploring green economy principles」에서 대부분의 저자는 지속가능한 개발의 성취를 위한 수단으로 녹색경제틀을 제시하고 있는 바 녹색경제의 두 가지 가장 중요한 원칙은 사회적 차원의 확인과 포용성, 책임성, 투명성을 통한 모범적 협치의 증진과 같이 일자리 창출이 필요하다. 녹색경제에 포함되는 공통적인 원칙은 빈곤 퇴치, 공평성 증진, 자원과 에너지 효율의 강화 그리고 GDP를 넘은 진행의 측정이 포함된다.

「Working towards a Balanced and Inclusive Green Economy : A United Nations System-wide Perspective Prepared by the Environment Management Group United Nations Geneva 2011」에서 "문화가 녹색경제로의 전환의 통합된 부분이 되어야 한다. 창조산업으로서 지속가능한 관광 문화 그리고 유산에 기반을 둔 도시재생은 녹색고용을 만들어 내고 지역개발을 자극하고 창조성을 조성하는 힘 있는 경제분야라 하고 있다."

이를 종합하면 포용적 녹색경제(Inclusive Green Economy)는 녹색성장과 녹색경제가 함축된 개념으로 유추된다. 따라서 지속가능한 개발을 향한 경제의 녹색화 체제인 창조경제, 녹색경제 및 녹색성장은 동질성과 함께 계층성을 시사한다. 예컨대 국제상공회의소(ICC, 2011)는 아직 단일의 녹색경제 정의가 없다고 하면서 녹색성장과 녹색경제를 같은 의미로 혼용하고 있음은 지속가능한 개발과 녹색경제체제의 구체화의 여지가 있음을 입증하는 것으로 볼 수 있다.

(3) 지속가능한 개발과 녹색경제 선도를 위한 영향평가의 위상

2011년 Rio+20회의에 즈음하여 Rio+20 사무국과 회원국을 향한 성명서 「IAIA's statement to Rio+20」에서 "SEA와 IA는 지속가능한 개발과 녹색경제선도에 대한 정치적 공약의 실행을 지원할 수 있는 효과적인 고위 의사결정 지원도구로 인정"하라는 다음과 같은 것을 전제로 하는 문서를 배포하였다.

① 이미 100개국 이상 국가들은 지령이나 정책 및 법률을 통해 SEA와 IA를 성공적으로 이용

② OECD의 SEA에 대한 새로운 정책(2008), 유럽연합의 SEA지령(2001), 그리고 지난 5년 동안 다수의 개발도상국가에서 기획분야에서의 SEA의 적용

③ SEA와 IA는 빈곤퇴치와 녹색경제 목적의 진취를 통해 상위수준 정책, 계획, 프로젝트의 보다 더 지속가능한 산출의 재설계, 실행을 보장

④ SEA와 IA작업은 개발프로젝트에 있어서 분야 미결보다는 완성을 보장. 이는 정책, 계

획, 프로젝트의 초기단계에서 재설계를 통해 잠재적인 악영향의 최소화와 이득의 극대화를 위한 체계적인 수단을 제공

⑤ SEA와 IA는 법령과 정책에서 지속가능한 개발의 성취를 방해하는 것의 확인에 이용

⑥ SEA와 IA과정이 부처간 분야 횡단적, 핵심적 도구로 정착될 때 프로젝트는 매우 엄격한 지속성의 거름을 통해서 승인되고 실행되고 완전한 사회적, 경제적 비용의 조사 가능

⑦ SEA와 IA는 대부분의 참여과정을 바탕으로 개발과정이 포함되고 사회적 약자들의 호소에 경계태세를 유지

⑧ SEA와 IA는 의사결정자가 전략적인 의사결정에 앞서 위험, 지역사회의 전통적인 지식과의 협력촉진 및 분야와 경계횡단적인 주의가 가능

⑨ SEA와 IA의 결과는 장래제안의 개발정보로 이용된다. 또한 월경적 지역과 분배된 지역을 포함한 국가, 지방, 강수역의 지리적으로 관련된 집합체의 의사결정 정보도 포함

⑩ RIO+20의 핵심목표인 지속가능한 개발과 녹색경제체제는 국가가 SEA와 IA와 같은 실존하는 도구를 갖춘 경우에 진행 가능

IAIA의 RIO+20회의당국과 참여국가에 RIO+20의 마지막 선언에 채택되어지기를 간청하였다. 이는 21세계 중반에 걸쳐 실현되어야 할 영향평가, 특히 Environmental Assessment (주로 SEA와 EIA를 지칭)의 지향목표라 할 수 있다.

(4) 녹색화 의사결정에 있어서 (전략)환경평가의 역할

Thomas B Fischer(2009)는 "녹색 의사결정을 하는데 (S)EA의 역할에서 (S)EA의 주목적은 논점과 생각을 재빨리 제공하고 저자가 무엇을 결심이 서지 않은 이슈로 하고 있는가의 의문을 제기하는 것으로 (S)EA시도는 (S)EA전문가, 비전문가 양자를 접하게 만든다"라고 다음과 같이 6개 핵심이슈를 제시하였다.

① (S)EA는 4P 수립과정 내에서 녹색정보의 순환 및 더 체계적인 그린측면의 고려를 위해 소개될 것이다.

② 그린산출은 (S)EA 탐구를 통해 성취될 것이다.

③ 더 녹색화의사결정을 만들 수 있는 (S)EA을 위한 증거가 더 녹색화를 보여줄 것이다.

④ 더 녹색화의사결정을 만들 수 있는 (S)EA의 복합적인 상황과 방법에 대한 통상적인 사고방식이 더 녹색화를 반영할 것이다.

⑤ EC SEA Directive시행에 따른 경험적인 증거에 더하기 위하여 영국에서의 공간계획 SEA문서의 질이 논의될 것이다.

⑥ 재고(추가적인 생각)와 전망이 제공된다.

한편 SEA보고서는 기획과 환경적/지속성 기준선 묘사, 기획과 SEA과정 통합, 핵심이슈와

옵션의 확인 및 평가, 영향의 중대성결정: 자문과정, 정보와 결과의 설명, 선호하는 옵션의 권고와 모니터링으로 구성된다고 하였다(Thomas B Fischer, 2009, On the role(s) of (strategic) environmental assessment in 'greening' decision making).

이상의 논의를 통해 1987년 UN이 발간한 Brundtland Report에서 비롯되어 인류발전의 기치가 되어온 지속가능한 개발은 인류의 보편적 가치로 UN산하의 모든 기구와 193개 UN 회원국 대부분이 공유해왔고 이의 구현수단인 녹색화 경제체제인 녹색성장, 녹색경제, 창조경제는 OECD, UNEP, UNCTAD 등 UN기구와 국가별 사정에 따라 독립적인 정책으로 표방하고 있으나 내용면에서 상당부분 공통점을 발견할 수 있다.

따라서 RIO+20회의의 후속조치로 부각되고 있는 "우리가 바라는 미래(The future we want)"의 핵심과제인 "지속가능한 개발과 빈곤퇴치 맥락에서의 녹색경제체제(Green Economy)"와 "지속가능한 개발의 틀" 및 우리 헌법과 RIO+20 Dictionary에 명시된 "경제민주화(Economic democracy)"는 국가와 정권을 넘어 인류의 공통된 기치인 동시에 세계적으로 몰아닥친 경제불황을 극복하기 위한 공동의 의제라 할 수 있다. 이는 (환경)영향평가를 통해 촉진된다고 볼 수 있다.

3 선진국의 환경영향평가제도

1) 미국의 환경영향평가제도

국가환경정책법(NEPA)은 인간활동이 자연환경의 모든 구성체의 상호관계에 대해 미치는 깊은 영향, 특히 인구증가, 도시과밀화, 산업팽창, 자원탐사와 새롭게 확장되어 가는 기술적 발전에 의한 영향에 중점을 두고 있다. 더 나아가 인간의 총체적인 복지와 발전에 대한 재정적·기술적 지원을 포함하는 환경질의 원상회복과 긴급한 중대성을 인식하면서 주와 지방정부 그리고 관련 공공 또는 민간기관과의 협력을 조장한다. 일반 복리의 보호, 증진을 위하여 미국의 현재와 미래세대에 대한 사회적, 경제적 및 기타의 요구를 충족시킬 수 있는 조건을 유지하고 조성하는 것이 일관된 정책이라고 규정하고 있다.

이 법에 따라 시행되고 있는 환경영향평가제도는 모든 연방기관들에 의해 제안된 사업들의 환경적 영향을 고려하고, 연방기관의 의사결정과정에 통합시키며 공개하는 것으로서 환경영향평가제도에 있어 세계적인 모형이 되어 왔다. NEPA는 의회, 사법부, 대통령, 대통령 직할부서를 제외한 모든 기관에 적용된다. 모든 연방기관은 기존의 임무에 추가하여 부가적인 임무를 NEPA에 의해 수행하게 되며 NEPA의 정책목표에 부합되게 그들의 정책, 절차,

규정들을 보완하여야 한다. 이에 따라 EPA는 NEPA의 시행과 관련하여 각종 연방 행위에 사전환경배려에 대한 정책과 절차에 관한 지침으로서 「미국 연방행위의 환경영향 심사를 위한 방침과 절차」를 마련하여 시행하고 있다. 제도의 기본구조는 NEPA, CEQ의 NEPA시행령 그리고 CEQ의 NEPA실행규정과 관련된 40개의 주요한 질문(Memorandum : Forty Most Asked Questions Concerning CEQ's NEPA Regulation (40 Questions : 46 Fed. Reg. 18026 (March 23, 1981, 개정 51 Fed. Reg. 15618, April 25,1986)으로 이루어진다.

(1) 제정배경 및 법제도

미국은 1969년 국가환경정책법의 제정을 통하여 환경영향평가제도를 세계 최초로 시행하였다. 당시 NEPA의 제정에는 Henry Jackson 상원의원이 가장 중요한 역할을 하였고, Edmund Muskie 상원의원도 역시 중요한 역할을 하였다. 그러나 환경정책법안이 의회에서 심의되던 1969년에 업계는 별 주의를 기울이지 않았다. 따라서 이에 반대하는 로비활동도 별로 없었다. 뿐만 아니라 환경보존론자들도 또한 별 주의를 두지 않았으며 언론기관도 역시 마찬가지이었다.

환경정책법안은 1969년 12월 의회를 최종적으로 통과하였고, 1970년 1월 1일 Nixon 대통령은 이에 서명하였다. 이와 같이 NEPA는 매우 순탄하게 제정되었는데, 이는 아마도 의회를 포함하여 그 아무도 NEPA가 그토록 막강한 효력을 발휘할 것으로 예상하지 않았기 때문일 것이다. 그러나 NEPA는 시행되자마자 큰 주목을 받았다. 환경보존론자들은 NEPA를 환경을 위한 대헌장(Magna Carta for the Environment)이라고 칭송하였지만, 한편 에너지업계는 이를 “가장 귀찮고 말썽을 일으키는 법률”(most annoying and troublesome law)이라고 불렀다.

오늘날 자원환경분야에서 가장 중요한 법률은 NEPA이며, 제정 이래 NEPA는 실로 막대한 양의 법원 판결을 창출하고 있다. NEPA는 지극히 일반적인 법률이고 또한 대상이 광범위하기 때문이다. 그런데 NEPA는 국가환경정책의 필요성에 대해 오랜 기간 동안의 토의를 통해 만들어졌다. 이 법은 1946년 고용법(Employment Act)상의 국가고용정책의 개념을 모델로 했으며, 10년 이상의 기간을 통해 지속적으로 발전되었다. 1959년 초 이 법은 환경위원회의 설립을 제안하기 위해 상원의원 Murray가 처음 발의했으며, 1969년이 되어서야 상원의원 Henry Jackson과 하원의원 John Dingell에 의해 발의되어 NEPA로 명명되었다. 하원에 제출된 초기 NEPA의 초안은 환경파괴를 막고, 연방기관의 의사결정자가 환경측면을 고려토록 하는 두 가지 기본목표를 포함하고 있었으며, 개인의 환경권의 도입, 영향의 보고, 연방기관의 수행범위 제한 등이 초안입법과정에서 제기된 논쟁의 주요 쟁점이었다. 상원법안의 초안은 하원법안보다 더 포괄적이었으며, “각 개인은 건강한 환경에 대한 기본적이고 양도할 수 없는 권리를 가진다.”는 내용을 첨가하였으나, 환경정책의 서술에는 포함되지 않았다. 이로서 환경보호에 대한 사법적인 권리를 포함하게 되었다. 이외에 환경에 미치는 영향에 대한 결과물을 보고토록 하였는바, 이는 Lynton Caldwell에 의해 환경영향평가서로 발전되었다. 이들 수정조항들은 협의위원회의 재논의 과정에서 변경되거나 삭제되었는바, 개인의 환경권 개념은 사법적인 강제권을 피하기 위해 "건강한 환경을 향유해야 한다."로 대체되었다.

이렇게 최종 통과된 NEPA는 인간과 환경간의 생산적이고 쾌적한 조화를 위한 국가정책을 선언하고, 환경과 생물권에 대한 피해를 예방 또는 제거하며, 인간의 건강과 복지를 촉진시키는 노력을 증진하고, 국가적으로 중요한 생태계, 자연자원에 대한 이해를 제고하는 한편, 환경질위원회(Council on Environmental Quality)를 설치하는데 그 목적이 있다고 하겠다.

환경질위원회는 NEPA를 실행하는 연방기관의 감독과 환경정책개발에 대한 책임을 가지며, 위원은 대통령이 임명한 3명의 위원으로 구성된다. 대통령의 직속기구로 ① 환경질 연차보고서를 작성하여 대통령에 대한 자문, 보조, ② 환경질의 추세와 상황에 대한 정보의 수집, 분석, 해석, ③ NEPA의 환경정책과 관련한 연방기관의 준수상황을 검토, 평가, ④ 환경질의 개선을 증진시킬 수 있는 대통령의 국가정책을 개발, 권고, ⑤ 생태계와 환경질에 관련된 투자, 연구, 조사, 분석 등의 수행, ⑥ 자연환경의 동향과 변화 및 그 원인, 추세 파악과 분석, ⑦ 환경의 상황을 적어도 1년에 한번 대통령께 보고, ⑧ 환경정책과 법안에 관련하여 대통령에게 권고안을 만듦 등의 8가지 임무와 책임을 부여받고 있다(42USC 4344근거).

그리고 NEPA 시행 후 캘리포니아주를 시발로 하여 많은 주들이 주 차원에서 환경영향평가에 관한 법(통상 Little NEPA라 부름)을 제정·시행하고 있다. 모든 국민이 건강하고 쾌적한 환경을 향유하여야 함을 인정한 연방의회에 의해 NEPA는 「인간의 환경 및 생물계(Biosphere)에 대한 손해를 방지·제거하고, 인간의 건강과 복지를 촉진하고, 자연자원 및 생태계에 대한 이해를 고려하는 등 인간과 그의 환경간의 생산적이고도 쾌적한 조화를 증진하고, 나아가 그와 같은 조화를 이룩할 수 있는 제조건을 창조하고 유지할 수 있는 모든 실용적인 수단과 방법을 사용하는 국가의 항구적인 정책」으로 선언되었다.

아울러 NEPA는 「모든 국민에게 건강, 생산력 및 미학적·문화적으로 쾌적한 환경을 확보하여 주고, 환경의 이익적 사용을 달성하고, 중요한 역사적·문화적·자연적 환경을 보존·유지하고, 인간생활의 쾌적함(Amenities)을 허용할 자원사용과 인간간의 균형을 달성하고, 자연자원의 질을 높이기 위한 모든 실용적인 수단을 사용하는 것을 연방정부의 항구적인 책무」로 부과하기 위하여 제정한 것이다. 이와 같은 NEPA의 실질적 정책(substantial policy)은 인간의 환경에 영향을 미치는 모든 연방정부의 활동에 있어서 환경적 고려 또는 생태학적 고려의 비중을 높임으로써 보다 쾌적한 인간환경의 질, 그리고 인간과 그의 환경간의 동적 균등(dynamic equilibrium)을 달성하려고 하고 있다.

미국의 환경영향평가제도는 이러한 선언을 실현코자 NEPA 제102조의 제2항 C를 그 근거로 하여 제도화되어 있는 바, NEPA 제102조의 규정에 의하면 연방정부의 모든 기관은 가능한 한 최대한으로 (A) 인간이 환경에 영향을 미칠 가능성이 있는 계획입안 및 결정행위를 행함에 있어 자연과학, 사회과학 및 환경설계기술의 종합적 이용을 보증할 수 있는 체계적 · 학술적 방법을 채용하지 않으면 안 된다. (B) 정책결정 등에 있어서 경제적 · 기술적 고려와 함께 현재로는 수량화되어 있지 아니한 환경의 쾌적성과 가치에 적당한 배려를 할 것을 보증할 수 있는 방법 및 절차를 본법 제2장에 의거하여 설치될 환경위원회와의 협의 아래 명확히 하며 또한 그것을 책정한다. (C) 환경의 질에 현저한 영향을 미치는 법률안과 중요한 연방정부의 행위에 관한 모든 권고 내지 보고서에서는 ① 제안하는 행위가 환경에 끼치는 영향, ② 당해 제안이 실시될 경우 환경에 미치는 피할 수 없는 악영향, ③ 제안하는 행위의 대체안, ④ 인간환경의 국지적 및 단기적인 이용과 장기적 생산성의 유지 · 증진과의 관계, ⑤ 제안하는 행위가 실시될 경우 해당 행위가 자연자원에 미치는 복원 및 회복 불가능한 침해 등에 관한 담당공무원에 의한 상세한 평가서(Statement)를 첨부하여야 한다. 다만 이러한 상세한 평가서를 작성함에 앞서 담당공무원은 당해 행위에 의하여 생겨날 환경에의 영향에 관하여 법적 권한 혹은 특별한 전문적 지식을 가지는 연방정부기관과 협의하여 그 의견을 구하지 않으면 안 된다. 상기 평가서 및 환경기준을 책정하고 실시할 권한을 가지는 연방, 주 및 지방자치단체의 기관으로부터 얻은 의견과 견해의 사본은 대통령 및 환경위원회에 제출되어야 하며 또한 미국법전 제552조(The Freedom of Information Act, 81 Stat. 5, 5 USC 552, as amended Pub. L. 93～502, 88 Sat. 1561, November 21. 1974)에 규정된 바에 따라 일반에게 공표되어야 한다. 그리고 이들 사본은 해당 제안이 현재의 행정기관의 심사과정을 통하여 재심사되는 경우에 첨부되지 않으면 안 된다. (D) 연방기관의 지도감독과 그 채택에 앞서서 연방기관에 의한 독립적 평가를 조건으로 하여 주정부기관에 그 평가서의 작성을 위임할 수 있다. (E) 이용 가능한 자원의 이용방법의 선택에 관하여 미해결의 분쟁이 있을 경우에는 제안하는 행위방침에 가름하는 적절한 대체안을 연구 · 개발 · 설명하지 않으면 안 된다. (F) 환경문제의 장기적 · 세계적 성격을 인식하여 인류의 세계환경의 질 저하 방지에 국제적 협력을 하여야 한다. (G) 인간환경의 회복 · 유지 · 고양에 도움이 되는 제보를 모든 단체, 기관 및 개인에게 공개하여야 한다. (H) 자원의 개발 및 그 계획에 있어서는 생태학적 정보를 작성하여 이용하지 않으면 안 된다.

결국 NEPA는 연방기관에 대하여 광범위한 환경정책을 채용할 것을 명하고 있으며, 그 사상적 기초가 되는 것은 앞에서 살펴본 바와 같이 인간과 생태계의 조화이며 이러한 사상 아래 사회 · 경제 · 문화 · 자연 등 인간을 둘러싸고 있는 온갖 환경이 인간의 적정한 생존을 보장하도록 연방기관의 정책이 이뤄지도록 요구하고 있다. 아울러 NEPA는 자연환경의 보전을 모든 가치에 대하여 우선시킨다는 원칙을 선언하려는 것이 아니며 연방의 행정기관 활동의 사회적 내지 경제적 가치를 부정 내지 무시하려는 것이 아니다. NEPA는 자연환경 · 사회환경 · 경제환경 등의 제 가치를 연방정부의 행정기관으로 하여금 정당하게 배려하도록 하고 있는 것이다.

(2) 평가대상

환경영향평가서(EIS : Environmental Impact Statement)의 작성을 요하는 행위는 인간환경의 질에 중대한 영향을 미치는 주요한 연방기관의 행위인데, 인간환경의 질에 심각한 영향을 미칠 수 있는 연방정부의 모든 행위(입법안, 정책, 계획, 프로그램, 사업 포괄)를 포괄하며, NEPA의 제외 또는 면제 범주에 포함되지 않는 것을 말한다. 이처럼 평가대상을 포괄적으로 규정한 후 각 사업별 환경영향을 사전 심사하여 대상사업 여부를 구체적으로 결정하는 방식을 스크리닝(screening)이라 한다. 예를 들면 입법의 제안, 입법행위에 대한 행정부의 권고, 개발행위, 제도, 기준 등의 입안・제정・변경, 연방의 행정기관이 행하는 계약・대부 등을 들 수 있다. 또한 주가 실시하는 개발행위라 할지라도 연방정부의 인・허가에 관련된 것이나 연방정부의 보조금의 지출과 관련된 것도 EIS가 필요한 것으로 되어 있다. 여기서의 영향은 그 직접・간접을 불문하고, 잠재적 영향이라도 상당한 것이면 EIS의 작성을 요하는 한편, 위 영향은 인간생활에 있어서 중요한 모든 것, 즉 직접으로 인간의 건강이나 자원사용에 관한 것뿐만 아니고 인구집중이나 범죄 또는 학교나 주택문제에 관한 영향 등을 포괄한다는 것이 판례법리이며, 그 평가기준은 NEPA 목적조항 및 제101조의 각 규정내용에 비추어 인간의 건강보호와 적정한 생활수준의 달성, 자연자원의 질의 회복 내지 향상 등이라고 할 것이다.

그러면 EIS 작성대상 여부를 어떤 기준에 의해 결정할 것이냐가 관건이라고 하겠다. EIS의 작성이 요구되는 경우는 앞서 설명한 바와 같이 인간의 환경에 중요한 영향을 미치는 연방행정기관의 주요한 행위(major federal actions significantly affecting the quality of the human environment)이다. 따라서 어떠한 경우가 이러한 범주에 속하는가가 첫째의 문제이다. 여기서 중요한 세 개의 개념은 “major”, “significantly”, 그리고 “federal”이다. 즉, 어떠한 계획 또는 조치가 환경에 “중요한” 영향을 미치는 “주요한” “연방정부기관의 행위”인가 하는 것이다. 이에 대해 판례의 입장은 어떠한 사업이 인간의 환경적 요소에 중요한 질적 저하를 가져올 수 있거나 부정적인 영향을 미칠 수 있으면 환경에 “중요한” 영향을 미치는 행위이며, 실질적인 계획, 시간, 자원 및 비용을 요구하면 “주요한” 행위이다. 그러나 이 두 가지 요건은 독립적이기보다는 보완적으로 해석되고 있다.

그리고 연방정부기관의 행위, 즉 연방사업은 ① 연방기관에 의해 재정 지원되거나, 지원받거나, 승인된 계속사업과 신규연방사업, ② 신설되거나 개정된 기관의 규칙(rules), 규정(regulations), 계획(plans), 정책(policies), 절차(procedures), ③ 입법제안서 등이다. 따라서 비연방사업의 경우도 연방기관에 의해 승인, 규제결정, 자금지원을 받는 사업은 NEPA의 적용을 받는다. 이런 연유로 비연방사업으로부터, NEPA의 적용을 받는 연방사업의 부분을 구분하는데 필요한 연방사업의 범주불분명 한계를 극복하기 위해 각 연방기관들은 그들 자신의 기준을 개발해 오고 있다.

이러한 요소를 감안하여 해당 행정기관은 EIS를 작성할 것인지에 대한 판단을 하여야 하는바, 각 행정기관은 각자의 환경성평가(스크리닝 절차)와 기준을 설정할 수 있다. 환경성평가과정(스크리닝 과정)은 공개청문이 요구되지 아니하고, 다만 EIS작성 불필요의 판단을 내린 경우에, 그것도 종래에는 작성해 오던 부류의 것이거나 선례가 없는 경우에만 공개가 요구된다. 이에 반해 NEPA의 절차에 따라 연방기관이 개별적으로나, 누적적으로 환경에 심각한 영향을 주지 않는다고 규정한 제안사업들은 면제 범주에 해당되어 환경성평가나 EIS 작성 모두 요구되지 않는다. 그리고 법률로서 면제하는 경우, 법상의 상충에 따른 면제, 비상시의 면제 등이 면제 범주에 해당된다.

(3) 평가항목 및 평가범위

EIS에 포함되어야 할 평가항목에 대하여는 대기질, 수질, 야생 동·식물, 문화적 자원 등 인간환경의 질에 관련된 일체의 사항을 말하며(여기서 인간환경이라 함은 자연적·물리적 환경 및 이들 환경과 인간과의 관계를 포함하는 종합적 개념임), 구체적으로 환경영향평가의 초기단계에 스코핑(Scoping)을 통하여 평가항목을 선정하고 이들 항목에 대한 직접적, 간접적, 누적적 환경영향을 평가하게 된다.

NEPA는 동법 제102조(2) (C) 소정의 각 항목, 즉 ① 제안하는 행위에 관한 불리한 환경적 효과를 포함한 제반의 영향평가, ② 제안하는 행위의 대체안, ③ 인간환경의 단기적 사용과 장기적 생산성의 유지·향상과의 관계, ④ 자원에 대한 복원 또는 회복 불가능한 위해 등을 들고 있는데, 판례 및 CEQ 지침서는 그밖에 ⑤ 불리한 환경효과를 극소화하는 방안, ⑥ 제안하는 행위가 가져올 제반의 이익적 효과(특히 장기적 이익), ⑦ 위의 환경적 위험비용과 이익간의 비교형량 등을 그 평가항목으로 든다.

그러나 구체적인 경우에 어떤 EIS를 작성한 행정기관이 Section 102(2)(c)가 명하는 의무를 충실히 이행하였는가를 판단하는 것은 매우 어렵다. 특히, 이에 관하여는 법원이 어느 정도의 사법심사권을 행사할 수 있는가 하는 문제가 제기된다. 즉, 위와 같은 EIS의 내용은 매우 과학적이고 기술적인데 법률가인 판사가 이러한 문제에 과연 적절한 판단을 할 수 있는가 하는 것이다. 여하튼 환경영향평가는 "백과사전적이 아니라 분석적"이어야 하며, "환경영향보고서의 심장"인 대안들의 평가분석이 강조되어야 한다. 국가환경정책법상 연방행정기관들은 어떠한 제안에 있어서 활용 가능한 자원의 대체사용(alternative uses)에 관한 해소될 수 없는 충돌을 수반하는 기초공정을 적절히 대체하는 수단들을 연구·개발·기술하도록 요구받는다. 이 의무는 「제안된 조치에 관한 대안의 논의를 환경영향평가서에 포함시켜야 할 의무」보다 광범위하고 또 같은 의무와 독립되어 있지만, 추정되는 환경영향을 포함하여, 제안된 프로젝트의 특성과 관련하여 반드시 준수되어야 한다. 따라서 국가환경정책법이 요구하는 것 중에 가장 중요한 사항 중 하나가 합리적인 대안을 연구 · 개발하는 것이라고 하겠다.

그리고 이러한 평가항목 선정의 어려움을 감안, 환경위원회는 연방기관이 효과적인 범위 결정과정을 수행할 수 있도록 지침을 마련하였다. 이 지침에는 스코핑 모임(Scoping meeting), 스코핑 보고서(Scoping reports)가 있으며, 이에 따라 주관기관은 스코핑 모임을 개최할 수 있고, 제안된 사업과 관련하여 열리는 초기의 다른 계획 관련 모임과도 통합되어 질 수 있다. 또한 스코핑 과정 중에서 이루어졌던 결과들을 공표하기 위한 스코핑 보고서를 작성할 수 있으며, 스코핑 보고서는 일반적으로 환경영향평가서에 평가되어질 문제점의 요약과 스코핑 과정에 참가한 사람들의 의견을 담는다.

(4) 절차와 주민참여

환경성평가서(Environmental Assessment Statement)를 작성할 때, 연방기관은 실제적인 범위 내에서 다른 연방기관, 사업제안자, 주민이 참여하도록 해야 한다. 환경성평가보고서는 공문서이므로, 연방기관들은 그들의 이용에 대해 주민에게 고지해야 한다. 각 기관에 대한 NEPA의 실행규정은 환경성평가시 특별한 주민고지의 규정을 만들도록 하였다. 그러나 최소한의 경우라도 연방기관은 요구하는 주민에게는 환경성평가결과를 제공해야 한다.

환경성평가서에서 환경영향평가를 하지 않기로 결정하면 영향이 심각하지 않다는 간단한 보고서(FONSI : Findings of No Significant Impact)를 작성해야만 하는 바, FONSI는 NEPA 상의 면제사업이 아닌 어떤 대상사업이 왜 심각한 환경영향을 끼치지 않으며, 이에 따라 환경영향평가서도 요구되지 않은지를 간략히 설명하는 공공문서이다. 따라서 해당기관들은 FONSI의 이용성을 주민에게 알려야 하며, 주민에게 FONSI가 이용되어지도록 해야 한다. 그러나 환경위원회(CEQ)의 NEPA 실행규정은 FONSI에 대한 특별한 주민고지의 규정을 선언하고 있지 않다. 반면에 각 연방기관들은 FONSI의 검토를 위해 각자의 독특한 주민고지의 규정을 개발해 왔으며, 이에 따라 최소한 주민이 요구하면 요구한 주민에게는 FONSI를 공개해야 한다.

환경성평가서에서 환경영향평가서(Environmental Impact Statement)를 작성하여야 할 대상이 된 경우, 주관기관은 EIS를 작성하는 과정에서 주민의 참여에 적극적으로 노력해야 한다. 또한 주관기관은 관심을 가진 주민과 기관들에게 정보를 주기 위한 환경관련 문서의 보급에 노력해야 하며, NEPA에 의한 의견수렴, 공청회의 개최를 주민에게 고지하여야 한다.

먼저 환경영향평가서(EIS) 작성고지에 있어서는 주무행정청은 연방관보에 어떠한 환경영향평가서가 준비되고 검토될 것이라는 취지를 공표한 후 가능한 한 신속하게 관련 행정청, 제안된 조치의 제안자 및 다른 이해당사자들을 불러 제출될 수 있는 쟁점들의 범위를 결정하는데 참여시키고 당해 제안된 조치와 관련된 주요한 쟁점들을 확인시켜야 한다. 스코핑(Scoping)이라고 불리는 이러한 과정은 제안된 조치에 관하여 진정 무엇이 중요하고 무엇이 중요하지 아니한가에 관한 합의를 조기에 도출함을 목적으로 한다.

이러한 과정을 거친 후 초안환경영향평가서(DEIS : Draft Environmental Impact Statement)와 최종환경영향평가서(FEIS : Final Environmental Impact Statement) 작성을 고지하고 이에 따른 주민의견청취 과정을 거치게 되는 바, 공고고지의 방법에 있어서는 개별단위사업과 국가적 관심에 영향을 미치는 사업, 지방정부의 관심에 우선적으로 영향을 미치는 사업으로 구분하여 나뉜다. 개별단위의 경우, 주관기관은 개별단위사업에 대하여 정보를 요구하는 사람들에게 고지해야 한다.

평가서 작성의 책임은 사업 및 계획의 주관기관(lead agency)이다. 사업주체가 공공기관인 경우에는 평가서 작성 주관기관이 된다. 사업주체가 민간이며 사업에 대한 승인 등이 필요한 경우에도 사업자가 통상 평가서를 작성하지만 민간은 주관기관이 될 수 없으며 주관기관의 책임 하에 검토하여 수정한다.

국가적 관심에 영향을 미치는 사업의 경우, 공공고지는 연방관보에 공표되어야 하고, 관심을 가졌다고 기대되어지는 국가기관에게는 우편으로 고지해야 하되, 규정제정권을 가진 기관은 고지를 요구한 국가기관에 우편으로 고지한다. 지방정부의 관심에 우선적으로 영향을 미치는 사업에 있어서는 주 및 광역정보센터, 지방신문에 공표, 지방의 다른 언론기관에 공표, 뉴스센터, 포스터, 토지소유자에게 직접우편 등의 방법으로 고지한다. 그리고 공청회 개최에 있어서는 주관기관이 법에 의해 요구될 때나, 적절하다고 생각할 때는 언제나 초안평가서에 대한 공청회를 열어야 한다. 공청회를 열어야 하는 법정기준으로서는 제안된 사업과 관련된 중요한 환경적 논쟁이 있을 때, 의견청취 결과 중요한 관심이 있을 때, 사업을 관할하는 타기관에 의해 의견청취가 요구될 때로 정하고 있다. 이외에 정보자유화법에 따라 초안 EIS, 의견교환내용, 관련문서를 반드시 공개하도록 되어 있다. 즉, 정보자유화법이 적용됨을 밝히고 있다.

따라서 환경영향평가절차는 의사결정자가 제안된 조치의 객관적 환경결과 뿐만 아니라 연방행정청·환경위원회 및 주민 모두의 의견을 충분히 인식하는데 이바지한다. 환경영향보고서에 대한 논평할 수 있는 기회가 주민에게 주어지는 한, 구체적으로 어떠한 절차들을 취할 것인가는 당해 행정청의 고유재량에 맡겨져 있다. 결국 미국 제도의 귀결점은 환경쟁점들이 가능한 한 신속하게 절차과정마다 주민에게 고지되고 의사결정과정에 통합되어져야 함을 강조하고 있고 국민이 궁극적인 의미에 있어서의 의사결정자라는 것을 나타내고 있다. 이런 측면에서 NEPA를 「완전공개의 법」이라고 부르기도 한다. 미국의 환경영향평가제도는 각 과정마다 주민참여를 통해 주민의견을 반영하고 있다(그림 1.1).

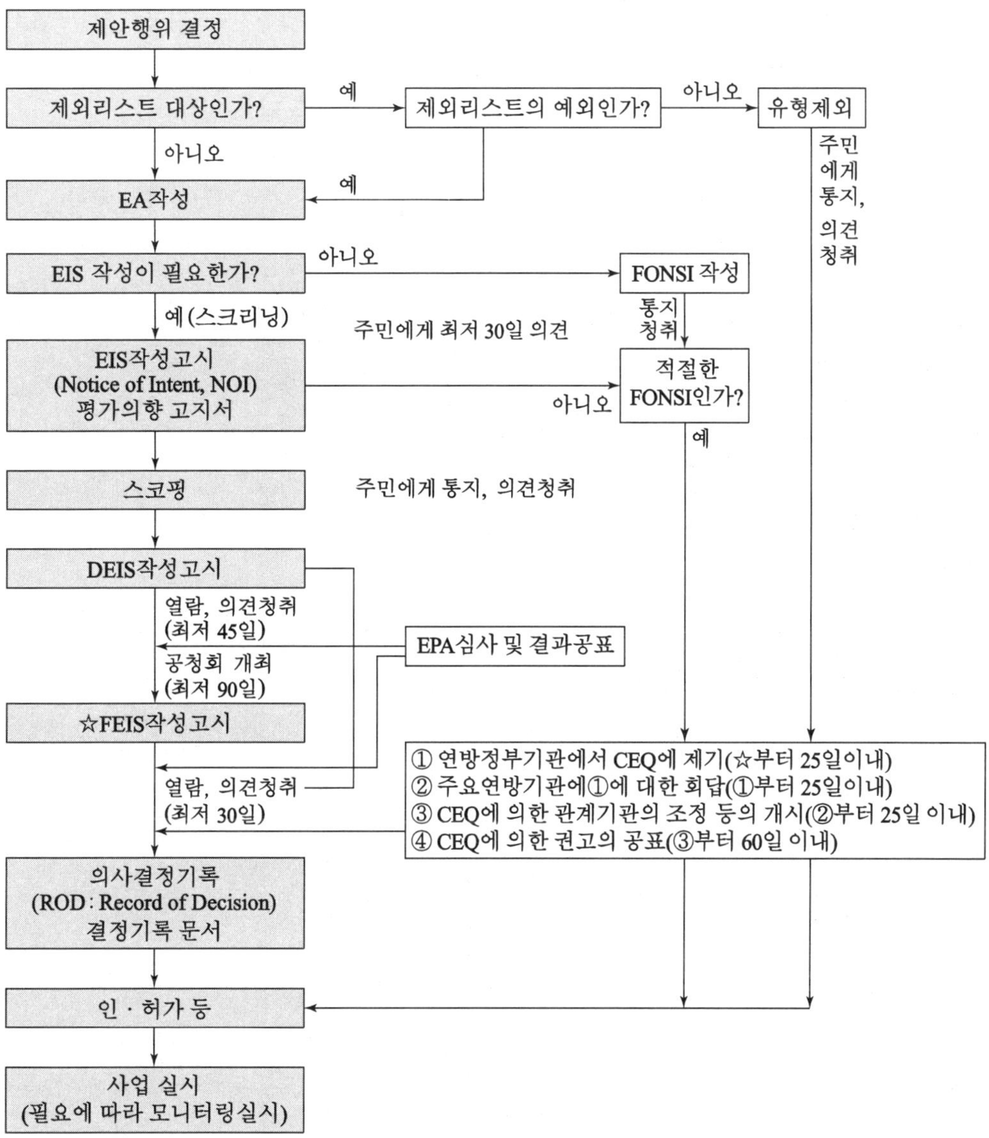

그림 1.1 미국 연방정부의 환경영향평가 절차
출처 : 정연만, 2000, 環境影響評價法의 體系定立에 관한 研究, 박사학위논문.

2) EU의 환경영향평가

EU의 환경영향평가는 다음과 같은 특색을 갖고 있다. 첫 번째로 지령에 의해 대상사업의 종류가 특정되어 있으며 EIA와 SEA가 명확하게 구분되어 있다. EIA에 관하여는 유럽위원회의 지령(European Commission Directive)의 초기형태인 85/337/EEC을 필두로 97/11/EC,

2003/35/EC, 2009/31/EC의 3회 개정이 있었고, 현재는 이를 통합편찬한 지령 2011/92/EU (The initial Directive of 1985 and its three amendments have been codified by DIRECTIVE 2011/92/EU of 13 December 2011)이 출간되어 적용되고 있다.

이의 부록으로 ANNEX I-ANNEX VI가 있는데 그 내용은 다음과 같다.

EIA의 대상사업은 부속서 I 사업(반드시 대상이 되는 사업)과 부속서 II 사업(사업별 또는 회원국이 미리 설정한 범위나 기준에 의해 평가대상을 결정하는 사업)으로 분류된다. 사업특성, 위치특성, 잠재적인 영향특성에 관한 기준은 부속서 III에서 명시하고 있다. 정보에 관한 사항은 부속서 IV에 정해져 있고, 개정에 관련된 사항은 부속서V에 오기의 정정에 관한내용은 부속서 VI에 명시되어 있다.

SEA에 대해서는 지령 2001/42/EC of the European Parliament and of the Council of 27 June 2001 on the assessment of the effects of certain plans and programmes on the environment이 적용된다.

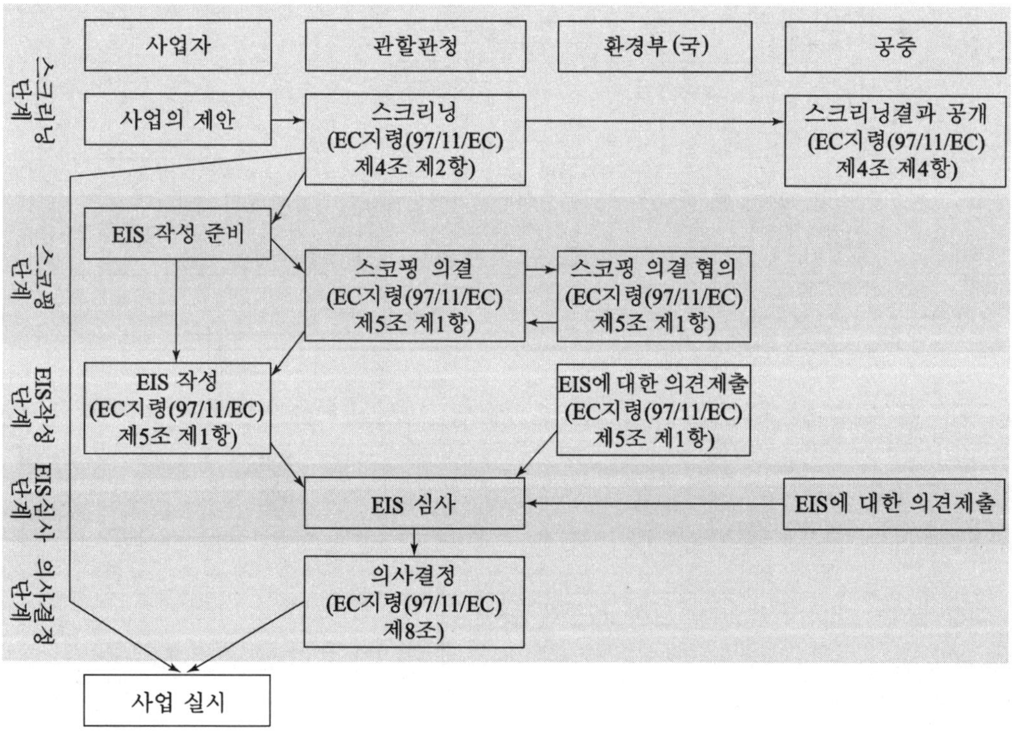

그림 1.2 EU의 환경영향평가(2011/92/EC)절차구조

출처 : 環境省 総合環境政策局 環境影響評価課, 2009, 環境影響評価制度総合研究会 報告書(資料編) 平成21.
(http://www.env.go.jp/policy/assess/5-3synthesis/index.html).
(http://ec.europa.eu/environment/eia/sea-support.htm).

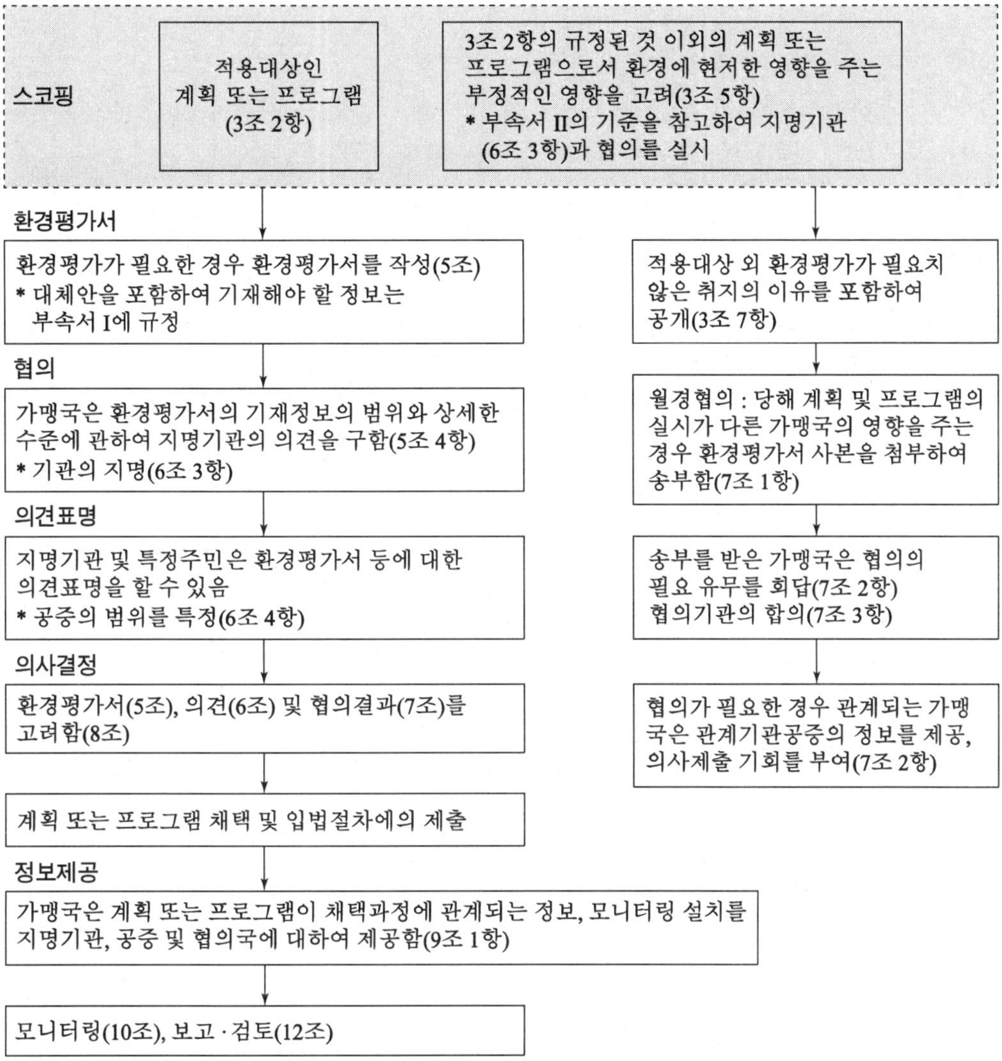

그림 1.3 EU의 전략환경평가(2001/42/EC) 절차
출처 : http://ec.europa.eu/environment/eia/sea-support.htm 참조

환경평가서에 기재해야 하는 정보는 부속서 I에 정해져 있다[ANNEX I Information referred to in Article 5(1)]. 중대한 영향의 결정기준은 부속서 II에 정해져 있다[ANNEX II Criteria for determining the likely significance of effects referred to in Article 3(5)].

환경영향평가항목으로 EIA의 경우 인간, 동 · 식물; 토양, 물, 공기, 기후와 경관; 물질자산과 문화적 유산; 상기인자의 상관관계를 지령에서 규정하고 있다.

SEA의 경우 생물다양성, 인구, 인간건강, 동물, 식물, 토양, 물, 공기, 기후인자, 물질자산,

건축상 및 고고학상 유산을 포함한 문화유산, 경관과 이들의 상호관련성을 SEA지령에서 규정하고 있다. EU EIA 지령에 의한 환경평가는 사업의 제안 → 스크리닝 → EIS의 작성준비 → 스코핑의견 → EIS의 작성 → EIS의 심사 → 의사결정 → 사업의 실시 등으로 이루어진다(그림 1.2). 전략환경평가(2001/42/EC)절차는 계획 및 프로그램제안 → 스코핑 → 환경평가서작성 → 지명기관과 협의 → 의견표명 → 의사결정 → 계획 및 프로그램채택 → 입법절차에의 제출 → 정보제공 → 모니터링 및 보고검토 등으로 이루어지도록 구조화되어 있다(그림 1.3).

3) 네덜란드의 환경영향평가

1987년 네덜란드에서 환경영향평가가 시작된 후 25년이 지나면서 자리를 잡게 되었으며 그 가치가 입증되고 있다. 최근의 연구결과가 보여주듯, 환경영향평가 결과 환경 인식이 제고되고 보다 환경 친화적인 결정이 내려지게 되었다.

환경영향평가에서 전략환경평가로, 엄격한 절차상의 접근에서 단계적인 접근으로, 포괄적인 접근에서 선택적 접근으로, 분야 특정적인 접근에서 통합적인 접근으로 그 무게중심이 이동되었다. 환경과 계획법은 근래에 "간단하고 더 낫게"라는 모토에 의해 지배 받게 될 것이다. 환경평가는 강력하게 신규 제도에 반영되고 있으며 환경정보는 지속적으로 향후 25년간 네덜란드 계획과 사업에 중요하게 반영될 것이다.

네덜란드의 환경영향평가 법제는 유럽연합의 관련 법제에 근간을 두고 있으며 1987년에 도입되었다. 같은 해에 네덜란드 환경평가위원회[Netherlands Commission for Environmental Assessment (NCEA)]는 법에 근거한 위원회의 지위를 획득하게 되었다.

그러나 환경영향평가 관련 경험은 이미 시범 시책과 임시 위원회를 통해 축적되었다. 임시 NCEA는 1982년에 로테르담 항구 내 Nieuwe Waterweg 지하의 새로운 터널에 대해 첫 번째 공식 자문보고서를 작성하였다.

이제 네덜란드에서 환경영향평가는 25년의 역사, 2,600개의 관련 사업과 계획 수행 경험 등 그 동안의 발전을 기반으로 좀 더 앞으로 나아갈 수 있을 것이다.

(1) 개요

네덜란드는 1987년 제정된 환경관리법(Environmental Management Act)에 의거하여 환경영향평가를 시행할 수 있는 체계를 마련하였다. 하위법으로서 환경평가령(Environmental Impact Assessment Decree)에 따라 환경영향평가를 시행하고 있다. 또한 현행 환경영향평가제도를 프로그램, 계획, 프로젝트에 이르기까지 도입하고 있으며, 전략환경영향평가(Strategic EIA)는 개발사업에 대한 환경영향평가(Project EIA)와 동일한 법규정 및 시행절차로 운영되어 왔고 EU의 전략환경평가지령인 2001/42/EC에 의거하여 SEA제도가 강화되고 있다. 이와는 별도로 환경에 현저한 영향을 미칠 가능성이 있는 법령의 제정 또는 개정시 Environmental [E]-test를 실시하는 것이 법제화되어 있어, 소관 부처 간 협의와 유사한 수준의 환경성 검토를 수행하고 있다.

(2) 환경영향평가 법률 체계

네덜란드의 EIA법률은 1987년 처음 발효되었으며, 환경영향이 예견되는 특정 정책(sectoral policy), 프로그램(programme), 국가·지역의 행정계획(plan)에 대해 Strategic EIA를 함께 규정하였다. 이러한 정책, 프로그램 및 행정계획에 대해 SEIA를 수행하여 EIA가 필요한 모든 행정계획에 대해 과업의 입지를 선정하는 환경평가제도가 정착되었으며, 또한 SEIA와 project EIA는 동일한 제도절차에 의해 준비 및 검토되게 되었다.

그러나 초기의 EIA법률은 유럽연합의 EIA Directive에 비해 내용이 불충분하였으며, EC는 1990년에 부속서 I, II에 포함된 사업에 대한 환경영향평가가 누락되거나 불충분한 사항에 대하여 네덜란드에 통보하였다.

네덜란드 정부는 지적된 제도의 불충분한 점에 대하여 스크리닝 절차를 도입하는 등 EIA 법률을 개정하였으며, 따라서 EIA Act(1987)는 1994년 환경관리법(Environmental Management Act, 1994)으로 통합되어 개정되었다. 또한 유럽이사회가 환경영향평가에 관한 지령(Council Directive, 85/337/EEC)을 개정(97/11/EC)하여, 이를 이행하기 위해 환경관리법은 재개정되었다(Environmental Management Act, 1999). 또한 환경영향평가 관련 법규정이 명시된 하위법으로서 환경영향평가령(EIA Decree 1994, 개정1999)과 환경영향평가 착수서류 규정(EIA Regulation, 1993)이 있다.

2003년 9월 23일 네덜란드 국가환경보건위원회의 심사를 위해 제출된 환경관리법 개정안 자료에서 부속서 C는 전략환경평가와 관련된 1개의 칼럼을 추가하고 있어 전략환경평가 및 환경영향평가가 필요한 관련 법령과 대상 행정계획, 대상 사업의 규모와 특징, 사례 등을 명확히 하고 있다. 특히 컬럼 A와 B에서는 환경영향평가에 관련된 행위와 사례에 대해 먼저 나열하고, 칼럼 C와 D에서는 이들 행위에 관련된 상위 행정계획과 근거법령에 대해 명시함으로써 환경관리법에 대한 이해를 높이고 있다. 2010년 7월 1일 환경영향평가법이 개정되어 계획, 사업 및 정책 관련 복잡한 환경 영향평가가 단순화되었고 사회경제적 평가에 대한 총체적인 절차가 추가되었다.

(3) 환경영향평가 절차

① 평가대상여부의 결정(Screening)

소관관청은 환경영향평가령 부속서 D 사업(산림벌목, 식품공사설치 등 30종 68개의 공공·민간사업)에 대하여 평가실시 여부를 결정한다. 개별 단위프로젝트 이외의 Plan, Program

의 경우 주관 관청이 스크리닝 과정(약 6주 정도 소요)을 통하여 환경영향평가 수행여부를 결정한다. 스크리닝 과정은 다음과 같다.

- 사업자는 시행하고자 하는 사업이 부속서 D에 속하는 사업임을 명시하는 서류를 인허가 기관(competent)에게 제출한다.
- 서류접수 후 6주 이내에 인허가기관은 동 사업에 대한 EIS가 필요한지의 여부를 결정한다.
- 인허가기관이 하나 이상인 경우 관련기관들이 공동으로 결정한다.
- 인허가기관은 EIA의 필요성 여부를 해당 사업의 실행으로 인한 특별한 상황까지도 고려하여 결정
- 인허가기관에 의하여 결정된 사항은 공공에게 공표한다.

또한 스크리닝 관련 법규는 환경영향평가 대상사업이 아닌 경우에도 특수한 상황에 대하여는 인허가기관이 평가를 명령할 수 있도록 하고 있다. 또한 평가대상 이하의 사업의 경우에도 특별한 경우에 대하여는 평가를 수행할 수 있도록 하고 있다. 특별한 경우에 대한 내용은 다음과 같다.

- 사업의 특성(사업의 중요도, 타 사업과의 누적영향, 자연자원의 사용정도, 폐기물 발생량, 오염정도, 사용되는 물질 또는 기술로 인한 사고의 위험성 등)
- 사업장소의 위치(습지, 해안지역, 산악 또는 수림지대, 자연보존지구 또는 자연공원, 인구밀집지역, 역사적, 지형적, 문화적, 역사적으로 중요한 지역)
- 주변지역의 타 사업과의 관계
- 사업의 실행으로 인한 잠재적인 환경영향의 특성(영향의 범위, 접경지의 자연에 대한 영향, 영향의 중요도와 복잡성, 영향의 지속기간, 회복기간 등)

② 평가항목 및 범위의 결정(Scoping)

스코핑 과정은 개별 안건마다 주민, 전문가, 환경영향평가위원회 등의 의견수렴을 토대로 시작된다. 소관관청은 제시된 의견을 기초로 환경평가 시 사업자가 조사·예측해야 할 환경요소·항목 및 검토해야 할 대체 안 등이 명확하게 포함된 스코핑 가이드라인을 작성하여 사업자에게 제시한다.

스코핑 가이드라인의 작성에 대하여는 누구나 주무관청에 의견을 제시할 수 있다. 스코핑 과정은 통상 약 9주가 소요되며, 필요한 경우 환경성 등이 지정한 정부기관이 자문위원으로 참여할 수 있다.

③ 시행절차

네덜란드의 환경영향평가 시행절차를 간략하게 나타내면 표 1.2와 같다.

표 1.2 네덜란드의 환경평가의 주된 절차(주 1)

환경평가 단계	업 무 내 역
스크리닝 단계	• SEIA실시여부의 판정(SEA, EIA, 면제 중 해당절차 선택) • 실시기관이 그 계획내용을 고지하기 위한 준비 • 소관 기관에 의한 계획내용의 고지
스코핑 단계	• 주민 등과 상담 및 EIA위원회, 환경담당기관으로부터의 스코핑에 관한 조언 • 해당계획이나 프로그램에 대해서 실시하는 SEIA의 방침을 소관 기관이 공포
문서작성 단계	• 실시 기관이, 계획이나 프로그램의 책정작업과 아울러 SEIA리포트를 작성(주 2) • 소관 기관이 해당SEIA리포트를 수리할 수 있을까 판단(주 3)
심사 단계	• 주민 등과의 상담 및 독립된 전문위원회나 정부의 환경담당기관에 의한 내용의 심사 • 소관 기관의 요구에 따라 실시 기관은 추가적인 정보를 준비
의사결정 및 모니터링 단계	• 소관 기관이, 계획이나 프로그램을 결정해 SEIA가 어떻게 고려되었는지를 문서로 설명 • 소관 기관에 의한 계획실시기간 중의 모니터링 및 평가 • 소관 기관이 새로운 계획이나 프로그램의 평가결과가 어떻게 되었는지를 검토
* 의사결정 및 모니터링 단계는 의사결정단계와 후속조치단계로 구분하기도 함	• 후속 조치단계는 협의와 사후조사에 해당

주 1) SEA와 EIA는 동일절차임(티어링구조 하에서 SEA와 EIA과정 구분 없이 일관된 절차 하에서 시행됨).
주 2) 법적 요구는 환경적 관점에서 가장 좋은 것을 포함한 대안의 기술이다
주 3) EIA REPORT는 Environmental Impact Statement라고도 한다.

출처 : The Netherlands Commission for Environmental Assessment, P.O. Box 2345, 3500 GH Utrecht, the Netherlands, (http://www.eia.nl)

④ E-test

- 스크리닝/스코핑 단계 : 부처 간 실무자그룹(interdepartmental working group)에서 E-test를 실시하여야 할 안건을 선정하여 목록을 작성하고, 안건에 대하여 E-test 질의사항을 작성한다. 이후 각의에서 E-test를 시행할 안건을 의결한다.
- 답변 및 서류 작성 : 관련기관에서 질의사항에 대한 E-test답변서를 작성하고, 작성된 E-test 결과는 각 안건에 부속된 설명서(explanatory note) 내에 첨부한다.
- 평가 : 법무부와 그 협조를 받는 Joint Support Centre에서는 안건에 부속된 설명서가

각의에서 환경을 충분히 고려한 결정을 내릴 수 있을 만한 양질의 환경정보가 포함되어 있는지 판단하고, 각의에서 심의될 자격요건을 심사한다. 본 단계에서 예상치 않게 평가가 지연되기도 하나, 환경정보의 질에 대한 안전장치로서 중요하게 다루어진다.

(4) 평가대상

환경영향평가령의 별표 규정에 따라 부속서 C에 속하는 간선도로 건설, 파이프라인의 설치 등 26종 76개 공공 및 민간사업에 대해서는 반드시 환경영향평가를 거치도록 하고 5년마다 갱신한다.

부속서 D에 속하는 사업(산림벌목, 식품공사설치 등 30종 68개의 공공・민간사업)에 대하여는 소관관청이 허가의 기준에 따라 스크리닝을 통해 평가실시 여부를 결정한다. 스크리닝 시행시 고려 사항으로는 사업의 성질과 규모, 사업시행 지역에 인접한 다른 사업과의 누적적인 영향, 해당지역 혹은 주변지역의 환경적인 현황 등이다.

평가대상은 주로 사업의 규모에 따라 판단하고 있으며, 지역적 특성이 평가대상을 판단하는 데 반영될 수 있도록 향후 제도 발전계획을 마련하고 있다. 예를 들면 주택단지를 건설시 지방은 2천호 이상, 대도시는 4천호 이상 등의 경우이다.

SEIA의 경우 환경에 현저한 영향을 미칠 우려가 있는 각 분야의 입지계획 및 지역개발계획 등이 대상이 되고 있으며, 이 경우 주관관청의 스크리닝을 통하여 환경영향평가 시행여부를 결정한다. 대상으로는 도로・철도・수로・항만・파이프라인 등의 건설 가능성을 정하는 최초의 입지계획, 지역개발계획, 수도 및 공업용수의 공급・확충에 관한 계획, 폐기물처리방법 및 시설입지에 관한 계획 등이 포함된다.

4) 일본의 환경영향평가

1993년 환경영향평가를 법적으로 도입토록 한 「환경기본법」이 제정되고, 1997년 환경영향평가의 법제화를 내용으로 하는 「환경영향평가법」 제정(1999년 완전 시행), 2011년 4월에 계획 단계 배려수속이나 보고서수속 등을 담은 「환경영향평가법의 일부를 개정하는 법률」이 공포되었다. 이 「법」에서는 도로, 댐, 철도, 공항, 발전소 등 13종류의 사업 중에서 규모가 크고 환경에 큰 영향을 줄 우려가 있는 것에 대해서 미리 사업자가 환경영향의 조사・예측・평가를 실시하고 국민・지방 공공단체・허 인가권자의 의견의 청취 등을 적절하게 실시하고 환경보전에 관한 적정한 배려를 확보하도록 하고 있다. 지방공공단체의 환경영향평가 조례에서는 법의 대상사업(이하 「법 대상사업」)이란 동종의 사업으로 보다 소규모인 사업을 대상으로 하고 있는 것 외에 법대상이 되지 않고 있는 사업종을 독자적으로 조례의 대상사업으로 하고 있는 사례(예 : 하수도종말처리장, 공장・사업장 등)도 있다.

이와 같이 일본의 환경영향평가 제도에서는 법과 조례가 일체화되고, 법 대상사업의 규모

요건을 충족시키지 않는 사업과 법대상이 되지 않고 있는 사업을 포함시킨 폭넓은 사업을 대상으로 환경영향평가가 행하여지는 구조로 되어 있다.

법 시행 후 10년이 경과되어 2011년 4월에 계획 단계배려 절차나 보고서 절차 등을 담은 「환경영향평가법의 일부를 개정하는 법률」이 공포되었다. 또한 2012년 4월부터 시행되어 있는 법개정 사항(방법서 단계에 있어서의 설명회의 개최의 의무화, 전자공람의 의무화 등)에 영향을 미치는 시행령 및 시행규칙은 2011년 10월에 개정 공포되었다. 또 2011년 11월에는 풍력발전소의 설치 등의 사업을 법대상사업에 추가하기 위한 개정시행령이 공포되어, 2012년 10월부터 시행되고 있다.

개정법의 공포에 이어, 환경영향평가의 구체적인 실시 방법(기준・지침)에 관한 사업종 횡단적인 기본적 사항(환경성 고시)을 재검토하기 위해, 2011년 6월부터 개최된 검토 위원회의 결과가 2012년 3월에 정리되었다. 이에 근거하여 2013년 4월에 기본적 사항이 개정・공표되었다.

개정법에 대응하기 위한 주무성령의 개정이 각 소관 부성에서 행해져, 2013년 4월에 완전 시행되는 법개정 사항(계획 단계배려 수속 및 환경보전 조치 등의 결과의 보고・공표 수속)에 관련되는 시행령 및 시행 규칙개정이 있었다.

(1) 법제도 발전과 현황

1972년 「각종 공공사업에 관계되는 환경보전대책에 대한 각의 요해」에 따라 처음 도입되었으며 이후 항만법(1973년), 공유수면매립법(1973년) 등 개발법과 발전소 입지(1977년), 정비5신간선(1979년) 등 사업관청의 행정지도와 「환경영향평가실시에 관한 각의 요강」(1984년)에 따라 국가제도로 실시되어 왔다.

1993년에 제정된 「환경기본법」에서 국가 전체의 시책으로서 「환경영향평가」가 법률상의 위치를 부여받았고, 그 후 정부부처 내의 2년 반에 걸친 검토를 거쳐 1997년 3월 환경영향평가 법안이 국회에 제출되고, 동년 6월 9일에 가결이 성립, 동년 6월 13일에 공포되었다. 환경영향평가법은 각의 결정요강을 기본으로 하여, 중앙환경심의회에서 제시된 기본 원칙을 포함하는 형태로 입안되었다. ① 환경영향평가를 반드시 해야 될 제1종 사업과 ② 사업의 인허가기관이 스크리닝 절차에 따라 실시 여부를 결정하는 제2종 사업으로 구분하였다.

사업자는 환경영향준비서(우리나라의 환경영향평가서 초안에 해당) 작성 이전에 환경영향평가방침서의 작성하도록 하고, 스코핑제도 도입 등을 내용으로 환경영향평가법을 제정하였고 1999년부터 시행되었다. 법 제정 10년이 지난 후 법 개정이 추진되어 2011년 환경영향평가법이 개정되었고 2013년부터 방법서 단계에서 설명회 개최 의무화, 평가서 인터넷에 공표 의무화, 개별 사업계획에 영향을 주는 상위계획단계에서 배려서 절차의 추가 등이 신설된 개정법이 완전 시행되고 있다.

(2) 환경영향평가 순서와 방법

법 개정 전의 환경영향평가는 사업의 틀(사업의 대략적인 위치, 규모 등)이 이미 결정된 단계에서 시행하는 것이었기 때문에 사업자가 대책의 검토나 실시에 대해서 유연하게 수정하는 것이 곤란한 경우가 많았다. 이에 반해서 법 개정에 의해 개별 사업계획에 영향을 주는 상위계획단계에 도입된 배려서 절차는 사업계획의 검토 단계(사업의 위치, 규모나 시설의 배치, 구조 등을 검토하는 단계)를 대상으로 하고 있기 때문에 보다 유연한 환경배려가 가능해 지고, 기존에 비해 더 효과적으로 환경영향의 회피, 저감이 가능한 효과가 기대된다.

① 제2종 사업에 관한 판정

제2종 사업은 제1종 사업 대상 규모의 대개 75% 이상인 것으로 정해져 있다. 이는 해당 사업 인허가 등을 실시하는 행정기관이 도도부현 지사의 의견을 듣고 사업내용과 지역특성에 맞춰서 판정한다. 이것을 스크리닝이라고 한다. 이것에 의하여 환경영향 크기에 따라 보다 합리적인 대상사업을 선정하는 것이 가능해지는 동시에 환경평가를 피하기 위하여 사업규모 설정을 억제하지 못하도록 한다.

② 환경영향평가 방법서의 절차

대상사업을 실시하려고 하는 사업자는 환경영향평가 항목 및 조사 등의 수법에 대해서 환경영향평가 방법서를 작성하고, 도도부현 지사·시정촌장, 주민 등의 의견을 듣고, 구체적인 환경영향평가의 방법을 정한다. 이는 어떤 환경평가를 하는지를 결정하는 과정으로 스코핑이라 한다.

따라서 종래의 환경영향평가와 같이, 전국에 획일적인 항목·수법이 채용되는 것은 아니다. 그 지역 주민이나 전문가, 지방공공단체 따위의 정보 제공이나 지적된 사항 등에 대하여 합리적인 항목·수법을 채택하는 것을 기대할 수 있다.

③ 환경영향평가 준비서의 절차

사업자는 사업 실시 전에 환경영향의 조사, 예측 및 평가와 병행하여 환경보전대책을 검토하고 환경영향평가 준비서를 작성하고 도도부현 지사·시정촌장, 주민 등의 환경보전상의 의견을 듣는다.

이 절차는 종래의 각의 결정요강 등에 기초하는 환경영향평가와 같은 것이다. 단 내용에 있어서는 평가항목이 확대되고, 새로운 평가 관점이 요구되는 등 여러 가지 개선점을 볼 수 있다. 또 의견 제출은 종래 관계지역의 주민에게 한정되어 있었지만, 새로운 제도에서는 누구라도 제출할 수 있도록 되어 있다.

④ 환경영향평가서의 절차

사업자는 환경영향평가 준비서의 절차에 의하여 환경영향평가서를 작성한다. 이에 대하여 환경성 대신은 필요에 따라 인허가 등을 행하는 행정기관에 환경보전상의 의견을 제출한다. 인허가 등을 행하는 행정 기관은 해당 의견을 근거로 사업자에게 환경보전상의 의견을 제출한다. 사업자는 이러한 의견을 근거로 하여 평가서를 재검토하고, 필요에 따라 추가 조사 등을 하도록 환경영향평가서를 보완한다. 환경성대신이 정부가 관여하는 안건에 관한 모든 대상사업에 의견을 제출할 수 있으며, 인허가 등을 하는 행정기관의 의견을 받아들여 사업자가 평가서의 보정을 하는 것은 이 법률에 의한 개선점이다.

지방자치단체 차원에서의 환경영향평가의 실시근거는 1972년 각의요해에서 지방공공단체에서도 국가제도에 준하여 조치를 강구할 것으로 요청하는 것으로 한다는 규정에서 비롯된다. 이에 따라 1976년 가와사끼시가 조례를 제정하였고, 1978년 북해도, 1980년 동경도가 조례를 제정하였다. 이에 따라 각 자치단체에서 독자적인 환경영향평가제도를 제정하여 운영하게 되었다. 1984년의 각의 결정에서는 지방공공단체에서 환경영향평가를 시행할 때 이 결정의 취지를 존중하고 요강과의 정합성을 배려할 것을 요청하고 있다. 도도부현 및 정령지정도시(都道府県 및 政令指定都市)에서는 1976년 가와사끼시(川崎市)가 환경영향평가에 관한 조례를 제정한 것을 시작으로 2013년 현재 47개 전체의 도도부현 20개 정령지정 도시 가운데 16개시가 조례를 제정시행하고 있다.

지방자치단체에서 환경영향평가절차는 준비서 작성, 주민 등의 의견 청취, 평가서 작성이라는 큰 흐름에서 대체적으로 정부제도에 준하고 있다. 그러나 대상사업의 규모를 국가보다 소규모로 하기도 하고 국가에서 대상으로 하고 있지 않은 것도 포함시키는 경우도 있다. 또한 환경영향평가 실시에 있어서 사전절차를 두거나 심의회의 의견을 듣는 등 각각 단체의 특성을 반영하는 등의 경우도 있다. 2011년 개정된 환경영향평가법에 의한 환경영향평가는 계획단계에서의 환경배려, 대상사업의 결정, 환경영향평가방법의 결정, 환경영향평가의 실시, 환경영향평가 결과에 대해서 의견을 듣는 절차, 환경영향평가 결과의 사업으로의 반영 및 환경보전결과 등의 보고, 공표 등의 절차로 진행된다(그림 1.4).

(3) 평가대상

도로, 댐, 철도, 비행장, 발전소 등 규모가 큰 경우, 환경에 현저한 영향을 미칠 우려가 있는 경우를 대상으로 하고 있다. 또한 정부에서 실시하거나 인허가 등을 실시하는 사업을 대상사업으로 하고 있다. 구체적으로는 정령에 정하고 있으며, 각의결정요강의 대상이 아니었던 임도 및 재래선 철도도 대상사업으로 추가되었다. 또 발전소나 항만계획도 특례를 제정한 후에 대상사업으로 추가되었다(표 1.3).

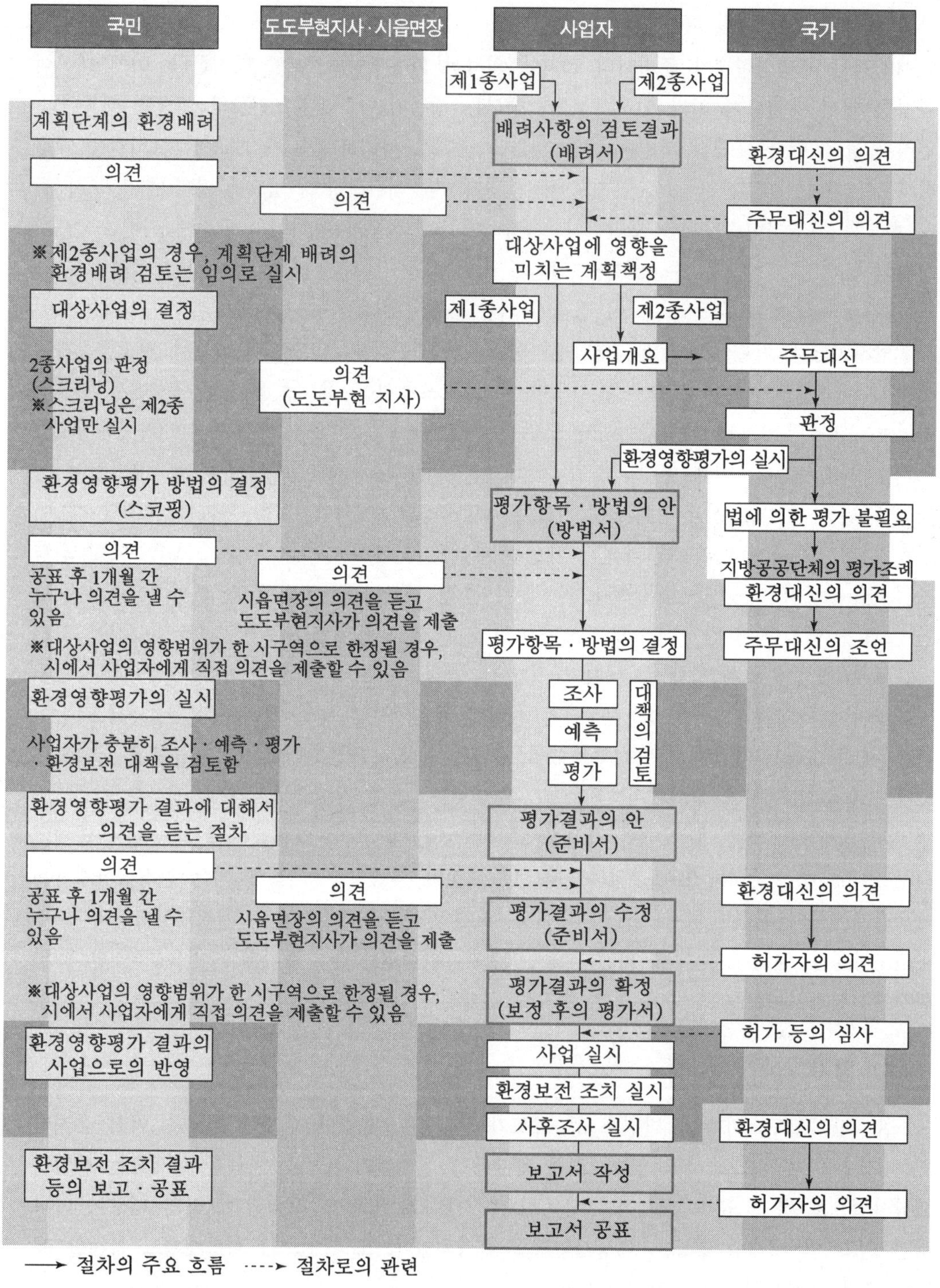

그림 1.4 일본의 환경영향평가 절차 출처 : 일본 환경성, 2013, 환경백서.

표 1.3 일본의 환경영향평가 대상사업

	제1종 사업 (반드시 환경영향평가를 시행하는 사업)	제2종사업 (환경영향평가가 필요한지를 개별로 판단하는 사업)
1. 도로		
고속자동차국도 수도고속도로 등 일반국도 산길	모두 4차선 이상 4차선 이상 · 10 km 이상 폭 6.5 m 이상 · 20 km 이상	- - 4차선 이상 · 7.5~10 km 폭 6.5 m 이상 · 15~20 km
2. 하천		
댐, 제방 방수로, 호소개발	담수면적 100 ha 이상 토지개발면적 100 ha 이상	담수면적 75~100 ha 토지개발면적 75~100 ha
3. 철도		
신칸센철도 철도, 궤도	모두 길이 10 km 이상	- 길이 7.5~10 km
4. 비행장	활주로 길이 2,500 m 이상	활주로길이 1,875~2,500 m
5. 발전소		
수력발전소 화력발전소 지열발전소 원자력발전소 풍력발전소	출력 3만 kW 이상 출력 15만 kW 이상 출력 1만 kW 이상 모두 출력 1만 kW 이상	출력 2.25만~3만 kW 출력 11.25만~15만 kW 출력 7,500~1만 kW - 출력 7,500~1만 kW
6. 폐기물 최종처분장	면적 30 ha 이상	면적 25~30 ha
7. 매립지, 간척	면적 50 ha 초과	면적 40~50 ha
8. 토지구획 정리사업	면적 100 ha 이상	면적 75~100 ha
9. 신주택 시가지개발사업	면적 100 ha 이상	면적 75~100 ha
10. 공업단지 조성사업	면적 100 ha 이상	면적 75~100 ha
11. 새도시기반 정비사업	면적 100 ha 이상	면적 75~100 ha
12. 유통업무단지 조성사업	면적 100 ha 이상	면적 75~100 ha
13. 택지 조성사업	면적 100 ha 이상	면적 75~100 ha

* 풍력발전소는 2012년 10월 1일부터 법대상사업에 추가.

(4) 평가항목

일본의 법제도에서의 평가항목과 자치단체 독자항목을 정리하면 표 1.4와 같다.

표 1.4 법제도에서의 평가항목과 자치단체 독자항목의 예

<table>
<tr><td colspan="6">법제도 : 환경의 자연적 구성요소의 양호한 상태 유지</td></tr>
<tr><th colspan="2">대기환경</th><th colspan="2">수환경</th><th colspan="2">토양환경 · 기타 환경</th></tr>
<tr><td colspan="2">• 대기질
• 소음
• 진동
• 악취
• 기타</td><td colspan="2">• 수질
• 저질
• 지하수
• 기타</td><td colspan="2">• 지형, 지질
• 지반
• 토양
• 기타</td></tr>
<tr><td colspan="6">법제도 : 생물 다양성의 확보 및 자연환경의 체계적 보전</td></tr>
<tr><th colspan="2">식물</th><th colspan="2">동물</th><th colspan="2">생태계</th></tr>
<tr><td colspan="6">법제도 : 사람과 자연과의 풍부한 접촉</td></tr>
<tr><th colspan="3">경관</th><th colspan="3">접촉 활동의 장</th></tr>
<tr><td colspan="6">법제도 : 환경으로의 부하</td></tr>
<tr><th colspan="3">폐기물 등</th><th colspan="3">온실효과 가스 등</th></tr>
<tr><td colspan="6">(자치단체 독자항목의 예)</td></tr>
<tr><td colspan="6">건조물 영향 : 풍해, 전파장해, 광해 등
역사적 문화적 환경 : 역사적 경관, 사적 · 문화재 등
지역생활환경 : 지역분단, 교통안전, 안전성</td></tr>
<tr><td colspan="6">출처 : 環境アセスメント学会編, 2013, 「環境アセスメント学の基礎」, 恒星社厚生閣.</td></tr>
</table>

4 국제적인 시야에서 본 환경영향평가제도 특성과 발전 과제

1) 국가별 환경영향평가 제도의 특성

미국, EU, 네덜란드 및 일본 등 환경영향평가제도화의 선험국가에서는 정책, 계획, 프로그램, 프로젝트, 인허가 등을 평가대상으로 삼고 환경영향평가원칙에 의한 절차에 따라 환경영향평가가 수행된다. 특히 평가과정과 절차에서 주민참여 등 공공참여의 기회를 여러 번 두어 공중의 의견이 충분히 반영되도록 하고 있다. 또한 환경영향이 미미한 경우 간략한 환경영향평가를 통해 절차의 간소화 등 탄력적으로 운영하고 있다. 국가별 환경영향평가제도의 특성을 비교하면 표 1.5와 같다.

표 1.5 국가별 환경영향평가제도의 특성비교(출처 : 한상욱, 2014)

항목	미국	EU	네덜란드	일본	한국
국가제도 근거 주요 법령의 변천	국가환경정책법(1969년 제정, 1970년 시행)	1985년 이래 EU 회원국에 적용되는 지령인 EIA에 대한 지령-85/337/EEC제정 이후 3차례 개정(97/11/EC: 2003/35EC: 2009/31/EC)-2011년12월13일 이를 통합한 2011/92/EU가 별도지령으로 회원국에 통보되었다. SEA에 대한지령으로 2001/42/EC가 존재한다.	환경영향평가는 환경관리법(EMA : Environmental Management Act 1987) 7장에 기술되어 있다. 환경영향평가 관련 독립 위원회(네덜란드 환경평가 위원회)의 존립, 기능 및 작업 절차는 EMA 2장에 기술되어 있다. 환경영향평가선진화법(The Environmental Assessment Modernisation Bill)이 2010년7월 1일 제정되었는바, 이것이 현재의 적용법이다.	1972년 공공사업에 대해서 평가제도 도입을 목적으로 각종 공공사업에 영향을 미치는 환경보전 대책에 대해서」 내각회의 요해가 제정시행되어 왔다. 1981년 「환경영향평가 법안」 국회제출되었으나 1983년 국회임기종료로 자동 폐안되었다. 1984년 행정지도에 의한 제도화 조치로 「환경영향평가의 실시에 대해서」 내각회의에서 결정시행되었다. 1993년 환경영향평가를 법적으로 도입토록 한 「환경기본법」이 제정되므로서 1997년 환경영향평가의 법제화를 내용으로 하는 「환경영향평가법」이 제정(1999년 완전시행)되었다. 2011년 배려서 절차, 보고서 절차의 신설 등을 내용으로 하는 「환경영향평가법」이 개정(2013년 완전시행)되었다.	(환경부소관업무) 환경보전법('77) 환경정책기본법('90) 환경영향평가법('93) 환경교통재해등에관한영향평가법('99) 환경영향평가법('08) 환경영향평가법과 환경정책기본법상사전환경성검토제도를 통합한 환경영향평가법으로 개편됨. (국토교통부소관업무) 국토기본법에 의한 국토계획평가와 전략 환경영향평가가 있음.

항목	미국	EU	네덜란드	일본	한국
평가대상 선정방법 및 형태 (현행)	• negative list (제외대상열거) • screening	• positive list (필수대상열거) • screening (회국별 선별)	• positive list (C사업 : EIA) • screening (D사업 : SEA)	• positive list(제1종사업) • screening(제2종사업)	• positive list (평가대상열거)
환경 영향항목 및 선정방법	impact영향과 effect 효과는 동음이의어로 쓰임. 영향은 직접적, 간접적 혹은 누적적이든지, 생태적(자원, 요소, 구조, 영향을 받는 생태계의 작동), 심미적, 역사적, 문화적, 경제적, 사회적, 혹은 건강 측면을 포함.	(EIA의 경우) 인간, 동식물; 토양, 물, 공기, 기후와 경관; 물질자산과 문화적 유산, 상기인자의 상관관계 (SEA의 경우) 생물다양성, 인구, 인간건강, 동물, 식물, 토양, 물, 공기, 기후인자, 물질자산, 건축상 및 고고학상유산을 포함한 문화유산, 경관과 이들의 상호관련성	EU지령과 환경관리법에 따름.	(법제도에서의 평가항목의 예) • 환경의 자연적 구성요소의 양호한 상태유지 • 생물 다양성의 확보 및 자연환경의 체계적 보전 • 환경으로의 부하 • 사람과 자연과의 풍부한 접촉 (자치단체 독자항목의 예) • 건조물 영향 • 역사적, 문화적 환경 • 지역생활환경	• 대기환경분야(기상, 대기질, 악취, 온실가스) • 수환경 분야(수질, 수리 · 수문, 해양환경) • 토지환경 분야(토지이용, 토양, 지형 · 지질) • 자연생태환경 분야 (동 · 식물상, 자연환경자산) • 생활환경 분야(친환경적자원순환, 소음 · 진동, 위락, 경관, 위생 · 공중보건, 전파장해, 일조장해) • 사회 · 경제환경 분야(인구, 주거, 산업)
환경영향 평가주체	연방정부기관	사업자	사업자	사업자	사업자
환경영향 평가절차	• 간략한 환경영향평가서(EA)를 작성하여 필요한 경우에만 EIS작성 • 평가서초안은 법적권한 및 전문지식을 갖춘 정부기관 및 환경보호관청의 심사가 요구	• 사업자가 환경영향평가서 작성하여 제출 • 소관부처는 주민의견 등을 청취한 후 총괄적인 환경영향평가서를 작성, 인 허가에 반영	• 사업자가 환경영향평가서 작성하여 제출 • 소관부처는 주민의견 등을 청취한 후 총괄적인 환경영향평가서를 작성, 인 허가에 반영	• 사업자가 배려서 및 평가서와 방법서를 소관부처에 제출 • 공람과 설명회를 통하여 의견수렴 후 평가서를 작성 • 평가서는 각 해당부서의 장과 위원회에서 심사 • 환경성은 행정기관의 요청이 있으면 심사	• 사업자가 평가서를 작성하여 인 · 허가 · 승인기관에 제출 • 환경부와 협의하고 그 내용을 사업계획에 반영토록 조치하여 인허가 등을 추진 • 환경부는 협의내용의 이행을 위해서 공사 중지 등을 요청
주민참여	스코핑과정, 평가서안의 회람, 공청회 등에서 주민참여	관련 정보가 공개되는 시간, 장소, 수단에 따라 관할관청은 사업자의 정보, 관계되는 주체, 주민의견 등에 의한 정보를 승인 절차에 고려	스코핑지침 작성 시 주민의견 제출 가능, 평가서 심사 시 주민의견제출 또는 공청회를 통하여 의견청취	방법서 및 준비서에 대한 공람 허용	평가서 작성 시 설명회 또는 공청회를 통하여 주민의견 수렴

2) 주요국가 환경영향평가제도가 우리나라 제도개선에 주는 교훈점

미국, EU, 네덜란드 및 일본 등 환경영향평가제도화의 선험국가의 환경영향평가제도가 우리나라 제도의 개선을 위해 시사하는 것은 많지만, 중요한 것은 환경영향평가에서 이용되는 정보 내용의 충분성, 정확성을 확보하는 것을 들 수 있다. 미국과 네덜란드의 환경영향평가 위원회는 그 점에서 크게 참고가 될 것이다. 일본의 경우 국가에서의 SEA의 위치는 개별 사업실시에 앞선 '전략적인 의사결정 단계', 즉 개별 사업의 계획・실시에 구조에 영향을 주게 되는 계획을 대상으로 하는 환경영향평가로 되고 있다.

다음은 우리나라 제도상 문제점과 이의 해결에 있어 참고될 교훈과 관련 국가이다.

(1) 대상사업을 사업 규모 등을 고려하여 일률적으로 정하고 있어 지역 및 사업의 특성상 환경영향이 큰 사업이라 할지라도 환경영향평가 대상에서 제외되어 환경영향평가제도의 실효성 저하 → 스크리닝 제도의 도입(네덜란드, 미국)

(2) 평가기준 및 입지 대안에 대한 검토가 미흡함 → 평가항목별 평가기준 설정 및 입지 대안의 검토를 의무적으로 실시토록 개선(미국, 네덜란드)

(3) 환경외적인 토지보상・지역개발지원 등을 환경문제와 연계시켜 주민의견을 제시함으로써 사업지연 및 주민과의 마찰 빈번 → 주민의견의 범위를 환경문제로 한정하고 주민참여 절차와 의견수렴방법의 구체화(미국, 일본)

(4) 평가서 검토의 형평성・객관성 결여 등 전문가, 주민, 사업자의 불만 팽배 → 검토결과의 객관성 투명성 제고를 위한 Rating제도 및 제3자 심사제도의 도입(미국)

(5) 협의 결과의 인허가 등에 반영 미흡 → 환경부의 협의결과를 관보에 공표하여 사회적 감시를 위한 공시 제도의 도입(미국, 일본)

(6) 평가 협의된 사업의 사후관리 미흡 → 평가 초기단계에서부터 실현 가능한 사후관리 계획을 상정하여 검토 하고 협의의견이 포함된 환경영향평가서의 작성 공개 - EMS와 연계(미국)

(7) 환경영향평가에 따른 정부, 지방자치단체 및 기관의 정보 접근 제한 → 정보공개법에 정보공개 이용 범위 명시 및 자료의 공개－지방자치단체의 환경평가조례의 확대 및 내실화(미국, 일본)

(8) 조사, 예측, 평가결과의 불확실성으로 평가결과의 신뢰성 저하 → 조사, 예측, 평가에 있어 불확실성과 정보의 한계를 명시(미국, 네덜란드)

(9) 환경영향의 중대성 및 대안범위의 불확실성과 환경보전대책의 실효성 미흡 → 환경영향의 중대성의 정의, 대안의 종류와 범위의 명확한 규정 및 환경보전대책의 실효성 검증을 위한 검증방법의 도입(미국, 네덜란드)

(10) 여러 부처의 이해관계와 다부문의 정책조율이 요구되면서 일관된 정책판단과 긴급을 요하는 법안이나 정책에 대한 전략환경평가 체제 미흡 → 별도의 정책, 법안 환경평

가체계(E-TEST)를 구축(네덜란드)

(11) 경제사회의 그린화 도모→RIO+20의 「The Future We Want」 및 Transforming our world: the 2030 Agenda for Sustainable Development의 연계(UN)

이외 정책·계획·프로그램 단계에서의 전략환경평가는 추상적으로 보이는 개념적인 지속가능한 개발을 일상화 실제화하는 것이다. 환경배려의 측면뿐만 아니라, 환경면·사회면·경제면·문화면을 통합한 평가축을 구축한다.

5 요약 및 제언

환경은 일단 파괴되면 원상회복이 거의 불가능할 뿐만 아니라 복구를 위해서는 막대한 비용과 오랜 시간이 요구되기 때문에 효율적인 대처를 위해서는 환경파괴에 대한 사전적 조치가 중요하다. 환경의 이러한 특성을 고려하여 많은 국가들이 환경파괴를 예방하기 위한 여러 정책과 제도를 채택하고 있다. 환경영향평가제도는 이러한 제도 중의 하나이다. 개발사업이나 정책 등이 환경에 미치는 영향을 정책단계에서부터 점검하여 발생 가능한 환경영향을 미리 점검하여 부정적인 영향을 줄이고 긍정적인 영향을 증진시키는 등 환경영향에 효과적으로 대처하고자 만들어진 제도이다.

환경영향평가제도는 1969년 미국의 환경정책기본법을 통해 세계에서 처음으로 도입한 이후 1972년 일본, 1973년 캐나다, 호주와 독일 등에서 도입하였다. 우리나라에서는 1977년 도입하였다. 환경영향평가제도는 많은 나라에서 도입, 운영되고 있지만 운용방식은 나라마다 다르다. 대상의 경우 사업일 수도 있고 행정계획이나 정책일 수도 있다.

미국 및 캐나다는 인간 환경의 질에 중대한 영향을 미칠 수 있는 행위를 포괄적으로 정하고 각 행위별로 환경에 구체적으로 어떤 영향을 미칠지를 사전 심사하여 환경영향평가를 실시할지 여부를 결정한다.

우리나라와 영국, 독일 등 EU국가들은 평가대상을 반드시 평가하는 절대평가와 선별적으로 평가하는 상대평가로 구분하고 있다. 심각한 환경영향이 우려될 대상에 대한 평가가 상대평가이다. 일본의 경우는 양자를 절충한 방식이다.

우리나라는 환경영향평가법에서 평가대상을 구체적으로 명시하고 있다. 각국에서 시행하고 있는 환경영향평가제도는 평가시기에 있어서도 차이가 있다.

우리나라 및 대부분의 개발도상국은 먼저 사업이나 정책, 계획이 수립된 이후에 환경영향평가를 실시한다. 따라서 환경영향평가는 환경영향을 줄이기 위한 방안에 치중하게 된다. 반면 미국이나 캐나다 등과 같은 국가에서는 사업이전 단계에서 환경영향평가가 실시된다. 이는 국가 간 환경영향평가제도의 실효성의 차이를 야기하는 요인으로 작용한다.

환경영향평가제도의 핵심적인 부분이라 할 수 있는 평가범위는 크게 3부문으로 구분된다. 첫째는 개발에 따라 훼손이 우려되는 동물이나 식물, 지형, 지질 등 자연환경에 관한 항목이고, 둘째는 대기질, 수질, 소음, 진동과 같은 생활환경에 관한 항목이며, 셋째는 인구, 주거, 산업, 공공시설, 교통, 문화 등과 같은 사회, 경제에 관한 항목이다. 환경영향평가제도는 나라마다 운영방식에 차이가 있다. 형식적으로 운영되고 있는 나라가 있는가 하면 미국과 같이 본연의 취지에 맞게 운영되는 나라도 있다.

환경영향평가제도의 본연의 취지는 첫째, 개발사업이나 계획수립 시 계획안과 여러 대안에 대해 동시에 환경영향평가를 실시하여 최적대안을 선정하는 것이다. 둘째, 주민참여제도가 적극적으로 운영되는 것이다. 주민참여는 환경영향평가를 실시함에 따른 평가범위를 선정할 때뿐만 아니라 평가의 전 단계에서 폭넓게 이루어지는데 지역주민 뿐만 아니라 이해관계자의 다양한 의견을 반영시키는 기회가 된다. 의견은 설명회 공청회 등과 같이 구두, 전자통신, 문서 등 다양한 방식으로 이루어진다. 셋째, 계획수립 이전에 환경영향평가를 실시한다. 넷째, 개발에 따른 직·간접적인 영향과 누적적인 영향을 고려한다. 이를 토대로 환경영향평가제도의 역할을 요약하면 다음의 다섯 가지로 정리된다.

첫째, 환경영향평가는 환경파괴를 사전에 예방하는 역할을 한다. 둘째, 개발사업의 환경친화성을 제고시키는 역할을 한다. 셋째, 개발사업에 대한 이해를 넓혀 지역공동체를 공고히 하는 역할을 기대할 수 있다. 넷째, 개발에 따른 환경의 영향을 미리 예측하여 악영향에 대비할 수 있는 역할을 한다. 결론적으로 환경영향평가가 본연의 취지에 부합되게 하기 위해서는 개발과 보전의 접점에서 보다 나은 시스템이 구축되어 보다 나은 법, 제도로 이어져 보다 나은 계획 수립, 보다 나은 조사 예측, 보다 양호한 운용을 통해 지속 가능한 개발이념의 구현에 기여하게 된다.

우리나라의 환경영향평가가의 체계는 국토계획평가, 전략환경평가, 전략환경영향평가, 환경영향평가 및 소규모환경영향평가의 토막치기구조(salami-slicing)로 됨으로써 정책의 계층화·체계화의 저해와 의사결정의 혼란을 주게 될 가능성이 높다. 관련제도의 통합단순화 차원에서 국토기본법에 규정된 국토계획 평가제도 및 전략환경평가제도와 환경영향평가법에서 규정하고 있는 전략경영향평가, 환경영향평가 및 소규모 환경영향평가가 단일법체계로 통합 재정비되어야 한다. 또한 주관부서를 미국, 일본, 네덜란드에서와 같이 환경부로 일원화해야 할 것이다.

참고문헌

김임순 외, 2011, 환경평가제도개선에 관한 연구－국내외 환경평가제도의 비교고찰－환경영향평가 20(3), 411～424.
김임순, 송영일, 최원욱, 한상욱, 2003, 최신환경영향평가, 동화기술.
김임순, 한상욱, 2006, 환경영향평가-전략환경평가, 북스힐.
김종인, 2012, 지금 왜 경제민주화인가, 동화출판사.
김홍균 외, 2013, 환경경제학, (주)피어슨 에듀케이션코리아.
아태환경경영연구원, 1995, 미국의 환경영향평가.
이민화, 차두원, 2013, 창조경제, 북콘서트.
일본 환경영향평가학회(류재근・한상욱 공역), 2013, 환경영향평가학의 기초.
정연만, 2000, 環境影響評價法의 體系定立에 관한 硏究, 박사학위논문.
존 호킨스(김혜진 역), 2013, 존 호킨스 창조경제, (주)FKI미디어.
한상욱, 1998, 환경영향평가제도, 도서출판 동화기술.
한상욱, 2012, 환경영향평가의 나아갈 길, 한국환경평가학회20년.(www.weforum.org, www.unep.org/wed 참조).
환경부, 2008, 외국의 환경영향평가 법령 및 제도 조사, 분석 연구.
18대 대통령인수위원회, 2013, 제18대 대통령직인수위원회 제안 박근혜 정부 국정과제.
East West Center, 2014, Asia Pacific Issues, Analysis from the East West Center No.111 January 2014.
EPA, 1998, Principles of Environmental Impact Assessment.
European Commission-Environment-Environmental Impact Assessment (http://ec.europa.eu/environment/eia/sea-support.htm).
European Union, 2013, Environmental Impact Assessment of Projects Ruling of the Court of Justice (http://ec.europa.eu/environment/eia/sea-support.htm).
Han, Sang-Wook; Kim, Im-Soon; Lee, Seokho, 2008, Method Development for the Integrated Impact Assessment in Korea -A Case Study for the Construction of Great Korean Waterway-, 'IAIA '08 Conference Proceedings', The Art and Science of Impact, International Association for Impact Assessment, 4-10 May 2008, Perth Convention Exhibition Centre, Perth, Australia.
International Institute for Environment and Development, 1998, A Directory of Impact Assessment Guidelines Second edition.
NCEA in International cooperation (www.eia.nl).
OECD, 2011, Towards Green Growth (www.oecd.org/greengrowth/towardsgreengrowth.htm).
Thomas B Fischer, 2009, On the role(s) of (strategic) environmental assessment in ‘greening’ decision making.
UNCTAD, 2010, Creative Economy, Report, 2010.
UNECE, 2012, Protocol on Strategic Environmental Assessment, New York and Geneva.
UNEP Environment Management Group (www.unemg.org 및 Click here for the follow-up website for Rio＋20(http://www.uncsd2012.org/rio20/: Sustainable Development Goals).
UNEP, 2002, Environmental Impact Assessment Training Resource Manual, Second edition (www.iaia.org).
UNEP, UNDP, 2013, Creative Economy, 2013.
環境省 計画段階配慮技術手法に関する検討会, 2013, 計画段階配慮手続に係る技術ガイド.
環境省 総合環境政策局 環境影響評価課, 2009, 環境影響評価制度総合研究会報告書(資料編)
(http://www.env.go.jp/policy/assess/5-3synthesis/index.html 및 地方公共団体の環境アセスメント情報-環境アセスメント関連団体等-海外のアセスメント情報 참조).

제2장

한국의 환경영향평가제도

1 환경영향평가제도의 원리 및 절차

우리나라에 환경영향평가(EIA : Environmental Impact Assessment)제도가 소개된 지 30년이 넘었다. 미국에서 1969년도에 개발된 환경영향평가제도를 우리나라에서는 1977년도에 1인당 국민 소득이 1,000불 정도이던 시기에 도입하여 현재에 이르고 있다. 경제지표가 의미하는 바를 정확히 설명할 수는 없지만 적어도 국가와 국민들의 경제개발에 대한 기대, 환경보전에 대한 의식수준, 정부의 통치방식, 사회의 민주성 정도는 매우 큰 차이가 있을 것이다. 환경영향평가제도를 논하면서 직접적인 관계가 없어 보이는 경제 및 사회상황에 대한 이야기를 하는 이유는 환경영향평가제도가 이런 주변 상황에 매우 민감한 제도이기 때문이다. 환경영향평가제도를 간략히 설명한다면 환경적으로 건전하고 지속가능한 개발(ESSD : Environmentally Sound and Sustainable Development)을 구현하기 위한 제도라 할 수 있다. 다시 말하자면 "불확실한 미래상황에 대한 결정을 내리고자 할 때, 현존하는 과학적 지식을 최대한 이용하여 이해관계자들의 의견을 민주적 절차를 통해 조율하고, 그 시대상황에서 내릴 수 있는 최선의 결정을 유도하는 절차법 성격의 제도"라 설명할 수 있다.

이 설명에는 상당히 많은 의미가 내포되어 있다. 몇 가지 중요한 의미를 기술해 보면 첫째로 이 제도는 환경보전만을 위해서 설계된 제도가 아니라 경제, 사회, 환경의 조화를 추구한다는 점이다. 제로섬과 같이 어느 한쪽에 이익이 치우치면 그 만큼 다른 쪽에서 그 대가를 치른다. 둘째, 이 제도는 해당 사회의 경제수준에 많은 영향을 받는다. 일정 수준의 경제력이 뒷받침되지 않은 상황에서 환경권이나, 사회적 형평성에 대한 주장은 그 설득력이 매우 낮다. 우리나라의 1970～1980년대와 같이 정부가 주도하는 경제발전에 국가의 역량이 총동원되는 상황에서는 환경영향평가제도의 특성이 발휘되기 어렵다는 것이다. 셋째, 사회의 민주성이다. 환경영향평가를 통해 내려야 하는 결정은 대부분 복잡하고 불확실하다. 매우 많은 이해관계자가 존재하고 이들은 서로 이념적으로 때로는 경제적으로 다른 견해를 가지고 있다. 이 때문에 환경영향평가제도는 공공참여라는 부분을 매우 강조하고 있다. 어떠한 방식으로 의견을 수렴하여 이를 분석하고, 정리할 것인가? 어떤 방법으로 서로 상충되는 의견을 조정할 것인가? 어떻게 최적의 결정을 내릴 것인가? 등에 대하여 다양한 방법과 여러 단계의 절차를 거치도록 하고 있다. 이 과정 역시 이 분야에 대한 전문가의 참여가 보장되고, 상대방의 의사를 존중하고 정해진 규칙과 절차를 존중하는 사회적 민주성을 담보로 기능을 발휘한다.

반면 국내에서 시행되고 있는 현행 환경영향평가제도의 특징을 살펴보면 환경보전정책의 집행수단으로 치우쳐 운영되는 바람에 사회·경제부문에 대한 고려가 부족하고, 국민들 즉 이해 당사자의 참여가 제한되고 있으며, 행정부 및 전문가집단 위주로 운영되고 있다는 것을 알 수 있다. 이러한 형태는 과거 엘리트 관료들이 국가를 효율적으로 운영하던 시절에 매우 효율적인 제도운영 방식이었으나 이제는 이런 제도운영방식이 더 이상 효과적이지 않음을 시사하는 증거가 종종 나타나고 있다. 환경영향평가를 포함하여 국가에서 시행하는 모든 검토과정을 거쳤으나 이후 국민들의 저항에 부딪혀 장기간 사업이 중단되는 바람에 막대한 사회적 손실을 가져온 사업으로 새만금 간척사업, 서울외곽순환고속도로, 경부고속철도 건설사업 등이 있다. 특히 유념해야 할 것은 현 제도상에서는 앞으로도 동일한 사건이 재발할 가능성이 크다는 점이다. 정부 및 전문가가 주도하였으나, 수십 년 동안 계속적으로 유치실패를 거듭하다 마지막에는 지역주민들의 극한투쟁과 반목이라는 쓰라린 경험을 딛고 입지가 확정된 경주 방사능폐기물처리장의 사례는 그 의미하는 바가 매우 크다. 이해당사자의 입장을 무시하고 일방적으로 정부 및 일부 전문가들에 의해 추진하는 과거의 방식에 대해 더 이상 국민들이 용납하지 않는다는 것이다. 사회·경제 및 환경적 이해득실에 대한 정보를 공개하고 공평한 규칙과 적절한 절차를 제공하면 우리사회도 얼마든지 최선의 결과를 이끌어낼 수 있는 잠재력이 있음을 증명한 것이다. 이는 공공참여 절차를 통해 다양한 이해관계자를 참여시키고 정보의 공개를 통해 최선의 결정을 이끌어내는 환경영향평가제도의 기본원리와 그 맥을 같이한다고 볼 수 있다.

1) 원리

일반적으로 "환경영향평가제도는 각종 정책, 프로그램 또는 개발사업 등을 시행하는 과정에서 발생할 수 있는 환경에 미치는 영향을 사전에 예측 분석하여 그 영향을 제거하거나 최소화할 수 있는 방안을 모색하는 계획기법의 일종" 또는 "사업자가 개발계획을 수립함에 있어 일반적으로 고려하는 경제성(기술성, 안전성) 등과 함께 환경성 및 사회적 형평성을 고려하도록 하여 환경적으로 건전하고 지속 가능한 발전을 유도하기 위한 제도" 등으로 설명된다. 이를 몇 가지 특징으로 구분하여 설명한다면 첫째, 미래 상황을 현재의 가치기준에 따라 평가해야하기 때문에 필연적으로 수많은 불확실성을 내포하고 있어 시대 상황에 따라 동일한 사안이라 할지라도 상이한 결정을 내리는 경우가 있을 수 있다. 실제 환경영향평가서에 기술하고 있는 대부분의 예측결과는 정도의 차이는 있겠지만 극단적으로 모두 틀리다는 것을 전제로 하고 있다는 것이다. 대부분의 행정관서에서 이루어지고 있는 인·허가 형태인 건축물의 준공검사와 같이 콘크리트 벽체에 몇 mm의 철근 몇 개를 넣었는가를 확인하는 것과 같이 변하지 않는 절대기준을 가지고 평가하는 것과는 근본적으로 다른 것이다. 둘째, 개발과 보전에 대한 판단기준이 매우 모호하다. 그림 2.1은 환경영향평가의 원리를 설명할 때 많이 인용된다. 가운데 실선으로 그려진 정삼각형은 경제성, 환경성 및 사회적 형평성 측면에서 더 이상 양보할 수 없는 임계값을 나타내고 있다. 그리고 점선과 장파선이 차지하는 삼각형의 면적이 동일하다고 가정해 보자. 장파선으로 나타낸 바와 같이 경제성을 보다 많이 추구한다면 사회적 형평성과 환경성에 대한 피해를 감수해야 할 것이다. 반면 환경성을 강조한다면 다른 부문(경제성 또는 사회적 형평성)에서 피해를 감수해야만 한다. 즉, 제로섬 게임과 같은 이치이다. 민주사회에서 그 수준(각각 추구하는 목표의 임계 허용값, 삼각형의 면적 또는 형태)의 결정은 특정집단이 아닌 그 전체 사회구성원 또는 해당 사업의 이해관계자 전체의 판단에 맡겨져야 한다. 궁극적으로 환경영향평가제도는 그림 2.1의 장파선으로 나타낸 바와 같이 어느 특정분야의 임계허용치를 침범하지 않으면서 균형 잡힌 최선의 의사결정을 유도하는 제도라 설명할 수 있다. 세 번째는 복잡성이다. 국내 환경영향평가서를 한 번이라도 접해 본 적이 있는 사람이라면 그 방대함과 복잡성에 대하여 혀를 내두를 것이다. 약 20년 이상 근무한 환경영향평가 관련 업무담당자조차 환경영향평가서의 내용 전부를 이해하기는 매우 어렵다. 우선 평가기준이 다른 여러 항목들이 수십 가지에 이른다. 뿐만 아니라 어떤 항목들은 추구하는 목적이 서로 배치되는 경우도 있다. 예를 들어, 도로를 새로

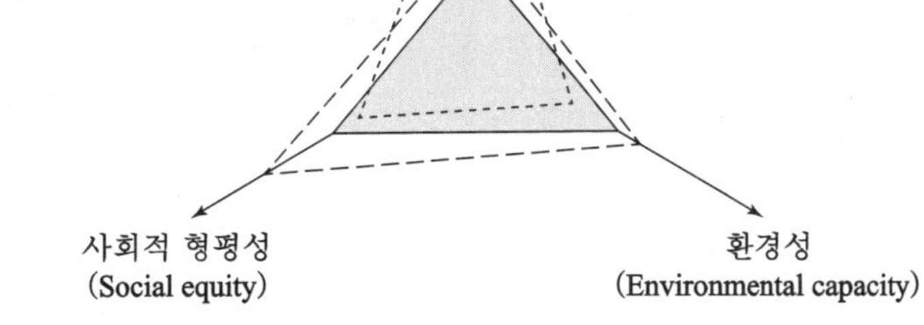

그림 2.1 균형 잡힌 최선의 의사결정
출처 : Judith Petts, 1999, Handbook of Environmental Impact Assessment Vol. 1. Blackwell Science Ltd. p. 20.

개설하는 경우 인간의 생활환경을 보다 쾌적하게 유지하고자 하는 항목(대기질, 수질, 소음·진동 등)을 전공한 전문가들은 도로의 노선을 가능하면 인간이 살고 있는 지역에서 멀리하고자 하는 취지의 의견을 피력할 것이다. 반면 동·식물, 지형·지질과 같은 자연환경을 전공한 전문가들은 도로의 노선을 자연환경이 우수한 삼림지역을 피해 도시지역과 근접한 지역으로 노선을 조정하라는 의견을 제시할 것이다. 이뿐만 아니라 사업의 종류, 사업이 시행되는 지역 및 시기에 따라 수많은 이해관계자가 존재하는 것이다. 따라서 충분한 식견을 갖추고 이를 중재하고 취합하여 최선의 의사결정을 이끌어 낼 수 있는 환경영향평가전문가의 도움이 필수적인 것이다.

2) 절차

이러한 한계를 극복하고 최선의 결정을 이끌어내기 위해서 환경영향평가제도에서는 다양한 절차를 가지고 있다. 그림 2.2는 미국 환경청(EPA : Environmental Protection Agency)의 환경영향평가 교육책자에서 인용한 것으로 전술한 환경영향평가의 한계를 극복하기 위한 전형적인 절차이다. 이 그림을 통해 환경영향평가제도의 원리를 정리해 보자. ① 사업자는 사업계획을 수립하는 순간부터 사업을 시행함에 따라 야기될지도 모르는 환경문제에 대한 책임감을 가지고 있어야 한다. 결국 경제성과, 환경성 및 사회성의 균형을 맞출 수 있는 결정권한을 가진 당사자는 사업자뿐이기 때문이다. ② 사업계획을 수립하는 단계에서 환경영향평가의 스크리닝(Screening)이라는 절차를 통해 환경영향평가절차를 진행할 것인지에 대한 여부를 판단한다. 이 단계에서 환경에 미치는 영향이 적은 사업은 FONSI (Finding of no Significant)라는 이름을 붙여 이후의 모든 환경영향평가 절차를 생략한다. 이는 환경영향평가 제도의 효율적 운영과 불필요하거나 유사한 환경영향평가서의 양산을 막아 평가서의 질을 향상시키는 기능을 한다. ③ 환경영향평가절차를 진행하기로 결정된 사업은 스코핑(Scoping)과정을 거친다. 이 절차는 사업계획에 따라 발생이 예상되는 환경문제 중에서 중요시되는 문제를 집중적으로 조명하여 이를 해결하고자 하는 노력이다. 이 또한 불필요하거나, 피해가 적은 일상적인 문제보다 근본적이고 중요한 문제해결에 집중하여 환경영향평가제도의 효율성을 높인다. ④ 이런 일련의 절차를 합리적으로 조정하는 역할을 담당하는 환경영향평가 전문가(EIA Expert)의 역할에 대해 알아보자. 환경영향평가전문가는 해당사업 및 지역적 특성의 파악, 해당사업의 시행에 따른 환경문제 예상, 이를 논의하여 해결할 수 있는 전문가 풀(Pool)의 구성, 각 이해관계자의 의견수렴 및 조정, 전문가의 의견을 일반인 또는 의사결정권자가 이해할 수 있는 수준으로 서술하고 동시에 논리성과 합리성을 갖춘 검토의견서를 작성할 수 있는 능력을 갖추어야 한다. 환경영향평가 전문가는 이와 같이 환경영향평가의 진행에 핵심적인 역할을 감당해야 하므로 종합·조정 능력이 탁월해야만 하고, 해당사업에 정통해야할 뿐만 아니라 오랜 경륜을 통해 특정 분야에 치우치지 않는 균형 잡힌

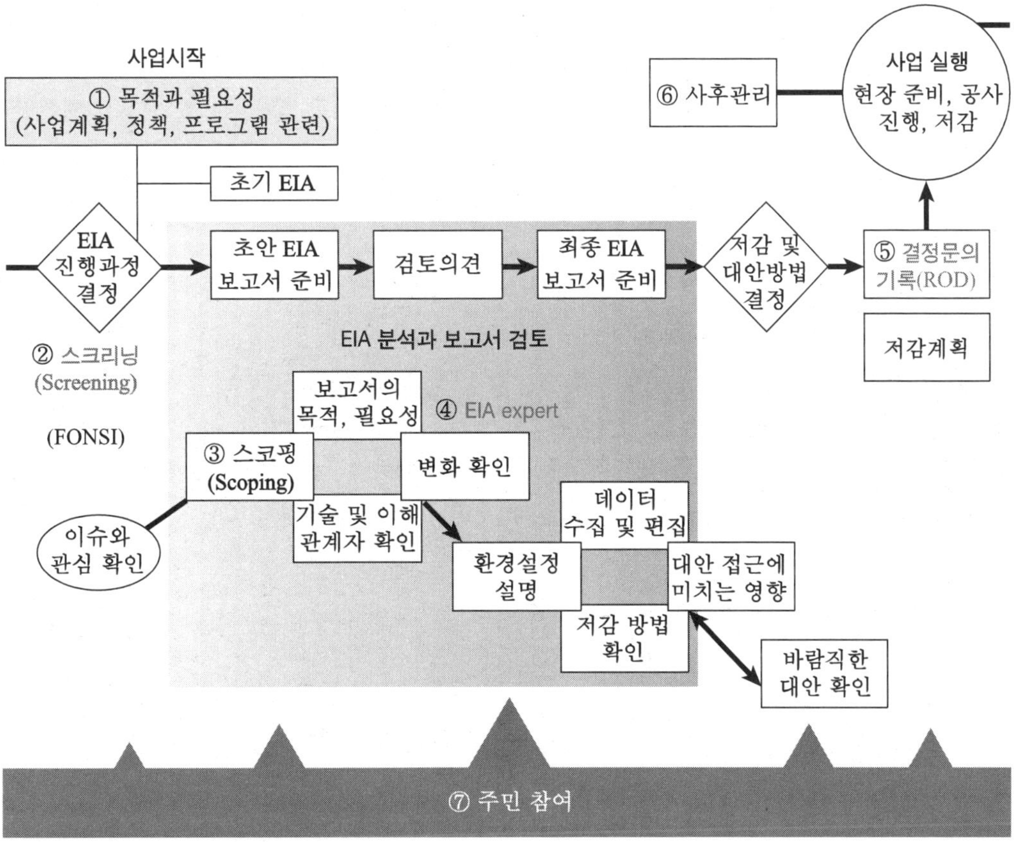

그림 2.2 미국의 환경영향평가 과정

출처 : U.S Environmental Protection Agency, 1998. Student Text for Principles of Environmental Impact Assessment Review, p. 2-2.

사고방식을 갖추어야 한다. ⑤ 다음 단계는 결정문서의 기록(ROD : Record of Decision) 과정이다. 이 과정은 그 동안 수많은 절차를 거치면서 제기된 의견들이 어떤 과정을 거쳐 조정되어 최종결론에 이르렀는가를 기록하는 것이다. 이는 최종결론에 이르는 과정이 합리적이었는가를 가늠하고 향후 발생되는 문제에 대한 원인파악을 용이하게 하여 제도발전에 기여한다. ⑥ 사후관리(Monitoring, Auditing) 단계는 환경영향평가제도의 불확실성을 보완하고 발전을 담보하는 절차라 할 수 있겠다. 전술한 바와 같이 환경영향평가제도는 제한된 정보를 근거로 미래상황을 예측해야하는 한계 때문에 예측한 결과를 모니터링하고, 조정하는 과정을 게을리 할 수 없다. 이 과정에서 미처 예측하지 못한 상황에 대한 대처와 잘못된 의사결정에 대한 적절한 수정을 통해 피해를 최소화 할 수 있다. 또한 이런 일련의 과정을 통해 습득된 각종 자료는 평가기법의 발전에 크게 기여한다. ⑦ 마지막으로 공공의 참여(Public Participation)는 가능한 다양하고 많은 이해관계자의 참여를 보장한다. 어떤 결정(스크리닝,

스코핑, ROD 등)이 내려지는 단계에서 결정된 사항에 대한 공개를 통해 다음 단계로의 진행에 대한 당위성을 인정받는다. 또한 이 과정을 통해 미처 고려하지 못한 새로운 정보를 습득하기도 하고, 다양한 정보들이 공유되어 불필요한 오해소지를 줄일 뿐만 아니라, 이해관계자들 간의 이견들이 조정되는 과정에서 갈등관계를 해소하는 역할을 한다. 물론 이런 효과를 달성하기 위해서는 우선 사업을 계획하거나 승인하는 자 또는 사업을 시행하려는 주관자가 환경재는 공짜로 주어지는 것이 아니며, 심각한 환경문제의 발생은 사업의 성패를 좌우하는 중요한 요소일 뿐만 아니라 이에 대한 무한 책임을 져야한다는 인식을 가지도록 압력을 가하는 사회적 분위기가 형성되어야 한다. 사업자의 이런 인식의 변화는 향후 발생할지도 모르는 사업시행에 따른 환경문제의 정도와 크기를 가늠할 수 있을 뿐만 아니라 불가피하게 예측하지 못한 환경문제가 발생하는 경우에도 최소한 도덕적인 측면에서는 그 책임을 덜게 된다. 사업자가 이런 인식을 갖도록 고차원적으로 유도하는 제도를 환경영향평가제도라 할 수 있으며, 정보의 공개와 공공의견의 수렴 그리고 환경영향평가 전문가의 육성이 그 핵심이라 할 수 있다.

2 도입 및 발전과정

1) 도입단계(1980년대)

우리나라에는 1977년에 환경영향평가제도가 소개된 이후 1980년에 환경청이 설립됨에 따라 1981년에 환경영향평가서 작성 등에 관한 규정을 제정·고시하여 환경영향평가제도가 본격적으로 시행되기 시작했다. 1986년 환경보전법 4차 개정(민간사업이 환경영향평가대상사업으로 포함됨) 전까지 환경청은 정부가 시행하는 개발사업에 대하여 환경성 검토의견을 제안하면 개발부처에서 그 의견을 고려하여 최종적인 결정을 내리는 환경영향평가제도의 일반적인 형태인 의사결정지원형 환경영향평가 제도를 운영하였다. 그러나 1980년대는 정부나 국민 모두 환경보전에 대한 인식보다는 국가발전을 위한 경제논리가 우세하던 시기였기 때문에 환경청의 적극적인 의견은 대부분 사업계획에 반영되지 못하는 상황이 반복되었다. 이는 경제력 및 국민의 환경보전 의식이 일정수준에 도달하지 못한 상황에서는 본래 환경영향평가제도가 가지고 있는 의미를 구현할 수 있는 제도의 운영이 불가능하다는 것을 확인하는 기간이었다. 다만 1980년대 후반 도입된 민간사업에 대해서는 환경영향평가의 효과가 강력히 발휘되어 환경보전정책의 구현수단으로서 환경영향평가제도의 가능성을 확인할 수 있는 기간이었으며, 이는 1990년대 강력한 환경영향평가제도로 변신되는 데 발판이 되었다.

- 환경보전법 제정(1977) : 최초 도입
- 환경보전법 개정(1979) : 대상사업을 3개 분야에서 6개 분야로 확대
- 환경보전법 개정(1981) : 공공단체, 정부투자기관사업 포함, 대상사업 확대
- "환경영향평가서 작성에 관한 규정"을 제정(1981) 고시하여 본격 시행
- 환경보전법 개정(1986) : 민간부문 개발사업 추가

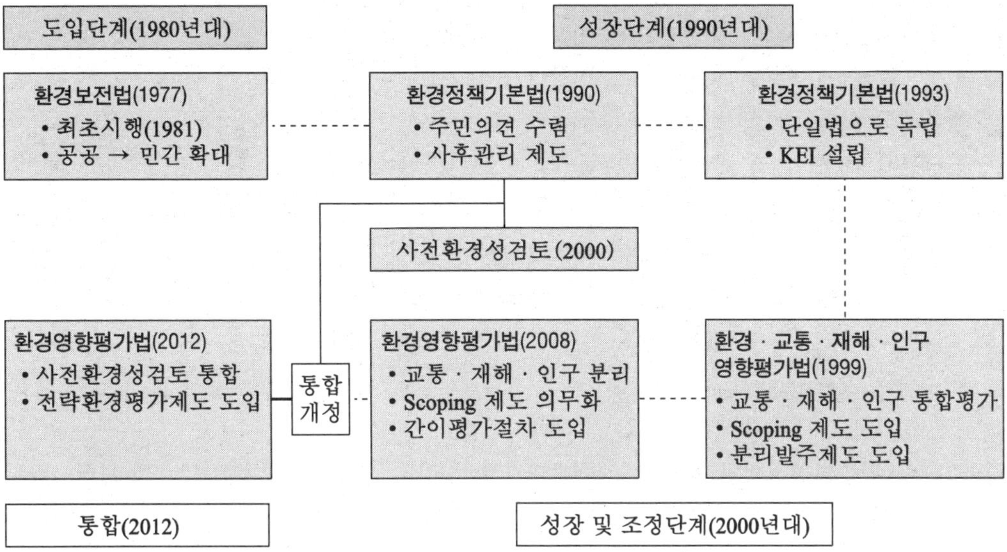

그림 2.3 환경영향평가제도의 시기별 변천

2) 성장단계(1990년대)

이 기간은 아직 전략환경영향평가제도(사전환경성검토제도)에 대한 개념이 도입되지 않았던 시기였으나, 환경영향평가제도의 근거법이 환경보전법 → 환경정책기본법 → 환경영향평가법으로 변경되면서 환경영향평가제도가 성장하고 체계가 잡혀가는 시기라 할 수 있다.

의사결정형 환경영향평가제도의 한계를 인식하고, 민간사업에 대한 환경영향평가의 효과를 경험한 환경청은 강력한 집행력을 갖는 규제형 환경영향평가제도로의 변화를 시도한다. 마침 1990년대 초 발생한 낙동강 페놀사건, 팔당호 골재채취사업과 같은 대형 환경사건이 발생하면서 국민들의 환경의식이 급상승하였고, 아울러 환경문제에 대한 NGO들의 활동이 격렬해지면서 1990년대 환경영향평가제도는 직접규제의 성격이 강한 제도(협의내용의 반영요구, 사후관리제도, 협의기준초과부담금제도, 벌칙조항 등)로 급속도로 성장하게 된다. 이상과 같이 환경영향평가제도를 환경보전정책을 구현하기 위한 수단으로 발전시켜온 결과, 인·허가 절차를 거쳐 사업을 시행하는 것과 같이 환경영향평가 협의를 거치지 않거나 협의의

견을 반영하지 않고 사업을 시행한다는 것은 생각하지도 못하는 상황이 되었다. 환경영향평가제도의 직접적인 효과를 인식한 정부 내 여러 부처에서 유사한 제도(교통영향평가, 인구영향평가, 재해영향평가 등)를 우후죽순 격으로 만들어 내게 된다. 아울러 환경영향평가에 대한 국민들의 관심이 높아지면서 환경영향평가 협의의견의 전문성을 강화하기 위하여 박사급으로 구성된 한국환경정책・평가연구원(KEI)이라는 전문검토기관을 설립하게 된다. 그 결과, 환경영향평가의 환경성이 지나치게 강조되어 개발사업의 진행에 큰 차질을 준다는 비판도 제기된다.

- 환경정책기본법 제정(1991) : 환경영향평가 대폭보완 강화・주민의견 수렴제도 및 사후관리제도 도입
- 환경정책기본법 개정(1992) : 지방환경관리청으로 협의업무 위임
- 환경영향평가법 제정(1993) : 평가제도 개선 및 보완・대상사업 확대, 주민 설명회 및 공청회 개최, 협의내용의 강제를 위한 벌칙조항
- 환경영향평가법 개정(1997) : 검토의견의 전문성확보・한국환경정책・평가연구원 설립

3) 성장 및 조정단계(2000년대)

1990년대 환경보전정책의 강력한 집행수단으로 성장한 환경영향평가제도는 1997년 IMF 경제위기가 닥치자 영향평가 관련 유사제도가 경제성장에 걸림돌로 작용하였다는 비판에 직면하게 되었다. 이런 비판에 대하여 정부는 환경부가 운영하는 환경영향평가와 각 부처에서 운영하고 있던 4개 영향평가제도(환경, 교통, 인구, 재해)를 환경・교통・재해 등에 관한 영향평가법으로 전격적으로 통합하였다(1999년 12월 31일). 그러나 이 조치는 각 영향평가제도가 유기적으로 작동하도록 정비된 것이 아니라 단순한 물리적 통합에 그쳐 그 시행에 많은 문제점을 낳았다. 그 결과 2008년에 환경영향평가 단일법으로 재정비되는 과정을 거치게 된다. 또한 국내 환경영향평가제도는 개발사업의 중요한 결정사항(입지, 규모 등)이 이미 완료된 이후인 실시설계 단계에서 환경영향평가를 시행하도록 규정되어 있기 때문에 그 과정에서 중대한 환경문제가 발견될 경우 협의기간이 장기화되는 경우가 빈발하게 되었다. 협의기간의 장기화에 따라 개발사업이 지연된다는 불만을 해결하기 위하여 환경당국은 협의기간을 대폭 줄일 수 있도록 제도를 개선하였다. 사업계획의 초기단계에 미리 환경성검토를 거쳐 환경성을 확보하고 환경영향평가협의기간을 줄일 수 있는 전략환경영향평가 개념이 도입된 사전환경성검토제도를 환경정책기본법(1999년 12월 31일)의 개정을 통해 도입하고 시행하게 된다. 이와 같이 1990년대 크게 성장했던 환경영향평가는 2000년대에서 외형적 성장을 멈추고 내적 정비를 하게 되었다. 반면 1990년대 상대적으로 그 기능이 미약했던 사전환경성검토제도는 2000년대에서 환경영향평가의 중요기능(입지선정, 토지이용계획 및 사업규모의 조정 등)을 넘겨받아 크게 성장하게 되었다. 특히 한국환경정책・평가연구원의 전문적이

면서도 집요한 검토의견은 환경당국이 환경영향평가제도를 운영하고 방향을 잡는데 큰 영향을 미쳤다.

- 환경정책기본법 개정(1999) : 사전환경성검토제도 도입
- 환경·교통·재해 등에 관한 영향평가법 제정(1999) : 환경영향평가, 교통영향평가, 재해영향평가, 인구영향평가 통합
- 환경영향평가법으로 재개정(2008) : 통합법에서 환경영향평가를 분리하고 교통, 재해, 인구영향평가 관련사항을 삭제

4) 통합(2012)

환경영향평가제도가 환경정책기본법에 따른 사전환경성검토제도와 환경영향평가법에 따른 환경영향평가로 이원화되어 운영됨에 따라 발생하는 아래와 같은 문제점을 해결하기 위하여 환경영향평가법 전부개정령을 공포(2011년 7월 21일)하고 시행(2012년 7월 22일)하게 되었다.

- 동일 목적의 제도(사전환경성검토, 환경영향평가)를 각기 다른 법률에 근거하여 시행하고 있어 일관성 및 합리성이 떨어지고 절차가 복잡
- 환경정책의 기본방향을 규정하는 기본법인 환경정책기본법에 근거하는 사전환경성검토는 법령의 특성상 세부적인 시행방안 및 강제사항을 규정하기 곤란

각기 다른 법령에 근거하여 이원화되어 시행되어 왔던 환경영향평가 제도를 일원화하여 2012년 전면 개정된 환경영향평가법은 전략환경영향평가와 환경영향평가 대상사업과의 일관성을 확보하는 등 환경영향평가의 틀을 갖추어가고 있고, 특히 법률체계상으로는 어느 정도 완전한 모습을 갖추었다는데 그 의미를 찾을 수 있겠다. 전면 개정된 환경영향평가법의 특징은 다음과 같다.

- 환경영향평가의 명칭을 전략환경영향평가, 환경영향평가, 소규모 환경영향평가로 명확히 구분(환경영향평가법 제2조)
- 유사기능의 위원회를 환경영향평가협의회로 통합
- 행정계획의 특성을 고려하여 정책계획과 개발기본계획으로 구분하여 주민의견 수렴과 같은 절차의 합리화
- 당초 근거가 없었던 사전환경검토서의 작성 대행을 포함하여 환경영향평가대행업자 작성근거 규정 마련
- 종합적이고 체계적인 환경영향평가서를 생산하고 이에 따른 관리와 책임을 강화하기 위하여 환경부 장관이 인정하는 환경영향평가사 자격제도 도입

3 환경영향평가제도 현황

1) 환경영향평가법 개요

환경영향평가법의 구성은 총칙, 본칙, 보칙, 벌칙, 부칙으로 구성되는 일반 법령의 구조를 그대로 유지하고 있다. 환경영향평가법은 본문 76개조, 부칙 3개조로 이루어져 있다. 총칙에서는 법률의 목적, 정의, 국가 등의 책무, 기본원칙, 목표의 설정, 대상지역, 분야 및 항목, 환경영향평가협의회 등 원칙적·총괄적 사항을 규정하고 있다. 본칙은 총 6개의 장으로 구성되어 있고 구성현황은 다음과 같다.

- 제2장은 전략환경영향평가의 대상, 항목·범위 결정, 초안 작성 및 의견수렴, 평가서 협의, 협의내용 이행, 재협의, 변경협의 등을 규정
- 제3장은 환경영향평가의 대상, 항목·범위 결정, 의견수렴, 협의, 재협의, 변경협의, 협의내용 반영, 조정요청, 사후환경영향조사, 협의내용 이행 및 관리, 시·도 조례에 따른 환경영향평가 등을 규정
- 제4장은 소규모 환경영향평가의 대상, 평가서 작성 및 협의요청, 평가서 검토, 협의내용 반영, 사전공사의 금지, 사업 착공 등의 통보, 협의내용 이행 및 관리감독 등을 규정
- 제5장은 개발기본계획과 사업계획의 통합수립에 따른 특례, 환경영향평가 협의 절차 등에 관한 특례, 약식평가절차의 완료에 따른 평가서의 작성 등을 규정
- 제6장은 환경영향평가의 대행 등, 환경영향평가업의 등록, 결격사유, 환경영향평가업자의 준수사항, 등록취소, 보고·조사, 대행실적의 보고, 대행비용의 산정기준 등을 규정
- 제7장은 환경영향평가사, 환경영향평가사의 준수사항, 자격취소 등을 규정

  보칙에서는 환경영향평가서의 공개, 청문, 환경영향평가 전문기관의 수행사항, 비밀유지의 의무, 정보시스템의 구축·운영, 환경영향평가협회, 권한의 위임 및 위탁 등을 규정

  벌칙은 환경영향평가 관련 위반사항에 대한 벌칙, 양벌규정, 과태료 등을 규정

새로 개정된 환경영향평가법에서 규정하고 있는 환경영향평가절차를 도식화하면 그림 2.4와 같다. 그 특징을 개략적으로 살펴보면 전략환경영향평가와 환경영향평가, 협의내용관리가 일관성 있게 순차적으로 이루어진다는 점과 주민의견수렴 및 정보의 공개와 같은 공공참여의 기회를 합리적으로 확대하였다는 점을 가장 큰 특징으로 볼 수 있다.

표 2.1 환경영향평가법 요약

법의 구성	규정 내용
제1장 총칙	• 목적 및 정의 • 국가 등의 책무 • 환경영향평가의 기본원칙 • 환경보전목표의 설정 • 환경영향평가의 대상지역 • 환경영향 평가분야 및 항목 • 환경영향평가 협의회
제2장 전략환경영향평가	• 전략환경영향평가 대상, 제외 • 평가항목 · 범위 등의 결정 • 초안 작성 및 의견수렴, 재수렴 • 평가서 작성 및 협의요청 • 검토, 협의내용 통보, 협의내용의 이행 • 재협의, 변경협의 등
제3장 환경영향평가	• 환경영향평가 대상, 제외 • 평가항목 · 범위 등의 결정 • 초안 작성 및 의견수렴, 재수렴 • 평가서 작성 및 협의요청 • 검토, 협의내용 통보, 협의내용 반영 • 조정요청, 재협의, 변경협의, 사전공사의 금지 등 • 협의내용의 이행 • 사후환경영향조사 • 사업 착공 등의 통보 • 협의내용 이행의무 승계, 관리 · 감독 • 조치명령 • 재평가 등 • 시 · 도조례 환경영향평가
제4장 소규모환경영향평가	• 소규모환경영향평가 대상, 제외 • 소규모환경영향평가서 작성 • 협의요청 • 평가서 검토 및 통보 • 협의내용의 반영 • 사전공사의 금지 • 사업 착공 등의 통보 • 협의내용의 이행관리 · 감독
제5장 환경영향평가 등에 관한 특례	• 개발 · 사업계획 통합 특례 • 환경영향평가의 협의절차에 대한 특례 • 약식절차의 완료에 따른 평가서의 작성 · 제출
제6장 환경영향평가 대행	• 환경영향평가 대행 • 환경영향평가업의 등록 • 결격사유 • 환경영향평가업자 준수사항 • 등록취소, 영업정지 등 • 영향평가 대행실적 보고 • 대행비용의 산정기준
제7장 환경영향평가사	• 환경영향평가사 • 환경영향평가사 준수사항 • 환경영향평가사 자격취소 등
제8장 보칙	• 환경영향평가서 등의 공개 • 한국환경정책 · 평가연구원 등 관계 전문기관 수행사항 • 비밀 엄수의 의무 • 정보지원시스템 구축 · 운영 • 환경영향평가협회 • 권한의 위임 및 위탁
제9장 벌칙	• 벌칙, 양벌규정 • 과태료

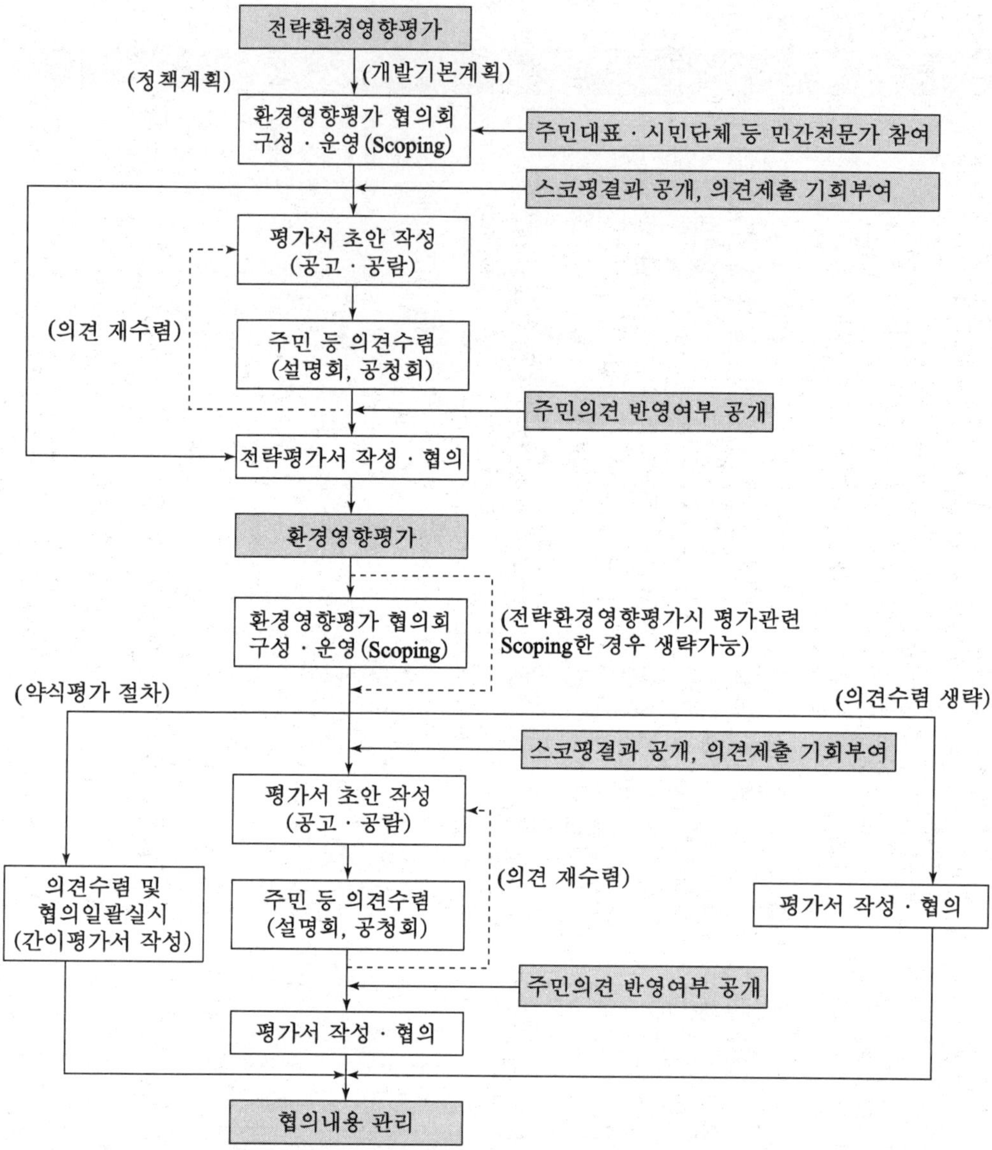

그림 2.4 환경영향평가 협의 절차

2) 전략환경영향평가

(1) 대상

전략환경영향평가 대상계획은 환경영향평가법 제9조에 규정하고 있으며, 정책계획과 개발기본계획으로 구분한다. 정책계획은 국토의 전 지역이나 일부지역을 대상으로 개발 및 보전 등에 관한 기본방향이나 지침을 제시하는 계획으로, 개발기본계획은 국토의 일부 대상지역을 대상으로 하는 계획으로 구체적인 개발구역의 지정에 관한 계획 또는 개발법령에서 실시계획 등을 수립하기 전에 수립하도록 하는 계획으로 실시계획 등의 기준이 되는 계획으로 정의되고 있다. 전략환경영향평가 대상계획의 구체적인 종류는 환경영향평가법 시행령 별표 2에 규정하고 있다. 정책계획 15개 행정계획, 개발기본계획 86개 행정계획을 대상으로 한다.

(2) 절차

전략환경영향평가는 행정계획의 성격을 고려하여 정책계획과 개발기본계획으로 구분하며, 상위 행정계획 단계부터 개발시행단계까지 일련의 절차에 따라 전략환경영향평가를 실시하고 있다. 그림 2.5에 전략환경영향평가 절차를 도식화하였다. 평가준비서의 작성 → 전략환경영향평가서 초안의 작성 → 주민의견 수렴 → 전략환경영향평가서의 작성 → 전략환경영향평가서의 검토 → 협의 → 조치계획 수립 등의 절차를 거친다. 전략환경영향평가 절차에 있어서 정책계획과 개발기본계획의 차이는 전략환경영향평가서 초안의 작성 및 주민의견 수렴절차가 없다는 것이다. 그 이유는 정책계획은 대상지역의 전국토를 대상으로 하고 있거나 대부분의 계획이 추상적이기 때문에 제도의 효율성을 높이기 위함이다.

(3) 평가 항목 · 범위 등의 결정

전략환경영향평가의 평가항목은 환경영향평가법 제7조 및 시행령 제2조 별표 1에 규정되어 있다. 정책계획은 그 특성에 따라 환경보전계획과의 부합성 및 계획의 연계성 · 일관성과 계획의 적정성 · 지속성을 주요 평가항목으로 규정하고 있다. 개발기본계획은 계획의 적정성과 입지의 타당성 중 자연환경의 보전, 생활환경의 안정성 및 사회 · 경제환경과의 조화성을 주요 평가항목으로 규정하고 있다. 평가 항목 · 범위 등의 결정은 환경영향평가법 제11조에 규정하고 있는데 상기의 전략환경영향평가 협의절차 중 평가준비서를 작성하여 환경영향평가협의회의 심의를 거쳐 결정한다.

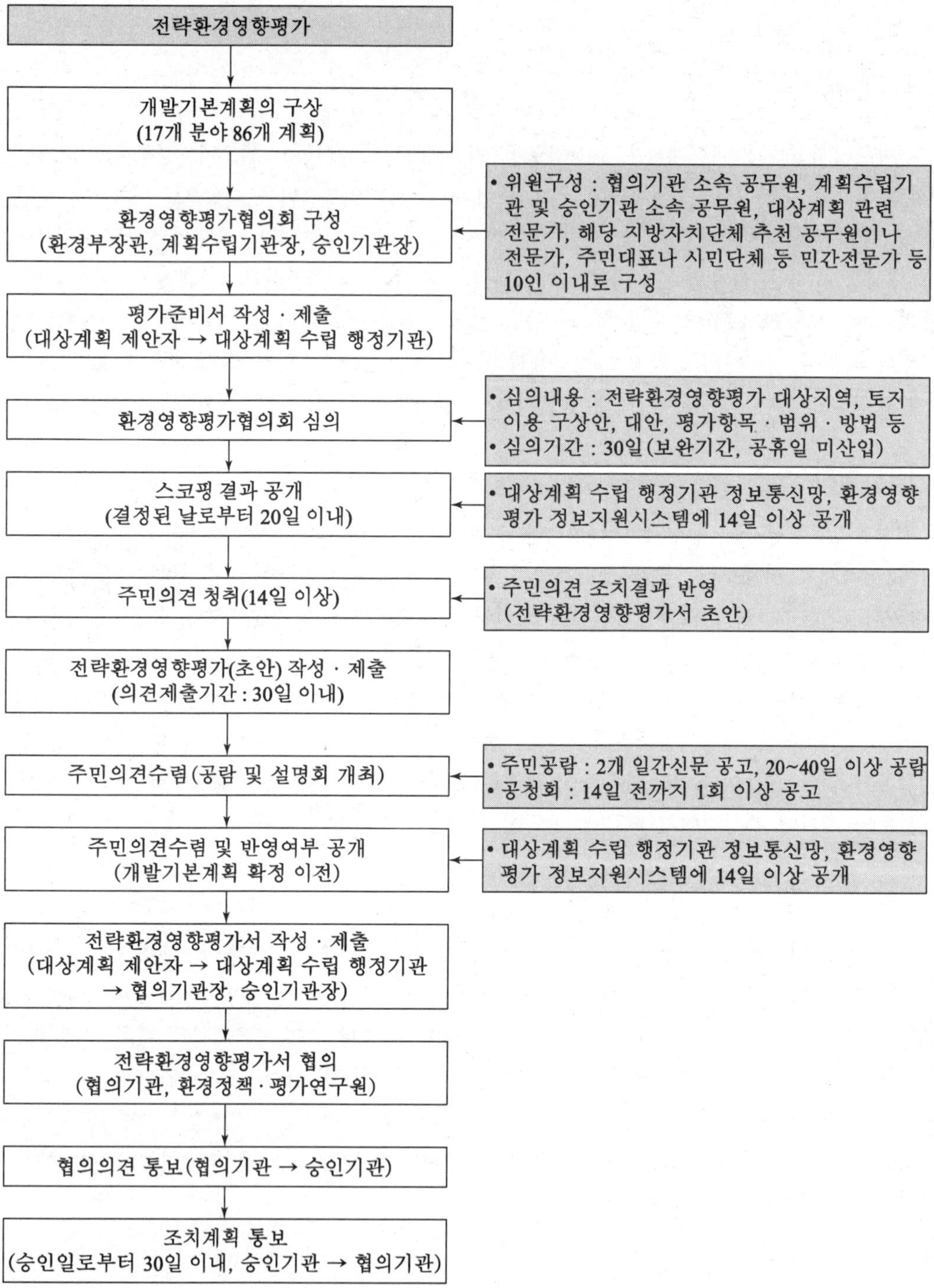

그림 2.5 전략환경영향평가 협의절차

표 2.2 전략환경영향평가 평가항목

정책계획	개발기본계획
1) 환경보전계획과의 부합성 가) 국가 환경정책 나) 국제환경 동향 · 협약 · 규범 2) 계획의 연계성 · 일관성 가) 상위 계획 및 관련 계획과의 연계성 나) 계획목표와 내용과의 일관성 3) 계획의 적정성 · 지속성 가) 공간계획의 적정성 나) 수요 공급 규모의 적정성 다) 환경용량의 지속성	1) 계획의 적정성 가) 상위계획 및 관련 계획과의 연계성 나) 대안 설정 · 분석의 적정성 2) 입지의 타당성 가) 자연환경의 보전 (1) 생물다양성 · 서식지 보전 (2) 지형 및 생태축의 보전 (3) 주변 자연경관에 미치는 영향 (4) 수환경의 보전 나) 생활환경의 안정성 (1) 환경기준 부합성 (2) 환경기초시설의 적정성 (3) 자원 · 에너지 순환의 효율성 다) 사회 · 경제 환경과의 조화성 : 환경친화적 토지이용
자료 : 「환경영향평가법」 시행령 <별표 1>	

3) 환경영향평가

(1) 대상

환경영향평가의 대상사업은 환경영향평가법 제22조에 아래와 같이 규정하고 있으며 구체적인 종류 및 범위 등은 시행령 별표 3에 규정하고 있다.

1. 도시의 개발사업
2. 산업입지 및 산업단지의 조성사업
3. 에너지 개발사업
4. 항만의 건설사업
5. 도로의 건설사업
6. 수자원의 개발사업
7. 철도(도시철도를 포함한다)의 건설사업
8. 공항의 건설사업
9. 하천의 이용 및 개발 사업
10. 개간 및 공유수면의 매립사업
11. 관광단지의 개발사업
12. 산지의 개발사업
13. 특정 지역의 개발사업
14. 체육시설의 설치사업
15. 폐기물 처리시설의 설치사업
16. 국방 · 군사 시설의 설치사업
17. 토석 · 모래 · 자갈 · 광물 등의 채취사업
18. 환경에 영향을 미치는 시설로서 대통령령으로 정하는 시설의 설치사업

이와 같이 현재 환경영향평가법은 도시의 개발, 산업입지 및 산업단지의 조성, 에너지 개발 등 모두 17개 분야 76개 단위사업을 평가 대상사업으로 정하고 있다. 이는 환경영향평가

법에서 규정하는 대상사업(추진 근거법, 사업의 종류, 규모 등)에 대해서만 환경영향평가를 실시하는 것으로 앞서 환경영향평가원리에서 살펴보았던 미국의 대상사업 선정과정(Screening)과는 다르다. 어떤 방법이 옳은가는 해당국가의 상황에 따라 달라질 수 있다.

(2) 절차

환경영향평가의 절차는 사업자가 평가준비서를 작성하여 승인기관 또는 환경부장관에게 제출하여 환경영향평가협의회를 통해 평가항목 및 범위, 평가대상지역, 주민의견수렴 여부, 약식 환경영향평가 대상여부 등을 결정하는 scoping 단계와 환경영향평가협의회 결과를 수용하여 영향평가를 진행하는 단계, 협의내용 통보 후 협의내용에 대한 이행여부 확인 및 사후환경영향을 조사하는 3단계로 구분해 볼 수 있다(그림 2.6).

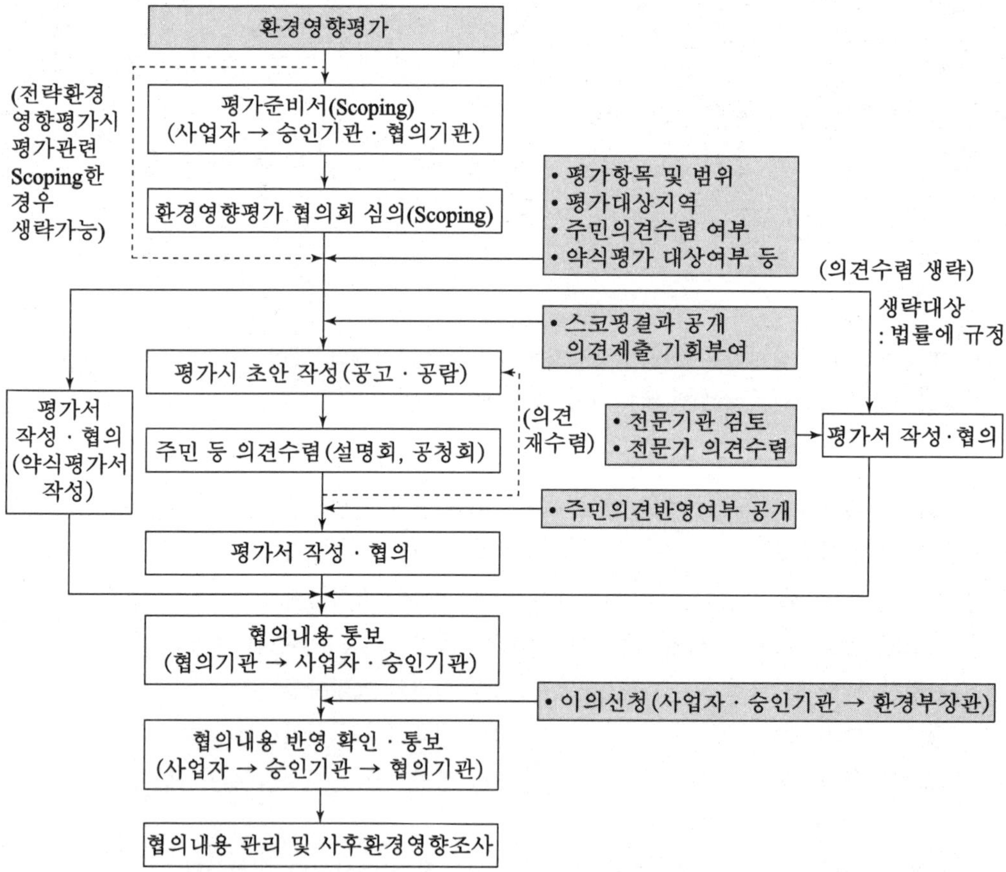

그림 2.6 환경영향평가 협의절차

(3) 평가 항목 · 범위 등의 결정

환경영향평가의 평가항목은 환경영향평가법 제7조 및 시행령 제2조 별표 1에 규정되어 있으며, 자연생태환경, 대기환경, 수환경, 토지환경, 생활환경, 사회·경제환경 분야 등 6개 분야 21개 항목으로 구성되어 있다. 안정성 및 사회·경제환경과의 조화성을 주요 평가항목으로 규정하고 있다. 평가 항목·범위 등의 결정은 환경영향평가법 제24조에 규정하고 있는데 상기의 환경영향평가 협의절차 중 평가준비서를 작성하여 환경영향평가협의회의 심의를 거쳐 결정한다.

표 2.3 환경영향평가 평가항목

분 야	평 가 항 목	
자연생태환경 분야	1) 동·식물상	2) 자연환경자산
대기환경 분야	1) 기상 3) 악취	2) 대기질 4) 온실가스
수환경 분야	1) 수질(지표·지하) 3) 해양환경	2) 수리·수문
토지환경	1) 토지이용 3) 지형·지질	2) 토양
생활환경	1) 친환경적 자원순환 3) 위락·경관 5) 전파장해	2) 소음·진동 4) 위생·공중보건 6) 일조장해
사회환경·경제환경	1) 인구 3) 산업	2) 주거

자료 : 「환경영향평가법」 시행령 <별표 1>

4) 소규모 환경영향평가

(1) 대상

환경영향평가법 제2조(정의)에서는 소규모 환경영향평가란 환경보전이 필요한 지역이나 난개발(亂開發)이 우려되어 계획적 개발이 필요한 지역에서 개발사업을 시행할 때에 입지의 타당성과 환경에 미치는 영향을 미리 조사·예측·평가하여 환경보전방안을 마련하는 것으로 정의하고 있다. 소규모 환경영향평가 대상사업은 보존용도지역에서의 일정규모이상의 개발사업을 대상으로 환경영향평가법 제43조에 규정하고 있으며 농림지역, 개발제한구역, 생태계보전지역 등 19개 용도지역에서의 5,000~30,000 m^2 이상의 개발사업(민간개발사업 포함)에 한하여 시행토록 규정되어 있다.

표 2.4 환경영향평가법에 의한 소규모 환경영향평가 대상사업의 종류 및 규모

구분 \ 사업계획면적	5,000 m^2 이상	7,500 m^2 이상	10,000 m^2 이상	30,000 m^2 이상
국토의 계획 및 이용에 관한 법률	자연환경보전지역	농림지역		
	보전관리지역	생산관리지역	계획관리지역	
	관리지역 내 5,000 m^2 미만의 공장			
개발제한구역의 지정 및 관리에 관한 특별조치법	개발제한구역			
자연환경보전법	생태경관보전지역 (핵심구역) 자연유보지역	생태경관보전지역 (완충구역)	생태경관보전지역 (전이구역)	
야생동식물보호법	야생동식물보호구역			
산지관리법			공익용산지	공익용산지외의 산지
자연공원법	자연보존지구	자연환경지구		
습지보전법	습지보호지역	습지주변관리지역 습지개선지역		
수도법	광역상수도설치지역 (공동주택의 건설)	광역상수도설치지역 (공동주택 제외)		
하천법			하천구역	
소하천정비법		소하천구역		
지하수법	지하수보전구역			
초지법				초지조성허가신청
그 밖의 개발사업	위의 규정에 의한 최소대상면적의 60% 이상인 개발사업 중 관계행정기관의 장이 필요하다고 결정한 사업			
자료 : 「환경영향평가법」 시행령 제59조 <별표 4>				

(2) 절차

소규모 환경영향평가는 기존 환경정책기본법상의 사전환경성검토(개발사업 대상)가 환경영향평가법으로 전면개정 되면서 명칭을 변경하여 시행되는 것이다. 승인 등을 받아야 하는 사업자는 소규모 환경영향평가 대상사업에 대한 승인 등을 받기 전에 소규모 환경영향평가서의 작성 → 승인기관의 장에게 제출 → 소규모 환경영향평가서의 검토 및 협의 →협의의견 통보 → 조치계획 수립 →협의내용 관리 등의 절차를 따라 진행한다.

승인 등을 받아야 하는 사업자는 소규모 환경영향평가 대상사업에 대한 승인 등을 받기 전에 소규모 환경영향평가서의 작성 → 승인기관의 장에게 제출 → 소규모 환경영향평가서의 검토 및 협의 → 협의의견 통보 → 조치계획 수립 → 협의내용 관리 등의 절차를 따라 진행한다.

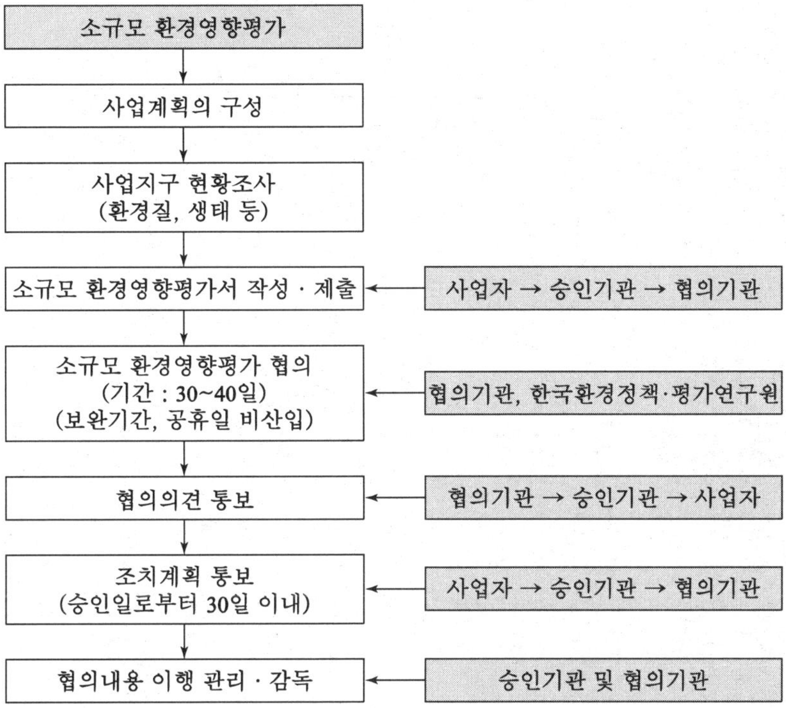

그림 2.7 소규모 환경영향평가 협의 절차

(3) 평가항목

소규모 환경영향평가의 평가항목은 환경영향평가법 제7조 및 시행령 제2조 별표 1에 규정되어 있다. 소규모 환경영향평가의 평가항목은 사업개요 및 지역 환경현황(사업개요, 지역개황, 자연생태환경, 생활환경, 사회 · 경제환경)과 환경에 미치는 영향예측 · 평가 및 환경보전방안(자연생태환경, 대기질, 악취, 수질, 해양환경, 토지이용, 토양, 지형 · 지질, 친환경적 자원순환, 소음 · 진동, 경관, 전파장해, 일조장해, 인구, 주거, 산업)으로 구성되어 있다.

표 2.5 소규모 환경영향평가 평가항목

사업개요 및 지역 환경현황	환경에 미치는 영향 예측·평가 및 환경보전방안	
1) 사업개요 2) 지역개황 3) 자연생태환경 4) 생활환경 5) 사회·경제환경	1) 자연생태환경(동·식물상 등) 3) 수질(지표, 지하), 해양환경 5) 친환경적 자원순환, 소음·진동 7) 전파장해, 일조장해	2) 대기질, 악취 4) 토지이용, 토양, 지형·지질 6) 경관 8) 인구, 주거, 산업
자료 : 「환경영향평가법」 시행령 <별표 1>		

4 현행 제도의 한계와 발전방향

1) 한계

우선 사업자들이 가지고 있는 가장 큰 불만사항은 환경측면으로 과도하게 치우쳐진 검토의견과 협의기간의 지연이라 볼 수 있다. 이러한 현상은 현행 제도 아래서는 근본적인 해결방안이 없다. 환경부는 환경보전을 위해 만들어진 부서이므로 환경성만을 전적으로 고려한 검토의견을 제시하는 것은 어쩌면 당연한 일이기 때문이다. 경제성 또는 사회성을 고려할 경우 공무원이 가장 피하고 싶은 감사의 부담에 직면하게 되는 것이다. 또한 반드시 거쳐야 하고 긍정적인 협의의견을 받아내야 사업의 추진이 가능한 현재의 국내 환경영향평가시스템은 가능한 약점을 숨기거나 합리화에 치우쳐 환경영향평가서의 부실, 협의기간 지연, 이해관계자들 간의 상호 불신 등의 부작용을 초래하고 있다. 검토자 또는 협의권자가 가지는 가장 큰 불만은 과다한 업무량과 부실한 환경영향평가서이다. 한정된 인원으로 연간 천여 건이 넘는 환경영향평가관련 보고서를 심도 있게 검토하는 것은 실질적으로 불가능하다. 뿐만 아니라 표출되지 않은 환경영향평가서의 잘못된 부분을 찾아내기까지 해야 한다. 이런 상황에 직면한 검토자들은 자기방어적인 의견을 양산하게 되어 협의기간이 길어지는 악순환을 되풀이 하게 된다. 지금과 같이 사업자가 환경문제에 대한 책임감 없이 환경영향평가협의 절차를 통과하려는 데에만 총력을 기울이는 상황에서는 인력 증원만으로 극복하기 어려운 문제이다. 마지막으로 NGO들을 포함한 이해관계자들은 정보의 부족을 토로한다. 사실 현재의 주민의견수렴 시스템은 매우 초보적인 수준에 머물러 있어 유용한 정보의 수집 및 갈등해소를 기대하기란 어려운 실정이다. 현재 주민들에게 공개되고 있는 환경영향평가서(초안)와 설명회자료는 전문가도 해독하기 어려운 수준으로 작성되어 있다. 최근 공개되고 있는 협의의견 역시 최종 협의의견만을 제공하고 있어 어떤 과정을 거쳐 최종 결정이 이루어 졌는가를 확인할 수 없어 그 효용성이 제한적이다.

2) 발전방향

인·허가제도와 유사한 형태인 현 제도는 준공검사를 끝낸 건축물에 대해 그 안전성을 관련부처가 보증하듯이 환경영향평가협의를 통과한 사업에 대해서 사업자는 환경에 대한 책임을 다했다는 면죄부를 정부가 발행한 것이라는 오해가 발생한다. 환경영향평가는 건축물의 준공검사와 다르다는 것을 앞서 환경영향평가의 원리에서 설명한 바 있다. 이런 사유로 사업자는 환경영향평가협의를 가능한 빠르게 통과하려는 데에만 모든 역량을 동원하게 된다. 가능하면 환경적으로 문제가 될 만한 사안은 축소·은폐하려는 유혹을 갖게 되고 이를 환경영향평가대행자에 강요하는 경우가 발생하는 경우도 있다. 이런 사유들이 모여 부실한 환경영향평가서가 작성되는 것이다. 이런 의도를 차단하기 위해서 정부는 많은 검토인력을 투입하여 이중, 삼중의 검증장치를 계속적으로 구축하고 있다. 이런 악순환의 결과 환경영향평가제도의 질적 향상을 기대하기 어려운 상태가 지속되고 있다. 현재까지 그 틀을 유지하고 있는 규제형 환경영향평가제도는 개발욕구가 팽배하던 시절에 소수의 엘리트 관료들이 당시 환경보전의식이 낮았던 국내 사정을 극복하고 환경정책을 구현하기 위한 수단으로 매우 효과가 큰 방법이었다는 것을 인정하지 않을 수 없다. 이 방법은 소수의 관료와 전문가들이 이끌어가는 형태로 상대방을 불신하고 강제하는 특징이 있다.

더 이상의 땜질식 제도보완은 곤란하다. 새로운 패러다임을 갖는 한 차원 높은 제도로 거듭나야 한다. 그래야만 새로운 시대에 적응할 수 있고, 국익에 보탬이 되며 국민들이 신뢰하는 제도로 거듭날 수 있는 것이다. 다만 그동안 과거의 시대상황에 익숙하게 성장해 버린 국내 환경영향평가제도를 새로운 시대상황에 맞게 변화시켜야 하는 과제가 남아 있다. 그동안 우리의 환경영향평가제도가 과거의 시대 상황에 너무 익숙해져 있고 비대해졌다는 것이다. 국내에서 시행되는 어느 정도 규모가 되는 대부분의 사업은 수차례 걸쳐 환경영향평가협의과정을 통과해야한다. 그 과정에서 수많은 행정력과 막대한 경비가 투입되고 있다. 과연 이 과정에 투입되는 인력이 효율적으로 운영되고 있는가? 또한 이 과정에 투입되는 경비가 효과적으로 사용되고 있는가? 또한 현재 운영되고 있는 국내 환경영향평가제도의 효용성이 어느 정도인가를 냉철하게 판단해 보아야 한다. 결론적으로 지금의 우리사회 수준이라면 환경영향평가제도의 본래 모습인 의사결정지원형을 근간으로 하는 형태로 환경영향평가 제도를 변화시키는 것이 바람직하다고 본다. 그 기본 방향은 다음과 같다. 첫째, 경제성 등과 마찬가지로 환경문제에 대한 책임을 사업자(승인권자)에게 전적으로 지도록 하여 사업자 스스로 계획초기 단계부터 환경문제를 고려할 수 있도록 유도하여야 한다. 둘째, 환경관련 부서에 집중되어 있는 환경전문가들이 개발사업 부서 등 각계각층에 활약할 수 있도록 하여 개발부서의 자체 환경계획수립 능력을 증가시켜야 한다. 셋째, 단순히 환경성만 고려한 환경영향평가검토가 아니라 경제성, 사회성 등이 어우러진 환경영향평가 결과를 생산해야 한다. 넷째, 환경영향평가 단계별로 결정된 사항 또는 정보를 적극적으로 공개하여 환경영향평가 과정자체를 갈등관계를 해소하는 제도로 활용하여야한다. 다섯째, 환경영향평가 제도를 전문적으로 운영할 수 있는 능력이 있는 전문가를 양성하여야 한다.

참고문헌

국토해양부 고시, 2012, 국토계획평가에 관한 업무처리지침.

신보균 외, 2013, 환경영향평가 실무, 동화기술.

최준규, 2008, 환경영향평가 문제의 원인 및 연계성 분석을 통한 제도개선 연구, 환경영향평가, 17(1), 11-24.

최준규, 2008, 우리나라 환경영향평가제도에 요구되는 개혁의 필요성과 방향, 한국환경정책・평가연구원 환경포럼.

환경부, 2012, 환경영향평가법.

Judith Petts, 1999, Handbook of Environmental Impact Assessment, Vol. 1. Blackwell Science Ltd., 20.

U.S Environmental Protection Agency, 1998, Student Text for Principles of Environmental Impact Assessment Review, 2-2.

제3장

전략환경영향평가

1 개요

2개의 법률에 의해 운용되어온 환경영향평가와 사전환경성검토 제도의 이원화 체계는 2012년에 환경영향평가법이 전부 개정되면서 통합체계로 바뀌었다. 이에 따라 지난 20년 동안 사용해왔던 '사전환경성검토'란 용어는 역사 속으로 사라지고 대신 전략환경영향평가[1]라는 용어가 등장하여 새로운 환경평가 시대가 열리고 있다. 이러한 큰 변화에 대한 기대감도 크지만 다른 한편으로는 우려도 있다. 종전의 사전환경성검토와의 차별성이 없이 명칭만 바뀐 상태에서 전략환경영향평가(SEIA)[2]제도가 운영될 수 있기 때문이다.

2 환경정책과 전략환경영향평가

우리나라에서는 1960년대 초반 이후 괄목할만한 경제성장으로 인해 1980년대 후반에 와서 환경에 대한 요구가 증가하였고, 이런 요구가 환경정책에 반영되었다. 환경정책은 일반적으로 환경의 현 상태를 보호하고, 이미 오염된 환경을 개선하기 위한 국가적 수단의 총합으로 정의할 수 있다. 환경정책은 과거에 발생한 나쁜 환경영향의 제거, 현재 발생하고 있는

---

1) 외국에서는 일반적으로 전략환경평가라는 용어를 사용하지만 네덜란드에서 Strategic Environmental Impact Assessment(SEIA), 독일에서도 계획 환경영향평가(Plan UVP) 등 용어의 사용은 다양하다. 따라서 본 장에서는 법정 용어인 전략환경영향평가를 주로 사용하고자 하나 외국의 사례에서는 그 나라에서 사용하는 용어를 사용함.

2) 국토교통부는 1994년에 전략환경평가 업무처리규정을 제정하여 전략환경평가 제도를 운용하고 있다. 이에 대한 차별화 정책으로 환경부는 전략환경영향평가(SEIA : Strategic Environmental Impact Assessment)를 사용하고 있음.

환경오염의 방지 및 훼손된 생태계 복원, 미래에 다가올 나쁜 환경영향의 예방 분야를 다루고 있다.

이러한 환경정책은 크게 사전예방의 원칙, 오염자부담의 원칙, 상호협력의 원칙에 입각하여 시행된다. 전략환경영향평가제도는 사전예방의 원칙과 직접적으로 관련이 있다. 사전예방의 원칙은 이미 발생한 환경오염을 제거하는 사후처리기술(End of Pipe Technology)에 바탕을 둔 환경정책의 결함을 보완하고 위험의 과학적 증거가 부족하더라도 제반 환경오염과 생태계 훼손을 미리 예방한다는 것을 의미하며 이를 위해 환경평가와 같은 사전예방적 정책수단이 사용되고 있다.

3 계획과 전략환경영향평가

1) 계획의 5가지 특성

(1) 계획은 일련의 의사결정과정의 한 단계이다.

정부가 행정계획을 수립하는 행위는 하나의 조직적 의사결정이다. 계획단계에서의 의사결정은 일반적으로 정책적 의사결정의 토대 하에 가능하며 사업은 승인된 계획에 의해 확정된다. 계획에 따라 사업의 방향과 종류, 그리고 사업의 입지 및 개수가 정해지고 이를 근거로 사업추진에 필요한 예산을 확보할 수 있다. 이처럼 의사결정은 일반적으로 상위단계에서 하위단계로 흘러가는, 즉 정책단계 → 계획단계 → 사업단계로 구분된다. 이러한 일련의 의사결정 과정은 아래와 같은 사례를 통해 설명할 수 있다: 남해안 시대를 열겠다는 남해안 3개 시도의 선언[3]과 함께 2007년 동·서·남해안권발전특별법[4]이 제정되었는데 이는 정책단계에서의 의사결정을 의미한다. 특별법에 근거하여 수립된 동·서·남해안권발전종합계획은[5] 계획단계의 의사결정에 해당하며 그 이후 종합계획을 토대로 예를 들어 해안관광지 개발 사업에 대해 예산을 확보하고 사업을 추진하면 이는 사업단계의 의사결정이라 할 수 있다. 이처럼 각각의 의사결정은 하위단계의 의사결정에 지대한 효력을 가지므로 상위단계에서의 친

3) 2004년 11월 "남해안 해양경제축 개발을 강조하면서 국가균형발전과 지방분권화를 동시에 충족할 수 있는 남해안 시대를 열어 나갈 것"이라는 김태호 경남지사 경남도 의회 시정 연설 이후 2005년 2월에 김태호 경남도지사와 박준영 전남도지사, 양도의회 의장, 기초자치단체장 등 20여명이 경남 통영에서 만나 "남해안발전 공동선언문" 채택(서울신문 2005년 9월 9일, 남해안시대 구현을 위한 '남해안발전공동협의회' 첫시동)

4) 현재는 "동·서·남해안 및 내륙권 발전 특별법"으로 명칭 변경

5) 현재는 "해안권 또는 내륙권 발전종합계획"으로 명칭 변경

환경성이 하위단계에서의 환경적 고려를 판가름 짓는다. 따라서 각 단계별 환경적 고려를 할 수 있는 방안이 전략환경영향평가를 통해 마련될 수 있다.

(2) 계획은 상·중·하의 위계체계를 갖고 있다.

계획은 일반적으로 상·중·하의 위계 관계에 있다. 그 뿐만 아니라 해당 계획은 다른 계획과 관련이 있다.[6] 이론적으로 중위 계획은 상위계획의 내용을 반영하고 하위계획은 중위계획의 내용을 수용하여 수립된다(그림 3.1). 상·중위 계획은 대체로 5~10년 단위로 수립하는 계획이며 하위계획은 1~5년 단위로 수립되는 경향이 있다.

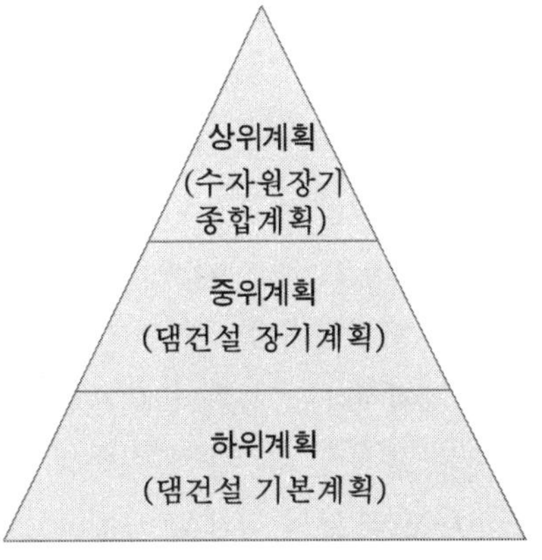

그림 3.1 계획의 위계(예)

(3) 계획의 위계에 따라 대안의 폭은 좁아진다.

계획의 위계는 단순한 상하의 등급 구분으로 끝나지 않고 대안 설정과 관련이 있다. 대안은 계획에 따른 환경문제를 해결하기 위한 여러 대안을 말한다. 일반적으로 의사결정 상위단계에서는 대안설정 범위의 폭은 매우 넓으며 하위 단계로 내려가면서 그 폭은 좁아진다. 폭 넓게 대안을 설정할 수 있다는 의미는 부정적 환경영향의 최소화의 근본적으로 가능성이 크고 하위단계로 내려가면서 그 가능성은 적어진다는 것을 의미한다. 예를 들어, 상위계획에서는 댐건설의 필요성 여부가 대안이라면 중위단계에서는 확정된 댐 건설 사업에 대한 종류 또는 입지 정도의 대안만 가능하다. 하위단계에서는 입지 내의 댐의 배치 또는 댐 높이 등에 대한 대안을 설정할 수 있다. 이에 따라 상위단계에서는 근본적인 대안을 통해 환경영향 발생 자체를 방지하거나 환경영향을 대폭 저감할 수 있지만 하위단계에서는 사업 확정 후에

6) 예를 들어, 댐건설장기계획은 수도정비계획과 유역종합치수계획과 관련이 있음.

대안을 설정하는 것이므로 대안을 통한 환경영향의 저감가능성은 매우 제한적이다.

(4) 계획은 일반적으로 불확실성을 갖고 있다.

의사결정에 필요한 정보가 부족한 상황에서 의사결정을 하게 되면 어떠한 결과를 얻을 수 있을지 잘 모르는 상황이 발생한다. 이러한 경우에 불확실성이 존재한다고 할 수 있다. 특히 정책계획인 중·장기계획은 먼 미래를 염두에 두고 수립하는 계획이므로 불확실성이 높다고 할 수 있다. 불확실성은 상위계획에서 중·하위계획으로 내려가면서 낮아지는 특성을 갖고 있다. 전략환경영향평가에서는 이러한 특성, 즉 불확실성의 정도를 고려하여야 한다. 계획의 위계에 따라 불확실성의 수준이 달라지기 때문에 사업 단계에서의 환경영향평가와는 근본적으로 다른 평가방법으로 접근하여야 한다.

(5) 일반적으로 계획의 위계에 따라 상세성의 차이가 있다.

계획은 목적, 전망, 현황, 사업계획 등 많은 내용을 담고 있다. 이 중 전략환경영향평가의 관점에서 가장 중요한 내용은 수요 충족을 위한 계획의 내용, 즉 개발계획이다. 개발계획은 부정적 환경영향을 유발하는 요소, 즉 환경영향요소가 된다. 계획의 내용은 계획의 종류에 따라 차이가 나지만 어떤 종류의 계획이라도 계획의 위계별 상세성은 서로 동일하다고 할 수 있다. 상위계획은 일반적으로 큰 틀에서 비전을 제시하고 전략을 수립하므로 수요에 따른 공급방안 등 개략적인 내용을 다루고 있어 상세성이 매우 낮다. 반면 하위계획은 구체적인 개발사업과 방법을 제시하므로 구체적인 사업내용이 포함되어 상세성이 매우 높다. 계획의 상세성은 환경평가 방법에 있어서 다른 접근을 요구하고 있다. 상세성의 수준에 걸맞게 환경평가방법은 달리하여야 한다. 환경영향평가와 같이 상세성이 아주 높은 사업단계에 적용하는 평가방법을 상세성이 낮은 상위계획에 적용하는 것은 이치에도 맞지 않고 적절하다고 볼 수 없다. 상위계획에서는 정성적, 상대 평가, 잠재적 평가방법이 주류를 이루고 있는 반면 하위계획이나 사업단계에서는 정량적, 실체적, 절대적 방법으로 환경평가를 시행한다.

2) 계획의 환경영향성

정부는 법률에 근거하여 수많은 행정계획[7]을 수립한다. 이 계획은 개발의 방향성과 개발의 내용을 결정하고 이에 근거하여 개발사업이 시행된다. 대부분의 계획에는 부정적 환경영향성이 내재되어 있다. 잠재적 환경영향성은 계획단계에서부터 최소화하여야 전략환경영향평가의 효과가 크게 나타난다.

7) 대체로 행정계획이란 「행정주체가 합리적인 국가업무의 수행을 위해 장래의 일정한 행정목표를 설정하고, 그 달성을 위해 상호 관련된 행정수단을 종합·조정함으로써 장래의 일정한 시점에 일정한 질서를 실현할 것을 목적으로 하는 활동기준 또는 그 설정행위」라고 할 수 있다.

일반적으로 계획수립은 향후 개발사업에 대한 방향과 전략을 제시하는 의사결정이다. 이러한 의사결정에 따라 향후 환경영향성이 크게 달라질 수 있다. 계획은 환경훼손의 잠재력을 갖고 있고 계획의 후속 조치로 사업이 시행되므로 근본적으로 사업에까지 영향을 미칠 수 있다. 계획에서 개발정책의 기조와 목표가 결정되고 목표달성을 위해 수단과 방법을 정하는데 이를 전략적 행위라고 할 수 있다. 이러한 전략적 행위에 따라 크고 작은 환경영향성이 발생할 수 있다.

3) 전략환경영향평가 대상 계획

정책－계획－사업으로 이어지는 일련의 의사결정과정은 부정적·긍정적 환경영향성이 내재되어 있다. 따라서 모든 과정에 대해 환경평가를 하는 것이 바람직하다. 하지만 우리나라를 비롯하여 대부분의 국가에서는 정책은 제외하고 계획에 대해서만 전략환경영향평가를 받도록 되어 있다. 우리나라에서는 계획을 정책계획과 개발기본계획으로, 유럽에서는 plan과 programme으로 구분한다.

4) 계획과 전략환경영향평가와의 관계

EU SEA 지침에 따라 계획수립권자가 전략환경평가를 주도하고, 환경관련기관은 환경평가를 통해 계획을 환경적 측면에서 지원해주는 역할을 한다. 이러한 역할 분담은 우리나라 제도와 대동소이하다. 하지만 차이가 나는 부분은 환경평가의 결과에 대한 부분이다.

우리나라 전략환경영향평가 제도에서는 "대상계획을 수립하려는 행정기관은 협의 의견을 전략환경영향평가서에 반영하여야 한다"라고 되어 있으나 환경영향평가법의 목적은 "환경보전방안 등의 마련"[8]으로 되어 있다. 따라서 우리나라 제도는 우선 환경보전방안 등의 마련에 초점이 맞추어져 있는 반면, EU SEA 지침은 처음부터 계획 수립 시에 환경평가의 결과를 고려하도록 명시하고 있다.[9] 또한 계획안에 대한 대안 설정을 통해 계획을 수립하는 측과 의견을 주고받을 수 있는 피드백 구조를 염두에 두고 있다고 할 수 있다.

환경평가의 결과를 반영한 의사결정은 공개되고[10] 협의내용의 반영여부와 대안을 고려한 계획 또는 프로그램의 내용을 공람[11]하도록 하여 의사결정의 측면에서 투명성을 확보하고 있다. 계획과 환경평가의 긴밀한 관계와 투명성은 결국 계획의 환경성 제고로 귀결될 수 있는 가능성이 크다.

8) 환경영향평가법 제1조
9) EU SEA Directive 제1조
10) EU SEA Directive 제9조 1항
11) EU SEA Directive 제9조 1항

우리나라 전략환경영향평가 제도는 계획수립 과정과 분리된 양상을 띠고 있다. EU SEA 지침과는 달리 계획에 대한 대안 설정 및 대안 반영은 매우 제한적이다. 또한 환경평가의 목적이 환경보전 방안에 초점이 맞추어져 있고 대안에 대한 평가와 그 평가 결과의 반영 여부도 명확하지 않다. 또한 평가 결과의 공개여부는 미지수이며 반영내용에 대한 공람은 허용되고 있지 않고 있다.

전략환경영향평가는 평가를 위한 제도가 아니라 실질적으로 계획의 친환경성 제고를 위해 도입한 것이므로 이 제도가 계획을 친환경성 궤도로 바꾸어 주는 역할을 하기 위해서는 환경평가와 계획의 과정이 통합되어야 하고 환경평가를 반영한 계획을 공개·공람하는 제도적 보완이 필요하다.

4 전략환경영향평가의 개념

1) 정의와 목적

캐나다, 유럽연합의 회원국, IAIA[12], 세계은행 등의 국제기구 등은 전략환경평가라는 용어를, 국내에서는 전략환경영향평가라는 용어를 사용하고 있다. 이 두 용어사이에 어떤 차이가 있는가? 결론부터 말하면 근본적인 차이가 없다고 할 수 있다. 전략환경평가 또는 전략환경영향평가라는 용어에서 중요한 것은 전략의 개념이 포함됐다는 것이다. 이론적으로는 전략적 행위가 정책, 계획, 프로그램에서 일어나므로 이들에 대한 환경평가를 한다는 의미에서 정책, 계획, 프로그램 대신 전략이란 용어를 사용하고 있다. 실질적으로 대부분의 국가에서는 전략의 개념에 계획과 프로그램만 포함시키고 있다. 우리나라에서도 유럽에서 구분하고 있는 계획과 프로그램처럼 계획을 정책계획과 개발기본계획으로 구분하여 환경평가 대상으로 삼고 있다. 27개 유럽연합 회원국의 전략환경평가 제도 도입의 기초가 되고 있는 유럽연합 전략환경평가 지침의 공식적인 명칭은 일부 계획과 프로그램에 대한 "환경평가"(environmental assessment)이다. 그러나 환경평가 대상이 계획과 프로그램이므로 전략환경평가라는 용어를 보편적으로 사용하고 있다. 유럽연합 지침에서 말하는 계획과 프로그램에 대한 환경평가는 다음과 같은 내용을 포괄하여 정의되고 있다.

- 계획과 프로그램 안에 의한 중대한 영향에 대한 환경보고서(평가서) 작성
- 계획과 프로그램 안 및 환경보고서(평가서)에 대한 관계기관 협의 의견 수렴

12) International Association for Impact Assessment(국제영향평가학회)

- 의사결정시에 환경보고서(평가서)와 협의 결과 참고
- 계획과 프로그램에 어떻게 환경평가의 결과를 반영하였는지에 대한 정보 제공(EU SEA 지침 제2조)

유럽연합 전략환경평가 지침에 따라 개정된 독일 환경영향평가법 수행을 위한 가이드라인은 전략환경평가를 독립된 절차가 아니라 계획과 프로그램 수립과 변경에 대한 공공 절차의 한 부분으로 보고 있다(UBA & BMU, 2010). 영국 어업분야의 전략환경평가 적용을 위한 연구에서는 전략환경평가는 사전[13]에 계획과 프로그램[14]에 의해 발생하는 환경영향을 평가하기 위한 절차적 수단(James Brown, Peter Hjerp, 2006)으로 또는 오스트리아 전략환경평가 핸드북에서 환경에 영향을 미치는 정책, 계획과 프로그램에 환경측면을 통합하기 위한 수단(Abter, 2013)으로 정의하고 있다.

우리나라 환경영향평가법에 따르면 전략환경영향평가는 “환경에 영향을 미치는 상위계획을 수립할 때에 환경적 측면에서 해당 계획의 적정성 및 입지의 타당성 등을 검토”하는 수단으로 정의되고 있다.[15] 이러한 수단을 통해 추구하는 목적은 “친환경적이고 지속가능한 발전과 건강하고 쾌적한 국민생활을 도모”하는데 있다.[16] 이러한 거시적인 목적 외에 구체적인 목적은 “계획을 수립·시행할 때에 환경오염과 환경 훼손을 최소화하기 위하여 필요한 방안을 마련”[17]하는 데 있다. 계획 단계에서 최소화 방안은 “대안의 설정·분석”[18]을 통해서 가능하다.

유럽 전략환경평가 지침은 지속가능한 발전의 증진을 위해 “높은 수준의 환경보호를 마련하고, 계획과 프로그램을 수립하고 채택 시에 환경측면이 다른 사회경제적 측면과 함께 고려되도록 기여”하는 데 그 목적을 두고 있다.[19] 이 목적 달성은 “의사결정시에 환경보고서와 협의 결과에 대한 참고”를 통해 가능하다고 보고 있다.

2) 전략환경영향평가의 부가가치

계획에 대한 전략환경영향평가는 시간·비용·인력에 대한 소요가 발생하지만 부가가치를

13) ex ante(일이 일어나기 전에)
14) programme은 plan의 하위 개념임. 그러나 이는 항상 명확한 구분이 되는 것은 아님.
15) 환경영향평가법 제2조
16) 환경영향평가법 제1조
17) 환경영향평가법 제3조
18) 환경영향평가법 제2조
19) 유럽연합 SEA 지침 제 1조(… to provide for a high level of protection of the environment and to contribute to the integration of environmental considerations into the preparation and adoption of plans and programme …)

창출할 수 있다는 장점이 있다. 부가가치는 계획 수립단계서 바로 나타나기도 하고 사업단계에서도 얻을 수 있다. 예를 들어, 개발 집단과 환경보전집단 양자 사이에 소통 기회를 제공해 서로 협력하는 관계를 형성하여 개발 계획에 대한 공감대를 증대시킬 수 있다. 계획 수립과정에서 발생할 수 있는 경제와 환경간의 논쟁에서 환경성에 대한 확고한 근거를 제시할 수 있고 또한 주민과의 갈등을 해소할 수 있다. 환경적 측면에서 사업의 타당성을 계획단계에서 확보하여 사업 시행 시에 발생하는 갈등의 소지를 사전 차단하여 사회적 비용을 줄이고 국가예산이 낭비되는 것을 방지할 수 있다. 궁극적으로는 개발과 환경보전이라는 양대 축의 간극을 좁힐 수 있는 기틀을 마련할 수 있다.

5 국외 전략환경평가 제도

1) 국제 전략환경평가 발전과정

전략환경평가에 대한 국제적 논의의 시초는 1969년대 제정된 미국 국가환경정책법(National Environmental Policy Act)이다. 초기에는 전략환경평가보다는 환경영향평가 중심으로 논의되었고 그에 따라 제도적 발전을 하게 되었고 이는 원칙[20], 협약[21]·의정서[22], 선언[23] 등에서 표명되었다. 이러한 국제기구의 움직임과 함께 선진국을 중심으로 일부 국가에서 전략환경평가 제도를 1980년대 후반부터 도입하기 시작하였다. UNEP(2002)에서는 전략환경평가의 발전과정을 형성단계(Formative Stage), 공식화 단계(Formalisation Stage), 확대단계(Extension Stage)로 구분하고 있으며 단계에 따른 각국의 전략환경평가 발전과정은 표 3.1과 같다.

20) 환경과 개발에 관한 리우 선언에서 행동원칙 27개 중 하나인 제17원칙(1992년)에서 환경영향평가의 중요성을 언급함.

21) Convention on Environmental Impact Assessment in a Transboundary Context(Espoo, 1991) - The Transboundary EIA Convention.

22) UNECE Protocol on Strategic Environmental Assessment to the Convention on Environmental Impact Assessment in a Transboundary Context(2003).

23) 원조효과성 고위급 포럼(Paris High Level Forum on Aid Effectiveness)에서 원조효과성에 대한 파리선언(Paris Declaration on Aid Effectiveness, 2005) 5번째 원칙을 통해 "공여국간 활동의 조화(Harmonization)"에서 공여국은 사업에 대한 환경영향평가의 역할을 제고하여야 한다고 강조함.

표 3.1 선진국 전략환경평가 발전과정

단계	연도	발 전 과 정
형성단계 (Formative Stage)	1969 1970	• 미국 : National Environmental Policy Act (NEPA)제정 • 캘리포니아 : California Environmental Quality Act (CEQA)제정
	1978	• 미국 : 환경질위원회의 가이드라인(CEQ-guidelines)
	1987	• 네덜란드 : Netherlands EIA Act
	1989	• 호주 : Australia Resource Assessment Commission Act • World Bank operational Directive 4.00 : 부문별, 지역별 EA에 적용함
공식화 단계 (Formalisation Stage)	1990	• 캐나다 : The Cabinet Directive on the Environmental Assessment of Policy, Plan and Program Proposals, The Cabinet Directive
	1991	• 영국 : 중앙 정부 기관에 UK Guide on Policy Appraisal and the Environment
	1992	• UNECE pilot study of EIA of Policies, Plans and Programmes • 홍콩 : Hong Kong Environmental Implications of Policy Papers
	1993	• 덴마크 : Denmark Environmental Assessment of Government Bills and Other Proposals by Prime Minister's Office
	1994	• 네덜란드 : Netherlands Environmental Test by Cabinet Directive • 핀란드 : Finland Guidelines on Environmental Impact Assessment of Legislative Proposals by Decision-in-Principle) • Declaration by the Environment Ministers of the UNECE region on Strategic Environmental Assessment (ECE/CEP/56)
	1999	• 호주 : Australia Environmental Protection and Biodiversity Conservation Act에 policies, plans과 programmes의 전략환경평가(SEA)
	2000	• 한국 : 환경정책기본법에 따른 사전환경성 검토
확대단계 (Extension Stage)	2001	• SEA Directive (2001/42/EC)
	2004	• 27개 유럽연합회원국 : 전략환경평가 제도 도입 • 영국 : The Environmental Assessment of Plans and Programmes Regul- ations 2004 (SI 2004 No. 1633)
	2005	• Paris Declaration on Aid Effectiveness
	2006	• OECD: Good Practice Guidance on Applying Strategic Environmental Assessment (SEA) in Development Co-Operation
	2009	• UN Economic Commission for Latin America and the Caribbean (CEPAL)

자료 : http://www.unep.ch/etu/publications/EIA_2ed/EIA_E_top14_hd.PDF 변경 및 자체 자료 추가

2) 미국의 전략환경평가

미국의 환경영향평가 제도는 1960년대에 일어났던 환경운동과 기술개발에 따른 사회적 불안감을 해소하고 대안을 모색하기 위한 기술평가(Technology Assessment)에서 그 뿌리를 찾을 수 있다. 1969년에 제정된 국가환경정책법의 주요 목표는 연방정부의 의사결정 시 환경적 측면을 배려하는 여건을 마련하고 이를 촉진하려는 것이었다. 그리하여 지금까지 경제적 목표에 초점이 맞추어져 있는 종전의 의사결정 절차를 근본적으로 재조정하려는 의도가 있었다. 국가환경정책법(NEPA : National Environmental Policy Act)[24)]의 주요 내용 3가지는 환경에 관한 국가정책의 선언, 환경영향평가 등에 대한 절차의 설정, 그리고 대통령을 자문하고 동법의 시행을 감시할 환경위원회(CEQ)의 설치로 설명된다.[25)] 환경영향평가제도는 그만큼 국가환경정책법에서 중요한 의미를 담고 있으며 세계적으로 환경영향평가 제도 확산에 토대가 되었다.

미국 연방정부 차원에서 시행되는 환경영향평가 제도를 위한 규정은 국가환경정책법과 이 법을 보완하고 있는 환경질위원회의 가이드라인(CEQ-guidelines)이다. 그 외에 각 연방정부 기관은 각각 자체적인 규정과 가이드라인을 보유하고 있다. 1978년에 환경질위원회의 규정(CEQ regulations(40 CFR part 1502.10.)[26)]이 제정되면서 프로그램－환경영향문서(PEIS)에 대한 용어가 명확하게 정의되었다. 이 문서는 전략환경영향평가서와 같은 것이다. 이 규정에 따르면 연방정부에서 추진하는 법안, 규칙(rules), 규정(regulations), 계획, 프로그램을 프로그램－환경영향문서(PEIS) 작성의 대상으로 보고 있다. 프로그램－환경영향문서(PEIS)는 사업 환경영향문서처럼 작성되어야 한다. 이 문서에는 환경현황 조사, 대안 설정, 환경영향평가, 저감방안, 공공참여의 요소들이 포함되어 있다. 연방정부 산하기관인 어업 및 야생생물 관리청은 어업관리 프로그램에 대해 10개 환경영향문서, 서식지 관리계획에 대해 7개 환경영향문서, 야생동물 안전지역 국가계획에 대해 3개 환경영향문서를 작성하였다.

미국 국가환경정책법은 연방정부에만 적용된다. 주정부가 환경영향평가제도를 도입하기 위해서는 주정부는 환경영향평가관련 법을 제정하여야 한다. 환경영향평가제도를 운영하고 있는 대표적인 예가 캘리포니아 주정부이다. 캘리포니아 주정부는 국가환경정책법을 모델삼아 1970년에 캘리포니아 환경질법(CEQA : California Environmental Quality Act)을 제정하여 법안을 제외한 정책, 계획과 프로그램의 다양한 분야를 대상으로 환경영향평가제도를 운영하고 있다.

---

24) 미 하원과 상원을 거쳐 입법화된 연방 법률이며 헌법아래에 위치하고 있다. NEPA는 법의 제정목적에 대한 의회 선언과 국가환경정책에 대한 의회 선언을 규정한 제1장, 환경질위원회(CEQ : Council on Environmental Quality)에 대하여 규정한 제2장 등 총 3개의 장으로 구성되어 있다.

25) 석인선, 2007.

26) http://cfr.vlex.com/vid/1506-8-proposals-for-legislation-19834944

3) 유럽연합 전략환경평가 지침(EU SEA directive)에 의한 전략환경평가

(1) 도입배경 및 목적

유럽연합의 전략환경평가는 유럽연합 정책 기조[27]에서 출발하였다. 유럽연합은 5차 EU 환경행동프로그램[28]에서 공표한 사전예방의 원칙에 입각하여 우선 환경영향평가 지침(EU EIA Directive)이 마련되었고 차후에 전략환경평가 지침(EU SEA Directive)이 제정되었다. 2001년에 제정된 유럽연합 전략환경평가 지침은 유럽연합 환경영향평가 지침을 보완하는 역할을 한다. 즉, 사업을 대상으로 한 환경영향평가만으로는 높은 환경질을 달성하는데 한계가 있으므로 환경평가 대상을 계획 또는 프로그램까지 확대한 것이다.

유럽연합 전략환경평가 지침의 목적은 높은 수준의 환경을 확보하고 지속적 발전을 달성할 수 있도록 회원국에게 계획과 프로그램 수립 시에 환경을 고려할 수 있는 수단을 제공하는 데 두고 있다. 최소한의 공통의 절차와 내용을 제공하는 지침에 따라 각 유럽연합 회원국은 각국의 상황에 적합한 형태로 전략환경평가 제도를 도입·운영하고 있다.[29]

(2) 전략환경평가 절차

유럽연합 전략환경평가 지침에 근거한 전략환경평가는 다음과 같은 과정을 거쳐 시행되는데 의사결정 및 요약 공개와 모니터링 단계를 제외하곤 대부분 계획수립과정과 연계되어 있다(그림 3.2).

① 전략환경평가 의무 대상 여부 확인

우선 계획과 프로그램이 전략환경평가 의무대상으로 확인되면 전략환경평가는 시작된다. 이 시점은 계획 또는 프로그램 수립 시점과 동일하다. 유럽연합 SEA 지침은 3가지 확인 방법을 제시하고 있다(제3조). 첫째로 계획이나 프로그램을 사안별로 개별 평가하여 그 대상여부를 확인하는 스크리닝 방법(screening method)이 있고, 두 번째로 평가 대상 목록을 정하는 양성목록방법(positive list method)이 있다. 세 번째는 이 두 가지 방법을 혼용하는 방법이다. 스크리닝, 즉 환경영향의 심각성에 대한 판단은 제3조 5항에 언급된 3개 분야의 기준으로 할 수 있다. 스크리닝 결과 전략환경평가를 실시하지 않아도 된다면 그 이유를 공개하여야 한다(제3조 7항).

---

27) 유럽연합의 정책기조는 EU 협약 제6조에 명시되어 있다: "EU 환경정책은 사전예방의 원칙에 입각하여 환경을 보존 및 보전하고, 환경질을 개선하며, 사람의 건강을 위해로부터 보호하고, 자연자원을 분별 있고 합리적으로 이용하는데 기여하며 지속가능한 발전을 증진시키도록 노력하여야 한다"

28) Environment Action Programme(EAP), 1차 EAP(1973-1976); 2차 EAP (1977-1981); 3차 EAP (1982-1986); 4차 EAP(1987-1992); 5차 EAP(1993-2000); 6차 EAP(2002-2012); 7차 EAP(2013-2020)

29) Implementation on directive 2001/42 on the assessment of the effects of certain plans and programmes on the environment, p. 5.

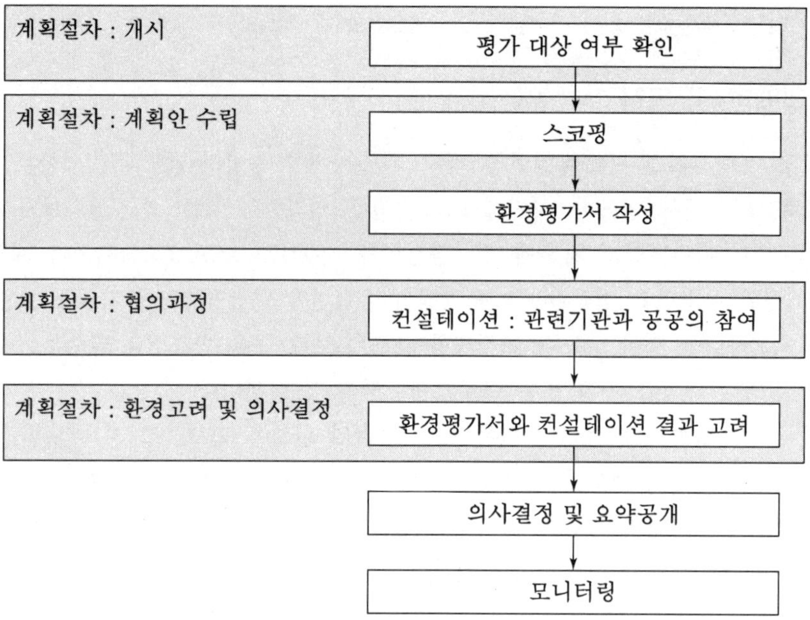

그림 3.2 계획과 연계된 전략환경평가 절차

② 스코핑(Scoping)

스코핑[30]을 하는 이유는 불필요한 부분은 배제하고 효율적으로 평가하기 위함이다. 따라서 어느 부분을 어떻게 조사하고 평가하여야 하는지에 대해서는 스코핑에서 결정하며 이때 환경영향과 관련된 기관과 협의하여야 한다.[31] 스코핑은 계획안을 작성하는 단계에서 이루어진다.

③ 환경보고서[32] (Environmental Report)

전략환경평가의 핵심이 되는 환경평가서는 제5조 1～3항의 내용을 포함하여 작성되어야 한다. 보고서(평가서)에는 예상되는 긍정적이고 부정적 환경영향을 조사하고 평가 결과가 포함된다. 평가하여야 하는 환경분야, 즉 평가항목은 총 12개이다: ① 생물다양성, ② 인구, ③ 건강, ④ 동물식물상, ⑤ 토양, ⑥ 물, ⑦ 대기, ⑧ 기후인자, ⑨ 유형의 자산, ⑩ 문화적 및 건축적인 유산, ⑪ 경관, ⑫ 평가항목간의 상호관계. 얼마나 자세하게 평가하여야 하는지는 스코핑의 결과에 따른다. 보고서에는 그 밖에 계획 또는 프로그램의 대안이 설정되

30) 유럽연합 SEA 지침 제5조 4. 우리나라 전략환경영향평가에서 작성되는 평가준비서와 이에 대한 환경영향평가위원회의 심의와 유사한 개념이다.

31) 유럽연합 SEA 지침 제6조 3

32) 전략환경영향평가서와 동일

어야 한다. 대안은 계획 또는 프로그램의 목적과 공간적 범위를 고려하여 합리적으로 설정하고 서로 비교 평가되어야 하며, 계획 또는 프로그램의 위계, 즉 계획의 단계(Tiering)를 고려하여 평가하여야 한다. 티어링의 목적은 중복평가를 방지하기 위한 것이다.

④ 협의(컨설테이션) : 관련기관과 공공의 참여

계획안 또는 프로그램 안과 환경보고서는 계획 또는 프로그램 확정 전에 관련 기관과 공공에게 미리 적절한 방법으로 공람되어야 하고 이들에 대해 관계 행정기관과 공공의 의견개진이 가능하도록 하여야 한다(제6조 1항). 개진된 의견에 따라 계획이나 프로그램은 필요시 수정・보완되어야 한다.

⑤ 환경보고서와 의견수렴 내용 고려

작성된 환경평가서의 내용과 관련기관과의 협의 결과는 계획 또는 프로그램 승인 전에 고려되어야 한다(제8조). "고려"라 함은 계획 또는 프로그램과 관련하여 서로 다른 이해관계를 상대적으로 비교 검토한다는 의미이다. 어느 정도 환경적 고려를 하여야 할지는 관련 환경법에 의해 결정된다.

⑥ 의사결정 및 요약 공개

채택된 계획 또는 프로그램은 관계기관과 공중에게 공개되어야 한다(제9조). 승인된 계획 또는 프로그램에 환경문제를 어떻게 반영하였는지, 협의의 결과와 환경보고서의 내용을 어떻게 고려하였는지, 그리고 어떤 대안이 어떤 이유로 계획이나 프로그램에 채택되었는지 또는 안 되었는지를 요약서를 통해 공개하여야 한다. 공개 대상에는 모니터링 대책도 포함된다.

⑦ 모니터링

특히 예상하지 못한 부정적 환경영향을 조사하고 심각한 환경영향이 감지되면 적절한 환경대책을 수립하기 위해 모니터링을 수행하여야 한다(제10조).

6 국토교통부의 국토계획평가

국토교통부는 대형 국책사업 등 각종 개발사업의 추진과정에서 환경문제로 사업이 중단, 지연되고 엄청난 사회적 갈등과 경제적 손실이 발생하는 사례를 근원적으로 방지하기 위하여 "전략환경평가"제도를 도입하였으나 국토계획평가 제도를 도입하면서 폐지되었다.

국토기본법 제19조 2항은 국토계획평가를 '중장기적・지침적 성격의 국토계획을 대상으로 국토의 균형 있는 발전, 경쟁력 있는 국토여건의 조성 및 환경친화적인 국토관리 측면에서 국토의 지속가능한 발전에 이바지하는지를 평가'하는 것으로 규정하고 있다. 국토계획평가는 국토관리의 형평성, 효율성, 친환경성에 대한 종합적 평가를 목적으로 하고 있으며 계획의 방향 및 내용을 평가의 대상으로 하고 있다. 국토계획평가는 계획수립 과정에서 시행되며 계획수립기관이 평가의 주요과정을 주관한다.

국토계획평가의 절차는 크게 요청단계와 평가단계로 나눌 수 있다. 요청단계는 평가대상이 되는 국토계획의 수립권자가 해당 국토계획을 수립하거나 변경하기 전에 국토계획평가 요청서를 작성하여 국토교통부장관에게 제출하는 단계로서 평가 요청서 작성계획을 수립하고 국토계획평가의 세부평가기준 및 평가기법 등을 설정한다. 국토계획평가 요청 시점은 대상계획의 부처협의 직전이다.

평가단계에서는 국토계획평가 요청서를 제출받은 국토교통부장관이 국토계획평가를 실시하여 적합, 조건부 적합 및 부적합으로 판단을 내린다. 또한 국토계획평가심의 결과 통보 및 후속조치를 통해 평가결과를 즉시 국토계획 수립권자에 통보하도록 되어있다.

국토계획평가의 평가기준은 '지역경쟁력', '지역 간 균형발전', '국토 기간시설의 효율성', '국토자원의 지속가능한 관리', '저탄소 친환경적 국토이용', '국토종합계획과의 정합성'이며 이 각각의 평가기준은 세부평가기준으로 구분된다.[33]

국토부의 국토계획평가에서는 환경보전은 아주 적은 부분을 차지하고 있으며 이에 대한 평가도 자체적으로 시행되어 객관성에 문제점을 안고 있다.

7 전략환경영향평가

1) 발전과정

전략환경영향평가의 모태는 사전환경성검토제도이다. 2012년에 환경영향평가법이 전부개정되면서 사전환경성검토제도가 전략환경영향평가로 탈바꿈하였다. 1993년에 도입된 사전환경성검토제도에서 2012년 전략환경영향평가로 이어진 환경평가 제도의 발전과정은 표 3.2와 같이 3세대로 구분할 수 있다.

최초의 사전환경성검토제도는 국무총리훈령(제299호)에 의해 도입・시행되었다. 이 제도를 도입하게 된 직접적인 배경은 팔당상수원 지역에서의 골재채취사업이었다. 골재채취사업은

33) 국토해양부, 2012, 국토계획평가에 관한 업무처리지침, 6조 별표 1

수도권 주민의 식수원인 팔당상수원을 오염시키는 원인이 된다고 하여 환경단체와 야당은 이 사업을 반대하였다. 사회적인 큰 이슈가 되었던 이 골재채취사업은 결국 취소되었다. 이러한 사회적 갈등을 향후 사전에 예방하기 위해 1990년 총리지시에 따라 행정계획 등에 대한 부처간 사전협의를 위해 사전환경성검토 제도를 도입하게 되었다(환경부, 2010, 환경30년사).

1.0세대 사전환경성검토제도는 입법적 근거가 아닌 국무총리훈령으로 도입되었다. 이 때문에 실제 집행에 있어서는 구속성이 약하고 사전예방적 수단으로서의 취지를 살리는 데 한계가 있었다. 아울러 환경성 검토에 필요한 구비서류 등에 대한 세부규정이 없었고 사전협의 근거규정이 없는 행정계획도 많아 환경성 검토가 제대로 이루어질 수 없었다. 또한 다른 법령에 의거 환경부와 미리 협의하는 행정계획과 개발사업을 제외하고 있어 환경에 더 큰 영향을 줄 수 있는 주요 계획이나 개발사업에 대하여 심도 있는 환경성검토가 이루어질 수 없는 문제를 지니고 있었다. 이러한 문제점을 해소하기 위하여 1999년 「환경정책기본법」을 개정하여 사전환경성검토제도를 법정제도로 변환하였다. 이렇게 하여 2.0세대의 사전환경성검토제도의 시대가 열리게 되었다.

표 3.2 전략환경영향평가 제도의 발전단계

구분	1.0세대 국무총리훈령에 의한 사전협의제도	2.0세대 환경정책기본법에 의한 사전환경성검토제도	3.0세대 환경영향평가법에 의한 전략환경영향평가
법적 근거	행정계획 및 사업의 환경성 검토에 관한 규정 (1993, 총리훈령 제270호)	환경정책기본법 개정 (1999, 2002, 2005, 2009)	환경영향평가법 (2015, 법률 제13426호)
목적	개발행정계획이나 개발사업에 대하여 보다 적극적이고 체계화된 사전환경성 검토	개발계획이나 개발사업수립의 초기단계에 개발과 보전의 조화, 환경친화적인 개발 도모	환경평가제도의 체계성과 효율성 제고를 통한 친환경적이고 지속가능한 발전도모
협의 대상	• 협의 근거가 없는 행정계획 • 환경적으로 민감한 지역에서 시행되는 중·소규모의 공공개발 사업	• 46개 행정계획(2000년) → 91개 행정계획(2010년) • 보존용도지역 내의 개발사업 20개(2000년) → 19개(2010년)	• 18개 정책계획 • 79개 개발기본계획
주요 내용	• 법률적 근거가 아닌 국무총리훈령 • 환경문제를 야기하는 행정계획 등에 대한 부처간 사전협의	• 대안설정 • 환경성검토협의회 운영 • 스코핑 도입 • 주민의견수렴 의무화 • 재(변경)협의 규정 신설	• 전략환경영향평가 용어 도입 • 전략환경영향평가 평가준비서 • 환경영향평가협의회 • 주민의견수렴(개발기본계획) • 환경영향평가사 제도

사전환경성검토제도의 근거는 환경정책기본법이고 환경영향평가제도의 근거는 환경영향평가법으로서 우리나라 환경평가제도는 각각 다른 법에 의해 운영되었다. 이렇게 두 제도는 같은 목적의 평가제도임에도 불구하고 각각 다른 법률에 의해 이원화되어 운영되어 왔다. 이원화된 제도에서는 평가절차가 복잡하고 일부 절차의 중복으로 협의기간이 장기화되는 등의 문제점이 있었다. 따라서 환경평가제도를 하나의 법률에 규정하여 평가절차를 합리적으로 개선하고, 환경평가제도의 체계성과 효율성을 높이기 위해 2012년에 환경영향평가법을 전면 개정하여 일원화 체계를 갖추었다. 이에 따라 20년간 1.0에서 2.0세대로 발전해온 사전환경성검토 제도는 막을 내리고 새로운 전략환경영향평가 제도의 3.0세대가 도래하였다.

그림 3.3과 같이 환경영향평가법에 따르면 행정계획에 대한 사전환경성검토는 전략환경영향평가로 바뀌고 보전지역에서 시행되었던 개발사업에 대한 사전환경성검토는 환경영향평가의 한 형태인 소규모 환경영향평가 제도로 전환되었다. 종전 환경영향평가 제도는 그대로 유지되었다(환경부, 2012).

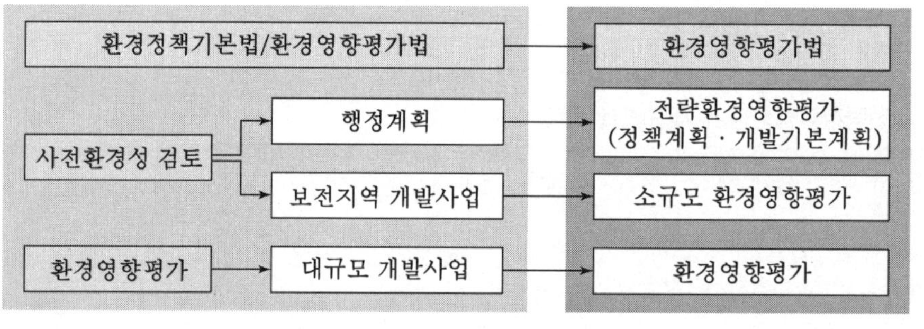

그림 3.3 환경영향평가법에 의한 새로운 환경평가 체계도

2) 전략환경영향평가 제도의 3차원

전략환경영향평가는 "경제적 · 기술적으로 실행할 수 있는 범위"에서 그리고 "주민 등의 참여"하에 이루어져야 하고 "누적영향을 고려"하여 실시되어야 하며, 전략환경평가서는 "지역주민 및 의사결정권자가 이해할 수 있도록 간결하고 평이하게 작성"되어야 한다(환경영향평가법 제4조).

전략환경영향평가 제도는 그림 3.4와 같이 조직적 차원, 절차적 차원 및 내용적 차원으로 구성되어 있다.

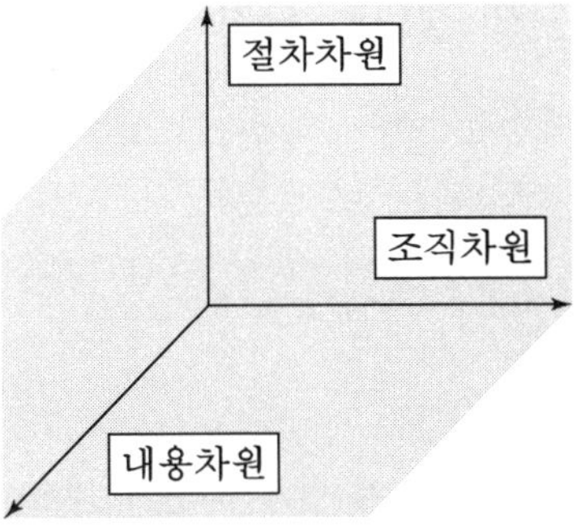

그림 3.4 전략환경영향평가의 3차원

(1) 전략환경영향평가 제도의 조직적 차원

조직적 차원은 전략환경영향평가의 주체, 관련기관, 공중 등의 참여와 이들 간의 관계를 설명한다. 공공의 참여는 정보의 공유와 접근성의 의미에서 중요하다.[34] 조직적 차원에는 계획수립기관, 협의기관(환경부), 평가사업자, 검토기관(환경정책・평가연구원), 지자체의 환경관련 부서, 해당지역의 주민, 전문가 등이 참여한다(그림 3.5). 성공적인 평가를 수행하기 위해서는 참여자 간에 긴밀한 상호협력이 요구된다.

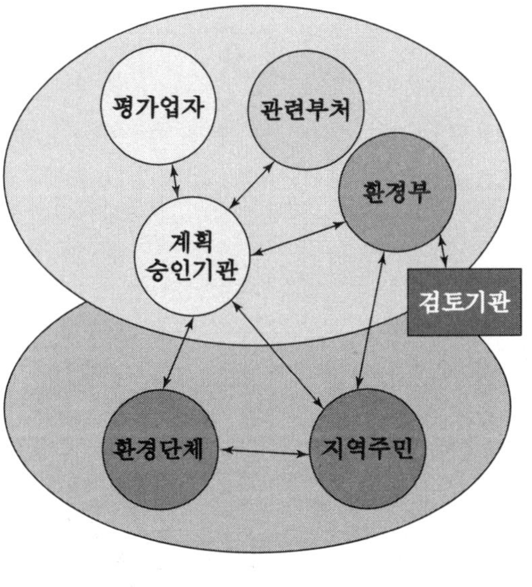

그림 3.5 다양한 전략환경영향평가 참여자

34) 오르후스 협약(Aarhus Convention, 1998)을 통해 환경정보의 접근성과 환경문제에 대한 의사결정시에 공공의 참여 등을 장려하고 있다.

(2) 전략환경영향평가 제도의 절차적 차원

전략환경영향평가 절차는 관계행정기관이 수립하는 상위계획이 환경영향평가법에 의해 전략환경영향평가 대상 계획인지 확인하는 것으로부터 시작된다. 전략환경영향평가의 대상으로 확인되면 환경부에 협의를 요청하여야 한다. 협의 요청시기는 평가대상계획 수립·확정 전이어야 한다.

전략환경영향평가 제도의 절차를 보면 계획수립기관이 수립한 계획이 전략환경영향평가 대상인지 여부를 확인하는 데부터 시작하여 협의 의견 이행사항 확인할 때까지 총 15단계의 과정을 거친다(그림 3.6). 이는 개발기본계획에 해당되며 정책계획의 경우에는 평가서 초안이 생략되어 공람, 설명회, 주민의견 개진의 4개 과정이 제외된다.

그림 3.6의 전략환경영향평가 과정은 그림 3.2와는 달리 계획과 어떻게 연계되어 있는지 불분명하다. 환경영형평가법에서도 이에 대한 언급은 없으나 평가과정은 계획을 대상으로 하기 때문에 계획과 연동하여 시행하는 것이 바람직하다. 전략환경영향평가는 평가를 위한

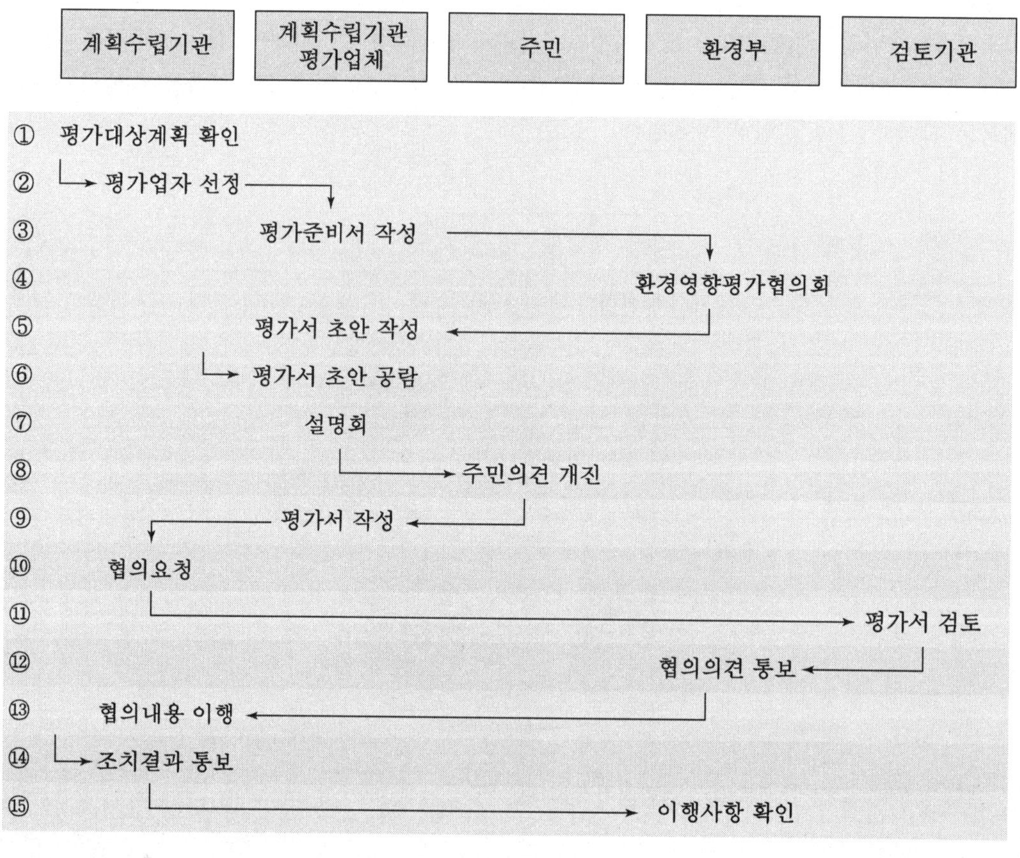

그림 3.6 전략환경영향평가 절차

평가가 아니라 궁극적으로는 계획으로 인해 발생할 수 있는 환경에 미치는 악영향을 최소화하기 위한 것이기 때문에 이에 적합한 절차가 필요하다. 그런 의미에서는 IAIA에서 제시하는 전략환경평가의 기준 중의 하나인 반복성(iterative)이 큰 의미가 있다. 즉, 계획안에 대한 평가를 통해 계획안이 수정되고 수정된 계획안을 재평가하는 반복적인 과정을 통해 계획의 친환경성을 제고할 수 있다. 우리나라 전략환경영향평가제도는 계획과의 연계성이 낮기 때문에 이러한 반복적인 과정은 일어나기 어려운 상황이다.

① 전략환경영향평가 대상 계획

기본적으로 전략환경영향평가 대상 계획은 환경에 미치는 영향이 큰 계획이라 할 수 있다. 계획은 사실상 각각의 성격이 매우 다르기 때문에 개별적으로 사전평가를 통해 평가 대상여부를 확인하는 것이 바람직하다. 이러한 이유로 유럽 등 많은 국가에서는 스크리닝(screening)을 통해 계획의 환경영향성을 판별하여 평가대상 여부를 정한다. 그러나 우리나라에서처럼 매번 스크리닝기법을 적용하기에는 번거롭고 논란의 여지가 있으므로 어느 정도 환경영향성이 큰 계획은 목록화(Positive List Method)하여 스크리닝이 없이도 바로 평가대상으로 규정할 수 있다. 환경영향평가법 제7조 2항 및 제22조 2항에 근거하여 시행령 [별표 2]에서는 정책계획은 도시의 개발, 도로의 건설 등 8개 분야에서 15개 계획, 개발기본계획은 17개 분야에서 86개 계획으로 총 101개의 계획이 전략환경영향평가 대상계획에 속하는 것으로 되어 있다.[35]

정책계획은 일반적으로 "개발 및 보전 등에 관한 기본방향이나 지침의 성격"[36]을 띠고 있고 중·장기적인 계획이다. 개발기본계획은 구체적인 개발구역의 지정 또는 실시계획의 상위계획들이다. 정책계획은 일반적으로 장기계획이고 미래 전망 변화 등 가변적인 성격으로 인해 불확실성이 높다고 할 수 있다. 특히 10년 단위로 수립되는 장기 계획은 내·외부적 요소에 의한 변수로 인해 불확실성이 높다. 또한 정책계획은 비전을 제시하므로 일반적으로 구체성이 낮으나 댐건설장기계획과 도로정비기본계획의 경우와 같이 일부 정책계획은 구체성이 상당히 높다.[37] 정책계획과 개발기본계획의 구분은 계획의 위계를 반영한 것이다. 이러한 2단계의 단순구분보다는 계획의 특성을 고려하여 상·중·하 등 더 상세하게 구분할 필요가 있다. 정책계획과 개발기본계획의 형식적인 분류보다 중요한 건 계획의 내용이다. 계획의 내용은 환경영향요인으로 작용하므로 이를 도출하여 이에 대해 전략환경영향평가를 시행하여야 한다.

35) 환경영향평가법 제7조 별표 2

36) 환경부, 2012. 8, 환경영향평가법제도

37) 환경부, 2013. 3, 전략환경영향평가 매뉴얼 개발에 관한 연구

② 전략환경영향평가 준비서

전략환경영향평가 준비서는 환경 분야의 전문가 의견을 수렴하는 과정으로서, 평가서 작성의 효율성을 제고하고, 평가서의 방향과 질을 결정하는 중요한 과정이며, 전략환경영향평가의 스코핑(Scoping)[38] 과정이라 할 수 있다. 평가준비서는 향후 평가서(초안) 작성에 필요한 평가항목과 범위 및 방법을 제시하므로 평가서(초안) 작성의 기본이 되며 평가서(초안)의 질을 결정짓는 중요한 문서라고 할 수 있다. 이러한 중요한 의미를 갖고 있는 문서이기 때문에 평가업자가 작성한 준비서는 환경영향평가협의회의 심의를 받아야 한다. 평가준비서는 다음의 내용을 포함하여 작성한다.[39]

- 대상 계획의 목적과 개요
- 대상 지역의 설정
- 토지이용구상안(구체적 입지가 있는 경우만 해당)
- 지역개황(대상계획이 실시되는 지역 및 그 주변에 대한 환경현황)
- 평가 항목 · 범위 · 방법의 설정 방안[40]
- 주민 등의 의견수렴을 위한 방안[41]

대상계획수립 행정기관은 환경영향평가협의회의 심의를 거쳐 대안 등을 결정하도록 되어 있으나 평가준비서에는 "대안"에 관한 내용이 누락되어 있다. 환경영향평가협의회의 심의에서 대안에 대한 결정을 하기 때문에 평가준비서에서도 대안이란 사항이 포함되어야 한다.

③ 환경영향평가협의회의 심의

환경영향평가협의회는 환경영향평가분야에 관한 학식과 경험이 풍부한 자로 구성하되, 주민대표, 시민단체 등 민간전문가가 포함되어야 한다.[42] 환경영향평가협의회에서 폭넓게 참여기회를 제공하는 것은 바람직하며 IAIA의 전략환경평가 기준에도 부합된다.

계획수립기관은 전략환경영향평가협의회의 심의를 거쳐 아래의 사항을 결정하여야 한다.[43]

1. 전략환경영향평가 대상지역
2. 토지이용구상 안
3. 대안
4. 평가 항목 · 범위 · 방법 등

38) 국제연합환경계획(UNEP)에서는 스코핑을 중요한 이슈와 예상되는 환경영향을 파악하고 중요하지 않은 것들은 제외시킴으로써 불필요한 조사와 평가로 시간과 돈을 낭비하지 않도록 하는 과정으로 정의하고 있다.

39) 환경영향평가법 시행규칙 제2조

40) 환경영향평가법 제11조 제1항 제4호

41) 법 제9조 제2항 제2호에 따른 개발기본계획만 해당됨.

42) 환경영향평가법 제8조

43) 환경영향평가법 제11조.

④ 평가서 초안

전략환경영향평가협의회의 심의를 거쳐 결정된 사항을 토대로 전략환경영향평가서 초안이 작성된다. 이 초안은 전략환경영향평가 대상계획 중 개발기본계획의 경우에만 작성한다. 초안 작성은 주민의 의견 수렴 등을 위한 하나의 절차라 할 수 있다. 전략환경영향평가서 초안은 다음의 내용[44]을 포함한다.

- 요약문
- 개발기본계획의 개요
- 개발기본계획 및 입지(구체적인 입지가 있는 경우만 해당한다)에 대한 대안
- 전략환경영향평가 대상지역
- 개발기본계획의 적정성
- 입지의 타당성(구체적인 입지가 있는 경우만 해당)
- 환경영향평가협의회 심의 내용

⑤ 주민참여

환경영향평가에서처럼 전략환경영향평가에서도 주민참여가 가능하다. 주민참여에 대해서는 환경영향평가법 제4조 3항(환경영향평가 등의 기본원칙)에서 명시하고 있다: '환경영향평가 등의 대상이 되는 계획 또는 사업에 대하여 충분한 정보 제공 등을 함으로써 환경영향평가 등의 과정에 주민 등이 원활하게 참여할 수 있도록 노력하여야 한다.' 평가서 초안을 통해 주민 참여의 기회를 열어놓고 있는데 IAIA에서 제시하는 좋은 전략환경평가의 기준에 부합된다고 할 수 있다. 주민 참여는 정책계획에서는 배제되고 개발기본계획 전략환경영향평가에서만 주민참여의 가능성을 열어놓고 있다. 그림 3.7은 계획의 구체성과 인지가능성을 보여준다. 추상적인 상위계획은 아랫단계로 내려가면서 구체화되고 인지가능성도 커진다. 비록 구체성이 낮은 상위계획이라도 이에 적합한 방법으로 주민참여의 길을 열어놓아야 한다.

오늘날 환경갈등의 중요한 발생 원인은 계획수립 초기에 지역주민 참여와 의견수렴이 이루어지지 않았기 때문이다. 의견수렴은 문서형식, 회의 형식, 일방향 정보 전달 형식, 양방향 정보제공 및 교류 형식, 설명회, 공청회, 워크숍 등 다양한 형태로 가능하다. 정보교류를 위한 일반주민참여 수법으로는 문서형식보다는 회의형식이, 일방향 정보제공보다는 양방향 정보교류 방식이, 열린 의견개진이 가능한 형식의 설명회 또는 공청회 등이 더 유효하다.

일반적으로 주민참여란 주민들이 정부의 정책결정과정에 영향력을 행사하려는 행위를 말한다. 2007년 '공공참여를 위한 국제협회(IAP2 : International Association for Public Participation)'는 주민참여의 발전단계를 다섯 단계로 구분하고 있다. 1단계는 웹사이트나 자료 등 정보제공(Inform) 단계이며, 2단계는 의견청취, 설문조사 등의 협의(Consult) 단계, 3단계

44) 환경영향평가법 시행령 제11조 1항

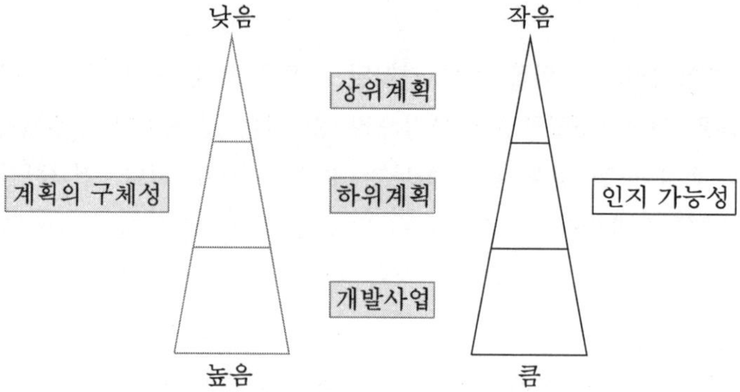

그림 3.7 계획의 구체성과 인지 가능성과의 관계

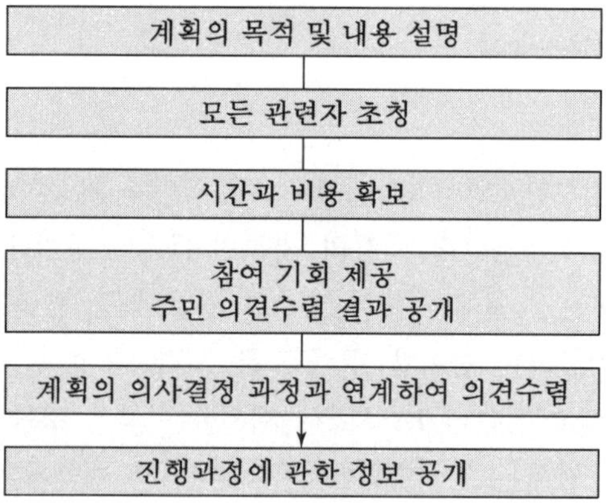

그림 3.8 의견수렴단계

는 워크숍, 토의 등 개입(Involve) 단계, 4단계는 주민 자문위원회 등을 통한 협업(Collaborative) 단계, 끝으로 5단계는 주민배심원, 주민투표 등을 통한 권한부여(Empower) 단계이다. 성공적인 주민 참여와 의견수렴을 위해서는 그림 3.8과 같이 6단계를 거치는 것이 바람직하다.

⑥ 전략환경영향평가서

개발기본계획의 경우 주민의견 수렴한 내용을 반영하여 전략환경영향평가서를 작성하고, 이를 토대로 환경부장관에게 협의를 요청한다.[45] 전략환경영향평가서는 환경오염과 환경훼손을 최소화하기 위하여 필요한 방안을 마련하기 위해 작성한다.[46] 전략환경영향평가서를 통해 정책계획과 개발기본계획이 환경적으로 어떠한 영향을 미치고 있는지를 확인하고, 이

45) 환경영향평가법 제16조 1항

46) 환경영향평가법 제3조(국가 등의 책무)

를 토대로 계획의 환경성을 제고할 수 있다.

정책계획과 개발기본계획으로 구분되는 전략환경영향평가서의 구성항목은 표 3.3과 같다.[47]

표 3.3 전략환경영향평가서의 정책계획과 개발기본계획의 작성 항목 및 내용

정 책 계 획	개발기본계획
1. 요약문 2. 정책계획의 개요 3. 정책계획 및 입지(구체적 입지 有)에 대한 대안 4. 전략환경영향평가 대상 지역 5. 지역개황 6. 환경영향평가협의회 심의내용 7. 전략환경영향평가항목 등의 결정 및 조치내용 8. 공개된 전략환경영향평가항목 등에 대하여 주민 등이 의견을 제출한 경우 이를 검토한 내용	1. 요약문 2. 개발기본계획의 개요 3. 개발기본계획 및 입지에 대한 대안 4. 전략환경영향평가 대상지역 5. 지역 개황 6. 환경영향평가협의회 심의 내용 7. 전략환경영향평가항목 등의 결정 및 조치 내용 8. 공개된 전략환경영향평가항목 등에 대하여 주민 등이 의견을 제출한 경우 이를 검토한 내용
	9. 전략환경영향평가서 초안에 대한 주민, 관계 행정기관의 의견 및 이에 대한 반영여부
9. 정책계획의 적정성 가. 환경보전계획과의 부합성 1) 국가 환경 정책 2) 국제환경동향 · 협약 · 규범 나. 계획의 연계성 · 일관성 1) 상위계획 및 관련계획과의 연계성 2) 계획목표와 내용과의 일관성 다. 계획의 적정성 · 지속성 1) 공간 계획의 적정성 2) 수요 · 공급 규모의 적정성 3) 환경 용량의 지속성	10. 개발기본계획의 적정성 가. 상위 계획 및 관련 계획과의 연계성 나. 대안 설정 · 분석의 적정성
10. 입지의 타당성(구체적인 입지가 있는 경우만 해당하며, 이 경우 영 별표 1의 1. 나 목 2) 세부 평가 항목을 참조한다)	11. 입지의 타당성 가. 자연환경의 보전 1) 생물다양성 · 서식지 보전 2) 지형 및 생태축의 보전 3) 주변자연경관에 미치는 영향 4) 수환경의 보전 나. 생활환경의 안전성 1) 환경기준 부합성 2) 환경기초시설의 적정성 3) 자원 · 에너지순환의 효율성 다. 사회경제 환경과의 조화성 : 환경친화적 토지이용
11. 종합평가 및 결론 12. 부록 가. 전략환경영향평가 시 인용한 문헌 및 참고한 자료 나. 전략환경영향평가에 참여한 사람의 인적사항 다. 용어 해설 등	12. 종합평가 및 결론 13. 부록 가. 전략환경영향평가 시 인용한 문헌 및 참고한 자료 나. 전략환경영향평가에 참여한 사람의 인적사항 다. 용어 해설 등

47) 「환경영향평가서 등 작성 등에 관한 규정」(고시) 일부개정(안) 행정예고(2012.11.16)

⑦ 전략환경영향평가서의 검토

계획수립기관이 협의를 요청받은 경우에는 환경부 장관은 주민의견 수렴 절차 등의 이행 여부 및 전략환경영향평가서의 내용 등을 검토하여야 한다.[48] 평가서 검토 기관은 한국환경정책・평가연구원 등이다.

⑧ 협의 내용 이행

전략환경영향평가의 결과를 계획에 반영하는 여부가 전략환경영향평가의 핵심이다. 환경영향평가법에 의하면, 환경부장관은 전략환경영향평가서 검토에 따라 계획수립 행정기관의 장에게 해당 계획의 보완・조정을 요청할 수 있다.[49] 이러한 협의내용을 주관 계획수립기관의 장은 통보받은 협의 내용을 해당 계획에 반영하기 위하여 필요한 조치를 하여야 한다. 협의기관인 환경부는 조치결과 또는 조치계획의 이행 여부를 확인할 수 있다.[50] 이러한 제도적 장치에도 불구하고 전략환경영향평가 결과가 계획에 반영되지 않은 경우가 발생하고 있다. 그 이유는 반영여부가 의무조항이 아니기도 하고 외부에 공개되지 않기 때문이다.

(3) 전략환경영향평가 제도의 내용적 차원

전략환경영향평가 제도의 내용적 차원은 평가 방법을 다루는 것으로 계획의 환경성 제고에 제일 중요한 역할을 한다.

① 전략환경영향평가의 내용적 절차

평가서(초안) 작성은 실질적으로 평가준비서 작성 → 환경영향평가협의회의 심의를 거쳐 평가항목 및 범위 결정 등이 확정되면서 시작된다. 전략환경영향평가의 내용적 절차는 평가서 작성을 위한 과정으로 이해할 수 있다. 문제점 파악부터 시작하여 → 영향예측 → 평가 → 결론의 4단계를 거쳐 평가서가 작성된다(그림 3.9). 4 단계로 진행되는 일련의 과정에서 중요한 부분은 스코핑, 대안설정 및 평가이므로 이에 대한 내용은 보다 자세하게 아래에서 다룬다.

② 원인－환경변화의 관계

환경영향평가와 같이 전략환경영향평가에서도 원인에 의해서 환경변화가 일어난다(그림 3.10). 원인은 환경영향요소, 즉 계획의 내용 중 환경에 미치는 영향의 원인이 되는 요소를 말한다.

환경변화는 환경영향을 의미하며, 환경영향이란 계획의 집행으로 인하여 환경에 변화를 가져오는 모든 긍정적, 중립적, 부정적 영향으로서 직접적인 영향과 간접적인 영향, 단기적

48) 환경영향평가법 제17조

49) 환경영향평가법 제17조 3항

50) 환경영향평가법 제27조 1항

요약	요약문
⬇	⬇
문제점 파악	계획의 내용 전략환경영향평가 대상지역 설정 전략환경영향평가 항목 설정 계획에서 추구하는 환경목표 환경현황조사 환경쟁점 사안 등의 환경문제
⬇	⬇
영향예측	계획시행에 따라 예상되는 환경영향 예측
⬇	⬇
평가	대안별 전략환경영향평가 평가항목별 환경영향 저감방안 최종안 선정
⬇	⬇
결론	종합평가 및 결론

그림 3.9 전략환경영향평가의 내용적 절차

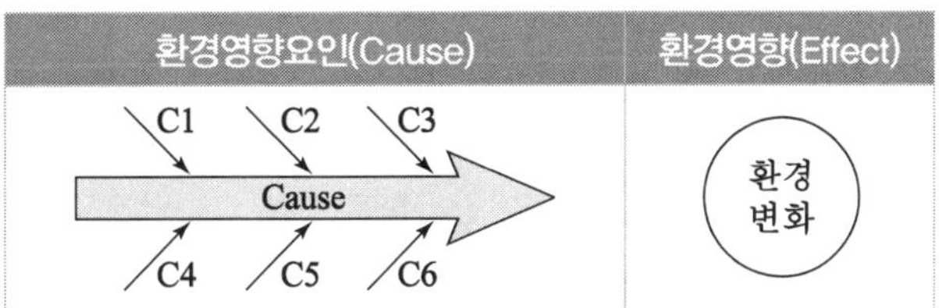

그림 3.10 원인－환경변화의 관계

표 3.4 환경영향요소와 환경변화의 예

사방 기본계획	산촌진흥기본계획	폐기물처리계획	국가도로망 종합계획	댐건설장기계획
• 사방사업 실태조사 및 DB 구축(−) • 폐지 복구 지원방안 마련(+) • 산지사방 조성(−)	• 산촌특산품목 브랜드화 및 CI 제작(/) • 지역특산물 생산에 맞춘 이용가공시설 설치(−)	• 유비쿼터스 서비스체계 구축(/) • 폐기물 감량화(+) • 폐기물처리시설(−)	• 신설도로사업과 도로확장사업(−) • 도로망 구축(−)	• 댐에 대한 내진설계 기준 강화(/) • 기후변화 대응 신규시설물 물공급 예비율 확보(+) • 신규댐 확보(−)
(+) : 긍정적 환경영향 (−) : 부정적 환경영향 (/) : 환경영향 없음				

인 영향과 장기적인 영향을 말한다. 원인-환경변화의 관계를 전략환경영향평가에 적용한다면 정책계획이나 개발기본계획에서 환경변화의 원인이 되는 환경영향요소를 도출하고(표 3.4) 이에 따라 환경영향이 어떤 형태로 발생할 것인지에 대한 판단이 중요하다.

③ 평가항목

환경영향평가법 시행령 2조 별표 2는 평가항목을 제시하고 있는데 유럽연합 전략환경평가 지침에서 제시하는 평가항목과 큰 차이가 있다. 정책계획의 전략환경영향평가에서는 '환경보전계획과의 부합성', '계획의 연계성·일관성', '계획의 적정성·지속성'을, 개발기본계획의 전략환경영향평가에서는 계획의 적정성, 입지의 타당성을 평가하도록 되어 있다.[51] 이러한 각각의 대분류 평가항목은 중분류 또는 하분류로 나뉜다.

④ 스코핑

평가준비서 단계에서 스코핑을 한다. 우리나라에서 스코핑(Scoping)은 평가대상지역의 설정과 환경영향평가 항목 및 범위의 결정과정을 의미하며 '선택과 집중' 차원에서 도입되었는데[52], 전략환경영향평가서를 작성할 때 꼭 평가해야 할 항목과 범위를 미리 정하는 과정이다(환경부 2011). 스코핑 분야는 '평가대상지역의 설정', '평가항목 및 범위 결정', '조사·예측·평가방법 결정'이다. 스코핑의 기대효과는 평가의 질적 향상과 시간과 비용절감에서 나타날 수 있다. 우리나라에서는 평가항목 및 범위 결정, 평가방법에 초점이 맞추어져 있다. 이에 따라 계획과 지역의 특성을 고려하여 영향이 크지 않은 일부 항목을 제외할 수 있다.

유럽연합 전략환경평가 지침은 환경평가서에 포함되는 정보의 범위와 상세도를 정하는 것을 의미한다.[53] 그 외에 이 지침은 관련계획을 고려하도록 요구하고 있다.[54] 유럽에서는 스코핑은 불필요한 자료(쓰레기 자료) 생산을 방지하기 위한 수단으로 보고 있다(Sommer, 2005; UBA/BMU, 2010). 스코핑을 하기 위해서는 우선 시간이 많이 소요되지만 그 대가는 추후에 나타난다. 스코핑을 통해 비용적으로나 기술적으로 무리 없이 평가할 수 있는 틀이 마련된다. 우리나라와 유럽연합의 스코핑에서 일치 않은 부분은 평가의 깊이와 티어링(tiering)이다. 평가의 깊이는 평가를 얼마나 상세하게 하느냐, 티어링은 중복평가방지를 위해 해당계획 전략환경영향평가 시에 상위 및 관련계획과 전략환경평가서와 연계하여 어떤 부분을 참고하여 평가하느냐를 의미한다.

스코핑 방법으로는 상호대조표(Matrix) 또는 체크리스트를 사용하는데 우리나라에서는 상

51) 환경영향평가법 시행령 제2조 별표 1

52) 스코핑은 전략환경영향평가 뿐만 아니라 환경영향평가에서도 사용되며 이를 가이드라인은 2011년에 전면 개정되어 사용되고 있다(환경부 2011).

53) … deciding on the scope and level of detail of the information which must be included in the environmental report … 유럽연합 SEA 지침 제5조 4

54) 유럽연합 SEA 지침별표 1(a)

호대조표 방법이 보편화되어 있다. Matrix를 이용한 스코핑에서는 다음과 같은 질문이 중요하다.

1. 계획의 특성과 환경영향요소를 확인하기 위한 질문
   1.1 어떤 종류의 계획인가?
   1.2 입지가 있는 계획인가?
   1.3 환경영향의 원인이 되는 요소, 즉 계획에 의한 환경영향요소는 무엇인가?
2. 계획지역의 환경적 특성을 파악하기 위한 질문
   2.1 계획지역의 환경은 어떤 특성을 보여주는가?

1과 2를 상호대조하여 환경영향요소와 평가항목간의 관계, 즉 어느 평가항목에 환경영향이 발생하고 영향정도는 어느 정도인지를 분석하여 중점평가항목을 도출한다.

⑤ 대안설정 및 평가

대안설정은 둘 또는 그 이상의 안에 대한 비교이며 대안설정의 필수조건은 한 안이 다른 대안보다 우월 또는 열등해야 한다(한국개발연구원, 2008). 예를 들어, 폐기물처리계획에서는 매립, 소각처리, 재활용 등의 대안과 이들의 적절한 혼합한 혼합형도 대안이 될 수 있다. 또 다른 예는 수자원장기종합계획에서 제시한 물 부족량 4.6억m^3 확보하기 위한 방안으로 기존 댐 재개발, 다목적 저류지, 친환경 중·소규모 댐, 지하수의 체계적 개발 및 이용, 대체수원 개발 등이 논의되고 있는데 이들이 부족한 수자원을 확보하기 위한 대안들이다(국토해양부, 2011, 수자원장기종합계획, 2011~2020). 대안을 통해 잠재적 환경영향을 근본적으로 줄일 수 있는 가능성이 열려있기 때문에 대안 설정은 전략환경영향평가서에서 매우 중요하다. 계획에 대한 적절한 대안의 모색은 계획의 환경성 제고를 위한 지름길이 될 수 있다.

⑥ 합리적 대안

대안의 조건은 합리성을 갖추어야 한다. 환경영향평가법 제4조(환경영향평가 등의 기본원칙)에서도 합리적 대안의 중요성을 강조하고 있다: "대안은 과학적으로 조사·예측된 결과를 근거로 하여 경제적·기술적으로 실행할 수 있는 범위에서 마련되어야 한다".

- 합리적인 대안이란 계획의 목표를 달성하기 위해 법 테두리 내에서 현실적이고 실현가능한 모든 대안을 말한다. "법적 테두리 내에서"란 평가대상 정책계획이나 개발기본계획의 위계에 맞게 대안을 설정하고 있는지를 말하며, "현실적이고 실현 가능성"이란 시간적으로나 경제·기술적으로 계획의 시간·공간적 범위 내에서 가능한지를 의미한다.
- 또한 대안은 대안들 간의 환경영향이 실질적으로 차이가 나야 한다. 환경영향의 최소화라는 목표달성에 별반 차이가 없는 대안은 대안을 위한 대안이지 실질적인 대안은 아니다.
- 특히 원하는 대안을 합리화하는, 즉 본래의 대안이 더 적절하다는 것을 보여주기 위한

대안이라면 대안으로서의 설자리를 잃게 된다. 이에는 No Action 대안이 포함된다. 대안은 본래의 계획수립 목적을 달성할 수 있도록 설정하여야 하므로 No Action과 같은 대안은 계획의 목표달성과 무관하므로 일반적으로 합리적인 대안으로 보지 않는다. No Action 대안은 계획 수립시와 미 수립시에 환경변화의 차이점을 상대 비교하는데 쓰일 뿐이다.

- 또한 고 비용을 초래하는 대안도 합리적인 대안이 아니므로 부적절한 대안으로 분류된다.

⑦ 대안설정 방법

계획에 의한 환경영향을 저감하는 핵심 역할을 하도록 대안은 설정되어야 한다. 대안은 개별적인 대책이 대안이 될 수도 있고, 여러 대책으로 조합된 것이 하나의 대안이 될 수 있다. 특히 장기적인 미래에 대한 계획의 경우에 사용하는 시나리오도 한 대안의 방법이 된다. 또한 하나의 대안에 여러 옵션을 설정할 수 있는데 이도 하나의 대안을 설정하는 방법이라 할 수 있다.

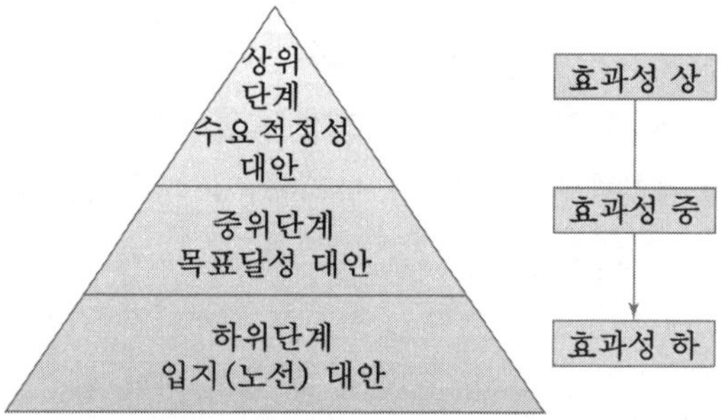

그림 3.11 대안의 위계 및 효과성 구분

환경영향평가서 등 작성 등에 관한 규정(환경부, 2016)은 전략환경영향평가에서의 대안을 "전략환경영향평가 대상계획의 목표와 방향, 환경적 목표와 기준, 추진전략과 방법, 수요와 공급, 위치와 시기, 입지 등 조건이 다른 여러 가지 안"으로 구분하고 있으나 그 외에 대안은 그림 3.11과 같이 3단계의 위계로 구분할 수 있다.

계획의 위계 및 내용과 관련성이 있다. 상위계획에서 하위계획으로 내려갈수록 계획의 내용이 상세해지므로 이에 걸맞게 상세하게 대안을 설정하여야 한다.

상위 단계에서 대안에 대한 논의 대상은 수요이다. 즉, 시나리오(고 수요, 기존 수요, 저수요) 등을 통해 수요의 적정성에 대한 대안을 설정한다. 지나치게 높은 수요는 과도한 공급으로 이어지기 때문에 적정한 수요에 대한 대안 설정은 중요하다. 적정 수요 대안 설정은 환경영향 저감 측면에서 가장 효과적인 방법이라 할 수 있다. 적정 수요 여부를 확인 후 수요 충족, 즉 목표를 위해 어떤 방법이 필요한지를 중위 단계에서 대안을 설정한다. 예를 들어, 댐건설 장기 계획의 경우 수자원장기종합계획에서 산출한 물 수요를 충족시키기 위한 대안으로 신규댐 건설 또는 기존 댐 재개발 등의 대안 설정이 가능하다. 하위 단계에서는 중위단계에서 사업의 종류가 확정되면 사업의 입지 내지 노선 선정을 하는 대안을 논한다. 위와 같은 대안의 위계는 계획의 위계를 반영하여 대안을 설정하여야 한다는 의미이다. 하지만 이러한 위계를 고려하는 데는 한계가 있다. 왜냐하면 계획의 위계가 명확하게 구분이 되는 경우도 있지만 그렇지 않은 경우도 있기 때문이다. 또한 한 계획 내에 2~3가지 위계적 성격을 가진 계획도 있다. 이런 경우 상·중·하로 구분하기보다는 혼합형 대안 설정이 바람직하다.

대안은 계획수립자와 평가자가 공동으로 설정하는 것이 바람직하다. 현재는 계획의 마지막 단계에서 오랜 기간 자체적으로 논의된 계획안을 대안이라고 제시하고 평가자는 이를 그대로 받아들이고 있는 실정이다. 하지만 이는 진정한 대안이 아니다. 진정한 대안은 계획수립과정에서 계획수립자와 평가자가 협업하여 설정한 안이어야 하고 평가결과에 따라 계획안이 변경될 수 있어야 한다. 계획수립자가 마지막 계획단계에서 제시한 안을 그대로 받아들이고 평가를 한다면 이는 안을 정당화하기 위한 평가가 될 수 있다.

표 3.5 정책계획의 대안

정책계획	대안(예시)	
국가도로망종합계획	• 도로밀도 대안	• 도로사업 우선순위 대안
폐기물처리기본계획	• 수요 대안 • 처리형태별 조합 대안	• 목표의 기본방향 대안 • 처리시설 운영방안
댐건설장기계획	• 신규댐 • 기존 댐 재개발 • 용수과 잉공급지역과 부족지역과의 연계 • 댐의 종류(다목적 댐, 중·소규모 댐, 홍수조절 댐) • 입지 대안	
관광개발기본계획	• 관광 수요대안	• 부정적 환경영향 저감 방안

정책계획의 경우 표 3.5와 같이 대안을 설정할 수 있다. 때로는 전략환경영향평가 대상계획만 가지고 하는 대안설정은 바람직하지 않을 수 있다. 상위계획 또는 관련계획과 연동하여 대안을 설정하는 것이 더 적절할 수가 있다. 예를 들어, 댐건설장기계획의 상위계획인 수자원장기 종합계획에서 설정한 수요가 적절한지 점검하여 수요에 대한 대안을 설정할 수 있다. 댐건설장기계획의 관련계획인 수도정비계획을 통해 물 부족 지역에 신규댐 건설 대신 물 과잉 공급 지역의 물을 공급받을 수 있는지에 대한 대안설정도 가능할 것이다. 또는 유역종합치수계획을 고려하여 홍수조절 댐건설의 필요성을 문제 삼아 홍수조절댐 건설에 대한 대안을 제시할 수 있다. 이처럼 상위 및 관련계획을 검토하여 댐건설장기계획에서 제시한

한 대안에 대해 다른 대안의 당위성을 확보할 수 있다. 관련계획을 고려하여도 다른 대안 설정이 어렵다면 댐 재개발, 신규 댐 건설 그리고 입지에 대한 대안을 제시한다.

⑧ 평가

환경영향은 법에서 정한 환경기준과 비교하여 평가할 수 있다. 여러 분야의 환경영향을 평가하기 위해서는 법정 환경기준 외에 별도의 환경기준[환경보전목표[55]]을 설정하여야 한다. 평가의 궁극적인 목표는 환경기준(환경목표)과의 부합여부를 판단하는 일이다. 환경기준은 일부 환경분야에만 국한되어 있어 그 외의 다른 환경분야는 환경목표를 설정하여야 한다. 전략환경영향평가에서는 환경영향에 대한 종합평가를 하여야 한다. 정책계획에 여러 지역에 분포된 여러 개의 사업들이 포함되어 있으면 분포현황을 고려하여 종합적으로 평가하여야 하며 평가를 위해서는 기본적으로 기준이 있어야 한다. 기준은 2가지 방법으로 설정할 수 있다. 한 가지 방법은 계획 수립전의 환경실태를 기준으로 설정하는 방법이며 다른 방법은 환경목표를 기준으로 설정하는 방법이다. 전자의 경우는 계획에 따른 환경영향이 계획수립 전과 비교하여 어떻게 다른지를, 후자인 경우 설정된 목표와의 부합여부를 평가한다. 이때, 환경보전목표를 설정하고 이를 토대로 환경영향평가 등을 실시하여야 한다.

8 소결

사업의 상위단계인 계획에 대한 전략환경영향평가는 세계적인 추세이고 우리나라도 2013년부터 시행하고 있다. 우리나라 전략환경영향평가는 사전환경성검토제도에서 발전하였다. 환경영향평가와 차별화된 전략환경영향평가 운영을 위해서는 4가지가 중요하다.

첫째, 전략환경영향평가 제도의 이해와 효율적 평가서 작성을 위해서는 공학적 접근 외에 계획적 사고력이 필요하다.

둘째, 전략환경영향평가 제도는 국토정책과 공간계획, 그리고 환경정책과 환경계획과 연계하여 접근하여야 한다.

셋째, 전략의 개념이 반영된 환경영향평가와 근본적으로 차별화된 평가방법이 강구되어야 한다.

넷째, 평가의 결과가 계획의 친환경성 제고로 연결되기 위해서는 전략환경영향평가의 시점을 앞당겨야 한다.

55) 환경영향평가법 제5조에 따라 환경보전목표를 설정하고 이를 토대로 환경영향평가 등을 실시하여야 한다.

참고문헌

국토해양부, 2012, 국토계획평가에 관한 업무처리지침.

권원용, 2010, 계획 활동의 개념화와 정당성에 관한 소고, 한국도시행정학회 도시행정학보, 23(4), 23~37.

노명준, 1999, 유럽연합(EU)의 환경법과 환경정책에 관한 연구, 국제법무연구, 제2호, 230-231.

석인선, 2007, 환경권론, 이화여자대학교출판부.

신용승, 2012, 국가환경보건지표로서의 환경성질병부담 도입방안, KEI 연구보고서.

안소은, 2010, 통합평가수단으로서의 전략환경평가 논의동향, 환경포럼, 154호.

이무춘, 2012, 1:10:100의 법칙, 중앙일보(2012.1.31).

이무춘, 2012, 전략환경영향평가 현황과 발전 방향, 환경영향평가학회 20년.

이무춘, 2016, 전략환경영향평가의 효율성 제고에 관한 고찰, 국토월간 통권 413호(2016.03)

이상은, 2012, 완전히 바뀐 환경영향평가제도, 첨단환경기술, 2012년 4월호.

환경부, 2011. 12, 환경영향평가 스코핑 가이드라인.

환경부, 2016. 7. 8, 환경영향평가서 등 작성 등에 관한 규정, 환경부고시 제2016-131호

환경영향평가법(제13426호, 2015.7.24)

환경부, 2015. 12, 전략환경영향평가 업무 매뉴얼

Abter, Kerstin, Institut für Technikfolgenabschätzung(Hg.), 2013, Handbuch Strategische Umweltpruefung (3rd Edition), Verlag der ÖOsterreichischen Akademie der Wissenschaften.

Brown James, Hjerp Peter, 2006, The Application of Strategic Environmental Assessments in the UK Fisheries Sector.

Fischerl, Thomas, 1999, Lifting the Fog on SEA, Towards a Categorisation and Identification of Some Major SEA Tasks: Understanding Policy-SEA, Plan-SEA and Programme-SEA, Proceedings from the 3rd Nordic EIA/SEA Conference, 22-23 November 1999.

http://epub.oeaw.ac.at/Handbuch-SUP.

http://www.iaia.org/publicdocuments/special-publications/sp1.pdf

IAIA (INTERNATIONAL ASSOCIATION FOR IMPACT ASSESSMENT), 2002, Strategic Environmental Assessment Performance Criteria. Special Publication Series No. 1.

Schweizerische Eidgenossenschaft Eidgenössisches Departement für Umwelt, Verkehr, Energie und Kommunikation, Bundesamt für Umwelt BAFU, 2009, Strategische Umweltprüfung (SUP) für Pläne und Programme, Grundlagenpapier (Stand August 2009).

Sommer Andreas, 2005, Strategic environmental assessment: From scoping to monitoring

UBA/BMU, 2010, Leitfaden zur Strategischen Umweltpruefung.

W.E. WALKER, W.E. et al, 2003, Defining Uncertainty, A Conceptual Basis for Uncertainty. Management in Model-Based Decision Support, Integrated Assessment, 2003, 4(1), 5~17.

Survey, Prediction, Mitigation, Follow-up and Assessment of Environmental Impact

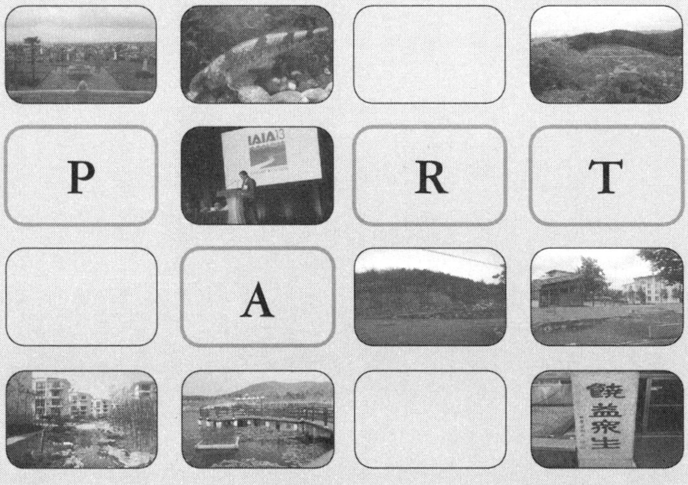

PART II

환경영향의 조사 · 영향예측 · 저감방안 · 사후관리와 종합평가

제4장
대기환경

1 개요

개발사업의 시행으로 인하여 환경에 미치는 영향을 최소화하는 것을 목적으로 하는 환경영향평가제도는 1980년에 도입 시행된 이래 주민의견수렴 절차의 도입 등 여러 차례의 제도개선을 하여 왔다. 그러나 개발사업의 면죄부 역할을 한다든가, 실효성이 부족하다는 비판을 받아왔다. 이러한 문제점을 해소하고 환경영향평가의 실효성을 제고하기 위하여 정부에서는 설명회의 의무화, 평가서 협의 내용의 사업승인내용에 반영의무화, 벌칙수단도입 등 협의내용에 대한 사후관리를 대폭 강화한 내용을 담은 환경영향평가법을 1993년 부터 시행하였다. 이에 따라 주민의견수렴에 필요한 평가서 초안의 내용과 작성방법을 규정하고, 평가서 초안 공람 후 설명회를 개최하고 주민들이 요구하는 경우에는 주민이 추천한 전문가들이 참여하는 공청회를 개최토록 하는 등 주민참여를 보장토록 하였다.

현행 환경영향평가법에서는 대기, 수질 등 총 21개 항목을 평가하도록 되어 있으나, 사업 및 지역특성에 따라 영향이 크지 않은 일부 항목을 제외할 수 있도록 하면 영향평가의 질적 향상과 사업자의 시간적·경제적 부담을 줄일 수 있다. 이러한 제도를 스코핑(scoping)이라 하며 2007년 시범사업을 통하여 2009년부터 전면도입을 결정하여 의무화하고 있다. 이에 따라 환경영향평가법에서 정하는 바와 같이 평가준비서를 작성하여 평가계획서심의위원회의 심의를 거쳐 평가항목·범위 등을 결정하여야 한다. 대기환경 분야에서는 사업을 공사 단계와 운영단계로 구분하여 건설기계운영, 자재운반 차량통행, 부지조성공사, 주거시설과 업무시설 이용, 자동차 통행량 증가, 폐기물 발생 등 환경영향요인과 기상, 대기질, 악취 평가항목에 악영향이 얼마나 되는지 검토하여야 한다.

정부에서는 2008년 12월 환경영향평가법 시행령을 개정하여 2010년 1월부터 환경영향평가 항목에 온실가스를 추가하게 되었다. 대상 온실가스 물질은 이산화탄소, 메탄, 이산화질소, 수소불화탄소, 과불화탄소, 육불화황 등 6개 물질이며 대상사업, 사업지역 등의 특성을 고려하여 평가계획서 심의위원회에서 '온실가스' 항목을 중점평가항목으로 결정하는 사업에 한하여 적용하도록 하였다. 이는 온실가스의 의무감축에 대비하여 개발계획 수립시 다양한 환경보전대책을 제시 및 기존 기술과의 상대평가를 통하여 온실가스 저감에 효율적인 기술과 기법을 사업계획에 반영하도록 유도하기 위한 것이다.

2 관련법과 제도

대기질관리 정책수단은 크게 규제적수단과 경제적 수단으로 나뉘는데, 규제적 수단으로 농도규제, 총량규제, 토지이용규제가 있다.

1) 대기환경기준

대기환경영향평가에 있어서 대기질 현황과 장래 대기질 예측은 주로 대기환경기준 항목과 수준에 대하여 비교 평가를 실시한다. 우리나라의 대기환경기준은 1978년 이산화황에 대한 기준을 최초로 설정한 이래 현재까지 6회에 걸쳐 항목이 추가되고 기준이 점차 강화되어왔다. 그 내용은 표 4.1과 같으며, 2016년 현재 대기환경기준은 8개 항목에 대하여 설정되어 있으며 2015년부터는 PM2.5에 대한 대기환경기준으로 연평균 25μg/m^3, 일평균 50μg/m^{3}이 도입되었다.

표 4.1 대기환경기준의 체계변경 및 강화내역

항 목		1978	1983	1991	1993[주3]	2001	2007	2012
이산화황 (ppm)		0.05/년 0.15/일	0.05/년 0.15/일	0.05/년 0.15/일	0.03/년 0.14/일 0.25/시간	0.02/년 0.05/일 0.15/시간	0.02/년 0.05/일 0.15/시간	0.02/년 0.05/일 0.15/시간
일산화탄소 (ppm)		-	8/월 20/8시간	8/월 20/8시간	9/8시간 25/시간	9/8시간 25/시간	9/8시간 25/시간	9/8시간 25/시간
이산화질소 (ppm)		-	0.05/년 0.15/시간	0.05/년 0.15/일	0.05/년 0.08/일 0.15/시간	0.05/년 0.08/일 0.15/시간	0.03/년 0.06/일 0.1/시간	0.03/년 0.06/일 0.1/시간
먼지 (μg/m^3)	총먼지	-	150/년 300/일	150/년 300/일	150/년 300/일	-	-	-
	미세먼지[주1] (PM-10)	-	-	-	80/년 150/일	70/년 150/일	50/년 100/일	50/년 100/일
	미세먼지[주2] (PM-2.5)	-	-	-	-	-	-	25/년[주5] 50/일

오존 (ppm)	-	0.02/년 0.1/시간	0.02/년 0.1/시간	0.06/8시간 0.1/시간	0.06/8시간 0.1/시간	0.06/8시간 0.1/시간	0.06/8시간 0.1/시간
납 ($\mu g/m^3$)	-	-	1.5/3개월	1.5/3개월	0.5/년	0.5/년	0.5/년
탄화수소 (ppm)	-	3/년 10/시간	3/년 10/시간	-	-	-	-
벤젠 ($\mu g/m^3$)	-	-	-	-	-	5/년[주4]	5/년

※ 1시간 평균치는 999천분위수의 값이 그 기준을 초과해서는 안 되고, 8시간 및 24시간 평균치는 99백분위수의 값이 그 기준을 초과해서는 안 된다.

※ 주 : 1. 미세먼지(PM-10)는 입자의 크기가 10μm 이하인 먼지를 말한다.
2. 미세먼지(PM-2.5)는 입자의 크기가 2.5μm 이하인 먼지를 말한다.
3. 1993년 이산화황 기준 강화 및 1시간기준 신설, 미세먼지(PM-10) 기준 신설(1995년 적용)
4. 2007년 벤젠기준 신설 (2010년 적용)
5. 2011년 PM-2.5기준 신설 (2015년 적용)

2) 총량규제

대기오염 상태가 환경기준을 초과하여 주민의 건강 · 재산이나 동식물의 생육에 심각한 위해를 끼칠 우려가 있다고 인정하는 구역 또는 특별대책지역 중 사업장이 밀집되어 있는 구역의 경우에는 그 구역의 사업장에서 배출되는 오염물질을 총량으로 규제할 수 있으며, 이 경우 총량규제구역, 총량규제 대기오염물질, 대기오염물질의 저감계획, 그 밖에 총량규제구역의 대기관리를 위하여 필요한 사항을 고시하도록 되어 있다.

3) 토지이용규제

(1) 대기보전 특별대책지역

환경정책기본법에 의하면, 환경오염 환경훼손 또는 자연생태계변화가 현저하거나 현저해질 우려가 있는 지역과 환경기준을 자주 초과하는 지역을 특별대책지역으로 지정 · 고시하고, 특별대책지역 내의 환경개선을 위하여 필요한 경우에는 토지이용과 시설설치를 제한할 수 있다. 지금까지 지정된 대기보전 특별대책지역은 울산 · 미포 및 온산 국가산업단지와 여수 · 여천 국가산업단지 및 확장단지 등 2개 지역이다.

(2) 대기환경규제지역과 대기관리권역

지속적인 규제강화로 점오염원으로부터의 오염물질량은 줄어들고 있으나 면오염원과 이동오염원(자동차, 철도 등)에서 배출되는 오염물질량은 증가하고 있다. 따라서 대기오염 영향권별로 환경용량을 감안하여 교통 및 에너지 수요 등을 포함한 종합적 개선대책의 추진이 필요하다.

환경기준을 초과하였거나 초과할 우려가 있는 지역으로서 대기질 개선이 긴급하다고 인정되는 지역을 대기환경규제지역으로 지정할 수 있다. 수도권, 부산권, 대구권, 광양만권을 대기환경 규제지역으로 지정 · 고시하였으나, 2005년 초 수도권 대기환경개선에 관한 특별법 제정에 따라 서울특별시, 인천광역시, 경기도 등 수도권 지역은 대기관리권역으로 지정 · 관리되고 있다(표 4.2).

표 4.2 대기질관리 관련법과 제도

정책수단			대상 지역	근거법
규제적 수단	농도규제	환경기준	전국	환경정책기본법 12조, 13조
		지역환경기준	해당지방자치단체	환경정책기본법 12조
		배출허용기준	전국	대기환경보전법 16조
	총량규제		- 대기환경기준을 초과하여 주민의 건강 · 재산이나 동식물의 생육에 심각한 위해를 끼칠 우려가 있는 구역 - 특별대책지역 중 사업장이 밀집되어 있는 구역	대기환경보전법 22조
	토지이용규제	대기보전 특별대책지역	울산 · 미포 및 온산국가산업단지(울산 · 미포 및 온산)	환경정책기본법 38조
			여수 · 여천국가산업단지 및 확장단지	
		대기환경 규제지역	부산 권역: 부산(기장군 제외), 김해시 일부 지역	대기환경보전법 18조
			대구 권역(달성군 제외)	
			광양만 권역 - 경남 하동군 하동화력발전소 부지 - 전남: 광양시, 순천시, 여수시 일부 지역	
		대기관리권역	수도권 지역 : 서울특별시, 인천광역시, 경기도	수도권 대기환경개선에 관한 특별법
경제적 수단			경제적 유인수단	환경정책기본법 32조
			배출부과금	대기환경보전법 35조

자료 : 환경부, 2015, 환경백서, pp.310-314.

3 현황조사

1) 조사항목

(1) 기상

배출원으로부터 배출된 대기오염물질은 대기 중에서 기상상태에 따라 확산, 이동하게 된다. 기상조건 중에서 확산이동에 가장 큰 영향을 주는 것은 풍향, 풍속, 대기안정도라고 할 수 있다. 기상조건은 단기적인 경우는 매시간별 풍향, 풍속, 안정도로 주로 나타내고, 장기적인 경우는 바람장미(Wind rose)와 기상결합빈도함수(Meteorological Joint Frequency Function)를 많이 이용한다. 바람장미는 일정기간 동안 풍향별 풍속등급의 발생빈도를 하나의 도표에 나타낸 것으로 대상지역의 기상 특성을 나타내는 일차적인 자료이다. 바람장미를 보면 대상지역의 주풍향, 풍속등급 등의 기상현황을 알 수 있으며, 바람장미는 바람이 불어오는 방향에 대한 발생빈도(%)로 나타내므로 오염물질의 확산이동패턴이 바람장미의 반대방향으로 이루어질 것을 쉽게 예측할 수 있다. 그림 4.1은 서울지역의 2010년 연평균 바람장미의 예이다.

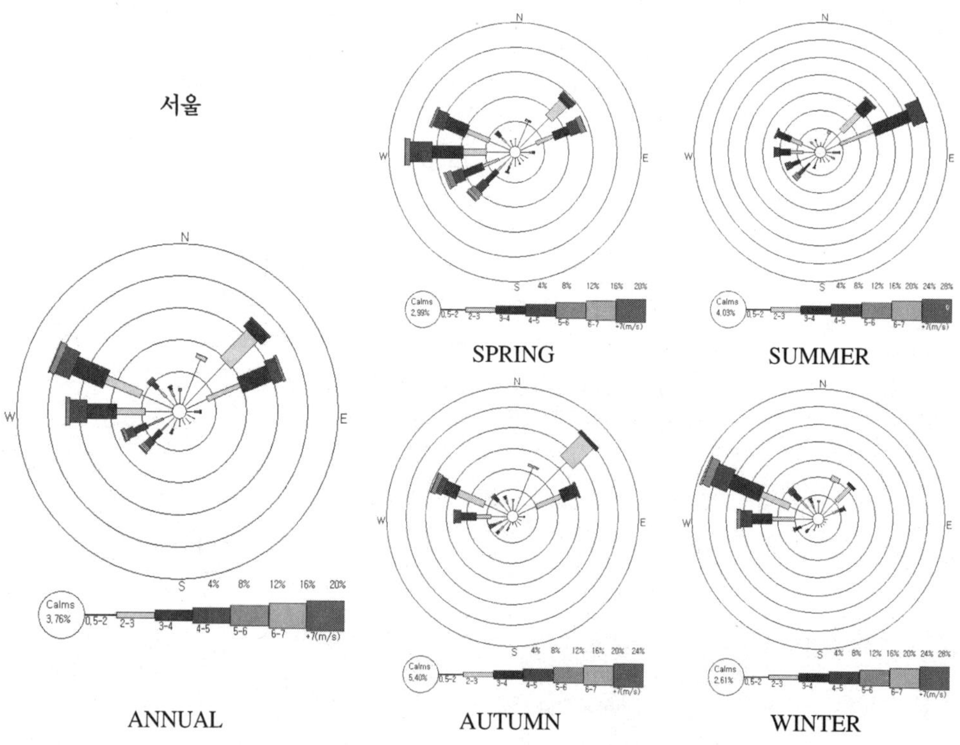

그림 4.1 서울지역의 바람장미(2010년)

대기안정도란 공기덩어리가 상하로 뒤섞이는 정도로써 대기 중의 어떤 고도에 있는 공기덩어리를 약간 상승 또는 하강시켰을 때 원래의 위치로 돌아가려는 경향이 있을 때 그 기층을 안정상태(stable state)라 하고 원래의 위치로부터 더 멀어지려 할 때 그 기층은 불안정상태(unstable state)라 한다. 안정한 대기에서는 공기의 상하운동이 약하고 불안정한 대기에서는 공기의 상하운동이 활발하게 일어나므로 대기오염물질의 확산이 크게 된다. 대기안정도는 Pasquill에 의한 A, B, C, D, E, F, G등급 분류를 주로 이용한다. 이를 산출하기 위한 방법은 가장 간단한 방법으로 풍속과 일사량, 운량으로 대기안정도를 결정하는 Pasquill에 의한 분류표가 있고, 이 방법에 일사량을 일사각으로 해석하고 구름의 높이까지 고려하는 Turner에 의한 산출방법이 있다.

장기간의 기상자료에 의하여 대기오염농도를 계산하기 위해서는 수많은 시간단위의 계산을 행하여야 한다. 그러나 Gaussian 계산식을 이용하는 장기확산모델에서는 매시간별 계산을 반복하는 대신 각 시간단위를 일정조건의 정상상태로 보아 일정기간 동안의 기상상태의 발생빈도를 이용하여 각 기상조건에 따른 계산을 수행한 다음 이를 합산하여 평균농도를 산출하는 기법을 사용하고 있다. 여기서 특정한 풍향, 풍속, 대기안정도인 기상조건의 발생가능성, 즉 일정기간동안의 상대적인 발생빈도를 기상결합빈도함수라 하며 이를 이용하여 반복계산을 대신한다. 이 방식은 처음 AQDM에 이용되었으며 이후에 개발된 CDM, CDMQC, TCM, ISCLT 등 장기 대기오염모델에 모두 이러한 기법이 사용되고 있다. 이들 모델의 기상결합빈도함수는 풍향 16방위, 풍속 6등급, 안정도 6등급의 총 576 (16 × 6 × 6) 경우의 기상조건에 대한 발생빈도로 되어 있다.

(2) 대기질

① 대기질 현황조사

대기질 현황조사는 대상사업의 실시로 인하여 그 지역 대기질의 변화를 예측하기에 앞서 현재의 대기질을 평가하기 위하여 실시한다. 대기질 조사는 대기환경기준과의 비교를 위해서 대기환경기준의 항목과 분석방법에 의하여 실시한다.

대기질의 측정은 최소한 일 년 정도의 기간을 통하여 계절별로 일주일 이상씩의 측정을 필요로 한다. 대기오염도는 매일 기상변화에 따라, 또한 측정지점에 따라 많은 차이를 보일 수 있다. 따라서 일주일간의 측정은 여러 지점을 차례로 측정하는 것이 아니라 같은 장소에서 지속적인 측정이 되어야 대기질의 분포를 평가할 수 있다. 또한 매일 변하는 기상조건에 따라 오염도는 많은 차이를 보이므로 측정기간 동안의 기상현황이 함께 조사되어야 한다.

현재 많은 환경영향평가의 작성기간이 짧아서 2~3회의 농도실측이 이루어지는 것이 현실이어서 이를 통하여 대상 지역의 대기질을 평가하는 것은 무리가 있다. 따라서 실측오염도는 측정기간의 기상조건을 고려하고 여기에 대상지역의 오염배출량, 기상의 계절적 변화를 고려하여 평가할 필요가 있다. 만일 대상지역 인근에 대기오염 자동측정망이 설치되어 있으면 여기서 측정된 장기간의 오염도를 분석함으로써 대기질의 현황, 고농도발생 현황 등 대상지역의 대기질 특성을 파악하는 것이 바람직하다.

대기오염실태를 파악하고 대기질 개선대책수립에 필요한 기초자료를 확보하기 위하여 설치된 대기오염자동측정망에서는 대기 중의 이산화항, 미세먼지 등 6개 항목을 연속적으로 측정하고 있으며, 측정된 모든 자료들은 자동감시체제를 통해 관할 지방환경청 및 환경부로 전송된다. 2014년 기준 환경부 및 지방자치단체에서 운영 중인 총 11개 종류의 측정망(도시대기, 도로변대기, 산성강하물, 국가배경농도, 교외대기, 대기중금속, 유해대기물질, 광화학대기오염물질, 지구대기, PM-2.5, 대기오염집중)은 전국 97개 시 · 군에 총 506개소가 있다.

② 오염물질 배출량 산출

배출자료를 작성하기 위해서는 무엇보다도 배출계수(emission factor)가 중요하다. 배출량을 파악하는 방법에는 실측을 하는 방법과 수학적 관계식을 이용하여 추정하는 방법이 있다. 그런데 대기오염 배출원의 수가 많고 그 양태도 다양하여 개별적인 실측을 통해서 배출량을 파악한다는 것은 불가능하다. 따라서 일반적으로는 배출관련인자들 간의 수학적 관계를 이용하여 배출량을 산정하게 되는데, 이것이 배출계수이다. 따라서 배출계수의 정확한 추정은 배출량을 파악하는 데 있어서 아주 중요하며, 다른 자료가 정확하게 준비되더라도 배출계수가 부정확하면 전혀 다른 결과로 나타날 수 있다. 우리나라에서는 1980년 이전에는 미국 환경청에서 발표한 배출계수를 이용하다가, 1980년 이후 국립환경과학원을 중심으로 배출계수의 개발, 배출량 산출지침의 간행이 진행되었다. 특히 국립환경과학원에서 운영하는 대기정책지원시스템(CAPSS ; Clean Air Policy Support System)에 의하여 1989년 이후의 연간 국가 대기오염 배출자료가 체계적으로 산출되고 있으며 배출자료는 국립환경과학원 대기오염물질 배출량 홈페이지(http://airemiss.nier.go.kr)에서 확인할 수 있다. 주요 배출원별 배출량 산출 지침은 다음과 같다.

a. 연료연소에 의한 배출량

현재 연료연소에 의한 오염물질 배출계수는 미국 환경청(U.S. EPA, 1985)의 자료를 기초로 하고 있으며, 무연탄과 천연가스(LNG)에 대해서는 국립환경연구원의 연구결과를 토대로 하여 국내의 연료사용 실정에 적합하도록 수정되었다. 배출계수표의 한 예로서 비산업연소 부문 연료연소에 의한 주요 오염물질 배출계수는 표 4.3과 같다. 여기에서 비산업연소 부문은 상업, 주거, 난방 등이 해당되며 점오염원은 1～3종 배출시설, 면오염원은 4～5종 배출시설이 포함된다. 대기오염시설에서 발생되는 대기오염물질은 굴뚝으로 배출되기 전에 방지설비에 의하여 처리되어 배출량이 줄어들게 된다. 따라서 오염방지설비의 종류, 방지효율 등을 명시하여 방지시설 전후의 배출량의 변화를 확인할 수 있어야 한다. 대기오염시설로부터의 배출량은 일반적으로 다음 과정을 거쳐 산출된다.

- 대기오염 발생량 = 연료사용량 × 오염배출계수
- 대기오염 배출량 = 대기오염 발생량 × (1 − 방지효율(%) / 100)

이렇게 작성된 배출자료는 대기오염예측과정의 입력자료로 그대로 연결되어야 하며 예측기법에 의하여 방지시설이 없는 경우와 방지시설 가동에 따른 저감효과 등이 비교가능토록 하여야 한다.

표 4.3 비산업연소 부문 점오염원 보일러의 배출계수

연료명	단위	CO	NO_x	SO_x	TSP	PM10	VOC	NH_3
비민수용무연탄	kg/ton	0.3	5.83	19.5S	200	153	0.15	0.00028
유연탄	kg/ton	0.25	4.55	19S	50	38	0.03	0.00028
B-A유	kg/kL	0.6	5.99	18S	0.84	0.770	0.03	0.096
B-B유	kg/kL	0.6	2.47	14.3S	1.2	1.100	0.154	0.096
B-C유	kg/kL	0.6	6.64	14.3S	1.1S+0.39	1.0S+0.358	0.154	0.096
LSWR	kg/kL	0.6	6.64	14.3S	1.1S+0.39	1.0S+0.358	0.154	0.096
경유	kg/kL	0.6	2.4	17S	0.24	0.22	0.03	0.096
등유 (실내등유)	kg/kL	0.6	2.4	17S	0.24	0.22	0.03 (0.067)	0.096
LPG	kg/kL	0.384	1.106	0.005	0.036	0.036	0.06	0.013
LNG	kg/천m^3	1.344	3.7	0.01	0.03	0.03	0.18	0.051

* 국립환경과학원, 국가 대기오염 배출량 산정방법편람(II), 2010.

b. 비산먼지 배출량

대기 중 먼지의 많은 양은 역학적 난류에 의해서 입자상 물질들 대기 중으로 방출된 것이다. 이처럼 노출된 배출원으로 부터 발생하는 먼지는 한정된 유체흐름에 의해서 발생하는 것이 아니기 때문에 비산먼지(fugitive dust)라고 부른다. 비산먼지의 배출원은 일반적으로 비포장도로, 포장도로, 포장도로, 농업활동, 건설활동, 야적장 등으로 분류된다.

a) 포장도로 비산먼지

2006년 미국 AP-42에서는 포장도로 부문의 도로비산먼지 배출계수 및 산출식을 개선하여 제시하고 있다. 포장도로 비산먼지 산출식의 경우 도로 silt loading 값과 도로를 운행하는 차종의 평균 무게를 적용하여 산출하는 것으로 배출계수 산출식은 다음과 같다. 포장도로 비산먼지 배출계수는 silt loading 산출 실험 시

타이어마모와 브레이크 마모에 대한 배출이 포함되므로, 타이어마모와 브레이크 마모에 의한 배출을 따로 산출한 경우에는 비산먼지 배출계수에서 빼주어 이중 계산이 되지 않도록 하여야 한다.

$$E = k \times (sL/2)^{0.65} \times (W/3)^{1.5}$$

여기서, E : 배출계수(g/km)

k : 입자크기에 따른 보정계수

sL : 표면 silt 부하량(g/m^2)

W : 평균차중(ton)

자료 : U S EPA, AP-42 13.2.1 Paved road, 2006.

포장도로 비산먼지 배출계수 산출식에서 입자크기에 따른 보정계수는 미국 EPA에 의해 2003년 일부 수정되었으며 표 4.4와 같다.

표 4.4 도로재비산먼지 배출계수 산출을 위한 입자 크기별 보정계수(k)

Size Range	Multiplier k		
	g/VKTa	g/VMTb	lb/VMT
$PM_{2.5}$	2.1	3.3	0.0073
$PM_{2.5}$ (2003 개정)	0.66	1.1	0.0024
PM_{10}	4.6	7.3	0.016
PM_{15}	5.5	9.0	0.020
PM_{30}	24	38	0.082

주 : a g/VKT : grams per Vehicle Kilometer Traveled
b g/VMT : grams per Vehicle Mile Traveled

자료 : US EPA, AP-42 13.2.1 Paved road, 13.2.1-4, Table 13.2-1.1, 2006.

차량 평균무게는 대상 도로를 주행하는 차량의 전체적인 평균 차중을 적용하여야 하므로 차종별 주행거리와 차종별 무게를 곱하고 차량 등록대수 총합으로 나누어 산출하며, 배출계수 산출에 적용되는 silt loading 값은 '비산먼지 배출량 산정방법 개선 및 도로 재비산 먼지 실시간 측정방법 개발 II'(국립환경과학원, 2008)에서 제안된 도로별 silt loading 값을 이용한다.

b) 건설활동 비산먼지 배출량

건설 활동에 의한 PM_{10} 비산먼지 배출계수는 건설공사별 배출계수 자료를 이용한다. 단독주택의 경우 일반 단독주택과 다가구주택, 다중주택 그리고 공관을 포

표 4.5 포장도로별 silt loading 값

구 분	silt 부하량(g/m^2)	구 분	silt 부하량(g/m^2)
고속도로	0.02	지방도	0.12
일반도로	0.06	특광역시 도로	0.06 (인천 0.1)
국가지원지방도	0.08	일반시 도로	0.06
자료 : 국립환경과학원, 국가 대기오염 배출량 산정방법편람(II), 2010.			

함하며, 공동주택은 다세대주택과 연립주택, 아파트와 기숙사로 분류한다. 또한 비주거 시설은 상업용, 농수산용, 공업용, 공공용, 문교/사회용 등을 포함하여 분류하여 배출량 산출에 적용한다.

표 4.6 건설활동 비산먼지 배출계수

구 분	PM_{10} 배출계수	
	ton*/acre/month	kg/m^2/month
단독주택	0.032	0.0072
공동주택	0.110	0.0247
비주거시설	0.190	0.0426
주 : * 1 ton = 907 kg		
자료 : 국립환경과학원, 2010, 국가 대기오염 배출량 산정방법편람(II).		

건설 활동과정에서의 비산먼지 배출량 산출은 건설공사별 배출계수와 용도별 건축 착공 면적을 이용하고 건설 공사 기간은 3.5개월을 적용하며, 방지시설이 가동될 경우에는 방지효율을 고려하여야 한다.

$$E_{i,j} = R_{i,j} \times A_{i,j} \times (1 - P_{i,j}) \times S$$

여기서, i : 배출원 유형
j : 먼지입자 크기
R : 단위면적 및 단위활동도 기반으로 하는 배출계수
A : 활동도
P : 방지시설의 방지 효율
S : 배출원이 차지하는 면적

자료 : 국립환경과학원, 비산먼지 배출량 산정방법 개선 및 도로재비산 먼지 실시간 측정방법 개발(I), 2007.

c. 도로 이동오염원 배출량

이동오염원은 크게 도로 이동오염원(on-road mobile source)과 비도로 이동오염원(non-road mobile source)으로 나눌 수 있다. 도로이동 오염원은 승용차, 택시, 버스, 트럭 및 오토바이 등이 포함된다. 현재 우리나라에서는 승용차, 택시, 소형버스 및 소형트럭에 의한 일산화탄소(CO), 질소산화물(NOx), 탄화수소(HC) 및 먼지(Particulate)의 배출계수는 평균주행속도와 오염물질 배출과의 상관회귀식을 이용하여 산정하고 있다. 또한 단계적으로 엔진가열 배출량을 산출하고 여기에 엔진미가열 상태의 배출량을 추가하며 VOC는 배기구 배출에 추가하여 증발 배출량을 고려하여야 한다.

a) 엔진가열 배출량

엔진가열 배출량(hot emission)은 자동차 엔진이 예열된 상태에서 배출되는 오염물질로서 차종별, 배출가스 규제 연식별 오염물질별 배출계수에 주행거리와 운행차량대수를 곱하여 산출한다. 배출계수는 국립환경과학원에서 발간하는 "국가 대기오염물질 배출량 산정방법 편람(2013)" 또는 "대기오염물질 배출계수(2015)"를 참조하면 된다. 제작년도가 오래된 차량에 대해서는 차령에 따라 열화계수를 고려하여 차량 노후화에 따른 배출량 증가를 고려하여야 한다.

b) 엔진미가열 배출량

엔진미가열 배출량(cold start emission)은 자동차 엔진이 예열되지 않은 상태에서 배출하는 오염물질로서 엔진가열 배출량에 엔진미가열 배출량 환산계수를 곱하여 산출한다. 환산계수는 국립환경과학원에서 발간하는 "국가 대기오염물질 배출량 산정방법 편람(2013)"를 참조하면 된다.

c) 증발 배출량

휘발유 자동차와 가스자동차에서 배출되는 증발가스에 의한 VOC 배출량은 연료탱크나 엔진의 연료공급부위에서 배출되는 것으로써 주간증발손실(Diurnal Loss)과 주행증발손실(Running Loss)로 구분된다. 증발 배출량은 국립환경과학원에서 발간하는 "국가 대기오염물질 배출량 산정방법 편람(2013)"을 참조하면 된다.

d. 비도로 이동오염원 배출량

비도로 이동오염원에는 항공기, 기관차, 선박, 소형엔진, 농업기계, 산업장비 등이 포함된다. 비도로 이동오염원의 배출량은 연료사용량 또는 장비의 출력별 연식별 배출계수와 가동시간을 이용하여 산출한다. 항공기에서 배출되는 배출량은 활주로와 공항 부근 활동에 따른 배출량을 기종별 이착륙횟수에 대한 배출계수(kg/LTO)를 이용하여 산출한다. 철도, 선박, 농업기계, 건설기계의 배출계수는 표 4.7과 같다.

표 4.7 비도로 이동오염원의 대기오염 배출계수

배출원		연료명	단위	CO	NO_X	NH_3	SO_X	TSP	PM_{10}	VOC
철도	기관차	경유	kg/L	0.02636	0.06436	0.00011	0.00164	0.00416	0.00416	0.01066
	동차, 새마을형	경유	kg/L	0.01507	0.03775	0.00011	0.00108	0.00268	0.00268	0.0062
	동차, 무궁화형	경유	kg/L	0.00587	0.01569	0.00011	0.00043	0.00114	0.00114	0.00122
	일반동차	경유	kg/L	0.00587	0.01569	0.00011	0.000436	0.00114	0.00114	0.00122
선박	해상선박, 외항선	BC유 (4.0%)	kg/kL	7.32	65.96	0.11	19.1S	3.96	2.4552	2.88
	해상선박, 연안선	BC유 (4.0%)	kg/kL	7.32	65.96	0.11	19.1S	3.96	2.4552	2.88
농업 기계	경운기	경유 (0.05%)	kg/hr	0.0068	0.0136	0.00004	0.00542S	0.00136	0.00136	0.00204
	콤바인	〃	〃	0.00344	0.00636	0.00003	0.00538S	0.00077	0.00077	0.00075
	분무기류	〃	〃	0.0068	0.0136	0.00004	0.00542S	0.00136	0.00136	0.00204
	양수기	〃	〃	0.0068	0.0136	0.00004	0.00542S	0.00136	0.00136	0.00204
	탈곡기	〃	〃	0.0068	0.0136	0.00004	0.00542S	0.00136	0.00136	0.00204
	파종기	〃	〃	0.0068	0.0136	0.00004	0.00542S	0.00136	0.00136	0.00204
	트랙터	〃	〃	0.00248	0.00784	0.00003	0.00538S	0.00039	0.00039	0.00048
	이앙기	〃	〃	0.0068	0.0136	0.00004	0.00542S	0.00136	0.00136	0.00204
건설 장비	불도저	〃	kg/kWh	0.00252	0.01024	0.00003	0.0052S	0.00035	0.00035	0.00094
	로우더	〃	〃	0.00145	0.0084	0.00003	0.0052S	0.00018	0.00018	0.00085
	지게차	〃	〃	0.003	0.00994	0.00003	0.0053S	0.00045	0.00045	0.00135
	굴삭기	〃	〃	0.00252	0.01024	0.00003	0.0052S	0.00035	0.00035	0.00094
	기중기	〃	〃	0.00507	0.00545	0.00003	0.00508S	0.0004	0.0004	0.00205
	덤프트럭	〃	〃	0.0035	0.0035	0.00002	0.00508S	0.0002	0.0002	0.0005
	콘크리트 믹서트럭	〃	〃	0.0035	0.0035	0.00002	0.00508S	0.0002	0.0002	0.0005

자료 : 국립환경과학원, 2013, 국가 대기오염물질 배출량 산정방법 편람3.

(3) 온실가스

온실가스 평가 여부는 표 4.8의 온실가스 환경평가 대상사업 판단기준("이하 권고사업")을 참고하여 스코핑위원회에서 논의 · 결정한다. 이에 따라 시행시기별 기준 중 어느 하나에 해당하는 개발사업(환경영향평가, 사전환경성검토 대상 개발사업) 또는 행정계획(사전환경성검토)은 온실가스 평가가 필요하다. 다만, 행정계획(사전환경성검토)의 경우 환경영향평가 대상 규모 이상에 해당하는 개발기본계획 및 지구지정 등에 대하여 적용한다.

표 4.8 온실가스 환경평가 대상사업 판단기준

시행 시기	사업(행정계획) 유형
1단계 (2012~)	• 도시개발, 산업단지 조성, 에너지 개발, 항만건설, 도로건설, 수자원 개발, 철도 건설, 공항건설, 하천이용개발, 개간 및 공유수면매립, 관광단지 개발, 산지개발, 특정지역개발, 체육시설 설치, 폐기물처리시설 · 분뇨처리시설 및 축산폐수공공처리시설 설치, 국방·군사시설 설치, 토석 · 모래 · 자갈 · 광물 등의 채취, 친수구역조성사업
2단계 (2013~)	• 보전이 필요한 지역 내의 개발사업(사업면적 3만제곱미터 이상) -「국토의 계획 및 이용에 관한 법률」 적용지역
3단계 (2014~)	• 보전이 필요한 지역 내의 개발사업(사업면적 3만제곱미터 이상) •「개발제한구역의 지정 및 관리에 관한 특별조치법」, 「자연환경보전법」 및 「야생동 · 식물보호법」, 「산지관리법」, 「자연공원법」, 「수도법」, 「하천법」, 「소하천정비법」, 「지하수법」 및 「초지법」 적용지역

온실가스 배출현황은 에너지이용시설, 농 · 축산업, 폐기물 등 사업지구 내 온실가스 배출원 현황 및 배출량을 분석하여 제시한다. 그리고 온실가스 흡수현황은 산림, 녹지 등 사업지구 내 온실가스 흡수원 현황 및 흡수량을 분석하여 제시한다. 또한 관할 지자체의 온실가스 감축목표 설정 유무, 설정된 경우 감축목표 달성을 위한 주요시책 등을 파악하고, 온실가스 배출영향을 에너지 사용, 토지이용 변화, 폐기물 발생 · 처리, 흡수원 훼손 등에 따른 영향을 기본적으로 포함하여 예측한다. 영향 예측은 공사시와 운영시로 구분하여 제시하되, 공사시는 공사기간, 운영시는 준공 이후 사후환경영향조사 완료시점까지를 합산하여야 한다. 사전환경성검토 단계에서는 공사시 영향예측은 생략 가능하다.

온실가스 배출량 예측은 지자체 온실가스 배출량 산정지침(2009.11, 한국환경공단), IPCC 가이드라인 또는 국가 고유배출계수, 유사 사례에서 제시된 방법론 등을 활용하여 산정하고, 예측에 사용된 기초자료, 인용자료, 참고자료, 관련 연구용역 자료 등은 그 출처를 구체적으로 제시하여야 한다. 주요 배출원별 산정대상 온실가스 종류는 표 4.9와 같다.

표 4.9 주요 배출원별 배출량 산정대상 온실가스 종류

대분류	구분		배출요인	산정대상 온실가스
에너지	직접배출	고정형	고정 연소시설에서의 에너지 이용에 따른 온실가스 배출	CO_2, CH_4, N_2O
		이동형	도로수송, 철도수송, 항공, 선박 등 이동연소시설에서의 에너지 이용에 따른 온실가스 배출	CO_2, CH_4, N_2O
	간접배출	전기 열 수도	외부로부터 공급된 전기, 열 등 사용에 따른 온실가스 배출	CO_2, CH_4, N_2O
AFOLU (농·임업 및 기타 토지 이용부문)	농업		비료사용, 바이오매스 연소로 인한 온실가스 배출	CH_4, N_2O
	축산업		가축의 장내발효, 가축분료 처리에 의한 메탄 배출	CH_4
	임업		산림전용 또는 토양 등에서의 온실가스 배출	CO_2
폐기물	매립		생활, 사업장 및 기타 고형 폐기물 매립에 따른 온실가스 발생	CH_4
	소각		고형 및 액상폐기물의 연소로 인한 온실가스 배출	CO_2, CH_4, N_2O
	하폐수		하 · 폐수 처리과정에서의 온실가스 배출	CH_4, N_2O
건축자재사용	건축자재 생산에 따른 온실가스 배출			CO_2

2) 조사범위

공간적 범위는 대상사업의 시행으로 인해 대기질 농도가 변화될 것으로 예상되는 범위를 포함하는 지역으로서 기상, 지형, 기존 발생원, 주택 밀집도, 토지이용 실태 등을 고려하여 설정한다. 그리고 시간적 범위는 대기질의 계절적 특성 변화를 파악할 수 있도록 설정한다.

3) 조사방법

현황 조사는 기존 자료 조사와 현지 조사를 병행한다. 현지조사는 최소 2계절 이상, 계절별 3일 이상 조사를 원칙으로 하되, 신뢰할 수 있는 활용 가능한 기존 자료가 있는 경우에는 현지조사를 생략할 수 있다. 현지 조사시 시료 채취 및 시험방법은 대기오염공정시험방법을 따른다.

4) 조사결과

조사지점별로 대기오염물질의 현황농도를 정리하고 환경기준 및 목표기준과의 적합성을 기술한다.

4 영향예측

1) 항목

예측항목은 현황조사 항목과 사업시행으로 인하여 대기질에 영향을 미칠 것으로 예상되는 물질로 한다.

2) 범위

영향 예측 범위는 현황조사 범위를 준용한다. 시간적 범위는 공사 시와 운영 시로 구분하되 오염물질 발생량이 최고가 되는 시점을 포함한다.

3) 방법

(1) 대기오염모델의 개요

미국 NTIS (National Technical Information Service)에서는 점증하는 대기오염모델링 작업의 편의를 위하여 1973년 6개의 모델을 전국 컴퓨터 네트워크에 넣어 사용자에게 공급하기 시작했고, 이어서 FORTRAN으로 작성된 이 전산 프로그램들을 마그네틱테이프에 담아서 배급하기 시작했는데 이 프로그램 시스템을 UNAMAP (User's Network for Applied Modelling of Air Pollution)이라 한다. 1973년 처음 UNAMAP에 수록된 6개의 모델은 PTMAX, PTDIS, PTMTP, APRAC, CDM, HIWAY이었다. 이 중 PTMAX는 단일 점오염원으로부터 최대착지농도가 발생하는 풍하거리와 최대착지농도를 기상조건별로 산출하고 PTDIS는 단일 점오염원으로부터 풍하거리별 농도를 산출하고 PTMTP는 원하는 지점별 농도를 산출할 수 있는 모델이다. 이후에 PTMAX는 여러 고려사항이 더 보완된 PTPLU로 발전하였다. APRAC은 도시지역에서 자동차로부터의 장단기 오염농도를 산출하고 CDM은 도시지역의 장기농도를 AQDM과 유사한 방식으로 산출하며 HIWAY는 도로변에서 풍하거리별 단기농도를 산출할 수 있는 모델이다.

이후 이 시스템은 CDMQC, CRSTER, PAL, RAM, VALLEY, ISCLT, ISCST 등의 모델이 추가되었는데 CDMQC는 CDM에 착지점에서 각 오염원들로 부터의 기여율을 산출하는 기능이 추가되었고, CRSTER은 화력발전소와 같은 점오염원으로 부터 연중 기상자료에 의하여 단기농도와 24시간 최고농도를 산출한다. PAL은 도시 소구역의 점, 면, 선오염원을 모두 고려할 수 있는 모델로 HIWAY가 단일 선오염원을 고려하는 반면 여러 개의 선오염원과 커브길, 고가도로와 같이 높이의 차이가 있는 도로 등을 고려할 수 있고, RAM은 도시지역의 점, 면오염원으로 부터의 단기농도를 산출할 수 있다. VALLEY는 굴뚝높이 보다 높은 지형을 고려하여 16방위 방사형으로 지도와 같은 척도의 단기농도지도를 산출할 수 있다. 이후 UNAMAP시스템은 1986년에 Version 6까지 보급되면서 새로운 모델들이 추가되거나 기존의 모델들이 수정, 보완되었다.

ISCLT와 ISCST는 종전의 CDM, CRSTER방식에 입자상물질의 침강(dry deposition)과 Huber와 Snyder에 의한 건물와류현상(building downwash), 굴뚝와류현상(stack-tip downwash)을 고려할 수 있도록 하여 공단지역에 적합한 장기, 단기모델이다. 초기의 CDM을 보완한 CDM-2는 7개의 오염확산계수를 내장하여 이를 대상지역의 특성에 따라 선택하여 쓸 수 있도록 하였다. 자동차와 같은 선오염원을 고려하는 모델은 HIWAY와 PAL, APRAC 이후에 CALINE과 ROADWAY가 추가되었다. 또한 BLP는 알루미늄 제련공장과 같은 고정된 선오염원을 고려할 수 있는 모델이다.

대기오염모델에서 고려하는 지형은 굴뚝높이보다 낮은 지형을 단순지형(simple terrain, rolling terrain), 굴뚝높이보다 높은 지형을 복잡지형(complex terrain)으로 구분한다. MPTER은 대기안정도에 따라 지형의 영향정도를 달리하여 단순지형의 영향을 고려하는 모델이고 CRSTER, RAM 등도 지형을 고려한다고 하나 이들 모델은 단순히 착지점의 높이를 고려하는 방식이었다. COMPLEX, SHORTZ, LONGZ는 복잡지형까지 고려하려는 모델이었고 그 후 대기안정도에 따라 연기가 산을 넘어가거나 우회하는 상황을 고려할 수 있는 RTDM, CTDM, 그리고 기존의 CTDM에 불안정상태도 고려할 수 있는 기능이 추가된 CTDMPLUS가 개발되었다.

UNAMAP모델들은 대기오염관리에 편리하도록 작성되었으며 당시의 대기오염모델링에 관한 기술수준의 많은 부분을 반영하고 있다. Version 6에는 새로운 모델로 TEM을 더욱 보완한 PEM-2, 고도에 따라 다른 풍향, 풍속조건을 고려할 수 있는 TUPOS-2, 국지적인 확산을 고려할 수 있는 puff모델인 INPUFF, 장거리확산을 고려할 수 있는 puff모델인 MESOPUFF-2, 광화학반응을 고려하기 위한 수치 상자모델인 PBM, 가시도를 예측하기 위한 PLUVUE-2 등이 실렸다. 초기에는 주로 Gaussian plume model이 대부분 이었던 UNAMAP모델은 점차 puff모델과 광화학 반응을 고려하기 위한 수치모델로 다양해졌다. 1996년부터 미 환경청은 대기오염모형의 보급과 정보교환을 위하여 Internet을 이용하여 제공되는 SCRAM (Support Center for Regulatory Air Models)을 개설하여 운영하고 있다. 이 Site(www.epa.gov/scram001)에서는 그동안 UNAMAP을 통하여 제공되던 모형뿐만 아니라 최근에 수정 보완되거나 새로 개발된 모델들을 소개 보급하고 있다.

(2) 대기오염모델의 특성

대기 환경영향평가에 이용될 수 있는 전산모형은 매우 다양하다. 그 중 미 환경청에 의하여 보급되고 있는 대기오염모형을 중심으로 그 특성을 비교하였다. 비교대상 대기오염모형은 다양한 환경영향평가 대상, 즉 도시지역, 공업단지, 해안지역, 산악지형 등을 고려하여 많이 활용되고 있는 모형의 특성을 정리하면 다음과 같다.

① CDM2

CDM-2.0 (Climatological Dispersion Model Version-2.0)은 가우시안 모델의 한 형태로서 선 및 면오염원, 점오염원에 대하여 풍향, 풍속, 안정도에 따른 기상결합빈도함수를 이용하여 도시와 농촌에서의 연간 또는 계절별 오염물질 농도를 예측할 수 있다. CDM-2.0은 1973년에 발표된 CDM이 개선된 모델로서 25 km 이내의 범위에서 다수의 선 및 면오염원 점오염원에 의한 장기적인 영향을 예측하는 데 적용된다. 7개의 오염확산계수를 내장하여 이를 대상지역의 특성에 따라 선택하여 쓸 수 있도록 하였다. 모델대상지역은 비교적 평탄하고 완만한 지형이어야 하고 분진 또는 비반응성물질을 다룰 수 있으며 CDM과 공통적인 특징은 다음과 같다.

- 200개의 점오염원과 2500개의 면오염원을 고려할 수 있다.
- 착지점의 수가 제한되지 않는다.
- 연기상승(Plume Rise) 계산에 Holland 식을 선택적으로 사용한다.
- 특정 착지점들에 대하여 점과 면오염원에 의한 농도장미(Concentration Rose)를 작성할 수 있다.

여기에 CDM2는 다음과 같은 추가적인 특징이 더 포함되었다.

- 선택적인 초기확산, 부력에 의한 확산, 굴뚝와류현상(Stack-Tip Downwash), 점진적인 연기상승을 고려할 수 있다.
- 기상결합 빈도함수의 풍향을 16방위(22.5°)나 36방위(10°)에서 선택할 수 있다.
- 7가지 확산계수식 중에서 하나를 선택할 수 있다.
- 특정 착지점에 대하여 안정도별 농도결과를 산출할 수 있다.
- 규제에 적용하기 위한 입력변수들의 선택을 default option으로 지정하고 있다.

② ISC3

ISCST (Industrial Source Complex Short-Term model)은 1979년 J. F. Bower, J. R.

Bjorklund, C. S. Cheney에 의하여 개발된 gaussian plume model이다. ISCST는 한 시간 단위 이상의 오염도를 산출할 수 있는 단기모형이고 ISCLT는 계절평균, 연평균 등의 오염도를 산출할 수 있는 장기모형이다. 연기상승(plume rise)은 Briggs에 의한 연기상승식을 이용하고 있고, Briggs(1973)에 의한 굴뚝와류현상(Stack-tip downwash) 고려방식을 채택하고 있으며 입자상물질의 침강(dry deposition)도 고려할 수 있다.

면오염원은 풍하방향에 수직으로 놓여있는 연속적인 선오염원으로 해석하여 계산한다. ISCST의 가장 큰 특징은 굴뚝 가까운 곳에 큰 건물이 위치하여 나타나는 건물와류현상(building downwash, building wake effect)을 Huber와 Snyder (1976, 1977)가 제안한 방식에 의하여 고려하는 것이다. ISC모델은 점, 체적, 면, open pit와 같은 다양한 배출원을 고려할 수 있으며, 선오염원도 연결된 체적오염원이나 면오염원으로 고려할 수 있다. 또한 다음과 같은 사항을 고려할 수 있다.

- 배출원 그룹을 묶어서 각각의 기여정도를 산출
- 건물와류현상(building downwash)의 고려
- 입자상 물질의 침강과 침강에 의한 제거효과 고려
- 강우에 의한 가스상 물질이나 입자상물질의 세정효과 고려(ISCST3)
- 건식침강과 습식침강의 선택적인 고려 (ISCST3)

ISC모델은 착지점의 지정에 상당한 융통성을 갖는다. 한 번의 실행에 다수의 격자망을 지정하거나, 직교좌표계와 방사형좌표계를 혼합하여 지정할 수도 있다. 또한 지형을 고려하기 위하여 지형의 높이를 입력할 수 있으며, 착지점의 지면으로부터의 높이도 고려할 수 있다.

③ CALPUFF

Gaussian puff model은 puff가 단일 연기중심선을 따라 확산하는 것이 아니라 시간에 따른 풍향의 변화를 고려할 수 있고, 확산계수를 풍하거리의 함수가 아니라 풍하시간의 함수로써 나타낼 수 있다는 것이 Gaussian plume model과의 차이이다. Puff model은 점오염원이나 이동오염원으로부터 수십m- 수십km 범위의 농도를 단기적으로 변하는 배출량과 풍향, 풍속의 변화 등을 고려하여 예측할 수 있다. 따라서 대형 배출시설로부터 주변지역에 미치는 단기적인 영향이나 공장에서 누출사고의 피해 특히 저풍속 상태에서 확산을 예측하는데 유용하게 쓰일 수 있다. UNAMAP에 Gaussian puff model로는 국지적인 대상지역에 사용할 수 있는 INPUFF와 장거리 확산이동에 사용할 수 있는 MESOPUFF가 소개되어 있다.

CALPUFF는 시간과 공간에 따른 바람장의 변화를 고려할 수 있기 때문에 비정상 상태 모델이다. 따라서 정상 상태 모델인 ISC3나 AERMOD 보다 시간에 따른 풍향과 풍속의 변화를 확산에 반영할 수 있다. 또한 CALPUFF는 해안가의 연기침강현상 그리고 무풍과 저풍속 상태, 복잡지형에서 산곡풍과 해륙풍 순환 등을 고려할 수 있는 장점이 있다. 그러나 이러한 지형과 기상 조건을 반영하기 위해서는 정밀한 3차원 바람장 자료가 요구되는데 이를

위해서는 바람장 모델의 전처리가 추가로 요구된다.

④ AERMOD

AERMOD는 단순지형에서 ISC3 모델의 단점과 복잡지형에서 CTDMPLUS 모델의 복잡성을 보완하기 위하여 미국 기상학회와 미국 환경청 규제모델 개선위원회가 1996년 공동으로 개발한 대기확산모델이다. AERMOD는 ISC3 모델의 큰 단점이었던 대기상태가 공간적으로 균일하다는 가정과 복잡지형에서 적용을 못하는 문제점을 보완하여 고도에 따른 연기 확산계수와 풍속의 변화를 계산하여 확산모델에 반영하고 있다. 또한 건물와류현상(Building downwash)을 반영하는 PRIME 알고리즘을 포함하여 주변의 높은 건물과 상대적으로 낮은 굴뚝으로 인한 건물와류현상을 고려할 수 있다. 미국 환경청에서는 2005년부터 AERMOD를 규제 추천모델로 권고하고 있다. 규제 추천모델로 사용할 경우에는 Default option을 선택하여야 하는데 이 경우에는 지형고도자료, 굴뚝와류현상(stack-tip downwash)이 적용되고, 오염물질의 반감기 적용에 따른 분해가 적용되지 않는다.

⑤ BLP

BLP (Buoyant Line and Point source model)는 알루미늄 환원공장이나 고정 선오염원의 연기상승이나 와류현상(Downwash)이 중요한 산업시설에 적용하기 위하여 개발된 독특한 모델이다. BLP는 교외지역(rural area), 50 km 이내의 지역, 단순 지형에 적용한다.

⑥ CALINE3

CALINE3는 고속도로의 풍하 방향에 위치한 착지점의 오염도를 예측할 수 있는 정상상태의 가우시안 확산모델이다. 미 환경청에서는 선오염원의 영향을 평가하기 위한 규제 추천모델로 CALINE3를 권고하고 있다. CALINE3는 선오염원, 도시와 교외지역, 단순지형, 50 km 이내의 지역, 1시간에서 24시간의 평균화 시간에 적용한다.

⑦ CAL3QHC / CAL3QHCR

CAL3QHC는 도로 교차로에서 신호등에 의하여 발생하는 차량 지체와 대기 상태를 계산하여 도로에서 발생하는 고농도 지점과 상황을 평가할 수 있는 CALINE3에 기초한 CO를 주로 평가하는 확산모델이다. CAL3QHCR는 현지 기상자료를 필요로 하는 CAL3QHC의 상세모델이다. 미 환경청에서는 선오염원의 영향을 평가하기 위한 규제 추천모델로 CALINE3와 함께 CAL3QHC, CAL3QHCR을 권고하고 있다.

⑧ CTDMPLUS

CTDMPLUS (Complex Terrain Dispersion Model Plus Algorithms for Unstable Situations)는 복잡지형에서 모든 대기안정도를 고려할 수 있도록 CTDM이 보완된 모델이다. CTDMPLUS는 점오염원, 도시와 교외지역, 굴뚝높이보다 높은 복잡지형, 오염배출원으로부터 50 km 이내의 지역, 1시간에서 1년간의 평균화 시간에 적용한다. CTSCREEN은 CTDMPLUS의 스크리닝 모델이다.

⑨ OCD

OCD(Offshore and Coastal Dispersion Model)는 해안지역의 점, 선, 면오염원의 영향을 고려할 수 있는 가우시안모델이다. OCD는 해안지역의 연기가 내륙지역으로 확산이동 하면서 바다와 육지의 대기안정도의 차이에 의하여 발생하는 열적내부경계층(TIBL : Thermal Internal Boundary Layer)의 연기침강 영향을 고려할 수 있다(그림 4.2). 해안지역 배출시설에서 이를 고려하지 못하면 해안 인접 육지 지역에서 발생할 수 있는 고농도 확산을 고려하지 못하여 과소평가할 우려가 있다. 따라서 미 환경청에서는 해안지역의 규제 추천모델로 OCD를 권고하고 있다. OCD를 사용하기 위해서는 바다와 육지의 매시간별 기상자료가 입력되어야 한다.

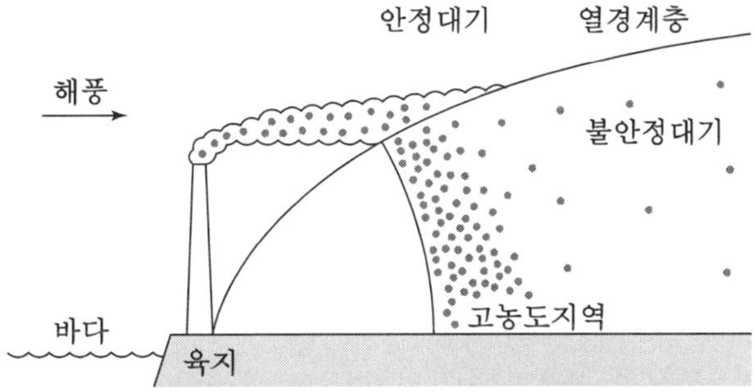

그림 4.2 해안지역 배출시설의 열적내부경계층에 의한 연기침강

미 환경청은 SCRAM에서 대기오염 규제에 우선적으로 이용할 수 있는 대기오염모델을 (표 4.10)과 같이 선정하여 다른 모델보다 우선적인 사용을 추천하고 있다. 최근(2013년)의 추천모델(preferred model, guideline model)은 AERMOD, CALPUFF, BLP, CALINE3, CAL3QHC, CTDMPLUS, OCD 등이다. 이들 모델들은 대상의 토지이용, 오염배출원 특성, 지형 등을 고려하여 선정할 수 있고 그 때 적용할 수 있는 선택사양을 지정하여 평가 작업의 일관성을 유지하도록 노력하여야 한다. 미국 환경청의 대기오염모델 사용지침(Guideline on Air Quality Model)에는 각 대기오염모형의 규제선택사양(regulatory modeling option)을 추천하고 있고 default mode를 선택함으로써 자동적으로 관련 default option이 선택, 실행되도록 하고 있다.

대기오염모델은 예측치와 실측치의 정합도 평가에 의하여 보정을 할 수 있다. 장기모델의 경우 장기적인 기상자료, 실측자료가 있다면 이러한 보정작업을 통하여 좀 더 실측치에 가

표 4.10 미 환경청 규제 추천모델(2013년)의 특성

모델	대상 배출원	적용 지역	지형	특성
AERMOD	점, 면, 체적오염원	rural, urban	simple, complex	Building downwash
CALPUFF	선오염원	rural, urban	simple, complex	퍼프모델
BLP	고정 선오염원	rural	simple	
CALINE3	선오염원	rural, urban	simple	고속도로
CAL3QHC	선오염원	rural, urban	simple	교차로 신호대기
CTDMPLUS	점오염원	rural, urban	complex	복잡지형
OCD	점오염원	rural, urban	simple	해안지역

까운 예측을 할 수 있다. 그러나 여러 가지 불확실성이 높은 단기모델의 경우 현실적으로 모델에 대한 정합도 평가나 보정은 어렵다. 더구나 현재 대부분의 환경영향평가의 작성기간이 짧고 실측으로 얻어지는 자료가 며칠 정도로 제한되어 있는 실정에서 예측모형의 보정작업은 현실적으로 어려운 일이다. 충분하지 못한 실측자료를 갖고 무리하게 시행하는 보정작업은 오히려 예측치를 인위적으로 과소평가하거나 과대평가하는 결과를 낳을 수 있으므로 유의하여야 한다.

(3) 대기오염모델링시 고려사항

미국 환경청의 대기오염모델 사용지침(Guideline on Air Quality Model)에는 대기오염모델링을 실시할 경우 고려사항에 대하여 몇 가지의 지침을 제시하고 있다. 주요한 항목에 대하여 정리하면 다음과 같다.

① NO_2 모델링

신규 배출원에 대한 연평균 NO_2 농도를 평가할 때 NO_X 배출량에 대한 NO_2 배출량 보정에 대하여 3단계의 접근을 제안하고 있다.

- Tier 1 : $NO_2 / NO_X = 1$ 적용
  즉, NO가 모두 NO_2로 변환된다고 가정한다.
- Tier 2 : $NO_2 / NO_X = 0.75$ 적용
  연평균 NO_2 / NO_X 비율에 대한 기본값으로 0.75를 적용한다.
- Tier 3 : 개별적인 NO_2 / NO_X 값 적용
  사례별로 측정된 값을 적용한다.

② SO_2의 반감기

수치모델의 경우는 오염물질의 화학적인 변환을 고려하지만 가우시안 모델의 경우는 화학

적인 변환을 제대로 고려할 수는 없다. 그러나 가우시안 모델을 이용할 경우에도 오염물질의 반감기를 고려하여 1차 감쇄적인 변화를 고려하기도 한다. 미국 EPA의 지침에서 SO_2의 경우 도시지역에서는 4시간의 반감기를 적용할 것을 추천하고 있다.

③ 적정 굴뚝높이 평가

굴뚝 주변의 높은 건물은 건물 주위에 건물와류현상(Building downwash)을 일으켜서 굴뚝에서 배출되는 오염물질의 확산을 방해하여 주변 지역에 고농도 현상을 일으킬 수 있다. 따라서 주변 건물 높이를 고려하여 건물와류현상의 영향을 받지 않을 수 있는 굴뚝높이를 평가하여야 한다. 이러한 평가는 건물와류현상을 고려할 수 있는 ISC3, AERMOD와 같은 대기오염모델을 이용하여 분석이 가능하다. 그러나 간단하게 적정 굴뚝높이(GEP stack height)를 산정하기 위한 계산식을 미국 EPA에서는 다음과 같이 공학적 지침(Good Engineering Practice)으로 제안하고 있다.

$$Hg = H + 1.5L$$

여기서, Hg : 적정 굴뚝높이(GEP stack height)

H : 인접 건물의 높이

L : 인접 건물의 폭과 높이 중에서 작은 값

여기에서 이 계산식을 적용하는 인접 건물과 굴뚝의 거리는 건물의 폭과 높이 중 작은 값의 5배 이내 거리인 경우에 해당하며, 이 계산식에 의한 값과 65 m 중에서 높은 값을 공학적 지침에 의한 건물와류현상의 영향을 받지 않기 위한 최종적인 적정 굴뚝 높이로 평가한다.

4) 예측결과

현황치를 배경농도로 하고 대상사업의 실시에 따른 기여도를 가산하는 방법으로 예측결과를 분석하고, 대기오염물질별로 최대착지지점 및 농도, 평가기준(환경기준 및 목표기준 등)의 기준시간(연간, 24시간, 8시간, 1시간)의 예측농도를 표로 작성하여 평가기준과 비교·기술한다.

5) 평가

예측결과를 바탕으로 국가(지역)환경기준과의 비교, 현황농도 대비 증가 비율(%) 등을 검토하여 사업시행으로 인한 대기질 영향을 평가한다.

5 저감방안

1) 개요

평가결과를 토대로 사업으로 인한 악취 영향을 최소화하기 위한 방안을 구체적으로 수립 제시한다. 그리고 저감방안 수립 후의 악취에 대한 영향을 평가한다.

2) 저감방안

(1) 공사시

공사장비의 운행시 배기가스 발생을 줄이기 위해, 공회전, 급가속 등을 억제한다. 그리고 먼지 발생을 줄이기 위해 공사차량에 대한 세륜시설 · 측면살수시설을 운영하고 공사장 내에서 작업차량으로부터 적치물의 흘려짐이나 비산을 방지하고, 작업차량 운행속도를 제한한다. 아울러 작업장 내에서 주기적으로 살수하고 가설방진망을 설치하여 먼지가 주변지역으로 날아가는 것을 최소화한다.

(2) 운영시

녹지계획을 세워 적절한 수종을 식재하고, 도로변, 학교, 주거지역 인접한 곳에 완충녹지를 확보한다. 바람길을 확보하도록 건축물을 배치하고, 건축물이나 산업시설에 태양광발전이나 지열이용 등의 신재생에너지를 도입한다.

참고문헌

국립환경과학원, 2015, 대기환경연보-2014.

국립환경과학원, 2015, 대기오염물질 배출계수.

국립환경과학원, 2013, 국가 대기오염물질 배출량 산정방법 편람(III).

국립환경과학원, 2010, 국가 대기오염물질 배출량 산정방법 편람(II).

장영기, 1998, 환경영향평가를 위한 도시형과 교외형 TCM 개발에 관한 연구, 환경영향평가, 7(1).

한국환경공단, 2009, 지자체 온실가스 배출량 산정지침.

환경부 고시, 2012, 환경영향평가서 작성 등에 관한 규정.

환경부, 2015, 환경백서.

Bowers, J. F., Bjorklund, J. R. and Cheney, C. S., 1979, Industrial Source Complex Dispersion Model User's Guide, Vol. 1 and Vol. 2, U.S. EPA.

Irwin, J. S., T. Chico, and J. Catalano, 1985, CDM 2.0- Climatological Disperdion Model - User's Guide, U.S. EPA.

U.S. EPA, 2005, Revision to the Guideline on air quality models (40 CRF Part 51).

U.S. EPA, 1995, User's Guide for the Industrial Source Complex (ISC3) Dispersion Models, Volume 1 and 2.

제5장

수질

1 개요

개발정책, 계획, 사업은 수량과 수질을 변화시켜 수중 동식물을 포함하는 수생태계에 영향을 준다. 수환경변화에 영향을 주는 개발사업 유형으로 ① 냉각수나 온수를 배출하는 산업단지 또는 발전소, ② 일반적 혹은 사고로 인한 폐수 배출 산업, ③ 1, 2, 3차 처리 도시하수처리장, ④ 강, 항구, 하구, 연안지역의 준설사업, 매립 및 간척사업, ⑤ 지표수의 수문이나 비점오염원 변화를 초래하는 노천 채광, ⑥ 상수원, 홍수 통제, 수력발전 등을 위한 댐 건설, ⑦ 흐름 개선을 위한 강 수로정비사업, ⑧ 영양물질이나 농약 등 비점오염부하를 초래하는 산림벌채나 농업개발 및 관개사업, ⑨ 유출부하나 비점오염부하를 초래하는 상업적 유해폐기물 처분지나 위생매립지, ⑩ 박테리아나 오염과 관련되는 하구나 연안지역에 인접한 관광개발사업 등을 들 수 있다(Canter, 1996, p.189).

수질오염이란 수체(water body)에 자정작용(self-purification)의 한계를 초과하는 오염물질이 유입되어 수자원의 이용가치가 떨어지거나 사람이나 동식물에 피해를 주는 현상으로 다음과 같이 나눌 수 있다. 자정작용이란 자연수체에 오염물질이 유입되더라도 그 수체가 다시 깨끗해지도록 해주는 물의 물리적, 화학적, 생물학적 작용을 뜻한다.

첫째, 물속에 산소가 부족하거나 없어지는 현상이다. 이것은 물속의 유기물질이 미생물에 의해 분해될 때 산소가 소비되거나, 유류 등이 수면에 막을 형성하여 산소가 녹아들 수 없기 때문에 일어난다. 산소가 고갈되어 혐기성 상태가 되면, 부패가스가 발생하여 악취가 나고 물색이 검게 변화하는 등 죽은 물이 된다.

둘째, 질소나 인 등의 영양물질이 호수와 같은 정체된 수체에 유입되어 일어나는 부영양화(eutrophication)를 들 수 있다. 이는 과다하게 유입된 질소나 인 때문에 식물성 플랑크톤이 과다 성장하여 물에서 악취가 나고, 물색이 변하며, 정수과정 중 여과장치를 막히게 하고, 염소를 투입하면 THM과 같은 발암물질이 생성될 수 있다. 또한 죽은 식물성 플랑크톤이 퇴적층에 쌓여 썩음으로써 혐기성 상태가 되고, 특히 봄, 가을의 전도현상(overturn)시 퇴적층에서 용출된 인이 표수층에 떠오르면 식물성 플랑크톤이 과다 성장하는 악순환이 반복된다.

셋째, 주로 공장폐수에 포함된 중금속에 의한 오염이다. 중금속물질은 먹이연쇄를 통한 생물학적 농축(biological concentration)으로 인체에 치명적인 피해를 준다.

넷째, 사람과 가축 등이 배출하는 분뇨 속의 세균에 의한 수인성전염병 발생을 들 수 있다.

수질오염물질은 수질오염의 요인이 되는 물질이며, 특정수질유해물질이란 사람의 건강, 재산이나 동식물의 생육에 직접 또는 간접으로 위해를 줄 우려가 있는 수질오염물질이다. 대표적인 수질오염물질은 유기물질, 질소, 인, 부유물질, 대장균 등이고 특정수질유해물질은 카드뮴, 수은, 유기인 등이다.

수질오염물질에 의한 악영향을 저감하기 위한 수질환경영향평가 과정을 보면, 첫째, 오염원 및 오폐수처리시설 조사, 수질현황 조사 및 측정, 수리・수문현황 조사 등을 하고, 둘째, 개발사업 시행으로 인한 점오염원 및 비점오염원 오염부하량 및 수리 수문 변화를 반영하여 수질영향을 예측하고, 셋째, 환경기준, 배출허용기준, 방류수수질기준, 수질오염물질총량관리제를 근거로 평가하고, 넷째, 배출농도, 수질오염총량관리제, 배출조건(시간), 토지이용규제(수질보전 특별대책지역, 배출시설허가제한구역, 수변구역, 상수원보호구역 등)를 토대로 수질오염 저감방안을 수립하고 사업을 시행한 후, 다섯째, 사후 환경영향조사를 하는 것으로 요약할 수 있다(그림 5.1).

2 관련법과 제도

수환경 정책수단은 크게 규제적 수단과 경제적 수단으로 나눌 수 있다(표 5.1). 규제적 수단은 첫째 농도에 근거하는 환경기준과 수질규제기준(배출허용기준, 방류수 수질기준), 둘째 오염물질의 양에 근거하는 수질오염물질 총량관리제, 셋째 용도지역지구제에 의한 토지이용규제로 나눌 수 있다. 경제적 수단으로는 배출부과금, 환경개선부담금, 수질개선부담금 등이 있다.

수환경 정책수단인 규제적 수단과 경제적 수단을 중심으로 하는 수질관리과정은 수환경 현황조사와 영향예측 및 저감방안의 수립으로 진행되는 환경영향평가과정과 다르지 않다. 인공위성영상(remote sensing imagery), 통계자료, 지리정보시스템(GIS: geographic information system) 등을 활용하여 오염원의 분포・면적(규모)・특성을 파악하여 오염물질 발생량을 산출한다. 지리정보와 기상자료를 반영하여 유출 및 유달오염부하량을 산출한다. 이를 비롯한 여러 가지 입력자료를 수질예측모형(water quality model)에 입력시켜 시나리오별로 장래 수질을 예측하고 수계의 환경용량을 산출한다. 환경정책기본법에서 환경용량이란 일정한 지역 안에서 환경의 질을 유지하고 환경오염 또는 환경훼손에 대하여 환경이 스스로 수용 · 정화 및 복원할 수 있는 한계로 정의되고 있다. 산출된 환경용량에 근거하는 수질오염물질 총량관리, 농도규제, 토지이용규제로써 수질관리를 하는데 이 과정에서 경제적 (유인) 수단을 적용하기도 한다(그림 5.2).

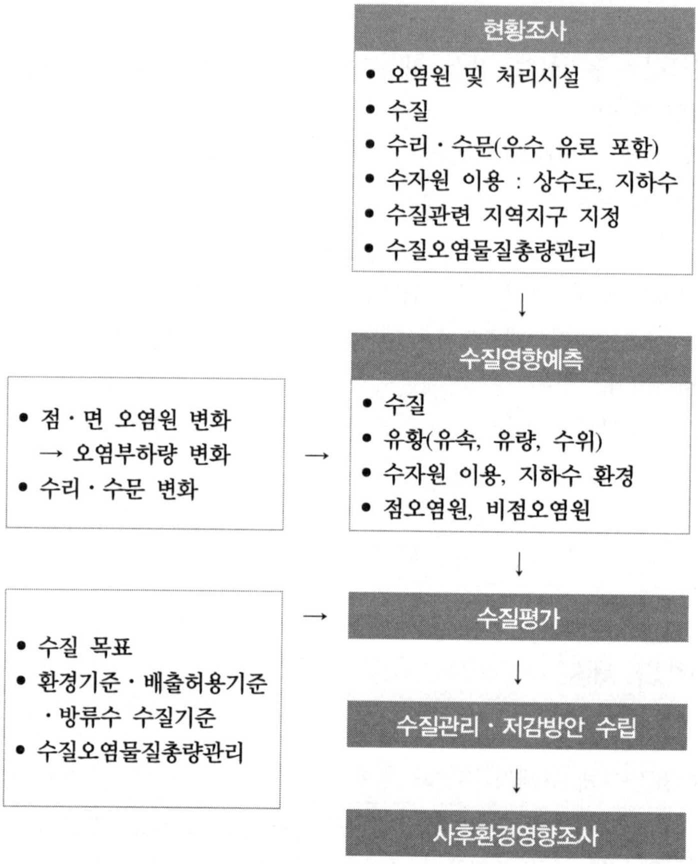

그림 5.1 수질환경영향평가과정

표 5.1 수환경 정책수단과 관련법

구분		정책수단	관련법
규제적 수단	농도	환경기준과 지역환경기준	• 환경정책기본법 12조
		• 배출허용기준 - 엄격배출허용기준 : 특별대책지역 내 기존 배출시설 - 특별배출허용기준 : 특별대책지역 내 신규 배출시설	• 수질 및 수생태계보전에 관한 법률 32조
		• 방류수 수질기준	• 가축분뇨의 관리와 이용에 관한 법률 13조
	양	• 수질오염물질총량관리	• 수질 및 수생태계보전에 관한 법률 4조 • 한강수계 상수원 수질개선 및 주민 지원 등에 관한 법률 8조 • 금강수계 물관리 및 주민지원 등에 관한 법률 9조 • 낙동강수계 물관리 및 주민지원 등에 관한 법률 9조 • 영산강 · 섬진강수계 물관리 및 주민 지원 등에 관한 법률 9조
	토지이용규제	• 특별대책지역	• 환경정책기본법 38조
		• 배출시설허가제한구역	• 수질 및 수생태계보전에 관한 법률 33조
		• 수변구역	• 한강수계 상수원 수질개선 및 주민 지원 등에 관한 법률 4조 • 금강수계 물관리 및 주민지원 등에 관한 법률 4조 • 낙동강수계 물관리 및 주민지원 등에 관한 법률 4조 • 영산강 · 섬진강수계 물관리 및 주민 지원 등에 관한 법률 4조
		• 상수원보호구역	• 수도법 7조
		• 하수도정비중점관리지역	• 하수도법 4조
		• 자연환경보전지역	• 국토의 계획 및 이용에 관한 법률 36조
		• 개발제한구역	• 국토의 계획 및 이용에 관한 법률 38조, 80조
			• 개발제한구역의 지정 및 관리에 관한 특별조치법
		• 자연보전권역	• 수도권정비계획법 9조, 시행령 14조
		• 인구집중시설(공장, 학교 등) 총량규제	• 수도권정비계획법 18조, 시행령 21~24조
		• 보전산지	• 산지관리법 4조
경제적 수단		• 배출부과금	• 수질 및 수생태계보전에 관한 법률 41조
		• 환경개선부담금	• 환경개선비용부담법 9조, 20조
		• 수질개선부담금	• 먹는물관리법 31조

출처 : 김학훈, 이종호, 2013, 개발과 환경, p. 231.

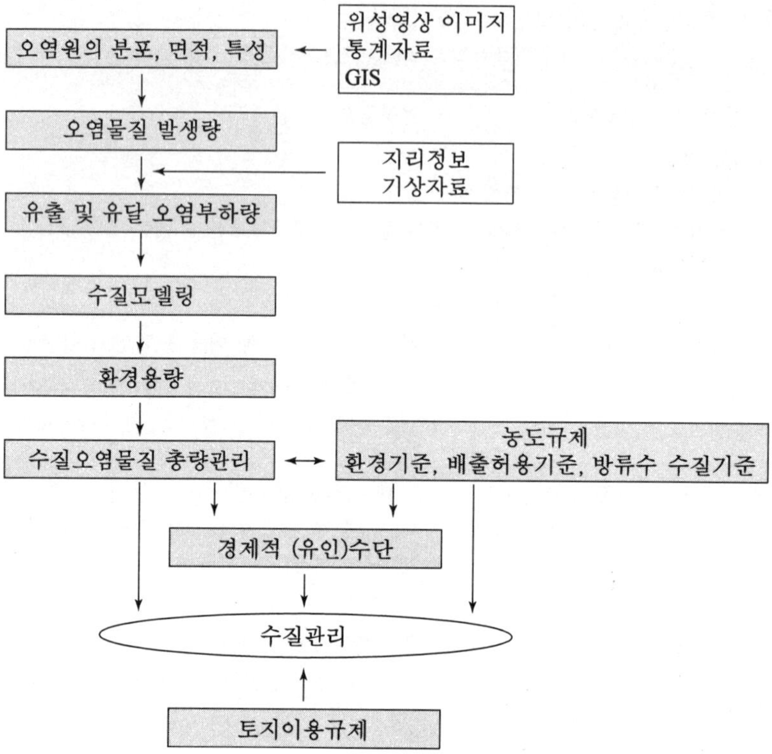

그림 5.2 수질관리과정
출처 : 김학훈, 이종호, 2013, 개발과 환경, p. 237.

1) 규제적 수단

(1) 농도규제

① 수질환경기준

정부는 국민의 건강을 보호하고 쾌적한 환경을 조성하기 위하여 환경기준을 설정하여야 하며 환경여건의 변화에 따라 그 적정성이 유지되도록 하여야 한다. 특별시 · 광역시 · 도는 지역환경의 특수성을 고려하여 필요하다고 인정하는 때에는 당해 시 · 도의 조례로 환경기준보다 확대 · 강화된 별도의 환경기준(지역환경기준)을 설정할 수 있다. 환경기준이 적절히 유지되도록 ① 환경악화의 예방 및 그 요인의 제거, ② 환경오염지역의 원상회복, ③ 새로운 과학기술의 사용으로 인한 환경위해의 예방, ④ 환경오염방지를 위한 재원의 적정배분을 고려하여야 한다.

수질환경기준은 환경정책기본법에서 규정하고 있다. 하천 수질환경기준이 설정된 수질항목으로 수소이온농도(pH), 생물화학적 산소요구량(BOD), 화학적 산소요구량(COD), 부유물질량(SS), 용존산소량(DO), 총인(T-P), 대장균 군수(군수/100 mL) 등이 있다. 호소 수질환경기준이 설정된 수질항목은 수소이온농도(pH), 화학적 산소요구량(COD), 부유물질량(SS), 용존산소량(DO), 총인(T-P), 총질소(T-N), 클로로필-a(Chl-a), 대장균 군수(군수/100 mL) 등으로, 하천 수질환경기준 항목과 비교하면 BOD가 없고, 총질소(T-N)와 클로로필-a(Chl-a)가 추가된 점이 다르다. 하천과 호소의 수질은 7등급[Ia(매우 좋음), Ib(좋음)~VI(매우 나쁨)]으로, 해역은 3등급(I~III)으로 구분되어 있다.

② 수질규제기준

수질규제기준은 수질환경기준을 달성하기 위한 규제수단으로 배출허용기준과 방류수 수질기준이 있다. 배출허용기준은 폐수배출시설에서 배출되는 수질오염물질에 대해 적용되는 것으로 최대배출허용농도라 할 수 있다. 폐수배출시설이란 수질오염물질을 배출하는 시설물·기계·기구 그 밖의 물체이다. 배출허용기준은 폐수처리 후 배출수가 하천에 유입된 후 희석되었을 때 수중 생태계나 하천 이용에 미치는 악영향이나 자정능력을 고려하여 결정된다.

시·도는 환경정책기본법에 따른 지역환경기준의 유지가 곤란하다고 인정하는 때에는 조례로 배출허용기준보다 엄격한 배출허용기준을 정할 수 있다. 특별대책지역 안의 수질오염방지를 위하여 필요하다고 인정하는 때에는 당해 지역 안에 설치된 기존 배출시설에 대하여 배출허용기준보다 엄격한 배출허용기준을 정할 수 있고, 당해 지역 안에 새로이 설치되는 배출시설에 대하여 특별배출허용기준을 정할 수 있다(수질 및 수생태계 보전에 관한 법률 32조).

배출허용기준은 개별 폐수배출시설에 적용되는 농도기준이고, 방류수 수질기준은 폐수종말처리시설, 가축분뇨정화시설 등과 같이 여러 곳에서 발생하는 오폐수를 한 곳에 모아 처리하는 시설의 방류수에 적용되는 농도기준이다. 폐수종말처리시설에 적용되는 방류수 수질기준은 배출허용기준보다 훨씬 강화된 기준을 적용하는 항목이 있는데, 대량의 처리수를 공공수역에 배출하기 때문이다.

배출허용기준을 초과하여 폐수를 배출하거나 폐수처리시설을 정상적으로 운영하지 않을 경우 개선명령, 조업정지명령, 배출시설의 설치허가나 변경허가의 취소 또는 배출시설의 폐쇄 또는 6개월 이내의 조업정지 명령 등과 같은 법적 규제와 배출부과금 등의 경제적 제재를 받게 된다.

(2) 수질오염물질총량관리

배출시설이 배출허용기준을 준수하고, 폐수종말처리시설 등이 방류수 수질기준을 준수하더라도 배출시설 및 폐수종말처리시설의 수가 많아지면 오염물질 배출량이 증가될 수밖에 없어 하천이나 호수의 수질이 개선되지 않았다. 따라서 하천의 자정능력을 토대로 하천의 목표 수질을 정하고 목표 수질의 달성 및 유지를 위한 허용부하량을 산정하여 유역에 배출되는 오염물질 부하량을 규제하는 수질오염물질총량관리제가 2002년 4대강 수계법 제정과 함께 도입되었다.

환경부장관은 첫째 수질 및 수생태계의 목표기준 달성 여부를 평가한 결과 그 기준을 달성 · 유지하지 못한다고 인정되는 수계의 유역에 대해, 둘째 수질오염으로 주민의 건강 · 재산이나 수생태계에 중대한 위해를 가져올 우려가 있다고 인정되는 수계 유역에 대해, 수계 영향권별로 배출되는 수질오염물질을 총량으로 관리할 수 있다.

수질오염총량관리를 먼저 시작한 미국 환경청이 실시 근거로 적용하는 1일 최대총부하량(TMDL : total maximum daily load)은 자연정화능력(WAC : waste assimilative capacity)과 자연부하량(BL)의 합 또는 점오염원에 대한 부하할당량(WLA : allowable point source loads), 비점오염원 부하량(LA_{NP}), 자연부하량(BL : natural background loads), 수질목표달성을 위한 안전한계선(MOS : margin of safety), 미래성장을 대비한 예비용량의 합으로 규정되어 있다. 이것은 수질기준의 준수 조건하에서 수체에 배출될 수 있는 양이다(Novotony, Vladimir and Olem, Harvey, 1994, pp. 981-994).

$$\text{TMDL} = \text{WAC} + \text{BL} = \text{WLA} + \text{LA}_{\text{NP}} + \text{BL} + \text{MOS} + (\text{미래성장 여유분}) \leq \text{LC}$$

여기서, TMDL (total maximum daily load) : 1일 최대 총부하량
LC (loading capacity) : 부하용량
WAC (waste assimilative capacity) : 자연정화능력
BL (natural background loads) : 자연부하량
WLA (allowable point source loads) : 점오염원에 대한 부하할당량
LA_{NP} (nonpoint source loads) : 비점오염원 부하량
MOS (margin of safety) : 안전한계

(3) 토지이용규제

환경정책기본법(38조)에 의하면, 환경오염 · 환경훼손 또는 자연생태계의 변화가 현저하거나 현저하게 될 우려가 있는 지역과 환경기준을 자주 초과하는 지역을 환경보전을 위한 특별대책지역으로 지정 · 고시하고, 해당 지역의 환경보전을 위한 특별종합대책을 수립하여 관할 시 · 도지사에게 이를 시행하게 할 수 있다. 그리고 상수원의 확보와 수질 보전을 위하여 필요하다고 인정되는 지역을 상수원보호구역으로 지정하거나 변경할 수 있다.

이 밖에 배출시설허가제한구역, 수변구역, 상수원보호구역 등의 용도지역이나 구역이 설정되어 규제되고 있다.

2) 경제적 수단

수질 및 수생태계 보전에 관한 법률(41조)에 근거하여 배출부과금을 시행하고 있다. 수질

오염물질로 인한 수질오염 및 수생태계 훼손을 방지 또는 감소시키기 위하여 수질오염물질을 배출하는 사업자 또는 허가·변경허가를 받지 아니하거나 신고·변경신고를 하지 아니하고 배출시설을 설치 또는 변경한 자에 대하여 기본배출부과금 또는 초과배출부과금을 부과·징수한다. 기본배출부과금은 배출시설(폐수 무방류배출시설은 제외)에서 배출되는 폐수 중 수질오염물질이 배출허용기준 이하로 배출되나 방류수 수질기준을 초과하는 경우나, 폐수종말처리시설 또는 공공하수처리시설에서 배출되는 폐수 중 수질오염물질이 방류수 수질기준을 초과하는 경우에 부과된다. 초과배출부과금은 수질오염물질이 배출허용기준을 초과하여 배출되는 경우나 수질오염물질이 공공수역에 배출되는 경우(폐수 무방류 배출시설에 한함)에 부과된다.

3 현황조사

1) 조사항목

조사 항목은 대상사업의 종류, 규모, 지표수·지하수의 특성 등과 같은 지역의 환경적 특성을 고려하여 수질에 미치는 영향을 적절히 파악할 수 있도록 설정하되 다음 사항을 고려한다.

- 수질관련 지구·지역 지정 현황 : 상수원보호구역, 수변구역, 수질보전특별대책지역
- 하천, 호소, 지하수 수질 항목 : 대개 pH, DO, BOD, COD, SS, T-N, T-P, 총대장균군, CN, Hg, Pb, Cd, Cr^{+6}, ABS 등이다.
- 지하수 이용 현황
- 수문 현황
- 수자원 이용 상황 : 상수공급 현황, 취수장 및 정수장 현황
- 오염원 및 처리시설 현황 : 하수처리 현황, 하수종말처리시설 현황
- 우수 유로 현황
- 수질오염물질총량관리 현황

2) 조사범위

공간적 범위는 해당 사업의 집수구역을 원칙으로 하되 대상사업의 종류, 규모 및 수역의 특성을 고려하여 조정할 수 있다. 시간적 범위는 하천의 유황을 고려하여 오염도 변화를 충

분히 파악할 수 있는 기간으로 하되 대상사업의 종류, 규모 및 수역의 특성을 고려하여 조정할 수 있다.

3) 조사방법

기존자료조사와 현지조사를 병행한다. 현지조사는 갈수기, 저수기, 평수기, 풍수기별로 조사한다. 조사지점 및 측정방법은 수질오염공정시험방법에 따른다.

4) 조사결과

조사지점별로 각 조사항목의 내용을 수역의 환경적 특성과 관련지역 환경기준 등과 함께 정리 · 기술한다.

4 영향예측

1) 항목

해당사업의 시행으로 인해 영향을 받을 수 있는 사항을 토대로 예측항목을 다음과 같이 설정한다.

- 대상수역에 미치는 수질오염도의 변화
- 대상수역의 유황 변화(유속, 유량, 수위 등)
  - 공사시 : 우수 유출량, 토사 유출량, 오수 발생량
  - 운영시 : 용수(생활용수, 관개용수 등)공급량, 오수 발생량, 지하수 사용량
- 수역이용상황 변화
- 지하수 환경 변화
- 수자원 이용 상황
- 사업지역의 점오염원과 비점오염원

2) 범위

공간적 범위는 조사범위를 기준으로 하되 대상사업의 실시로 인하여 영향이 미칠 것으로 예상되는 지역을 포함한다. 시간적 범위는 공사 시와 운영 시로 구분하되 수질에 미치는 영향이 최고가 되는 시점을 포함한다.

3) 방법 : 수질모델링

(1) 수질모델링 개요

① 수질모델링 개념

수질모델링(water quality modeling)이란 물속에서 일어나는 물의 물리적, 화학적, 생물학적 과정을 수식화하여 오염부하량, 유량, 유속, 유향, 수체의 기하학적 구조(수체 단면, 기울기, 바닥의 거칠기 등), 기상조건(강수량, 풍향, 풍속, 일사량 등) 등을 입력해서 지점별, 시간별로 수질을 예측하는 과정이다(표 5.2). 이 결과를 가지고 환경기준, 배출허용기준, 방류수 수질기준, 수질오염물질총량관리제를 토대로 개발사업의 대안을 평가한다.

표 5.2 수질모델링 체계

입력 항목		적용 모형 : 산출 항목
오염부하	수체 시스템(Water System)	
점·면 오염원 부하	• 수체의 기하학적 구조(수체 단면, 기울기, 거칠기) • 기상조건(강수량, 풍향, 풍속, 일사량 등) • 유량, 유속, 유향(流向) • 수질관련 반응계수 • 수리학적 입력계수	동수역학 모형(Hydrodynamic Model) : 수온, 유속, 유량, 수위 수질예측모형(Water Quality Model) : 수질

② 용도

a. 환경영향평가

배출량, 배출 성상(性狀), 위치별 변화에 따른 수질을 예측함으로써 개발사업의 수질영향을 사전에 파악하고 저감방안을 모색한다.

b. 수질오염물질총량관리제

목표 수질 결정 및 (허용유달, 할당, 배출목표)부하량의 산정이 핵심인데, 수질모델링으로 계산되는 환경용량이 중요한 근거가 된다.

③ 수질예측모형의 분류

a. 공간성

a) 무차원 모형(zero-dimensional model)

호수를 연속교반조(CSTR : continuous stirred tank reactor)로 가정하고 영양물질(인 등)의 수지(收支, nutrient budget)를 평가하는 모형이 대부분이다. 식물성 플랑크톤의 계절적 변화 예측에 적용하기는 곤란한 것으로 알려져 있다.

b) 일차원 모형(one-dimensional model)

하천의 경우 흐름(X)방향으로, 호수의 경우 수심(Z)방향으로 수체를 구획하여 각 구획 안의 수질은 같다고 가정한다. 각 구획은 연속교반조로서 흐름방향(하천), 연직방향(호수)으로 소구획 단위로 유속이동, 확산이동, 반응, 침전, 용출(溶出) 등에 의해 수질변화가 일어난다고 가정한다(그림 5.3, 그림 5.4).

(예) QUAL2K, EPD-RIV1, CE-QUAL-R1, CE-THERM-R1, WQRRS (Water Quality for River Reservoir System)

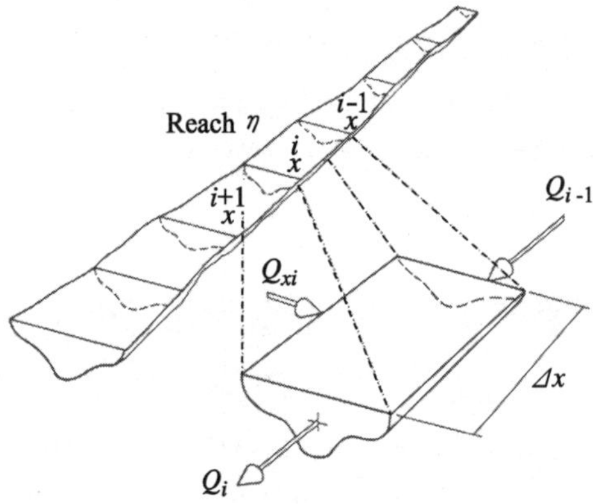

그림 5.3 일차원 모형 : 하천
출처 : Environmental Research Laboratory Office of Research and Development, U.S. Environmental Protection Agency, 1981, p. 10.

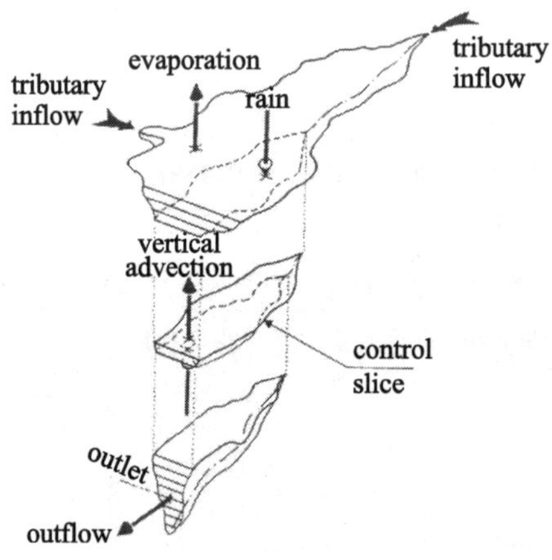

그림 5.4 일차원 모형 : 호수
출처 : Environmental Research Laboratory Office of Research and Development, U.S. Environmental Protection Agency, 1978, p. 9.

c) **이차원 모형**(two-dimensional model)

X-Y, 또는 X-Z방향으로 수질이 변화한다고 가정한다. 길이가 길고 수심이 깊은 댐호(dam湖)나 호수에서는 X-Z방향으로 수질이 변화한다고 가정한다. 수심이 깊지 않은 하구(河口, estuary)나 만(灣, embayment)의 경우 X-Y방향으로 구획하여 각 구획 안에서는 연속교반조를 가정한다(그림 5.5, 그림 5.6).

(예) CE-QUAL-W2

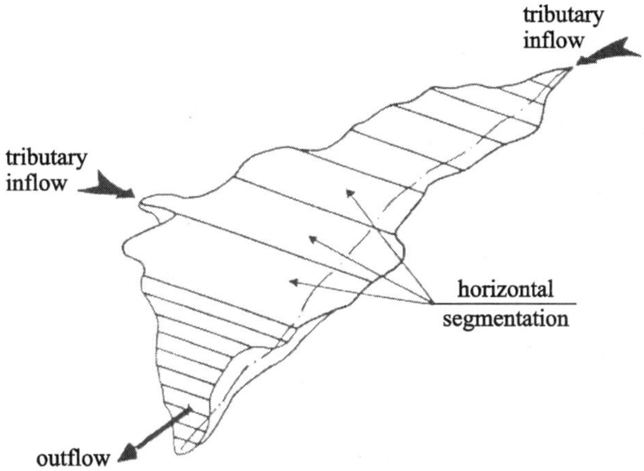

그림 5.5 2차원 모형 : 호수
출처 : Environmental Research Laboratory Office of Research and Development, U.S. Environmental Protection Agency, 1978, p. 11.

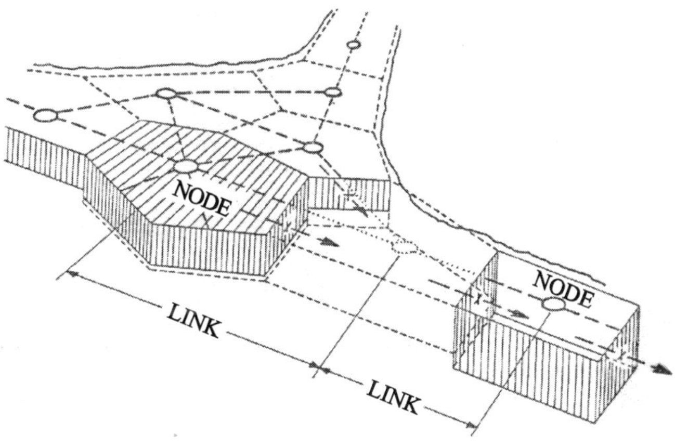

그림 5.6 유사 2차원 모형 : 하구
출처 : Environmental Research Laboratory Office of Research and Development, U.S. Environmental Protection Agency, 1978, p. 12.

d) 삼차원 모형(three-dimensional model)

큰 호수의 물 순환(circulation pattern)이나 큰 만의 동수역학(動水力學, hydro-dynamics)분석에 적용되는 데 매우 복잡하여 방대한 전산 작업이 요구된다. WASP7모형의 경우 수체 공간특성에 따라 1, 2, 3차원 중 선택하여 수질예측을 할 수 있다.

b. 시간성

a) 단기모형(short-term model)과 장기모형(long-term model)

단기모형은 대개 시간별, 일별, 월별로 수질변화를 예측한다. 그런데 장기모형은 대개 계절별, 연간 수질변화를 예측한다. 자연 호수의 물질수지 추정을 위해 복잡한 생물학적 작용을 단순화하여, 계절별 연간 물질 유출입을 예측하거나 생태계의 점진적 변화를 평가한다. 일차원모형의 경우 장기모형이 많이 이용된다.

b) 정상적 모형(定常的 模型, steady state model)과 동적 모형(動的 模型, dynamic model)

정상적 모형은 첫째 시스템(독립 또는 매개) 변수가 시간변화에 관계없이 일정하다고 가정하고, 둘째 호수의 경우 유출입 유량, 일사량, 일조시간, 침전율 등을 상수(常數)로 취급 가능하며, 셋째 주기적 현상은 모의(simulation)할 수 없으며, 넷째 수식이 단순하여 간단히 해를 구할 수 있다는 특징을 가진다.

④ 수질예측모형의 개요

현재 환경영향평가의 영향예측에 적용되고 있는 수질예측모형은 다양한데, 특히 미국 환경청에서 공개한 수질예측모형 중 중요한 모형의 개요는 다음과 같다.

a. AQUATOX : A Simulation Model for Aquatic Ecosystem

영양물질, 유기화학(독성)물질과 같은 오염물질의 유입, 생성, 소멸을 예측하고, 이들 물질이 물고기, 무척추 동물, 수중 식물을 포함한 수중 생태계에 대해 미치는 영향을 예측한다.

AQUATOX가 포함하는 내용은 첫째 바람직한 생물학적 상태에 근거한 수치적 영양목표(nutrient objectives)의 개발, 둘째 어떤 충격이 생물학적 손상을 초래하는지에 대한 평가, 셋째 농약이나 다른 독성물질이 수중 생태계에 미치는 영향의 예측, 넷째 기후변화에 대한 생태계 반응 평가, 다섯째 BASINS모형과 연계하여 토지이용변화가 수생태계에 미치는 영향 결정, 여섯째 오염부하 감소 후 오염된 물고기 조직이 안전 수준까지 회복되는데 걸리는 시간의 추정 등이다(그림 5.7).

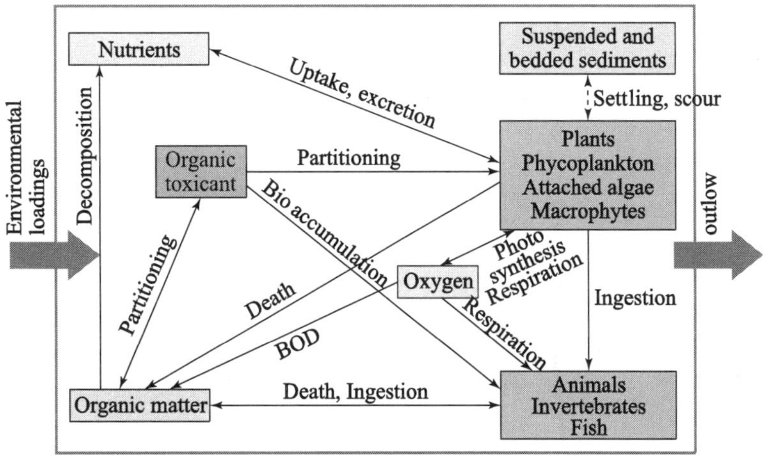

그림 5.7 수중의 생태적 작용과 영향
출처 : http://water.epa.gov/scitech/datait/models/index.cfm

b. CORMIX for Mixing Zones

점오염원에서 배출되는 폐수로 인한 혼합층의 환경영향평가를 위한 수질예측과 의사(결정)지원체계이다. CORMIX1은 물속의 1개 배출구에서 배출되는 폐수가 호수, 강, 하구에 미치는 환경영향을 예측·분석하는데 사용된다. CORMIX2는 물속의 복수 배출구에서 배출되는 폐수가 미치는 환경영향을 예측·분석하는 데 사용된다. CORMIX3은 물위에 떠 있는 배출구에서 배출되는 폐수가 호수, 강, 하구에 미치는 환경영향을 예측·분석하는데 사용된다.

c. WASP7

WASP7은 수층과 저서생물을 포함하는 수생태계에 대한 동적 구획모형이다. 부영양화물질, 일반 수질항목[질소, 인, DO(용존산소), BOD, SOD (Sediment Oxygen Demand), 조류(Algae), 부착생물(Periphyton)], 유기화학물질, 금속, 수은, 온도, 대장균, 병원균, 보존성물질에 대한 동적 계산법을 포함한다. 사용자가 1, 2, 3 차원 중 선택하여 모델링(모의)할 수 있다.

d. QUAL2K

강이나 하천에 대한 1차원 수질모형인데, 연직방향과 횡방향의 혼합, 정상상태, 부등류(non-uniform flow), 정상류(steady flow) 등을 가정한다. 수질, 열수지와 수온의 일변화를 모의하며, 모의대상 수질항목으로 질소(NO_3-N, NO_2-N, NO_4-N), 유기인, 용존인, DO, BOD, SOD(Sediment Oxygen Demand), pH, 부착생물, 병원균 등이 있다. 특히 유기탄소를 나타내기 위해 두 가지 형태의 C-BOD, 즉 slow CBOD와 fast CBOD를 사용하며, 퇴적층과 수층사이의 DO와 영양물질은 침전성

입자상 유기물질의 함수로서 모의된다.

모형의 구획을 보면 Q2E에서는 등간격 요소로 구성된 하천구간을 사용했지만, QUAL2K 모형에서는 부등간격 요소로 구성되는 하천 구간을 시용한다. 하천 구간의 요소에 복수의 오염부하와 유출이 적용될 수 있다(그림 5.8, 그림 5.9).

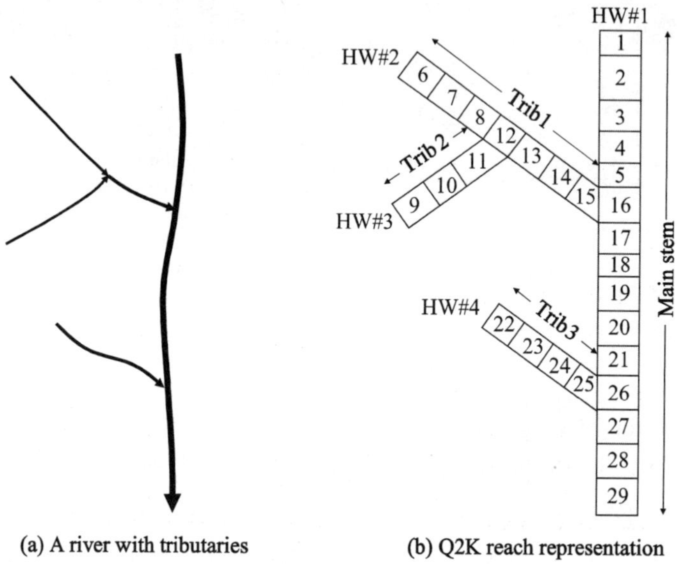

그림 5.8 지류를 포함하는 강의 QUAL2K 구획
출처 : Chapra, Steve et al., 2008, p. 10.

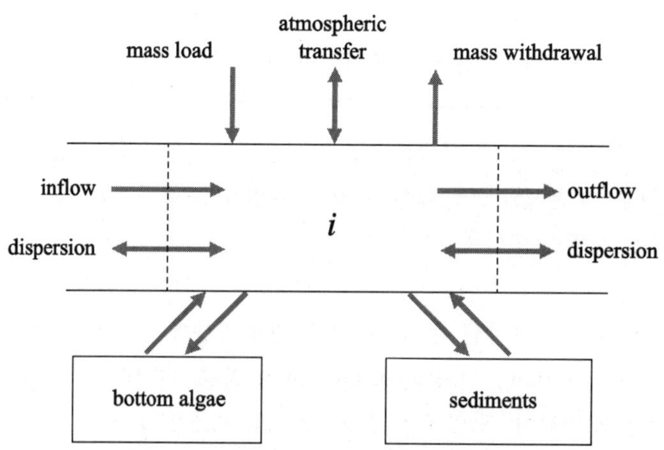

그림 5.9 물질 수지(mass balance)
출처 : Chapra, Steve et al., 2008, p. 32.

(2) 수질모델링 절차

수질모델링은 기존 모형 중 선정 또는 개발, 보정, 검증, 감응도 분석, 수질예측 및 평가 순서로 진행된다(Schnoor, Jerald L., 1996, pp. 9-10 참조).

① 기존 모형 중 선정 또는 모형의 개발

기존 모형을 사용할 때에는 수체(水體)의 특성이나 수질예측 목적에 따라 그 모형을 수정하여 이용할 수 있도록 사용지침서(manual)의 내용과 수질예측모형의 기본원리에 대한 이해가 필요하다. 기존 모형을 사용하지 않고 새로운 수질예측모형을 개발하여 적용하기도 한다.

② 보정(補正, calibration)

예측치가 실측치를 제대로 반영하도록 각종 매개변수(parameter) 값을 조정하는 단계이다. 예측치는 실측치와 20% 이상 차이가 나지 않도록 한다.

매개변수값 추정방법으로 경험에 의한 시행착오법, 영향계수법(influence coefficient algorithm) 등이 있다. 해당 수체에 대한 매개변수(수질관련 반응계수, 수리학적 입력계수)값에 대한 실측 자료가 없으면 관련 문헌의 값 범위 안에서 값을 선정할 수밖에 없다.

③ 검증(檢證, verification)

보정시 사용되지 않았던 입력 자료(유량, 수질, 오염부하량과 본류 수질 등)값으로 모형의 예측능력을 확인함으로써 보정시 선정된 매개변수 값의 타당성을 확인할 수 있다. 실측치와 예측치의 차가 클 경우, 보정과 검증을 반복하여 최종적으로 검증한다. 검증(validation)이란 수학적 모형의 (논리적) 타당성을 확인하는 과정이다.

④ 감응도 분석(sensitivity analysis)

입력자료(수질관련 반응계수, 수리학적 입력계수, 유량, 수질, 오염부하량 등)의 변화정도가 수질에 미치는 영향을 분석하는 것이다. 어떤 수질항목이 특정 입력자료의 변화에 크게 영향을 받는다면 그 수질항목은 그 입력자료에 민감하다고 한다.

⑤ 수질예측 및 평가

오염 부하량, 오염부하 위치, 배출시간, 저감방안(오・폐수처리방법)이 다른 대안별로, 중요 지점의 수질을 예측하고 환경기준, 배출허용기준, 방류수 수질기준, 물 이용목적 등에 입각하여 평가한다.

(3) 수질예측모형의 원리

① 기본방정식

a. 물의 흐름에 관한 연속방정식(continuity equation of water for incompressible fluid)
질량보존법칙에서 유도되는데 수위, 수체의 부피 등을 계산한다.

$$\frac{\partial V_x}{\partial X}+\frac{\partial V_y}{\partial Y}+\frac{\partial V_z}{\partial Z}=0 \qquad \text{식(5.1)}$$

b. 모멘텀 방정식(momentum equation)

뉴턴(Newton)의 제2운동법칙에서 유도되는데 유속, 유량, 유향(流向) 등을 계산한다.

$$\rho\left(\frac{\partial V_x}{\partial t}+V_x\frac{\partial V_x}{\partial X}+V_y\frac{\partial V_x}{\partial Y}+V_z\frac{\partial V_x}{\partial Z}\right)$$
$$=-\frac{\partial P}{\partial X}-\frac{\partial}{\partial X}\left(A_x\frac{\partial V_x}{\partial X}\right)-\frac{\partial}{\partial Y}\left(A_y\frac{\partial V_y}{\partial Y}\right)-\frac{\partial}{\partial Z}\left(A_z\frac{\partial V_z}{\partial Z}\right)+\rho g_x$$

$$\rho\left(\frac{\partial V_y}{\partial t}+V_x\frac{\partial V_y}{\partial X}+V_y\frac{\partial V_y}{\partial Y}+V_z\frac{\partial V_y}{\partial Z}\right)$$
$$=-\frac{\partial P}{\partial Y}-\frac{\partial}{\partial X}\left(A_x\frac{\partial V_x}{\partial X}\right)-\frac{\partial}{\partial Y}\left(A_y\frac{\partial V_y}{\partial Y}\right)-\frac{\partial}{\partial Z}\left(A_z\frac{\partial V_z}{\partial Z}\right)+\rho g_y$$

$$\rho\left(\frac{\partial V_z}{\partial t}+V_x\frac{\partial V_z}{\partial X}+V_y\frac{\partial V_z}{\partial Y}+V_z\frac{\partial V_z}{\partial Z}\right)$$
$$=-\frac{\partial P}{\partial Z}-\frac{\partial}{\partial X}\left(A_x\frac{\partial V_x}{\partial X}\right)-\frac{\partial}{\partial Y}\left(A_y\frac{\partial V_y}{\partial Y}\right)-\frac{\partial}{\partial Z}\left(A_z\frac{\partial V_z}{\partial Z}\right)+\rho g_z \qquad \text{식(5.2)}$$

여기서, ρ : 물의 밀도, P : 압력

A_x, A_y, A_z : eddy viscosities

g_x, g_y, g_z : gravity in x, y, z direction

c. 수질 및 온도에 관한 방정식

질량보존법칙에서 유도되며, 앞서 계산된 유속, 유량 등을 토대로 수질항목의 농도를 계산한다. 수질오염물질의 축적량(accumulation)은 오염부하(external loading), 유속이동(advection), 확산이동(dispersion), 반응(reaction), 생성과 소멸(sources and sinks)의 합으로 나타낼 수 있다. 이를 식으로 나타내면

$$\frac{\partial C}{\partial t}=-C\frac{\partial V_x}{\partial X}-C\frac{\partial V_y}{\partial Y}-C\frac{\partial V_z}{\partial Z} \qquad \text{: 유속이동(advection)}$$

$$+\frac{\partial}{\partial X}\left(E_x\frac{\partial C}{\partial X}\right)+\frac{\partial}{\partial Y}\left(E_y\frac{\partial C}{\partial Y}\right)+\frac{\partial}{\partial Z}\left(E_z\frac{\partial C}{\partial Z}\right) \qquad \text{: 확산이동(dispersion)}$$

$$+\Sigma R \qquad \text{: 반응(reaction)}$$

$$+\Sigma S \qquad \text{: 생성과 소멸(sources \& sinks)} \qquad \text{식(5.3)}$$

여기서, C : 수질항목의 농도

X, Y, Z : 흐름, 횡, 연직 방향의 축

V_x, V_y, V_z : X, Y, Z 방향의 유속

E_x, E_y, E_z : X, Y, Z 방향의 확산계수

유속이동(advection)이란 유속에 의해 한 방향으로 진행하는 이동인데 이동되는 물질은 변화되지 않는다. 유속확산이동(dispersion)은 유속차이로 인한 오염물질의 혼합을 뜻한다. 분자확산(molecular diffusion)은 개별입자(분자)의 임의 운동에 의한 오염물질의 이동이다. 그리고 난류확산(turbulent diffusion)은 소용돌이(호수에서 큰 규모의 eddy 또는 whirl), 농도차이로 인한 오염물질의 이동 등을 의미한다.
온도에 관한 방정식(equation of energy)은 수질항목에 관한 방정식의 C 대신에 T를 대입하여 구할 수 있다.

$$\frac{\partial T}{\partial t} = -T\frac{\partial V_x}{\partial X} - T\frac{\partial V_y}{\partial Y} - T\frac{\partial V_z}{\partial Z} + \frac{\partial}{\partial X}\left(\alpha_x \frac{\partial T}{\partial X}\right) + \frac{\partial}{\partial Y}\left(\alpha_y \frac{\partial T}{\partial Y}\right) + \frac{\partial}{\partial Z}\left(\alpha_z \frac{\partial T}{\partial Z}\right) \qquad \text{식(5.4)}$$

여기서, T : 온도
ρ : 밀도
C_p : 비열
$\alpha_x, \alpha_y, \alpha_z$: $\frac{k_x}{\rho C_p}, \frac{k_y}{\rho C_p}, \frac{k_z}{\rho C_p}$ = eddy thermal diffusivity in $x/y/z$ direction
K_x, K_y, K_z = eddy conductivity in x, y, z direction

② 해법

3차원의 연속방정식, 모멘텀방정식, 수질 및 온도에 관한 방정식을 수체 특성에 따라 공간 차원을 줄인 후 수체를 구획한다. 나눠진 구획에 대해 적분하여 평균화방정식을 유도한다. 평균화방정식을 유한차분법(infinite difference method) 또는 유한요소법(finite element method)으로 풀어 수위, 부피, 유속, 유량, 유향, 수질, 수온을 계산한다.

③ 적용

a. 하천 수질방정식

a) 혼합농도공식

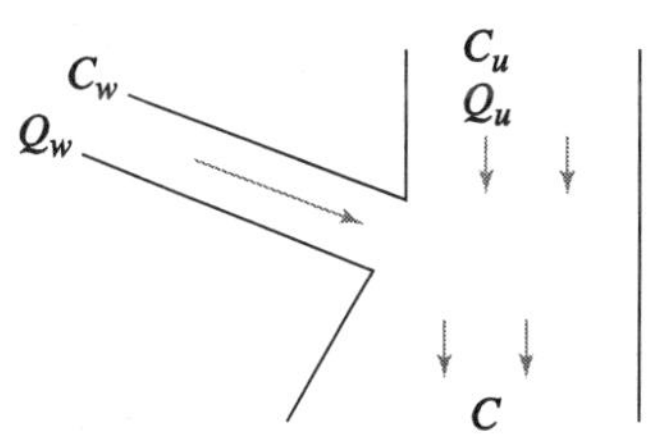

여기서, C_u : 하천 상류 수질항목 농도
C_w : 유입폐수 수질항목 농도
C : 혼합 후 수질항목 농도
Q_u : 하천 상류의 유량
Q_w : 유입 폐수의 유량

그림 5.10 하천 상하류 농도와 유량

자정작용이 없다고 가정하면 $C_w \cdot Q_w + C_u \cdot Q_u = C(Q_w + Q_u)$

$$\therefore C = \frac{(C_w \cdot Q_w + C_u \cdot Q_u)}{(Q_w + Q_u)} \qquad \text{식(5.5)}$$

b) 하천 수질방정식

하천을 본류와 지천으로 구분하고, 수리학적으로 동일한 곳을 하나의 구획(segment)으로 보고 다음과 같이 가정한다.

첫째, 수질항목의 농도변화는 흐름방향으로만 일어난다. $\frac{\partial C}{\partial Y} = \frac{\partial C}{\partial Z} = 0$

둘째, 하천에서는 유속이동이 확산이동보다 훨씬 크므로 확산이동은 무시할 수 있다. 즉 $E_x,\ E_y,\ E_z = 0$

셋째, 시간흐름에 따라 농도변화가 없는 정상상태(定常狀態, steady state), 즉 $\frac{\partial C}{\partial t} = 0$을 가정하면 식(5.3)은

$$0 = -\frac{1}{A}\frac{\partial (QC)}{\partial X} - KC \qquad \text{식(5.6)}$$

하천의 유량(Q)이 일정하다고 하면 $0 = -\frac{Q}{A}\frac{\partial C}{\partial X} - KC = -U\frac{\partial C}{\partial X} - KC$

식(5.6)을 풀면

$$CQ = C_0 Q_0 \exp\left(-\int_0^x \frac{KA}{Q}dx\right) \qquad \text{식(5.7)}$$

여기서, C : 수질항목 농도, [ML^{-3}]

K : 반응계수, [T^{-1}]

Q : 유량, [$L^3 T^{-1}$]

U : 유속, [LT^{-1}]

A : 하천의 Y(횡)방향 단면적, [L^2]

i) 보존성 물질(conservative substance)의 경우

- $k = 0$이므로 $CQ = C_0 Q_0$

ii) 비보존성 물질(non-conservative substance)의 경우

- $K,\ A,\ Q$가 일정할 때, $C = C_0 \exp\left(-\frac{Kx}{U}\right)$
- $K,\ Q$는 일정, A는 흐름방향에 따라 변할 때, 즉 $A = A_0 e^{ax}$일 경우

  $C = C_0 \exp\left[-\frac{K}{Q}\frac{A_0}{a}(e^{ax} - 1)\right]$
- K는 일정, $Q,\ A$는 흐름방향에 따라 변할 때, 즉 $Q = Q_0 e^{qx},\ A = A_0 e^{ax}$

일 경우

$$C = e^{-qx} C_0 \exp\left[- \frac{KA_0}{Q_0(a-q)} (e^{(a-q)} - 1) \right]$$

- K, A, Q 모두가 흐름방향에 따라 변할 때 수리학적 및 반응조건이 동일한 구획단위로 해석한다.

b. 호수 수질방정식

호수를 연속교반조(CSTR : continuous stirred tank reactor)로 가정하여 오염물질수지를 나타내면 그림 5.11과 같다.

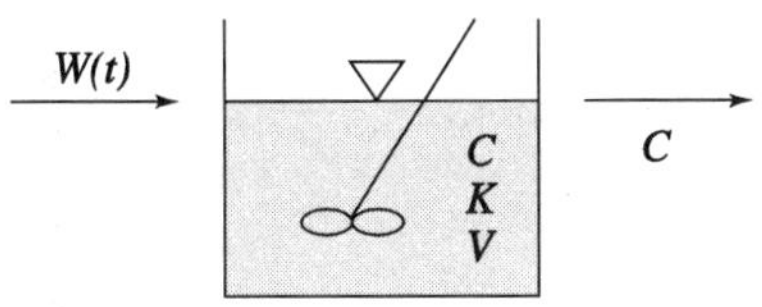

$W(t)$: 단위시간당 유입오염물질량(kg/sec)
Q : 유량(m^3/sec)
C : 호수의 수질항목 농도(mg/L)
V : 호수의 부피(m^3)
K : 분해계수(1/sec, 1/day)

단위시간당 호수에 축적되는 오염물질량	=	단위시간당 유입 오염물질량	−	단위시간당 호수에서 분해되는 오염물질량	−	단위시간당 유출 오염물질량
accumulation		loading		reaction		advection

그림 5.11 호수의 오염물질 유출입

상기 항목을 수식으로 표현하면

$$V\frac{dC}{dt} = W(t) - KCV - QC \quad \text{식(5.8)}$$

accumulation loading reaction advection

i) $\frac{dc}{dt} = 0$인 경우 $0 = W(t) - KCV - CQ$

$$\therefore C = \frac{W}{Q + KV} \quad \text{식(5.9)}$$

ii) $\frac{dc}{dt} = 0$이 아닌 경우 $V\frac{dC}{dt} = W(t) - QC - KCV$

$Q + KV = K'$라 하면,

$$V\frac{dc}{dt} + K'C = W(t) \quad \text{식(5.10)}$$

(i) $W(t)=0$일 경우

- $C=A\cdot\exp\left[-\left(\frac{K'}{V}\right)t\right]$ 또는 $C=A\cdot\exp\left[-\left(\frac{Q}{V}+K\right)t\right]$

(ii) $W(0)=M,\ W(t)=0$일 경우, 즉 $t=0$에서 $C=C_0=\frac{M}{V}$일 경우

- $C=C_0\cdot\exp\left[-\left(\frac{K'}{V}\right)t\right]$ 또는 $C=C_0\cdot\exp\left[-\left(\frac{Q}{V}+K\right)t\right]$

(iii) $W(t)=W$일 경우 $C=\frac{W}{K'}+A\cdot\exp\left[-\left(\frac{K'}{V}\right)t\right]$

- $t=0$일 때, $C=C_0$일 경우 $C=\frac{W}{K'}+\left(C_0-\frac{W}{K'}\right)\cdot\exp\left[-\left(\frac{K'}{V}\right)t\right]$
- $t=0$일 때, $C=0$일 경우 $C=\frac{W}{K'}\left[1-\exp\left[-\left(\frac{K'}{V}\right)t\right]\right]$

(iv) $W(t)=W+W_0\cdot\sin(\omega t-\alpha)$일 경우

- $V\frac{dC_w}{dt}+K'C_w=W$에서 $C_w=\frac{W}{K'}+\left(C_0-\frac{W}{K'}\right)\cdot\exp\left[-\left(\frac{K'}{V}\right)t\right]$
- $V\frac{dC_p}{dt}+K'C_p=W_0\cdot\sin(\omega t-\alpha)$에서

$C_p=W_0\cdot A_m(\omega)\cdot\sin[\omega t-\alpha-\theta(\omega)]$

단, $A_m(\omega)=\dfrac{\frac{1}{V}}{\sqrt{\left(\frac{K'}{V}\right)^2+\omega^2}}$; $\theta(\omega)=\tan^{-1}\left[\frac{\omega V}{K'}\right]$, [radians]

따라서, $C=C_w+C_p$

여기서, W : average input, [M/T] ; W_0 = amplitude, [M/T]

α : phase shift, [radians] ; T_p = period of input, [T]

ω = input frequency = $\frac{2\pi}{T_p}$, [radians/T]

(4) 수질모델링의 한계

첫째, 수질모형은 제한된 변수를 토대로 방정식을 수립하였으므로 물속의 모든 작용을 수식화한 것은 아니며, 실제로 모든 작용을 수식화할 수도 없다.

둘째, 매개변수의 값을 선정하기가 어렵다. 각종 매개변수의 값에 대한 실측자료 및 문헌자료가 부족하기 때문에 매개변수 값 산정에 어려움이 있고 이 때문에 예측치와 실측치 사이에 큰 차이가 발생할 수 있다. 따라서 환경영향평가시 개발사업에 의한 수질에의 악영향이 적게 일어나는 것처럼 매개변수의 값을 조작할 수도 있다.

4) 예측결과

아래 사항들을 포함하여 예측항목별로 정리 · 기술한다.

- 점오염원과 비점오염원의 발생량 및 농도
- 대상수역의 수질 변화
- 지하수 환경 변화
- 수자원 이용 상황에 대한 영향
- 수질오염총량관리계획과의 부합성 등

5) 평가

영향 예측결과를 바탕으로 환경기준과 비교하거나 현황농도 대비 증가량(%) 등을 검토하여 사업 시행으로 인한 수질 및 수자원 이용에 대한 영향을 평가한다.

5 저감방안

1) 개요

저감방안은 개발사업안이 채택되기 위해 필요한데, 수환경에 대한 영향의 저감과 수환경 영향을 상쇄할 수 있는 특성으로 구성된다. 저감방안은 사업유형과 입지에 좌우된다(Canter, 1996, pp. 239-242). 사업시행으로 유발되는 수용 하천이나 강에 대한 수질영향, 즉 오염을 최소화하기 위해서는 업종 선정에 유의해야 한다. 오폐수 발생량이 상대적으로 적은 업종을 유치하면 수질영향을 줄일 수 있으며, 같은 업종이라도 규모를 달리하여 오폐수발생량을 줄여 수질오염물질총량관리제를 준수할 수 있을 것이다. 업종 선정과 규모가 결정된 후 입지 선정에 따라 오폐수 처리 수준이 달라질 수 있다. 그러나 하류수역의 수질관리가 불가능할 경우에는 사업을 시행하지 않는 대안을 검토해야 할 것이다.

사업이 구체화된 상태에서 수질영향을 최소화하는 방안은 다음과 같다. 첫째, 최소비용으로 오 · 폐수를 처리할 수 있는 입지선정이 매우 중요하다. 즉 토지이용현황을 고려하여 오염이 최소화될 수 있거나, 물의 자정작용이 가능한 지역을 선정한다. 둘째, 적정 입지 대안이 없는 경우에는 폐수량이나 농도의 저감방안을 강구한다. 이를 위해 원료나 제조공정의 변화, 냉각수나 폐수의 재이용(중수도 도입)을 통해 폐수발생량을 줄인다. 이 방안은 폐수처리시설만 설치 · 운영하는 것보다 비용을 훨씬 더 줄일 수 있다. 셋째, 배출오염물질의 특성과 양, 그리고 해당지역의 기후조건에 따라 폐수처리방법을 달리해야 한다. 즉, 폐수를 공공수역에 배출하기 전에 폐수의 물리적, 화학적, 생물학적 특성과 수용 수체의 이용현황과 목적, 수질 및 수생태계보전에 관한 법률이나 가축분뇨의 관리 및 이용에 관한 법률이 요구하는 처리수준에 적합한 폐수처리방법을 선정한다.

2) 저감방안

(1) 공사시

① 토사유출 저감계획

a. 침사지 설치와 관리

강우시 성토지역의 토사유출방지를 위해 비닐이나 덮개를 설치한다. 그리고 가배수로를 설치하여 우수가 침사지로 유입되게 한다. 침사지 용량감소를 방지하기 위해, 침사지의 침전된 토사를 주기적으로 준설한다.

b. 오탁방지막 설치

인근 하천에 대한 수질오염영향을 최소화하기 위해 오탁방지막을 설치한다.

② 비점오염원 관리

공사장 출입구에 세륜 · 세차시설을 설치하고 작업 장비로부터 유류의 유출을 방지한다.

③ 오수처리

공사현장의 발생 오수처리를 위해 오수처리시설을 설치하고, 방류수 수질기준을 준수하여 주변 하천에 미치는 영향을 최소화한다.

(2) 운영시

① 용수 공급

광역상수도 송수관로에서 분기하여 용수를 공급한다. 그리고 우수 및 중수를 활용하여 상수도 수요량을 감소시킨다.

② 비점오염원 관리

도시지역에서는 주차장, 도로 등 불투수층 시설물에서 유출되는 초기 우수에 의한 비점오염원 발생부하를 처리하기 위해 초기 우수처리시설을 설치한다. 농촌지역에서는 영양물질, 농약(살충제), 침전물을 포함하는 비점오염물질을 관리하기 위해 침사지, 초지 여과, 습지, 연못 등을 이용한다.

③ 우수와 오수처리

발생한 우수는 신설되는 우수관로를 통해 저류지에 유입시켜 기존 우수관로로 배제시킨다. 생활오수 및 산업폐수는 오수관로를 설치하여 기존 오수관로에 연결시켜 하수종말처리장으로 유입시켜 처리한다. 비용효과적인 방법으로 처리목적을 달성하기 위해 대안적 폐수처리방안을 모색한다. 점오염원의 경우 수질오염물질의 제거를 위한 물리적, 화학적, 생물학적 원리를 포함하는 1차, 2차, 3차 처리과정이 있다. 특히 열오염배출의 경우 냉각 연못 또는 냉각탑의 설치를 고려할 수 있다.

참고문헌

김학훈, 이종호, 2013, 개발과 환경, 동화기술.

동원관광개발주식회사, 2013, 통영골프장 조성사업 환경영향평가서(초안), 281-347.

박석순, 2009, 수질관리학-원리와 모델, 도서출판 해치, 58-67.

양산시, 2011, 양산 석계일반산업단지 조성사업 사전환경성검토서, 319-325.

이종호, 1997, 수질환경영향평가기법, 환경영향평가연수, 환경공무원교육원, 149-164.

이종호, 2003, 수계 오염총량관리제와 환경영향평가제도의 통합운영방안, 환경영향평가, 12(5), 359-367.

충청남도, 2013, 안면도 관광지 조성계획 환경영향평가서, 182-191.

Canter, Larry, 1996, Environmental Impact Assessment, McGraw-Hill, 189.

Chapra, Steve; Pelletier, Greg; and Tao, Hua, 2008, QUAL2K: A Modeling Framework for Simulating River and Stream Water Quality(Version 2.11): Documentation and Users Manual, Civil and Environmental Engineering Dept., Tufts University.

Environmental Research Laboratory Office of Research and Development, U.S. Environmental Protection Agency, 1978, Rates, Constants, and Kinetics Formulations in Surface Water Quality Modeling.

Environmental Research Laboratory Office of Research and Development, U.S. Environmental Protection Agency, 1981, Computer Program Documentation for the Stream Quality Model QUAL-II, 10.

Novotony, Vladimir and Olem, Harvey, 1994, Water Quality-Prevention, Identification, and Management of Diffuse Pollution, Van Nostrand Reinhold, 981-994.

Schnoor, Jerald L., 1996, Environmental Modeling-Fate and Transport of Pollutants in Water, Air, and Soil, John Wiley & Sons, Inc., 9-10, 73-87.

Thomann, Robert V. and Mueller, John A., 1987, Principles of Surface Water Quality Modeling and Control, Harper & Row, Pub., 180-193.

Thomann, Robert V., 1972, Systems Analysis and Water Quality Management, Environmental Science Services Division, 35-41.

U.S. Army Corps of Engineers Hydrologic Engineering Center, 1978, Water Quality for River-Reservoir System, 5-7.

http://water.epa.gov/scitech/datait/models/index.cfm

제6장

수리 · 수문

1 개요

1) 환경영향평가에서 수리 · 수문분석의 목적

개발사업의 시행은 사업대상지와 그 주변 물 환경에 많은 영향을 미칠 수 있다. 수리 · 수문분석은 주변 물 환경에 미치는 영향 예측과 그 최소화를 위한 저감대책에 관한 수리 · 수문학적 기초자료를 산출하는 것으로 크게 두 가지 유형으로 이뤄진다. 첫째는 해당지역의 확률 강우특성 정보(강우량, 강우강도, 지속시간, 재현기간 등)를 산출하는 것이고 둘째는 강우유출수의 지표면 유출특성 정보(첨두유출량, 첨두유출도달시간 등)를 구하는 것이다. 산출된 자료는 사업시행에 따른 물의 수질변화를 예측하는 데도 활용되고 있다.

일반적으로 사업대상지의 지표면 특성은 개발사업 시행공정에 의해 크게 변하게 된다. 이런 지표면 특성의 변화는 강우유출수 유량 및 수리학적 특성을 변화시킴과 동시에 지표 토양 및 지표에 퇴적되어 있던 오염물질들의 이동을 유발시킨다. 따라서 사업 시행공정 단계에 따라 변하는 우수유출량과 토사 및 오염부하량(통상 비점오염부하)이 환경에 주는 영향을 줄이기 위한 저감시설의 규모와 기능도 적절하게 결정되어야 한다.

통상 환경영향평가서의 경우, 사업 시행공정을 세 단계, 즉 사업 시행 전(본래의 지표면 특성을 지닌 상태), 사업진행 과정 중(과정의 경과에 따라 지표면 특성이 점진적으로 변화를 보이는 상태), 그리고 사업시행이 완료(개발이 완료되어 지표면 특성변화가 완료된 상태)로 구분하고 각 단계별의 영향저감 시설대책을 각각 수립하고 있다.

2) 수리 · 수문분석이 필요한 주요 사업

표 6.1에서 보듯이 해당 사업의 시행 결과가 강우유출과 동반하여 주변 환경에 직접적인 영향을 미치는 경우 수리 · 수문분석이 필요함을 알 수 있다. 이런 사업은 크게 세 가지, 즉 사업 수행 후 대단위 단지가 조성되어 수질에 영향을 미치는 사업(산업입지 및 산업단지의

조성사업, 관광단지의 개발사업, 폐기물처리시설 및 분뇨처리시설사업)과 사업수행 전·후 물 환경에 직접적인 영향을 미치는 사업(항만건설사업, 수자원의 개발사업, 하천의 이용 및 개발사업) 및 중장기적으로 물 환경에 영향을 미칠 수 있는 사업(도로건설사업)으로 구분된다.

수리·수문분석은 가장 최신의 환경데이터베이스, 문헌 등의 자료를 기반으로 한 환경현황조사에 근거하여야 하며, 사업 시행으로 인해 변화되는 인자를 고려하여 저감방안의 수립 전·후로 나누어 실시하여야 한다. 또한 현재의 환경기준 등을 고려하여 분석 목표를 설정하고 이를 토대로 평가를 실시하여야 한다.

표 6.1 주요 수리·수문항목 평가대상 사업

구 분	대 상 사 업
산업입지 및 산업단지의 조성사업	1) 산업단지 개발사업 2) 중소기업단지 조성사업 3) 자유무역지역 조성사업 4) 공장 조성사업 5) 공업용지 조성사업 6) 산업기술단지 조성사업 7) 연구개발 특구의 조성
항만건설사업	1) 어항시설 2) 항만시설(항만법에 의한 시설) 3) 항만에서의 준설사업 4) 항만시설(신항만건설촉진 법에 의한 시설)
도로건설사업	도로의 건설사업
수자원의 개발사업	1) 하천부속물중 댐 또는 하구언 2) 농업생산기반시설 중 저수지, 및 보
하천의 이용 및 개발사업	하천공사
관광단지의 개발사업	1) 관광사업 2) 관광지 및 관광단지 조성사업 3) 온천개발사업 4) 자연공원사업 5) 도시계획사업 중 유원지 6) 도시공원 설치사업 및 묘지공원 설치사업
폐기물처리시설 및 분뇨처리시설의 설치사업	분뇨처리시설 또는 축산폐수공공처리시설

2 관련법과 제도

수리 · 수문 관련법은 크게 수리 · 수문, 수자원관리, 재해 예방 · 복구 · 관리 등의 내용을 중심으로 다루고 있는데, 수리 · 수문 관련 현황조사나 저감방안 강구시 근거법으로 활용된다(표 6.2). 특히 하천법은 제16조(유역조사의 실시), 제17조(수문조사의 실시), 제21조(홍수피해상황조사의 실시 등), 제21조의2(하상변동조사의 실시) 등에서, 지하수법은 제5조(지하수

표 6.2 수리 · 수문 관련법

구분	관련법	목 적
수리 · 수문	하천법	하천사용의 이익을 증진하고 하천을 자연친화적으로 정비 · 보전하며 하천의 유수(流水)로 인한 피해를 예방하기 위하여 하천의 지정 · 관리 · 사용 및 보전
	소하천정비법	소하천(小河川)의 정비 · 이용 · 관리 및 보전
	지하수법	지하수의 적절한 개발 · 이용과 효율적인 보전 · 관리
수자원관리	물의 재이용 촉진 및 이용에 관한 법률	물의 재이용을 촉진하여 물 자원을 효율적으로 활용하고 수질에 미치는 해로운 영향을 줄임으로써 물 자원의 지속 가능한 이용을 도모하고 국민의 삶의 질을 높이는 것을 목적
	하수도법	하수도의 설치 및 관리의 기준 등을 정함으로써 하수와 분뇨를 적정하게 처리하여 지역사회의 건전한 발전과 공중위생의 향상에 기여하고 공공수역의 수질을 보전
	댐건설 및 주변지역 지원 등에 관한 법률	댐의 건설 · 관리, 댐건설 비용의 회전활용, 댐건설에 따른 환경대책, 지역주민에 대한 지원 등을 규정
재해 예방 · 복구 · 관리	재난 및 안전관리기본법	재난 및 안전관리체제를 확립하고, 재난의 예방 · 대비 · 대응 · 복구와 안전문화활동, 그 밖에 재난 및 안전관리에 필요한 사항을 규정함
	자연재해대책법	자연재해의 예방 · 복구 및 그 밖의 대책에 관하여 필요한 사항을 규정
	사방사업법	국토의 황폐화를 방지하고 산사태 등으로부터 국민의 생명과 재산을 보호하고 국토를 보전하기 위하여 사방사업(砂防事業)을 효율적으로 시행
	저수지 · 댐의 안전관리 및 재해예방에 관한 법률	저수지 · 댐의 안전관리와 재해예방을 위한 사전점검 · 정비 및 재해발생 시 대응 등에 관하여 필요한 사항을 규정함으로써 저수지 · 댐의 효과적인 안전관리 체계를 확립하고 공공의 안전에 이바지함
	국토의 계획 및 이용에 관한 법률	국토의 이용 · 개발과 보전을 위한 계획의 수립 및 집행 등에 필요한 사항을 규정

의 조사)에서, 수리 · 수문 관련 조항을 포함하고 있다. 그리고 물의 재이용 촉진 및 이용에 관한 법률은 제8조(빗물이용시설의 설치 · 관리), 제9조(중수도의 설치 · 관리)등의 조항에서 보는 바와 같이 저영향개발(Low Impact Development)과 깊은 관련이 있다.

자연재해대책법은 환경영향평가와 같은 성격의 사전재해영향성검토협의를 포함하고 있다. 사전재해영향성검토협의란 자연재해에 영향을 미치는 행정계획을 수립 · 확정(지역 · 지구 · 단지 등의 지정을 포함)하거나 개발사업의 허가 · 인가 · 승인 · 면허 · 결정 · 지정 등을 하려는 경우 그 개발계획 등의 확정 · 허가 등을 하기 전에 국민안전처장관과 재해 영향의 검토에 관한 사전협의를 하여야 한다.

3 현황조사

1) 조사항목

조사항목은 하천과 호소 및 저수지 특성, 유수 유로 현황, 수문관측자료 및 하천시설물 현황 등의 사항을 중심으로 조사하되, 대상사업의 종류, 규모 및 지역의 환경적 특성을 고려하여 수리 · 수문적 특성에 미치는 영향을 적절히 파악할 수 있도록 설정한다.

2) 조사범위와 방법

공간적 범위는 대상사업의 시행으로 인해 직 · 간접적으로 영향을 받는 수역으로 하며, 시간적인 범위는 지역의 지형 · 지질특성, 유역의 상황 등을 고려하여 계절적 변화가 충분히 나타날 수 있는 범위로 한다. 공간적인 조사범위 내에서 수리 · 수문 특성이 적절이 파악될 수 있는 지점을 선정하여 조사를 진행한다.

문헌조사의 경우 한국수문조사서, 홍수량조사보고서, 하상변동조사서, 하천정비 기본계획 보고서 등을 활용하며, 문헌 자료가 없는 경우는 조사지점을 선정하여 현지조사를 실시한다.

- 하천, 호소 및 저수지 현황 : 대상유역의 수계현황은 수치지도 및 항공사진, 위성영상 등의 자료를 활용한 GIS분석을 통해 공간적 범위 내의 수계현황(수계경계선, 주요 하천 및 유출지점 등)에 대한 자료를 수집, 정리한다.
- 강우 및 수문 현황 : 우량관측소 및 수문관측소에서 수문관측 자료를 수집, 정리한다.
- 하천시설물 현황 : 공간적 범위 내에 위치한 상수원 보호구역, 취수장 등 수질 및 수량의 보호를 필요로 하는 지역에 대한 현황과 함께 방재관련계획 및 시설현황 등을 수집, 정리한다.

4 영향예측

1) 개요

(1) 예측항목

사업 시행으로 인해 직 · 간접적으로 영향을 받을 것으로 예상되는 항목들에 대하여 영향예측을 실시한다. 일반적으로 수리 · 수문 부문의 영향예측 항목은 대상수역의 유황 변화(유속, 유량, 수위 등), 개발 전 · 중 · 후의 우수유출량 변화 및 홍수량에 따른 홍수위 변화 등이 있다.

(2) 예측범위 및 방법

공간적 범위는 현황조사범위와 마찬가지로 대상사업의 실시로 인하여 영향이 미칠 것으로 예상되는 지역으로 하며, 시간적 범위는 공사 시와 운영 시로 구분하고 운영 시의 경우 장기적인 변화를 예측할 수 있도록 설정한다. 한편 예측방법은 대상사업의 종류, 규모 및 유황 등 수역의 특성을 고려하여 예측모델을 이용한 수치해석, 수리모형시험, 유사사례에 의한 방법 중에서 적절한 방법을 선택하여 실시한다.

(3) 예측결과와 평가

대상수역의 유황 변화, 우수유출량 변화, 홍수위 변화 등의 예측결과를 기술하고, 수치, 도면 등으로 제시한다. 예측결과를 바탕으로 해당 사업의 시행이 수리 · 수문에 미치는 영향을 하천유지유량, 오염총량관리계획에 의한 오염할당부하량 등 수계의 환경용량 등을 고려하여 평가한다.

2) 확률강우량 분석방법

(1) 확률강우강도식의 설정

확률강우강도식은 강우량과 강우지속시간과의 관계식이며, 강우강도는 지역에 따라 달라지고 같은 지역이라도 강우의 확률재현년도(확률빈도)의 규모에 따라 달라진다. 이 식은 기상청이 설치한 자기우량계에서 오랜 기간 관측된 강우기록을 토대로 1시간 단위의 강우강도로 변환시킨 자료를 사용하여 통계적 회귀분석을 통해서 산출된다.

강우강도는 강우지속기간(강우가 시작해서 끝날 때까지 소요되는 시간)에 의존해서 변한다. 또한 전술한 바와 같이 강우량의 규모는 강우의 재현기간에 따라서도 다른 값을 가진다. 강우의 재현기간에 관한 자료는 장기간(통상 수십 년에서 수백 년의 기간)에 걸쳐 관측된 강우자료를 가지고 강우발생의 확률특성을 분석하는 수문학적 통계처리로 산출된다. 이렇게 해당지역의 강우강도와 강우지속기간 그리고 해당 강우의 확률적 재현기간 사이에는 매우 밀접한 관계가 있어 이를 통계적 처리를 통해서 만든 자료가 지역 강우량의 '강우강도－지속기간－재현기간(IDF : Intensity-Duration-Frequency) 곡선이다.

그림 6.1은 국토교통부가 작성한 확률강우량 IDF 곡선의 예이다. 2011년 국내에서 관측기록이 20년 이상이고 단시간의 관측기록이 양호한 기상청 산하 전국 측후소 및 관측소 69개 대상지점에서 관측된 지속시간이 5분에서 4,320분까지의 강우자료를 가지고 작성한 결과이다.

주요 강우강도식 형태

- 기본형 $I(t)=\dfrac{a}{t^n+b}$
- Talbot형 $I=\dfrac{b}{t+a}$
- Sherman형 $I=\dfrac{c}{t^n}$
- Japanese형 $I=\dfrac{d}{\sqrt{t+e}}$

여기서 I : 강우강도(mm/hr)
t : 지속기간(min)
a, b, c, d, e, n : 지역에 따라 변하는 지역상수

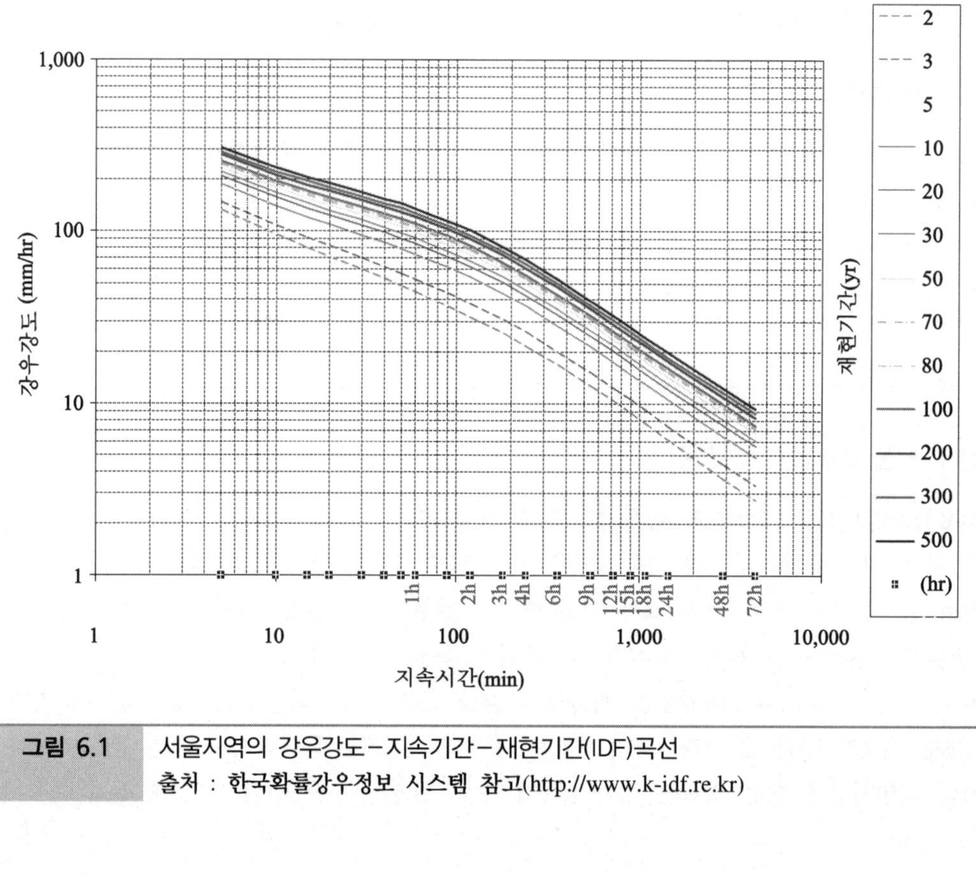

그림 6.1 서울지역의 강우강도－지속기간－재현기간(IDF)곡선
출처 : 한국확률강우정보 시스템 참고(http://www.k-idf.re.kr)

(2) 지역 확률강우량 산정

통상 유역면적이 소규모의 경우(약 26 km^2 이하) 유역 내에 위치하는 우량관측소에서 관측된 확률강우량을 해당 유역의 '면적확률강우량'으로 이용하고 있다. 그러나 그보다 넓은 유역면적의 경우는 유역 내에 위치한 다수의 우량관측소로부터 생산한 해당지점의 확률강우량이 있으므로, 해당 유역의 '면적확률강우량'은 각 지점별 확률강우량에 티센(Thiessen)망이나 등우선법 등을 적용하여 공간적으로 평균화함으로써 산출된다. 그러나 유역면적이 26 km^{2}보다 커지게 되면 강우특성의 공간적 변화를 고려해야 하므로 유역의 면적확률강우량은 면적감소계수(Area Reduction Factor, ARF) 혹은 면적우량환산계수 등을 도입하여 조정한 후에 사용하여야 한다.

(3) 강우의 시간적 분포 결정

강우유출수를 저류하거나 토사유출량을 처리하기 위한 저감시설을 설계하기 위해서는 반드시 설계유량 산정이 선행되어야 한다. 설계유량은 강우유출량에 해당하므로 그 규모는 해당 강우의 크기에 비례하여 결정된다. 따라서 설계유량 결정을 위해서는 강우와 강우유출수 간의 관계 파악이 필요하며 강우를 설명하는 주요 변수로는 강우량(깊이), 강우지속기간, 강우의 시간분포 형태 등을 들 수 있다. 한편 강우－유출모형의 발달과 함께 강우의 시간분포 형태가 매우 중요한 요소로 부각되게 되었다. 유출계산 시 강우의 시간분포는 강우유출수의 첨두유량과 유출수문곡선에 큰 영향을 미치기 때문이다.

강우의 시간분포 산정에는 통상적으로 Huff 방법이 사용되고 있다. Huff는 미국 일리노이주의 유역면적 1,036 km^{2}까지의 다양한 하천유역의 강우기록을 통계학적으로 분석하여 강우량의 시간적 분포를 나타내는 무차원 시간분포곡선을 제시하였다. 그리고 실제 발생 호우기간 중의 누적강우량곡선을 관찰하여 총 강우지속시간을 4개의 등시간 구간으로 나누었을 때 가장 큰 강우량이 어느 구간에서 발생하느냐에 따라 강우의 시간분포 특성을 아래와 같이 4가지로 구분하였다.

- 1분위 호우 : 총 강우지속기간 중 처음 1/4 구간에서 가장 큰 강우량이 발생했을 경우
- 2분위 호우 : 총 강우지속기간 중 2/4 구간에서 가장 큰 강우량이 발생했을 경우
- 3분위 호우 : 총 강우지속기간 중 3/4 구간에서 가장 큰 강우량이 발생했을 경우
- 4분위 호우 : 총 강우지속기간 중 4/4 구간에서 가장 큰 강우량이 발생했을 경우

강우시간 분포형을 4개의 분위로 분류한 후 각 분위에 속하는 강우의 시간별 누적강우량 기록을 강우별 총 지속기간과 총 강우량을 사용하여 다음과 같이 무차원화 하였다.

$$PT_{(i)} = \frac{T_{(i)}}{TO} \times 100\% \;,\; PR_{(i)} = \frac{R_{(i)}}{RO} \times 100\% \qquad 식(6.1)$$

여기서, $PT_{(i)}$: 강우지속기간 TO(분)에 대한 임의시간 $T_{(i)}$에서의 강우지속기간 백분율(%)

i : 단위시간 구간수(일반적으로 $i=10$)

$PR_{(i)}$: 강우지속기간 TO(분) 동안의 누적강우량 RO(mm)에 대한 임의시간 $T_{(i)}$까지의 누적강우량 $R_{(i)}$의 백분율(%)

이와 같이 무차원 누가곡선을 이용하여 각 그룹에 속한 강우들을 분리하여 분석하게 되며 사용 시에는 분위를 먼저 채택하는 것이 필요하다. 먼저 1구간 강우를 분석할 경우 각 지속기간 증분횟수별로 각 확률을 추정한 후 각 확률별로 시간분포를 추정한다.

(4) 유효강우량의 산정

유효강우량은 해당 지역에 내린 강우량 중 지표면 웅덩이에 갇히거나, 식목에 차집 또는 직접 대기로의 증발 등 증발산 손실량, 그리고 투수성 토양의 공극을 통해 지하 침투되어 손실되는 강우량 등을 빼고 남은 강우량이 지표면 경로를 통하여 하류의 하천으로 직접 유입되는 강우량을 의미한다. 특히 강우량수문해석기법을 이용한 강우–유출모형해석에 있어서 유효강우량 산정은 중요한 인자가 된다. 유효강우량 산정방법으로는 경험공식, Φ-지수와 같은 평균침투능에 의한 방법, 유출곡선지수(CN값)를 이용하는 SCS(미국, Soil Conservation Service)법 등이 있다. 특히 SCS법은 정밀토양도, 토지이용도 및 지형도 등과 같은 공간특성자료를 이용하여 초과우량의 시간적 분포를 표시하는 유효강우량을 얻을 수 있어 계측 및 미계측 유역에 자주 사용되고 있다.

미국의 자연자원보존국(U.S. Natural Resource Conservation Service)이 개발한 유출곡선지수방법(NRCS)은 기존의 SCS방법을 더욱 개선한 것으로, 강우유출량 자료가 없는 유역에서도 유효강우량을 더욱 효과적으로 산출할 수 있는 방법이다. 이는 유역의 토지이용, 토양종류, 식생피복상태, 표면처리상태 및 선행토양함수조건(Antecedent Soil Moisture Condition, AMC) 등에 대한 상세한 자료를 가지고 총 강우량으로부터 유효강우량을 산정할 수 있는 방법이다.

총 강우량(P)과 유효강우량(직접유출 Q)의 관계는 식(6.2)와 같다.

$$Q=\frac{(P-I_a)^2}{(P-I_a)+S} \qquad \text{식(6.2)}$$

여기서, P는 총 강우량(mm), I_a는 초기강우 손실량(mm), S는 유역 토양 내 최대 잠재저류수량(mm)이다.

만일 미국 NRCS의 초기강우 손실량 함수식(6.3)을 적용하면, 총 강우량–유효강우량 관계는 식(6.4)로 정의된다.

표 6.3 NRCS 수문학적 토양그룹

토양그룹	Type A	Type B	Type C	Type D
유출률 대소	소 →			대
침투율 대소	대 ←			소
배수정도	양호	대체로 양호	불량	대단히 불량
토양의 특성	실트 + 점토 약간 포함 모래층 및 자갈층	자갈이 섞인 사질토	상당수의 점토 + 콜로이드질 포함	대부분 점토질
한계침투속도(mm/hr)	7.62～11.43	3.81～7.62	1.27～3.81	0～1.27

$$I_a = 0.2S \qquad \text{식(6.3)}$$

$$Q = \frac{(P-0.2S)^2}{P+0.8S} \qquad \text{식(6.4)}$$

여기서, S는 수문학적 토양그룹의 선행토양함수조건(AMC) 식(6.5)로 정리된다.

$$CN = \frac{25,400}{S+254} \rightarrow S = \frac{25,400}{CN} - 254 \qquad \text{식(6.5)}$$

강우의 토양침투 특성은 유역의 토양성질에 따라 상이하며, 그로 인해 땅속으로 침투하지 못하고 유출되는 직접유출 특성 또한 다르게 나타난다. NRCS는 토양특성에 따라 표 6.3과 같이 4개의 그룹으로 나누고, 또한 토양 내 최대잠재저류수량 S는 유출곡선지수(runoff curve number, CN)를 도입하여 식(6.5)와 같이 정의하였다.

3) 홍수(강우)유출량 산정방법

홍수유출량을 산정하는 방법은 크게 홍수자료 빈도해석 방법과 설계강우－유출 방법으로 구분된다. 홍수자료 빈도해석 방법은 과거 홍수자료의 빈도해석을 통해 홍수유출량을 산정하는 방법으로, 강우－유출관계가 비선형인 점을 고려할 때 이론적으로 가장 합리적인 방법이다. 그러나 이 방법은 관측 홍수자료가 장기간 확보되어 있고 관측 자료의 신뢰도가 높은 경우에 이용할 수 있다.

한편 실적 홍수자료가 미비하거나 관측 자료의 신뢰도가 낮아 홍수자료 빈도해석 방법의 사용이 어려울 경우, 상대적으로 풍부한 강우자료를 이용하여 설계강우－유출 방법을 사용할 수 있다. 이 방법은 홍수자료가 미비한 경우 가장 널리 이용되는 방법이며, 강우－유출

관계의 선형성을 전제로 하지만 첨두홍수량은 물론 수문곡선의 산정이 가능하다.

본 장에서는 홍수유출량 산정기법 중 설계강우-유출 방법을 활용하여 홍수유출량을 산출하는 기법에 대해 설명한다. 유역의 크기에 따른 홍수유출량의 산출방법은 표 6.4와 같다. 소규모 유역의 경우, 유역 내 홍수도달시간의 변화가 적어 통상 강우강도는 일정하고 강우량의 시간분포는 고려하지 않아도 홍수유출량 산출이 가능한 합리식을 주로 사용하며, 중·대규모 유역의 경우, 강우 유출수의 유역 내 도달시간의 차이가 홍수유출량에 영향을 미치므로 강우량의 시간분포는 물론 강우강도에 의한 변화를 고려하여 홍수유출량을 산출할 수 있는 단위도법을 주로 활용한다.

표 6.4 유역의 크기에 따른 홍수유출량 산정 방법

항 목	소규모 유역(2.5~25 km^2)	중·대규모 유역(25 km^2 이상)
홍수유출량 산정방법	• 합리식 • 수정 가지야마공식 • 고재웅 공식 • 비홍수량 산정 공식 • 컴퓨터 모델 활용	• 단위도법 • Synder방법 • SCS방법 • Nakayasu방법 • Clark 방법 • 컴퓨터 모델 활용
강우강도	일정	변화
강우분포	균일	변화

(1) 합리식: 소규모유역의 홍수유출량 산정

합리식은 대표적인 단순 홍수량 공식으로 구조가 간단하고 사용이 간편하여 수문학적 기초가 없는 기술자뿐만 아니라 전문 기술자도 많이 사용하는 방법으로 일반적인 형태는 식(6.6)과 같다.

$$Q = CIA \qquad \text{식(6.6)}$$

여기서 Q : 유역출구에서의 첨두홍수량(ft^3/sec)

I : 설계강우강도(in/hr)

A : 유역면적(acre)

C : 배수유역의 특성에 따라 결정되는 유출계수

식(6.6)을 SI단위계로 표시하기 위하여 I를 mm/hr, A를 km^2 단위로 사용할 때 m^3/sec로 표시되는 유량은 단위환산계수를 곱하여 식(6.7)과 같다.

$$Q = 0.2778\,CIA = \frac{1}{360}\,CIA \qquad \text{식(6.7)}$$

① 유역면적(A) 및 유출계수(C)

유역면적은 지형도에서 구적기(planimeter) 혹은 GIS를 이용하여 구하며, 유역구분, 토지이용 및 피복형태에 따라 구분된 면적이 홍수량 산정지점별로 산정된다. 한편 유출계수는 유역의 토지피복 특성에 따라 대표적인 값으로 결정되며, 여러 종류의 피복특성이 혼재된 경우 홍수유출량 산정지점 상류 전체유역의 면적가중평균으로 산정한다. 보통 유출계수는 10년 빈도 이하의 강우를 대상으로 제시되고 있으므로, 20년 빈도 이상 강우의 경우는 더 큰 유출계수를 적용해야 한다. 표 6.5는 유역의 종류 및 특성에 따른 유출계수의 대표값을 나타낸 것이다.

표 6.5 유역형태별 유출계수 일람

유역형태	유역특성		유출계수
상업지역	도시지역		0.70~0.95
	근린지역		0.50~0.70
주거지역	단독		0.30~0.50
	독립주택단지		0.40~0.60
	연립주택단지		0.60~0.75
	교외지역		0.25~0.40
	아파트		0.50~0.70
공업지역	산재지역		0.50~0.80
	밀집지역		0.60~0.90
도로	아스팔트		0.70~0.95
	콘크리트		0.80~0.95
	벽돌		0.70~0.85
잔디	사질토 (Sandy soil)	2% 이하 경사	0.05~0.10
		2~7% 경사	0.10~0.15
		7% 이상 경사	0.15~0.20
	중토 (Heavy soil)	2% 이하 경사	0.13~0.17
		2~7% 경사	0.18~0.22
		7% 이상 경사	0.25~0.35
공통	공원, 묘역		0.10~0.25
	운동장		0.20~0.35
	철도지역		0.20~0.35
	미개발지역		0.10~0.30
	차도 및 보도		0.75~0.85
	지붕		0.75~0.95

유역형태	유역특성		유출계수
산지	성긴 사양토 (Open sandy roam)	0~0.5% 경사	0.10
		5~10% 경사	0.25
		10~30% 경사	0.30
	점토 및 양토 (Clay and roam)	0~0.5% 경사	0.30
		5~10% 경사	0.35
		10~30% 경사	0.50
	조밀한 점토 (Tight clay)	0~0.5% 경사	0.40
		5~10% 경사	0.50
		10~30% 경사	0.60
초지	성긴 사양토 (Open sandy roam)	0~0.5% 경사	0.10
		5~10% 경사	0.16
		10~30% 경사	0.22
	점토 및 양토 (Clay and roam)	0~0.5% 경사	0.30
		5~10% 경사	0.36
		10~30% 경사	0.42
	조밀한 점토 (Tight clay)	0~0.5% 경사	0.40
		5~10% 경사	0.55
		10~30% 경사	0.60
경작지	성긴 사양토 (Open sandy roam)	0~0.5% 경사	0.30
		5~10% 경사	0.40
		10~30% 경사	0.52
	점토 및 양토 (Clay and roam)	0~0.5% 경사	0.50
		5~10% 경사	0.60
		10~30% 경사	0.72
	조밀한 점토 (Tight clay)	0~0.5% 경사	0.60
		5~10% 경사	0.70
		10~30% 경사	0.82

② 강우강도(I)

합리식의 강우강도는 강우강도－지속기간－발생빈도(IDF) 곡선 또는 강우강도식 등으로부터 결정되나, 각 방법별로 많은 편차를 보이므로 신중히 선정해야 한다. 강우강도 산정 시 강우지속기간은 통상 유역의 도달시간(t_c)을 사용하며, 강우지속기간이 강우강도 및 첨두홍수량에 미치는 영향이 매우 크므로 도달시간 산정방법 선택이 중요하다.

(2) Clark방법: 중 · 대규모유역의 홍수유출량 산정

Clark방법은 유역의 단위유량도(unit hydrograph)를 작성하고 이를 이용하여 해당 유역의 홍수유출량을 산출하는 방법이다. 단위유량도(단위도)는 특정 단위시간동안 균일한 강도로 유역전반에 걸쳐 균등하게 내리는 단위 유효강우량으로 인하여 발생하는 직접유출수문곡선으로 정의한다. 이 방법에서는 지속기간은 같으나 강도가 서로 다른 강우로 인한 유출량은 그 크기는 다르더라도 유하시간이 동일하고, 강우량과 유출량은 비례한다고 가정한다. 또한 유역은 선형수로와 유역출구에 위치한 선형저수지로 구성된다. 따라서 선형수로에 의한 홍수의 전달효과와 선형저수지에 의한 저류효과를 동시에 고려한 순간단위도(IUH : Instance Unit Hydrograph)를 작성할 수 있다.

단위유량도는 먼저 도달시간을 산정하고, 유역출구로부터 도달시간이 동일한 점을 연결하는 등시간선을 그린 후에, 전체유역을 여러 개의 소유역으로 구간 분할을 실시한다. 그리고 등시간구간별 유역면적을 계산함으로써 시간－면적곡선을 작성한다(그림 6.2).

유역출구에 위치한 선형저수지의 추적을 통하여 순간단위도를 작성하려면 먼저 선형저수지로의 유입수문곡선을 작성하여야 한다. 단위유효우량이 유역 전반에 걸쳐 순간적으로 내린다고 가정하면, 유역 출구에 위치한 선형저수지로의 시간구간별 유입량 I는 식(6.8)과 같

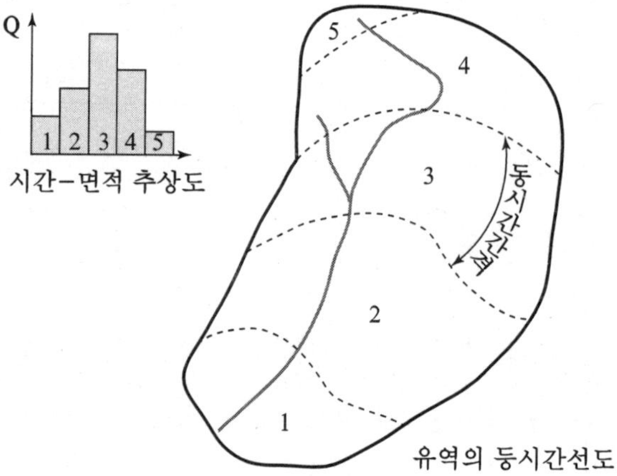

그림 6.2 Clark방법의 개념도

이 등시간구간별 유역면적(A, km^2)에 내린 단위유효우량(R_e, 1 cm)을 등시간구간 Δt (hr)로 나누어 유량(m^3/sec)으로 환산한 값이 된다.

$$I = \frac{(A \cdot 10^6)(R_e \cdot 10^{-2})}{\Delta t \cdot 3600} = 2.778\frac{A}{\Delta t} \qquad \text{식(6.8)}$$

유역출구에 위치한 선형저수지의 홍수추적에 필요한 저류량(S)－유출량(O)은 저류상수(storage coefficient, K)를 매개로 하는 선형성을 가정하고 있으며 이를 토대로 저류방정식을 변형하면 식(6.9)와 같다.

$$\frac{I_1 + I_2}{2}\Delta t - \frac{O_1 + O_2}{2}\Delta t = K(O_2 - O_1) \qquad \text{식(6.9)}$$

여기서 I_1 및 I_2 : 각각 추적기간 Δt의 시점 및 종점 유입량(m^3/s)

O_1 및 O_2 : 각각 추적기간 Δt의 시점 및 종점 유출량(m^3/s)

Δt : 계산시간간격(hr)

K : 저류상수(hr)

이와 같이 변형된 저류방정식을 O_2에 관해 정리하면 식(6.10)과 같고, 따라서 계수 m_0, m_1, m_2는 저류상수 K와 계산시간간격 Δt를 결정하면 산정이 가능하게 된다.

$$O_2 = m_0 I_2 + m_1 I_1 + m_2 O_1 \qquad \text{식(6.10)}$$

여기서 $m_0 = m_1 = \dfrac{0.5\Delta t}{K + 0.5\Delta t}$, $m_2 = \dfrac{K - 0.5\Delta t}{K + 0.5\Delta t}$

최종 저류방정식은 시간－면적곡선으로부터 작성되는 계산시간간격(Δt)의 시간－면적주상도의 추적기간 Δt의 시점 및 종점 유입량이 동일($I_1 = I_2$)하므로 식(6.11)과 같이 단순화된다.

$$O_2 = (m_0 + m_1)I + m_2 O_1 \qquad \text{식(6.11)}$$

최종 저류방정식 식(6.11)을 이용, 선형저수지 유입수문곡선을 추적기간별로 차례대로 추적함으로써 선형저수지의 유출수문곡선인 유역출구의 순간단위도 높이를 결정한다.

한편 Clark방법에서 유역의 저류상수 산정은 실제 홍수량 자료가 있는 유역의 경우와 계측자료가 없는 유역으로 구분하여 이뤄진다. 먼저 계측 유역의 경우, 유역출구에서 수문곡선은 강우로 인해 유역의 저류량이 증가하는 부분과 감소하는 부분으로 구성된다. 그림 6.3에서 저류량이 감소하기 시작하는 수문곡선상의 점은 변곡점으로 나타나며 이 시점 이후부터는 지표면 유출이 끝나기 때문에 저류량은 감소되며 가상 선형저수지로의 유입량은 없어진다.

즉, 유역 저류상수 K는 그림 6.3과 같이 실측수문곡선의 변곡점에서의 직접 유출량(O_T)

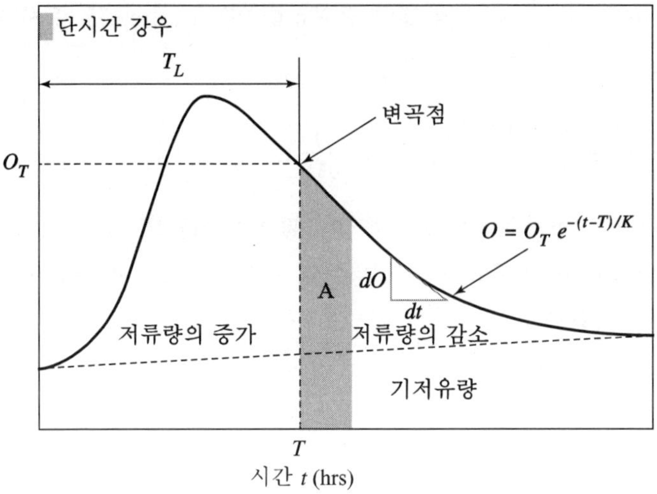

그림 6.3 단기 호우의 수문곡선

을 그 점에서 수문곡선에 그은 접선경사$(dO/dt)_T$로 나누어 산출할 수 있다. 유역 저류상수 K를 산출하기 위한 두 번째 방법은 변곡점으로부터 단위 시간이 경과한 후의 수문곡선상의 면적(A)을 이용하여 산출할 수 있다. 유출량 O는 변곡점에서의 유출량의 함수로 정의할 수 있고 이를 이용하여 면적을 산출하면 식(6.12)와 같다. 따라서 유역 저류상수 K는 A의 면적을 $(O_T - O_{T+1})$로 나눔으로써 산출할 수 있다.

$$A = \int_{t=T}^{t=T+1} O_T e^{-(t-T)/K} dt = K(O_T - O_{T+1}) \qquad \text{식(6.12)}$$

반면에 미계측유역의 저류상수를 결정하기 위해서는 경험공식을 사용해야 한다. 유도된 경험공식은 지역적 특성이 반영되어 있어 경험식에 의한 저류상수는 방법별로 다소 차이가 있다. 현재 주로 사용되는 경험공식은 다음과 같다.

- Russel공식(U.S. Corps of Engineers, 1994)

$$K = \alpha t_c \qquad \text{식(6.13)}$$

여기서 K는 유역의 저류상수(hr), t_c는 도달시간(hr), α는 도시지역의 경우 1.1~2.1, 자연하천유역의 경우 1.5~2.8, 산림지역은 8.0~12.0 범위의 값을 가지는 상수이다.

- Sabol공식(Sabol, 1988)

$$K = \frac{t_c}{1.46 - 0.0867\dfrac{L^2}{A}} \qquad \text{식(6.14)}$$

여기서, K는 유역의 저류상수(hr), t_c는 도달시간(hr), L은 주 유로의 연장(km), A는 유역면적(km^2), L^2/A는 유역의 형상계수의 역수이다.

(3) SCS-CN 방법: 중 · 대규모유역의 홍수유출량 산정

미국 토양보존국(Soil Conservation Service, SCS)에서 고안한 SCS 방법은 단위도의 첨두유량 Q_P와 첨두유량 발생시간 t_P를 식(6.15), 식(6.16)과 같이 결정한 후 주어진 무차원 단위도를 사용하여 합성단위도를 작성한다.

$$t_P = \frac{1}{2}t_r + T_L \qquad \text{식(6.15)}$$

$$Q_P = \frac{2.083A}{t_P} \qquad \text{식(6.16)}$$

여기서, t_P는 강우시작부터 첨두유량까지 시간(hr), t_r은 강우지속기간(hr), T_L은 강우량 중심으로부터 첨두유량까지의 시간인 유역 지체시간(hr), Q_P는 1 cm 유효우량시 첨두유량(m^3/s), A는 유역면적(km^2)이다.

이와 같은 SCS 방법은 지체시간 T_L을 입력인자로 하는 1매개변수 합성단위도 방법이며, 지체시간 T_L은 다음과 같은 공식으로 결정하고 있다.

- SCS 공식(I) : 도달시간과 직접유출 첨두유량 발생시각의 관계

$$T_L = 0.6\,T_c \qquad \text{식(6.17)}$$

$$T_L = 0.6(T_c + t_s) \qquad \text{식(6.18)}$$

- McCuen 공식 : 도달시간과 직접유출 수문곡선 중심의 관계

$$T_L = 0.706\,T_c \qquad \text{식(6.19)}$$

$$T_L = 0.706(T_c + t_s) \qquad \text{식(6.20)}$$

- SCS 공식(II) : 유출곡선지수 이용 방법(8 km^2 이하 면적 적용 가능)

$$T_L = \frac{L^{0.8}(2540 - 22.86\,CN)^{0.7}}{14104\,CN^{0.7}S^{0.5}} \qquad \text{식(6.21)}$$

여기서, T_L : 지체시간(hr)
T_c : 도달시간(hr)
A : 유역면적(km^2)
L : 총 유로연장(m)
CN : 유출곡선지수

S : 무차원 유역경사

t_s : 소유역 매개변수 보정량(hr)으로 $t_s = t_u / 60(1 - A/25)$로 산정

t_u : 소유역 매개변수 보정량의 상한계로 10~15분 범위이며 일반적인 경우 10분을 적용

(4) 컴퓨터 모델: 중 · 대규모유역의 홍수유출량 산정

전술한 설계강우-유출방법을 사용하여 유역의 홍수량을 산출하는 방법은 계산과정이 복잡하고 시간이 많이 소요되는 단점이 있다. 이러한 문제점을 보완하기 위해 일반적으로 컴퓨터 모델을 활용한다. 컴퓨터 모델을 사용하여 홍수량을 산출하는 경우, 모델의 특성과 계산 알고리즘을 충분히 숙지한 후 적절한 모델을 선정하여야 한다. 컴퓨터 모델은 강우-유출 해석을 위한 각 과정에 대해 사용가능한 여러 식들과 이에 필요한 매개변수 등이 포함되어 있으며, 사용자의 요구에 따라 취사선택 할 수 있다. 따라서 지역적인 특징과 자료의 구득 정도를 파악하여 각 과정별 지배방정식 및 매개변수를 결정하는 것이 중요하다.

전술한 바와 같이 환경영향평가 시 특별한 경우를 제외하고 수문현상의 변화뿐만 아니라 시설 공사 전, 시설 공사 중, 공사완료 후 시설을 이용할 때에 발생하는 비점오염부하의 변화를 포함하여야 한다. 따라서 비점오염부하 산정과 수문현상 예측을 동시에 수행할 수 있는 유역모델을 적용하는 것이 일반적이다.

유역모델은 수문모델보다 많은 입력 자료를 요구하는 단점이 있으나, 그럼에도 불구하고 골프장이나 스키장 건설과 같이 대규모 비점오염부하 발생이 예상되는 사업에서는 유역모델을 사용하여 좀 더 과학적인 영향평가가 이루어지도록 하여야 한다. 도시나 공단개발과 같이 불투수지역이 많고 관로에 의해 지표수의 거동이 발생하는 도시형 유역의 경우, SWMM (Huber & Dickinson, 1992)과 같은 모델이 적합하며 골프장이나 스키장과 같은 자연형 유역의 경우는 AGNPS (Yong et al., 1987)나 SWRRBWQ (Arnold et al., 1991)와 같은 모델이 적합하다.

수리현상 예측을 위해 현재 활용 가능한 모델로 HEC-2 (Basco, 1984)와 FEMWMS-2DH (Froehlich, 1989) 및 RMA-2 (Donnel, 1997) 등이 있다. FEMWMS-2DH와 RMA-2 (Donnel, 1997)는 모두 유한 요소법을 사용하는 2차원 모델로 기본원리가 동일하다. 또한 두 모델 모두 수량증가 및 지형변화에 따른 유속의 세기와 방향 변화를 예측할 수 있다. 그러나 RMA-2는 수질모델 RMA-4 (King & Rachiele, 1994)를 함께 사용할 수 있는 장점이 있으며 사용자 편이를 위한 SMS (Surfacewater Modeling System)이라는 GUI가 개발되어 있어 입력자료 작성과 예측결과 표현이 편리하다.

5 저감방안

1) 개요

환경영향평가서에서 수리 · 수문의 영향에 대한 저감방안은 사업시행으로 인한 수리 · 수문 환경의 변화를 최소화할 수 있도록 주로 우수배제계획, 수로차단 대책 및 하천이설 대책 등을 수립하는 것으로, 저감방안 수립 후 사업으로 인해 수리 · 수문에 미치는 영향을 평가한다. 저감방안은 가능한 둘 이상의 대안을 비교하여 그 장 · 단점을 객관적으로 기술하여야 하며, 최종적으로 저감방안을 선정할 시에 그 사유를 명시하여야 한다. 환경영향평가서에서 기본적으로 다루고 있는 저감방안으로는 크게 세 가지가 있다.

(1) 우수배제계획의 수립

사업예정지역은 사업시행으로 인해 인공구조물이 신규로 조성될 경우에 불투수층의 증가와 지형의 변화 등으로 인해 우수유출량이 증가될 수 있다. 우수유출의 증가로 인한 피해 저감 및 사업지역 내 우수유출수의 집중 방지를 위해 사업지구 내 인공구조물 및 지형 등을 고려하여 배수관, 배수펌프장 및 저류시설 등의 설치를 통한 적절한 우수배제계획을 수립한다.

(2) 수로의 변화 및 차단에 대한 대책 마련

사업구역 내 또는 인근의 수로 등에 인공구조물을 건설하거나 유수의 흐름이 방해받는 경우에는 본래의 기능을 훼손하지 않도록 한다. 하천 또는 수로에 인공구조물 설치로 인해 발생하는 통수단면적의 감소 등에 대해서는 하천 또는 수로의 단면적을 확대하여 기존의 통수단면적을 확보할 필요가 있으며, 수로의 차단에 대해서는 배수암거, 배수관 등의 구조물을 해당지역에 설치하여 수로 차단 영향이 발생하지 않도록 계획한다.

(3) 하천이설시 대책 마련

자연상태의 하천을 이설하는 경우에는 기존 하천의 주변 여건을 고려하여 적정한 공법을 검토한다. 계획홍수량의 유하 및 안전하상 유지를 위해 저수로 및 고수부지정비, 제방축조, 하상정비 등의 하천정비계획을 수립하여야 한다. 하천정비를 위해 하천 원래 형태를 최대한 보존하는 방향으로 계획을 수립하여 하천이 본래 가지고 있는 다양한 완급 경사 및 형상을 유지하면서 다양한 생물서식공간을 확보하는 공법을 적용하는 것이 바람직하다.

2) 수리 · 수문 영향 저감대책

(1) 적용시기별 저감대책

환경영향평가에서 주로 다루어지는 강우유출량 저감대책은 적용시기에 따라 크게 공사 중 저감대책과 운영 시 저감대책으로 구분할 수 있다. 개발 중인 사업지역에서 유출되는 강우유출량 및 토사유출량의 증가때문에 공사 중 저감대책으로는 침사지 또는 침사지 겸 저류지가 일반적이다. 침사지 겸 저류지에는 필요시 가배수로를 설치하고, 설치가 어려운 구간에 대해서는 물막이공 등의 공법들을 활용할 수 있다. 운영 시 저감대책으로는 침투형 저감시설 및 저류형 저감시설 설치대책 등이 있다.

(2) 적용공법별 저감대책

① 침사지 겸 저류지

공사 중 강우에 의한 유출량 증가 및 토사유출을 방지하기 위해 임시시설을 설치하거나 영구적인 시설물을 설치한다. 개발사업의 규모에 따라 발생 가능한 토사유출을 최대한 줄이기 위해 배수구역별로 침사지 겸 저류지를 설치하며, 시설의 제원은 침사지 겸 저류지 내 토사입자의 침강속도 등을 고려하여 설계 퇴적토사량을 충분히 퇴적시킬 수 있는 규모로 결정한다. 침사지 겸 저류지로의 도수를 위해 필요시 설치되는 가배수로는 침사지 겸 저류지 설치 후에 정리하며, 현장의 지형여건 및 시공순서에 따라 설치 순서를 변경할 수 있다.

② 침투형 저감시설

기존의 침투 가능한 정원, 공원, 녹지 등을 이용하거나, 투수성 포장 등으로 불투수면의 구조를 개선하거나, 침투형 저감시설(침투통, 침투트렌치, 침투측구 및 투수성 포장 등)을 설치하여 유출수 저감수단으로 사용한다.

③ 저류형 저감시설

저류형 저감시설은 크게 지역 내 저류(on-site)와 지역 외 저류(off-site)로 구분된다. 지역 내 저류는 발생된 유출수가 지역 내에서 저류되는 방식을 말하며, 소규모 개발사업의 저감대책 수립 시 적극적으로 사용되고 있다. 한편 지역 외 저류는 사업구역 내 배수구역 출구에 설치된 저류지 등으로 유출을 유도함으로써 유역으로부터의 첨두유출량을 저감시키기 위하여 사용된다. 특히, 지역 내 저류시설은 저류조의 설치위치에 따라 지하공간저류, 건물지하저류, 주차장저류, 공원저류 및 운동장저류 등으로 구분된다.

④ 저영향개발(LID : Low impact development)

LID는 1990년대 초 미국에서 강우 유출수 관리를 목적으로 시작된 기법으로 기존의 강우 유출수 배제를 위한 중앙집중식 관거의 배치에서 자연친화적인 저감기술의 분산배치기법을 말한다. LID의 기능은 강우유출수 발생지에서의 불투수면적 최소화, 첨두유출량 감소, 도달시간 지체 및 기저유량 증가, 비점오염원 유출량 감소 등으로서 개발 전의 수문기능을 회복시키는 것이다. LID기술은 자연적 물 순환 과정 및 기능의 회복을 통하여 수문학적 측면의 강우유출수 관리, 수질오염 측면의 비점오염원 저감, 생태학적 측면의 수생태계 보전효과를 기대할 수 있다. 그림 6.4는 LID를 적용한 대표적인 예이다.

그림 6.4 LID기법의 종류
출처 : Clean Water Services, 2009, Low Impact Development Approaches Handbook, Washington County.

3) 저감방안 수립방법

수리 · 수문항목 평가대상 사업 중에서 'P시 A지구단위 주택건설사업'의 사례를 들어서 사업시행에 따른 수리 · 수문 저감방안 수립 절차와 방법을 설명하고자 한다.

(1) 현황

P시 A지구에 수립된 개발 사업은 「주택법」 제16조에 따른 주택건설사업으로서, 사업지구 면적이 528,000 m^2(사업지구를 포함하는 유역면적은 653,000 m^2)로 「환경영향평가법」 제4조 및 동법 시행령 제3조의 규정에 의해 환경영향평가 대상 사업에 해당한다. 사업지구 인접지에 소하천 2개소와 사업지구 하류부에 지방하천이 위치하여, 사업지구에서 발생되는 수리 · 수문의 영향은 소하천을 거쳐 지방하천에 영향을 미칠 것으로 예상된다.

(2) 사업시행으로 인한 영향 예측

사업지구의 개발계획 상에 변화되는 토지이용형태 및 강우유출수의 배출경로는 그림 6.5와 같은 바, 사업시행 전 · 후의 홍수유출량의 영향을 예측한다.

① 강우 분석

- 확률강우량 산정

  대상유역의 위치를 고려하여 우선적으로 기상청 및 국토해양부 관할 우량관측소를 채택한다. 강우량 자료는 30년 이상의 연 최대치 강우량 자료를 지속시간별로 수집한다. 수집된 강우량 자료를 바탕으로 「설계홍수량 산정요령(국토해양부, 2012)」을 이용하여 확률강우량을 산정한다. 본 사례지역의 확률강우량 산정결과는 표 6.6과

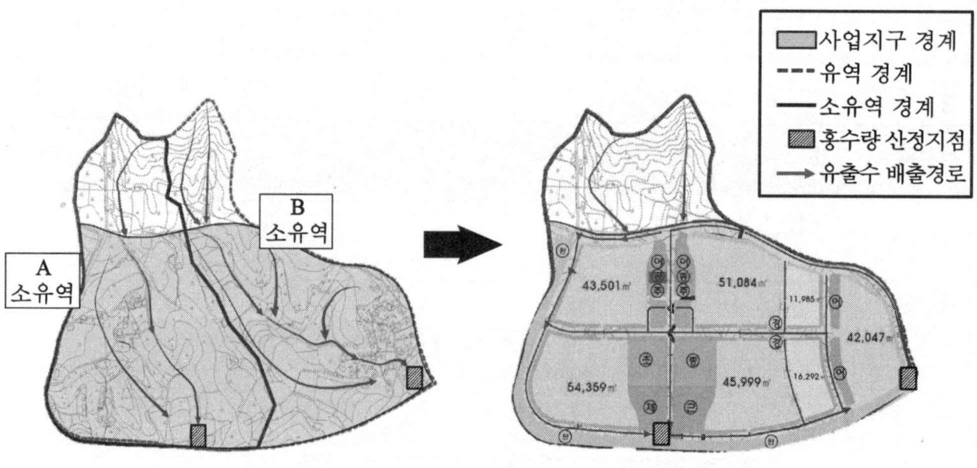

그림 6.5 사업시행에 따른 토지이용변화 및 강우유출수 배출경로변화

같다. 분석대상 재현기간은 총 5개 빈도(10, 20, 30, 50, 100년)로 표현하였다.

표 6.6 강우지속기간별 확률강우량 산정 예시

재현기간 / 시간	지속기간별 확률강우량(mm)				
	10년	20년	30년	50년	100년
10분	21.9	24.7	26.3	28.3	30.9
60분	62.0	70.1	74.8	80.7	88.6
⋮	⋮	⋮	⋮	⋮	⋮
1080분	216.3	246.0	263.0	284.4	313.1
1440분	230.4	261.9	280.1	302.7	333.3

- 확률강우강도식 설정

  강우지속기간을 하나의 강우강도식으로 나타내기 곤란한 경우, 단 · 중 · 장시간으로 구분하여 분석한다. Talbot형, Japanese형, Sherman형, Semi-log형 등의 강우강도식을 이용하여 적정 확률강우강도식을 채택한다. 표 6.6은 단기간의 강우지속시간을 강우강도식의 형태별 상관계수를 나타낸 것으로써, 적정 확률강우강도식은 상관계수가 가장 높게 나타나는 Japanese형으로 채택한다.

표 6.7 단기간 적정 확률강우강도식 채택 예시

재현기간	구 분	Talbot 형	Sherman 형	Japanese 형	채택형
10년	상관계수	0.98919	0.99896	0.9994	$\frac{506.38}{\sqrt{t}+0.57938}$
	표준편차	6.79	1.27	1.47	
20년	상관계수	0.98877	0.99902	0.9995	$\frac{576.62}{\sqrt{t}+0.62553}$
	표준편차	7.73	1.38	1.51	
30년	상관계수	0.98866	0.99903	0.99952	$\frac{617.09}{\sqrt{t}+0.64752}$
	표준편차	8.24	1.46	1.57	
50년	상관계수	0.9884	0.99904	0.99958	$\frac{667.80}{\sqrt{t}+0.67399}$
	표준편차	8.91	1.55	1.61	
100년	상관계수	0.99935	0.99901	0.99959	$\frac{737.29}{\sqrt{t}+0.71845}$
	표준편차	9.69	1.71	1.73	

- 설계강우 시간분포 산정

  확률강우량과 같은 설계강우는 시간분포를 알 수 없으므로 인위적으로 분포시킬 필요가 있다. 「확률강우량도 개선 및 보완 연구(국토해양부, 2011)」에서는 강우분석과 홍수량산정 결과 등을 종합적으로 검토하여 Huff 분위는 3분위를 채택하는 것이 합리적이라고 제시하였다. 본 사례에서는 강우의 시간분포는 실무에서 주로 적용하

고 있는 Huff의 4분위법을 적용하였고, 「재해영향평가 실무지침서(소방방재청, 2005)」에서 제시하는 홍수유출량이 가장 크게 산정되는 4분위를 적정 설계분위로 결정하였다.

② 홍수유출량 산정

- 유출곡선지수 산정

유효우량은 여러 가지 방법 중 가장 보편적으로 사용되고 있는 미국 SCS 유출곡선지수를 이용하여 산정하였고, 1 : 25,000 정밀토양도를 사용하여 수문학적 토양군을 구분하여 CN값을 산정하였다. 표 6.8은 그림 6.5에서의 사업시행에 따른 토지이용 변화에 따라 소유역별로 산정된 CN값의 결과이다.

표 6.8 홍수유출량 산정지점별 CN값 예시

산정지점	유역면적(km^2)		CN		
	개발 전	개발 중 · 후	개발 전	개발 중	개발 후
A	0.359	0.380	79.05	86.27	78.08
B	0.294	0.273	78.68	91.47	82.75

- 홍수유출량

홍수유출량은 SCS방법을 사용하였다. 단위도의 첨두유량 Q_P와 첨두유량 발생시간 t_P는 식(6.15)와 식(6.16)을 통해 산정하였고, 이때 지체시간 T_L은 McCuen의 경험공식인 식(6.19)를 이용하여 산정하였다. 저류용 구조물의 경우에는 저류용량(첨두저수위)을 기준으로 첨두홍수량이 최대가 되는 지속시간을 임계지속시간으로 결정한다. 표 6.9는 임계지속시간을 고려한 개발에 따른 첨두홍수유출량 산정 결과를 보여주고 있다. A유역은 개발 전에 비하여 개발 중엔 50년 빈도기준 홍수유출량이 2.34 m^3/s가 증가하며, 개발 후에도 0.8 m^3/s 증가되는 것으로 산정되었다.

표 6.9 재현기간별 홍수유출량 산정 예시

산정지점	유역면적(km^2)		재현기간(년)	홍수유출량(m^3/s)				
				개발 전	개발 중		개발 후	
	개발 전	개발 중 · 후		홍수량	홍수량	변화량	홍수량	변화량
A	0.359	0.380	10	6.33	8.26	(+)1.93	6.85	(+)0.52
			20	7.52	9.61	(+)2.09	8.18	(+)0.66
			30	8.23	10.42	(+)2.19	8.95	(+)0.72
			50	9.12	11.46	(+)2.34	9.92	(+)0.80
			100	10.34	12.85	(+)2.51	11.24	(+)0.90

(3) 저감방안

앞서 사업시행으로 인한 예측결과를 통해 개발 전보다 개발 후 홍수유출량이 A유역에서만 증가하였기 때문에 저감방안은 A유역을 대상으로만 수립하고자 한다.

저감대책으로서 공사 후에도 지속적으로 사용할 목적으로 영구저류지를 고려하였으며, 사업지구의 토지이용계획의 특성을 반영하여 영구저류지 2개소를 계획하였다. 영구저류지의 제원은 저류지 면적과 방류구 크기를 조절하여 최대저류량 기준으로 개발 전의 홍수유출량(50년 빈도기준) 이하가 될 때까지 시행착오법으로 계산한다. 그림 6.6(a)는 영구저류지의 용량산정을 위한 절차를 나타내고 있으며, 그림 6.6(b)는 이러한 산정절차를 통해 결정된 영구저류지의 제원을 보여준다. 저감방안 수립 결과, 개발 전 홍수유출량이 9.12 m^3/s에서 영구저류지 설치 후 9.08 m^3/s로 감소하였다.

영구저류지 설치를 통해 개발 후에도 개발 전의 홍수유출량보다 유출량을 감소시키는 계획을 수립한 것으로 평가할 수 있다.

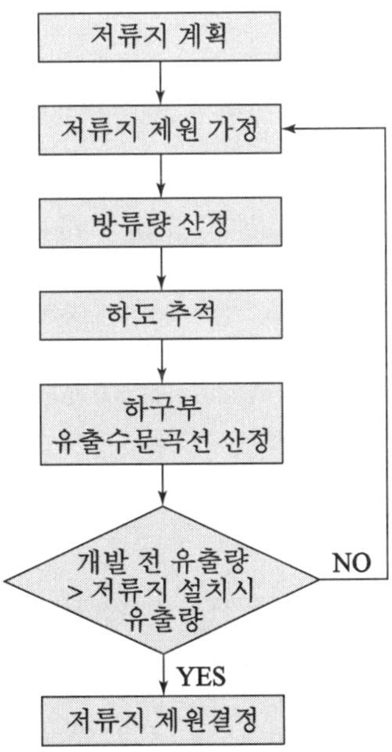

(a) 영구저류지 산정절차

구 분		A	영구저류지	
			A-1	A-2
개발 전 홍수량(m^3/s)		9.12	4.12 (개발 후)	5.80 (개발 후)
개발 후 (m^3/s)	홍수량		9.92(A유역)	
	저감시설 설치 후 방류량	9.08	3.90	5.18
바닥고(El.m)			0.00	0.00
홍수 조절부	상단고(El.m)		2.03	2.25
	상단면적(m^2)		2,560	2,856
	용량(m^3)		4,267	5,292
마루부	마루고(El.m)		2.63	2.85
	총면적(m^2)		2,835	3,145
	총용량(m^3)		5,885	7,092
사면경사			1:2	1:2
방류 관로	제원(m)		1.5×1.5 (BOX 1EA)	1.5×1.5 (BOX 1EA)

(b) 영구저류지 제원결정(50년 빈도기준)

그림 6.6 영구저류지 용량산정 절차와 제원결정 결과 예시

참고문헌

국토해양부, 2011, 확률강우량도 개선 및 보완 연구.

국토해양부, 2012, 설계홍수량 산정요령.

김병식, 2008, 기후변화가 극한강우와 I-D-F 분석에 미치는 영향 평가, 한국수자원학회논문집, 41(4), 379-394.

소방방재청, 2005, 재해영향평가 실무지침서.

조홍제, 김정식, 1997, TIN을 이용한 SCS법에 의한 유효강우량 산정에 관한 연구, 한국수자원학회논문집, 30(4), 357-366.

환경부 고시, 2016, 환경영향평가서 등 작성 등에 관한 규정.

Arnold, J. G., Williams, J. R., Griggs, R. H. and Sammons, N. B., 1991, SWRRBWQ, A basin scale model for assessing management impacts on water quality, U. S. Department of Agriculture, ARS, Temple, TX.

Basco, D. R., 1984, An Implicit, Wiggle-free, and Accurate Upstream Finite-difference Algorithm for the One-dimensional Transport-diffusion Equation, US Army Engineer Waterways Experiment Station.

Clark, C. O., 1945, Storage and the Unit Hydrograph, Trans. ASCE, 100.

Clean Water Services, 2009, Low Impact Development Approaches Handbook, Washington County.

Donnell, B. P., 1997, Users Guide to RMA2 WES, Version 4.3.

Froehlich, D. C., 1989, HW031.D-Finite Element Surface-Water Modeling System: Two-Dimensional Flow in a Horizontal Plane-Users Manual: Federal Highway Administration Report FHWA-RD-88-177, 285.

Huber, W. C. and Dickinson, R. E., 1992, Storm water management model, Version 4: User's manual, U. S. Environmental Protection Agency.

King, I. P. and Rachiele, R. R., 1994, Program documentation, RMA4 - A two-dimensional finite element water quality model, version 4. 0, Resource Management Associates.

Peduzzi, P, B, Chatenoux, H. D., Herold, C. and Giuliani, G., 2011, Preview Global Risk Data Platform. UNEP/GRID and UNISDR, Geneva, Switzerland. (preview.grid. unep.ch/index.php?preview=tools&cat=1&lang=eng)

Sabol, G. V., 1988, Clark Unit Hydrograph and R-Parameter, Journal of Hydraulic Engineering, ASCE, 114(1), 8.

U. S. Army Corps of Engineers, 1994, Flood Runoff Analysis, ASCE.

Young, R. A., Onstad, C. A., Bosch, D. D. and Anderson, W. P., 1987, AGNPS, Agricultural Nonpoint-Source Pollution Model: A Watershed Analysis Tool, U.S. Department of Agriculture, Washington, DC.

제7장

해양환경

1 개요

해양부문에 대한 환경영향평가 업무는 환경에 영향을 미칠 가능성이 존재하는 특정 사업에 대해 허가권자가 관계법규에 의거 협의기관의 장인 환경부 장관이나 해양수산부 장관 혹은 이 둘에게 협의를 요청하는 방식으로 이루어진다. 이는 공공기관 간의 업무를 규율하는 것이므로 행정법(administrative law)의 규율 대상이다. 또한 사업자의 입장에서 환경영향평가 제도를 보면 환경에 영향을 미치는 사업을 시행하려 하는 자[(사인, 私人), 법인(法人), 행정청] 모두가 당해 행정청의 승인을 받기 위해 제출해야 하는 서류 중의 하나로서 환경영향평가서를 작성하므로 이 신청자와 국가 권력 간의 관계를 규율하는 공법(public law)에 해당한다.

현재 우리나라의 경우 다른 나라와 달리 국토 환경에 관한 주무부서가 환경부와 해양수산부로 나누어져 있다. 그리고 해양환경에 관한 주무부서는 해양수산부이다. 여기서는 해양환경에 대한 환경영향평가 중 해양수산부 장관이 관할하는 "해역이용협의"와 "해역이용영향평가"에 국한하여 기술한다. 해역이용협의 대상 사업은 사유재산이 아닌 국유 재산인 공유수면을 이용하는 행위라는 점이 육상과는 다른 점이다. 해역, 즉 해양 공유수면은 선박의 통항, 지표수 흐름(surface runoff), 수영, 경관, 수산물의 채취, 해저자원의 채굴, 기타 이용 행위를 불특정 다수의 국민이 동시에 한다. 이 점에서 해역은 대개 특정 목적에만 사용되는 육지의 부지와는 매우 다르다.

선박의 통항, 지표수, 수영, 경관, 수산물의 채취, 해저자원의 채굴, 기타 이용의 경쟁적인 목표들에 대하여 한정된 국유재산인 공유수면을 분배하는 사안은 국민 경제에서 매우 중요한 부문이다. 역사적으로 특정사회는 경쟁적인 목표들에 한정된 자원을 관습이나 힘으로 분배하였고, 시대적인 요구에 대응하지 못하는 분배를 하는 사회는 망하거나 쇠락했다(존 케이, 2008, 102). 공유수면에 특정인 혹은 특정집단에 한정되어 독점적인 사용권을 부여하는 면허 등의 허가는 "법규에 의한 일반적 금지를 특정한 경우에 해제하여 자유의 상태를 회복시켜 주는 행정 행위"에 속한다(한견우, 2006, 188). 환경영향평가는 이러한 행정행위 중 하나에 속하고 또 재량성이 강하므로 행정청은 환경영향평가 협의 업무를 성실하게 수행해야 할 의무가 있다.

국내법에서의 공유수면은 국제적으로는 우리나라의 내수(內水), 12해리까지의 영해(領海), 200해리까지의 배타적 경제수역 및 그 바깥의 공해(公海) 모두에 해당된다. 그러나 이 국제법적으로 구분되는 해역은 각각 다른 법적 성격을 가진다. 이 해역을 이용하는 사업을 승인하는 정부는 사안별로 해당되는 국제법(예, 유엔해양법협약, 런던협약/의정서 등) 관련 사안(예, 국제 조약 회의에 보고 의무 등)을 고려해야 한다(홍기훈 2011, 187).

2 관련법과 제도

자유 민주 국가에서 사인이나 공인 모두가 환경에 영향을 미치는 사업을 수행하고자 할 경우에는 국민으로부터 공공재에 대한 권한을 위임받은 행정청(승인기관, 해양환경관리법에서는 처분기관)의 승인을 받도록 되어있다. 그러나 승인기관의 장이 사업으로 인한 환경문제 전반을 판단할 수 있는 전문기관이 아니거나 관할 지역을 넘어서는 사안으로서 판단 권한이 없는 경우 협의기관으로 중앙행정부서(해역이용협의 등의 경우는 해양수산부 장관)를 지정하여 사업으로 인한 환경 영향의 방지나 감소의 대책을 제시하도록 하고 있다.

환경영향평가제도는 사업자가 자신이 소유한 부지나 공공이 소유한 부지에 특정 사업을 하려고 할 때에는 타인의 권익을 침해할 우려가 있으므로 "환경에 영향을 미치는 계획 또는 사업을 수립 · 시행할 때에 해당 계획과 사업이 환경에 미치는 영향을 미리 예측 · 평가하고 환경보전방안 등을 마련하도록" (환경영향평가법 제1조) 하는 제도이다. 여기서 "환경에 영향을 미치는 계획 또는 사업"은 구체적으로 법률로써 규정하고 있다.

1) 승인기관(처분기관)과 협의기관(해양수산부)의 관계

해양부문의 사업에 대한 환경영향평가는 해양환경관리법에서 규율하고 있다. 동 법에서는 사업의 종류와 규모에 따라서 해역이용협의(간이 및 일반의 2종류로 세분)와 해역이용영향평가의 두 부류로 나누고 있다. 환경영향평가의 대상사업을 추진하는 사업자가 해역이용협의서나 해역이용영향평가서를 작성하여 사업의 승인에 대한 권한이 있는 행정 기관의 장(해양환경관리법의 "처분기관")에게 제출해야 하고, 이 경우에 승인기관의 장은 당해 해역이용협의서나 해역이용영향평가서에 대해서 관계 중앙 행정기관의 장(평가서협의기관장, 이 경우 해양수산부장관)과 협의해야 한다. 평가서협의기관장은 사업자가 작성한 해역이용협의서나 해역이용영향평가서를 검토한 후, 그 승인기관의 장에게 사업 계획의 조정 및 보완 등 필요한 조치를 할 것을 요청할 수 있다. 평가서협의기관장은 평가서의 검토를 위하여 필요한 경우에 관련 전문기관(해역이용영향검토기관－국립수산과학원(해양환경관리법 시행령 제67조의 2) 및 전문가의 의견을 들을 수 있다.

2) 평가서 작성 주체

환경에 관한 법의 원칙으로 '자기 또는 자기의 영향권 내에 있는 자의 행위 또는 물건으로 인하여 환경오염·훼손발생의 원인을 제공한 자가 그 책임을 져야 한다는 오염원인자 책임의 원칙이 있다. 환경영향평가서의 작성 주체를 대상사업을 추진하는 사업자로 하여 그의 비용으로 환경영향평가서를 작성하도록 하는 것(환경영향평가법 제27조)은 오염원인자 책임 원칙의 반영이라고 볼 것이다(김홍균, 2012, 64). 그러므로 사업자는 해역이용협의서나 해역이용영향평가서(이하 평가서, 혹은 해역이용협의서)를 작성하거나 "평가대행자"에게 대행하게 할 수 있다. 평가서 작성을 대행하는 자는 해양환경관리법 시행령이 정하는 바에 따라 기술 능력 시설 및 장비를 갖추어 해양수산부장관으로부터 평가서 작성 대행자로 지정을 받아야 한다.

3) 대상 사업 및 평가서의 내용

해역이용협의의 대상 사업은 ① 공유수면의 점용 및 사용 허가, ② 공유 수면의 매립 면허, ③ 특별관리해역에서의 어업의 면허, ④ 바다 골재의 채취예정지의 지정, 채취단지의 지정, 채취의 허가로서 자세한 내용을 부록에 첨부하였으며, 해역이용협의서에 포함되어야 하는 내용(해양환경관리법시행규칙 제48조 제2항 관련, 별표 17) 또한 부록에 수록하였다.

4) 평가서 작성 절차

평가서는 사업자가 승인기관장에게 당해 사업의 승인을 요청하는 서류 중의 하나를 구성하므로 사업계획의 승인 이전에 작성하게 된다. 해역의 현장 조사와 시료 채취 및 분석은 해양환경공정시험법(해양환경관리법 제10조)에 의거해야 한다(해양환경관리법 시행령 제64조). 해역이용영향평가서를 제출해야 하는 사업은 주민 등 이해관계자의 의견을 수렴하고 그 내용을 반영해야 한다. 또 주민의 요구가 있으면 공청회도 개최해야 한다. 왜냐하면 환경영향평가대상지역 안의 주민이 환경영향평가대상사업으로부터 환경피해를 받지 않을 이익은 주민 개개인에 대하여 개별적으로 보호되는 직접적 구체적 이익이라고 보기 때문이다(한견

우, 2006).[56]

5) 환경영향평가의 하자

(1) 절차상의 하자

① 환경영향평가를 실시하여야 할 사업에 대하여 환경영향평가를 거치지 아니하였음에도 승인 등의 처분을 한 경우, 그 하자(瑕疵)는 중대하고 명백하여 당연무효사유에 해당한다는 것이 판례의 입장이다.[57]

② 환경영향평가를 시행함에 있어서 승인기관의 장이 해양수산부장관과의 협의를 거치지 않고 사업에 대한 승인을 하는 경우에는, 당해 승인처분은 절차상의 하자로 위법한 처분이 된다(정하중, 2003, 1372).

③ 승인기관의 장이 해양수산부장관과의 협의를 거쳤으나 협의내용을 사업계획에 반영시킴이 없이 승인을 한 경우에 승인처분의 위법성 여부에 대하여, 판례는 협의는 동의가 아니라는 입장에서, 승인기관의 장이 협의기관과의 협의를 거친 이상 그 의견에 반하는 처분을 하였다고 하여 그 처분이 위법하다고 할 수 없다고 판시하였다.[58]

56) 발전소 건설 사업 승인 처분 취소의 건에서 대법원은 환경영향평가법의 취지는 "환경영향평가대상사업에 해당하는 발전소 건설 사업이 환경을 해치지 아니하는 방법으로 시행되도록 함으로써 당해 사업과 관련된 환경공익을 보호하려는 데 그치는 것이 아니라 당해 사업으로 인하여 직접적이고 중대한 환경피해를 입으리라고 예상되는 환경영향평가대상지역 안의 주민들이 전과 비교하여 수인한도를 넘는 환경침해를 받지 아니하고 쾌적한 환경에서 생활을 할 수 있는 개별적인 이익까지도 보호하려는데…"라고 판결하였다(대판 1989.9.22, 97누19571).

57) 대판 2006.6.30, 2005두14363(환경영향평가를 거쳐야 할 대상사업에 대하여 환경영향평가를 거치지 아니하였음에도 불구하고 승인 등 처분이 이루어진다면, 사전에 환경영향평가를 함에 있어 평가대상지역 주민들의 의견을 수렴하고 그 결과를 토대로 하여 환경부장관과의 협의내용을 사업계획에 미리 반영시키는 것 자체가 원천적으로 봉쇄되는바, 이렇게 되면 환경파괴를 미연에 방지하고 쾌적한 환경을 유지·조성하기 위하여 환경영향평가 제도를 둔 입법 취지를 달성할 수 없게 되는 결과를 초래할 뿐만 아니라 환경영향평가대상지역 안의 주민들의 직접적이고 개별적인 이익을 근본적으로 침해하게 되므로, 이러한 행정처분의 하자는 법규의 중요한 부분을 위반한 중대한 것이고 객관적으로도 명백한 것이라고 하지 않을 수 없어, 이와 같은 행정처분은 당연 무효이다.)

58) 대판 2001.7.27, 99두2970(국립공원 관리청이 국립공원 집단시설지구개발사업과 관련하여 그 시설물기본설계 변경승인처분을 함에 있어서 환경부장관과의 협의를 거친 이상, 환경영향평가서의 내용이 환경영향평가 제도를 둔 입법 취지를 달성할 수 없을 정도로 심히 부실하다는 등의 특별한 사정이 없는 한, 공원관리청이 환경부장관의 환경영향평가에 대한 의견에 반하는 처분을 하였다고 하여 그 처분이 위법하다고 할 수는 없다.)

(2) 내용상의 하자

우리나라 법원은 환경영향평가서의 내용상의 하자가 있는 경우에 그 하자가 환경영향평가 제도를 둔 입법취지를 달성할 수 없을 정도로 심히 부실한 경우에는 당해 사업계획의 승인 처분의 위법사유가 되나, 그 정도의 것이 아닌 부실의 경우에는 당해 승인 등 처분에 재량권의 일탈·남용의 위법이 있는지 여부를 판단하는 하나의 요소로 됨에 그칠 뿐, 그 부실로 인하여 당해 승인 등 처분이 당연히 위법하게 되는 것은 아니라고 판시하였다.[59)]

3 현황

해역이용영향검토기관은 2007년에 총 165건을 검토했다. 이 중 공유수면 점용·사용이 41%, 공유수면 매립이 32%, 바다골재 채취가 21%를 차지하였다(이대인 등, 2008, 55-62). 그리고 공유수면 점용·사용 사업 중 33%는 준설물질의 해양 투기 신청이었다(이대인 등, 2009, 131-141). 준설물질의 해양투기는 런던협약(폐기물 및 기타 물질의 투기로 인한 해양오염 방지에 관한 협약 1972)과 동 협약에 대한 1996년 의정서(런던 의정서)[60)]의 관리대상이다. 동 조약 회의에서는 준설물질을 포함한 모든 관할 폐기물에 대하여 평가 지침서를 2000년에 이미 채택했다(홍기훈 등, 2013, 185). 우리나라는 런던의정서의 체약국으로서 이를 준수할 의무가 있으나 국내적으로 아직 완전히 도입되어 있지 않다. 해역은 외국과 연결되어 있으므로 사업의 환경 영향이 외국의 관할 해역에도 영향을 줄 수 있다. 따라서 해상유전, 폐기물의 해양투기 등 국제조약에서 규율하는 행위에 대해 국제 동향을 늘 주시하고 이를 국내법에 반영시킬 필요가 있다.

---

59) 대판 2001.6.29, 99두9902(구 환경영향평가법(1997.3.7. 법률 제5302호로 개정되기 전의 것) 제4조에서 환경영향평가를 실시하여야 할 사업을 정하고, 그 제16조 내지 제19조에서 대상사업에 대하여 반드시 환경영향평가를 거치도록 한 취지 등에 비추어 보면, 같은 법에서 정한 환경영향평가를 거쳐야 할 대상사업에 대하여 그러한 환경영향평가를 거치지 아니하였음에도 승인 등 처분을 하였다면 그 처분은 위법하다 할 것이나, 그러한 절차를 거쳤다면, 비록 그 환경영향평가의 내용이 다소 부실하다 하더라도, 그 부실의 정도가 환경영향평가 제도를 둔 입법 취지를 달성할 수 없을 정도이어서 환경영향평가를 하지 아니한 것과 다를 바 없는 정도의 것이 아닌 이상 그 부실은 당해 승인 등 처분에 재량권 일탈·남용의 위법이 있는지 여부를 판단하는 하나의 요소로 됨에 그칠 뿐, 그 부실로 인하여 당연히 당해 승인 등 처분이 위법하게 되는 것이 아니다.)

60) 영어 공식 명칭은 1996 Protocol to the Convention on the Prevention of Marine Pollution by Dumping of Wastes and Other Matter, 1972이다.

4 영향예측

1) 자연환경 및 자연 생태계

사업부지의 자연환경을 파악하기 위해 주요 평가 항목 별로 기존의 문헌 자료를 수집하고 현장에 나가서 실제 관측이나 시료를 채취하고 실험실에서 분석을 실시한다. 해역의 자연환경은 일변화, 계절 변화, 연 변화를 모두 거치기 때문에 사업의 영향을 파악하기에 적합한 환경의 변수(평가항목)를 선정해야 한다. 현장조사에는 많은 시간과 비용이 소요되고, 한 두 차례의 현장 조사에서 수년에 한번 발생하는 태풍, 지진이나 해일 등의 극 기상이나 극 해황을 조사할 수는 없으므로 기존의 역사적 자료(historical data)를 가급적 많이 발굴하여 이용해야 한다.

2) 영향 예측

얻어진 자료에 의거 사업의 영향을 예측하는 데는 수치 모형이 많이 사용된다. 이 경우 해역의 자연 상태의 물 흐름이나 퇴적물 거동을 수치적으로 모사하고 여기에 사업으로 어느 정도의 강도와 지리적으로 어느 범위까지 영향을 미치는 지를 모사하는 것이 일반적이다. 예를 들면, 서해 덕적도 앞 해역에서의 해사 채취로 인해 미세입자 부유 퇴적물들은 채취지점으로부터 20 km 바깥에도 도달하는 것으로 평가되었다. 변하는 바람 등의 기상 상태와 조석 등 해역의 물의 흐름과 퇴적물의 흐름을 정확하게 예측하기란 아직 요원한 것으로 알려져 있으나 대체적인 묘사는 가능한 것으로 알려져 있다(예, 해사 채취의 경우는 Kim, C.S. et al., 2009, 194-204; 해사채취 선박에 설치한 월류수(越流水) 부유물질 함량 저감 장치의 효율성 검토는 권철희 등, 2009, 245-256). 수치 모형은 입력 자료의 질과 양에 그 정확도가 달려 있으므로, 해역의 흐름, 생태계, 기상에 대한 자료 및 현재의 관측에 크게 의존한다. 해역의 이용이 이전보다는 더 많아지고 그 규모 또한 커지고 있으므로 이에 걸맞게 해양 관측 및 해역 환경의 이해가 더 깊어져야 할 것이다.

3) 복수의 경쟁적인 목표들을 만족시키는 방안의 선정 방법

공유수면을 이용하는 사업에 대한 승인은 한정된 국가 소유의 자원을 새로이 특정인에 또 특정 용도에 분배하는 행정 행위이다. 사업 부지가 국유재산이므로, 자유민주정체에 부합하는 합리적인 의사 결정이 필요하다. 그런데 항만 준설물질의 처리 · 처분 방안 선정이나 방사성폐기물의 처분 방안과 그 장소, 훼손된 생태계복원 방안, 댐의 축조 등은 복수의 목적과 복수의 이해당사자가 게재되어 있고, 단일한 해답이 존재하지 않는 난제이다. 특히 이러한 공적인 사업시행은 우리사회와 환경 등 다방면에 영향을 미치므로, 사업대안의 선택에 있어 그러한 영향을 균형 있게 조절하는 과정이 필요하다. 이러한 난제를 해결하기 위해서는 이해당사자, 의사결정자의 가치관, 자연과학적 지식과 공학적 방안에 관한 방대한 정보를 효과적으로 조직하여 의사결정과정을 지원할 필요가 있다. 이러한 목적을 위해 최근 개발된 다기준의사결정분석론을 미국 등 선진국 정부는 주요 개발 사업에 속속 도입하고 있다. 여기에서는 다기준의사결정분석론의 개요를 예시와 함께 소개하고 각 단계별 고려사항을 논의한다(김종범 등, 2007, 93-101).

(1) 환경적 편익

환경관리에서는 가치부여와 우선순위 결정이라는 난제에 늘 부딪치게 된다. 우리의 삶 자체가 의사 결정의 연속과정이라고도 볼 수 있다. 예를 들면, 자동차를 새로 구입할 때 사고자 하는 자동차에는 내비게이션이 장착되어 있어야 하고, 색깔은 흰색이 좋다고 생각하였다고 하자. 그런데 시장에 나가보니 흰색 차와 검은색 차 2종류만 있고, 내비게이션은 검은색 차에는 장착되어있고, 흰색 차에는 붙어있지 않다고 하자. 이 경우 당신은 색깔을 기준으로 정하거나 내비게이션을 기준으로 정하거나, 또는 이 두 기준을 함께 고려하여 당신이 얼마나 만족하는 가를 생각하고 그것을 근거로 어느 차를 구매할 지를 결정하게 된다.

이러한 간단한 사례에서와 같이 복잡한 환경관리 과제를 해결하기 위하여 여러 종류의 정보와 인자들을 감안하여 복수의 관리 방안 중에서 한 특정 방안을 선택하게 된다. 이러한 정보와 인자들에는 공공에 의하여 가치가 부여되어있는 인간의 건강, 복지, 생태적 지속가능성, 사회, 경제, 법적 수용성이 포함될 수 있다. 예를 들면, 훼손된 생태계를 복원하는 사업을 추진하게 될 경우, 여러 대안 중 의사결정자와 이해당사자들이 한정된 예산을 다기준 내에서 최대 효과성과 편익을 달성하도록 배분하고 합의할 수 있는 대안을 찾도록 하여야 한다.

그러나 여기서 의사결정자는 두 가지의 문제를 고려해야 한다. 첫째로 각 대안을 통해 나올 수 있는 절충(trade off)을 고려해야 한다. 즉, 하나의 최적의 옵션을 선택하는 과정은 동시에 달성할 수 없는 여러 기준을 균형적으로 고려하여 선택해야 한다(원하는 색깔이나 내비게이션 장착 자동차를 취할 수 있으나 원하는 색깔과 내비게이션을 둘 다 취할 수 없다). 이때 한 기준은 다른 기준에 비하여 더 중요할 수 있고(예 : 내비게이션이 색깔보다 더 중요하다) 각각의 기준에 부여하는 비중에 따라 최적의 옵션이 달라질 수 있다.

둘째로 이들 효과성과 편익은, 재정적 차원뿐만 아니라 금전적으로 환산이 어려운 비재정적 차원에서도 정당성을 가져야 한다. 미국과 유럽의 정부기관에서의 의사결정과정은 이러한 인식을 반영하고 있다. 미국 육군 공병단은 향후 토목사업 계획을 평가하는 데 사용할 계획지침서에서도 이 점을 포함하고 있다(USACE, 2000). 동 지침서의 내용은 “복수의 계획별 예상 결과를 서로 비교해야 한다. 계획 별로 편익과 부작용을 반드시 검토해야 한다. 여기에는 재정적인 것과 비재정적인 것을 포함해야 한다. 절충 가능성을 규명하고 그 내용을 기술해야 하고 이에 근거하여 최종 선택을 해야 한다"라고 명시하고 있다. 또한 동 지침서에서는 "입안자는 자체 분석에서 위험과 불확실한 분야를 규명한 후, 선택한 대안에 대하여 편익과 비용을 평가하고 유효성의 신뢰도에 의거하여 결정을 해야 한다"라고 명시하고 있다. 일반적으로 편익－비용(benefit-cost)분석과 비교위험분석(CRA : comparative risk analysis)의 두 가지 방법론이 종합적 수단으로서 많이 사용된다.

(2) 왜 비용편익분석방법을 사용하지 않는가?

여러 방안별로 결과를 모두 금전으로 환산하고, 이 중 순편익이 가장 높은 방안을 결정하면 되지 않는가라고 의문을 제기할 수 있다. 실제로, 이 방법은 복지경제학 이론에 근거하고 있다. 그러나 이 방법은 과거 정부, 산업계, 시민 대중 사이에서 컨센서스(대체적인 합의)를 모으는 데 성공하지 못하였다. 왜냐하면 그 방법은 타당성이 부족하고 윤리적인 제한이 내재적으로 크게 존재하기 때문이었다. 여기서 기본 가치 판단은 의사결정으로 영향을 실제로 받게 될 의사결정자들이나 이해당사자들의 의견이 아닌 분석자에 의하여 부여된다. 예를 들어, 위험을 수용할 의지(위험 부담)는 자원의 감각적 가치를 변화시킨다. 그리고 비시장(非市場) 재화를 돈으로 계상하는 데는 분석자의 공정성과 도덕성이 개입되기 때문에 이에 모든 이해당사자들이 동의하기는 어렵고 경우에 따라서는 불가능할 수도 있다. 즉 돈으로 계상한다고 하는 것은 모든 사물은 거래가능하고 절대적이지 않음을 전제로 한다. 대개 시장가격은 개인의 지불 의사를 반영하지만, 동식물이나 생태계의 가치는 개인적으로 다르므로 모든 이해당사자가 합의할 수 있는 금액을 부여하기 어렵다.

편익－비용분석법의 이러한 한계를 인식하여, 미국 정부는 이 방법을 더 이상 권장하지 않는다. 예를 들면, 2005년의 허리케인 카트리나 내습으로 미국 남부 멕시코 만 해안이 엄청난 피해를 입었다. 이에 대한 복구 사업에 대해 미국 의회는 미 육군 공병단에 다음과 같은 주문을 했다.[61] "연방정부 예산으로 집행하는 허리케인과 폭풍 피해저감, 해수침투 방지, 어류와 야생동식물의 보전, 침식 방지, 그리고 그 밖의 관련 수자원의 관리 목적을 위해 기존에 수립했던 미시시피 주 연안역의 인프라 개선 방안을 다시 분석하고 종합적인 개선이나 수정을 위한 사업을 디자인하고, 또한 (주무장관은) 비용효과적인 사업을 건의하되, 제안 사업의 타당성을 조사하기 위해 증분 편익－비용 분석(incremental benefit-cost analysis)을 사용하지 말고, 또한 개발편익 중 경제적 효과만을 최대로 하기 위한 목적으로 사업을 제안하지 말라." 이 사례에서 보듯이, 환경관리 과제는 더 이상 금전적으로만 그 타당성을 입증하

61) U.S. Army Corps of Engineers in the Department of Defense Appropriations Act, 2006(P.L. 109-148).

는 데 한계가 있음을 의사결정자들이 알아가고 있다. 그리고 그 대안적인 방법으로 비교위험분석법이 추천되고 있다.

(3) 비교위험분석방법

비교위험분석방법은 의사결정에 있어 관리의 목적을 금전적으로 환산하는 대신, 사업평가 기준을 다방면으로 비교 분석하는 방법이다. 비교위험분석(CRA)의 주요 특징은 각각의 방안을 행에 나열하고, 각 방안에 대하여 기준별 성능을 열에 표시하는 성능행렬(매트릭스)이다. 아래 표는 어류 서식지 복원 사업을 위한 성능행렬의 한 예이다.

사업평가 기준은 경관(심미적 요소), 어류 서식지 영향, 어류 자원량, 사회와 정치적 타당성, 사업비를 포함한 장기 비용이라고 가정하자. 기준은 성능 지표(performance indicator)라고도 부른다. 각 사업 안에 대한 상기 5개 기준에 대한 성능은 표 7.1과 같이 별도로 평가했다고 가정하고, 또 4개 사업안 중에서 1개 안만 채택하여야 한다고 가정하자. 지표의 정량적 평가는 역사적 자료, 전문가 판단, 수학적 모형 등 정성적이거나 정량적인 정보에 근거하여 시행할 수 있다. 개별 기준에 대한 성능은 수량적으로 평가할 수 있고, 또 사격득점표(bullet point score)나 소비자 보고서와 같이 색깔로 표기할 수도 있다. 이 표에서 보듯이 어느 1개의 안도 나머지 3개 안을 압도하지 못하고 있다. 그럼에도 불구하고, 의사결정자는 경관, 어류자원, 정치적 수용성을 최대화하고 서식지에 대한 영향과 장기 비용을 최소화하는 관리 대안을 선택해야 한다. 즉 비교위험분석의 성능행렬을 보여 줌으로써 의사결정자와 이해당사자는 대안들을 비교 · 분석할 수 있다. 그러나 최선의 하나의 사업안을 채택하기에는 부족한 점들이 있을 수 있다. 이런 점들을 보완하기 위해 체계적이고 분석적인 새로운 방법이 필요하다.

표 7.1 어류 서식지 복원사업의 비교행렬

대안	기 준				
	경관	어류서식지영향	어류자원량	사회 및 정치적 타당성	장기 비용 [백만 $]
	[0～100]*	[0～100]*	[백만 kg, 어류생체량]	[0～1]**	
사업대안 1	5	80	15	0.8	20
사업대안 2	60	20	40	0.5	5
사업대안 3	30	25	30	0.2	5
사업대안 4	100	10	90	0.1	2

* 최악의 경우를 0으로 하고 최선의 경우를 100으로 하여 점수를 매김.
** 최악의 경우를 0으로 하고 최선의 경우를 1로 하여 점수를 매김.

(4) 의사결정을 정당화하기 위해 의사결정자가 답해야 하는 주요 질문

의사결정절차는 의사결정 과정 동안 출현하게 되는 복수의 목적들 간의 절충안을 명백하게 심의하는 데 도움이 되어야 하고 또 그 결정에 대한 신뢰도를 높이도록 도움을 주어야 한다. 의사결정 절차는 다음 질문들을 답하도록 허용하여야 한다.

- 기준들은 서로 충돌하는가? 만약 그렇다면, 재정적이거나 비재정적인 단위로 기술된 다목적 간 균형을 조율하고 또 기준들이 절충안을 평가하는가?
- 절충안에 대한 가치판단을 이끌어내도록 이해당사자와 의사결정자들 간 상호관계를 어떻게 구성할 수 있는가? 또 의사결정과정에 대한 이해당사자들의 신뢰와 통찰력과 의견 일치를 증진시킬 수 있는가?
- 각 기준 별 성능평가의 결과로서 하나의 적정사업대안을 어떻게 도출할 수 있는가?
- 각 사업대안이 사업기준 각각에 미치는 영향에 대한 불확실성을 고려하고 있는가?
- 위험에 대한 입장(예, 위험혐오, 추구, 중립)을 어떻게 고려하는가? 일반적으로 의사결정자들은 위험이 큰 사업안보다 위험이 적은 사업안을 선호한다.

(5) 의사결정과정

사업이 다면적이고 복잡하면 사전 · 사후 의사결정에 도움이 되는 방법으로 대규모 정보를 조직하는 체계적 작업이 필요하게 된다. 복잡한 의사결정을 지원하는 체제 내에서의 목적, 대안, 불확실성을 기술하는 도구와 수단의 집합으로서 1970년부터 다기준의사결정론이 개발되었다(Keeney et al., 1976). 특히 의사결정론은 적합한 답이 없는 난제를 가진 환경적 사업을 관리하는 데 널리 사용된다. 예를 들면 준설물질 투기장 선정, 방사성폐기물 처분 선정, 생태계 복원장소, 댐 관리 사업들 모두 복수의 목적을 갖고, 복수의 대안이 존재하며, 이해당사자들이 충돌하는 난제이다. 미국에서는 육군공병단 이외에도 환경청과 에너지부가 주관하는 많은 사업들에서 의사결정론을 성공적으로 사용하여 오고 있다(Kiker et al., 2005, 249-258). 다기준의사결정론은 복수의 목적을 달성하는 복수의 대안들에 대한 효과적인 비교를 가능하게 한다. 의사결정 과정의 세부 절차는 그림 7.1과 같다. 여기서는 우리는 순차적으로 기술하지만, 이들 단계들 간에 반복 방문은 꼭 필요하다. 또 이 과정에서 이해당사자와 의사결정 참여자가 누구이어야 하는 가를 결정하는 것 또한 매우 중요하다. 왜냐하면 의사결정 과정은 사업의 목적을 수립하고, 대안을 심사하고, 복수의 목적들 간의 선호도를 비교하는데 이들의 신념과 선호도의 평가에 근거하고 있기 때문이다. 그림 7.1에 도식한 의사결정 8단계의 각각을 설명하면 다음과 같다.

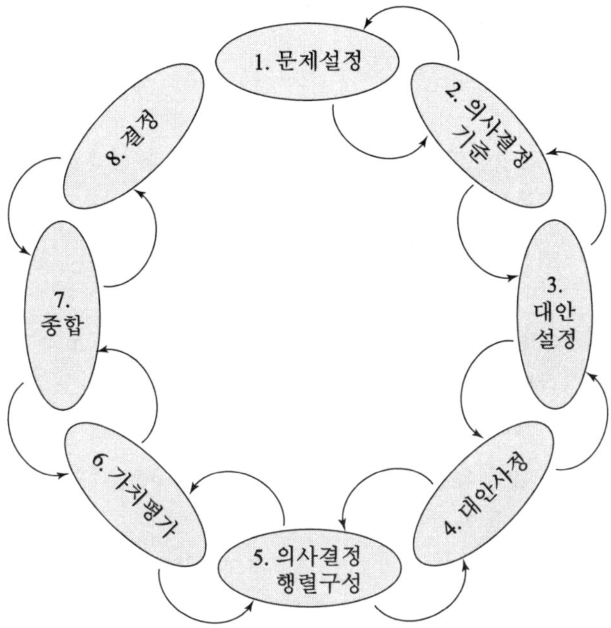

그림 7.1 다기준의사결정 8단계

① 문제 설정

첫 번째 단계는 분석 대상의 범위를 규정하는 것이다. 사업의 범위(문제)를 규정하는 것은 비교적 쉬운 사안처럼 보이지만, 매우 어렵고 중요한 업무이기도 하다. 당해 사안의 경계를 확정 짓는 데에서, 시간적인 그리고 공간적인 규모를 분명하게 규정하는 것은 중요하다. 예를 들면, 한 도시의 최선순위 대안은 나라 전체의 최선순위 대안과 다를 수 있다. 이와 비슷하게, 최선순위 결정은 고려하는 시간체제에 따라 다를 수 있다. 장기적인 관점에서는 고정비용이 높고 운전/유지비용이 낮은 것이 선호되기 쉽다. 그러므로 의사결정의 과정에서 시간과 공간의 경계를 명확히 밝혀두어야 한다.

② 의사결정 기준

두 번째 단계는 원하는 해답에 적합한 목표들을 서술하는 것이다. 그 목표는 의사결정자들과 이해당사자들의 입장에서 용이하게 명료하게 서술하면서, 사업계획목표들을 총체적으로 망라해야 한다. 이러한 일련의 기준을 선정하는 과정 중 각각의 기준이 어떤 특성을 가져야 하는지 요약하면 다음과 같다(Roy, B., 1985; Hobbs, et al., 2000; Graedel, et al., 2002, 21-30; Seager, et al., 2004, 865-875; Yoe, 2002).

※ 의사결정 기준의 필요조건

- 과학적으로 검증 가능해야 한다(과학적 검증성) : 두 개의 독립적인 방법으로 평가한 결과가 비슷하여야 한다.
- 비용효과적이어야 한다(비용효과성) : 해당 기준의 분석과 예측을 위해 사용하는 기법이 경제적으로 타당해야하고, 과다한 노력이 소요되지 않아야 한다. 즉 실제적인 시간 범위와 조화되어야 한다. 예측과 성능의 감시(모니터링)가 예정된 시간 범위 내에 가능하여야 한다.
- 폭 넓게 소통되기 용이해야 한다(소통 용이성) : 대중이 그 규모와 맥락을 이해하고 추가적인 설명 없이도 해석할 수 있어야 한다.
- 인위적으로 변경가능 해야 한다(인위적 변경성) : 기준은 계의 상태와 의사결정자의 통제 하에 있는 변수들 간에 인과관계를 가져야 한다. 즉 사업대안과 무관한 기준은 관리정책 수립이나 설계과정에 아무런 정보를 제공하지 못한다.
- 신뢰할 수 있어야 한다(신뢰성) : 기준은 대부분의 이해당사자들이 측정하고자 하는 것을 정확하게 측정한다고 믿는 것이야 한다.
- 측정할 수 있어야 한다(측정성) : 기준은 정성적(최선, 선, 나쁨)이나 정량적으로 측정할 수 있어야 한다.
- 관련성이 있어야 한다(관련성) : 기준은 대중과 그 밖의 이해당사자들의 고려 점들을 반영해야 하고, 관리자들이 자신들의 책무를 충실히 실행하는 능력을 제고할 수 있어야 한다.
- 민감해야 한다(민감성) : 기준은 최소 유의 수준의 변화를 파악할 수 있고, 유의한 수준의 작은 차이를 판별할 수 있도록 충분히 민감하여야 한다. 그리고 기준에 관련된 불확실성은 용이하게 의사소통될 수 있어야 한다.
- 중복되지 않아야 한다(중복회피성) : 한 기준으로 측정하려는 것이 이미 존재하는 다른 기준에 본질적으로 반영되지 않아야 한다.
- 투명하여야 한다(투명성) : 목표는 의사 참여 결정자간에 의사소통하기 쉽게 간단하고 명료해야 하고 각 대안들이 그러한 목표들에 대한 부합 성능을 평가하고 또 정량할 수 있어야 한다.

미국 오대호 중 이리호(Lake Erie)의 생태계를 관리하기 위해 미국과 캐나다의 환경부 산하의 의사결정자들이 설립한 계층적 목표 실례(Kim, et al., 2003, 1023-1057)는 그림 7.2와 같다. 이리호의 수산자원관리의 목표는 생태계의 지속 가능성과 호수를 사용하는 사람들의 복지를 극대화하려는 것으로 10개 기준의 성능의 가중 합을 규정함으로써 가장 신뢰할 수 있는 사업대안을 제시하는 것이었다.

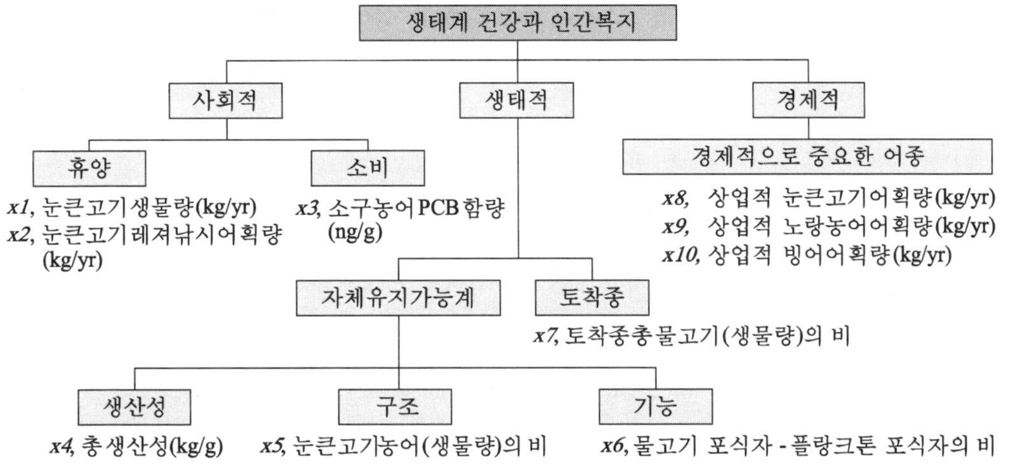

그림 7.2 의사결정과 계층적 목표의 예

그림 7.2에서 보다시피 사회적 기준의 범주에서는 레저 낚시의 중요성을 반영하는 생물량 지수(눈 큰 고기 생물량 ×1), 총 눈 큰 고기 어획량(×2), 소구농어 육질부 PCB 평균 함량(×3)을 취하였다. 생태적 목표를 위해, "생산성"은 총 연간 생산성을, "구조"는 눈 큰 고기 군집의 안정성을 의미하는 수평적 영양관계를, "기능"은 눈 큰 고기 군집으로의 에너지 흐름을 나타내는 수직적 영양관계를, "토착종"은 토착 물고기의 존재에 관련된다. 생태적 목표를 평가하는 정량적 기준으로 총 어획고(×4), 눈 큰 고기와 농어 생물량의 비(×5), 물고기 포식자와 플랑크톤 포식자의 생산성의 비(×6), 총 생물량 중 토착종의 비(×7)를 취하였다. 마지막으로 경제적인 측정을 위해 눈 큰 고기(×8), 노랑농어(×9), 빙어(×10)의 상업적 어획량을 측정하였다.

이들 기준들에 의하여 측정한 대안별 목표들이 "충돌"할 수 있고 이 경우에는 절충(tradeoff)할 필요가 있음을 인식하는 것은 중요하다. 예를 들면 환경여건을 개선하는 것과 비용을 최소화하는 것 간에는 절충이 필요하다. 그러한 충돌의 결과로서 어떤 대안도 모든 기준에 대해 다른 대안에 비하여 탁월하지 않을 수 있다. 이런 경우(에)는 의사결정자에게 한 가지 방안을 선택할 수밖에 없는 난제가 된다.

③ 대안 설정

계획에서 기본 목표는 일련의 가용한 대안들 중에서 최선의 방안을 선택하는 것이다. 계획정립(plan formulation)은 계획목표(planning objectives)를 달성하고 가용한 대안들 중 제약되는 점(planning constraints)을 회피하는 과정이다. 이때 아무런 조치를 하지 않았을 경우 미래에 초래될 상황을 예측하고 하나의 기준으로 검토하기 위해 무조치(no action)도 대안의 하나로서 포함해야 한다. 더욱이, 의사결정과정은 계획목표와 기준 개발을 정의하는 과정을 대안보다 먼저 수행하게 함으로써 이 기준 개발을 위한 심사숙고과정에서 더 나은 대안들이 제안될 수 있도록 한다. 이러한 순서는 대안규명보다 기준 개발에 집중하게 함으로써 기존 대안에 묶이는 선입견을 갖지 않도록 해준다(Graedel et al., 2002, 21-30).

차량 구매의 경우의 예를 들면, 내비게이션이 장착되어 있고, 원하는 색깔이고, 가격도 낮은 차를 선택하는 것이 목표라면 최적의 대안은 신차보다 중고차일 수도 있다. 따라서 몇 가지의 새 차를 먼저 정해 놓고 그 중 하나를 고르는 것보다 차를 사는 목적과 기준을 먼저 정의하면 이런 목적을 더 낫게 성취하는 더 창의적인 대안들이 나올 수 있을 것이다. 이 과정에서 여러 전문분야의 지식, 경험, 판단과 이해당사자들, 타 정부 기관, 비정부간기구와 시민들의 의견이 필요하다. 정해진 목표를 달성하는 대안들을 찾는 데는 전문영역이나 소속 집단을 초월하여 상상력과 창의성을 최대한으로 동원해야 한다. 창의적 아이디어들은 대안 선택의 폭을 넓히는 데 도움이 되고 더 나은 성능의 향상으로 이어진다. 의사결정과정동안 계획의 영향을 조사, 평가, 사정해야 하고, 그 결과는 의사결정지원체제의 후반부에 명시적으로 포함되어야 한다.

④ 대안 사정

다음은 각 대안에 대한 기준별 성능 사정(査定)단계이다. 여기서 사정은 각 기준별로 적합한 고유의 사정 방법을 동원하여 시행한다. 기준에 따라 성능을 정량적으로 혹은 정성적으로 평가한다. 정량적인 측정은 수학적 모델링을 하거나 실험을 통해 얻어진 자료, 혹은 과거의 자료를 통계 처리하여 예측할 수 있다. 정성적인 성능은 과거 경험을 통해 측정하거나, 과거에 경험하지 못한 일은 전문가의 주관적 의견에 의존한다. 또한 사정을 통해 측정에 관련된 불확실성이나 자연적 변이들을 포함해야 한다. 예를 들어 인위적인 이산화탄소 (CO_2) 대기 배출로 인한 지구온난화를 막기 위해 CO_2의 대기 배출량을 축소하자고 논의할 때, 대기 중 CO_2함량의 증가로 인한 기온 상승률, 또 해수면의 상승률의 규모 예측에는 불확실성이 존재한다. 그러한 불확실성을 고려하지 않고 CO_2의 축소량을 결정하고자 하면 그 결정에 참여하지 않는 사람들에게 많은 의문점이 생기게 된다. 그러므로 불확실성을 의사결정에 고려하고, 그 불확실성의 정도를 정량적으로 평가해야 한다(Kim, et al., 2007, 505-518).

⑤ 의사결정 행렬 구성

의사결정행렬은 각각의 기준에 대한 각각의 대안별 성능의 요약이며 그 하나의 예가 표 7.1에 제시되어 있다. 의사결정론에서는, 대안은 행에, 기준은 열에 수록한다. 의사결정행렬은 효과표, 성능표, 다기준표, 영향행렬 등으로 불리기도 한다. 표 7.1에 수록된 행렬은 각 대안에 대한 기준 성능의 결정론적인 측정결과를 보여주고 있지만, 이들 측정결과의 불확실성은 확률분포로 표현할 수 있다.

⑥ 가치평가

일련의 기준별 성능을 종합하는 데 두 가지 문제를 고려해야 한다. 첫째, 기준의 측정단위가 금전적이거나 비재정적 단위(예, 복원된 서식지 면적이나 인체에 미치는 영향)와 같이 서로 다를 수 있다. 이 경우에 각 기준별로 도출된 결과를 하나의 성능점수로 환산하기 어려울 수 있다. 서로 다른 단위로 나타난 성능을 하나의 성능점수로 환산하기 위해 효용 함수(utility function)를 보통 사용한다. 기준별 성능 평가 결과는 효용함수를 통해 0에서 1까지의 가치의 척도로 바뀌는데, 여기서 0은 최악이고 1은 최선의 가치이다. 효용함수 내에서 개인적 만족도를 측정하기 위해 확실성 동등성(certainty equivalent) 또는 확률적 동등성(probability equivalent) 방법을 사용할 수 있다(Clemen, 1995). 여기서는 한 예로서 표 7.1의 결과를 효용치로 바꾼 것을 소개한다(표 7.2).

표 7.2 표 7.1의 어류 서식지 복원 사업의 비교 행렬 효용치로서 성능표

대 안	기 준				
	경관	어류서식지 영향	어류 자원량	사회 및 정치적 수용성	장기비용
사업안 1	0	0	0	1	0
사업안 2	0.57	0.85	0.33	0.57	0.83
사업안 3	0.26	0.78	0.2	0.14	0.83
사업안 4	1	1	1	0	1

둘째, 일련의 기준들 간의 중요도는 대개 서로 같지 않다. 어느 한 기준이 다른 기준보다 더 중요하거나 덜 중요할 수 있다. 즉 가중치를 각 기준별로 부여해야 한다(예 : 표 7.3). 가중치는 의사결정자나 이해당사자들이 판단하는 기준별 상대적 중요도이다. 가중치는 각각의 기준에 대한 상대적인 가치로 주관적이다. 의사결정론에서는 이러한 상대적 중요도를 의사결정자나 이해당사자로부터 도출할 때 편향(bias)되는 것을 최소화하기 위해 필요한 여러 방법론을 동원한다(Keeney, 1976; Seager, et al., 2004).

표 7.3 기준별 가상적 가중치*

대 안	경관	어류서식지영향	어류자원량	사회 및 정치적 수용성	장기비용
가중치	0.15	0.25	0.1	0.3	0.2

* 각 기준에 부과된 가중치의 합은 1이 되어야 한다.

⑦ 종합

각 대안에 대하여 기준별 성능 평가를 종합하여 총체적으로 비교한다. 기준, 가치 판단, 성능을 종합하여 대안별로 우선순위를 결정하는 데는 여러 가지 기법을 사용하지만 가장 많이 사용하고 간단한 것은 가법가치함수이다. 만약 가법 독립 조건[62]이 유지된다면, 한 기준에 대한 단순 가법적 선형치는 다음과 같이 계산할 수 있다.

$$U(X^a) = S_i\, w_i u_i\, (x_i^a)$$

여기서, w_i : 기준 i의 가중치($S_i\, w_i = 1$)

$u_i(x_i^a)$: 기준 I의 성능

x_i : 효용

$U(X^a)$: 대안 a의 총체적 효용

대안들의 총체적 우선순위는 가중치를 고려한 기준별 성능점수의 합으로 결정한다. 이 과정을 통하여 각 대안은 의사결정자의 목표와 가치를 반영하는 방식으로 우선순위가 매겨진다. 의사결정분석의 목적은 적합한 해답을 계산하는 것이 아니고, 이해당사자들 사이에서 자연의 가치에 대한 이해와 기준 간의 절충에 대한 이해를 증진하여, 결국 최종안의 선정과 가치부여가 확신을 가지고 이루어질 수 있도록 하는 데 있다.

⑧ 결정

의사결정의 마지막 단계는 단일 사업안을 건의하는 것이다. 의사결정과정은 모든 요소, 사안, 관련 사안들이 기준에 포함되도록 투명해야 한다. 이러한 체제는 더 나은 의사결정을 유도하지만, 완벽한 의사결정을 보장해 주지는 않는다. 충돌은 규명되어야 하지만 항상 해결되지는 않는다. 절충도 제안되지만 만장일치로 받아들여지지 않을 수 있다. 그러나 최소한 이러한 과정을 통해 이해당사자는 각 대안을 통해 자신들이 무엇을 얻고 무엇을 잃는지를 인지할 수 있게 되므로 의사소통에 도움을 줄 수 있다.

⑨ 결론 : 우리는 다기준의사결정론의 적용으로 무엇을 얻는가?

다기준의사결정론은 정부가 생태계 관리 조치들과 절충안들을 평가하기 위하여 생태적, 사회적, 경제적 기준을 종합하는 작업에서 점차 더 많이 추천되고 있다. 다기준의사결정론의 주요 특징은 의사결정 기준 설정, 상대적 중요성을 사정하는 가중치 설정, 개별 대안들에 대한 기준별 성능 평가에서, 의사결정자와 이해당사자의 판단을 존중하는 것이다. 우리는 의사결정론의 적용으로 다음과 같은 것을 얻을 수 있다.

62) 가법독립성에 대한 주요 가정은 서로 다른 2개의 대안 간에 선호도는 한 대안 x_i의 주변 확률분포에 의존하고 두 대안 간의 결합 확률분포에는 의존하지 않는다는 것이다(Keeney, 1976).

a. 의사결정 과정을 체계적으로 조직하여준다. 즉, 의사결정론에 근거한 체계적이고 분석적인 방법(systematical and analytical approach)은 의사결정자들이 대안을 규정하고 기준에 대한 대안별 성능을 비교하는 데 논리적인 체제를 제공함으로써 주어진 문제에 대하여 체계적으로 생각하도록 도와준다.
b. 관리자(의사결정자)와 이해당사자들이 각각의 대안에 대한 장점과 단점을 이해할 수 있도록 절충안의 실체를 드러내 준다.
c. 의사결정자와 이해당사자가 가치판단을 명백하게 개발하고, 개발된 가치판단에 충돌하는 기준과 용도를 반영하고, 세련되게 하고, 적용하는 데 도움을 준다. 그 판단은 상대적인 다른 가치와 비교될 수 있고 또한 필요하면 수정될 수 있다. 최종적으로 어느 대안이 가장 바람직하고 어느 대안이 그러하지 않은가를 결정하는데 도움을 주게 된다. 의사결정을 하는 과정에서 참여자들은 새로운 정보, 다른 사람들과의 상호작용, 주어진 과제를 다른 시각에서 검토함으로써 과제 자체를 진전시키게 된다.
d. 사람들이 좀 더 일관되고 합리적으로 위험과 불확실성을 평가하게 만들어 준다. 심리학적 연구에 의하면 일반적으로 사람들은 어느 정도의 위험이 수용할 만한지를 결정하는 데 일관되지 못하고 또 결정하는 데 어려움을 느낀다는 것이 밝혀졌다. 의사결정론은 위험에 대한 의사결정자와 이해당사자의 입장을 효용함수(utility function)를 사용하여 측정하고, 이 함수를 이용하여 대안들을 사정하는 것이다.
e. 의사결정이 이루어지는 과정을 기술해주고 협상을 용이하게 해준다. 의사결정의 각 단계들을 자세히 설명함으로써, 사람들은 그 결정의 근거를 이용하여 이해당사자와 소통할 수 있고 또 그 결정을 정당화할 수 있다. 그리고 의사결정은 사람들 간의 협상에서 대안 대신 기준에 먼저 집중하도록 함으로써 참신한 대안을 도출할 수 있게 해준다. 즉, 합리적인 결정으로 유도해 준다.

이러한 다기준의사결정 방법은 실제 부산시 자갈치 시장 앞의 남항에 존재하는 오염퇴적물을 준설하여 처리·처분하는 방안을 선정하는 데 실제로 사용되었고, 그 결과 경제적이고 친환경적인 대안으로서 신선대 준설물질 투기장 투입처분 방안이 선정되었다(Kim, et al., 2009, 61-71).

5 저감방안

사업의 영향을 줄이거나 기존의 상태를 개선하기 위해서는 장소 선정(zone of siting feasibility)이 가장 중요하다(홍기훈 등, 2013, 185). 장소를 잘 선정하기 위해서는 후보 부지가 제안된 사업에 적합한 지를 평가하는 부지 특성 규명 작업을 우선 실시해야 한다. 그리고 그 후보 장소별로 사업이 미칠 영향의 수용 가능성을 비교 평가하여 사업으로 인한 악영향을 수용할 수 있다고 판단되는 후보 장소들 가운데 부지를 선정한다. 그리고 후보 부지의 현재 및 잠재적 용도에 관한 정보를 수집해야 한다. 런던의정서 회의에서 채택한 지침서에 의하면

① 어류나 패류 서식지(상업용이나 유락용)
② 주요 수산 및 해양 생물의 산란장, 서식장, 보육장 이거나 회유 경로
③ 해양 포유류(고래 등)의 이동 경로
④ 양식장
⑤ 해양보호구역
⑥ 해상 풍력 단지, 조력 발전소 등이 부지 또는 후보지
⑦ 해저 케이블, 수송관 등으로 해저 바닥의 사용 여부
⑧ 해저 광물자원 채취 및 탐사 지역
⑨ 선박의 항로 및 정박지
⑩ 군사보호구역이나 해양 유물 부존지
⑪ 휴양지로 사용되고 있는 해변이나 기타 경관지
⑫ 냉각수, 담수화 등 산업 시설 부지
⑬ 철새의 도래 장소와 시기 등을 고려해야 한다.

예를 들면, 주요 어군이 회유하는 시기(environmental window)나 장소를 피하여 사업을 실시하면 사업으로 인한 영향을 배제하거나 현저히 감소할 수 있다.

사업으로 인한 환경영향 중 부유물질이 해역으로 투입되어 생태계에 악영향을 줄 우려가 있으므로 해저면의 퇴적물을 준설(항만개발, 항만 수심 유지, 오염해역 환경 개선용 준설 또는 해저면의 모래나 자갈 등 골재 채취)공사에서는 오탁 방지막이나 선상 침전조를 설치하는 것이 보통이다.

6 부록

I. 일반 및 간이 해역이용협의의 대상사업의 범위(해양환경관리법 시행령 제61조 제2항 관련 별표 15)

1. 일반해이용협의 대상사업
2. 간이해역이용협희 대상사업

II. 해역이용영향평가 대상 사업(해양환경관리법 시행령 제63조 제1항 관련 별표 16) (개정 2012. 11. 27)

III. 해양환경영향조사 대상 사업별 조사 기간 및 조사 주기(해양환경관리법 시행령 제71조 제1항 관련 별표 17)

IV. 해양시설의 범위(해양환경관리법 시행규칙 제3조 관련, 별표 1)

V. 해역이용협의서에 포함되어야하는 내용(해양환경관리법 시행규칙 제48조 제2항 관련 별표 17)

VI. 특별관리해역(해양환경관리법 시행령 제10조 제2항 관련 [별표 2])

VII. 해역이용협의와 영향조사의 절차(해양수산부 훈령 제53호, 해역이용협의 등에 관한 업무처리 규정)

1. 평가서의 협의와 검토

사업자가 사업을 승인 받기 위해 승인기관에 제출한 제 서류 중 승인기관의 장은 당해 환경영향 평가서를 평가서 협의 기관의 장(해양수산부 장관)에게 송부하여 협의해야 한다. 그리고 평가서 협의 기관의 장은 동 평가서를 검토한 후 해역이용협의는 협의를 요청 받은 날로부터 30일 이내에, 해역이용영향평가는 45일 이내에(해양환경관리법 시행규칙 제58조) 검토한 후 그 의견을 통보해야 한다(해양환경관리법 제91조 및 동 시행령 제67조). 해양수산부 장관은 필요한 경우에 현지 실사를 할 수도 있다.

해양수산부 장관은 해양환경에 미치는 영향 분석이 누락되었거나 현저히 미흡한 경우, 또는 환경현황조사, 영향예측 분석 및 저감 대책이 적정하지 아니한 경우 승인기관의 장에게 평가서를 보완하도록 요청할 수 있다.

사업자나 승인기관의 장은 해양환경관리법 제91조에 따라 해양수산부장관의 검토 의견에 대하여 이의가 있는 때에는 90일 이내에 해양수산부 장관에게 이의 신청을 할 수 있다. 이의 신청을 받은 해양수산부 장관은 이의 신청 내용의 타당성 여부를 검토하여 그 결과를 60일 이내에 이의 신청을 한 자(처분기관)에 통보하여야 한다(해양환경관리법 제92조).

2. 평가서협의내용의 사후관리

환경영향평가제도의 실효성을 확보하기 위해 협의기관장인 해양수산부 장관은 승인기관의 장(처분기관의 장)이 해역이용협의 등을 거치지 아니하고 면허 등을 발급하거나 해역이용협의 등의 의견을 반영하지 아니하고 면허 등을 발급한 경우에는 사업의 중지, 공작물의 철거 및 원상회복 조치를 처분기관의 장에게 요청할 수 있고(해양환경관리법 제93조) 또 처분기관의 장은 사업자가 해양수산부 장관의 해역이용협의 등에 관한 의견을 이행하고 있는 지 여부를 확인하고, 그러하지 아니한 때에는 그 이행에 필요한 조치를 명령해야 한다.

3. 사업계획 변경에 따른 해역이용협의

사업자가 승인기관으로부터 면허 등을 받은 후 사업 계획을 변경하는 때에는 해역이용협의 등의 절차를 다시 거쳐야 한다. 다만 사업규모를 축소하거나, 변경된 사업 규모가 간이 해역이용협의에 해당하는 경우에는 그러하지 아니한다(해양환경관리법 제94조).

4. 사업의 해양환경영향조사

사업자(평가대행자)는 사업 개시 후에 사업으로 인한 해양환경영향조사를 실시하고 그 결과를 승인기관(처분기관)의 장에게 통보해야 하고, 피해가 발생하는 경우에는 처분기관은 사업자에게 사업의 변경이나 피해 저감 조치를 취하도록 명령하고 그 조치 결과를 해양수산부 장관에게 통보해야 한다(해양환경관리법 제95조).

참고문헌

권철희, 이남도, 장규상, 김인수, 정백훈, 강훈, 권민선, 2009, 해사채취선박에 설치된 월류수 저감장치의 효율성에 관한 연구, 환경영향평가, 18, 245-256.

김종범, 홍기훈, 2007, 환경관리에서의 가치 부여와 순위 선정방법: 다기준 의사결정론, 첨단환경기술 10월, 93-101.

김홍균, 2012, 환경법(제2판), 홍문사, 64.

이대인, 박달수, 엄기혁, 김귀영, 조현서, 김종규, 서영교, 백근욱, 2009, 연안준설 및 준설토 해양투기 해양환경평가 개선 방안, 환경영향평가, 18, 131-141.

이대인, 엄기혁, 김귀영, 장주형, 2008, 해양환경관리법상 해역이용영향 검토기관의 발전방향, 한국환경공학회지 11, 55-62.

정하중, 2013, 행정법개론(제7판), 법문사, 1372.

존 케이, 홍기훈 역, 2008, 시장의 진실, 에코 리브르, 917.

한견우, 2006, 현대행정법 강의, 신영사, 188.

홍기훈, 2011, 해양환경보호, 해양의 국제법과 정치, 한국해로연구회편, 도서출판 오름, 187.

홍기훈, 정창수, 김석현, 김경련, 2013, 수저 준설 물질 관리 공법, 한국환경준설학회 연구 총서 1, 범신사, 185.

Clemen, R. T., 1995, Making Hard Decisions: An Introduction to Decision Analysis, Wadsworth Pub Co.

Graedel, T. E. and Allenby, B. R., 2002, Hierarchical Metrics for Sustainability, Environ Qual Manag 12, 21-30.

Hobbs, B. F., and Meier, P., 2000, Energy Decisions and the Environment: A Guide to the Use of Multicriteria Methods, International Series in Operations Research & Management Science, Vol. 28, Kluwer Academic Publishers.

Keeney, R. L., and Raiffa, H., 1976, Decisions with Multiple Objectives: Preferences and Value Tradeoffs, Wiley.

Kiker, G., Bridges, T., Varghese, A. S., Seager, T.P., and Linkov, I., 2005, Application of Multi-criteria Decision Analysis in Environmental Management, Integrated Environmental Assessment and Management 1v. 249-258.

Kim, C. S. and Lim, H. S., 2009, Sediment Dispersal and Deposition due to Sand Mining in the Coastal Waters of Korea, Continental Shelf Research 29, 194-204.

Kim, J. B., and Hobbs, B. F., 2007, "Analysis of the Sensitivity of Decision Analysis Results to Errors and Simplifications in Problem Structure: Application to Lake Erie Ecosystem Management", IEEE Transactions on Systems, Man, and Cybernetics, Part A, vol. 37, No.4, 505-518.

Kim, J. B., Hobbs, B. F., and Koonce, J. F., 2003, Multicriteria Bayesian Analysis of Lower Trophic Level Uncertainties and Value of Research in Lake Erie, Human and Ecological Risk Assessment 9, 1023-1057.

Kim, J., Kim, S. H. and Hong, G. H., Suedel, B. C. and Clarke J., 2009, Multicriteria Decision Analysis to Assess Options for Managing contaminated Sediments: Application to southern Busan Harbor, South Korea, Integrated Environmental Assessment and Management 6, 61-71.

Roy, B., 1985 (English translation 1996), Multicriteria Methodology for Decision Aiding, Kluwer.

Seager, T. P., and Theis, T. L., 2004, A Taxonomy of Metrics for testing the Industrial Ecology Hypotheses and Application to Design of Freezer Insulation, J Cleaner Prod. 12, 865-875.

U.S. Army Corps of Engineers in the Department of Defense, Appropriations Act, 2006 (P.L. 109-148).

U.S. Army Corps of Engineers, 2000, Planning Guide Notebook (ER 1105-2-100).

Yoe, 2002, Trade-Off Analysis Planning and Procedures Guidebook, Prepared for Institute for Water Resources, U.S. Army Corps of Engineers, IWR 02-R-2.

제8장

토지환경

1 개요

환경영향평가에서는 개발사업이 토지환경에 미치는 직·간접적인 영향을 예측하고 악영향을 저감할 수 있도록 방안을 수립하여 개발계획에 반영하도록 하고 있다. 일반적으로 토지환경분야는 크게 세 가지 평가항목, 즉 토지이용, 토양, 지형·지질로 구분된다.

1) 토지이용

토지이용계획은 토지 위에서 일어날 여러 활동들을 예측하여 각종 용도의 토지수요를 계획의 목적이나 구상에 따라 합리적으로 배치하는 계획을 말한다. 예컨대 중심상업지구 바로 인근에 교육시설을 설치한다거나 공장 등과 같은 생산시설과 접하여 아파트 등의 주거단지를 계획하는 것은 바람직한 토지이용계획이라고 볼 수 없다.

환경영향평가의 토지이용 평가항목은 상위계획을 반영할 수 있도록 하여 토지의 효율성과 질서를 부여하고, 사업지구의 개발로 인한 인근지역의 부정적 외부효과를 예측·저감하며 사업지구 내의 토지환경을 고려하여 계획이 적절하게 수립되었는지를 평가하기 위한 것이다.

특히 타 평가항목의 평가결과가 토지이용계획을 변경시킬 수 있기 때문에 타 평가항목과 연계하여 검토하여야 한다.

2) 토양

환경영향평가에서 토양분야는 토양오염에 대한 평가가 주를 이루고 있다. 토양환경보전법상 토양오염은 '사업활동이나 그 밖의 사람의 활동에 의하여 토양이 오염되는 것으로서 사람의 건강·재산이나 환경에 피해를 주는 상태'로 정의된다.

일반적으로 토양오염의 특성은 간접적이고, 만성적이며, 정화의 어려움 등으로 요약된다. 한번 오염된 토양을 원래의 상태로 복원하는 것은 불가능하며, 토양오염은 지하수 오염과 토양 생태계에 대하여 간접 피해를 줄 수 있고, 또한 다양한 경로를 통해 인간에게 건상상의 영향을 미칠 수 있다. 개발사업의 시행은 당해 사업지구 내 기존 토양의 오염에 영향을 미칠 뿐만 아니라 사업의 특성에 따라 사업지구 내부 또는 인근지역 토양을 추가로 오염시킬 수 있다. 따라서 사업지구 내부의 기존 토양오염에 대해서는 적절한 정화계획을 수립하여야 하며, 신규로 설치되는 토양오염원 또는 오염유발행위에 대해서는 오염방지계획을 수립하여 적정하게 관리할 필요가 있다.

2011년 4월에는 토양환경보전법의 개정을 통하여 '표토의 침식 현황 조사' 조항이 신설되었다. 이는 표토가 토양 환경의 주요한 구성 요소 중 하나이며 환경영향평가에서 중요하게 다루어져야 하는 항목임을 의미한다. 하지만 현행 환경영향평가 내에서는 토양오염에 대한 평가가 주로 이루어지고 있어 온전한 의미의 토양환경 평가가 이루어지고 있지 않기 때문에 환경영향평가 내 표토 보전 관련 항목이 추가되어야 할 것이다.

또한 유럽연합, 미국 등은 토양의 질 저하를 주요 사회 문제점으로 인식하고 있으며 이를 관리하기 위하여 토양 다짐, 토양 밀폐 등의 항목을 평가하고 있다. 우리나라 역시 제한된 자원인 토양의 보전을 위하여 토양의 질과 관련한 항목 추가가 지속적으로 논의되어야 할 것이다.

3) 지형 · 지질

대부분의 개발사업은 지형 및 지질의 변화를 필연적으로 수반하게 되며, 그 영향은 단편적이라기보다 사업지구 주변의 토지이용 상황과 지형 형상, 지표수 및 지하수, 대기환경 등으로 인해 복합적인 양상을 가진다. 따라서 개발사업에서 지형 · 지질 항목에 대한 이해는 필수적이며 여러 가지 환경영향에 대해 적절한 평가와 더불어 환경영향을 회피하거나 최소화하기 위한 방안들이 강구되어야 한다.

환경영향평가시에는 주로 보존가치가 있는 지형 · 지질의 보전대책, 대규모 절 · 성토의 최소화, 지반 불안정 대책 등에 대하여 중점적으로 검토한다. 특히 토지이용계획 수립과 관련하여 학술적, 문화적 또는 자연환경보전상 보존가치가 있는 지형 · 지질의 존재유무와 보전대책의 적정성, 절 · 성토에 따른 지형훼손의 최소화, 사면안정대책, 연약지반 분포지역과 지하수 과다유출지역 등의 조사결과에 따른 지반침하방지대책 수립 등이 주요 검토대상이 될 수 있다.

2 관련법과 제도

토지환경분야와 관련하여 환경영향평가법 제7조 관련 시행령 제2조 별표 1 "환경영향평가 등의 분야별 세부평가항목"에 토지환경분야의 세부평가항목을 지정하고 있다(표 8.1 참조). 전략환경영향평가에서는 개발기본계획 수립시 입지 타당성을 결정할 때 지형 및 생태축의 보전, 환경기준 부합성, 환경친화적 토지이용 등을 필수적으로 체크하도록 하고 있다. 환경영향평가에서는 토지환경분야의 평가항목으로 토지이용, 토양, 지형 · 지질을 언급하고 있다. 또한 소규모 환경영향평가에서는 '환경에 미치는 영향 예측 · 평가 및 환경보전방안'에서 토지이용, 토양, 지형 · 지질을 주요한 평가항목으로 지정하고 있다.

또한 환경영향평가서 등 작성 등에 관한 규정(환경부고시 제2016-22호)에서는 현황조사항목, 범위, 방법 및 결과와 사업시행으로 인한 영향 예측 항목, 범위, 방법, 평가 등에 관한 기본적인 지침을 제공하고 있으며 이에 대한 저감방안과 사후환경영향조사 수립의 기본 사항을 제시하고 있다. 그리고 2009년 환경부에서 발간한 "사업유형별 평가서 작성을 위한 환경영향평가서 작성 가이드라인"은 사업유형에 관계없이 공통적으로 평가항목별로 적용되는 기본 작성 가이드라인을 제공하고 있으며 총 17개 사업유형에 따라 별도로 고려되는 주요항목에 대한 작성 가이드라인을 제시하고 있다. 또한 전략환경영향평가업무매뉴얼(환경부, 2014)에서는 개발사업 시 토지이용, 토양, 지형 · 지질 등 토지환경분야에 대해서 주요 검토사항을 제시하고 있다.

토지이용, 토양, 지형 · 지질 항목 각각에 대하여 환경영향평가를 실시할 때 적용 가능한 법 · 제도는 그 범위가 상당히 넓으며 개별 대상사업과 사업지구의 특성에 따라 각기 다른 법 · 제도가 적용될 수 있다. 그러므로 사전에 대상사업의 특성과 사업지구의 입지요건 등을 상세히 분석하여 적용 가능한 법 · 제도를 추출하고 이를 환경영향평가에 적절하게 적용할 필요가 있다. 실제로 토양 항목을 평가할 때 적용 가능한 법 · 제도는 토양환경보전법, 지하수법, 먹는물 관리법, 수질 및 수생태보전 등에 관한 법률, 폐기물관리법, 농지법, 지하수의 수질보전 등에 관한 규칙, 토양오염 공정시험기준, 토양정밀조사 지침, 토양환경평가 지침 등과 같이 다양하기 때문에 환경영향평가 시 대상사업지구의 특성을 고려하여 중점적으로 평가해야할 항목에 대한 법 · 제도를 알맞게 선별하여 적용할 필요가 있다.

표 8.1 환경영향평가 등의 분야별 세부평가항목(환경영향평가법 시행령 제2조 관련)

1. 전략환경영향평가	
가. 정책계획 1) 환경보전계획과의 부합성 가) 국가 환경정책 나) 국제환경 동향 · 협약 · 규범 2) 계획의 연계성 · 일관성 가) 상위 계획 및 관련 계획과의 연계성 나) 계획목표와 내용과의 일관성 3) 계획의 적정성 · 지속성 가) 공간계획의 적정성 나) 수요 공급 규모의 적정성 다) 환경용량의 지속성	나. 개발기본계획 1) 계획의 적정성 가) 상위계획 및 관련 계획과의 연계성 나) 대안 설정 · 분석의 적정성 2) 입지의 타당성 가) 자연환경의 보전 (1) 생물다양성 · 서식지 보전 (2) 지형 및 생태축의 보전 (3) 주변 자연경관에 미치는 영향 (4) 수환경의 보전 나) 생활환경의 안정성 (1) 환경기준 부합성 (2) 환경기초시설의 적정성 (3) 자원 · 에너지 순환의 효율성 다) 사회 · 경제 환경과의 조화성 : 환경친화적 토지이용
2. 환경영향평가	
가. 자연생태환경 분야 1) 동 · 식물상 2) 자연환경자산 나. 대기환경 분야 1) 기상 2) 대기질 3) 악취 4) 온실가스 다. 수환경 분야 1) 수질(지표 · 지하) 2) 수리 · 수문 3) 해양환경	라. 토지환경 분야 1) 토지이용 2) 토양 3) 지형 · 지질 마. 생활환경 분야 1) 친환경적 자원 순환 2) 소음 · 진동 3) 위락 · 경관 4) 위생 · 공중보건 5) 전파장해 6) 일조장해 바. 사회환경 · 경제환경 분야 1) 인구 2) 주거(이주의 경우를 포함한다) 3) 산업
3. 소규모 환경영향평가	
가. 사업개요 및 지역 환경현황 1) 사업개요 2) 지역개황 3) 자연생태환경 4) 생활환경 5) 사회 · 경제환경	나. 환경에 미치는 영향 예측 · 평가 및 환경보전방안 1) 자연생태환경(동 · 식물상 등) 2) 대기질, 악취 3) 수질(지표, 지하), 해양환경 4) 토지이용, 토양, 지형 · 지질 5) 친환경적 자원순환, 소음 · 진동 6) 경관 7) 전파장해, 일조장해 8) 인구, 주거, 산업

3 현황조사

1) 토지이용

토지이용 항목에 대한 현황조사는 환경영향평가서 등 작성 등에 관한 규정(환경부고시 제2016-22호)을 참고하되(표 8.2 참조), 개발사업의 종류 · 규모, 사업지구의 특성에 따라 조사항목이 가감될 수 있다. 일반적으로 사업지구 및 주변지역의 토지이용 및 용도지역 현황, 토지이용 규제 여부, 입지 및 개발규모 규제 여부, 사업지구 및 주변지역의 중 · 장기 개발계획, 사업지구 내 · 외 지역의 교육시설, 공공시설, 교통체계 등의 현황 및 계획 등을 조사할 수 있다.

일반적으로 토지이용 항목에서는 관련법규 및 상위계획 내용이 주요한 조사항목이다. 특히 도시계획지역에 수립되는 도시기본계획에서 제시된 개발지표는 사업지구의 토지이용계획의 방향성을 제시하는 중요한 단서가 될 수 있다. 따라서 토지이용 분야에서는 총량으로 접근하는 것이 바람직하며, 상위계획과의 일관성 및 관련 계획과의 연계성을 조사하는 것이 바람직하다.

표 8.2 토지이용 항목의 현황조사 방법

구분	작 성 방 법
(가) 조사항목	• 조사항목은 아래 사항들을 포함하되 대상사업의 종류, 규모 및 지역의 환경적 · 사회적 · 경제적 특성을 고려하여 설정한다. - 사업지구 및 주변지역의 토지이용 및 용도지역 현황 - 토지이용 규제 여부 - 사업지구에 대한 입지 및 개발규모 규제 여부 - 사업지구 및 주변지역의 중 · 장기 개발계획 - 사업지구 내 · 외 지역의 교육시설, 공공시설, 교통체계 등의 현황 및 계획
(나) 조사범위	• 공간적 범위는 토지이용에 변화가 예상되는 지역 및 주변지역으로 하되 대상사업의 종류, 규모 및 지역의 환경특성 등을 고려하여 설정한다.
(다) 조사방법	• 토지이용현황조사는 기존자료 조사를 위주로 하되 필요시 현지조사를 실시한다.
(라) 조사결과	• 조사결과는 조사항목별로 정리하여 기술하고 표나 그림으로 나타낸다.
자료 : 환경영향평가서 등 작성 등에 관한 규정(환경부고시 제2016-22호)	

(1) 지구현황분석도

지구현황분석도는 토지이용 항목을 평가하기 위한 가장 기초적인 자료가 되며 향후 개발사업의 녹지지역, 상업시설, 공공시설의 입지의 적절성과 규모의 적정성 등 토지이용계획의 전반에 걸친 시설입지의 타당성 및 합리성을 파악하는 데 중요한 역할을 한다. 따라서 현황조사 단계에서 사업지구 및 주변부지의 특성을 파악할 수 있도록 다음과 같은 내용이 표시된 지구현황분석도를 작성하여야 한다.

- 해당지역의 용도지역
- 토지이용현황
- 개발시의 법적, 물리적, 입지적 제약요건
- 부지의 표고 및 경사도 분석에 따른 건축물 입지의 용이성
- 사업지구 및 인근지역의 양호한 경관자원 현황 및 그에 대한 조망지역
- 양호한 녹지의 분포현황
- 사업지구와 인접한 제반시설

(2) 상위 및 관련계획의 반영

대규모의 인구를 유발하는 택지개발을 비롯한 관광지, 유통단지 등의 개발은 해당지역뿐만 아니라 당해 도시 및 지역의 개발방향에 미치는 영향은 지대하다. 따라서 대규모 개발계획 수립시 도시 및 지역계획 관점에서 상위계획의 내용을 적절히 수용하고 있는지와 도시의 개발방향과 일치하는지의 여부를 검토하여야 한다. 사업지구와 인접해서 계획·개발되고 있는 도로 및 시설물의 경우 환경 및 교통 측면에서 사업지구에의 직접적인 영향이 예상되므로, 주변지역의 개발계획에 대한 구체적인 내용 또한 제시되어야 한다. 개발사업과 관련한 상위 및 관련계획의 내용은 아래의 내용을 고려하여 작성하는 것이 바람직하다.

- 당해 사업에 대한 상위 및 관련계획상의 추진상황
- 당해 사업에 대한 상위 및 관련계획상의 기본개발 방향
- 사업 지역 및 인근지역에 대한 개발계획 수립 현황
- 사업 지역 및 인근지역에 대한 환경관련 용도지역 지정 및 지정계획 여부

2) 토양

사업지역의 토양특성 등을 고려하여 토양오염현황을 적절히 파악할 수 있도록 조사항목을 설정하도록 한다. 현황조사에서는 토양오염의 개연성을 파악하고 실측조사를 실시하여 토양오염현황을 파악한다. 토양 항목에 대한 현황조사는 기본적으로 환경영향평가서 등 작성 등에 관한 규정(환경부고시 제2016-22호)을 참고할 필요가 있다(표 8.3 참조).

표 8.3 토양 항목의 현황조사 방법

구분	작 성 방 법
(가) 조사항목	• 조사항목은 「토양환경보전법」 제2조 제2호에 따른 토양오염물질을 고려한 토양오염 개연성, 배경농도, 오염현황 및 토양의 특성과 오염가능물질 등을 고려하여 조정할 수 있다
(나) 조사범위	• 사업으로 인해 토양오염에 영향을 미치는 범위로 한다.
(다) 조사방법	• 토양오염 개연성조사는 주로 기존자료조사 및 현지탐문조사 등으로 실시한다. • 토양오염조사는 「토양환경보전법」 제2조 제3호에 따른 토양오염관리대상시설이 설치되어 있거나 있었던 지역 및 주변지역(토양오염관리대상시설지역)과 그 외 지역(일반지역)으로 구분하여 실시한다. 또한 배경농도를 조사할 필요가 있을 경우에는 토양오염개연성이 없는 지역을 선정하여 토양오염조사를 실시한다. • 시료의 채취 및 분석은 "토양오염공정시험기준"(환경부 고시)에 따라 실시하여야 한다. • 일반지역에 대한 토양오염도조사지점은 대상지역의 지형, 토지이용현황 및 주변여건 등을 고려하여 대상지역의 토지이용현황별로 토양오염도 현황이 구체적으로 파악할 수 있도록 조사위치, 지점수 등을 선정하여야 한다. - 또한, 오염도 조사결과 토양환경보전법 규정에 의한 토양정밀조사대상에 해당될 경우에는 "토양정밀조사의 세부방법에 관한 규정"(환경부 고시)에 의한 조사를 실시하여야 한다. • 토양오염관리대상시설지역에 대한 토양오염도조사는 "토양환경평가지침"(환경부 고시)에 따라 실시한다. • 토양오염조사 결과, 토양오염우려기준을 초과한 지역에 대해서는 「토양환경보전법」 제11조에 따라 오염사실을 관할 시장 · 군수 · 구청장에게 신고하여야 한다.
(라) 조사결과	• 조사결과는 조사항목별로 정리하여 기술하고, 표나 그림으로 제시한다.

자료 : 환경영향평가서 등 작성 등에 관한 규정(환경부고시 제2016-22호)

(1) 토양오염 개연성 조사

토양현황조사 및 그 계획의 수립을 위해서는 과거의 산업 활동 및 토지이용 형태에 따른 토양오염 여부를 판단하여야 한다. 토지이용 형태에 관한 자료 및 환경측정 자료를 수집하여 사업대상 부지 내 토양오염 개연성 여부를 판단하고 오염원 중심의 토양 조사를 수행해야 한다. 이를 위하여 자료조사와 탐문조사를 하며, 조사분석된 결과를 바탕으로 오염원과 오염물질의 종류를 파악한다.

토양오염 개연성 조사의 주요 항목은 주요 지장물 현황, 토지이용 이력, 기존 측정망 자료 현황, 불법폐기물 매립 및 투기지역 현황, 휴 · 폐광산 현황, 지하수이용 현황, 지표수이용 현황 등이다.

① 주요 지장물 현황

주요 지장물 현황의 현황을 파악하고 각 지장물이 토양환경보전법상 (특정)토양오염관리대상시설[63]에 해당하는지를 파악한다. 주요 지장물이 토양환경보전법상 (특정)토양오염관리대상시설에 해당하는 경우 당해 지장물의 특성(토양오염물질 종류, 저장형태, 용량 등), 토양환경보전법상 수행한 과거 토양오염검사(토양오염도검사 및 누출검사)기록 및 필요시 정화기록을 파악한다.

② 토지이용이력

과거 산업 활동 및 토지이용 이력을 조사한다. 과거에 (특정)토양오염관리대상시설이 존재하였는지를 파악하고, 존재하였을 경우 당해 시설의 특성(토양오염물질 종류, 저장형태, 용량 등)을 파악한다. 특정토양오염관리대상시설에 해당하는 경우 토양환경보전법상 수행한 과거 토양오염검사(토양오염도검사 및 누출검사)기록 및 필요시 정화기록을 파악한다.

③ 기존측정자료 현황

사업지구 및 주변지역의 토양측정망, 토양오염실태조사, 지하수질측정망 등 기존 측정자료를 제시한다. 토양측정망 및 토양오염실태조사 자료조사 결과 토양환경보전법상 토양오염우려기준을 초과했을 경우, 이에 따른 과거 조치 내역을 파악한다. 또한 지하수질측정망 자료조사 결과 먹는물 수질기준 및 지하수법상 지하수수질기준을 초과했을 경우, 이에 따른 과거 조치내역을 파악한다. 그리고 당해 사업지구의 지표(하)수질 측정자료 중, 토양환경보전법상 토양오염물질에 해당하는 오염물질의 측정값을 대조하여 지표(하)수 환경기준 초과여부를 확인한다.

④ 불법폐기물 매립 · 투기지역, 휴 · 폐광산 현황

사업지구 내 불법폐기물 매립 유무를 현지탐문 · 자료조사를 통해 파악하고, 매립폐기물 종류, 규모, 투기 및 매립 이력, 침출수 유출 여부, 악취 등을 포함한 전반적 폐기물 매립 현황을 파악한다. 또한 사업지구 및 주변지역에 휴 · 폐광산 존재 유무를 확인하고 휴 · 폐광산으로부터 중금속 등 토양오염물질의 유출 여부를 확인한다.

⑤ 지하수이용 현황

사업지구 및 주변지역의 지하수이용현황을 조사하고, 특히 사업지구를 포함한 지하수 집수유역 내 지하수 이용 현황(용도, 용량 등)을 파악한다. 또한 사업지구 및 주변지역의 (특정)토양오염관리대상시설, 불법폐기물매립지역, 또는 휴 · 폐광산 지역 등으로부터 지하수 주

63) • 토양오염관리대상시설 : 토양환경보전법상 토양오염물질(21종)을 생산 · 운반 · 저장 · 취급 · 가공 또는 처리하는 시설 · 장치 · 건물 · 구조물 및 장소 등
• 특정토양오염관리대상시설 : 토양을 현저히 오염시킬 우려가 있는 토영오염관리대상시설(석유류의 제조 및 저장시설, 유독물의 제조 및 저장시설, 송유관 시설 등)

흐름 하류방향으로 최근 접한 기존 지하수이용시설까지 이격거리를 파악한다.

⑥ 지표수이용 현황

사업지구 및 주변지역의 지표수이용 현황을 조사하며 특히 지표수이용(생활용수, 농업용수 등) 현황 및 취수구 등의 위치를 파악한다. 사업지구 및 주변지역의 (특정)토양오염관리대상시설, 불법폐기물매립지역, 또는 휴·폐광산 지역 등으로부터 지하수 주흐름 하류방향 또는 지형구배방향으로 최근 접한 지표수까지의 이격거리를 파악한다.

(2) 토양오염 실측조사

기존 자료 조사 등을 토대로 토양오염이 발생되었을 지점을 중점적으로 조사하되, 오염원을 중심으로 오염여부를 정확하게 파악할 수 있도록 토양오염 실측조사를 실시한다. 실측조사 시 토양오염 우려기준을 초과할 경우 정밀조사를 수행할 수 있도록 계획을 수립한다. 조사는 현지조사를 원칙으로 토양환경보전법에 의거하여 실시한다. 토양오염의 실측조사는 배경농도 실측 및 오염현황 실측 등으로 나누어 실시한다.

① 배경농도 실측

사업시행 전·후의 토양오염 영향 정도를 파악하기 위하여 사업지구 및 주변지역의 토양 배경농도를 실측한다. 사업지구에 원형보전지역(임야 등)이 존재하는 경우, 이를 대상으로 배경농도를 실측하고 신규 (특정)토양오염관리대상시설에 최근 접한 지점을 선택한다. 또한 주변지역을 대상으로 추가적으로 배경농도를 실측하는데 가능한 측정지점은 신규 (특정)토양오염관리대상시설에 최근 접한 사업지구 부지경계선 외곽지점을 선택한다.

② 오염현황 실측

사업지구 및 주변지역의 토양오염관리대상시설 등 토양오염원으로 인한 오염현황을 파악하기 위하여 해당 시설 및 지역의 토양을 대상으로 실측조사를 실시한다. 실측조사 결과, 토양오염우려기준을 초과한 지역에 대해서는 「토양환경보전법」에 따라 오염사실을 관할 시장·군수·구청장에게 신고하여야 하며, 정밀조사대상에 해당될 경우 토양정밀조사의 세부방법에 관한 규정(환경부 고시)에 의해 토양정밀조사를 실시하여야 한다.

3) 지형·지질

지형·지질 항목에 대한 현황조사는 환경영향평가서 등 작성 등에 관한 규정(환경부고시 제2016-22호)을 기본적으로 참고한다(표 8.4 참조). 조사항목은 아래의 사항을 포함할 필요가 있고 대상사업의 종류, 규모 및 지역의 환경적 특성을 고려하여 보전가치가 있는 지형·지질 등을 조사대상에 포함하는 것이 바람직하다.

- 지형형상, 지질 및 토양상황
- 지질재해
- 지형적 장애물
- 광물자원 및 고생물 자원
- 특이지형 · 지질

표 8.4 지질 · 지질 항목의 현황조사 방법

구분	작 성 방 법
(가) 조사항목	• 조사항목은 아래의 사항을 포함하되 대상사업의 종류, 규모 및 지역의 환경적 특성을 고려하여 적절히 파악할 수 있도록 설정한다. - 지형형상, 지질 및 토양상황 - 광물자원 및 고생물 자원 - 지질재해 - 동굴 및 특이지형 · 지질(매립지, 습지, 연안, 해안, 침식지 등) - 지형적 장애물
(나) 조사범위	• 공간적 범위는 대사사업지역을 원칙으로 하되, 대상사업의 종류, 규모 및 지역의 지형적 요소와 지질 특성, 지하수, 지반특성 등을 고려하여 설정한다. • 시간적 범위는 조사항목의 시간적 변동을 확인할 수 있는 범위로 하되 지형 · 지질의 특성을 고려하여 조정할 수 있다.
(다) 조사방법	• 조사방법은 기존자료조사와 현지조사를 병행한다. • 현지조사는 조사항목별로 각각의 목적에 맞는 방법을 선정하여 활용한다.
(라) 조사결과	• 조사결과는 조사항목별로 정리하여 기술하고 표나 그림으로 나타낸다.
자료 : 환경영향평가서 등 작성 등에 관한 규정(환경부고시 제2016-22호)	

(1) 지형, 지질 및 토양상황

① 지형

지형의 변형은 환경 변화의 시발점이 되고, 또한 이로 인하여 수계의 변화, 식생의 변화, 동물이동의 변화, 국지기상의 변화 등의 복합적인 환경 영향이 파생되므로 지형에 대한 특성파악은 매우 중요하다. 지형에 대해 일반적으로 제시해야 할 사항은 다음과 같다.

- 지형도에 사업계획을 표시하고, 선형사업일 경우에는 측점을 표기(선길이 10 km 내외인 경우는 1 km마다 측점을 표시한다)
- 경사분석, 표고분석 등은 사업의 입지조건을 검토할 경우에 제시
- 도로사업의 경우, 기존도로와 겹치는 부분은 기존도로가 있다는 것을 알 수 있도록 표현
- 주요 지형은 사진, 위치 및 특징 등을 제시

② 지질

사업지구 주변의 지질은 한국지질자원연구원이 발행한 축척 1 : 50,000 지질도를 참조하여

제시하고, 부재시에는 축척 1 : 25,000과 1 : 250,000 지질도를 참조한다. 이미 발간된 지질보고서에는 여러 가지 유용한 정보가 제공되고 있으므로 이를 적극적으로 활용하는 것이 좋다. 도면 발간이 안 된 지역은 현지조사, 관련 연구논문 및 참고자료를 바탕으로 지질도를 작성하여야 하며, 사업 특성에 따라 필요시 정밀지질조사 결과를 제시하여야 한다. 사업지구 지질에 대하여 일반적으로 제시하여야 할 사항은 아래와 같다.

- 인용한 지질도의 명칭을 제시
- 사업지구를 지질도위에 표시하고 축척을 제시
- 지질 범례와 주요한 지질구조(단층, 절리, 습곡 등)를 제시
- 사업지구 주변의 암석은 지층의 주향과 경사, 엽리, 층리, 편리 등을 제시
- 지층명을 인용할 때 층군이나 층은 그 구성 암석까지 기재
- 지질설명서를 참조하여 그 내용을 요약하여 제시
- 주요 부분의 지질주상도 및 지질단면도를 제시
- 화석이나 화석산출 가능성을 제시
- 지질도의 응용지질편을 확인하여 광물자원 및 광상을 제시

③ 토양상황

사업지구의 토양 특성을 파악할 수 있는 사항을 조사하여 아래와 같이 제시한다.

- 토양도 혹은 토양분류도, 토양의 구성광물과 구성비율을 제시
- 사업지구의 주요 부분은 토양단면도를 사진과 그림 및 표로 정리
- 토양의 현재의 유실량과 유실율 및 장래의 침식량과 침식율을 산정
- 비옥토의 분포와 발생량을 산정
- 절토지역의 토양이 어디로 얼마나 이동되는지 제시

(2) 광구 및 광물자원

사업지구 주변의 광구 · 광산과 광물자원의 현황의 파악이 필요하다. 사업지구의 광구출원 현황, 광산등록 현황 및 광물자원 잠재성을 조사할 때는 광구 및 광산등록 현황을 참조하고, 해방이전에 존재하던 광산은 기록에 누락된 경우가 많으므로 현지조사를 하여 현황을 파악한다. 도로사업, 철도사업, 거대구조물(댐, 대형건물) 설치사업 등은 갱도가 있을 경우 안전성에 큰 영향을 주므로 갱도 현황을 세밀히 조사하여야 한다. 광구 및 광물자원에 대해서는 아래의 내용을 조사하여 제시한다.

- 사업지구 및 주변의 광구와 가행 중인 광산과 휴 · 폐광산 존재 시 정확한 현황을 제시
- 광구등록 현황, 등록 광종을 제시
- 광산 존재시 갱문 위치, 갱도의 방향 · 크기 · 연장, 갱내수위, 폐석의 종류와 양 등을 제시

- 광물의 교란(황화광물, 점토광물)으로 인해 산성배수 혹은 알칼리성 배수의 가능성을 검토하여 제시

(3) 지질재해(지반 현황)

사업지구의 지반의 전반적 상태와 지반불안정 가능성 지역의 존재여부를 조사하고, 지반의 안정성 검토를 위해 아래의 조사자료를 제시하여야 한다.

- 지반의 변화지역(기존사면 붕괴 지역, 지반 균열 혹은 열개 지역, 지반붕괴 혹은 함몰지역 등)의 발생 위치와 범위를 도면에 표시
- 대규모 단층지역, 연약지반(사질지역, 점토층, 뻘층, 토탄층, 이탄층 등), 파쇄대, 석탄층, 흑연층 등을 제시
- 사면붕괴 지역은 붕괴의 위치, 범위, 파괴형태(평면, 쐐기, 전도파괴 등), 붕괴원인 등을 제시
- 지하동굴의 분포현황을 제시(특히 석회암지대는 필수적)
- 산사태정보시스템(산림청, http://sansatai.forest.go.kr)을 참조하여 해당지역의 사면 불안정성을 제시
- 지진발생 이력도를 제시
- 각 지역의 과거 지질재해 현황을 제시

(4) 특이한 자연현상

사업지구에 알려져 있는 특이한 자연현상을 조사한다. 이러한 것은 기존 자료가 부재할 경우에는 알기 어려운 조사대상이므로 주의 깊게 조사하여야 하며, 가능하면 관련전문가가 조사하는 것이 바람직하다. 조사된 특이지형의 종류, 위치, 사진을 제시하고, 특이한 자연현상의 현상과 원인을 간단히 설명한다. 특이한 자연현상에 대한 것은 아래처럼 구분하여 제시한다.

- 물의 흐름과 관련된 것 : 와류, 급류, 역류, 돌개구멍 등
- 물과 관련된 것 : 온천, 광천, 용천, 여름결빙, 결로 등
- 바람과 관련된 것 : 풍혈, 여름냉혈, 겨울온혈 현상 등
- 착시지형 형상 : 제주도의 도깨비 도로 등
- 특이 현상 : 섬의 주기적 혹은 비주기적 연육현상 지역(일명 모세현상)

(5) 지하 매장물

지하에는 여러 가지 시설과 매장물이 있을 수 있다. 이러한 지하 시설물 및 매설물은 사업시행시 여러 가지 영향을 미치므로 사업계획 초기부터 철저히 조사가 되어야 한다. 도로

사업에서는 지하매설물 때문에 노선 선정이 난항을 겪는 경우가 가끔 있다. 아래의 사항을 조사하여 제시한다.

- 지하철, 지하차도, 지하터널 등
- 상하수도 관로, 가스관, 송유관, 통신선로 등
- 지하벙커, 석유비축시설, 지하유류저장고 등
- 기타 지하매설물의 종류, 규격, 내용물, 설치년도, 관리주체, 이설계획 혹은 교체계획 여부 등

(6) 보존가치가 있는 지형 · 지질

보존가치가 있는 지형 · 지질은 그 대상의 중요성, 위치, 보존범위, 연구자, 관련문헌 등을 상세히 제시한다. 평가서에 제시하여야 할 사항은 아래와 같다.

- 환경관련 보호 · 보존 · 보전지구가 있다면 그 명칭과 범위를 제시
- 백두대간과 주요 정맥이 사업지구에 있다면 그 명칭과 경로를 지형도(1 : 25,000 이상)나 지역개황도에 제시
- 특이한 지형형상(습지, 기암괴석, 협곡, 계곡, 동굴 등)의 존재시 특이한 지형형상의 명칭, 위치, 사진현황 및 인용문헌을 제시
- 천연기념물로 지정된 광물, 암석 및 화석의 종류, 위치 및 사진을 제시
- 화석 산출시 화석의 종류, 산출지층면, 참고문헌을 제시
- 해안에 해안사구, 사빈, 사주, 사취, 석호, 파식대지, 해식애, 해식동굴, 시스택(sea stack), 시아치(sea arch), 곱돌이나 몽돌 등의 존재시 분포지 위치, 범위와 사진을 제시
- 주요 석조문화재의 종류, 형태, 위치, 암종을 지형도에 표시하고, 사진으로 제시
- 지역주민이 신성시하거나 보존하려는 지형형상의 위치, 범위, 사유, 사진 현황을 제시
- 풍수지리적 견지에서 중요하게 고증된 지형형상의 형태, 범위, 참고문헌을 제시
- 주요 문학작품(시, 소설 등)과 수필, 지역역사지, 신문, 잡지, 고문헌 등에서 표현된 사업지구의 자연경관의 묘사 및 기재 사항에 대한 위치, 참고자료와 사진현황을 제시
- 예술적 및 영상적 묘사대상(그림 및 예술적 사진촬영 대상, 유명한 영화나 영상매체 촬영장소, 다큐멘터리 제작 배경 등)이 된 곳의 위치, 범위, 참고자료를 제시
- 군사적으로 주요한 전투가 발생하여 역사적인 가치가 있는 지역(대격전지역, 매복지역 등)의 존재시 위치와 참고자료를 제시
- 역사적 사건이 발생한 지역이 존재시 그 위치와 참고문헌을 제시

4 영향예측

환경영향평가는 불확실한 미래를 평가하는 것이므로 여러 가지 제약조건이 있을 수밖에 없으나, 사업으로 인한 영향의 예측결과를 분명히 표현하고 불분명한 결론을 피하는 것이 좋다. 다만 여러 사유로 영향 예측이 불확실한 경우에는 어떠한 사유로 불확실한지 그 제약사항을 명료하게 제시할 필요가 있다.

1) 토지이용

토지이용 항목에 대한 영향예측은 기본적으로 환경영향평가서 등 작성 등에 관한 규정(환경부고시 제2016-22호)을 참고할 필요가 있다(표 8.5 참조). 상위계획 및 관련 계획과의 연계성, 토지이용계획, 시설물 배치 계획, 주변지역의 토지이용 변화, 공원·녹지 조성계획 등을 예측 항목으로 정할 수 있다.

표 8.5 토지이용 항목의 영향예측 방법

구분	작성방법
(가) 항목	• 아래와 같은 항목을 예측항목으로 하되 사업의 특성 등을 고려하여 조정할 수 있다. - 상위계획 및 관련 계획과의 연계성 - 토지이용계획 - 시설물 배치계획 - 주변지역의 토지이용 변화 - 공원, 녹지 조성계획 등
(나) 범위	• 예측범위는 조사범위를 기준으로 하되 필요시 그 범위를 확대한다.
(다) 방법	• 예측방법은 대상사업의 특성, 대상지역의 환경적 특성 등을 고려하여 기존문헌을 조사·분석하고, 유사사례를 참조하거나 지리정보체계 등을 활용한다.
(라) 예측결과	• 예측결과는 예측항목별로 분석·정리하여 기술하고, 표나 그림으로 제시한다.
자료 : 환경영향평가서 등 작성 등에 관한 규정(환경부고시 제2016-22호)	

(1) 상위계획과의 연계성

토지이용계획이란 주어진 토지공간을 어떠한 용도로 이용할 것인가를 정하는 것이다. 따라서 개발사업에 대한 토지이용계획을 수립하기 위한 상위계획에는 계획의 대상 또는 법적 근거에 따라 여러 가지 계획이 존재하게 된다. 예를 들면, 도시 내 택지개발의 경우에는 당해 도시의 도시기본계획과 도시관리계획이 상위계획이 되며, 관광단지를 조성한다면 관광개발기본계획, 권역별 관광개발계획 등이 상위계획이 된다. 이러한 상위 및 관련계획은 하나만 존재하는 것은 아니며 사업의 특성에 따라 다양한 상위계획이 존재할 수 있다. 그 상위계획에 대해 단순히 기본적 내용만을 제시하기보다는 사업계획과 연계되는 부분을 발췌하고 이러한 내용이 계획에 어떻게 적용되었으며 반영이 안 된 부분은 무엇이며 그 이유가 무엇인지를 명확히 제시하여야 한다. 상위계획 및 관련계획의 연계성 검토를 통해 용도간의 상충, 중복 시행, 기능상의 혼재 등에서 오는 환경적 · 경제적 문제를 사전에 예방할 수 있으며 일관된 도시 및 지역관리가 이루어질 수 있다.

(2) 주변 토지이용의 변화

개별사업이 입지함에 따라 야기되는 토지이용의 변화는 오랜 시간을 두고 서서히 이루어지거나 혹은 단시간 내에 급속히 변화하기도 한다. 이러한 변화가 단순히 개별적 개발사업으로 인해 야기되는 경우도 있지만 도시 및 지역 전체의 개발 방향 및 잠재력, 정책적 요인 등 여러 가지 요인이 복합적으로 작용하여 이루어진다. 이러한 토지이용 변화의 예측이 객관적 · 합리적으로 이루어지고 그 과정 및 결과가 공감을 얻는다는 것은 어려운 것임에 틀림없다. 하지만, 지역의 특성, 사업의 종류, 개발의 규모 등을 분석하면 구체적이지는 않더라도 주변 지역의 토지이용이 어떻게 변화하는지에 대해 어느 정도 경험적으로 예측이 가능하다고 본다.

단적인 예로, 택지개발의 경우 주변지역의 지가상승과 상업 · 업무시설의 수요 증가에 따른 토지이용의 변화가 일어날 수 있고, 스키장이 개발될 경우 주변지역의 숙박 · 요식업소 등의 증가는 충분히 일어날 수 있다.

이러한 예측에 관한 연구가 지속적으로 진행되고 경험이 축적되어 좀 더 합리적이며 객관적인 예측이 가능해지면 당해 개발로 인해 예상되는 주변 토지이용의 변화에 능동적으로 대처할 수 있다. 필요하다면 택지개발의 경우 토지이용계획을 변경하여 주변 지역에 미치는 개발 수요를 억제하여 주변지역에 미치는 환경부하를 감소시키거나 주변지역의 무분별하고 무질서한 개발이 통제될 수 있도록 유도할 수 있다.

이러한 일련의 과정에 대한 정확한 예측이 가능하다면 합리적이고 계획적인 조정 및 관리를 통해 다양한 개발사업이 입지하게 되더라도 환경용량 등을 고려한 일관된 도시 및 지역관리가 가능하다.

2) 토양

사업시행으로 인한 영향예측은 대상사업의 실시로 인한 토영오염 우려기준을 초과할 것으로 예상되는 항목의 농도변화를 예측하며, 공간적 범위는 현황조사의 조사범위에 준하고, 시간적 범위는 공사시와 운영시로 구분하여 설정한다. 토양오염의 영향예측 항목에 관한 농도

분석도표, 그래프를 사용하여 그 내용을 정리 기술한다.

토양 항목에 대한 영향예측은 환경영향평가서 등 작성 등에 관한 규정(환경부고시 제2016-22호)을 기본으로 하되(표 8.6 참조), 다음 내용을 참고할 필요가 있다.

표 8.6 토양 항목의 영향예측 방법

구분	작 성 방 법
(가) 항목	• 예측항목은 조사대상 지역에 대한 토양현황조사 결과 오염이 확인된 항목과 해당 사업의 시행에 따라 발생되어 사업지구 내·외 지역의 토양환경에 영향을 미칠 것으로 예상되는 항목으로 하되 사업특성 및 사업지역의 특성 등을 고려하여 조정할 수 있다.
(나)범위	• 공간적 범위는 사업대상지역과 영향이 있을 것으로 예상되는 주변지역을 기준으로 하되, 필요 시 조정할 수 있다. • 시간적 범위는 공사 시와 운영 시로 구분하며, 운영 시의 경우는 장기적인 변화를 예측할 수 있도록 설정한다.
(다) 방법	• 예측방법은 사업시행 전·후의 토양오염물질의 종류와 오염농도, 토양오염원의 특성, 토양 특성 및 지하수 유동 특성 등을 고려하여 유사 평가 사례를 참조하거나 지하수 유동 및 오염물질 이송확산모델, 실험 등의 가능한 한 정량적인 방법을 사용한다.
(라) 예측결과	• 예측결과는 각 예측항목별로 현황조사결과와 연계하여 정리하여 기술하고, 표나 그림 등으로 제시한다.

자료 : 환경영향평가서 등 작성 등에 관한 규정(환경부고시, 제2016-22호).

(1) 기 확인된 오염원에 의한 영향예측

토양특성, 지하수특성, 오염원 특성 등을 분석한 후 이를 활용하여 영향범위를 예측한다.

① 토양특성 분석

사업지구를 포함한 주변지역의 토양을 분류하고 대표적인 토양물리·화학적 특성을 파악하고 토양대 및 토양도를 바탕으로 토양의 특성을 분석한다.

② 지하수특성 분석

지하매질의 특성, 지하수위, 지하수 주흐름방향 등을 파악하고 지반구조물 및 지반구조를 분석한다.

③ 오염원특성 분석

(특정)토양오염관리대상시설, 불법폐기물매립지역 또는 휴·폐광산 지역 등 토양오염원 종류, 용량, 면적 등의 일반적인 특성을 파악하고 토양오염물질의 종류, 발암성, 환경 내 거동 특성 등을 파악한다.

④ 영향범위 예측

기 확인된 토양오염원의 토양오염물질 확산범위(토양, 지하수, 지표수매체로의 확산 등)를 수치모델링 등을 활용하여 예측하고, 필요시 오염확산범위를 평가하기 위하여 토양, 지하수 및 지표수에 대한 추가적인 실측조사를 실시하고 이를 상기한 영향예측범위와 비교 · 평가한다.

(2) 공사시 영향예측

(특정)토양오염관리대상시설, 불법폐기물매립지 등의 철거로 인한 토양오염을 예측하고, 공사장비 투입으로 누유 및 장비의 오일교환 등에 의한 폐유발생으로 인한 토양오염을 예측한다. 또한 토양오염 개연성조사에서 미파악된 토양오염원(과거 불법매립된 폐기물 등) 및 유류오염토양 발견 등으로 인한 토양오염을 예측한다.

(3) 운영시 영향예측

기존 토양오염관리대상시설의 존치로 인한 토양오염을 예측하고, 신규 토양오염관리대상시설 설치로 인한 토양오염 가능성을 예측한다.

3) 지형 · 지질

지형 · 지질 항목에 대한 영향예측은 환경영향평가서 등 작성 등에 관한 규정(환경부고시 제2016-22호)을 참고로 하되(표 8.7 참조), 아래 내용을 기본적으로 예측할 필요가 있다.

표 8.7 지형 · 지질 항목의 영향예측 방법

구분	작 성 방 법
(가) 항목	• 예측항목은 조사항목을 기준으로 하되 지형 · 지질에 영향을 미칠 것으로 예상되는 항목을 포함할 수 있다.
(나) 범위	• 예측범위는 조사범위를 기준으로 하되 필요시 그 범위를 조정한다. • 시간적 범위는 공사 시와 운영 시로 구분하며 운영 시의 경우 장기적인 영향을 고려한다.
(다) 방법	• 예측방법은 대상사업의 특성, 대상지역의 환경적 특성, 지형 · 지질 특성 등을 고려하여 유사사례를 참조하는 등의 방법으로 한다.
(라) 예측결과	• 예측결과는 예측항목별로 서술하고, 표나 그림 등을 이용하여 정리한다.

자료 : 환경영향평가서 등 작성 등에 관한 규정(환경부고시, 제2016-22호).

(1) 지형에 대한 영향

사업시행으로 인해 지형의 변화나 어떤 지역의 점유가 발생하는 공사의 종류를 예측한다. 그 영향이 간접적이고 시간이 오래 걸리는 경우, 예측을 철저히 하여야 한다. 특히 하구언 공사, 댐 공사, 해안도로 공사, 항만공사 등 유수의 흐름에 영향을 주는 공사는 그 영향의 예측이 매우 어려우므로 여러 가지 기존 사례를 조사하고, 적절한 모델링을 통하여 예측하여야 한다. 평가서에서 다루어야 할 사항들은 다음과 같다.

- 사업지구의 주요 절·성토 지역의 현황
- 각종 구조물의 공사용 진입도로의 필요성과 위치 및 규모의 정도
- 터널공사시 진입도로의 필요성과 위치 및 규모의 정도
- 터널 환기시설중 수직갱의 설치시 수직갱의 위치, 규모, 수직갱 공사용 진입도로의 절·성토 현황
- 교량공사시 공사용 가설도로의 설치시 위치 및 규모
- Batch Plant, Crusher장의 설치시 그 예정위치 및 규모
- 현장사무소, 자재 적치를 위한 장소의 위치와 규모

(2) 보존가치가 있는 지형·지질에 대한 영향

사업으로 인하여 자연경관적·학술적·문화적·역사적·예술적 보존가치가 있는 지형·지질의 직·간접적인 훼손 여부를 예측하여야 한다. 이들 대상은 GPS로 측정한 자료로 그 범위나 위치를 도면에 번호를 부여하고 별도의 표에 좌표(경위도, TM 좌표계)를 표시하여 제시하는 것이 바람직하다.

(3) 특이 자연현상에 미치는 영향

사업의 시행으로 특이한 자연현상에 미치는 영향을 5단계로 구분하여 예측한다.

- 영향이 없음 : 사업의 시행으로도 특이한 자연현상에 전혀 영향이 없는 경우
- 영향이 미미함 : 사업의 시행으로 영향은 있으나 특이한 자연현상에 본질적으로 영향이 거의 없는 경우
- 영향이 조금 있음 : 사업의 시행으로 특이한 자연현상의 일부가 영향을 받지만 그 영향의 규모가 대략 10% 이하인 경우
- 영향이 있음 : 사업의 시행으로 특이한 자연현상의 전체가 영향을 받고, 그 영향으로 특이한 자연현상의 발생의 감소가 대략 30% 이상 되는 경우
- 영향이 아주 큼 : 사업의 시행으로 특이한 자연현상의 매우 심각하게 영향을 받아서, 특이한 자연현상이 현저하게 감소하거나 전혀 발생하지 않는 경우

(4) 토공량 규모에 따른 영향

모든 지형변화량을 토공량(절토량과 성토량)으로 환산하여 사업별, 구간별로 구체적으로 파악하고, 토공의 과부족시에는 과부족처리계획을 검토한다. 평가서초안과 평가서의 토공량 규모가 변경될 경우에는 반드시 그 변경 내용과 그 사유를 확인하여야 한다.

(5) 지질변화로 인한 영향

지질의 변화를 예측하기 위해서는 다음의 사항을 검토한다.

- 절 · 성토에 따른 지표수 및 지하수의 양과 수위의 변동의 정도
- 주변의 자연적인 샘의 수량 및 수질의 변화
- 절 · 성토 부위의 표사의 유출량 및 퇴적량의 정도
- 절 · 성토에 의한 지표수 및 지하수 자연수질의 변화
- 절 · 성토에 의한 광물(특히 금속광물질)의 변질과 이에 따른 수질변화
- 중금속의 흡착, 침전 및 용해 등으로 인한 영향
- 지질의 변화로 인한 영향 발생시 그 영향의 범위
- 미생물에 의한 광물 용해 및 침전, 중금속의 유출 및 유동으로 인한 영향

(6) 지반변화로 인한 영향

지반불안정은 포괄적으로 다루어져야 하므로 다음의 사항을 검토한다.

- 갱도 주변의 붕괴의 가능성 및 그로 인한 영향의 범위
- 터널붕괴의 가능성 및 그로 인한 영향의 정도
- 지반의 침하 가능성 및 그로 인한 영향의 정도
- 기타 지반의 변화(함몰, 미끄러짐, 전도 등) 발생시 그 규모와 피해 범위의 정도

(7) 광산주변 개발시 영향

광구 및 광산의 주변 지역에서 사업이 시행될 경우에는 다음의 사항을 검토한다.

- 사업으로 인해 광물의 개발계획에 영향을 주는 정도
- 광산 운영(광석 운반, 채광면적 축소 등)에 미치는 영향의 정도
- 갱도의 분포로 인해 사업계획에 영향을 주는 정도

(8) 시추로 인한 영향

시추작업이 있을 경우에는 다음의 사항을 파악하여 그 영향을 예측하여야 한다.

- 시추위치, 시추기간, 시추시 사용할 시추용 용액의 종류와 총사용량, 시추용액의 첨가제

의 종류와 사용량 등
- 시추시 발생하는 각종 물질(시추 암편, 시추용액 등)의 양과 처리방법
- 시추조사시 발생하는 암편 등에 자연방사성 물질의 함유시, 처리방안

5 저감방안

1) 토지이용

(1) 녹지 및 공원 확보

면적개발사업(택지개발 등)의 경우 우리나라와 같이 도시 내 공원이 부족한 상태에서 단지 내 자연상태의 녹지나 혹은 휴식 · 위락시설로서의 공원의 확보는 사업지구의 쾌적성 측면에서 중요한 요소이다. 뿐만 아니라 면적개발사업의 대부분은 농경지 및 녹지지역에 입지하고 있어 도시전체 혹은 지역전체를 고려할 때 개발사업이 행해짐에 따라 시가화지역이 확장되고 인구가 증가하지만 다양한 환경적 기능을 수행하고 있는 녹지면적은 상대적으로 감소하게 되어 도시의 자연성과 쾌적성은 저하되는 결과를 초래하고 있다.

특히 녹지 및 공원의 조성은 해당지역의 녹지축 혹은 생태축과의 연결성 측면에서 중요한 의미를 지니고 있다. 이러한 점을 고려할 때 녹지 및 공원의 충분한 확보는 단순히 사업지역뿐만 아니라 도시 혹은 지역전체의 친환경성 혹은 쾌적성과 유기적인 관계가 있다.

택지사업을 비롯한 면적사업의 경우 녹지 및 공원의 기능은 개발대상지의 특성과 녹지지역의 위치, 형태에 따라 다를 뿐만 아니라 대상지역 내에서 녹지 및 공원을 위한 공간을 확보하는 데 많은 제약성이 있다. 따라서 제한된 녹지면적을 어느 곳에 어떤 형태로 배치하며 녹지공간들간의 관계를 어떻게 설정하느냐 하는 것은 매우 중요하다.

녹지 및 공원의 확보는 거시적으로는 해당 지역 전체의 녹지축 혹은 생태축을 훼손하지 않아야 하며, 도시민의 1인당 유효 공원면적 등을 고려하여 당해 사업지구 내의 녹지 및 공원이 확보될 수 있도록 한다.

(2) 지형을 고려한 개발

도시 개발의 경우 기존의 도심지 보다는 주로 자연녹지지역이나 생산녹지지역에 이루어지고 있어 주변지역과의 지반고를 맞추기 위해서는 토공은 필수적인 요소가 된다. 이 경우 농경지의 성토에 필요한 토사량을 공급하기 위해서 산지를 절개하여 지구 내 토공균형을 맞추는 것이 일반적이다. 사업지구 내에서 토공균형을 맞추는 것은 토사운반에 따른 경제적인

손실, 비산 먼지의 발생, 운행차량으로 인한 소음 및 대기질의 영향 등 공사시 환경적으로 발생할 영향을 사전에 방지하는 방안도 될 수 있다. 그러나 이러한 경우 양호한 산림의 훼손이 커지며 지형의 변동으로 인한 배수구역의 변화 등의 문제가 발생할 수 있다.

따라서 경사지를 활용하여 외부공간계획과 옥외생활공간을 확보하도록 하고, 완경사지의 경우 단독주택 및 아파트를 조성하고, 급경사지는 건축적으로 경사면 극복이 용이한 연립이나 테라스 하우스로 개발하는 등 경사지, 절벽, 평지 등 지형의 특성을 고려하여 계획하여야 한다.

(3) 불투수면적의 최소화

투수성 포장을 통한 우수의 지하침투로의 유도는 도시방재 차원뿐만 아니라 도시의 기후변화 완화, 도시열섬현상 완화 등 친환경적 개발을 위해서는 반드시 필요하다. 자동차가 많이 다니는 차도를 제외하고 보행자도로, 광장, 자전거도로, 주차장, 그린공원 내 보도 등은 아스팔트시공을 지양하고 다양한 투수성 포장을 적용할 수 있는 대표적인 지역이다.

현재 우리나라에서 많이 적용되고 있는 투수성 포장 공법은 크게 포설형과 블록형으로 구분할 수 있다. 블록형에서도 블록자체에 투수기능을 지닌 투수블록형 포장 공법, 식생과 함께 적용되는 중공블록형 포장 공법 등으로 세분할 수 있다.

투수성 포장은 하나의 재질을 사용하기보다는 사업지역의 다양한 시설지구 및 오픈스페이스 등의 공간성격 및 기능, 활동 행태 등을 고려하여 친환경적인 포장 재료를 사용하여야 한다. 특히, 친환경적 포장재료는 투수율을 고려해야 하며 주변지역에 환경적 · 생태적으로 영향을 미치지 않는 자연재료나 상기의 특성이 있는 인공재료가 바람직하다.

(4) 친수공간의 조성

친수공간의 조성은 하천의 자연생태적 특성과 이용자의 행태적 특성을 고려하여 하천공간을 구분하고 각 구역의 특성에 적합한 기능을 배치하여야 한다. 도시하천 내 친수공간의 조성은 크게 두 가지로 구분할 수 있는데, 하나는 광장, 공원, 호안계단의 조성 등을 통한 녹지확보 차원에서의 친수공간 조성과 하천의 본래의 생태적 · 환경적 기능을 복원하여 자연형 하천조성으로 구분할 수 있다.

친수공간의 조성은 하천을 자연환경을 형성하는 구조로서 인식하여 하천을 중심으로 분포하는 대규모 녹지 등의 자연적 요소와 연계하도록 한다. 하천이 지닌 자연경관과 거리와의 일체성, 연속성을 지닌 정취 있는 장을 활용하여 부지 내에 새로운 친수공간의 형성을 목표로 한다.

자연형 하천의 조성은 기존의 제방-고수부지-저수호안-인공 수로의 구조가 일반화되어 획일적으로 정비가 이루어진 하천을 생태공법을 이용한 하천 정비를 통해 인공적인 개량이나 변경을 지양하고 생물 서식공간을 확보하는 등 하천의 생태적 기능을 회복하여 생물다양성 및 풍부성을 유지할 수 있도록 한다.

일반적으로 친수공간의 조성은 인공적 시설이 중심이 되어 하천 주변을 자연적 위락시설, 문화시설 등을 설치하거나 고수부지를 활용한 각종 레크리에이션, 스포츠 활동, 이벤트 등의 장소로 활용하기 위한 것이다. 친수공간의 조성시 일반적으로 고려해야 할 사항은 다음과 같다.

- 하천은 녹지로서 큰 의미를 지니므로 주변 배후지의 녹지체계와 연계성을 고려
- 하천에 인접하여 공원, 녹지, 오픈스페이스를 조성
- 건물의 형상을 고려하여 배후지로부터의 조망을 방해하지 않도록 계획
- 수변공간을 조망할 수 있는 대표적 경관지점을 마련
- 친수공간의 기능 및 활동특성에 적합하도록 시설계획을 수립
- 주택단지에서의 접근성을 고려한 동선계획
- 방재측면에서의 공간 확보 측면을 고려

2) 토양

현황, 영향예측 결과를 기반으로 토양오염도가 토양오염 우려기준 및 토양오염 대책기준에 해당하는 경우 토양오염방지 및 개선방안을 포함하는 저감방안을 수립한다. 저감방안은 합리적이고 구체적인 내용으로 수립하고, 사업자와 저감방안의 이행주체가 서로 상이한 경우(예를 들면, 기 확인된 토양오염원의 오염원인자가 사업자가 아닌 경우 등)에는 사전에 그 저감방안에 대해 양자가 협의한 후 그 내용을 제시한다. 또한 저감방안의 내용이 토지이용과 관련된 경우 이를 반영하여 토지이용계획을 수립한다. 저감방안은 공사 시와 운영 시로 구분하여 수립한다.

(1) 공사시

(특정)토양오염관리대상시설, 불법폐기물매립지 등의 철거 시 토양오염방지계획을 수립하고, 공사장비 운영에 필요한 주유시설 및 폐유보관시설 운영계획 수립에 따른 토양오염방지대책을 수립한다. 또한 매립폐기물 발견 시 폐기물 처리·처분대책 및 오염토양 정화대책을 세우고 유류오염토양 발견시 정화대책을 마련한다.

(2) 운영시

기존 (특정)토양오염관리대상시설, 불법폐기물매립지 등의 존치 시 토양오염방지대책을 강구한다. 신규 토양오염관리대상시설로부터 오염물질이 유출되었을 경우에 대비한 토양오염

저감 및 방지대책을 수립한다.

3) 지형 · 지질

지형, 지질 항목의 저감방안은 크게 3가지로 볼 수 있다. 즉 ① 사업으로 인한 영향을 원천적으로 방지하는 원형 보전방안, ② 사업을 시행하되 지형훼손의 규모를 줄이는 등 영향을 저감하는 방안, ③ 공사시 토사유출 방지대책이나 사면안정대책 등과 같은 환경관리계획 등이다. 이 중 ②는 절 · 성토 규모에 대한 일반적인 관리기준에 근접하도록 하는 것이 필요하며, 도로 등 사업의 특성상 불가피한 경우도 있을 수 있다. ③은 사업의 시행 주체가 사업을 시행하면서 저감방안을 성실히 실행하여 달성할 수 있다. 이는 사후환경영향조사계획에서 일반적으로 다루어진다. 그러나 위의 ①은 현재의 환경영향평가가 선계획 · 후평가라는 한계를 갖고 있으므로 항상 논란이 되고 있다.

(1) 원형보전 방안

지형 · 지질적으로 보존가치가 있는 지역은 사업으로 인하여 영향이 거의 없도록 하는 것이 바람직하다. 보존가치가 있는 지역 중 법적 보호대상의 경계지역 이내는 원칙적으로 보존될 것이지만, 경계지역의 어느 정도까지 접근 혹은 점유할 수 있는가를 개별법에 따라 검토하여야 한다. 관련법이나 특별한 관리규정이 없는 경우에는 관련전문가의 의견을 참조하는 것이 바람직하다. 보전가치 지역 중 법적으로 미지정된 것은 특별히 주의하여야 한다. 보전가치가 있지만 법적인 지정 사항이 아니라는 이유로 그 중요성이 무시되어서는 안 된다. 즉 자연환경은 미래의 보존가치까지 고려하는 것이 필요하다. 어떠한 경우이든 보전가치가 매우 높은 지역은 사업으로 인한 영향이 없도록 보전방안을 철저히 수립하여야 한다.

(2) 지형훼손의 저감

지형은 훼손되면 자연상태의 원형이 영원히 복구되지 않는 특성을 가지고 있다. 따라서 가능하면 지형의 훼손을 줄이는 방안을 다각적으로 검토하여야 한다. 특히 절토고가 30 m 이상 발생하는 지역과 절토로 인한 절토사면고 각 30 m 이상 발생지역, 성토고나 성토사면고가 각각 10 m 이상 발생되는 구간 중 지형의 연결성과 자연경관성 등을 고려하여 지형훼손을 적절히 줄일 수 있는 다수의 저감방안을 검토하는 것이 필요하다.

(3) 지질재해의 저감

지반침하, 사면붕괴, 석회암 카르스트 지대, 산사태 및 홍수 다발지역 등 지질재해 발생 가능지역은 입지의 적절성을 미리 검토하여 이러한 지역을 가능하면 배제하도록 한다. 다만 불가피할 경우에는 사업특성에 따라 지질재해 저감시설을 강구하여야 한다. 예를 들어, 산사태 위험지역은 방호벽, 터널박스 등을 설치하도록 한다.

참고문헌

김지영 외, 환경영향의 합리적 예측평가를 위한 기법 연구, 2002, 한국환경정책・평가연구원.
이영수 외, 사업유형별 환경영향평가서 작성지침(안) 개발연구, 2007, 한국환경정책・평가연구원.
정주철 외, 2009, 환경평가를 활용한 토지이용계획 수립방안에 관한 연구: 도시 및 택지개발을 중심으로, 한국환경정책・평가연구원.
환경부 고시, 2016, 환경영향평가서 등 작성 등에 관한 규정.
환경부, 2015, 환경영향평가 관련 규정집.

제9장

자연생태환경

1 개요

생태계(ecosystem)의 범위는 매우 다양하다. 생태계는 특정한 지역에 살고 있는 생물들과 그 생물들이 살고 있는 주변 환경을 합친 것으로 일컬어진다. 따라서 이 생태계를 구성하는 지역은 좁게는 도시생태계와 같이 도심의 좁은 공간(연못이나 개울 등)을 대상으로 할 수도 있고, 넓게는 해안이나 사막, 열대우림과 같이 지구 차원의 생물들이 거주하는 공간으로 정의될 수도 있다. 생태계는 크게 자연적으로 만들어져서 태양의 힘에 의해서 그 기능이 유지되는 자연생태계(natural ecosystem)와 인간이 만들고 인공적으로 그 기능이 유지되는 인공생태계(human ecosystem)로 구분할 수가 있으며, 자연생태계와 인공생태계 사이를 반자연생태계(semi-natural ecosystem)라고 정의하기도 하는데 이는 농업, 임업, 양식업, 수산업 등을 위하여 인간이 자연생태계에 변형을 가하여 필요한 생물을 산물로서 얻으면서 관리해가는 생태계를 말한다.

이들 생태계는 개발에 대한 압력의 증가로 야생 동·식물의 서식공간인 산림이나 갯벌의 감소로 서식공간의 질이 저하되고 있다. 지난 1960년대 이후 경제개발, 산업화 및 도시화 과정에서 자연을 이용과 개발의 대상으로만 인식함에 따라 귀중한 자연자원의 상실을 초래하였다. 즉 환경오염, 서식지 손실 등으로 생물다양성이 감소하였으며, 환경부(2015)에 따르면 산림면적은 62 km^2/년(0.1%) 감소하고, 갯벌은 38.4 km^2/년(1.4%)씩 줄어들고 있다. 또한 전 세계에는 150만종이 과학자들에 의해 확인되고 기술되었으며, 지구상에는 식별 가능한 종수의 추정값은 대략 500만에서 1,000만에 이를 것으로 나타났다(프리막 외, 2014). 이러한 개발위주의 정책은 사회적 부작용과 역기능을 가져오게 되고 1981년부터 환경영향평가 제도가 시행되어 오늘에 이르게 된다. 환경영향평가는 개발사업 수행 시 발생하는 자연환경의 훼손을 감소시키고, 생활환경에 미치는 피해를 축소함과 동시에 사업자의 환경보전 의식을 고취하는 등의 긍정적인 효과도 있었으나, 환경보전에 대한 국민의식 부족과 환경문제가 다양화, 복합화로 보다 정밀성이 요구되고 있다.

특히 자연생태계 분야는 타 환경분야에 비해 정량화, 계량화하기 어렵고 다분히 주관적인 요소를 포함하고 있을 뿐만 아니라 많은 분류군에 대해 투입한 시간 및 노력에 비해 성과를 단기적으로 도출하기는 어려운 분야이다. 게다가 상대적으로 적은 전문조사 인력, 조사 시기, 조사 횟수, 조사 범위 등 조사의 방법론적인 차이 그리고 조사자 각각의 전문적 식견의 차이 등으로 인해 사회적으로 갈등이 되는 환경문제를 일으키는 사례가 매우 빈번하게 나타났다(환경부, 2011). 미국 등 선진국에서는 개발사업에 있어 서식지 조사 또는 적합한 서식환경 평가를 위한 생물종별 예측모형을 1980년대 이래 적용하고 있다(U.S. Fish and Wildlife Service. 1980). 자연생태환경은 조사자, 조사 시기, 사업에 따라 보호가치가 높은 생물종 및 서식지가 상이하게 나타날 수 있으며, 이는 조사 시기 및 방법에 대한 이해부족에서 오는 경우가 많다. 따라서 환경성 평가의 신뢰성을 높이기 위해서는 생물종 및 서식지에 대한 조사체계를 지속적으로 보완하여야 하며, 서식지 조사의 누락 및 오류 발생을 최소화하기 위한 조사방법이 마련되어야 한다. 현재 환경영향평가에서는 동식물상 조사항목으로 인해 사업대상지 및 주변지역에 출현하는 생물종을 조사하여 동물상 목록을 작성하고 있으나, 생물종의 생활터전인 서식지 조사는 부족하다(권영한 등, 2006).

최근에 개발사업 시행 시 사업지역 내에서 법적보호종이 출현되거나, 생태적으로 중요한 동식물의 현황조사가 미비하고, 서식지가 추가로 발견되는 등 환경영향평가 전반에 대해 부실화 논란이 야기되는 문제점을 개선하기 위해 생태계 조사 분야의 업종 전문화가 요구되는 실정이다. 따라서 보다 체계적이고 전문적인 생태계 조사를 위한 방법론 개발, 평가의 극대화를 위한 인력양성 등이 필요하다. 또한 환경영향평가서에 제시되지 않은 새로운 멸종위기종이 협의완료 후에 발견되어 환경영향평가(자연생태분야)가 부실하게 작성되었다는 지적이 빈번히 제기되어 왔었다. 이런 조사업무는 현지조사만으로는 대상지역에 대한 동·식물상 현황을 파악하는 데에 한계가 있어 문헌조사를 병행하여 실시하도록 하고 있다. 이는 문헌조사에 대한 구체적인 가이드라인이 부재하고 오래된 문헌 인용시 이에 대한 문제가 제기되어 왔다. 이에 따라 지난 2010년 4월 국회 환경노동위원회에서는 「환경영향평가 등에 관한 법률」 개정안을 가진 바가 있으며, 대토론시 자연생태계 조사체계를 보강하는 의견이 제시되었다. 환경영향의 조사 및 예측을 실시함에 있어 대상사업의 개발계획(안) 등의 내용에 따라 공사 중 및 사업완료 후의 전 단계에 걸쳐서 대기환경, 수환경, 토지환경, 자연생태환경의 보전, 생활환경의 쾌적성 및 사회·경제환경의 편익성 등에 영향을 미칠 것으로 예상되는 환경영향요소를 도출하며, 대상사업지역 뿐만 아니라 인접영향권을 포함하여 장·단기적인 중요한 영향을 추출한다.

자연환경조사의 목적은 자연환경보전 정책수립을 위해 가장 기본이 되는 생물종보전 및 서식지보전에 대한 조사를 토대로 하고 있다. 이는 선진국을 포함한 대부분의 나라에서 시행되는 연구사업으로 자국의 종다양성의 유지, 관리하기 위한 방안으로 실행되고 있다. 생물다양성(biological diversity 혹은 biodiversity)은 인류의 삶을 풍요롭게 하기 위한 기초가 되며 동시에 우리가 거주하고 있는 자연생태계의 특성을 나타내주는 고유한 가치를 가진다(Ehrlich and Ehrlich, 1981; Constanza et al, 1997). 또한 최근에는 생물다양성을 중심으로 지역적, 국제적 단위에서 생태계 서비스의 가치를 산출하기 시작하였다(Peterson et al, 2010). 생물종은 오랜 기간에 걸쳐 각기 종이 형성된 지역과 공간, 그리고 시간의 산물이어서 다른 지역이나 환경 속에서는 복원될 수 없는 고유한 것이다. 이것은 세계 여러 나라들은 각기 고유한 전통과 문화를 가지고 있으며, 고유한 문화의 형성은 결코 모방될 수 없는 것과 마찬가지이다. 자연생태계는 이곳에 주어진 환경 조건과 그 조건 속에서 생활할 수 있는 생물의 종류로 이루어진 것으로서 우리만이 가지는 독특한 자연유산이다. 한 번 잃어버린 문화유산(cultural heritage)은 복원되지 않는 것과 마찬가지로 한 번 파괴된 자연생태계는 원상의 복구가 불가능하다. 생태계를 구성하는 모든 생물은 각기 기능적으로 연계되어 있으며 서로 어울려서 다양한 가치를 창출할 수 있으며, 자연생태계의 균형의 파괴는 고유한 가치를 지닌 종의 손실을 의미하며 우리 삶의 터전이 붕괴될 수 있음을 의미한다고 볼 수 있다. 한반도에는 다양한 생물다양성 및 생태계가 존재하며 이들의 합리적인 관리 및 보전은 우리가 달성해야 할 매우 중요한 숙제이다(Lee and Miller-Rushing, 2014).

2 관련법과 제도

1) 관련법

환경영향평가업무를 수행하기 위한 각종 법령과 제도는 환경부의 자연환경보전법, 습지보전법, 독도 등 도서지역의 생태계 보전에 관한 특별법 이외에 해양수산부의 해양환경관리법, 해양생태계의 보전 및 관리에 관한 법률이 있으며 산림청의 산림법, 문화재청의 문화재 보호법 등 연관 법률이 많이 있으며 이에 대한 이해가 필수적이다. 환경부소관 자연환경 관련 법률은 표 9.1과 같다.

2) 생태 · 자연도

사업시행지역과 사업시행에 따라 영향을 받을 지역의 환경(대기환경, 수환경, 토지환경, 자연생태환경, 생활환경 및 사회 · 경제환경)을 조사, 분석하여 기술하되 지도, 사진 및 도표 등을 적절히 사용하며, 사업시행에 따라 현저하게 영향을 받을 분야에 중점을 두어 기술하고, 필요하지 않은 자료의 나열은 피한다. 또한 각 항목별로 현황조사 일시, 지점, 분석방법

표 9.1 환경부소관 자연환경 관련 법률

법 명	제정	주 요 내 용
자연환경보전법	1991.12	• 자연환경보전원칙, 방침, 계획 수립 • 생태계 보전지역의 지정 · 관리 • 자연환경의 조사, 생태자연도 작성
습지보전법	1999.2	• 습지 · 갯벌조사 및 습지보전계획 수립 • 습지보호지역의 지정 · 관리
독도 등 도서지역의 생태계보전에 관한 특별법	1997.12	• 생태계우수 무인도서의 조사 • 특정도서 지정 및 보전계획 수립 · 시행
백두대간 보호에 관한 법률	2003.12	• 백두대간보호 기본계획 수립 · 시행 • 백두대단 보전지역 지정 및 훼손지 복원
야생생물 보호 및 관리에 관한 법률	2004.2	• 야생생물 및 멸종위기 야생생물 보호 • 생물자원 보전 및 수렵관리
자연공원법	1980.1	• 국립 · 도립 · 군립공원의 지정 • 공원계획 수립 및 공원사업 진행
문화유산과 자연환경자산에 관한 국민신탁법	2006.3	• 문화유산 · 자연환경 국민신탁 법인설립 • 문화유산 및 자연환경자산 목록작성 등
환경영향평가법	2011.7	• 환경영향평가서의 작성, 협의 • 환경영향평가서의 대행자 등록, 협의내용 관리 등
생물다양성 보전 및 이용에 관한 법률	2012.2	• 생물다양성 및 생물자원의 보전 • 외래생물 및 생태계교란 생물 관리 등
국립생태원의 설립 및 운영에 관한 법률	2013.6	• 국립생태원의 기능 및 운영 • 생태와 생태계에 관산 조사, 연구, 전시, 교육
자료 : 환경백서(2015)		

등을 제시한다.

개황조사 및 각 항목별 현황조사내용이 다른 항목의 평가에 필요한 현황조사내용이 있는 경우에는 상호 연계하여 영향예측 및 평가에 활용한다. 자연환경조사를 위한 생태자연도 등급에 따른 기준 및 작성과 활용방안은 표 9.2와 같다.

광역생태계 현황, 생태계다양성(서식지 다양성), 생물서식지 현황 및 특성, 식생패치의 분포, 서식지간 연결성 및 기타 생물다양성의 확보 및 자연환경의 체계적 보전을 위해 필요한 항목을 파악하고 이를 가능한 표 및 그림으로 표현한다.

생태 · 자연도는 자연환경보전법 제34조 제1항에 따라 생태계의 구조와 기능을 체계적으로 이해하는데 필요한 자연경관, 생물분포현황 및 토지이용현황에 대한 정보를 지도상에 종합적으로 표현한 것으로서 자연환경을 생태적 가치, 자연성, 경관적 가치 등에 따라 등급화한 지도를 말한다. 생태 · 자연도의 평가항목은 식생, 멸종위기야생동 · 식물, 습지, 자연경관

표 9.2 자연환경보전법에 의한 생태 · 자연도 작성 및 활용

자연환경보전법 제34조(생태 · 자연도의 작성 · 활용)
제34조 (생태 · 자연도의 작성 · 활용)
① 환경부장관은 토지이용 및 개발계획의 수립이나 시행에 활용할 수 있도록 하기 위하여 제30조 및 제31조의 규정에 의한 조사결과를 기초로 하여 전국의 자연환경을 다음의 구분에 따라 생태 · 자연도를 작성하여야 한다. 1. 1등급 권역 : 다음에 해당하는 지역 가. 야생동 · 식물보호법 제2조의 규정에 의한 멸종위기야생동 · 식물(이하 "멸종위기야생동 · 식물"이라 한다)의 주된 서식지 · 도래지 및 주요 생태축 또는 주요 생태통로가 되는 지역 나. 생태계가 특히 우수하거나 경관이 특히 수려한 지역 다. 생물의 지리적 분포한계에 위치하는 생태계 지역 또는 주요 식생의 유형을 대표하는 지역 라. 생물다양성이 특히 풍부하고 보전가치가 큰 생물자원이 존재 · 분포하고 있는 지역 마. 그 밖에 가목 내지 라목에 준하는 생태적 가치가 있는 지역으로서 대통령령이 정하는 기준에 해당하는 지역 2. 2등급 권역 : 제1호 각목에 준하는 지역으로서 장차 보전의 가치가 있는 지역 또는 1등급 권역의 외부지역으로서 1등급 권역의 보호를 위하여 필요한 지역 3. 3등급 권역 : 1등급 권역, 2등급 권역 및 별도관리지역으로 분류된 지역외의 지역으로서 개발 또는 이용의 대상이 되는 지역 4. 별도관리지역 : 다른 법률의 규정에 의하여 보전되는 지역 중 역사적 · 문화적 · 경관적 가치가 있는 지역이거나 도시의 녹지보전 등을 위하여 관리되고 있는 지역으로서 대통령령이 정하는 지역
② 환경부장관은 생태 · 자연도를 효율적으로 활용하기 위하여 제1항 제1호 내지 제3호의 권역을 환경부령이 정하는 바에 따라 세부등급을 정하여 작성할 수 있다.
③ 환경부장관은 생태 · 자연도를 작성함에 있어 관계중앙행정기관의 장 또는 지방자치단체의 장에게 필요한 자료 또는 전문인력의 협조를 요청할 수 있다. 이 경우 군사목적을 위하여 불가피한 경우를 제외하고는 관계중앙행정기관의 장 및 지방자치단체의 장은 대통령령이 정하는 바에 의하여 자료의 요청에 협조하여야 한다.
④ 생태 · 자연도는 2만 5천분의 1 이상의 지도에 실선으로 표시하여야 한다. 그 밖에 생태 · 자연도의 작성기준 및 작성방법 등 작성에 필요한 사항과 제1항의 규정에 의한 생태 · 자연도의 활용대상 및 활용방법에 관하여 필요한 사항은 대통령령으로 정한다.
⑤ 환경부장관은 생태 · 자연도를 작성하는 때에는 14일 이상 국민의 열람을 거쳐 작성하여야 하며, 작성된 생태 · 자연도는 관계중앙행정기관의 장 및 해당 지방자치단체의 장에게 이를 통보하고 고시하여야 한다.
⑥ 시 · 도지사는 환경부장관이 작성한 생태 · 자연도를 기초로 하여 환경부장관과 협의하여 관할구역의 상세한 생태 · 자연도를 작성할 수 있다. 그 밖에 생태 · 자연도의 작성에 관하여 필요한 사항은 당해 지방자치단체의 조례로 정한다.

으로 이루어지며, 일부 멸종위기야생동 · 식물은 격자로 표현하거나 실선으로 표현하기도 한다. 등급은 식생의 보전가치, 멸종위기야생동 · 식물의 서식기능, 식물군집의 군락기능, 생물

다양성의 유지기능, 수려한 지형경관의 제공기능 및 기타 기능으로 나누어 생태등급 및 평가기준을 제시하고 있다. 현지조사를 토대로 제작되는 특성상 조사 후 시간경과에 따른 자연환경변화에 대한 갱신에 어려움이 있고, 조사자마다의 경험과 지식, 시기, 인원, 방법 등의 표준화가 부재하여 생태등급의 비교가 곤란하며, 야생동물의 서식환경평가에 있어서 학문적, 이론적 기반이 취약하다는 문제점을 안고 있다(환경부, 2011).

생태・자연도는 과거 녹지자연도에서 발전된 개념으로 5년 주기의 자연환경조사결과를 기초로 자연환경을 생태적 가치, 자연성, 경관적 가치 등에 따라 등급화한 지도로 자연환경 보전 및 개발의 평가기준 등으로 활용되고 있다. 전국자연환경조사, 각종 생태계정밀조사 결과 등을 GIS-DB화(현존식생도, 지형현황도, 동・식물분포도)하여 전국을 생태적 가치에 따라 1~3등급 및 별도관리지역으로 구분한 1/25,000 축척의 생태・자연도를 제작하고 있다.

1998년 생태・자연도 법제화 이후 2007년 4월에 생태・자연도를 처음 작성하여 인터넷(환경공간정보서비스 http://egis.me.go.kr)에 공개하였으며, 2013년 1월에는 전국의 약 50%에 달하는 지역의 생태・자연도를 갱신하였다.

광역생태계 현황, 생태계다양성, 생물서식지 현황 및 특성, 서식지다양성, 식생패치의 분포, 서식지간 연결성 및 기타 생물다양성의 확보 및 자연환경의 체계적 보전을 위해 필요한 법적 사항이며, 사업지역의 적정성 여부를 판단하기 위한 잠재자연식생을 파악한다.

잠재자연식생을 도출하기 위해서는 모든 식생형에 대하여 전형적인 식분을 선정하여 종조성에 기초를 둔 식물사회학적 식생정보를 획득하고 지형적 특성, 온도대의 분석, 보호수 및 보호림의 분포분석, 현존식생의 종조성과 입지분석, 잔존림을 분석하여 이들 상호간의 종합적인 검토를 통해 추출해내는 것이다. 잠재자연식생을 파악하는 것은 환경영향평가 시 훼손지의 복원에 필요한 정보를 조기에 획득하고 목표하는 식생을 자연스럽게 회복하기 위해 필요하다(환경부, 2011).

3) 멸종위기 야생생물 보호 및 관리

정부는 1997년 「자연환경보전법」을 개정하여 멸종위기 및 보호야생 동・식물을 지정・관리하고, 이들을 불법적으로 포획・채취할 경우 최고 5년 이하의 징역, 3천만원 이하의 벌금 등 벌칙을 대폭 강화함으로써 야생생물 보호를 위한 법적 체계를 마련하였다. 2004년 2월에는 「자연환경보전법」과 「조수보호 및 수렵에 관한 법률」에서 각각 규정하고 있던 야생 동・식물 관련 규정을 통합하여 「야생 동・식물보호법(현 야생 생물보호 및 관리에 관한 법률)」을 제정하였고, 2005년 2월 10일 동법 시행령・시행규칙을 제정하였다. 2005년 「야생 동・식물보호법」에서 221종의 멸종위기 야생생물이 지정된 이후 그간의 자연환경 변화 등을 감안하여 2010년도부터 멸종위기 야생생물 목록 변경사업을 추진, 2012년 5월 246종의 멸종위기 야생생물 목록을 새로이 지정하였다(표 9.3, 9.4). 또한, 생물자원 전반에 대한 체계적인 보호 · 관리 강화를 위해 기존 「야생동 · 식물보호법」을 「야생생물 보호 및 관리에 관한 법률」로 개정 · 시행(2012.7)하였으며, 이로써 적용범위가 기존 야생 동 · 식물 외에 균류(버섯 등), 지의류, 박테리아 등 미생물 분류군까지 확대되었다.

표 9.3 멸종위기 야생생물 1급, 51종

구분	대 상 종
포유류(11종)	늑대, 대륙사슴, 반달가슴곰, 붉은박쥐, 사향노루, 산양, 수달, 스라소니, 여우, 표범, 호랑이
조류(12종)	검독수리, 넓적부리도요, 노랑부리백로, 두루미, 매, 저어새, c마수리, 청다리도요사촌, 크낙새, 혹고니, 황새, 흰꼬리수리
양서 · 파충류(2종)	비바리뱀, 수원청개구리
어류(9종)	감돌고기, 꼬치동자개, 남방동사리, 미호종개, 얼룩새코미꾸리, 여울마자, 임실납자루, 퉁사리, 흰수마자
곤충류(4종)	산굴뚝나비, 상제나비, 수염풍뎅이, 장수하늘소
무척추동물(4종)	귀이빨대칭이, 나팔고둥, 남방방게, 두드럭조개
식물(9종)	광릉요강꽃, 나도풍란, 만년콩, 섬개야광나무, 암매, 죽백란, 털복주머니란, 풍란, 한란

표 9.4 멸종위기야생생물 2급, 195종

구분	대 상 종
포유류(9종)	담비, 무산쇠족제비, 물개, 물범, 삵, 작은관코박쥐, 큰바다사자, 토끼박쥐, 하늘다람쥐
조류(49종)	개리, 검은머리갈매기, 검은머리물떼새, 검은머리촉새, 검은목두루미, 고니, 고대갈매기, 긴꼬리딱새, 긴점박이올빼미, 까막딱다구리, 노랑부리저어새, 느시, 독수리, 따오기, 뜸부기, 먹황새, 무당새, 물수리, 벌매, 붉은배새매, 붉은해오라기, 뿔쇠오리, 뿔종다리, 새매, 새호리기, 섬개개비, 솔개, 쇠검은머리쑥새, 수리부엉이, 알락개구리매, 알락꼬리마도요, 올빼미, 재두루미, 잿빛개구리매, 조롱이, 참매, 큰고니, 큰기러기, 큰덤불해오라기, 큰말똥가리, 팔색조, 항라머리검독수리, 호사비오리, 흑기러기, 흑두루미, 흑비둘기, 흰이마기러기, 흰죽지수리
양서 · 파충류(5종)	구렁이, 금개구리, 남생이, 맹꽁이, 표범장지뱀
어류(16종)	가는돌고기, 가시고기, 꺽저기, 꾸구리, 다묵장어, 돌상어, 모래주사, 묵납자루, 백조어, 버들가지, 부안종개, 열목어, 좀수수치, 칠성장어, 한강납줄개, 한둑중개
곤충류(18종)	깊은산부전나비, 꼬마잠자리, 노란잔산잠자리, 닻무늬길앞잡이, 대모잠자리, 두점박이사슴벌레, 멋조롱박딱정벌레, 물장군, 붉은점모시나비, 비단벌레, 쇠똥구리, 쌍고리부전나비, 애기뿔쇠똥구리, 왕은점표범나비, 창언조롱박딱정벌레, 큰수리팔랑나비, 큰자색호랑꽃무지, 큰홍띠점박이푸른부전나비

무척추동물(27종)	갯게, 검붉은수지맨드라미, 금빛나팔돌산호, 기수갈고둥, 깃산호, 대추귀고둥, 둔한지농산호, 망상맵시산호, 밤수지맨드라미, 변혹산호, 붉은발말똥게, 선침거미불가사리, 연수지맨드라미, 염주알다슬기, 울릉도달팽이, 유착나무돌산호, 의염통성게, 자색수지맨드라미, 잔가지나무돌산호, 장수삿갓조개, 착생깃산호, 참달팽이, 측맵시산호, 칼세오리옆새우, 해송, 흰발농게, 흰수지맨드라미
식물(68종)	가시연꽃, 가시오가피나무, 각시수련, 개가시나무, 개병풍, 갯봄맞이꽃, 구름병아리난초, 금자란, 기생꽃, 끈이귀개, 나도승마, 날개하늘나리, 넓은잎제비꽃, 노랑만병초, 노랑붓꽃, 단양쑥부쟁이, 닺꽃, 대성쓴풀, 대청부채, 대홍란, 독미나리, 매화마름, 무주나무, 물고사리, 미선나무, 백부자, 배양더부살이, 백운란, 복주머니란, 분홍장구채, 비자란, 산작약, 삼백초, 서울개발나물, 석곡, 선제비꽃, 섬시호, 섬현삼, 세뿔투구꽃, 솔붓꽃, 솔잎란, 순채, 애기송이풀, 연잎꿩의다리, 왕제비꽃, 으름난초, 자주땅귀개, 전주물꼬리풀, 제비동자꽃, 제비붓꽃, 제주고사리삼, 조름나물, 죽절초, 지네발란, 진노랑상사화, 차걸이란, 초령목, 층층둥굴레, 칠보치, 콩짜개란, 큰바늘꽃, 탐라란, 파초일엽, 한라솜다리, 한라송이풀, 해오라비난초, 홍월귤, 황근
해조류(2종)	그물공말, 삼나무말
고등균류(1종)	화경버섯

3 현황조사

1) 조사 내용

(1) 개요

환경영향평가서 등 작성 등에 관한 규정에 의거하여 조사항목, 조사범위, 조사방법, 조사결과를 정리하면 다음과 같다.

사업자는 환경영향평가를 실시함에 있어서 해당 사업지역 및 주변지역의 환경상황을 파악할 수 있도록 다음 사항을 포함하여 지역개황조사를 실시하고 그 내용을 평가서에 포함시켜야 한다.

1. 사업지역 및 주변지역의 토지이용 상황
2. 환경보전을 목적으로 하는 법령・조례 등에 의해 지정된 지역(자연환경보전지역, 생태・경관보전지역, 상수원보호구역, 수변구역, 특별대책지역, 자연공원, 습지보호지역, 야생동・식물보호구역, 백두대간 등) 지정 현황(표 9.5)
3. 해당지역 환경기준, 녹지자연도, 생태・자연도, 지역별 오염총량기준 등 환경규제내용 및 환경보전에 관한 사항

표 9.5 환경보전 관련지역 범위 설정

구분	범위설정
환경 보전 관련 지역	• 자연환경보전법 제12조 및 제13조 3항에 의한 생태 · 경관보전지역 • 수도법 제7조의 규정에 의한 상수원보호구역 • 한강 · 금강 · 낙동강 · 영산강(섬진강) 수계상수원수질개선 및 주민지원 등에 관한법률에 의한 수변구역 • 환경정책기본법 제22조의 규정에 의한 특별대책지역 • 자연공원법 제4조 규정에 의한 자연공원 • 습지보전법 제8조의 규정에 의한 습지보호지역 및 습지주변관리지역 • 야생동식물보호법 제27조 및 제33조에 의한 야생동 · 식물특별보호구역 및 야생동 · 식물보호 구역 • 백두대간보호에 관한 법률 제2조의 규정에 의한 백두대간보호지역(정맥, 기맥, 지맥 포함) • 독도 등 도서지역의 생태계보전에 관한 특별법 제4조의 규정에 의한 특정도서 • 토양환경보전법 제17조의 규정에 의한 토양보전대책지역 • 개발제한구역의 지정 및 관리에 관한 특별조치법 제3조에 의한 개발제한구역 • 지하수법 제12조에 의한 지하수보전구역 • 자연환경보전법시행령 제34조에 따른 생태 · 자연도 1 등급권역

4. 멸종위기 및 보호 야생 동 · 식물 서식현황 및 철새도래 현황

대상사업의 종류, 규모 및 지역의 환경적 특성을 고려하여 동 · 식물과 생태계의 현황을 충분히 파악할 수 있도록 아래와 같은 조사항목을 선정하며, 분류군별 현황과 생태환경, 보호가치가 있는 주요 종이나 개체, 생태계의 자연성 등을 조사한다.

대상사업의 규모 및 특성을 고려하여 조사항목별로 현지조사, 문헌조사, 탐문조사 등 자연환경조사방법을 병행한다.

문헌조사는 ① 환경부, 지방자치단체, 국립환경과학원, 국립생물자원관, 국립공원관리공단 등 정부 및 공공기관의 조사자료, ② 인근 지역의 사전환경성검토서, 환경영향평가서, 사후환경영향조사서(환경영향평가정보지원시스템에서 제공되어지는 것에 한한다), ③ 분류군별 대표적인 전문학술지, 관련기관 홈 페이지 등을 대상으로 실시한다.

조사범위는 가장 최신 자료를 포함하여 최근 10년 이내(단, 정부 및 공공기관에서 발행하지 아니한 자료는 5년 이내)의 자료의 내용으로 하되, 자연환경상 민감한 지역에서 시행하는 사업 등 심도 있는 조사가 필요한 경우에는 그 이전의 자료를 포함한다.

조사지역은 환경영향평가 대상지역으로 설정된 지역이 위치한 읍 · 면 · 동으로 하되, 이동성이 강한 포유류와 조류의 경우 해당 읍면동과 인접 읍면동까지를 포함한다. 그 밖에 자연환경보전법시행령 제23조 제1항 제4호(자연환경조사의 내용 및 방법 등)에 대한 내용은 표 9.6과 같다.

표 9.6 자연환경조사의 내용과 범위

자연환경조사의 내용은 다음 각 호와 같다.
1. 산·하천·도서 등의 생물다양성 구성요소의 현황 및 분포
2. 지형·지질 및 자연경관의 특수성
3. 야생동·식물의 다양성 및 분포상황
4. 환경부장관이 정하는 조사방법 및 등급분류기준에 따른 녹지등급
5. 식생현황
6. 멸종위기 야생동·식물 및 국내 고유생물종의 서식현황
7. 경제적 또는 의학적으로 유용한 생물종의 서식현황
8. 농작물·가축 등과 유전적으로 가까운 야생종의 서식현황
9. 토양의 특성
10. 그 밖에 자연환경의 보전을 위하여 특히 조사할 필요가 있다고 환경부장관이 인정하는 사항

탐문조사는 지역 실정에 밝은 지역 주민 등을 대상으로 출현종, 출현시기, 출현위치, 개체수 등에 대해 조사하여야 하며, 탐문조사 결과 법적보호종 등 중요종에 관한 사항은 현지조사 시 확인하여야 한다. 탐문조사대상자는 ① 사업예정지역 내와 근접한 지역에 거주하는 지역 주민, ② 지역생태 전문가 또는 지역 대학의 생물(생태)관련 교수 및 연구원 ③ 지역 행정기관의 담당자 또는 지역 초·중·고등학교 생물교사, 수렵 허가를 받은 자, 민간단체(환경단체) 활동가 등을 대상으로 탐문 가능한 대상자 중 3인 이상으로 정한다. 탐문조사대상자의 인적사항(성명, 나이, 직업, 연락처 등) 및 구체적인 탐문내용은 평가서 작성을 위한 기초자료로 보관하여 협의기관 등에서 요구할 경우 이를 제시하여야 한다.

조사의 공간적 범위는 대상사업의 종류와 규모, 조사지역의 동·식물과 생태계 특성 등을 고려하여 사업이 영향을 미칠 수 있는 범위로 한다. 조사범위는 동·식물의 분포와 서식·

표 9.7 자연환경조사 항목 및 내용

조사항목		세부 조사내용
육상 식물상	식물상	• 관속식물 분포 및 종조성, 식물의 생활형, 귀화식물 현황, 식물구계학적 특정식물 종 분포현황 • 주요종(보호수·노거수, 멸종위기식물, 희귀종) 현황
	식생	• 현존식생 및 면적분포 현황, 산림식생 구조 분석
	녹지자연도(DGN)	• 녹지자연도 등급의 사정 및 면적분포 분석
	식물현존량/순생산량	• 식물현존량과 순생산량의 산정
육상동물상		• 포유류, 조류, 양서·파충류, 육상곤충류 • 종 분포 현황, 우점도, 종다양도, 환경부 지정 멸종위기야생동물, 천연기념물의 분포 여부 등
육수동물상		• 저서성 대형무척추동물, 담수어류
생태·자연도		• 생태자연도 등급분석

생육환경을 파악할 수 있도록 선정하며 영향이 예상되는 곳을 포함한다. 문헌조사에 의해 주요종 서식이 이미 확인된 지역이 인근에 포함될 경우 기본조사범위 외에 확장하여 조사한다. 조사의 시간적 범위(조사시기, 조사횟수)는 동 · 식물의 출현, 생육 등의 속성을 충분히 파악할 수 있도록 설정한다(표 9.7).

(2) 식물상 및 식생

식물상에 대한 조사범위는 매우 광범위하여 대상 식물을 다양한 관점에서 조사, 분석하는 것이 필요하다. 예를 들면, 관속식물은 대상지역의 식물구계 및 식물군계, 식생분포 현황을 파악하여야 하며, 특정식물(천연기념물, 멸종위기식물, 희귀식물, 식물구계학적 특정종, 특산식물 등)을 조사하여야 한다. 또한 국제협약에서 보전 · 보호가치가 지정된 종, 귀화종, 생태계 위해 외래종 및 기타 학술적 가치가 높은 종이나 개체와 보호수 및 노거수 분포 현황을 파악하여 제시한다.

따라서 현존식생분포 현황, 식생구조, 특정군락 분포현황, 군락의 자연성, 중요 종의 개체군과 서식환경, 녹지자연도 및 식생보전등급별 분포 현황과 식물현존량 및 순생산량(필요시), 잠재자연식생도를 파악한다. 관속식물 및 대상지역의 식물구계 및 식물군계, 식생분포 현황을 파악한다.

조사의 공간적 범위는 대상사업의 종류와 규모, 조사지역의 동 · 식물과 생태계 특성 등을 고려하여 사업이 영향을 미칠 수 있는 범위로 한다. 조사범위는 동 · 식물의 분포와 서식 · 생육환경을 파악할 수 있도록 선정하며 영향이 예상되는 곳을 포함한다. 사업이 이루어지는 곳을 직접영향권으로 조사하고 장축을 반지름으로 조사를 실시한다. 선사업 등은 절 · 성토 지역을 포함한 계획노선을 직접영향권으로 조사하고 계획노선 중심축을 기준으로 좌우 300 ~500 m 지역을 설정하여 조사를 수행한다.

식생은 시간 요소와 인위적 간섭을 바탕으로 인간의 영향이 미치기 직전의 자연식생을 원식생(original vegetation)이라 하고, 현재 존재하는 식생을 현존식생이라 한다. 또한 현재의 인위적인 영향을 모두 정지시킬 경우 그 입지가 가진 잠재적인 능력을 자연식생으로 표현한 이론적인 식생을 잠재자연식생이라 한다. 따라서 어느 지역의 잠재자연식생을 정확히 표현하는 것은 대단히 어려운 일이며, 현존식생에 관한 정보나 입지특성에 관한 생태학적인 정보가 정확해야 한다.

① 식물상

식물상은 지역에 서식하는 식물을 조사하는 것으로 출현식물의 현황을 현장조사를 통하여 조사를 실시하며, 출현종에 대한 다양한 분석(생활형, 외래종, 고유종 등)을 실시한다. 또한 도시화지수 및 귀화식물에 대한 귀화율을 산정한다(표 9.8).

표 9.8 식물상의 조사내용 및 조사방법

식물상	소산식물의 현황	• 사업지구 및 주변지역(이하 "조사지역")을 도보로 이동하면서 식물상 조사를 실시 • 분류, 동정 및 학명은 이창복(2003)의 「원색대한식물도감」, 산림청(2009)의 「국가표준식물목록」을 참조하였으며, 식물목록은 이창복(2003)의 「원색대한식물도감」의 순으로 나열 • 출현종은 귀화종, 생활형(Raunkiaer, 1934), 식물구계학적특정종, 환경부지정 법정보호종(야생동·식물보호법 시행규칙, 2012), 산림청 희귀종(「산림청 국립수목원, 2008, 한국희귀식물목록집」에 근거), 고유종(「산림청 국립수목원, 2005, 한반도특산관속식물」에 근거)으로 구분
	기타	• 귀화식물현황 : 채집·관찰된 분류군은 박수현(2009)의 「한국의 귀화식물(세밀화로 보는)」과 김준민(2000)의 「한국의 귀화식물」을 참고하여 동정 • 도시화지수(UI = 조사지역의 귀화식물 종수 / 남한의 귀화식물 종수(박수현(2009) 정리 286종) × 100) • 귀화율(PN = 조사지역의 귀화식물 종수 / 조사지역의 관속식물 종수)

② 현존식생에 대한 기술

현존식생은 주요 식생의 현황을 중심으로 기술하며, 상관적방법을 이용하여 도식화하고 산림식생조사는 식물사회학적 방법을 활용한다.

상관(physiognomy)적으로 조사지역의 개괄적인 주요식생의 배분 현황을 파악 후 지형도에 캐드 및 일러스트레이터 프로그램을 이용하여 도식화한다.

산림식생조사는 Z-M학파의 식물사회학적 조사방법의 전추정법(Braun-Blanquet, 1964)을 이용(그림 9.1)한다.

③ 녹지자연도, 식물현존량 및 순생산량

녹지자연도의 사정은 녹지자연도등급 사정기준(환경부 예규 제273호 생태자연도 작성지침, 2006, 환경부)에 준하여 사정한다(표 9.9).

- 식물현존량 추정 방법

  식물현존량(Standing crop)과 순생산량(Net production)은 자연 식생의 양적조사가 되는 지표로 식물현존량은 식물의 건조중량으로, 식물순생산량은 식물이 1년간 생산하는 것으로 계산하는데, 식물의 유기물의 양으로 표현한다. 식물현존량의 추정은 이론적 현존량에 의한 방법과 녹지자연도를 이용하는 방법을 모두 사용한다(Lieth and Whittaker, 1975).

구분	계급	기 준
우점도	r	대단히 드물게 출현
	+	소수이며 피도는 대단히 낮음
	1	다수이며 피도는 낮음. 또는 소수이나 피도는 약간 높음
	2	대단히 다수(피도는 1/10 이하) 또는 피도가 1/10～1/4 (개체수는 임의)
	3	피도가 1/4～1/2로 개체수는 임의
	4	피도가 1/2～3/4로 개체수는 임의
	5	피도는 3/4 이상으로 개체수는 임의
군도	1	단독 생육하는 것
	2	군 또는 총상으로 생육하는 것
	3	소반, 쿠션모양으로 생육하는 것
	4	소군락, 광반, 카페트상을 이루는 것
	5	대군집을 이루는 것

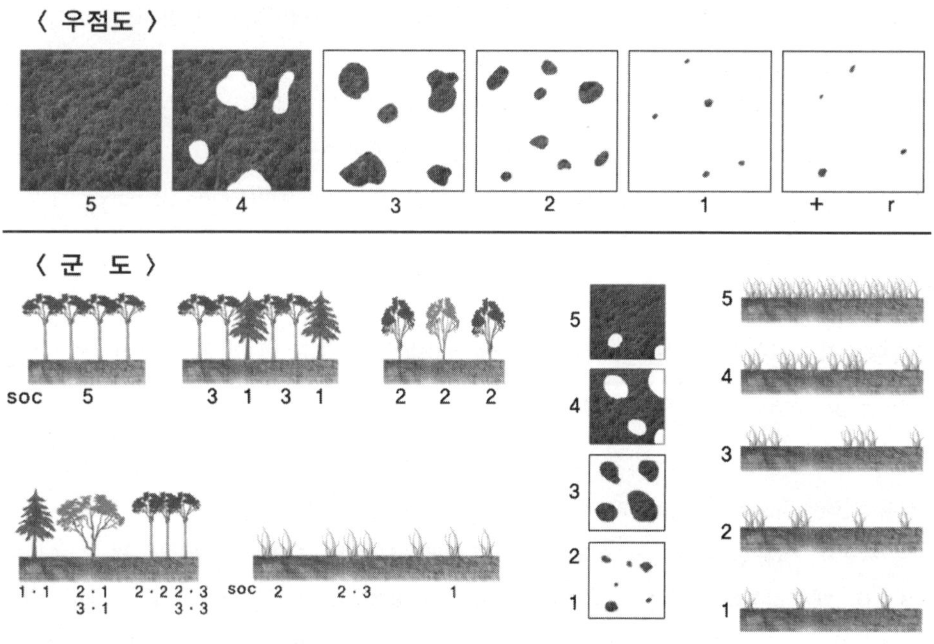

그림 9.1 우점도 및 군도의 판정기준
출처 : Braun-Blanquet, 1964

표 9.9 녹지자연도 등급에 따른 산정 기준과 해당 식생형

지역	등급	개요	해당 식생형
수역	0	수역	수역(강, 호수, 저수지, 해양 등 수체가 존재하는 부분과 식생이 존재하지 않는 하중도와 하안을 포함)
개발지역	1	시가지, 조성지	• 식생이 존재하지 않는 지역
	2	농경지(논, 밭)	• 논, 밭, 텃밭 등의 경작지 • 비교적 녹지가 많은 주택지, 시가지, 조성지 등(녹피율 60% 이상)
	3	농경지(과수원)	• 과수원이나 유실수 재배지역 및 묘 포장
	4	이차초원 (키 낮은 초원)	• 이차적으로 형성된 키가 낮은 초원식생(골프장, 공원묘지, 목장 등)
	5	이차초원 (키 큰 초원)	• 이차적으로 형성된 키가 큰 초원식생(묵밭 등 훼손지의 억새군락이나 기타 잡초군락 등
반자연지역	6	조림지	• 인위적으로 조림된 식재림 ※ 자연적(이차림)으로 형성되었다 하더라도 아까시나무 등의 조림기원 도입종이나 개량종에 의해 식피율이 70%이상인 식물군락. 단, 녹화목적으로 적지적수(원래 자생종) 가식재된 경우에는 식재림으로 보지 않음
	7	이차림 (I)	• 자연식생이 교란된 후 이차 천이의 진행에 의하여 회복단계에 들어섰거나 인간에 의한 교란이 심한 삼림식생·군락의 계층구조가 불안정하고, 종조성의 대부분이 해당지역의 잠재자연식생을 반영하지 못함. - 녹화목적으로 적지적수(자생종)가 식재되었거나 조림기원 식생이지만 적지적수로서 방치되어 자연림과 구별이 어려울 정도로 회복된 경우
	8	이차림 (II)	• 자연식생이 교란된 후 2차 천이에 의해 다시 자연식생에 가까울 정도로 거의 회복된 상태의 삼림식생·군락의 계층구조가 안정되어 있고, 종조성의 대부분이 해당지역의 잠재자연식생을 반영하고 있음 - 난온대 상록활엽수림(동백나무군락, 구실잣밤나무군락 등), 산지계곡림(고로쇠나무군락, 층층나무군락 등), 하반림(버드나무- 신나무군락, 오리나무군락, 비술나무군락 등), 너도밤나무군락, 신갈나무-당단풍군락, 졸참나무군락, 서어나무군락 등)
자연지역	9	자연림	• 식생천이의 종국적인 단계에 이른 극상림 또는 그와 유사한 자연림 - 8등급 식생 중에서 평균수령이 50년 이상 된 삼림 - 아고산대 침엽수림(분비나무군락, 구상나무군락, 잣나무군락 군락 등)
	10	자연초원 혹은 습지	• 삼림식생 이외의 자연식생이나 특이식생 - 해안사구, 단애지, 자연호소, 하천습지, 습원, 염습지, 고산황원, 석회암지대, 아고산초원, 자연암벽 등에 형성된 식생

자료 : 환경부, 2011, 평가서 부실작성 등의 판단기준 및 자연생태계조사 개선방안 마련을 위한 연구, 한국환경영향평가협회

- 순생산량 추정 방법

모델에 의한 이론적인 식물현존량의 추정은 Lieth & Box가 제시한 Miami model (Lieth, 1972), Montreal model (Lieth & Box, 1972), 현지 기후자료를 참고하여 두 모델에서 기후표에 의하여 산출된 단위면적당 순생산량 추정량으로 산정한다(표 9.10).

※ Miami model

a. $Y = \dfrac{3,000}{1 + e^{1.315 - 0,119x}}$

여기서, Y : Productivity Level(g/m^2/yr)

x : Mean Annual Temperature(℃)

b. $Y = \dfrac{3,000}{1 - e^{-0.000664x}}$

여기서, Y : Productivity Level(g/m^2/yr)

x : Precipitation(mm)

표 9.10 녹지자연도에 의한 식물현존량과 순생산량 산정계수

녹지자연도 등급	단위면적당 식물현존량(ton/km^2)			단위면적당 순생산량(ton/km^2/yr)		
1	면 적	×	510	면 적	×	230
2	면 적	×	1,680	면 적	×	920
3	면 적	×	2,480	면 적	×	940
4	면 적	×	1,490	면 적	×	890
5	면 적	×	2,320	면 적	×	730
6	면 적	×	6,660	면 적	×	1,200
7	면 적	×	6,070	면 적	×	570
8	면 적	×	7,000	면 적	×	540
9	면 적	×	118,400	면 적	×	840
10	면 적	×	11,900	면 적	×	1,800

주) 1. 식물현존량(ton) = 등급별면적 × 단위면적(km^2) 당 Anonymus 수
2. 순생산량(ton/yr.) = 등급별면적 × 단위면적(km^2) 당 Anonymus 수

※ 식물현존량과 순생산량의 산정은 식생에 관계된 주요 요인들로부터 산출된 Crammer's 상관계수를 토대로 유도된 분석치(Anonymous수)를 이용하여 추정한다.

자료 : National Census of Vegetation office of Environment. Japan. 1976, pp. 7～36.

④ 식생보전등급 산정

식생보전등급의 산정은 '환경부, 자연환경조사 방법 및 등급분류기준 등에 관한 규정(환경부, 2012)를 참조하여 작성한다. 식생의 보전가치 평가시 우선적으로 고려할 사항은 천이가 거의 극상단계에 있는 자연식생의 산림분포 또는 특수한 입지에서 고유의 식생 유지 여부를 판단하여, 해당지역의 식생보전등급을 판정한다. 관련 평가항목 설정 및 등급분류 기준은 표 9.11, 표 9.12와 같다.

등급분류는 I~V 등급으로 나누며 각 등급의 분류기준은 출현생물종, 자연성, 교란, 천이, 조림식재 여부 등을 종합적으로 판단한다.

표 9.11 평가항목 및 평가요령

평가항목	평 가 요 령
가. 분포 희귀성 (rarity)	(1) 평가 대상이 되는 식물군락이 한반도 내에서 분포하는 패턴을 의미 (2) 분포면적이 국지적으로 좁으면 높게, 전국적으로 분포하면 낮게 평가
나. 식생복원 잠재성 (potentiality)	(1) 평가 대상이 되는 식물군락(식분)이 형성되는데 소요되는 기간(잠재 자연식생의 형성기간)을 의미 (2) 오랜 시간이 요구되면 높게, 짧은 시간에 형성되는 식물군락은 낮게 평가. 다만, 식생 발달기원이 부영화, 식재 등에 의한 것이면 상대적으로 낮은 것으로 평가
다. 구성식물종 온전성 (integrity)	(1) 평가 대상이 되는 식물군락의 구성식물종(진단종군)이 해당 입지에 잠재적으로 형성되는 식물사회의 구성식물종인가에 대한 평가를 의미 (2) 이는 입지의 자연식생의 구성종을 엄밀히 파악하는 것으로 삼림의 경우, 흔히 천이 후기종(극상종)으로 구성되면 높게, 초기종의 구성비가 높으면 낮게 평가
라. 식생구조 온전성	(1) 평가 대상이 되는 식물군락이 해당입지에 전형적으로 발달하는 식생구조(층위구조)가 얼마나 원형에 가까운가를 가지고 판정 (2) 삼림식생은 4층의 식생구조를 가지며, 각 층위는 고유의 식생고(height)와 식피율(coverage)을 가지고 있으므로 층위구조가 온전하면 보전생태학적으로 높게 평가
마. 중요종 서식	(1) 식물군락은 식물종의 구성으로 이루어지므로 식물종 자체에 대한 보전생태학적 가치를 평가 (2) 그 분포면적이 좁거나, 중요한 식물종(멸종위기야생식물 I·II급 또는 식물구계학적 중요종)이 포함되면 더욱 높게 평가
바. 식재림 흉고직경	식재림의 경우 가장 큰 개체, 보통 개체의 흉고직경(DBH)을 기록

표 9.12 등급분류 및 분류기준

등급구분	분 류 기 준
가. I등급	(1) 식생천이의 종국적인 단계에 이른 극상림 또는 그와 유사한 자연림 (가) 아고산대 침엽수림(분비나무군락, 구상나무군락, 주목군락 등) (나) 산지 계곡림(고로쇠나무군락, 층층나무군락 등), 하반림(오리나무군락, 비술나무군락 등), 너도밤나무군락 등의 낙엽활엽수림 (2) 삼림식생 이외의 특수한 입지에 형성된 자연성이 우수한 식생이나 특이식생 중 인위적 간섭의 영향을 거의 받지 않아 자연성이 우수한 식생 (가) 해안사구, 단애지, 자연호소, 하천습지, 습원, 염습지, 고산황원, 석회암지대, 아고산초원, 자연암벽 등에 형성된 식생. 다만, 이와 같은 식생유형은 조사자에 의해 규모가 크고 절대보전가치가 있을 경우에만 지형도에 표시하고, 보고서에 기재 사유를 상세히 기술하여야 함
나. II등급	(1) 자연식생이 교란된 후 2차 천이에 의해 다시 자연식생에 가까울 정도로 거의 회복된 상태의 삼림식생 (가) 군락의 계층구조가 안정되어 있고, 종조성의 대부분이 해당지역의 잠재 자연식생을 반영하고 있음 (나) 난·온대 상록활엽수림(동백나무군락, 신갈나무-당단풍군락, 졸참나무군락, 서어나무군락 등의 낙엽활엽수림) (2) 특이식생 중 인위적 간섭의 영향을 약하게 받고 있는 식생
다. III등급	(1) 자연식생이 교란된 후 2차 천이의 진행에 의하여 회복단계에 들어섰거나 인간에 의한 교란이 지속되고 있는 삼림식생 (가) 군락의 계층구조가 불안정하고, 종조성의 대부분이 해당지역의 잠재자연식생을 충분히 반영하지 못함 (나) 조림기원 식생이지만 방치되어 자연림과 구별이 어려울 정도로 회복된 경우 (2) 산지대에 형성된 2차 관목림이나 2차 초원 (3) 특이식생 중 인위적 간섭의 영향을 심하게 받고 있는 식생
라. IV등급	인위적으로 조림된 식재림
마. V등급	(1) 2차적으로 형성된 키가 큰 초원식생(묵밭이나 훼손지 등의 억새군락이나 기타 잡초군락 등) (2) 2차적으로 형성된 키가 낮은 초원식생(골프장, 공원묘지, 목장 등) (3) 과수원이나 유실수 재배지역 및 묘포장 (4) 논·밭 등의 경작지 (5) 주거지 또는 시가지 (6) 강, 호수, 저수지 등에 식생이 없는 수면과 그 하안 및 호안
비고 : 식재림은 인위적으로 조림된 수종 또는 자연적(2차림)으로 형성되었다 하더라도 아까시나무 등의 조림기원 도입종이나 개량종에 의해 식피율이 70% 이상인 식물군락으로 한다. 다만, 녹화목적으로 적지적수(適地適樹)가 식재된 경우에는 식재림으로 보지 않는다.	

(3) 동물상

동물상은 육상동물상 및 육수동물상으로 나누어 조사를 수행한다.

- 육상동물상
  육상동물상은 5개의 분류군으로 포유류, 조류, 양서・파충류, 육상곤충류(야간곤충) 등이 있으며, 이들 분류군에 대한 종의 분포상황, 주요 종의 개체수, 종다양도 등을 산출한다. 특징 있는 동물의 분포상황(법적 보호종, 특산종, 희귀종, 희소종, 특정 개체군)을 파악한다.
- 육수동물상
  육수동・식물상은 수생식물(하천식생 포함), 어류, 저서성대형무척추동물, 플랑크톤 및 부착조류, 종의 분포상황, 주요 종의 개체수, 종다양도의 산출 등 생물량 분석과 특징 있는 동물의 분포상황(법적 보호종, 특산종, 희귀종, 희소종, 특정 개체군) 등 학술적 가치가 높은 종 및 어획대상 동물을 파악한다.

① 육상동물상

육상동물상은 포유류, 조류, 양서파충류 및 육상곤충류를 조사하여야 하며 현지조사를 중심으로 작성하고 문헌조사 및 탐문조사를 병행한다. 법적보호종은 천연기념물(문화재청) 및 환경부지정 멸종위기야생동·식물 I, II급(환경부, 2012)을 의미한다. 또한 조사된 동물분류군에 대한 정량적인 지표인 종다양성지수, 우점도, 균등도지수 등을 산정하여 조사지점간 비교분석을 실시한다(표 9.13).

② 육수동물상

육수동물상은 물이 있는 곳에 서식하는 척추동물인 어류, 무척추동물인 저서성대형무척추동물, 플랑크톤 및 부착조류 등의 분류군을 조사하며 이들 출현종에 대한 종의 분포상황, 주요 종의 개체수, 종다양도의 산출 등 생물량 분석과 특징 있는 동물의 분포상황(법적 보호종, 특산종, 희귀종, 희소종, 특정 개체군) 등 학술적 가치가 높은 종 및 어획대상 동물을 파악한다. 결과분석은 우점도, 종다양도지수, 균등도 및 풍부도 등을 계량적으로 산정한다(표 9.14).

③ 조사경로

생태계 현황조사에 대한 식물상 및 식생, 육상동물상 및 육수동물상에 대한 사업경계, 조사지점, 조사경로 등을 지도에 표시하여 작성한다(그림 9.2).

표 9.13 육상동물상의 조사항목 및 조사내용

항목	조 사 방 법
포유류	• Field sign법 : 조사지역은 하천, 농로, 능선 등 서식 가능지역을 예측하여 이동하면서 직접관찰, 족적, 분변, 둥지, 굴 등을 조사하여 생태적인 습성과 서식지환경 조사 • 현지주민들을 대상으로 청문조사를 실시하였으며, 문헌조사를 병행실시 • 조사지역에서의 법정보호종 유무 및 주요종의 종별 분포현황 조사
조류	• 조류의 현지 조사는 쌍안경(10 × 50, Swarovski)과 야외망원경(× 20~60, Swarovski) 등을 이용하여 정점 센서스법 및 로드센서스법으로 조사. 정점조사 시에는 새들에게 방해가 되지 않는 최단거리까지 접근하여 조사했으며 식별이 가능한 것은 육안으로 조사. 한편 갈대 및 덤불 등에 가려 눈으로 확인되지 않는 종에 대해서는 소리에 의해 동정 • 조사기간 중 관찰된 종수 및 개체수를 기준으로 종다양도, 동등한 보편 종수 등을 분석 • 천연기념물, 환경부 멸종위기야생종 및 보호야생종의 서식 유무 조사
양서 · 파충류	• 직접확인 방법(Direct survey)과 간접확인 방법(Indirect survey)으로 조사하였으며, 무미 양서류는 성체목견과 포충망을 이용하여 채집하였음 • 한편, 유미 양서류는 물이 흐르는 하천을 찾아 유생을 확인하거나 산란한 알을 찾아 조사하였음 • 장지뱀(도마뱀)류는 묵정밭, 초지 주변, 하천변과 햇볕이 잘 드는 곳에 쌓여 있는 돌을 들추어 확인하거나, 도로변에 이동 중인 개체는 곤충채집용 포충망을 이용하여 채집하였음 • 뱀류는 저지대의 임연부일대, 묵정밭과 돌무더기 주변에서 뱀집개와 포충망을 이용하여 채집하였고, 석축, 돌담, 경작지, 돌밑, 함석, 폐 스레트밑을 들추어 확인하였음 • 민물거북류는 하천에서 활동하는 개체를 쌍안경과 망원경 을 사용하여 확인하였음 • 또한, 양서류 울음소리(Call), 파충류 흔적(Slough, 허물), 그리고 청문조사를 실시하여 서식여부를 확인하였음
육상곤충류	• 조사지역을 도보로 이동하면서 꽃, 풀숲, 나무껍질, 수액, 나뭇가지, 물가, 수중에 서식하는 곤충들을 직접관찰 및 포획(포충망)하여 기재 • 야간 활동성 곤충은 야간등화채집장치인 bucket trap을 이용하여 일몰 후 3시간동안 가동하여 포획된 곤충을 분류 동정 후 기재
문헌조사	• 「제2차 전국자연환경조사, 2001, 환경부」를 참고(포유류, 조류, 양서 · 파충류)

표 9.14 육수동물상의 조사항목 및 조사내용

항목	조 사 방 법
저서성대형 무척추동물	• Surber net와 뜰채를 이용하여 채집한 후 동정하고, 미동정 분류군은 10%의 formalin으로 고정시켜 수서곤충검색도설(윤일병, 1995) 등을 이용하여 동정 후 기재
담수어류	• 투망(망목 10 mm × 10mm), 족대(망목 3 mm × 3 mm)를 이용하여 채집한 후, 한국의 민물고기(김익수 · 박종영, 2002) 등을 이용하여 동정 후 기재

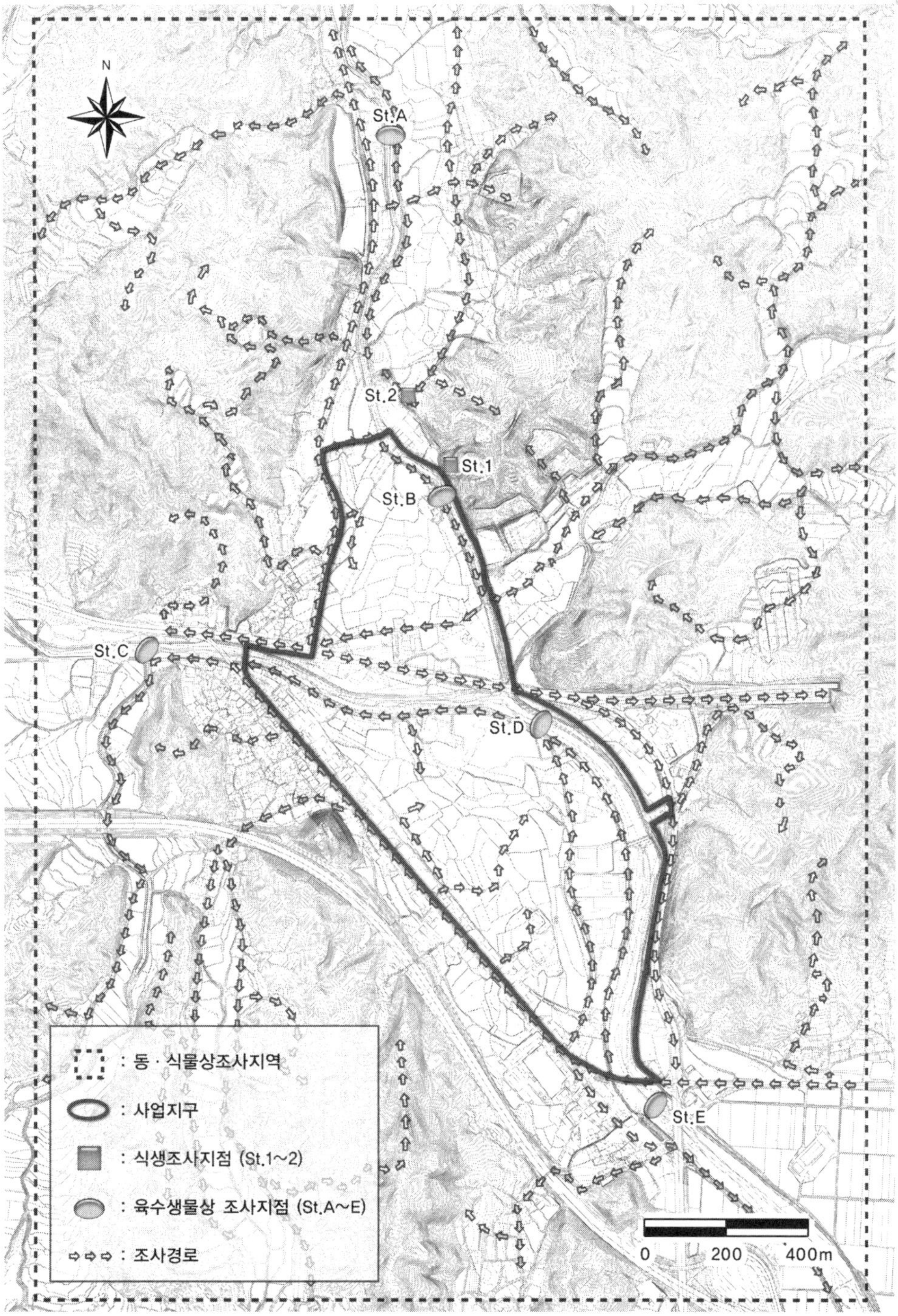

그림 9.2 환경영향평가서 조사지역에 대한 조사경로 표시 및 사업지역 경계-예시
자료 : ○○지역 택지개발사업 환경영향평가서

2) 조사결과

(1) 식물상

조사결과는 조사항목별, 조사지점별로 식물상과 생태계의 현황이 잘 나타나도록 표나 그림을 활용하여 서술한다.

- 사업지구 현지조사결과에 대하여 관속식물(과, 속, 종, 아종, 변종 및 품종)로 표현하며, 문, 강으로 출현종 현황을 나타낸다.
- 식물상의 Raunkiaer (1934) 생활형에 따른 식물 생활형 분포를 표로 나타낼 수 있다. 식물 중 조사지역에 분포하는 귀화식물 및 도시화지수(UI), 귀화율(PN)을 산정하여 나타낸다.
- 식물의 식물구계지리학상 특징을 나타내며 대표적인 식물을 기술한다.
- 환경부지정 법정보호종, 산림청 희귀종 및 고유종을 기술한다.
- 식생유형과 분포현황을 사업지구 및 조사지역에 분리하여 표로 나타낸다.
- 사업지역 및 조사지역에 출현하는 식생 중 우점하는 식생을 중심으로 현존식생도를 나타내고 이를 도면화하여 식생의 전체적인 개요를 파악할 수 있도록 한다.
- 녹지자연도의 구분과 면적 및 구성비(%)를 표로 나타낸다.
- 식물의 현존량 및 순생산량을 나타내며 보호수 및 노거수의 분포현황을 표현한다.

(2) 육상동물상

조사결과는 현지조사, 문헌조사 및 탐문조사로 구분하여 나타낸다. 탐문조사 결과는 탐문조사개요, 탐문조사내용, 탐문조사결과 조치 내역 순으로 정리하여 다음과 같이 제시한다.

① 탐문조사

- 조사결과 : 조사횟차별로 조사일, 탐문내용(탐문종, 출현시기, 출현위치, 출현개체수 등)을 기재한다.
  ※ 출현종 : 법적보호종(멸종위기 I · II급, CITES종), 지역고유종, 특이종, 집단서식종 등 보전이 필요하다고 인정되는 종 위주로 작성
- 정리 및 요약 : 탐문조사결과, 현지조사 시에 반영하여야 할 사항 등을 간단하게 요약 정리하여 제시한다. 탐문조사결과 현지조사 시에 반영하여야 할 사항과 그에 따라 조치가 이루어진 내용 등을 구체적으로 작성한다.

② 결과분석

- 출현종에 대한 결과는 종목록 작성과 분포에 대한 기술이 포함되어야 하며, 법정보호종 서식여부에 대한 상세한 언급이 필요하다. 또한 조류 등은 개체수 및 출현종수

의 파악이 가능하므로 종다양도지수, 우점도지수, 종풍부도, 균등도 지수 등을 구한다(표 9.15).

- 법정보호종에 대한 현황 및 조사횟수, 일수 등을 기술하고 멸종위기종 및 천연기념물 대상종에 대해 해당사업과 서식지보호현황 등을 기술한다. 출현종에 대한 우점종 현황, 생활형구분(조류일 경우), 중요조사지역에 대한 출현종을 언급한다. 특별히 사업지역 및 인근지역에 출현하는 종의 문헌기록과 조사시 관찰된 내용 등 (법정보호종일 경우)을 상세히 기술한다(그림 9.3).

표 9.15 육상동물에 대한 조사결과 분석

결과분석

- 법정보호종 서식 유무 조사
- 종목록 작성 및 분포현황 기술
- 본 조사지역에서 관찰된 조류에 대해서는 Shannon-Weaver(1949)의 공식을 이용하여 분석
  - 종다양도지수(Species Diversity Index)$(H') = -\Sigma P_i \cdot \ln P_i \ (P_i = n_i/N)$
  - 동등한 보편종수(Equally Common Species Index)$(e^{H'}) = e^{(-\Sigma P_i \cdot \ln P_i)}$
  - 종 i의 우점도(Dominance) $= N_{i/T}$

  N_i =기록한 i종의 총 개체수 $T=$ 기록된 각 종의 총개체수 합

구분	동물상 군집분석 방법
우점도(D.I.) Dominance Index (McNaughton 1967)	D.I. (%) $= (n_i/N) \times 100$ 주) D.I. : 우점도지수, N : 총개체수, n_i : 제 i번째 종의 개체수
	D.I. $= n_1 + n_2/N$(단, 대형무척추동물의 경우) 주) D.I. : 우점도지수, N : 총개체수, n_1, n_2 : 제 1, 2우점종 개체수
종다양도(D′) Biodiversity Index (Margalef 1968, Pielou 1966)	$D' = -\Sigma P_i(\mathrm{Ln}/P_i)$ 주) D' : 다양도, S : 총종수, Pi : i번째 개체수 비율(n_i/N)로 계산 (N : 군집 내의 전체 개체수, n_i : 각 종의 개체수)
균등도(E′) Evenness Index (Pielou 1975)	$E' = D'/\mathrm{Ln}(S)$ 주) E' : 균등도, D' : 다양도, S : 전체 종수
종풍부도(R′) Richness Index (Margalef 1958)	$R' = (S-1)/\mathrm{Ln}(N)$ 주) R' : 풍부도, S : 전체 종수, N : 총 개체수

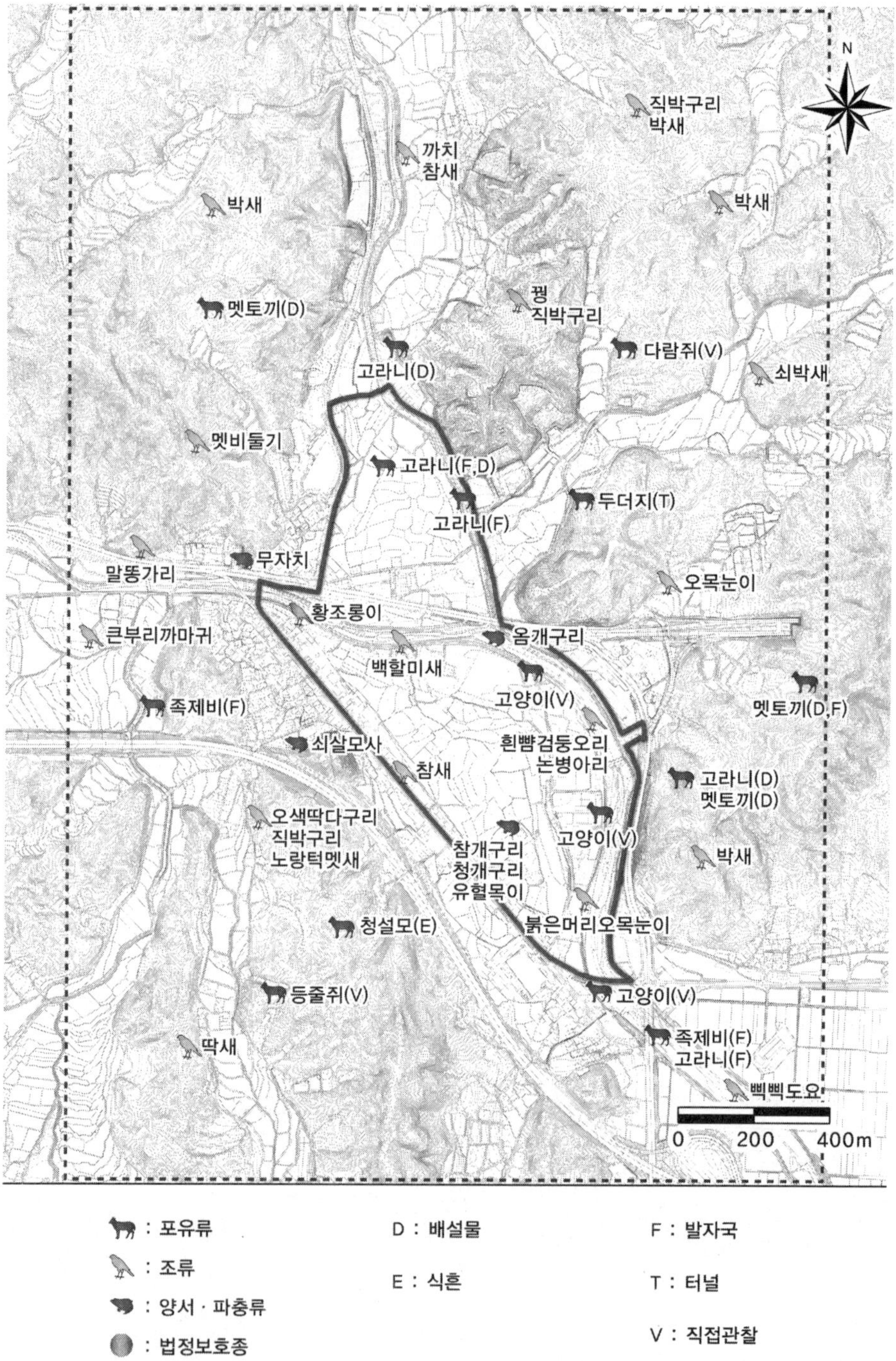

그림 9.3 환경영향평가서 조사지역 및 주변지역 주요육상 동물에 대한 분포도－예시
자료 : ○○지역 택지개발사업 환경영향평가서

(3) 육수동물상

육수동물상도 다른 분류군과 마찬가지로 조사지개황, 현지조사, 문헌조사 등으로 기술한다. 특히, 우점종현황 및 군집분석을 실시하여야 하며 수서곤충일 경우 ESB 지수분석을 실시하여 해당 수역에 대한 환경질을 평가하여야 한다.

담수어류도 현지조사, 문헌조사를 실시하고 결과를 제시하여야 한다. 담수어류에 대한 개체수 및 출현종의 파악이 가능한 경우에는 다양도지수, 우점도 지수, 균등도지수, 풍부도지수, ESB 지수 등을 산정한다(표 9.16).

표 9.16 육수동물상에 대한 결과 분석

구분	내용
결과분석	• 법적보호종 서식 유무 조사 • 종목록 작성 및 분포현황 기술 • 조사지점별 군집구조(출현종의 우점도지수, 다양도지수, 균등도지수, 풍부도지수, ESB 지수) 분석결과 기술 - 우점도지수 : $DI=(n_1+n_2)/N$ (n_1, n_2 : 제1, 제2 우점종, N : 개체수) - 다양도지수 : $H'=\sum_{i=1}^{s} P_i(\ln P_i)$ (S : 전체종수, P_i : i번째에 속하는 개체수의 비율(n_i/N)로 계산) (N : 군집 내의 전체 개체수, n_i : 각 종의 개체수) - 균등도지수 : $E=H'/\ln(S)$ (H' : 다양도지수, S : 전체종수) - 풍부도지수 : $RI=S-1/\ln(n)$ (S : 총종수, n : 총개체수) - ESB 지수 : $\mathrm{ESB}=\sum_{i=1}^{4}(S_i \cdot Q_i)$ (저서성대형무척추동물) (Q_i : 개별분류군 환경질점수, S_i : 환경질에 대한 출현종수 합)

4 영향예측

환경영향평가서 작성 등에 관한 규정(환경부고시제 2015-141호)에 의거하여 항목, 범위, 방법, 예측결과에 관한 내용을 정리하면 다음과 같다.

1) 항목

예측항목은 대상사업지역 및 인접지역의 생태계에 변화를 미칠 것으로 예상되는 항목으로 하며, 조사항목으로 제시된 것을 기준으로 한다.

2) 범위

공간적 범위는 조사범위를 기준으로 하되 필요시 그 범위를 조사항목의 특성을 고려하여 적정한 방법으로 확대하며, 직 · 간접 영향을 범위설정에 반영한다. 시간적 범위는 공사 시와 운영 시로 구분하되 종의 출현, 생육 등의 속성을 고려하여 설정하고 운영 시에는 장기적인 영향을 포함한다.

3) 예측방법

식물상과 식생은 사업시행으로 인해 변화하는 군락과 그 변화정도를 예측하고 식물상 및 식생의 변화를 예측한다.

동물상은 사업시행으로 인한 서식환경의 변화와 이로 인한 서식종 및 개체수 변화에 대해 예측한다.

4) 예측결과

예측결과는 조사항목별로 현황조사결과와 연계하여 정리한다.

(1) 식물상의 경우 식물상 및 식생변화, 주요 종과 개체에 대한 영향, 훼손수목 발생 등의 예측결과를 정리한다. 녹지자연도의 경우 등급별로 사업의 시행 전과 시행 후에 대한 변화를 기술한다. 또한 식물현존량과 순생산량의 변화를 나타내며, 보호수 및 노거수에 대한 영향을 기술하여 사업으로 인한 보호수 및 노거수의 보전 여부에 대해 나타낸다. 사업지구 내 훼손되는 훼손수목에 대해 기술하고 이식 가능한 수종 및 수량을 표로 나타낸다.

(2) 육상동물상의 경우 포유류, 조류, 양서 · 파충류, 육상곤충류 등에 대한 예측결과를 정리한다.

- 포유류의 경우 공사시 다른 지역으로 이주할 것으로 예상되나 잠재적인 서식현황, 공사시 발생하는 소음·진동, 먼지 및 야간조명 등은 주변 야생동물(족제비, 멧토끼, 고라니 등)에게 스트레스를 유발시켜 서식 및 섭식행동에 일부 영향이 예상되는 부분을 기술한다.
- 조류는 사업시행시 사업지구 내 하천변 및 농경지와 사업지구 인근의 산림 등에 서식하는 조류(예, 붉은머리오목눈이, 직박구리, 멧비둘기 등)는 주변의 양호한 유사서식지로의 이동하는 부분에 대한 예측 및 향후 종의 서식지 및 보전방안에 대해 기술한다.
- 양서파충류는 조류, 파충류, 일부 육식성 포유류의 먹이가 되며, 소형 곤충류, 절지

동물 등을 주요먹이로 섭식하는 분류군의 개체군을 조절하는 역할을 하므로 생태계에서 매우 중요한 위치를 차지하고 있다. 따라서 양서류는 산란지와 서식지가 상이한 생태적 특성을 갖고 논, 하천 등 수계가 발달한 곳에서 산란하며, 성체가 되면 인접한 산림지역의 습한 입지로 이동하여 생활하는 특성을 보이는 부분에 대한 예측을 기술하고 파충류는 설치류, 양서류 및 육상곤충류 등 상위단계의 먹이사슬에 있는 분류군인 바, 습기가 많은 미소환경(microhabitat)을 선호하며, 산란지와 동면지가 상이한 생태환경을 갖고 있고, 주변의 진동에 매우 민감하게 반응하는 생태특성이 있는 부분을 기술한다.

- 육상곤충의 경우 공사 시 발생하는 불빛, 비산먼지 등에 의한 영향을 기술한다.
- 특히 분류군의 법정보호종에 대해서는 종의 출현현황을 기술하며 사업으로 인한 먹이활동, 이동성, 토지이용계획의 변화 등에 대해 기술한다.

(3) 육수생물상의 경우 어류, 저서성대형무척추동물 등에 대한 예측결과를 정리한다. 각 생물군별로 사업시행으로 도태가 예상되는 종과 새로 유입이 예상되는 종을 비교·정리한다. 공사시 발생하는 부유토사 및 강우시 발생하는 토사가 하천으로 유입되어 하상에 침전됨에 따라 하상의 물리적 변화를 초래하는 부분에 대해 저서성 대형무척추동물 및 어류의 개체수가 감소하고, 군집구조가 보다 단순화 될 것으로 예상되는 경우 사업으로 인한 분류군의 영향에 대해 기술한다.

(4) 생태계의 경우 서식지와 서식환경의 변화, 식생패치별 변화, 동물이동통로와 생태계의 연결성 등 생태계 전반에서 발생되는 변화에 대한 예측결과를 정리한다.

5 저감 방안

1) 육상식물상

- 공사시 발생하는 비산먼지는 주변 식물상과 식생에 간접적인 영향을 미칠 수 있으므로 주기적인 살수, 세륜·세차시설 설치, 공사구간 내 작업차량의 운행속도 제한 등으로 비산먼지의 발생을 저감하여 주변 식물상에 미치는 영향을 최소화 할 계획을 수립, 시행한다.
- 광역적인 녹지축과 연계한 공원 및 녹지축을 구축하여 생태적 단절이 일어나지 않도록 계획을 수립하며, 하천의 존재할 경우 친수공원네트워크를 구축하고 공원, 녹지 등을 연계 배치하여 생태적 건강성과 지역 주민들의 생태적 공간 이용을 극대화하여야 한다.

기존의 수림대가 양호한 지역을 보전하여 생태적 거점이 되도록 하며, 공원·녹지 및 하천의 식생대와 연계하여, 생태적 연결성 유지하는 것이 필요하다. 사업지구 내 공원 및 녹지지역은 사업지구 전체 면적의 25% 이상(택지사업일 경우)을 충족하여야 한다.

- 녹지계획의 기본방향은 광역 Green Network와 연결하고, 사업지구 내 각 거점공원을 연결할 수 있도록 Eco-Corridor형으로 완충, 경관, 연결녹지 조성하며, 하천변으로 연결녹지 조성, 지구 경계 및 절토사면부를 이용한 경관녹지 조성한다. 사업지구 주변의 기존의 산림과 연속성을 가질 수 있도록 다층구조의 수목식재를 하며, 산림생태를 서로 연결해 줄 수 있는 오픈스페이스 배치하여, 하천변 연결녹지에는 쾌적한 환경 및 수변과 연계된 휴게기능을 병행할 수 있는 수종 선정하는 것들을 고려한다.
- 대기오염 저감을 위한 환경정화수종을 식재하되 대기오염에 민감한 수종을 지표종으로 식재한다(표 9.17, 9.18).

표 9.17 환경정화수종의 예시로 오염농도를 감안하여 적합한 수종을 기술

구분		오염농도가 높은 곳에 알맞은 수종	오염농도가 심하지 않은 곳에 알맞은 수종
전국분포	교목	은행나무, 가죽나무, 상수리나무, 졸참나무, 참느릅나무	느티나무, 팽나무, 오동나무, 배롱나무, 백목련, 벚나무, 서어나무, 회화나무, 밤나무, 감나무, 때죽나무, 층층나무, 자두나무
	관목	무궁화, 개나리, 라일락, 산수유	매화나무, 박태기, 자목련
남부지방	교목	소귀나무, 가시나무류, 태산목, 녹나무, 후박나무, 먼나무, 아왜나무	
	관목	꽝꽝나무, 사철나무, 광나무, 협죽도, 차나무, 팔손이, 철쭉류	

표 9.18 대기오염 정화수종 비교표

구 분	수 종
SO_2에 내성이 강한 수종	라일락, 광나무, 팽나무, 박태기나무
SO_2에 내성이 약한 수종	벽오동나무, 무궁화, 병꽃나무, 대추나무, 산사나무, 모과나무, 미선나무
SO_2에 감수성이 높은 수종	미선나무, 조팝나무, 모과나무, 들메나무, 산사나무, 병꽃나무, 아왜나무, 마가목
SO_2에 감수성이 낮은 수종	라일락, 광나무, 박태기나무
대기 중 황 축적성이 높은 수종	가중나무, 양버즘나무, 은단풍나무, 산철쭉, 느티나무, 개나리, 벽오동나무, 자작나무, 조팝나무, 층층나무, 낙상홍, 백당나무, 산사나무
대기오염 정화수종	자작나무, 가중나무, 양버즘나무, 수원포프라, 두충나무, 느티나무, 황금포도, 박태기나무, 광나무

공원지역에 대한 식재는 최대한 다층구조(multi-layered)를 지향하며 다양한 수종을 식재하여 동물상(조류, 곤충류, 포유류 등)이 존재하는 생물다양성을 추구하는 방안을 강구한다(표 9.19). 다층구조의 조성은 생물다양성 증진을 도모하기 위함이며, 열대우림지역의 생태계 구조 개념을 도입하여 조성하는 것이다.

표 9.19 식재계획의 사례

층위	비 고	식재 수종
교목층	주변식생과 조화를 이룰 수 있도록 참나무류, 소나무류 위주의 식재	소나무, 갈참나무, 상수리나무, 신갈나무, 굴참나무 등
아교목층	낙엽성 아교목류를 식재, 조화 유도	벚나무, 물오리나무, 느티나무, 개암나무, 물박달나무 등
관목층	고유종, 진달래류, 하절기 녹음유지 위한 상록성 관목류 혼합 식재	개나리, 병꽃나무, 자산홍, 백철쭉, 덜꿩나무, 참싸리, 사철나무, 회양목, 조팝나무 등
초본층	주변지역(소나무, 참나무숲)에서 흔히 관찰되는 초본류	원추리, 벌개미취, 산국, 으아리, 둥굴레, 사초류, 억새 등

2) 육상동물상

- 포유류 동물의 주요 번식기 및 산란기(4~6월)를 고려하여 공사를 실시하며, 포유류는 주로 야간에 활동하는 생태특성을 고려하여 야간공정은 지양하며, 공사시 저소음·저진동의 공사 공정을 계획하여 주변지역의 포유류에 미치는 스트레스를 최대한 저감할 계획을 수립한다.
- 야생동물 서식지의 환경변화를 최소화하기 위해 토공작업의 집중투입을 억제하고, 단계별 공정계획을 수립함으로서, 야생동물들이 비교적 안정된 서식지로 이동할 수 있도록 계획을 수립한다.
- 조류는 공사 중에 심한 소음, 진동, 분진 그리고 부유토사가 유발되지 않도록 하여야 하며, 공사과정 중 공사장비로부터 기름 등 오염물질이 유출되어, 수계로 흘러들지 않

도록 오탁물 방지시설을 설치한다. 우기에 육상부의 공사장으로부터 수계로 토사가 유입되지 않도록 조성하며, 하천둔치를 포함한 수변공간과 연계된 선형의 수변공원을 조성하여 운영시 수조류 등이 재도입될 수 있도록 한다.

- 양서류는 보통 물속에 산란을 하고, 산란을 한 후에도 대부분의 생활을 물가에서 하기 때문에 공사가 진행되면서 발생하는 토사가 하천과 주변 농경지에 유입되지 않도록 침사지와 가배수로를 설치하여야 하며, 공사시 배수로공사를 우선적으로 실시하고, 우기에는 공사를 지양하며, 오탁방지막을 설치하여 유입된 오탁물의 확산을 방지할 계획을 수립한다.
- 육상곤충류는 야간 공사를 자제하여 야간작업으로 인한 곤충류의 피해를 저감시켜야 하며, 주기적인 살수계획의 수립으로 공사시 및 공사차량 이동시 발생하는 비산먼지를 억제하여, 주변 육상곤충류의 비산먼지로 인한 영향을 최소화 할 계획을 수립한다.

3) 육수동물상

- 공사는 가급적 갈수기에 시행하며, 공사시행 전 미리 가배수로를 설치하여 공사로 인한 토사가 주변 하천으로 유출되지 않도록 한다. 또한, 배수구역별로 침사지를 설치하여 토사유출을 최대한 방지하며, 단계별 공사공정을 계획하여 오염물질의 일시적 유출을 방지하여 수생태계에 미치는 영향을 저감함으로서 육수동·식물상의 보존을 최대한 도모할 한다. 교량공사시 훼손된 하천의 제방부 및 수변식생을 복원하여 육수동물의 친수공간을 조성하여 다양한 서식환경을 조성하는 방안을 검토하고 이를 작성, 제시하여야 한다.

4) 생태환경계획 설정

- 사업지역의 수류순환망을 구상하여 하천수, 계곡수, 우수 등을 이용하여 지역, 지구, 단지별로 재이용, 재순환하는 물순환체계를 구축하고 생태하천, 수변공원 등을 통한 친수공간을 계획한다. 자연형 친수공간을 지역하천에 설치하여 수질자연정화 및 생물 서식공간 등 제공하여 공원·녹지체계, 미기후관리망과 수류순환망이 일치되도록 계획한다.
- 자연친화적인 개발을 위해 생태적 민감지역(하천변, 녹지연결부, 고밀지역 등)에 대해 자연보전대책 수립 및 도시열섬 저감대책 등을 생태면적률(환경부 기준)과 연계하여 고려하도록 한다. 기후톱의 기능은 도시미기후의 관리에 있어 대기질 오염의 저감과 도시열섬현상의 완화에 있다.
- 환경순환망은 인간 간섭에 의해 발생되는 환경저해요소 저감을 위해 청정에너지 및 정온환경을 구상. 공원 내에 생태숲 및 생태숲길을 조성하여 공기정화, 음이온발생, 열섬

저감등 청정에너지 생성 및 도시민의 쾌적성 부여한다. 정온환경 조성을 위해 주거단지를 관통하는 도로는 소음저감구간으로 설정하여 적절한(과속방지턱 등) 속도 저감관리 필요하다.

5) 생태녹지축 설정

내부 녹지공간을 조성하여 대상지 주변 핵심녹지축과 연계되는 생태축 형성 및 사업지구 내 소거점지역을 연결하는 녹지네트워크를 형성해야 한다. 동서 혹은 남북축을 기준으로 내려오는 녹지와 하천을 연계하되 녹지와 하천이 접하는 지점에 친수공원을 조성하여 친수녹지축 조성하며, 사업지구 전체에 대한 산림 및 수변지역 등을 고려하여 수계축 및 녹지축을 설정한다.

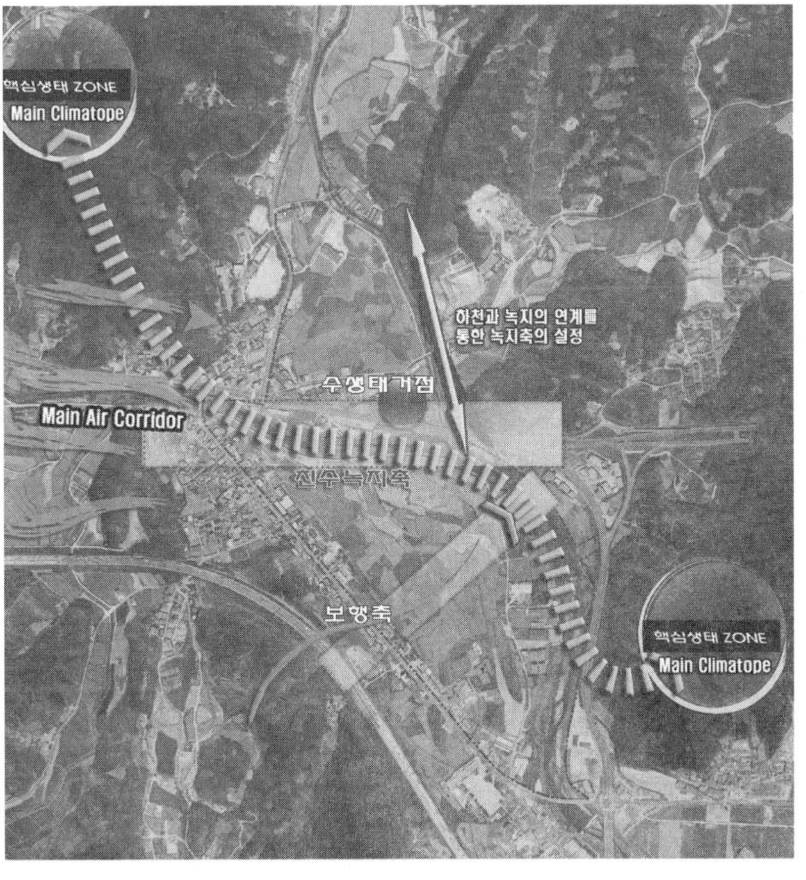

그림 9.4 생태녹지축 설정－예시
자료 : ○○지역 택지개발사업 환경영향평가서

참고문헌

권영한, 노태호, 이현우, 정흥락, 2006, 환경평가에 있어 생물다양성 항목의 도입방안, 한국환경정책 · 평가연구원.

이상돈, 2003, 환경부 자연환경조사사업의 문제점과 개선방안-미국의 사례를 중심으로, 환경영향평가학회지, 12(1): 1-8.

프리막, 이상돈, 강혜순, 강호정, 김재근. 2014. 보전생물학, 월드사이언스.

환경부, 2012, 환경영향평가서 작성 등에 관한 규정(제2012-112호).

환경부, 2011, 평가서 부실작성 등의 판단기준 및 자연생태계조사 개선방안 마련을 위한 연구. 한국환경영향평가협회.

환경부. 2015. 환경백서.

Clark, J. S. 1991, Ecosystem sensitivity to climate change and complex responses In Global Climate Change and Life on Earth R.L. Wyman, ed. Routledge, Chapman and Hall, N.Y. 65-98.

Constanza, R. et al., 1997, The value of the world's ecosystem services and natural capital, Nature, 387: 253-60.

Ehrlich, P. R. and Ehrlich, A., 1981, Extinction: The causes and consequences of the disappearance of species, Balantine, N.Y.

Lee, S.D. and Miller-Rushing, A. 2014. Degradation, urbanization, and restoration: A review of the challenges and future of conservation on the Korean Peninsula. Biological Conservation 176:262-276.

Leith, H., and Box, E. O., 1972, Evapo-transpiration and Primary productivity: C.W. Thornthwaite Memorial Model Publication in Climatology 25, 37-46, Elmer (NJ).

Leith, H., and Whittaker, R. H., (eds), 1975, Primary Productivity of the Biosphere.

Lieth, H., 1972, Modeling the primary productivity of the world, Nature and Resources, 8(2), 5-10. UNESCO Paris.

U.S. Fish and Wildlife Service, 1980, Ecological Services Manual, ESM-103.

제10장

친환경적 자원순환

1 개요

폐기물 발생에 따른 다양한 문제는 현대산업사회의 대량생산, 대량소비, 대량오염이라는 물질문명의 당연한 귀결이라고 할 수 있다. 현대 산업문명의 소산으로 대량으로 발생된 폐기물은 종전의 처리·처분 대상에서 재활용 가능한 자원(resource)의 관점에서 접근해야만 폐기물 문제의 근원적 해결책이 모색될 수 있다(김영화, 2006). 폐기물 발생의 증가는 자원순환과 재활용을 위한 정책적 수단을 요구하게 되었다(정종철, 2013). 폐기물을 자원화가 가능한 물질로 새롭게 해석하여 3R (reuse, recycle, recovery)의 관점에서 바라보아야 하며, 나아가서는 물질수지적 접근(materials balance approach)에 의해 폐기물 문제를 해결해야 한다.

유럽연합(EU)에서는 1990년대부터 단순매립(open dumping)에 매립세(landfill tax)를 도입하여 직매립(direct landfilling)을 금지시켜 매립지 고갈에 선제적으로 대처하여 왔고, 에너지 회수가 없는 단순소각을 지양하여 환경용량(environmental carrying capacity)을 고려한 지속가능한 개발(environmentally sound and sustainable development)을 추구하여 왔다. 독일에서는 2020년까지 생활폐기물 매립지 폐쇄를 목표로 할 정도로 자원낭비를 억제(zero-waste society)하여 재사용(reuse)과 재활용(recovery)을 극대화하여 지속가능한 자원순환사회(sustainable resource recycling society) 구현이라는 인류문명의 패러다임 전환(paradigm shift)을 모색하고 있다.

모든 개발사업의 시행은 정도의 차이는 있지만 대부분 대량의 폐기물을 발생시키게 된다. 그러므로 개발사업 시행으로 인하여 발생될 것으로 예측되는 생활폐기물 및 사업장폐기물에 대한 적절한 관리대책이 매우 중요하다(이병인, 이영경, 2000). 환경영향평가 대상사업인 도시의 개발사업, 산업입지 및 산업단지의 조성사업, 에너지 개발사업, 항만의 건설사업, 도로의 건설사업, 수자원의 개발사업, 철도(도시철도 포함)의 건설사업, 공항의 건설사업, 하천의 이용 및 개발 사업, 개간 및 공유수면의 매립사업, 관광단지의 개발사업, 산지의 개발사업, 특정 지역의 개발사업, 체육시설의 설치사업, 폐기물 처리시설의 설치사업, 국방·군사

시설의 설치사업, 토석 · 모래 · 자갈 · 광물 등의 채취사업, 환경에 영향을 미치는 시설로서 대통령령으로 정하는 시설의 설치사업 등 18개 분야의 78개 단위사업은 모두 폐기물을 발생시켜 환경영향평가 21개 항목 중 "친환경적 자원순환"이라는 항목의 대상이 된다.

환경영향평가의 항목이란 대상사업의 시행으로 영향을 받게 되는 환경인자를 의미하며, 대기환경 4항목, 물환경 3항목, 토지환경 3항목, 자연생태환경 2항목, 생활환경 6항목, 사회경제환경 3항목 등 6개 분야 21개 항목으로 구성된다. 친환경적 자원순환은 생활환경 6항목 중의 하나로 폐기물을 위생적 처리대상으로만 접근하지 않고 자원 절약과 보전의 차원에서 재활용의 측면을 강조하는 자원순환사회를 구축하기 위한 환경친화적 개념이다(김학훈, 이종호, 2013).

자원순환 분야의 주요 평가내용은 폐기물의 성상별 발생량 예측 및 처리대책(매립, 소각, 재활용 방안 등의 검토분석), 사업대상 지역에 위치한 건축물 등의 지장물 처분대책, 댐 담수구역 내 폐기물 발생현황 및 담수전 수거대책, 하상 준설시 세립준설토의 처분대책, 폐기물처리시설 입지의 대안검토 및 확보계획, 폐기물 위생매립을 위한 일일복토에 소요되는 복토량 산정 및 복토재 확보계획 등이다.

환경영향평가의 대상이 되는 대규모개발사업의 사업승인기관장이나 환경부장관은 대통령령으로 정하는 기간 내에 환경영향평가협의회의 심의를 거쳐 친환경적 자원순환 등 환경영향평가항목 등을 결정하여 사업자에게 통보하여야 한다. 환경영향평가항목 등을 결정할 때에는 전략환경영향평가 항목 등(개발기본계획을 수립한 환경영향평가 대상사업만 해당), 해당 지역 및 주변 지역의 입지 여건, 토지이용 상황, 사업의 성격, 환경 특성, 계절적 특성 변화(환경적 · 생태적으로 가치가 큰 지역)를 고려하여 결정한다. 환경영향평가 대상사업 중 폐기물의 발생량이 많고 이의 처리처분에 따라 지대한 영향을 미칠 수 있는 주요 행정계획 및 개발사업에 대해서 환경영향평가서를 작성한다.

2 관련법과 제도

1) 폐기물 관련법 연혁

폐기물과 자원순환에 관련된 법률로는 1961년에 제정된 「오물청소법」이 최초이다. 「오물청소법」은 그 당시의 난방용 연탄에서 배출된 연탄재 처리 및 재래식 화장실의 분뇨처리를 위주로 규정된 공중위생 차원의 법률이었다. 1977년에 제정된 「환경보전법」에서는 생활폐기물과 산업폐기물을 분류하여, 생활폐기물은 「오물청소법」에서 다루고 산업폐기물은 「환경보전법」에서 관리하도록 규정한 효율적 폐기물처리 차원의 법률이었다. 1986년에 제정된 「폐기물관리법」은 「오물청소법」과 「환경보전법」에 분산되어 있던 폐기물관련규정을 통합하고 폐기물 재활용 개념을 도입하여 생산, 유통, 소비의 전 과정에 걸쳐 폐기물 발생을 최소화하는 자원순환형 사회구축을 위한 기본틀을 마련하였다.

2000년에는 「수도권 매립지 관리공사의 설립 및 운영 등에 관한 법률」을 제정하여 과밀한 수도권의 심각한 폐기물관리 상황을 완화시켰다. 2003년에는 「건설폐기물의 재활용 촉진에 관한 법률」을 제정하여 도시 재개발 등으로 막대하게 발생되는 건설폐기물의 순환골재화를 촉진시켰다. 2007년에는 「전기전자제품 및 자동차의 자원순환에 관한 법률」을 제정하여 Eco-Design 개념을 도입하여 자원순환 사회로의 전환을 모색하고 있다. 2009년에는 「한국환경공단법」이 제정되어 1979년에 제정된 「합성수지폐기물처리사업법」을 흡수해 2003년에 제정한 「한국환경자원공사법」을 통합하여 각종 폐기물 자원화 촉진에 관한 사업이 활성화되었다. 2016년에는 자원의 효율적 활용을 위해 매립을 최소화시키도록 폐기물관리의 패러다임(paradigm)을 전환시키는 「자원순환기본법」이 제정되었다. 이와 같은 우리나라 폐기물 관련법의 연혁을 정리하면 표 10.1과 같다.

표 10.1 우리나라 폐기물 관련법의 연혁

<table>
<tr><td rowspan="10">오물
청소법
(1961.
12.30)</td><td rowspan="10">환경
보전법
(1977.
12.31)</td><td rowspan="9">폐기물관리법
(1986.12.31)</td><td>폐기물관리법(1986.12.31)</td></tr>
<tr><td>자원의 절약과 재활용 촉진에 관한 법률(1992.12.8)</td></tr>
<tr><td>폐기물의 국가간 이동 및 그 처리에 관한 법률(1992.12.8)</td></tr>
<tr><td>폐기물처리시설 설치촉진 및 주변지역 지원 등에 관한 법률(1995.1.5)</td></tr>
<tr><td>수도권매립지 관리공사의 설립 및 운영 등에 관한 법률(2000.1.21)</td></tr>
<tr><td>건설폐기물의 재활용 촉진에 관한 법률(2003.12.31)</td></tr>
<tr><td>가축분뇨의 관리 및 이용에 관한 법률(2006.9.27)</td></tr>
<tr><td>전기전자제품 및 자동차의 자원순환에 관한 법률(2007.4.27)</td></tr>
<tr><td>자원순환기본법 (2016.5.29제정. 2018.1.1시행)</td></tr>
<tr><td>합성수지폐기물
처리사업법
(1979.12.28)</td><td>한국환경공단법(2009.2.6)</td></tr>
</table>

2) 폐기물 관리법 개요

우리나라 폐기물관리의 기본원칙을 설정하고 있는 「폐기물관리법」 3조에서는 사업자는 제품의 생산방식 등을 개선하여 폐기물의 발생을 최대한 억제하고, 발생한 폐기물을 스스로 재활용함으로써 폐기물의 배출을 최소화하여야 하고, 누구든지 폐기물을 배출하는 경우에는 주변 환경이나 주민의 건강에 위해를 끼치지 아니하도록 사전에 적절한 조치를 하여야 하며, 폐기물은 그 처리과정에서 양과 유해성을 줄이도록 하는 등 환경보전과 국민건강보호에 적합하게 처리되어야 하고, 폐기물로 인하여 환경오염을 일으킨 자는 오염된 환경을 복원할 책임을 지며, 오염으로 인한 피해의 구제비용을 부담하여야 하며, 국내에서 발생한 폐기물은 가능하면 국내에서 처리되어야 하고, 폐기물의 수입은 되도록 억제되어야 하고, 폐기물은 소각, 매립 등의 처분을 하기보다는 우선적으로 재활용함으로써 자원생산성의 향상에 기여하여야 한다라고 규정하고 있다.

「폐기물관리법」 9조에서는 시 · 도지사는 관할 구역의 폐기물을 적정하게 처리하기 위하여 환경부장관의 지침에 따라 10년마다 폐기물 처리에 관한 기본계획을 세워 환경부장관의 승인을 받아야 하며, 시장 · 군수 · 구청장은 10년마다 관할 구역의 폐기물 처리에 관한 기본계획을 세워 시 · 도지사에게 제출하여야 한다라고 규정하고 관할 구역의 인구, 주거 형태, 산업 구조 · 분포 및 지리적 환경 등에 관한 개황, 폐기물의 종류별 발생량과 장래의 발생 예상량, 폐기물의 처리 현황과 향후 처리 계획, 폐기물의 감량화와 재활용 등 자원화에 관한 사항, 폐기물처리시설의 설치 현황과 향후 설치 계획, 폐기물의 수집 · 운반 · 보관 및 그 장비 · 용기 등의 개선에 관한 사항, 재원의 확보 계획을 요구하고 있다.

「폐기물관리법」 18조에서는 사업장폐기물 배출자는 그 사업장에서 발생하는 폐기물을 스스로 처리하거나 폐기물처리업의 허가를 받은 자, 폐기물처리 신고자, 폐기물처리시설을 설치 · 운영하는 자, 「건설폐기물의 재활용촉진에 관한 법률」에 따라 건설폐기물 처리업의 허가를 받은 자 또는 「해양환경관리법」에 따라 폐기물 해양 배출업의 등록을 한 자에게 위탁하여 처리하여야 한다라고 규정하고 있다.

「건설폐기물의 재활용 촉진에 관한 법률」 38조에서는 순환골재 및 순환골재 재활용제품의 활용도를 높이기 위해 순환골재 등 의무사용 건설공사를 규정하고 있다. 「한국환경공단법」 제17조에 의해 한국환경공단은 환경오염방지 · 환경개선 및 자원순환 촉진을 통한 자원생산성 향상 등을 위한 정책의 연구, 개발 및 지원, 재활용 가능자원 관련 물류시설, 폐기물에너지화시설, 폐기물재활용단지 및 연구시설 등 환경복합시설의 설치 · 운영, 폐기물의 발생억제, 부산물 · 폐기물의 순환이용, 폐기물의 친환경적 처리를 위한 사업 등 폐기물을 자원순환적 차원에서 관리하고 있다.

2016년 5월에 제정되어 2018년 1월부터 시행되는 「자원순환기본법」에서는 '자원순환 성과관리제'와 '폐기물처분 부담금제'를 도입한다. '자원순환 성과관리제'는 폐기물의 발생을 억제하고 순환이용을 촉진하기 위하여 자원순환 이용율, 최종처분율 같은 자원순환 목표를 부여하여 그 이행실적을 평가하는 제도이다. '폐기물처분 부담금제'는 유용한 자원을 단순소각 또는 매립하여 영구적으로 폐기하는 경우에는 재활용비용에 해당되는 비용을 부과시키는 제도이다. 폐기물처분 부담금으로 형성된 재원은 폐기물재활용 기술개발, 자원순환산업 육성 및 영세한 자원순환시설 개선투자 등에 활용될 수 있다.

3 현황조사

1) 폐기물 현황 조사 방법

(1) 조사항목

사업대상 지역 및 주변 인접지역에 대해서 다음의 사항을 조사한다.

- 생활폐기물(가정생활 + 사업장생활계) 및 음식물류폐기물 발생현황(성상별 발생량, 1인당 1일 배출량, 배출량추세)
- 사업장 폐기물(사업장 배출시설계, 건설, 지정) 발생현황(성상별 발생량, 1인당 1일 배출량, 배출량 추세)
- 분뇨발생 및 처리현황(1인 1일 배출량, 수거 및 운반 상황, 인력장비), 분뇨처리시설현황
- 폐기물 중간처리시설(소각, 음식물류폐기물) 현황(시설 종류, 처리용량, 처리방식, 시설 위치)
- 최종처분 현황(사용 매립지 및 사용종료 매립지)

(2) 조사범위

공간적 범위는 사업대상지역 및 주변 인접지역을 범위로 하되 사업시행으로 발생하는 폐기물이 지역의 생활환경에 영향을 미칠 것으로 예상되는 지역으로 한다. 시간적 범위는 폐기물 발생량, 처리현황 등의 시간적 변동을 파악할 수 있는 기간으로 한다.

(3) 조사방법

공신력 있는 기존자료를 이용하여 현재 상황을 정리하고, 필요시에는 현지조사를 통하여 확인 및 보완을 한다. 대표적인 환경부 발간자료로는 전국 폐기물 발생 및 처리현황, 지정폐기물 발생 및 처리현황, 쓰레기 종량제 연보, 하수도 통계, 사용종료 매립지 현황 등이 있다. 해당 지역의 통계연보도 필요하다.

(4) 조사결과

분뇨 및 지정폐기물을 포함한 폐기물 종류별 발생, 처리 및 처분 상황을 정리기술한다. 특히 소각장 등 중간처리시설과 매립지 같은 최종처분시설의 위치를 확인한다. 조사결과는 조사항목별로 표나 그림 등을 이용하여 보완기술한다. 특히, 지정폐기물 처리업체의 매립지, 배출업체의 자가매립지, 광역 공공처리매립지의 현황 및 위치 등을 첨부하고 기술한다.

2) 폐기물 발생 및 처리현황

(1) 생활폐기물 발생 및 처리현황

① 생활폐기물 관리구역 현황

사업대상구역 및 주변인접지역의 생활폐기물 관리구역 현황을 전체 행정구역 중 어느 정도 비율(%)로 생활폐기물 관리지역으로 지정 · 관리되고 있으며, 관리인구는 어느 정도인지 표 10.2와 같이 조사분석한다.

② 생활폐기물(가정생활폐기물＋사업장생활폐기물) 발생 및 처리현황

사업대상구역 및 주변인접지역의 가정생활폐기물 및 사업장생활폐기물의 총발생량, 매립량, 소각량, 재활용량을 조사한다. 가연성폐기물의 소각 또는 재활용 여부, 불연성폐기물은 매립과 재활용 여부, 재활용대상 폐기물 및 남은 음식물류가 어느 정도 재활용되는지 조사한다. 사업대상구역 및 주변인접지역의 1일 1인당 생활폐기물 발생량을 조사하여 전국 평균치와 비교분석한다. 그리고 이상의 조사분석자료를 가장 최신의 환경부 통계자료를 활용하여 표로 작성한다.

표 10.2 생활폐기물 관리구역 현황(예 : 전국)

구분	전체 행정구역		생활폐기물 관리구역		생활폐기물 관리 제외지역	
	면적(km^2)	인구(천명)	면적(km^2)	인구(천명)	면적(km^2)	인구(천명)
전국	100,326	52,335	98,550	52,294	1,816	41

자료 : 환경부, 2015, 2014 전국 폐기물 발생 및 처리현황.

③ 음식물류 폐기물 발생 및 처리현황

사업대상구역 및 주변인접지역에서 쓰레기종량제봉투에 의해 음식물류 폐기물의 어느 정도가 쓰레기 종량제봉투에 의해 소각처리 되고 있으며, 분리배출된 음식물류 폐기물 중에서 어느 정도가 재활용되는지 환경부의 최신 통계자료에 근거하여 표 10.3과 같이 조사분석한다. 그리고 사업대상구역 및 주변인접지역의 음식물류 폐기물의 1인당 1일 발생량 및 전국 평균치를 비교분석한다.

(2) 사업장배출시설계 폐기물 발생 및 처리현황

사업대상구역 및 주변인접지역의 사업장 배출시설계 폐기물의 1일 총발생량, 매립량, 소각량, 재활용량, 해역배출량으로 구분하여 가연성 및 불연성 폐기물로 분류하여 환경부의 최신 통계자료에 근거하여 조사분석한다. 가연성 폐기물은 폐지류, 폐목재류, 폐합성고분자화합물

표 10.3 음식물류 폐기물 발생 및 처리현황 (예 : 전국)

구 분		배출량 (톤/일)	전국평균 (kg/인 · 일)	처리방법(%)				해당지역 (kg/인 · 일)
				계	매립	소각	재활용	
전국	음식물 · 채소류 (쓰레기 종량제봉투)	273	0.31	100	23.7	69.2	7.1	○○○
	남은 음식물류 배출 (분리배출 지역)	13,264		100	0.8	2.1	97.1	

자료 : 환경부, 2015, 2014전국 폐기물 발생 및 처리현황.

(폐섬유류, 폐합성수지류, 폐합성고무류, 폐피혁류), 유기성오니류(폐수처리오니, 공정오니, 정수처리오니, 하수처리오니), 동식물성폐잔재물, 폐식용류 등으로 분류하여 조사분석한다. 불연성 폐기물은 광재, 연소재, 소각재, 분진, 폐주물사, 폐금속, 폐석회석고, 폐촉매, 폐흡착재, 유리 도자기편류, 무기성오니류(폐수처리오니, 공정오니, 정수처리오니, 하수처리오니) 등으로 분류하여 조사분석한다.

(3) 지정폐기물 발생 및 처리현황

사업대상구역 및 주변인접지역의 지정폐기물 총발생량, 소각량, 매립량, 재활용량, 기타 처리 방법 등에 관하여 환경부의 최신 통계자료에 근거하여 표 10.4와 같이 조사분석한다. 우리나라의 2014년도 지정폐기물 처리방법 중에서 재활용율이 높은 경우는 폐산 86%, 폐유기용제 83%, 폐유 63%이다. 매립비율이 높은 지정폐기물로는 분진 29%, 오니류 72%로 나타났다. 소각비율이 높은 지정폐기물에는 의료폐기물이 96%에 이른다. 지정폐기물은 폐산, 폐알카리, 폐유, 폐유기용제, 폐합성고분자화합물, 분진, 오니류, 의료폐기물로 분류하여 조사분석한다.

(4) 건설폐기물 발생 및 처리현황

사업대상구역 및 주변인접지역의 건설폐기물 총발생량 및 재활용 실태를 환경부의 최신 통계자료에 근거하여 조사분석한다. 건설폐기물은 불연성, 가연성, 가연성 불연성 혼합으로 분류하여 총발생량, 소각량, 매립량, 재활용량, 기타 처리 방법 등에 관하여 조사분석한다. 불연성 건설폐기물은 건설폐재류 (폐콘크리트, 폐아스팔트 콘크리트, 폐벽돌, 폐기와, 건설폐토석), 건설오니, 폐금속류, 폐유리, 폐타일 및 폐도자기로 분류하여 조사분석한다. 가연성 건설폐기물은 폐목재, 폐합성수지, 폐섬유, 폐벽지로 분류하여 조사분석한다. 가연성 불연성 혼합 건설폐기물은 폐보드류, 폐판넬, 혼합건설폐기물로 분류하여 조사분석한다.

표 10.4 지정폐기물 발생 및 처리현황(예 : 전국)

지정폐기물 종류	금년 발생량	처리방법(톤/년)			
		소각	매립	재활용	기타
소계	4,809,744	769,577	923,925	2,757,835	297,067
폐산	754,191	652	519	645,210	103,466
폐알카리	60,475	275	434	28,692	31,010
폐유	933,389	272,545	2,283	591,668	22,224
폐유기용제	1,073,862	183,044	0	886,349	1,236
폐합성고분자화합물	16,599	9,591	7	6,950	19
분진	670,558	0	196,990	445,945	40,125
오니류	441,094	19,678	316,737	46,542	55,458
의료폐기물류	171,717	164,832	0	9	6,801
기타	687,859	118,961	406,954	106,471	36,727

주 : 1) 기타 란은 기타 처리량에 차년도 이월 보관량을 합산한 후 전년도 이월량을 차감한 양
2) 2002년부터 해양배출에 의한 지정폐기물 처리내역 없음
3) 기타 : 광재, 소각재, 안정화 도는 고형화 처리물, 폐내화물 및 도자기 조각, 폐농약, 폐석면, 폐주물사 및 폐사, 폐촉매, 폐페인트 및 폐락카, 폐흡착재 및 폐흡수재, 폐유독물, PCB함유 폐기물이 포함됨

자료 : 환경부, 2015, 2014지정폐기물 발생 및 처리현황.

(5) 분뇨 발생 및 처리현황

사업대상구역 및 주변인접지역의 분뇨발생 총량 및 처리 대상량을 수거식과 수세식으로 구분하여 전국평균 1인당 분뇨발생량과 환경부의 최신 통계자료에 근거하여 조사분석한다. 그리고 분뇨처리시설의 처리공법, 시설용량, 하수처리장 연계 및 방류수역을 조사한다.

3) 폐기물 처리시설 현황

(1) 폐기물 매립시설

사업대상구역 및 주변인접지역의 폐기물 매립시설 소재지, 매립용량, 잔여매립가능량, 최근(전년) 매립량, 사용기간, 매립 후 토지이용계획 등을 환경부의 최신 통계자료에 근거하여 조사분석한다.

(2) 폐기물 소각시설

사업대상구역 및 주변인접지역의 지방자치단체에서 운영하는 소각시설을 파악하고, 사업

장폐기물 소각시설(자가처리업체)의 소재지, 시설용량(톤/일), 소각방식, 운영방식, 전년도 처리량, 회수에너지 사용처 등의 현황을 환경부의 최신 통계자료에 근거하여 조사분석한다.

(3) 음식물류 폐기물 처리시설(공공시설, 민간시설) 현황

사업대상구역 및 주변인접지역의 공공 및 민간 음식물류폐기물 처리시설의 소재지, 시설종류 (사료화, 퇴비화 등), 처리방법 (습식, 건식 등), 수거지역, 시설용량(톤/일), 처리량 등을 환경부의 최신 통계자료에 근거하여 조사분석한다.

(4) 사용종료 매립지 현황

사업대상구역 및 주변인접지역의 사용종료 매립지 현황을 환경부의 최신 통계자료에 근거하여 매립장명, 소재지, 매립기간, 매립면적, 매립량, 토지이용상태 등을 파악하고 사후관리 제외대상, 단순 사후관리 또는 정밀 사후관리 대상인지 조사하고 사업대상지구와의 이격거리 등을 조사분석한다.

4 영향예측

1) 사업시행으로 인한 영향예측

(1) 예측항목

예측항목은 해당 사업의 시행으로 발생하는 분뇨 및 지정폐기물을 포함하는 폐기물의 종류, 배출량, 처리방법, 처리로 인한 영향 등으로 한다. 이를 바탕으로 폐기물의 장래 발생량을 예측하고 수거 및 운반 계획을 수립하며, 해당 사업시행 지역에 적합한 폐기물의 처리처분 계획을 수립한다. 대규모 개발사업으로 인한 폐기물 발생으로 인한 환경상의 영향을 예측하기 위해서는 공사시와 운영시로 구분한다. 공사시에는 투입인부에 의한 생활폐기물 및 분뇨발생, 공사장비 가동에 의한 폐유발생, 철거지장물에 의한 건설폐기물 발생, 임목폐기물 발생으로 분류하여 영향예측을 한다. 운영시에는 생활폐기물, 사업장 배출시설계폐기물, 지정폐기물 발생으로 분류하여 영향예측을 한다.

(2) 예측범위

공간적 범위는 조사범위를 기준으로 하되 필요 시 그 범위를 조정한다. 시간적 범위는 공사시 및 운영시로 구분하며 운영 시의 경우 발생량이 최대가 되는 시점을 포함한다. 사업대상 지역 내 또는 사업의 실시에 의해 영향을 받는 사업대상지역을 관할하는 행정구역을 예측범위로 한정한다.

(3) 예측방법

예측방법은 대상사업의 특성, 대상지역의 특성, 발생폐기물의 특성 등을 고려하여 사업시행 지역에 적절한 원단위를 적용하거나 유사사례를 참고하여 배출총량을 산정하는 방법이 일반적이다. 이론적으로는 가능한 물질수지적 접근법(materials balance approach)은 사업대상지역의 원자재 사용량을 근거로 하는 것으로 일종의 전생애 분석법(life cycle analysis) 차원의 예측기법으로서 원료의 수급 및 모든 물자의 유통을 정확히 파악해야 되는 난점이 있다. 이러한 예측방법으로 산정된 폐기물 배출총량 및 폐기물 성상에 적합한 수거, 운반, 처리계획 및 처분계획을 사업대상지역에 적합하게 수립한다. 대규모 개발사업으로 발생한 폐기물로 초래될 수 있는 환경영향을 예측하는 방법에는 과거에 시행되었던 유사한 국내외 사업의 현장조사 및 사후조사 · 연구자료를 준용하는 방법이 일반적으로 통용된다. 폐기물 발생량 예측을 위해 일반적으로 적용되는 기법에는 폐기물 종류별로 과거의 배출자료 분석에 근거하여 산정된 폐기물 발생원단위를 적용하여 미래 배출량을 예측하는 시계열 분석(time-series approach) 방법, 폐기물 배출량에 영향을 미칠 수 있는 요인을 설정하여 과거의 폐기물 배출량과 상관관계를 분석하는 요소 모형(factor model) 등이 있다. 폐기물 배출량 요인으로는 인구, 소득수준, 가구수, 주거유형, 생활문화, 지리 및 기후 같은 정량적 요인과, 그리고 환경의식 수준 및 폐기물관리정책 같은 정성적 요소가 있다. 폐기물 배출량 예측에 적용되는 요소 모형은 배출자자의 사회·경제적 설명변수(explanatory variables)를 활용하는 것으로 단순회귀분석법(simple regression analysis)과 다원회귀분석법(multi-regression analysis)이 있다. 시계열 분석 방법 및 요소 모형은 과거의 폐기물 배출관련 자료의 부족 및 부정확이라는 결함으로 과다 예측이나 과소 예측할 위험성을 내재하고 있다(Chung, 2010)

일반적으로 폐기물의 배출량은 사업자체의 특성, 사업대상지역의 자연환경적 특성, 인구 및 도시화 수준, GNP 같은 경제사회적 수준, 1인가구 비율같은 생활문화, 분리수거 및 재활용 체계, 폐기물처리 계획 및 기반시설의 적정성 정도와 상관성이 높다. 따라서 과거의 폐기물 배출량 변화의 경향을 장래예측에 그대로 적용하는 것은 큰 오차를 초래할 수 있다.

(4) 예측결과

폐기물 배출량 및 조성성분의 예측결과는 폐기물처리 시스템을 설계하고 처리계획을 수립하는데 기본이 된다(손부손 외, 2007). 폐기물 및 분뇨 배출량을 목표연도를 기준으로 하여 향후 10년간을 1~5년 간격으로 구분하여 연도별, 배출원별, 성상별로 분류하여 수거운반계획 및 처리처분계획과 함께 제시한다. 그리고 지정폐기물의 장래 발생량과 처리처분계획을 자가처리와 위탁처리로 구분하여 처리계획을 제시하고, 특히 위탁처리시는 위탁처리업체의 처리량을 제시한다. 예측결과는 예측항목별로 표나 그림 등을 이용하여 서술한다.

(5) 평가

폐기물의 발생량 감소, 수집·운반·보관 등에 대한 대책, 재활용 및 자원화 등의 정부 폐기물 처리정책과의 적합성 등을 평가한다. 폐기물(생활폐기물, 지정폐기물, 분뇨) 배출량의 예측결과를 연도별, 배출원별, 성상별로 구분하여, 이에 적합한 수거운반계획 및 중간처리 및 최종처분계획을 적절하게 제시했는가를 평가한다. 특히 폐기물처리처분계획이 국가폐기물 관리계획이나 해당 사업지역 지방자치단체 폐기물처리계획과 연계되어 수립되어 있는지를 평가한다(신보균 외, 2007).

그리고 개발사업 시행시기와 병행하여 해당 개발사업으로 인하여 발생되는 폐기물을 적정히 처리할 수 있는 재활용 시설, 소각시설 및 매립지 조성이 가능하도록 토지이용계획에 반영했는지 평가한다. 소각시설 및 매립지가 환경영향평가 협의과정 중에 이루어진 환경오염물질의 배출허용기준 달성 가능성을 평가한다. 매립지의 경우에는 침출수가 하수처리장 또는 폐수처리장에 연계처리하는 것이 환경관리에 바람직한가를 평가한다. 특히, 대규모 산업단지를 조성하는 경우에는 단지 내에서 발생하는 폐기물을 10년 이상 자체처분할 수 있는 매립장을 확보하는 것을 원칙으로 하며, 이를 확보할 방안이 수립되었는지 또는 매립지로 인한 2차오염물질(침출수, 악취 등)의 적절한 처리계획이 수립되었는가를 기준으로 평가한다. 특히 수리지질학적 특성을 무시한 매립지 위치선정의 경우 매립지 침출수로 인한 지하수 및 지표수 오염 가능성이 우려된다(홍상표, 2004).

2) 공사시 발생 폐기물 예측

(1) 공사인력에 의한 생활폐기물 및 분뇨 발생

대규모 개발사업을 위하여 현장 공사시 투입되는 인부는 현장사무실 여건 및 계절별로 다소 차이가 있으나, 투입되는 공사인부에 의하여 생활폐기물과 분뇨가 필연적으로 발생하게 된다. 현장공사를 하는 작업인부 및 사업장내 건설현장사무소의 설치에 따라 발생하는 생활폐기물, 시설물 운영에 의하여 발생되는 생활폐기물 및 분뇨 등은 대체로 발생량이 적고 유독성 물질 등이 포함되어 있지는 않아 특별한 환경오염 및 공중보건상의 문제를 유발하지는 않는다.

그러나 사업현장에서 발생한 생활폐기물 및 분뇨에 대한 철저한 관리가 이루어지지 않을 경우 위생 및 미관 등을 저해할 우려가 있으며, 불법소각 및 무단투기 등으로 2차적인 환경오염 피해를 초래할 염려가 있어 「폐기물관리법」에 따라 폐기물 특성에 적합한 관리를 하여야 한다. 발생되는 폐기물량은 건설연구소의 건설표준품셈 기준을 적용하여 표 10.5와 같이

표 10.5 공사인력에 의한 생활폐기물 및 분뇨발생(○○○지역)

구 분	투입인원수	발생원단위	총발생량
생활폐기물	○○○인	1.04 kg/인/일	○○ kg/일
분 뇨		0.92 L/인/일	○○ L/일

자료 : 한국산업단지공단, 2010, 아산둔포 일반산업단지 조성사업 환경영향평가서.

상주인구 1인당 발생량 산정을 위한 원단위는 해당 사업대상지역을 포함하는 행정구역의 1인 1일 생활폐기물 및 분뇨 발생원단위를 적용하는 것이 타당하다 (한국산업단지공단, 2010).

(2) 공사장비 투입에 따른 폐유 발생

대규모 개발사업의 현장공사시 공사장비로부터 발생되는 폐유는 대부분 건설장비의 엔진 및 기어에 사용되는 윤활유계의 폐유가 대부분이다. 실제 공사시 폐유의 발생량은 작업지역의 규모, 공사강도에 따라 변동이 되나, 주로 공사초기에 절·성토, 터파기 등 토공작업이 진행될 때에 다량으로 발생하게 된다. 폐유가 유출되면 토양 및 지하수가 오염되고 강우시 인근 수역에 유입되어 수질에 악영향이 초래된다.

발생된 폐유로 인한 환경상의 악영향을 최소화하기 위해서는 폐유의 수집, 보관 및 적정처리가 수반되어야 한다. 개발사업의 현장공사시에 예상되는 폐유발생량은 표 10.6과 같이 산정한다. 현장공사시에 각종 장비 투입에 따른 폐유 발생은 일반적으로 엔진오일, 유압오일, 기어오일 등이며 오일 교환주기에 따라 폐윤활유가 발생된다(SK종합화학, 2011). 공사장비별 폐유 발생량은 건설표준품셈 자료를 적용한다. 잡재료 배출비는 주연료인 휘발유 및 경유의 시간당 소비량을 운전경비로 환산하여 잡품이 차지하는 비율을 의미하며, 건설장비 투입에 의한 폐유발생량을 예측하기 위하여 엔진유, 기어유, 유압유 등의 폐유를 10%로 분류하여 폐유발생량(L/일) = 주연료(L/hr · 대) × 투입장비대수(대) × 장비가동작업시간(8 hr/일)

표 10.6 공사장비 가동에 따른 폐유발생량

구분	장비명	규격	투입대수 (대)	주연료 사용량 (L/hr · 대)	잡재료 (주연료의 %)	폐유발생량 (L/일)
토공 작업 기준	덤프트럭	15톤	○○	15.9	38	○○
	불도저	32톤	○○	41.6	16	○○
	백호우	1.0 m3	○○	19.5	22	○○
	그레이더	3.6 m	○○	16.2	39	○○
계	-	-	-	-	-	○○○

자료 : 한국건설기술연구원, 2016, 건설공사표준품셈.

× 잡재료(%) × 10%로 산정한다(한국건설기술연구원, 2016).

(3) 지장물 철거시 건설 및 기타폐기물의 발생

사업지구 내에 존재하는 주택, 공장, 축사, 창고 및 수목 등 각종 지장물의 철거가 불가피하여 발생되는 건설폐기물은 성상별로 적정하게 처리대책을 수립해야 된다. 건축물 해체 등 지장물 철거에 의한 건설부산물과 신설공사에서 발생되는 건설폐재에는 폐콘크리트, 가연성 폐기물, 불연성폐기물 등을 표 10.7의 건설폐기물 발생원단위에 따라 발생량을 산정한다. 사업지구 내 철거대상 지장물 중에 슬레이트 건축물 등은 석면(asbestos) 발생이 우려되므로 철거 공사 전에 「환경부, 2009, 건축물 석면관리 가이드라인」을 준수한다. 그리고 「산업안전보건법」에 따라 일정 규모 이상의 건축물이나 설비를 철거하거나 해체하려는 경우에 석면조사를 하여야 한다. 지정폐기물로 분류된 석면 폐기물은 「폐기물관리법 시행규칙」의 폐기물의 수집, 운반, 보관, 처리에 관한 구체적 기준 및 방법에 의거하여 건설폐기물과는 별도로 보관시설을 설치하여 보관 후 지정폐기물 전문처리업체에 위탁처리해야 한다.

사업지구 내 위치하는 건축물의 화장실, 축사 등의 잔여 분뇨는 토양 및 지하수 오염과 위생공중 보건에 악영향을 초래할 수 있기 때문에 사전 처리계획에 의하여 수거처리하여야 한다. 또한, 사업대상 지역을 대상으로 사용종료 매립장 현황을 해당 지방자치단체에 확인하고, 정밀 시추조사, 터파기 작업 및 절토작업시에 사용종료매립장이 발견될 경우에는 매립된 폐기물을 굴착하여 위생매립장으로 운반하여 적정처리하여 매립한다(보림씨에스, 2011).

(4) 임목폐기물 발생량 예측

사업대상 지역에서 발생하는 목재, 잔가지 및 나무뿌리 등의 임목폐기물을 방치하면 사업 진행에 장해가 되어 적절한 처리대책이 요구된다. 조경 측면에서 양호한 수목은 이식활용하고, 나머지 수목은 목재로 재활용하거나 임목폐기물로 적절히 처리한다. 사업대상지역에서 발생되는 임목 폐기물량은 다음의 지상부(줄기 + 가지 + 잎)의 중량 계산공식(문석기 등, 1998), 뿌리부분은 분배비를 재산출(이경준 외, 2007)하여 부위별 임목폐기물 발생량을 예측한다.

$$W\,(\mathrm{kg}) = k \times 3.14 \times (B/2)^2 \times h \times w_1 \times (1+P)$$

여기서, W : 지상부 중량(kg)

k : 수간형상계수(0.5)

B : 흉고직경(m) (근원직경 × 0.8)

h : 수고(m)

w_1 : 수간의 단위체적당 중량(kg/m^3)

P : 지엽의 과다에 의한 보합률(임목 : 0.3, 고립목 : 1.0)

표 10.7 건축물 해체에 따른 건설폐기물 발생원단위

해체공사			폐 콘크리트	폐금속	폐목재	가연성 폐기물	불연성 폐기물	합계
주거용 (kg/m²)		단독주택	1,409.00 (85%)	48.00 (3%)	11.17 (1%)	10.15 (1%)	181.62 (11%)	1,659.94 (100%)
		목조	- (0%)	3.00 (1%)	100.00 (23%)	37.00 (9%)	288.00 (67%)	428.00 (100%)
		아파트	1,686.00 (92%)	68.00 (4%)	2.90 (< 1%)	18.60 (1%)	61.70 (3%)	1,837.20 (100%)
업무용 (kg/m²)		RC조	1,488.00 (88%)	73.00 (4%)	9.32 (1%)	13.91 (1%)	111.78 (7%)	1,69.01 (100%)
		S조	973.00 (83%)	55.00 (5%)	10.13 (1%)	17.82 (2%)	106.65 (9%)	1,126.60 (100%)
		SRC조	1,644.00 (86%)	122.00 (6%)	7.60 (< 1%)	17.63 (1%)	125.86 (7%)	1,917.09 (100%)
공공용 (kg/m²)		RC조	1,409.58 (88%)	67.01 (4%)	8.14 (1%)	12.15 (1%)	97.70 (6%)	1,594.58 (100%)
		S조	937.00 (84%)	55.00 (5%)	8.85 (1%)	15.57 (1%)	93.21 (8%)	1,109.63 (100%)
		SRC조	1,408.91 (85%)	122.00 (7%)	5.90 (< 1%)	13.69 (1%)	97.70 (6%)	1,648.20 (100%)
재개발지역	가옥 (kg/m²)	목조	611.30 (86%)	0.70 (< 1%)	23.28 (3%)	8.73 (1%)	65.96 (9%)	709.97 (100%)
		연와벽돌조	1,402.00 (89%)	1.00 (< 1%)	8.96 (1%)	8.14 (1%)	157.9 (10%)	1,578.00 (100%)
		RC조	1,281.00 (95%)	0.00 (< 1%)	2.16 (< 1%)	15.84 (1%)	53.28 (4%)	1,352.28 (100%)
	공장 (kg/m²)	연와벽돌조	1,579.00 (98%)	2.00 (< 1)	1.54 (< 1%)	1.40 (1%)	27.07 (2%)	1,611.01 (100%)
	공공 건물 (kg/m²)	연와벽돌조	1,460.00 (95%)	0.30 (< 1%)	3.60 (< 1%)	3.30 (< 1%)	64.90 (4%)	1,532.10 (100%)
		RC조	1,421.00 (98%)	0.00 (< 1%)	1.70 (< 1%)	2.50 (< 1%)	21.20 (1%)	1,446.40 (100%)
	창고화장실 (kg/m²)	연와벽돌조	682.00 (94%)	0.00 (< 1%)	2.10 (< 1%)	1.90 (< 1%)	37.00 (5%)	723.00 (100%)

주) S : 철골조, RC : 철근콘크리트조, SRC : 철골철근콘크리트조

자료 : 한국환경정책 · 평가연구원, 2004, 건설폐기물 분리배출 및 발생원단위 산정 등에 관한 연구.

3) 운영시 발생 폐기물 예측: 사업지구 내 총폐기물 발생량

사업지구에서 발생하는 생활폐기물, 사업장배출시설계폐기물 및 지정폐기물은 향후 해당 환경영향평가 대상사업의 종료 후 인구증감을 예측하여 일반가정, 공공시설, 사업장 등 토지 이용 상태에 따라 적용되는 폐기물발생량원단위에 근거하여(환경부, 2015a) 생활계폐기물, 사업장배출시설계폐기물, 지정폐기물 등의 발생량을 표 10.8과 같이 산정한다.

표 10.8 총폐기물 발생량

구 분		발생량(톤)		재활용 목표율(%)
		일발생량	연간발생량	
생활폐기물	가연성	○○	○○	60
	불연성	○○	○○	60
	재활용품	○○	○○	100
	남은음식물류	○○	○○	100
사업장폐기물	가연성	○○	○○	75
	불연성	○○	○○	75
지정폐기물		○○	○○	62
폐수처리슬러지		○○	○○	18.5
합 계		○○	○○	○○○

자료 : 환경부, 2007, 제2차 국가폐기물관리종합계획(2002～2011) 수정계획.

생활폐기물의 처리방법별 목표 설정은 국가의 장기적인 폐기물 정책방향을 제시하기 위하여 수립된 환경부의 제3차 국가폐기물관리종합계획(2012～2021)에서 제시된 표 10.9의 처리 목표율을 근거로 한다. 생활계폐기물의 원단위를 적용할 때에 표 10.10과 같이 인구원단위에 의하여 산정되는 주거지역 및 산업시설은 환경부의 원단위를 적용한다(환경부, 2015a).

표 10.9 생활폐기물 처리방법별 목표율

구 분	2005년(실적)	2009년(실적)	2021년(목표율)
재활용	68.5%	61.1%	63.5%
소각	6.5%	20.3%	27.5%
매립	14.8%	18.6%	9.0%
해양배출	10.3%	0.0%	0.0%

자료 : 환경부, 2012, 제3차 국가폐기물관리종합계획(2012～2021)마련을 위한 연구.

산업시설공간 및 지원시설, 공공시설, 녹지공간에서의 성상별 발생량을 산정하기 위해 종량제, 음식물, 재활용의 성상별 원단위를 적용한다. 종량제 발생량 중에서 가연성 및 불연성 조성비율은 환경부의 조성비율을 적용한다. 사업장 운영시 사업장 배출시설계 및 지정폐기물 발생량 산정을 위한 발생원단위는 환경부의 최신 통계자료에 근거한다(환경부, 2012). 생산액, 재료비, 건물면적에 대한 원단위 적용은 실제 향후 입주업종의 다양한 여건에 따라서 변화될 수 있다(한국산업단지공단, 2010).

표 10.10 생활폐기물 발생량 원단위

(단위 : kg/인/일)

종류		합계	종량제	음식물	재활용
가정	단독주택	0.390	0.122	0.125	0.143
	아파트	0.373	0.087	0.155	0.131
	연립주택	0.396	0.114	0.132	0.150
	다세대	0.416	0.127	0.160	0.129
	비거주용	0.348	0.112	0.101	0.135
	평균	0.384	0.105	0.142	0.137
비가정	공장	0.981	0.220	0.236	0.525
	시장상가	1.778	0.360	0.620	0.798
	사무실	0.868	0.228	0.216	0.424
	교육	1.362	0.242	0.722	0.398
	음식점	3.122	0.619	1.835	0.668
	공공행정	1.536	0.240	0.775	0.521
	보건	1.265	0.350	0.455	0.460
	숙박	2.601	0.605	1.101	0.895
	서비스	1.665	0.403	0.548	0.714
	평균	1.453	0.312	0.571	0.570

자료 : 환경부, 2007, 제3차 전국폐기물 통계 조사

(단위 : kg/m^2/일)

구분	발생량 원단위
아파트	0.385 kg/인 · 일
단독주택	0.388 kg/인 · 일
상가	0.094
공공시설 및 관공서	0.059
교육시설	0.107 kg/인 · 일
체육시설 및 공원	0.012
의료시설	0.032
지구공원	0.003
시장	0.374
백화점	0.074
농수협직매장 및 수퍼	0.153

자료 : 한국토지공사, 1995, 폐기물처리방안에 관한연구(1)

자료 : 한국산업단지공단, 2010, 아산둔포 일반산업단지 조성사업 환경영향평가서.

5 저감방안

환경현황 및 영향의 분석, 예측, 평가 등의 내용을 토대로 합리적이고 폐기물 발생량의 저감방안을 구체적으로 수립한다. 제시하는 저감방안에 대하여는 가능한 모든 대안을 비교하여 그 장·단점을 객관적으로 기술하며, 최종적으로 사업시행시에 이행할 저감방안을 선정하여 그 선정사유를 명시한다. 수립된 저감방안의 내용이 토지이용과 관련된 경우에는 그 내용을 토지이용계획에 반영해야 된다.

1) 공사시 발생폐기물 저감방안

(1) 생활폐기물 및 분뇨처리계획

사업대상지역의 개발을 위한 공사시 작업인력에 의해 발생되는 생활폐기물은 현장사무소 및 공사현장 내 분리수거함을 설치하여 분리수거 후 성상별로 위탁처리한다. 일반 생활폐기물을 수거하기 위해서는 종량제 봉투를 사용하고 재활용 가능폐기물인 유리, 캔, 종이 등은 분리수거 후에 재활용업체에 위탁처리한다.

공사 현장 내에 이동식 화장실을 설치하여 작업장 인부의 분뇨를 위생적으로 관리한다. 이동식 화장실의 설치개수는 공정 및 공사범위에 따라 현장여건에 따라 설치하고 일정용량이 채워지면 분뇨처리업체를 통하여 위탁처리한다. 사용종료된 이동식 화장실은 현장에서 즉시 철거 또는 폐쇄조치시킨다.

(2) 지정폐기물

① 공사장비에 의한 폐유처리 계획

공사장 내 유류 취급시설의 부지경계에는 유류 유출방지시설을 설치하여 취급부주의 또는 사고로 발생하는 유류의 유출이 없도록 조치하고, 폐유 보관시설의 설치 및 관리는 「폐기물관리법 시행규칙의 폐기물의 수집, 운반, 보관, 처리에 관한 구체적 기준 및 방법」에 기준하여 폐유 보관시설을 설치, 운영한다. 또한, 외부로부터 지표수 및 지하수가 유입되지 않도록 시멘트, 아스팔트 등 수밀성 재질로 바닥을 처리하거나 시설주변에 배수로를 설치한다. 폐유 용기별로 폐기물의 종류, 양 및 보관기간 등을 기재한 표지판을 설치한다.

② 지정폐기물의 처리

공사장비에 의해 폐유(지정폐기물)가 월 50 kg 이상 배출될 때에는 지정폐기물 처리계획서를 환경부장관에게 제출하여 확인을 받는다. 공사시 유입식 변압기, 콘덴서 등 PCBs를 함유한 절연유를 사용하는 전력장비를 설치할 경우 「잔류성 유기오염물질 관리법」규정에 의거하여 신고한다. 사업대상지역 행정구역 내에 있는 지정폐기물 자가처리업체 및 지정폐기물 재활용전문 처리업체를 조사한다.

그리고 「산업안전보건법」에 따라 석면 피해를 줄이기 위해 사업지구 내 지장물 중에서 슬레이트 등 석면함유 가능성이 있는 일정 규모 이상의 건축물이나 설비를 철거하거나 해체하려는 자는 노동부장관이 지정하는 기관을 통하여 석면조사를 하여야 한다(환경부, 2009).

③ 건설폐기물 처리

건설폐기물은 「건설폐기물의 재활용촉진에 관한 법률」에 의거하여 건설폐기물 처리용역의 적격심사 세부기준을 토대로 건설폐기물처리업자의 용역이행능력 평가를 통해 건설폐기물

표 10.11 순환골재 등 의무사용 건설공사의 순환골재 재활용제품 사용용도 및 의무사용량

순환골재 재활용제품 의무사용건설공사	사용용도	순환골재 재활용 제품 의무사용량
[도로법] 제2조 또는 제7조에 따른 도로 중 다음에 해당하는 공사 가. 1 km 이상의 신설공사 나. 1 km 이상인 연속된 구간의 1차로 이상 확장 공사	아스팔트콘크리트 포장용	제품 소요량의 15% 이상
[국토의 계획 및 이용에 관한 법률 시행령] 제2조 제2항 제1호의 규정에 의한 도로 중 1 km 이상인 일반도로, 자동차전용도로, 보행자전용도로, 자전거전용도로의 신설 또는 확장공사	아스팔트콘크리트 포장용	
[산업입지 및 개발에 관한 법률] 제2조 제6호의 규정에 의한 산업단지개발사업 중 면적이 15만 m² 이상인 용지조성사업	아스팔트콘크리트 포장용	
[하수도법]에 따른 공사 중 다음 각 목에 해당하는 공사 가. 제2조 제6호에 따른 하수관거의 설치공사 나. 제2조 제9호에 따른 공공하수처리시설의 설치공사 다. 제2조 제10호에 따른 분뇨처리시설의 설치공사	아스팔트콘크리트 포장용	
[가축분뇨의 관리 및 이용에 관한 법률] 제2조 제9호에 따른 공공처리시설의 설치공사	아스팔트콘크리트 포장용	
[수질 및 수생태계 보전에 관한 법률] 제48조 제1항에 따른 폐수종말처리시설의 설치공사	아스팔트콘크리트 포장용	
[택지개발촉진법]에 따른 택지개발사업 중 면적이 30만 m^2 이상이 용지조성사업	아스팔트콘크리트 포장용	
[물류시설의 개발 및 운영에 관한 법률] 제2조 제2호 및 제6호에 따른 물류터미널의 건설공사 및 물류단지의 개발공사	아스팔트콘크리트 포장용	
[주차장법] 제2조 제1호 가목 및 나목에 따른 노상주차장 및 노외주차장의 설치공사	아스팔트콘크리트 포장용	

자료 : 환경부고시, 제2010-67호, 순환골재 등 의무사용 건설공사의 순환골재 · 순환골재 재활용제품 사용용도 및 의무사용량에 관한 고시

처리를 위한 적격업체를 선정하고 재활용촉진에 관한 정책을 적극적으로 이행하기 위하여 표 10.11과 같이 순환골재의 의무사용 등 건설폐기물 처리대책을 모색한다.

건설폐기물은 「자원의 절약과 재활용촉진에 관한 법률」에 의거하여 재활용 대책을 강구해야 된다. 건설폐기물은 도로공사용 순환골재, 성토 및 복토용 등 여러 용도에서 재활용하거나 중간처리시설을 갖춘 건설폐기물처리업체에 위탁처리할 수 있다(신택수 외, 2013).

사업시행시 발생하는 건설폐기물은 공사현장 내에 폐콘크리트와 폐아스콘 같은 건설폐재류, 폐목재, 폐수지, 폐금속류 등의 성상별 및 종류별로 구분하여 보관하며 재활용이 가능한 것은 별도로 보관하여 전문처리업체에 위탁처리한다. 사업해당지역에 위치한 건설폐기물 수집운반업체 및 건설폐기물 중간처리업체 현황을 조사한다(한국산업단지공단, 2010).

④ 임목폐기물 처리

발생되는 임목폐기물은 재활용이 용이하므로 인근 지역의 버섯 재배농가, 제재소 및 퇴비화 시설 등에 공급하는 방안, 음식물폐기물의 퇴비화를 위한 통기개량제 용도의 톱밥 재료로 공급하는 방안 등을 모색한다. 뿌리 등 재활용이 어려운 것은 수거하여 「폐기물관리법시행규칙의 폐기물의 수집, 운반, 보관, 처리에 관한 구체적 기준 및 방법」에 따라 전문위탁처리업체에 소각처리 등을 하며, 조경수목으로 사용이 가능한 수목은 최대한 이식한다.

2) 운영시 발생폐기물 저감방안

(1) 폐기물 성상별 처리계획

① 생활폐기물

해당 사업지역에서 발생되는 생활폐기물에 대해 적정용량의 폐기물 수거함 및 분리함 등을 설치운영하여 가연성, 불연성 및 재활용품 등으로 분리수거한 후 소각 및 재활용대상 폐기물은 생활폐기물 처리계획에 의거하고, 매립대상 폐기물은 폐기물매립시설에서 처리하여야 한다. 음식물류 폐기물은 자원의 재활용을 위하여 생활폐기물 처리계획에 따르거나 환경부의 「음식물류폐기물 처리시설 운영 현황」을 참조하여 해당지역의 위탁처리업체와 별도의 수거, 운반 및 처리계약을 통하여 전량 처리한다.

② 사업장폐기물(배출시설계, 지정폐기물)

운영시 발생된 사업장폐기물은 각 사업장의 특성을 고려하여 사업장별로 분리 및 보관시설을 설치 후 분리수거를 철저히 시행하여 최대한 재활용하며, 재활용이 곤란한 사업장 폐기물은 수집·운반 및 중간 처리업체, 최종처리업체에 위탁처리한다. 사업지구 내에서 발생되는 지정폐기물 중에서 매립대상 지정폐기물은 전문매립시설에서 처리하며, 소각대상 및 기타 대상은 해당지역 지정폐기물 전문처리업체를 선정하여 업종별 위탁처리하고 재활용대상 지정폐기물은 전문 재활용업체에 전량 위탁처리한다.

③ 폐기물 처리시설 설치검토

「폐기물처리시설 설치촉진 및 주변지역지원 등에 관한 법률」에 의거하여 사업지역 조성면적이나 연간폐기물 발생량이 일정 규모 이상으로 폐기물처리시설 의무설치 대상사업에 해당 여부를 검토하여야 한다. 소각시설 및 매립지에 대한 지역주민의 혐오감을 해소시키기 위해서는 초기투자비용이 많이 소요되지만 악취방지, 침출수 방지, 비산먼지 저감 등에 효과가 크면서 경관적으로도 선호되는 최첨단 소각장 및 지붕 있는 매립시설(air dome landfill)을 포함해 해당지역에 적합한 폐기물처리시설을 검토하여야 한다. 폐기물 처리시설 입지에 따른 지역주민에 대한 충분한 보상과 주변지역에 대한 지원강화와 입지선정시부터 지역주민의 참여가 필요하다(청원군, 2013).

3) 사후환경영향조사

폐기물처리시설의 설치시 관련 규정에 따른 처리기준 또는 목표기준을 확인하고 필요시 추가대책을 수립할 수 있도록 조사계획을 수립한다. 사후환경영향조사계획에는 표 10.12와 같이 조사항목 및 조사내용, 조사지역 및 조사지점, 조사기간 및 조사주기, 그리고 조사시점 및 조사방법이 포함되어야 한다. 환경기준이 설정된 조사항목에 대하여는 환경기준항목에 대한 측정계획을 포함한다. 조사지역은 환경영향평가서에 기재된 영향예측지역으로 하며, 원래 예측지역이 아닐지라도 사후에 환경영향이 명백한 경우에는 해당지역을 포함한다. 공사시 영향을 미칠 것으로 예측된 조사항목은 공사착수시점부터, 운영시 영향을 미칠 것으로 예측된 조사항목은 운영개시 시점부터 조사를 시작한다(환경부, 2016a).

사업시행시 공사현장에서 작업하는 근로자, 현장 투입장비에 의해 불가피하게 발생되는 폐기물 처리계획의 이행 및 저감방안 실시여부를 확인하고, 추가적으로 발생하는 환경악영향을 저감하기 위한 조사계획을 수립한다. 그리고 운영시에는 환경영향평가단계에서 예측한 각종 폐기물 발생량과 실제로 발생되는 폐기물의 발생량과 성상 등에 대한 비교 · 분석과 폐기물 처리계획의 적정성, 해당 지방자치단체와의 조정 및 협의 절차 및 결과를 분석한다.

조사항목에는 공사시 및 운영시 동일하게 각종 폐기물 관련 인 · 허가 사항, 폐기물 적정처리 및 관리 내역이 포함된다. 조사지점은 사업지구 및 폐기물 발생지역으로 한다. 조사기간은 공사시에는 공사착공부터 공사준공시까지로 하고, 운영시에는 사업 준공 후에 대상사업에 따라 사업준공시까지나 준공 후 3년까지 또는 준공 후 5년까지 사후환경영향조사를 실시한다. 다만, 산업입지 및 산업단지의 조성사업의 경우에는 사업준공 후 입주율이 70%에 도달하지 않는 경우에는 7년이 되는 해에만 사후환경영향조사를 실시한다(환경부, 2016b).

표 10.12 사후환경영향조사계획

구분	조 사 항 목	조사지역 및 조사지점	조사방법	조사주기
공사시	• 폐기물 관련 인·허가 사항 • 생활폐기물 및 지정폐기물 적정처리 • 폐기물 분리수거함의 적정한 설치 • 현장 내 오일 교체금지 및 폐유 보관시설 설치, 폐유 처리업체의 적정처리 • 석면함유 폐기물의 수집, 운반, 보관 및 처리대책 • 건설폐기물 및 임목폐기물 적정처리 확인	• 해당 사업 관련 공사가 진행되는 지역	현지조사, 통계조사 및 폐기물 처리 내역 확인	수시점검 및 분기 1회 (공사 착공일~공사 준공일)
운영시	• 사업지구 내 생활폐기물, 사업장 배출시설계 폐기물, 지정폐기물의 적정처리 확인 • 재활용, 폐기물의 수집·운반 등 위탁처리 여부 • 폐기물 소각 및 매립시설의 운영 및 적정 처리 실태 • 매립장의 지하수 감시정 설치 현황	• 사업지구	현지조사, 통계조사 및 폐기물 처리 내역 확인	수시점검 및 반기 1회 (공사완료 후 7년까지)

참고문헌

김영화, 2006, 최신 환경영향평가론, 신광출판사, 329.
김학훈, 이종호, 2013, 개발과 환경, 동화기술, 255.
문석기 외, 1998, 조경설계요람, 조경출판사.
보림씨에스, 2011, 보령시 웅천읍 사업장일반 및 지정폐기물 최종처리시설 조성사업 환경영향평가서(초안), 439.
손부손 외, 2007, 환경영향평가, 동화기술, 170.
신보균 외, 2007, 환경영향평가실무, 동화기술, 416.
신택수, 홍상표, 김광렬, 2013, 자원순환을 위한 폐콘크리트 순환골재의 알칼리 및 중금속 용출 특성 평가, 환경영향평가, 22(5), 428.
이경준 외, 2007, 산림생태학, 향문사.
이병인, 이영경, 2000, 환경영향평가 이론과 실제, 양서각, 138.
정종철, 2013, 자발적 협약제도의 폐기물 재활용 효과 분석, 환경영향평가, 22(1), 117-214.
청원군, 2013, 청원군 군관리계획(용도지역, 용도지구, 용도구역, 폐기물처리시설) 결정(변경) 전략환경영향평가서, 83.
한국건설기술연구원, 2016, 건설공사표준품셈.
한국산업단지공단, 2010, 아산둔포 일반산업단지 조성사업 환경영향평가서.
한국토지공사, 1995, 폐기물처리방안에 관한 연구(1).
한국토지공사, 2007, 산업입지 원단위 산정에 관한 연구.
한국환경정책 · 평가연구원, 2004, 건설폐기물 분리배출 및 발생원단위 산정 등에 관한 연구.
홍상표, 2004, 비위생매립지 침출수의 안정화 평가, 환경영향평가, 13(3), 116-124.
환경부, 2007, 제2차 국가폐기물관리종합계획(2002～2011) 수정계획.
환경부, 2007, 제3차 전국폐기물 통계 조사
환경부, 2009, 건축물 석면관리 가이드라인.
환경부, 2012, 제3차 국가폐기물관리종합계획(2012～2021)마련을 위한 연구.
환경부, 2015, 2014 전국 폐기물 발생 및 처리현황.
환경부, 2015, 2014 지정폐기물 발생 및 처리현황.
환경부, 2015a, 생활폐기물 도시규모별 원단위.
환경부, 2016a, 환경영향평가서 등 작성 등에 관한 규정.
환경부, 2016b, 환경영향평가법시행규칙 별표 1.
Chung Shan Shan, 2010, Projecting municipal solid waste: The case of Hong Kong SAR." Resources, Conservation and Recycling 54(11), 759-768.
SK종합화학, 2011, NEW PX 건설사업 환경영향평가서(재협의), 481.

제11장

소음 · 진동

1 개요

1) 소음과 진동의 정의

(1) 소음의 정의

소음(Noise)이란 듣는 사람 입장에서 좋아하지 않는 모든 음을 총칭한다. ANSI (American National Standards Institute)에서는 "Noise is any undesired sound"로 정의하였고, OST(Office of Science and Technology)도 "Unwanted sound"로 정의하고 있다. 한편, 일본의 JIS Z 8106에서는 "바람직하지 않는 음, 예를 들면 음성, 음악 등의 청취를 방해하거나 생활에 장해, 고통을 주는 음"으로 정의하고 있고, 우리나라의 「소음 · 진동관리법」에서는 "소음(騷音)"이란 기계 · 기구 · 시설, 그 밖의 물체의 사용 또는 공동주택 등 환경부령으로 정하는 장소에서 사람의 활동으로 인하여 발생하는 강한 소리를 말한다"로 정의하고 있다. 즉 듣는 사람이 좋아하지 않거나 원하지 않는 음(Undesired sound)은 전부 소음이라 할 수 있으며 같은 음에 대해서도 시간과 장소, 상황에 따라서 소음인지 아닌 지가 주관적으로 작용할 수 있다. 아름다운 음악이라도 공부를 하는 사람이나 수면을 취하는 사람에게 방해가 된다면 소음이 될 수 있다.

이러한 소음은 어떠한 방식으로든지 사람의 생활에 악영향을 끼치게 되는데 소음은 상기와 같이 사람마다 주관적인 차이가 있을 수 있으나 우리가 주변 환경에서 일반적으로 소음이라고 느낄 수 있는 예로서는 자동차, 철도, 항공기 등의 교통시설 및 공장, 사업장 등에서 발생하는 음 등을 들 수 있다.

(2) 진동의 정의

진동은 큰 범주에서 보면 물리적 탄성체의 떨림을 이야기한다. 음의 전파는 대기 중의 공기입자의 떨림으로, 즉 진동으로 인해 발생되는 현상 중 하나이다. 그러나 일반적인 생활환경이나 환경오염 측면에서의 진동은 인간이 감각기관을 통해 느끼는 진동과 건물 등에서의 피해를 입히는 진동을 말한다. 우리나라의 「소음 · 진동관리법」에서는 “진동이란 기계 · 기구 · 시설 기타 물체의 사용으로 인하여 발생하는 강한 흔들림을 말한다”로 정의하고 있다.

우리가 생활 속에서 느끼는 진동은 교통기관, 공장기계, 건설공사 등에서 발생하며, 주로 지반이나 구조물 등을 통하여 진동이 전파된다. 진동이 강할 경우 인체에서 진동을 직접 느낄 뿐만 아니라 건물에 균열 발생 등의 우리의 생활환경에 악영향을 끼친다. 진동이 발생하게 되면 건물, 가구류 등의 공진이나 부르르 떠는 소음과 함께 이상한 느낌을 받으며 사람마다 느끼는 정도는 다르나 수면방해, 불안감 등이 발생하며 심한 경우에는 공포감을 발생시킨다. 건물 등의 구조체에는 균열 및 뒤틀림 등의 물리적 피해를 준다.

2) 발생원별 소음특성

소음의 발생원으로는 사람을 포함한 모든 음원들이 포함되나, 이 중 교통소음, 건설공사장 소음, 공장가동으로 인한 산업설비소음, 항공기 소음 등의 인공적으로 발생하는 소음이 가장 문제가 된다.

(1) 교통소음

자동차가 도로를 주행할 때 생기는 소음을 자동차소음 또는 도로교통소음이라고 하는데 최근에 와서는 이에 대해 주민들의 집단민원이 발생하고 있어 커다란 사회문제로 대두되고 있다. 이 때 소음은 주로 엔진음, 배기음 그리고 타이어와 도로면과의 마찰음 등으로 발생되며, 고속으로 달릴 때는 타이어에서 발생하는 음이 주소음원이 된다. 또한 가솔린 엔진의 승용차보다는 디젤 엔진을 가진 대형트럭이나 버스에서의 소음이 훨씬 크게 나타난다.

한편, 철도소음 또한 최근 열차가 고속화되고 운행 횟수의 증가로 인하여 큰 문제가 되고 있다. 철도의 소음은 레일과 휠의 마찰소음, 동력소음, 공력소음으로 구분할 수 있다. 마찰소음의 경우 철로의 곡선부에서 나타나는 스퀼소음(Squeal noise) 등을 대표적으로 볼 수 있으며 동력소음은 차량 선두나 후미 등에서 열차를 끌거나 당기는 동력차에서 크게 나타난다. 또한 공력소음은 열차가 고속화됨에 따라 기류에 의하여 생기는 소음을 말한다. 최근 들어 열차가 디젤열차에서 전동열차로 바뀌고 있어 열차의 동력 소음이 줄어들고 있으나 열차의 고속화로 인한 공력 소음 증가, 철도의 관리 및 유지를 위하여 자갈 도상에서 슬라브(Slab) 도상으로의 교체로 인한 반사음 증가 등으로 인하여 소음이 높아지고 있는 추세이다. 철도소음의 특징으로는 도로교통소음과 달리 지속적인 소음을 나타내는 것이 아니라 열차가 지나갈 때 단기간 큰 소음이 발생하여 수면방해, 놀람, 불안감 등을 발생시킬 요소가 크다. 특히 우리나라는 철로 주변에 주거지역이 많이 위치하고 있어 철도 소음으로 인한 문제가 심각하다.

(2) 산업설비소음

산업설비소음은 크게 기계적 소음과 비기계적인 소음으로 구별된다. 공장이나 사업장에서 발생하는 소음은 송풍기, 단조기 등 주로 기계 설비에서 발생하는 것으로서 기계 내부의 회전부나 마찰부, 기계와 원재료와의 접촉부 등에서 발생하는 것이 대부분이며 소음에 대한 민원이 가장 많은 사례 중의 하나이다. 석유화학단지에서 잉여가스를 태워서 대기 중으로 방출하는 잉여가스연소기(Flare Stack)에서의 소음도 문제가 되기도 한다. 이것은 공장에서 발생하는 소음의 경우 금속적이고 충격적이며 연속적이라는데 그 이유가 있다. 연소기로부터의 소음은 통풍조절장치를 통한 흡입공기 내부에서 발생되는 와류와 연소로서 내부의 연소과정에 의해서 발생된다. 보일러로부터의 소음문제 역시 강제로 통풍하는 송풍기와 닥트, 연소기 전면부로부터의 방사에 관련되어 있는데 완성품 단위의 소음기를 부착하는 방법으로 소음을 제어하면 소음제어와 관리측면에서 만족할 만한 결과를 얻을 수 있다. 또한 압축기도 상당히 높은 소음을 유발하는데 소음제어 효과를 안정적으로 얻으려면 환기 및 배출장치용 소음기를 갖춘 송풍기의 부착이 필요하다.

(3) 공사장 소음

환경분쟁신청사건의 피해원인을 분석하면 공사장 소음 · 진동이 전체의 75%(중앙환경분쟁조정위원회, 2015)를 차지할 정도로 큰 부분을 차지하고 있다. 대부분의 공사장에서 사용되는 장비(브레이커, 항타기 등)는 크고 충격적인 소음을 발생시켜 공사장 주변에 사는 주민들에게 많은 피해를 유발시킨다. 특히 공사 시 발파와 같은 공정이 포함될 경우 그 소음으로 인한 영향범위는 더욱 커지게 된다.

(4) 항공소음

항공기는 자동차, 철도와 같은 교통수단임에도 항공기 소음으로서 별도로 구분하며, 소음의 표현방법도 일반적으로 사용하는 등가소음도가 아닌 항공기 운행횟수, 소음도 등을 고려한 평가단위인 WECPNL (Weighted Equivalent Continuous Perceived Noise Level : 보정등가감각소음레벨)을 사용한다. WECPNL은 ECPNL (Equivalent Continuous Perceived Noise Level : 등가감각소음레벨)에 주 · 야간의 시간대에 따라 보정한 것이다. 그러나 외국에서는 L_{dn} (Day-Night Average Sound Level : 주 · 야 평균소음레벨), L_{den} (Day-Evening-Night Average Sound Level : 주 · 석 · 야 평균소음레벨), L_{eq} (Equivalent Noise Level : 등가소음도) 등을 사용하고 있으며, 최근에는 일본에서도 평가단위를 WECPNL에서 L_{dn} 으로 변경하였다. WECPNL은 국내에서만 평가하고 있는 단위이다. 항공기 소음의 특성은 전체 옥타브 대역에서 발생하는 소음도가 크고, 음원이 상공에 위치하기 때문에 그 영향범위 및 피해면적이 넓게 나타난다.

(5) 생활소음

생활소음은 확성기에서 발생하는 가두 소음 그리고 심야의 유흥영업장에서 나오는 소음 등으로서 최근에는 이에 대한 인근 주민의 민원이 잦은 실정이다. 그리고 가정에서 발생하는 소음으로서 진공청소기, 세탁기 등도 생활소음에 포함될 수 있으며, 최근에는 공동주택 등에서 발생하는 층간소음이 사회적인 문제를 야기하는 등 이슈화되고 있다.

3) 소음 · 진동의 작성기법

(1) 사업특성 · 지역특성 파악기법

사업특성 · 지역특성의 파악은 대상사업이나 대상지역의 특성 및 위치결정을 명확하게 하고 환경영향평가 항목, 조사 · 예측 · 평가 기법을 선정하기 위해 필요한 자료를 얻는 것을 목적으로 한다. 따라서, 사업특성 · 지역특성의 파악은 각 항목을 환경영향평가 대상으로 선정할 것인가, 안할 것인가(사업 실행 유무)에 대한 관계유무를 망라하여 총괄적으로 실시되

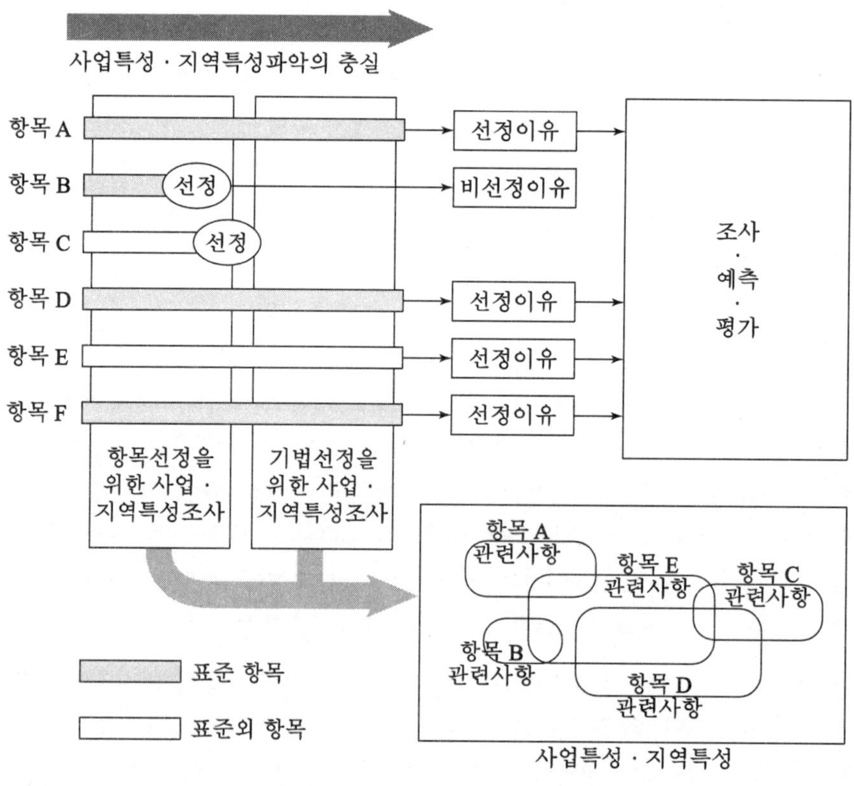

그림 11.1 사업 · 지역특성 파악 흐름도
출처 : 박영민, 2002, 소음 · 진동 환경영향평가.

어야 한다. 사업특성 · 지역특성의 파악 흐름도를 제시하면 그림 11.1과 같다.

(2) 예측 · 평가기법

환경영향평가 작성기법에 있어, 앞에서 제시된 조사와 예측 · 평가를 효과적이고 효율적으로 작성하기 위하여 환경영향평가 각 과정에서 행해지는 작업의 목적을 명확히 하는 것이 필요하다. 환경영향평가에 있어서 최종적인 목적은 "평가"로서 조사와 예측 · 평가의 기법 검토는 실제 환경영향평가 작업의 흐름과 역으로 평가기법의 검토 → 예측기법의 검토 → 조사기법의 검토 순으로 진행할 필요도 있다.

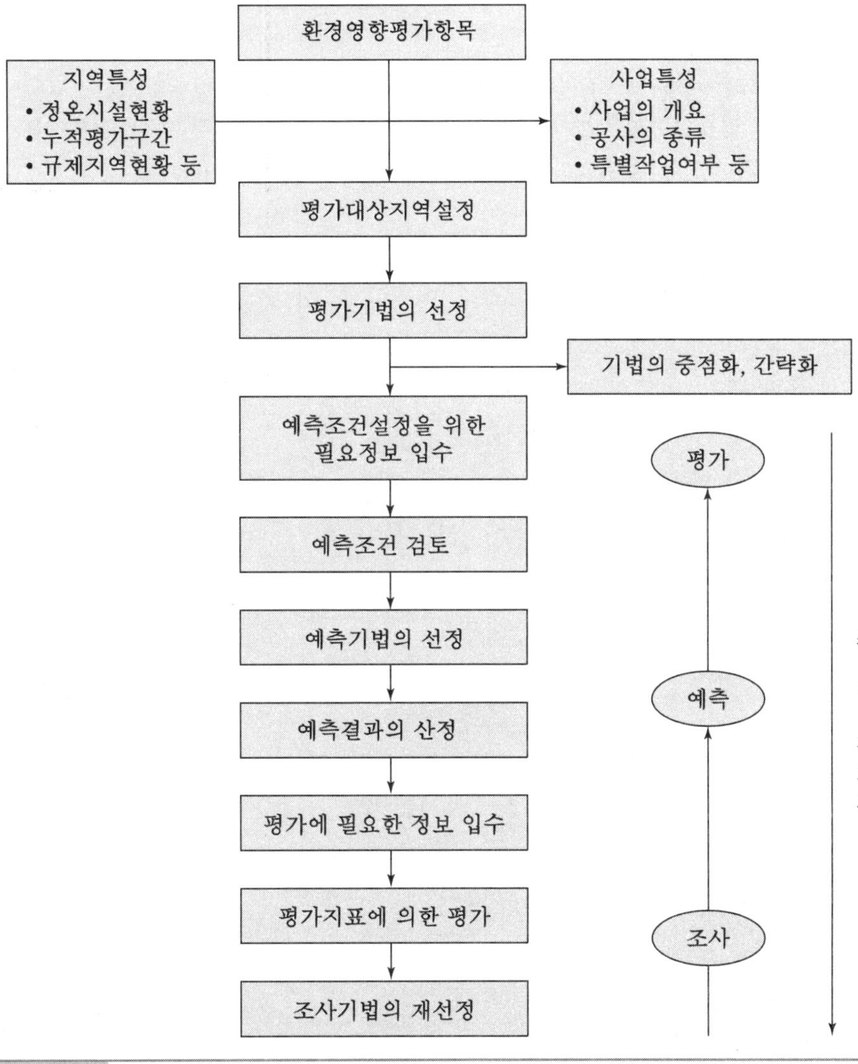

그림 11.2 조사 · 예측 · 평가기법 흐름도
출처 : 박영민, 2002, 소음 · 진동 환경영향평가.

특히 평가항목이나 기법의 중점화 · 간략화를 시도할 경우에는 종래의 환경영향평가와는 다른 조사가 불필요하게 된 경우가 있기 때문에 예측 및 평가, 조사의 관계에 관하여 충분한 검토가 있어야 한다. 이를 시행하지 않을 경우에는 필요 없는 조사의 실시나 조사부족에 따라 많은 문제가 생길 우려가 있다. 따라서, 조사 · 예측 · 평가기법의 흐름도를 제시하면 그림 11.2와 같다.

(3) 저감대책 수립기법

저감대책 수립기법은 환경상의 영향을 최소화시키는 것이 목적이다. 따라서 저감시설물 설치에 대한 주민의견수렴과 더불어 상기에서 제시한 사업의 특성, 지역적 특성, 지형적 특성을 고려하여 다양한 측면에서 검토된 친환경적인 저감대책(공사시 및 운영시)을 수립할 필요가 있다. 이러한 저감대책 수립으로 인한 저감효과 평가를 통하여 환경목표 달성 여부를 판단하여 기준을 만족할 수 있는 대안을 수립하여 제시하고 그렇지 못한 경우에는 불가피한 환경영향으로 주민의견 수렴결과를 첨부하여 작성토록 한다. 저감대책 수립기법 흐름

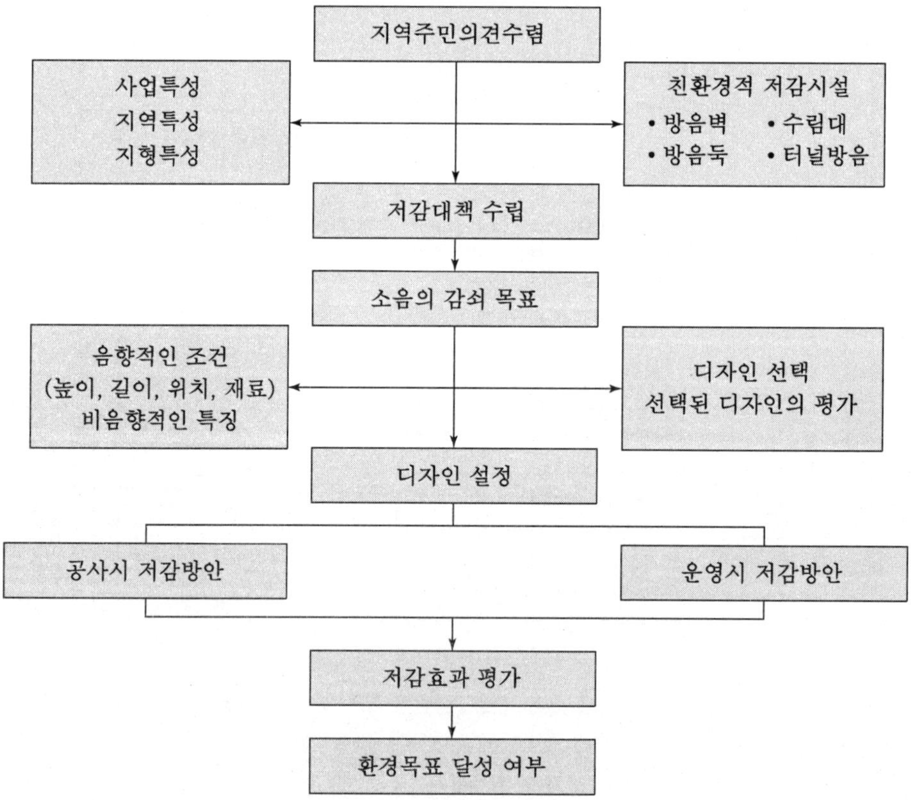

그림 11.3 저감대책 수립기법 흐름도
출처 : 박영민, 2002, 소음 · 진동 환경영향평가.

도를 제시하면 그림 11.3과 같다.

(4) 사후환경조사계획기법

현행 환경영향평가서 작성규정에 따라 환경영향평가서상에 포함되어 있는 사후환경영향조사는 대체로 사업별로 환경기준이 정해져 있는 항목에 치중되어 있고, 또한, 사후조치가 미흡하여 사후환경영향조사 본래의 취지를 달성할 수 없는 실정이다.

사후환경영향조사는 공사 중과 공사완료 후 환경영향조사로 나뉜다. 공사 중 영향조사는 평가서 상에 기술된 작업공정의 진행 유무와 이에 따른 환경영향을 조사하여 예측된 결과와 비교하고, 공사완료 후의 조사는 예측한 환경영향과 실제의 환경영향이 일치하고 있는지를 확인하여야 한다. 이러한 검토를 함으로써 환경영향평가 시 예측하지 못하였던 환경영향을 파악하고 보완할 수 있도록 한다. 또한 이러한 결과를 데이터베이스화함으로써 추가적인 환경저감 계획의 기초자료로 이용하도록 한다. 이와 함께 차후에 계획 및 개발되는 유사사례에서 스코핑(Scoping)과 평가기준의 자료로 이용될 수 있도록 환류체계(feedback system)를 구축하여 경제적 효율성을 높이고 예측의 정확성을 기할 수 있도록 한다.

2 관련법과 제도

「환경정책기본법」에서는 소음에 대한 환경기준을 설정하고 있으며, 「소음 · 진동관리법」에서는 소음 · 진동의 배출기준 및 관리기준을 설정하여 관리하고 있다.

1) 환경소음기준

국민의 건강을 보호하고 정온한 생활환경을 조성하기 위하여 「환경정책기본법」 제12조에 소음에 관한 환경기준을 대통령령으로 정하는 것을 설정하였다. 이 기준은 행정상의 목표를 말하며, 관리기준의 목적으로는 쓰이지 않는다. 시 · 도지사는 해당 지역의 환경적 특수성을 고려하여 필요하다고 인정할 때에는 해당 시 · 도의 조례로 별도의 환경기준을 설정할 수 있다. 환경(소음)기준은 표 11.1과 같다.

2) 공장소음 · 진동의 배출허용기준

「소음 · 진동관리법」 제7조에서는 소음 · 진동 배출시설을 설치한 공장에서 나오는 소음 ·

진동의 배출허용기준을 환경부령으로 정하는 것을 설정하였다. 지식산업센터의 사업자나 공장이 밀집된 지역의 사업자는 공장에서 배출되는 소음 · 진동을 공동으로 방지하기 위하여 공동 방지시설을 설치할 수 있도록 하고 있다. 공장소음 · 진동의 배출허용기준은 표 11.2와 같다.

표 11.1 환경소음기준[단위 : Leq, dB(A)]

구분 \ 지역	적용 대상지역	기 준	
		낮(06 : 00~22 : 00)	밤(22 : 00~06 : 00)
일반 지역	"가"지역	50	40
	"나"지역	55	45
	"다"지역	65	55
	"라"지역	70	65
도로변 지역	"가" 및 "나"지역	65	55
	"다"지역	70	60
	"라"지역	75	70

비고

1) 지역구분별 적용 대상지역의 구분은 다음과 같다.

가) "가"지역 : 「국토의 계획 및 이용에 관한 법률」 제36조 제1항 제1호 라목에 따른 녹지 지역, 제36조 제1항 제2호 가목에 따른 보전관리지역, 제36조 제1항 제3호 및 제4호에 따른 농림지역 및 자연환경보전지역, 「국토의 계획 및 이용에 관한 법률 시행령」 제30조 제1호 가목에 따른 전용주거지역, 「의료법」 제3조 제2항 제3호 마목에 따른 종합병원의 부지 경계로부터 50미터 이내의 지역, 「초 · 중등교육법」 제2조 및 「고등교육법」 제2조에 따른 학교의 부지경계로부터 50미터 이내의 지역, 「도서관법」 제2조 제4호에 따른 공공도서관의 부지경계로부터 50미터 이내의 지역

나) "나"지역 : 「국토의 계획 및 이용에 관한 법률」 제36조 제1항 제2호 나목에 따른 생산관리지역, 「국토의 계획 및 이용에 관한 법률 시행령」 제30조 제1호 나목 및 다목에 따른 일반주거지역 및 준주거지역

다) "다"지역 : 「국토의 계획 및 이용에 관한 법률」 제36조 제1항 제1호 나목에 따른 상업지역 및 같은 항 제2호 다목에 따른 계획관리지역, 「국토의 계획 및 이용에 관한 법률 시행령」 제30조 제3호 다목에 따른 준공업지역

라) "라"지역 : 「국토의 계획 및 이용에 관한 법률 시행령」 제30조 제3호 가목 및 나목에 따른 전용공업지역 및 일반공업지역

2) 생략

3) 이 소음환경기준은 항공기소음, 철도소음 및 건설작업 소음에는 적용하지 않는다.

출처 : 「환경정책기본법 시행령」 제2조 관련 별표(개정 2012.11.27).

표 11.2 공장소음 · 진동의 배출허용기준

1. 공장소음 배출허용기준[단위 : dB(A)]

대상 지역	시간대별		
	낮 (06:00~18:00)	저녁 (18:00~24:00)	밤 (24:00~06:00)
가. 도시지역 중 전용주거지역 · 녹지지역, 관리지역 중 취락지구 · 주거개발진흥지구 및 관광 · 휴양개발진흥지구, 자연환경보전지역 중 수산자원보호구역 외의 지역	50 이하	45 이하	40 이하
나. 도시지역 중 일반주거지역 및 준주거지역	55 이하	50 이하	45 이하
다. 농림지역, 자연환경보전지역 중 수산자원보호구역, 관리지역 중 가목과 라목을 제외한 그 밖의 지역	60 이하	55 이하	50 이하
라. 도시지역 중 상업지역 · 준공업지역, 관리지역 중 산업개발진흥지구	65 이하	60 이하	55 이하
마. 도시지역 중 일반공업지역 및 전용공업지역	70 이하	65 이하	60 이하

비고
1) 소음의 측정 및 평가기준은 「환경분야 시험 · 검사 등에 관한 법률」 제6조 제1항 제2호에 해당하는 분야에 대한 환경오염공정시험기준에서 정하는 바에 따른다.
2) 대상 지역의 구분은 「국토의 계획 및 이용에 관한 법률」에 따른다.
3) 허용 기준치는 해당 공장이 입지한 대상 지역을 기준으로 하여 적용한다.
4) 충격음 성분이 있는 경우 허용 기준치에 −5 dB을 보정한다.
5) 관련시간대(낮은 8시간, 저녁은 4시간, 밤은 2시간)에 대한 측정소음발생시간의 백분율이 12.5% 미만인 경우 +15 dB, 12.5% 이상 25% 미만인 경우 +10 dB, 25% 이상 50% 미만인 경우 +5 dB을 허용 기준치에 보정한다.
6) 생략

2. 공장진동 배출허용기준[단위 : dB(V)]

대상 지역	시간대별	
	낮(06:00~22:00)	밤(22:00~06:00)
가. 도시지역 중 전용주거지역 · 녹지지역, 관리지역 중 취락지구 · 주거개발진흥지구 및 관광 · 휴양개발진흥지구, 자연환경보전지역 중 수산자원보호구역 외의 지역	60 이하	55 이하
나. 도시지역 중 일반주거지역 · 준주거지역, 농림지역, 자연환경보전지역 중 수산자원보호구역, 관리지역 중 가목과 다목을 제외한 그 밖의 지역	65 이하	60 이하
다. 도시지역 중 상업지역, 준공업지역, 관리지역 중 산업개발진흥지구	70 이하	65 이하
라. 도시지역 중 일반공업지역 및 전용공업지역	75 이하	70 이하

비고
1) 진동의 측정 및 평가기준은 「환경분야 시험 · 검사 등에 관한 법률」 제6조 제1항 제2호에 해당하는 분야에 대한 환경오염공정시험기준에서 정하는 바에 따른다.
2) 대상 지역의 구분은 「국토의 계획 및 이용에 관한 법률」에 따른다.
3) 허용 기준치는 해당 공장이 입지한 대상 지역을 기준으로 하여 적용한다.
4) 관련시간대(낮은 8시간, 밤은 3시간)에 대한 측정진동발생시간의 백분율이 25% 미만인 경우 +10 dB, 25% 이상 50% 미만인 경우 +5 dB을 허용 기준치에 보정한다.
5) 생략

출처 : 「소음 · 진동관리법 시행규칙」 제8조 관련 별표 5(개정 2010.6.30).

3) 생활소음 · 진동의 규제기준

특별자치도지사 또는 시장 · 군수 · 구청장은 주민의 정온한 생활환경을 유지하기 위하여 사업장 및 공사장 등에서 발생하는 소음 · 진동(산업단지나 그 밖에 환경부령으로 정하는 지역에서 발생하는 소음과 진동은 제외하며, 이하 "생활소음 · 진동"이라 한다)에 대한 규제기준을 환경부령으로 정하고, 「소음 · 진동관리법」 제21조에서 규제하고 있다. 생활소음 · 진동의 규제기준은 표 11.3과 같다.

표 11.3 생활소음 · 진동의 규제기준

1. 생활소음 규제기준[단위 : dB(A)]

대상 지역	시간대별 소음원		아침, 저녁 (05:00~07:00, 18:00~22:00)	주간 (07:00 ~18:00)	야간 (22:00 ~05:00)
가. 주거지역, 녹지지역, 관리지역 중 취락지구 · 주거개발진흥지구 및 관광 · 휴양개발진흥지구, 자연환경보전지역, 그 밖의 지역에 있는 학교 · 종합병원 · 공공도서관	확성기	옥외설치	60이하	65 이하	60 이하
		옥내에서 옥외로 소음이 나오는 경우	50 이하	55 이하	45 이하
	공장		50 이하	55 이하	45 이하
	사업장	동일 건물	45 이하	50 이하	40 이하
		기타	50 이하	55 이하	45 이하
	공사장		60 이하	65 이하	50 이하
나. 그 밖의 지역	확성기	옥외설치	65 이하	70 이하	60 이하
		옥내에서 옥외로 소음이 나오는 경우	60 이하	65 이하	55 이하
	공장		60 이하	65 이하	55 이하
	사업장	동일 건물	50 이하	55 이하	45 이하
		기타	60 이하	65 이하	55 이하
	공사장		65 이하	70 이하	50 이하

비고
1) 소음의 측정 및 평가기준은 「환경분야 시험 · 검사 등에 관한 법률」 제6조 제1항 제2호에 해당하는 분야에 따른 환경오염공정시험기준에서 정하는 바에 따른다.
2) 대상 지역의 구분은 「국토의 계획 및 이용에 관한 법률」에 따른다.
3) 규제기준치는 생활소음의 영향이 미치는 대상 지역을 기준으로 하여 적용한다.
4) 공사장 소음규제기준은 주간의 경우 특정공사 사전신고 대상 기계 · 장비를 사용하는 작업시간이 1일 3시간 이하일 때는 +10 dB을, 3시간 초과 6시간 이하일 때는 +5 dB을 규제기준치에 보정한다.
5) 발파소음의 경우 주간에만 규제기준치(광산의 경우 사업장 규제기준)에 +10 dB을 보정한다.
6) 생략
7) 공사장의 규제기준 중 다음 지역은 공휴일에만 −5 dB을 규제기준치에 보정한다.
가) 주거지역

나) 「의료법」에 따른 종합병원, 「초 · 중등교육법」 및 「고등교육법」에 따른 학교, 「도서관법」에 따른 공공도서관의 부지경계로부터 직선거리 50 m 이내의 지역

8) "동일 건물"이란 「건축법」 제2조에 따른 건축물로서 지붕과 기둥 또는 벽이 일체로 되어 있는 건물을 말하며, 동일 건물에 대한 생활소음 규제기준은 다음 각 목에 해당하는 영업을 행하는 사업장에만 적용한다.

가) 「체육시설의 설치 · 이용에 관한 법률」 제10조 제1항 제2호에 따른 체력단련장업, 체육도장업, 무도학원업 및 무도장업

나) 「학원의 설립 · 운영 및 과외교습에 관한 법률」 제2조에 따른 학원 및 교습소 중 음악교습을 위한 학원 및 교습소

다) 「식품위생법 시행령」 제21조 제8호 다목 및 라목에 따른 단란주점영업 및 유흥주점영업

라) 「음악산업진흥에 관한 법률」 제2조 제13호에 따른 노래연습장업

마) 「다중이용업소 안전관리에 관한 특별법 시행규칙」 제2조 제4호에 따른 콜라텍업

2. 생활진동 규제기준[단위 : dB(V)]

대상 지역 \ 시간대별	주간 (06:00~22:00)	심야 (22:00~06:00)
가. 주거지역, 녹지지역, 관리지역 중 취락지구 · 주거개발진흥지구 및 관광 · 휴양개발진흥지구, 자연환경보전지역, 그 밖의 지역에 소재한 학교 · 종합병원 · 공공도서관	65 이하	60 이하
나. 그 밖의 지역	70 이하	65 이하

비고

1) 진동의 측정 및 평가기준은 「환경분야 시험 · 검사 등에 관한 법률」 제6조 제1항 제2호에 해당하는 분야에 대한 환경오염공정시험기준에서 정하는 바에 따른다.
2) 대상 지역의 구분은 「국토의 계획 및 이용에 관한 법률」에 따른다.
3) 규제기준치는 생활진동의 영향이 미치는 대상 지역을 기준으로 하여 적용한다.
4) 공사장의 진동 규제기준은 주간의 경우 특정공사 사전신고 대상 기계 · 장비를 사용하는 작업시간이 1일 2시간 이하일 때는 +10 dB을, 2시간 초과 4시간 이하일 때는 +5 dB을 규제기준치에 보정한다.
5) 발파진동의 경우 주간에만 규제기준치에 +10 dB을 보정한다.

출처 : 「소음 · 진동관리법 시행규칙」 제20조 제3항 관련 별표 8(개정 2010.6.30).

4) 교통소음 · 진동의 관리기준

1993년 12월 「소음 · 진동규제법(현 소음 · 진동관리법)」의 개정으로 교통소음규제체계가 마련되었다. 「소음 · 진동관리법」 제26조에서는 교통기관에서 발생하는 소음 · 진동의 관리기준을 환경부령으로 정하여 관리하고 있다. 이 기준에서는 표 11.4와 같이 도로와 철도로 구분하여 대상지역을 정온지역과 비정온 지역으로, 기준 적용시간대는 주간과 야간으로 구분하고 있다.

특별시장 · 광역시장 · 특별자치도지사 또는 시장 · 군수(광역시의 군수는 제외한다)는 교통

소음 · 진동 관리지역에서 자동차 전용도로, 고속도로 및 철도로부터 발생하는 소음 · 진동이 교통소음 · 진동 관리기준을 초과하여 주민의 조용하고 평온한 생활환경이 침해된다고 인정하면 스스로 방음 · 방진시설을 설치하거나 해당 시설관리기관의 장에게 방음 · 방진시설의 설치 등 필요한 조치를 할 것을 요청할 수 있다.

표 11.4 교통소음 · 진동의 관리기준

1. 도로

대 상 지 역	구분	한도	
		주간 (06:00~22:00)	야간 (22:00~06:00)
주거지역, 녹지지역, 관리지역 중 취락지구 · 주거개발진흥지구 및 관광 · 휴양개발진흥지구, 자연환경보전지역, 학교 · 병원 · 공공도서관 및 입소규모 100명 이상의 노인의료복지시설 · 영유아보육시설의 부지 경계선으로부터 50미터 이내 지역	소음 [Leq, dB(A)]	68	58
	진동 [dB(V)]	65	60
상업지역, 공업지역, 농림지역, 생산관리지역 및 관리지역 중 산업 · 유통개발진흥지구, 미고시지역	소음 [Leq, dB(A)]	73	63
	진동 [dB(V)]	70	65

참고
1. 대상 지역의 구분은 「국토의 계획 및 이용에 관한 법률」에 따른다.
2. 대상 지역은 교통소음 · 진동의 영향을 받는 지역을 말한다.

2. 철도

대 상 지 역	구분	한도	
		주간 (06:00~22:00)	야간 (22:00~06:00)
주거지역, 녹지지역, 관리지역 중 취락지구 · 주거개발진흥지구 및 관광 · 휴양개발진흥지구, 자연환경보전지역, 학교 · 병원 · 공공도서관 및 입소규모 100명 이상의 노인의료복지시설 · 영유아보육시설의 부지 경계선으로부터 50미터 이내 지역	소음 [Leq, dB(A]	70	60
	진동 [dB(V)]	65	60
상업지역, 공업지역, 농림지역, 생산관리지역 및 관리지역 중 산업 · 유통개발진흥지구, 미고시지역	소음 [Leq, dB(A)]	75	65
	진동 [dB(V)]	70	65

참고
1. 대상 지역의 구분은 「국토의 계획 및 이용에 관한 법률」에 따른다.
2. 정거장은 적용하지 아니한다.
3. 대상 지역은 교통소음 · 진동의 영향을 받는 지역을 말한다.

출처 : 「소음 · 진동관리법 시행규칙」 제25조 관련 별표 12(개정 2010.6.30).

3 현황

1) 소음 · 진동 관련민원 현황

국민생활수준이 향상되고 도시화 및 상업화의 진전으로 일상생활 주변에서 소음 · 진동으로 인한 민원 및 소송이 지속적으로 증가하고 있다.

(1) 피해원인별 환경분쟁 통계현황

2015년 12월 기준(2015년 1~12월)으로 처리된 210건의 환경분쟁조정 사건 중 소음 · 진동으로 인한 피해는 표 11.5와 같이 전체의 84%(177건)로 상당수를 차지하고 있다.

표 11.5 피해원인별 환경분쟁조정사건 접수건수(단위 : 건수)

구분	계	소음 · 진동	대기오염	수질오염	일조	기타
2015년	210 (100%)	177 (84%)	10 (5%)	2 (1%)	13 (6%)	8 (4%)

출처 : 중앙환경분쟁조정위원회, 2016. 환경분쟁신청사건 피해원인 현황.

(2) 연도별 소음 · 진동 관련 환경분쟁 통계현황

중앙환경분쟁조정위원회가 설립된 1991년 7월~2015년 12월까지 총 4,069건을 접수하여 3,495건을 처리(재정, 조정, 중재합의)하였으며, 440건은 자진철회로 종결되었고, 111건은 현재 처리 중이다. 처리된 3,495건 중 환경분쟁신청사건 중 소음 · 진동으로 인한 피해는 표 11.6과 같이 전체의 85%(2,983건)를 차지하고 있으며, 소음진동 민원은 아직까지도 환경민원 중 대부분을 차지하고 있다.

표 11.6 연도별 환경분쟁조정사건 접수건수(단위 : 건수)

구 분	계	2012	2013	2014	2015
계	3,495	255	191	237	210
소음 · 진동	2,983 (85%)	214 (84%)	156 (81%)	203 (86%)	177 (84%)

출처 : 중앙환경분쟁조정위원회, 2016. 환경분쟁신청사건 피해원인 현황(2012~2015).

2) 소음 · 진동 환경영향평가서 작성상 문제점

소음 · 진동 환경영향평가서 작성 상 일반적으로 제기되는 문제점은 다음과 같다.

(1) 용어의 통일

소음 · 진동 환경영향평가서 작성 시 사용하는 용어 중 많은 부분을 혼용하여 사용하고 있다. 일반적으로 용어에 대한 오류수정 및 통일이 필요하다.

(2) 환경영향예측상의 문제점

① 공사 시 문제점

a. 공사 시 건설장비에 의한 소음 · 진동 주파수별 실측자료의 부족
b. 음의 지향성에 관련된 자료의 부족으로 수음점에서의 음의 합산 문제
c. 가설방음벽(가설방음패널)의 연장을 계획하기 위한 근거 부족
d. 발파 시의 상황에 적합한 예측자료의 부족

② 이용 시 문제점

a. 방음둑 및 수림대에 의한 소음감쇠효과 산정을 위한 자료가 부족
b. 환경기준 적용 시 지역구분(일반지역, 도로변 지역)에 대한 기준을 만족하기 어려움
c. 새로운 소음예측식의 도입 · 사용 시의 검증 단계를 거칠 필요가 있음.
d. 도로단으로부터 10 m 이상 이격된 지점의 간선도로식(국립환경연구원, 1987)을 사용할 경우 상수 보정을 +C로 하여야 하며, 그 기준이 명확하지 않음.
e. 소음예측식의 보정계수를 다른 소음예측식의 보정계수로 사용하지 말고, 해당 예측식 자체의 변수들을 준용하여 예측
f. 예측식 전반에 대한 인자파악 없이 예측 실시

(3) 시공상의 문제점

① 공사 시 저감방안 실시에 따른 시공상의 문제점

a. 가설방음벽(가설방음패널) 설치 시 문제점
  a) 공사 시 토공에 따른 표고차의 변화로 현장여건상 가설방음벽을 시공하기 곤란함.
  b) 풍압과 현장에서의 시공상의 이유로 가설방음벽의 방음패널(방음판넬)과 지면사이가 떨어져 있으며, 목표로 한 감쇠효과를 얻을 수 없는 등의 문제점이 있을 수 있음.
b. 항타기 사용 시 항타 위치가 지상에서 15 m 이상 이격되는 경우도 있어서 그에 따른 실질적인 저감방안수립이 곤란한 경우가 있음.

② 이용 시 저감방안 실시에 따른 문제점

이용 시의 저감방안으로 가장 많이 채택되는 방음벽의 공사 주체와 유지관리 주체가 명확하지 않고 평가서 상에 그에 대한 명확한 언급이 없어서 실질적이고 지속적인 관리가 곤란한 실정이다. 그러므로 도로공사 및 택지공사 등을 실시할 때에는 저감시설에 대한 일체의 관리 및 보수, 환경영향평가서상의 협의사항 준수여부 등을 지속적으로 준수할 것에 대한 사항과 이를 이행하는 책임 주체를 관련기관 등과 협의하여 반드시 명시해야 한다.

(4) 사업상의 문제점

토지이용 등의 항목에 사업상의 변동이 발생하는 경우에는 소음 · 진동 영향이 발생하는지의 유무를 명시하고, 영향발생 시에는 저감방안을 수립하여 제시해야 한다. 또한, 법적인 규제기준을 만족하였어도 민원발생 시에는 그에 따른 민사상의 책임을 면하는 것은 아니다. 최근에는 당해 사업으로 인하여 피해가 발생 시에는 그에 대한 민사상의 책임을 져야 한다는 판례가 다수 등장하고 있다.

4 영향예측

1) 전반적인 검토사항

(1) 정온시설 및 존치시설 현황파악

소음 · 진동의 영향예상지역 파악을 위한 정온시설 및 존치시설의 현황에는 도면(1 : 5,000 또는 보다 자세한 도면)과 도표로 구체적으로 나타내야 한다. 소음 · 진동의 측정지점 및 영향예상지점에서 일반지역과 도로변지역의 명확한 지역구분과 각 지점에서의 정확한 환경기준의 적용이 필요하다.

(2) 음원의 위치

예측식의 적용 시에는 음원(건설장비, 발파, 자동차, 열차 등)이 지면부근(예, 엔진높이)에 있는 것으로 상정하여 계산하여야 한다(단, 항공기의 경우에는 예외).

(3) 음원과 수음점의 지형

예측식의 적용 시에는 음원과 수음점간의 지형 등을 고려해야 하므로 횡단면도상에 음원과 수음점간의 최단음선(최단거리)과 지형, 지물 등을 그림으로 명시하고 이에 의한 감쇠효과 등에 대하여 예측을 실시해야 한다. 종합예측결과 및 회절로 인한 감쇠효과 등을 일목요연하게 정리하여야 한다.

(4) 예측시의 대상주파수

인간의 가청주파수범위는 20～20,000 Hz 범위이다. 그런데 기존의 대부분의 평가서에서는 500 Hz, 636 Hz, 800 Hz, 1,000 Hz 중 하나의 주파수 또는 복수의 주파수를 대표주파수라 칭하며 소음감쇠식에 이용하였다. 이는 예측계산에 사용되는 대상주파수로 표기함이 바람직하기 때문에 정정이 필요하며, 예측식에 쓰이는 대상주파수는 가청주파수 범위의 1/1 octave band 중심주파수의 spectral level을 이용하여 Over All(All Pass)로 산출하여 제시함을 원칙으로 한다(부득이한 경우는 500 Hz 이하를 사용). 또한, 각각의 중심주파수로 회절감쇠 예측을 하고 수음점에서 소음도합성식에 의한 에너지 합성을 한 소음레벨(소음도)을 예측치로 한다.

(5) 공사의 시행유무

소음 · 진동을 유발하는 공사가 평가서에 누락되지 않도록 토취장, 사토장, B/P, Crash장, 자재 및 토사운반 차량의 운영에 따른 영향(주변지역 및 운반도로변)을 확정된 계획에 따라 제시하거나 불가능할 경우에는 환경적인 측면에서의 입지선정 기준 및 상기시설 운영에 따른 구체적인 환경관리 계획을 수립하여 제시해야 한다(사업에 관련되어 사업지구 밖에서 운영되고 있는 골재채취장, 사토장, 토취장, B/P장, Crash장 등 포함하고 발파의 유무를 명시).

(6) 주민의견 수렴

독립가구 등에 대한 저감방안을 수립 시에는 주민의견을 충분히 수렴해야 한다.

2) 소음 · 진동 측정현황 조사

(1) 소음 · 진동 측정지점의 선정

① 소음 · 진동의 측정지점을 선정할 때에는 공사 시(발파 시 포함)와 이용 시의 모든 영향예상지점을 우선적으로 선정하고, 사업 이전과 사업 중 또는 사업 완료 후 이용 시의 주위환경과의 비교검토를 위해 영향권 밖의 지점을 부가로 선정(소음 · 진동 영향예상 지역을 포함함을 원칙으로 함)하여야 한다.

② 소음 · 진동의 측정지점 위치도에서는 정온시설의 현황을 구체적으로 명시하여야 한다.

(2) 소음 · 진동 측정기록 관리

① 측정치가 「소음 · 진동공정시험기준」에 따라 측정되었는지 여부를 확인할 수 있는 검토자료(측정조건, 측정 장비의 적합성, 자료분석 방법 등)를 제시하여야 한다.
② 소음 · 진동은 순간적으로 발생하고 측정지점에서의 국지기상변화(특히, 풍속과 풍향)에 민감하기 때문에 측정당시의 풍속을 필히 명시해야 한다(풍속이 5 m/sec를 초과할 때에는 측정 불가).
③ 소음 · 진동 측정시간 등이 구체적으로 나타나 있지 않음에 따라 측정당시의 종합적인 상황 파악이 곤란하므로 측정지점에서의 측정시간을 분 단위까지 도표화해서 작성해야 한다.
④ 소음 · 진동의 측정치를 기록한 기록계(level recorder)의 기록지는 부록에 제시(기록지에는 측정일시 및 측정당시의 풍속 등 측정상황이 기재되어 있어야 함)하여야 한다.

3) 소음 · 진동의 평가방법

(1) 등가소음레벨(등가소음도)

현재, ISO(국제표준화기구)에 의한 국제규격에서는 연구의 진전 및 세계 각국의 환경행정의 실태 등을 고려해서, 일반 환경소음 또는 작업환경소음의 통일적인 평가량으로서 다음과 같은 등가소음레벨(L_{Aeq})을 대표적인 소음평가량으로서 적용하고 있으며, 계산방법은 식(11.1)과 같다.

$$L_{\mathrm{Aeq}} = 10\mathrm{Log}_{10}\left[\frac{1}{\mathrm{T}}\int_{\mathrm{t1}}^{\mathrm{t2}}\frac{\mathrm{P}_{\mathrm{A}}^{2}(\mathrm{t})}{\mathrm{P}_{0}^{2}}\mathrm{dt}\right] \qquad \text{식(11.1)}$$

여기서, $P_A(t)$: A 특성 음압의 순간치
P_0 : 기준음압(20μPa)
$T = t_2 - t_1$: 실측시간

측정한 A특성 음압(소음)레벨을 sampling하여 등가소음도를 구하는 방법은 식(11.2)와 같다.

$$L_{\mathrm{Aeq}} = 10\ \log_{10}\left[\frac{1}{n}\left(10^{\frac{L_{A1}}{10}} + 10^{\frac{L_{A2}}{10}} + \cdots + 10^{\frac{L_{An}}{10}} + \right)\right] \qquad \text{식(11.2)}$$

여기서, $L_{A1}, L_{A2}, \cdots, L_{An}$: 소음레벨의 측정치
n : 측정치의 총수

또한 sampling의 시간간격 ΔT는 소음레벨의 변동 정도에 따라 선정되지만 소음계의 빠른 동특성(FAST)을 사용하는 경우에는 0.25초 이하, 느린 동특성(SLOW)을 사용하는 경우에는 2초 이하로 하는 것이 바람직하다. 단, 소음레벨의 변동이 완만하고, 실측시간이 수분 이상인 경우에는 ΔT를 5초 정도까지 크게 해도 무방하다.

(2) 보정등가감각소음레벨(WECPNL)

ICAO (International Civil Aviation Organization)에서는 PNL (Perceived Noise Level)에 항공기 1대마다 계속 운항시간과 특이소음 등을 보정한 EPNL (Effective PNL)이 소음증명제도의 단위로 사용되고 있다. 이것을 더 간단한 형태로 하기 위하여 ECPNL로 한 것이며, 계산방법은 식(11.3)과 같다. 여기에 시간대별 보정을 가한 것이 WECPNL (Weighted Equivalent Continuous Perceived Noise Level)이며, 식(11.4)와 같이 계산한다.

$$\mathrm{ECPNL} = \overline{\mathrm{EPNL}} + 10\log_{10}\frac{10n}{60\times 60\times 24} \qquad 식(11.3)$$

여기서, $n = n_1 + 3n_2 + 10n_3$

n_1 : 주간(07 : 00～19 : 00)

n_2 : 저녁(19 : 00～22 : 00)

n_3 : 야간(22 : 00～07 : 00)

$$\mathrm{WECPNL} = \overline{\mathrm{EPNL}} + 10\log_{10}(n_1 + 3n_2 + 10n_3) - 39.4 \qquad 식(11.4)$$

현재의 항공기에 대해서는 EPNL = dB(A)+13이므로 WECPNL은 식(11.5)와 같다.

$$\mathrm{WECPNL} = \mathrm{dB(A)} + \log_{10}(n_1 + 3n_2 + 10n_3) - 27 \qquad 식(11.5)$$

EPNL = dB(A)+13의 경우에는 일반적인 민항기에 적용하는 특성으로 오버플라이트, 터치행고, 급선회 등을 실시하는 군용항공기는 상기의 식을 적용하기 어려울 경우가 많다.

(3) 진동가속도레벨(VAL)

소음에 있어서 음압레벨을 정의하는 것과 같이 진동에 있어서도 동일하게 식(11.6)과 같이 진동가속도레벨(VAL)을 정의한다.

$$\mathrm{VAL} = 20\log_{10}\frac{a}{a_0}\ [\mathrm{dB}] \qquad 식(11.6)$$

여기서, a : 가속도 진폭의 실효치(m/s^2)

a_0 : 10^{-5} m/s^2

(4) 발파진동

발파진동의 크기는 속도단위로 나타내고 있다. 발파진동의 크기는 진동가속도, 진동속도 및 변위량으로 모두 표현할 수 있다. 그리고 발파진동의 크기는 식(11.7)과 같이 거리에 반비례하고 지발당장약량에 비례한다.

$$\text{진동크기} \propto \frac{\text{지발당 장약량}}{\text{발파원으로부터의 거리}} \qquad \text{식(11.7)}$$

발파진동의 허용발파 진동치로는 수직(Vertical), 진행(Radial), 접선(Transverse) 방향의 세 가지 성분으로 표시하며, 식(11.8)과 같이 이들의 벡터합으로 나타낸다.

$$\mathrm{V} = \sqrt{\mathrm{V}_{\mathrm{V}}^2 + \mathrm{V}_{\mathrm{L}}^2 + \mathrm{V}_{\mathrm{T}}^2} \qquad \text{식(11.8)}$$

여기서, V_V : 수직 진동 성분

V_L : 진행 진동 성분

V_T : 접선 진동 성분

4) 소음 · 진동 영향예측

(1) 소음 · 진동 영향예상범위

소음 · 진동 영향예상지역의 범위는 통상 사업지구로부터 200 m 이상(도로사업의 경우)의 지점까지를 영향예상범위로 선정한다. 그러나 최근에는 소음이 증가하고 평가가 정확해짐에 따라 1 km 이상도 영향범위를 산정하게 된다. 예측범위와 관련해서는 「환경영향평가 범위 설정 가이드라인(대기, 악취, 소음, 진동)」(환경부, 2013년 1월 1일)을 참고한다. 이 가이드라인은 다양한 사업마다 다른 평가범위를 개발계획 단계에서 설정하기 위한 참고자료를 제시하고 있다.

(2) 공사 시 소음 · 진동

① 공사 시 소음 · 진동도 예측에서 적용되는 장비의 종류를 같게 하여 공종별로 사용되는 장비의 종류와 인근지역 정온시설현황을 고려하여 공사장별로 예측하여야 한다.

② 정온시설 인근에서 이루어지는 소음 · 진동 유발공종(정지공, 포장공, 구조물공 등)과 실제 사용하는 장비(항타기, 브레이커 등) 및 지형과 피해예상 시설물의 특성을 고려하여 소음 · 진동도를 예측 및 제시하여야 한다(횡단면도 활용).

(3) 발파 시 소음 · 진동

① 발파 시 소음 · 진동으로 인한 영향예측에서 암석발파물량, 암의 종류 및 상태 등을 고려하여 최적의 발파공법을 선택하고 그에 따른 지발당장약량을 산출하여야 한다.

② 발파 시 지발당장약량에 따른 소음 · 진동을 예측하고 그에 따른 구체적인 발파 진동 저감을 위한 발파계획을 명시하여야 한다.

(4) 이용 시 소음 · 진동

교통소음예측을 위한 교통량산정은 교통영향평가에서 산출된 교통량을 사용함을 원칙으로 해야 하며, 소음도 예측에 사용된 각종 인자의 적용에 대한 타당성 검토 자료를 명시하고, 예측과정에 대한 구체적인 설명과 산출과정 등을 명시하고 그에 따른 결과치를 제시하여야 한다.

5 저감방안

1) 소음 · 진동 방지대책

(1) 방지기술

생활환경에 있어서 소음문제는 반드시 소음의 발생원이 있고, 몇 개의 경로를 전파해서 수음점에 영향을 준다는 공통적인 특성이 있다. 소음방지대책은 각 단계마다 순서에 준해서 정확한 방지계획을 세워야 하며, 소음방지대책의 개요는 표 11.7과 같다. 기본적으로는 음원 측에서의 대책과 음의 전파경로에서의 대책으로 나뉜다. 음원 측에서는 가능하면 음의 발생을 작게 하는 것이 중요하고, 음원에 있어서 유속을 느리게 하거나 공명을 작게 하는 것도 고려되어 진다. 관로음에 대해서는 소음기의 설치가 유효하며, 음원의 진동이 바닥 등에 전달되어 그 진동에 의해 음이 공기 중으로 방사되는 경우에는 방진대책을 이행할 필요가 있고, 또한 음의 방사면이 공진(共振)상태에 있는 것과 같은 경우에는 흡음처리에 의해 차음효과를 기대할 수 있다. 전파경로에서의 대책은 음원과 수음점의 거리를 이격하는 것, 음원의 방향을 바꾸는 것 등이 있으며, 이외에는 방음벽이나 건물 등에 의한 회절감쇠효과를 생각할 수 있다. 공기에 의한 음의 흡수, 수목, 풀 등의 영향은 근거리의 경우는 통상적으로 무시한다.

표 11.7 소음방지대책

대책	방지기술의 종류	개 요
음원	음 발생의 제어	• 음의 발생, 전파를 방지하는 처리 • 유속과 마찰을 작게 하고 충돌과 공명을 피함
	소음기의 설치	• 발생소음의 spectral에 맞도록 소음기를 설치
	음원을 둘러쌈	• 투과손실을 조사해서 방음벽구조 결정 • 음향적으로 완전 밀폐를 하고, 문제소음의 주파수를 가장 잘 흡수하는 흡음처리를 실시
	방진(방진절연, damping 처리)	• 주파수의 진동전달률을 가능한 한 작게 할 수 있도록 방진고무 등을 선정설치 또는 소음방사면에 흡음처리
전파경로	거리이격 (음 에너지의 발산)	• 음원을 수음점으로부터 충분히 이격시킴. 음원의 크기, 형상을 고려해서 감쇠량을 결정
	음원의 방향을 바꿈 (지향성)	• 음 방향을 반대로 함(고주파음에 약 10 dB 유효)
	방음벽 또는 건물설치(회절)	• 음의 직접음 차단(통상 10～15 dB 전후)

출처 : 소음의 과학(일본, 海青社, 1989).

① 공사 시 저감방안

장비 투입 시 저감방안으로는 공사장비 가동 시 효율적인 장비투입, 덤프트럭 및 장비의 운행속도 제한(20 km/hr), 주간작업 실시 및 야간작업은 가급적 지양, 공사 시 「건설공사장 소음관리 요령」(1993, 환경처) 및 「공사장 소음 · 진동관리 지침서」(2007, 환경부)에 따라 대책의 기본사항 등을 설정하여 철저히 준수하여야 하며, 필요시 가설방음벽을 설치토록 한다.

발파시의 경우에는 표준 발파실시, 지형을 고려한 발파지점 선정, 발파시간 및 회수제한(08:00～18:00), 인근주민에 발파시간 통보, 폭약의 종류 및 양의 제한(저소음폭약 사용), 폭약장전공 깊이 조절, 사용폭약의 뇌관은 DSD (Deci-Second Detonator)를 사용하여 지발, 폭약흡음판 사용, 토제 등을 쌓아서 폭음의 전파경로 차단, 풍향 · 풍속의 흐름을 이용하여 전파경로 분산, 발전 뇌관이나 다단식 발파로 발생음 자체의 분산 등을 유도하도록 저감방안을 수립한다.

② 운영 시 저감방안

운영 시 저감방안으로는 토지이용계획의 변경, 도로변 시설녹지 확보, 방음둑(Mounding : 마운딩) 설치, 방음벽 설치 등을 들 수 있다. 특히, 환경시설대의 설치 등의 <도로구조대책>과 완충건축물의 설치 등의 <연도대책>으로 나눌 수 있는데 그 대책의 체계를 그림 11.4에 나타내며, 옆에 대책사례를 들고 있다.

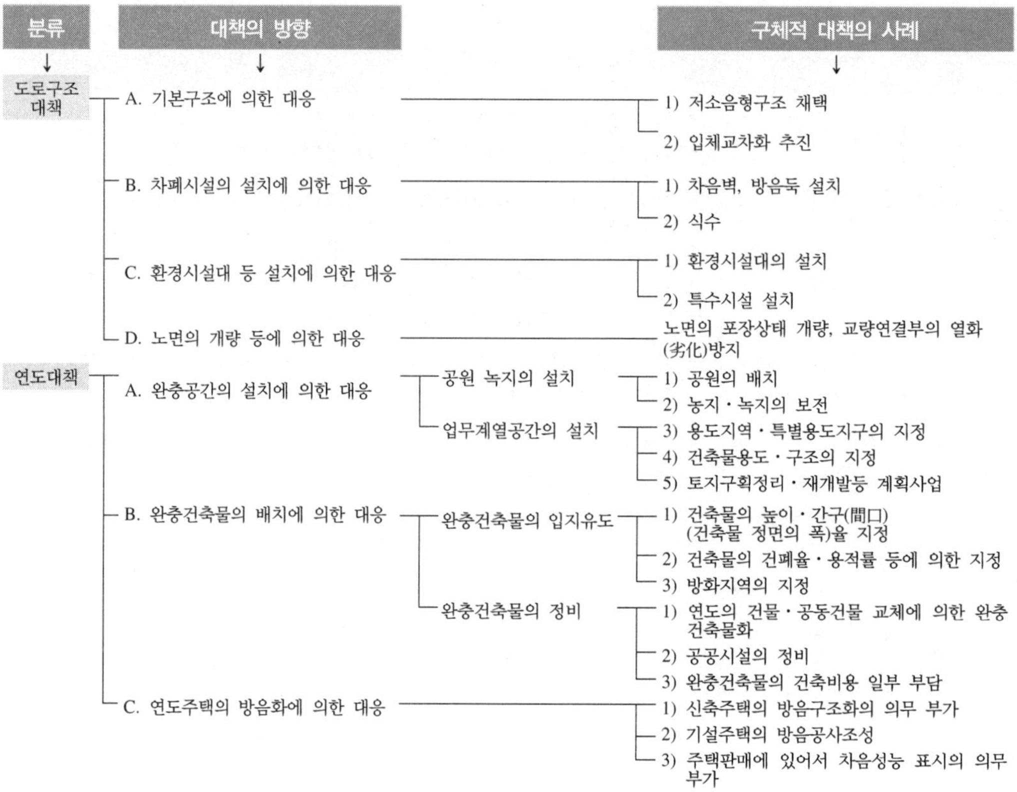

그림 11.4 도로교통환경 대책의 체계
출처 : 국립환경연구원, 2000, 도로교통소음(II).

(2) 제도개선

환경소음방지를 위해 가장 일반적으로 사용되어지는 저감방안이 대부분 방음벽 등의 시설을 설치하는 것이다. 이들 시설 설치기준과 관련된 법규로는 「소음 · 진동관리법」과 시행령, 시행규칙 및 방음시설에 대한 환경부고시 등이 있는데 그 중 방음시설과 관련된 용어의 정의 및 설치기준을 보다 현실적으로 개정하는 작업이 지속적으로 진행되어야 한다.

2) 소음 · 진동 저감방안

(1) 공사 시 가설방음벽 설치계획 및 저감효과

① 가설 방음벽에 사용되는 패널(판넬)은 시공방법 및 재질 등에 따라 차음효과가 달라지므로 투과손실을 고려해서 산정하고 산출과정을 명시하며 가설 방음패널(방음판넬)의 제원도면 및 설치도(배치도)를 도면(1 : 5,000 또는 그보다 자세한 도면)에 제시(길이

및 저감효과 명시)하여야 한다.

② 가설 방음패널(방음판넬)의 제원 산정 시 가청주파수 범위에서 1/1 octave band의 중심주파수를 이용하여 Over All(All Pass)로 산출 및 제시(또는 500Hz 이하의 거리감쇠가 크지 않은 범위의 주파수를 이용하여 산출 및 제시)하여야 한다.

(2) 발파 시 소음 · 진동 저감대책

발파 시 예측된 소음 · 진동에 대한 저감방안으로 방진벽, 방호시설 등의 저감방안을 수립(시공이 가능한 경우)하고 구체적인 배치도를 제시하여야 한다.

(3) 이용 시 소음 · 진동 저감대책

① 이용 시 방음벽 또는 방음둑을 설치할 위치의 선정은 정온시설의 현황과 주민의 의견수렴 후 설치위치를 결정하고, 방음벽의 제원산정을 위한 과정과 산출근거 등에 대한 구체적인 설명을 명시하여야 한다.

② 저감대책 수립 후에도 환경기준에 근접하는 지역은 소음 · 진동의 안전도 확보를 위하여 추가적인 대책을 수립하는 방안을 검토 · 제시(이격거리 확보, 방음벽 및 방음둑의 길이와 높이의 연장 등)하여야 한다.

3) 환경영향평가서 개선방안

(1) 제도상의 개선방안

오늘날 우리나라의 환경관련 민원의 가장 많은 부분을 차지하는 것이 소음 · 진동이다. 그럼에도 불구하고 지금까지는 여러 가지 이유로 인하여 중요시 되지 않았다. 보다 근본적인 소음 · 진동정책 수립을 위해서는 독립된 국 또는 과의 행정단위로 확대 · 개편되어야 하고 기본적인 측정 자료의 축적을 위한 자료체계(Database system) 구축이 필요한 실정이다. 또한 지금까지의 외형적이고 양적인 연구에서 실질적으로 채용될 수 있는 질적인 연구로의 전환이 필요한 때라고 판단된다. 관련 법규의 정비에 있어서도 관련 부처와의 이해관계가 얽힌 법규를 전문연구기관의 연구결과를 토대로 환경관련 법규로 통합 · 정비해야 할 것이다. 그리고 이러한 환경소음 · 진동의 관리방안을 수립하기 위해서는 개발사업 등의 시행으로 인한 환경적 영향을 사업계획의 수립단계에서부터 전문가로 하여금 정확하게 검토하게 하여 소음원별로 전파 특성을 파악하고 이격거리 확보, 건물의 배치, 환경 친화적인 방음벽설치, 방음둑, 수림대 등 적절한 저감방안을 실시해야 한다.

(2) 기술상의 개선방안

평가서 작성상의 문제점으로 부각되는 사항들에 대해 형식적인 연구에서 탈피하여 보다 실질적이고 활용 가능한 연구를 기초부터 실시하여 현황측정으로부터 이용 시 사후환경영향 조사의 계획수립에 이르기까지 저감방안의 적정성여부를 사후에도 검토할 수 있도록 하고, 또한 민원의 예방 및 다른 공사의 예측자료로 사용될 수 있도록 환류체계(feedback system)를 구축하여야 한다.

참고문헌

박영민, 2002, 소음 · 진동 환경영향평가, 환경영향평가연수반 교육자료.
중앙환경분쟁조정위원회, 2012, 환경분쟁조정 처리 현황, 보도자료.
중앙환경분쟁조정위원회, 2016. 환경분쟁신청사건 피해원인 현황
한국소음진동공학회, 1995, 소음 · 진동 편람.
한상욱, 성현찬, 이상훈 등, 2000, 신제 환경영향평가론, 향문사.
환경부 등, 2010, 소음 · 진동 노출인구 감소를 위한 제2차 생활소음 줄이기 종합대책, 보도자료.
환경부, 2013, 소음 · 진동관리법, 법률 제11690호.
환경부, 2013, 환경영향평가 평가범위 설정 가이드라인(대기질 · 악취 · 소음 · 진동).
海青社, 1989, 소음의 과학.

제12장

경관

1 개요

1960년대 이래 도시화 및 산업화의 진전은 자연 생태계의 파괴와 환경오염 등 국토의 훼손을 초래하였으며, 시각적인 측면에서 경관을 보전하려는 노력은 타 환경 요소들에 비해 소홀히 다루어져왔다. 하지만 최근 들어 소득의 증가와 함께 쾌적한 환경에 대한 욕구와 경관에 대한 인식이 확대됨에 따라 가치 있는 경관자원에 대한 보전의 필요성이 대두되고 있다. 경관의 정의나 경관연구의 접근방법은 각 학문 분야마다 다르다. 경관이나 풍경 같은 단어에서 연상되는 그림엽서 적인 혹은 외면적인 의미와 달리, 경관이라고 하는 말은 주변과의 조화를 고려한 넓은 의미가 있다. 경관은 시각적으로 보이는 것을 우선으로 하지만 다른 요소와의 복합적 작용으로서 이해해야 한다. 즉, 시각적 경관을 관리하기 위해 가시거리, 노출 정도, 조화로운 색채, 규모 등도 중요하지만 시정거리, 악취, 수면혼탁 등 눈에 보이지 않는 중간매체 등의 제반 환경요소도 제외할 수 없다. 또한 현재의 경관영향평가는 시각적인 측면에 치중하여 진행되고 있으므로 이를 해결하기 위한 방안이 필요하며(변병설, 1999), 이를 위해 경관의 개념에 시각적 경관(Scenery) 외에 경관생태학에서의 경관(Landscape)을 도입할 필요가 있다.

우리나라에서 경관영향평가에 대해 관심을 가지게 된 것은 이제까지의 개발 사업들이 경관에 미치는 영향은 거의 무시하고 집행됨으로써 아름다운 경관이 훼손되기도 하고 주위의 경관과 부조화되기도 하며 수려한 경관이 보이는 조망을 차단하기도 하는 등의 부작용을 가져왔기 때문이다(양병이, 1994). 이는 개발계획에서 건축 및 토목적 요인이 매우 강력하게 존재하고 있는 데 반해, 환경계획을 위한 경관보전적 요인이 소홀히 다루어져 왔기 때문으로, 보전적 차원에서 개발사업에 대해 규제·통제할 수 있는 체계적인 장치가 요구되며 환경영향평가 내의 경관영향평가의 개선이 시급하다.

환경영향평가 과정에서 경관평가가 소홀하게 다루어지고 있는 이유는 구체적인 평가기준이 모호하여 보는 사람의 주관적 인식에 근거함으로써 절대적 기준의 산출이 사실상 불가능하며, 특히 지역별로 다른 경관특성에 대한 일괄적인 조사평가기준을 제시하기 어렵기 때문이다. 또한 경치가 수려한 지역에서는 미적 가치가 높은 평가가 이루어지는 반면 그렇지 않은 곳은 경제적 가치에 의해 평가 자체가 무의미하고 단지 형식적 절차로 변질되는 경우가 많다(오명성, 2004).

따라서 본 장에서는 환경영향평가에서 다루는 경관을 유형별로 분류하여 각 경관특성에 적합한 영향예측 · 평가 및 저감방안을 제안하고자 한다. 이를 위하여 환경영향평가 내 경관영향평가를 위한 평가기준을 설정하되, 경관의 개념에 시각적 측면과 경관생태학적 측면을 함께 고려한 다각적 접근을 실시하고자 한다.

2 관련법과 제도

1) 관련법

환경영향평가는 환경에 중대한 영향을 미치게 될 계획이나 사업에 대해 미리 검토 · 분석하고 예측 · 평가하여 해로운 영향을 차단 · 감소시키고자 하는 방법을 모색하는 것으로, 환경영향평가 내의 경관영향평가와 관련된 법으로는 환경정책기본법, 환경영향평가법, 국토의 계획 및 이용에 관한 법률, 자연환경보전법, 경관법 등이 있다(표 12.1 참조).

표 12.1 관련법

법규	관 련 내 용
환경정책 기본법	• 환경영향평가 제도의 근거가 되는 법으로서, 자연환경에 영향을 미칠 가능성이 있는 각종 개발사업이 환경기준의 적정성을 유지할 수 있도록 전략환경영향평가, 환경영향평가 및 소규모 환경영향평가를 실시할 것을 명시하고 있음
	제40조(자연환경의 보전) 국가와 국민은 자연환경의 보전이 인간의 생존 및 생활의 기본임에 비추어 자연의 질서와 균형이 유지 · 보전되도록 노력하여야 한다. **제41조(환경영향평가)** ① 국가는 환경기준의 적정성을 유지하고 자연환경을 보전하기 위하여 환경에 영향을 미치는 계획 및 개발 사업이 환경적으로 지속가능하게 수립 · 시행될 수 있도록 전략환경영향평가, 환경영향평가, 소규모 환경영향평가를 실시하여야 한다. ② 제1항에 따른 전략환경영향평가, 환경영향평가 및 소규모 환경영향평가의 대상, 절차 및 방법 등에 관한 사항은 따로 법률로 정한다.
환경영향 평가법	• 본 법에서는 구체적으로 경관영향 및 평가에 대한 내용을 제시하고 있지는 않지만, 법에서 명시하는 18개 분야의 환경영향평가 대상사업을 살펴보면 대부분의 사업내용이 경관에 영향을 미칠 가능성이 높다는 것을 유추할 수 있음

환경영향 평가법	**제7조(환경영향평가 등의 분야 및 평가항목)** ① 환경영향평가 등은 계획의 수립이나 사업의 시행으로 영향을 받게 될 자연환경, 생활환경, 사회·경제 환경 등의 분야(이하 "환경영향평가분야"라 한다)에 대하여 실시하여야 한다. **제22조(환경영향평가의 대상)** ① 다음 각 호의 어느 하나에 해당하는 사업(이하 "환경영향평가 대상사업"이라 한다)을 하려는 자(이하 이 장에서 "사업자"라 한다)는 환경영향평가를 실시하여야 한다. 1. 도시의 개발사업 2. 산업입지 및 산업단지의 조성사업 3. 에너지 개발사업 4. 항만의 건설사업 5. 도로의 건설사업 6. 수자원의 개발사업 7. 철도(도시철도를 포함한다)의 건설사업 8. 공항의 건설사업 9. 하천의 이용 및 개발 사업 10. 개간 및 공유수면의 매립사업 11. 관광단지의 개발사업 12. 산지의 개발사업 13. 특정 지역의 개발사업 14. 체육시설의 설치사업 15. 폐기물 처리시설의 설치사업 16. 국방·군사 시설의 설치사업 17. 토석·모래·자갈·광물 등의 채취사업 18. 환경에 영향을 미치는 시설로서 대통령령으로 정하는 시설의 설치사업
국토의 계획 및 이용에 관한 법률	• 경관에 영향을 미치는 개발행위들은 기본적으로 토지를 기반으로 이루어지는데, 우리나라 토지이용제도는 지역지구제(Zoning) 방식을 근간으로 하고 있으며, 본 법률은 용도지구 지정을 통한 경관보전에 대해 제시하고 있음
	제3조(국토 이용 및 관리의 기본원칙) 국토는 자연환경의 보전과 자원의 효율적 활용을 통하여 환경적으로 건전하고 지속가능한 발전을 이루기 위하여 다음 각 호의 목적을 이룰 수 있도록 이용되고 관리되어야 한다. 1. 국민생활과 경제활동에 필요한 토지 및 각종 시설물의 효율적 이용과 원활한 공급 2. 자연환경 및 경관의 보전과 훼손된 자연환경 및 경관의 개선 및 복원 **제37조(용도지구의 지정)** ① 국토교통부장관, 시·도지사 또는 대도시 시장은 다음 각 호의 어느 하나에 해당하는 용도지구의 지정 또는 변경을 도시·군관리계획으로 결정한다. 1. 경관지구 : 경관을 보호·형성하기 위하여 필요한 지구 2. 미관지구 : 미관을 유지하기 위하여 필요한 지구 3. 고도지구 : 쾌적한 환경 조성 및 토지의 효율적 이용을 위하여 건축물 높이의 최저한도 또는 최고한도를 규제할 필요가 있는 지구
자연환경 보전법	• 환경영향평가법 제5조에서는 자연환경보전법과 관련되는 법률을 고려하여 환경보전 목표를 설정하고 이를 토대로 환경영향평가 등을 실시할 것을 제안하고 있음. 자연환경보전법은 자연환경의 범위에 자연경관과 생태·경관보전지역을 포함하고 있는데, 이 두 가지 개념을 통해 자연환경의 시각적·심미적·생태적 측면으로의 경관적 관점을 정의하고 있음

<table>
<tr><td>자연환경
보전법</td><td>제2조(정의) 이 법에서 사용하는 용어의 정의는 다음과 같다.
1. "자연환경"이라 함은 지하 · 지표(해양을 제외한다) 및 지상의 모든 생물과 이들을 둘러싸고 있는 비생물적인 것을 포함한 자연의 상태(생태계 및 자연경관을 포함한다)를 말한다.
…
10. "자연경관"이라 함은 자연환경적 측면에서 시각적 · 심미적인 가치를 가지는 지역 · 지형 및 이에 부속된 자연요소 또는 사물이 복합적으로 어우러진 자연의 경치를 말한다.
12. "생태 · 경관보전지역"이라 함은 생물다양성이 풍부하여 생태적으로 중요하거나 자연경관이 수려하여 특별히 보전할 가치가 큰 지역으로서 제12조 및 제13조제3항의 규정에 의하여 환경부장관이 지정 · 고시하는 지역을 말한다.
제4조(국가 · 지방자치단체 및 사업자의 책무)
① 국가 및 지방자치단체는 제1조의 목적과 제3조의 규정에 의한 자연환경보전의 기본원칙에 따라 다음의 조치를 강구하여 시행할 책무를 진다.
1. 국토의 개발 및 이용 등으로 인한 자연환경의 훼손방지 및 자연환경의 지속가능한 이용을 위한 자연환경보전대책의 수립 · 시행
2. 자연생태 · 자연경관 등 자연환경과 조화를 이루는 토지의 이용, 개발계획 및 개발사업의 수립 · 시행
3. 생태통로의 설치 등 생태계의 연속성을 유지하기 위한 대책의 수립 · 시행
4. 자연환경 훼손지에 대한 복원 · 복구 대책의 수립 · 시행
…
② 사업자는 사업 활동을 함에 있어서 다음 각호의 사항을 준수하여야 한다.
1. 자연생태 · 자연경관을 우선적으로 고려할 것
2. 사업활동으로부터 비롯되는 자연환경훼손에 대하여 스스로 복원 · 복구하는 등의 필요한 조치를 할 것</td></tr>
<tr><td>경관법</td><td>제3조(경관관리의 기본원칙)
경관은 다음 각 호의 원칙에 따라 계획되고 관리되어야 한다.
1. 지역의 고유한 자연 · 역사 및 문화를 드러내고 지역주민들의 생활 및 경제활동과의 긴밀한 관계 속에서 지역주민의 합의를 통하여 양호한 경관이 유지될 수 있도록 관리할 것
2. 개발과 관련된 행위는 경관과 조화 · 균형을 이루도록 할 것
3. 우수한 경관을 보전하고 훼손된 경관을 개선 · 복원함과 동시에 새롭게 형성되는 경관은 개성 있는 요소를 가지도록 유도할 것
4. 각 지역의 경관이 고유한 특성과 다양성을 가질 수 있도록 자율적인 경관행정 운영방식을 권장하고, 지역주민이 이에 주체적으로 참여할 수 있도록 할 것
5. 국민이 아름답고 쾌적한 경관을 향유할 수 있도록 할 것
제13조(경관사업의 대상 등)
① 시 · 도지사 또는 시장 · 군수는 지역의 경관을 향상시키고 경관의식을 높이기 위하여 경관계획이 수립된 지역 안에서 다음 각 호의 사업(이하 "경관사업"이라 한다)을 시행할 수 있다.
1. 가로환경의 정비 및 개선을 위한 사업
2. 지역의 녹화와 관련된 사업
3. 야간경관의 형성 및 정비를 위한 사업
4. 지역의 역사 · 문화적 특성의 경관을 살리는 사업
5. 농산어촌의 자연경관 및 생활환경을 개선하는 사업
6. 그 밖에 경관의 보전 · 관리 및 형성을 위한 사업으로서 당해 지방자치단체의 조례로 정하는 사업</td></tr>
</table>

> ② 시·도지사 및 시장·군수 외의 자는 경관계획이 수립된 지역 안에서 그 경관계획을 수립한 시·도지사 또는 시장·군수의 승인을 받아 경관사업을 시행할 수 있다. 이 경우 경관사업 시행의 승인을 받으려는 자는 대통령령으로 정하는 바에 따라 시·도지사 또는 시장·군수에게 사업계획서를 제출하여야 한다.
> ③ 제2항에 따른 승인신청을 받은 시·도지사 또는 시장·군수는 경관사업을 승인하기 전에 경관위원회의 심의를 거쳐야 한다.

2) 제도

(1) 환경영향평가

환경영향평가는 대상사업의 사업계획을 수립하려고 할 때에 그 사업의 시행이 환경에 미치는 영향을 미리 조사·예측·평가하여 해로운 환경영향을 피하거나 줄이는 방안을 마련하는 것으로, 전략환경영향평가, 환경영향평가, 소규모 환경영향평가[64]로 구성되며 각 평가상에서 다루는 경관영향평가 관련 사항은 다음과 같다.

① 전략환경영향평가의 경관영향평가

전략환경영향평가에서의 경관영향평가는 자연경관 영향을 심의하되 구체적인 세부 계획이 작성되지 않은 계획에 대해서는 평면도를 중심으로 검토한다.

사업별로 구체적인 개발 규모와 형태 및 배치 등이 가변적이므로 스카이라인, 보전 대상 경관자원, 조망축 등의 기본적인 항목을 검토하여야 한다. 주로 기본계획도, 경관 현황 분석도와 같은 평면적인 계획안을 토대로 진행하되 필요한 경우 주요 조망점에서의 경관시뮬레이션을 통해 경관영향을 검토한다. 전략환경영향평가에서의 경관영향평가의 과정은 그림 12.1과 같다.

② 환경영향평가 및 소규모 환경영향평가의 경관영향평가

환경영향평가 및 소규모 환경영향평가 협의 대상사업은 전략환경영향평가와는 달리 기본계획도, 경관 현황 분석도와 같은 평면적인 계획안 외에도 구체적인 개발 계획에 의한 경관변화를 예측한 시뮬레이션 자료를 작성하여 경관영향을 검토하여야 한다(그림 12.2 참조).

---

64) • 전략환경영향평가 : 환경에 영향을 미치는 상위계획을 수립할 때에 환경적 측면에서 해당계획의 적정성 및 입지의 타당성 등을 검토하는 것
• 환경영향평가 : 환경에 영향을 미치는 실시계획·시행계획 등의 허가·인가·승인·면허 또는 결정 등을 할 때 해당 사업이 환경에 미치는 영향을 미리 조사·예측·평가하여 해로운 환경영향을 피하거나 제거 또는 감소시키는 방안을 마련하는 것
• 소규모 환경영향평가 : 환경보전이 필요한 지역이나 난개발이 우려되어 계획적 개발이 필요한 지역에서 개발 사업을 시행할 때에 입지의 타당성과 환경에 미치는 영향을 미리 조사·예측·평가하여 환경보전방안을 마련하는 것

단계	중 점 검 토 사 항
현황 분석	• 사업안 특성 분석(개발 사업의 위치) • 사업 대상지 부근의 경관 자원 현황파악(경관 유형별 검토)
▼	
경관영향 예측	• 입지와 관련한 평면적 자료 검토 • 조망 축 보존 • 주요 경관 자원 보전 대책 • CG에 의한 투시도 (사진 합성) • 고밀, 고층 사업인 경우 시뮬레이션을 통한 경관 영향 예측
▼	
저감방안	• 자연경관과의 조화성, 시설 간 통일성 등을 예측하고 저감방안 작성 • 보존 대책 제시(대안적 입지 제시, 사업 지구 경계 조정 등)

그림 12.1 전략환경영향평가 대상사업에서의 경관영향예측에 대한 단계별 검토 사항
출처 : 개발사업 등에 대한 자연경관심의지침(환경부 국토환경정책과 개정 2012.8.22).

단계	중 점 검 토 사 항
현황 분석	• 사업 안 특성 분석(개발 사업의 위치, 개발 가능 높이 등) • 사업 대상지 부근의 경관 자원 현황 파악(경관 사업 유형별 검토) - 전략환경영향평가 대상 사업의 경우 전략환경영향평가 시 자연경관 심의 결과 분석 및 반영 여부 비교표 제시함 - 분석된 경관 자원을 확인하고 추가 · 변경되는 경관 자원을 명시하는 등 기존 자료를 최대한 이용하도록 함
▼	
주요 조망점 선정	• 근경, 중경, 원경 포함 • 각 방향 포함 • 주 진입부, 경관 자원 고려 • 이용객 수 고려, 가시권 분석 • 조망점 선정 과정 및 이유 제시
▼	
경관 영향 분석 (시뮬레이션 방법)	• 적합한 시뮬레이션 방법 선정 • 시뮬레이션 작성 과정 제시 (시뮬레이션 수치 자료, 작성 과정, 컬러 사진, 표준 렌즈, 적합한 해상도)
▼	
경관 영향 예측	• 보전 경관 훼손 여부 및 기존 경관과의 조화
▼	
저감 방안	• 저감 방안 작성(건축물 규모, 고도 규제 등) • 보존 대책 제시(통경 축 확보, 차폐 계획 등) • 경관 영향 분석 feedback

그림 12.2 환경영향평가 대상사업에서의 경관영향예측에 대한 단계별 검토 사항
출처 : 개발사업 등에 대한 자연경관심의지침(환경부 국토환경정책과 개정 2012.8.22).

(2) 개발사업 등에 대한 자연경관 심의지침

개발사업 등에 대한 자연경관 심의지침은 개발계획 및 개발 사업에 대하여 환경부 중앙환경 정책위원회 또는 지방환경관서 자연경관심의위원회에서 자연경관 심의를 함에 있어, 자연경관에 미치는 영향을 검토할 수 있도록 검토사항·심의기준·절차 등에 대한 사항을 제시하여 자연경관영향 심의제도의 원활한 운영을 도모함을 목적으로 운영되고 있다(환경부 예규, 2012).

① 자연경관 심의지침의 구성

자연경관 심의지침은 '지침의 성격 및 구성', '자연경관 심의대상', '중점 검토사항', '자연경관영향 심의기준', '개발 사업 유형별 중점 검토사항', '심의절차', 그리고 '자연경관 영향 심의기구 구성·운영'으로 구분하여 각 관련 내용을 세부적으로 제시하도록 명시되어 있다(그림 12.3 참조).

② 자연경관 심의지침의 적용대상

자연경관 심의지침의 적용대상은 전략환경영향평가와 환경영향평가의 대상사업으로 설정하고, 그 외의 일부 환경부 대상사업에 대해서도 자연경관심의 시 본 지침을 적용할 것을 명시하고 있으며 사업범위는 다음과 같다(표 12.2 참조).

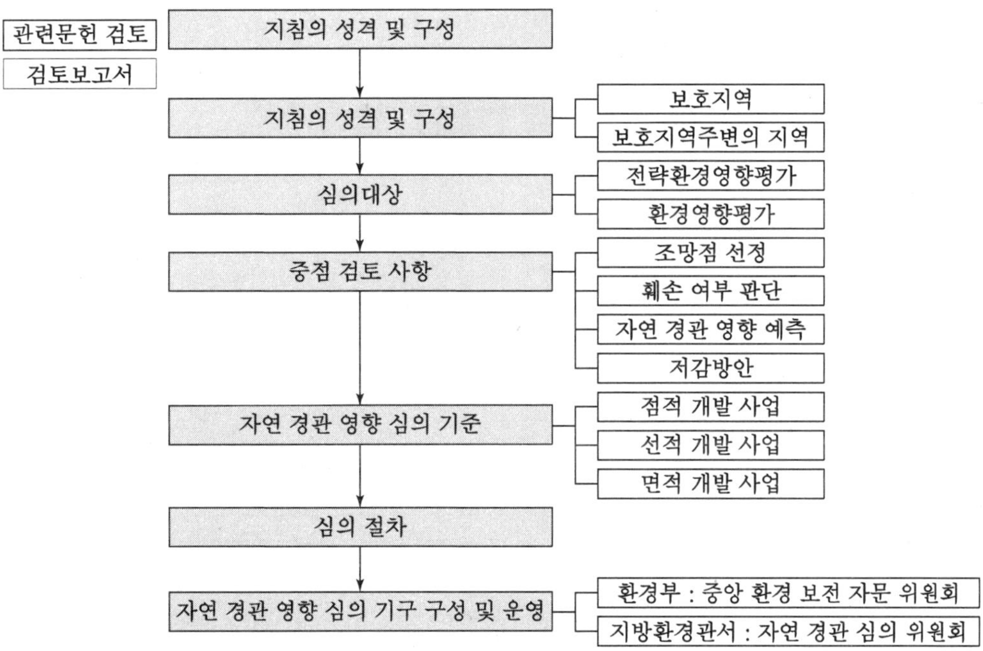

그림 12.3 개발사업 등에 대한 자연경관 심의지침 구성도
출처 : 환경부 예규, 2012, 수정.

표 12.2 자연경관영향 심의 및 협의 대상범위(환경부 예규, 2012)

구 분	자연경관영향 심의대상
보호지역 주변(자연공원, 습지보호지역, 생태경관보전지역)	• 전략환경영향평가 대상 개발기본계획 • 환경영향평가협의 대상 개발사업 • 소규모 환경영향평가 대상 개발사업
보호지역 주변 외 지역	• 환경영향평가 및 소규모 환경영향평가 협의 대상 개발 사업 중 대통령령이 정하는 개발 사업
구 분	**자연경관영향 협의대상**
보호지역 주변(자연공원, 습지보호지역, 생태경관보전지역)	• 전략환경영향평가, 환경영향평가 및 소규모 환경영향평가 협의 대상이 아닌 개발 사업
보호지역 주변 외 지역	• 전략환경영향평가, 환경영향평가 및 소규모 환경영향평가 협의 대상이 아닌 개발 사업 중 지자체의 조례로 정하는 사업

③ 자연경관 심의 과정

자연경관영향 심의 과정은 그림 12.4를 참조하는데, 먼저 사업안에 대한 분석 및 조망점 선정을 고려한 사업 대상지 및 대상지 부근에 대한 현황 조사가 적절히 이루어졌는지를

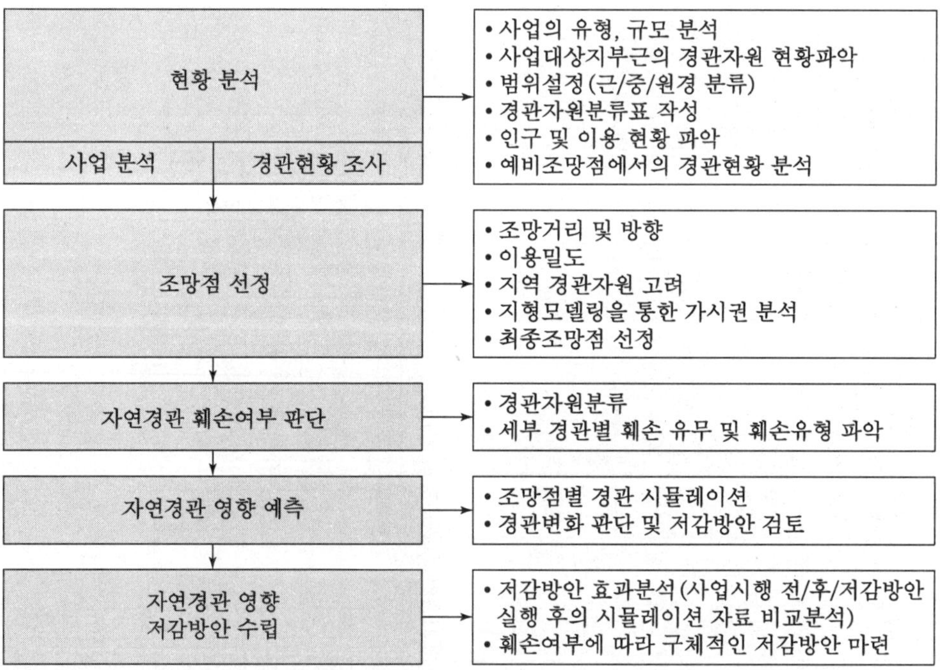

그림 12.4 자연경관 영향 심의 흐름
출처 : 환경부 예규, 2012, 수정.

검토한다. 이를 바탕으로 최종 조망점을 선정하고 각 조망점별 경관 시뮬레이션을 수행하여 사업으로 인한 경관영향을 파악한 후, 예상되는 경관 변화와 훼손유형에 대한 구체적인 저감방안을 수립하였는지 검토한다.

일본의 경관영향평가 사례(日本財団法人自然環境研究センター, 2006)

일본은 '경관영향평가서' 작성을 통한 경관영향평가를 실시하고 있으며 그 과정은 다음과 같다.

경관영향평가준비서 작성준비	→	경관영향평가 실시	→	경관영향평가서 작성

〈 일본의 경관영향평가서 작성과정 〉

1. 경관영향평가준비서 작성준비

평가할 경관에 대한 현황조사항목, 조사지점, 조사 시기, 조사방법에 대한 목록을 준비한다.

① 경관현황 조사항목
- 지리적 특성 : 대상경관의 위치, 지형, 토지이용 현황, 교통현황, 공공시설 유무, 용도지구 지정현황(경관형성지구, 풍경형성지역 등)
- 경관적 특성 : 경관의 점(거점)·선(경관축)·면적 요소(공간구성), 시각적 우수경관, 인지성 높은 전망지점(다리, 교차로, 공원, 학교, 시민회관 등), 교차점, 스카이라인, 주변 건축물 현황(외벽 형태, 재질, 색채 등), 자연경관(산림, 강, 농지 등), 랜드마크·심벌, 도로상황
- 인문·사회적 특성 : 특산물(식물, 지형 등), 문화유산·관광지, 전통적 건축양식, 행사 등

② 조사지점
- 조사지점은 조사거리를 의미하는 원경, 중경, 근경, 근접의 개념과 조사지점을 의미하는 조망점의 조합으로 설정된다.

③ 조사 시기
- 연 계절에 따라 '봄-여름-가을-겨울' 4계절 혹은 '여름-가을-겨울' 등 3계절에 걸쳐 조사한다.

〈일본의 경관영향평가를 위한 조사지점〉

구분		내 용
조사거리	원경	• 경관의 위치, 규모, 스카이라인 등 경관의 전반이 드러나는 지점으로 약 1km정도의 거리를 의미함 • 상기 거리를 기준으로 인지성 있는 도로, 다리, 공원, 역 등 우수한 전망지점을 선정함
	중경	• 기조색, 평면도, 등 큰 부속물이 가시되어 건축물의 주요 구조, 색채가 인지되는 지점으로 약 100~500 m 정도의 거리를 의미함 • 상기 거리를 기준으로 인지성 있는 도로, 다리, 공원, 역 등 우수한 전망지점을 선정함
	근경	• 건축물의 간판, 디자인 등이 인지되는 지점으로 약 50 m 정도 거리를 의미함 • 시가지 등 전망이 불리한 경우 육교나 제방 등 높은 지점을 선정함
	근접	• 대상의 상세한 디자인을 파악할 수 있는 지점으로 약 10 m 정도의 거리를 의미함

(표 계속)

구분		내 용
조망점	설정기준	• 이용특성, 경관특성, 경관변화, 시설물 입지 등을 고려 • 다양한 방향에서 경관을 파악할 수 있도록 각 방위와 거리에서 동심원으로 조망지점 선정 • 내부조망점과 외부조망점 구분하여 설정 • 조망위치, 이용특성, 거리 및 성정사유, TM좌표(X, Y, Z 좌표) 등을 종합적으로 표기한 총괄표를 제시하였는지 검토함(TM좌표는 조망고도 파악을 위한 Z값과 지반고를 함께 표기함)
	조망점 수	• 문헌조사 · 현지조사를 통해 후보지 선정 후 가시성, 이용특성, 조사거리 등의 조건을 통해 설정
	조망점 위치	• 주로 결절점, 집합장소, 이용률이 높은 동선, 시퀀스(sequence) 경관 등의 위치에서 사업대상지의 규모에 따라 거리를 차별성 있게 선정함 - 대규모 사업부지 : 원경, 중경 거리 위주 - 중 · 소규모 사업부지 : 중경, 근경 거리 위주

④ 조사방법
- 문헌조사를 통해 조사대상을 설정한다.
- 조사시기와 조사지점을 근거로 하여 사진을 촬영한다.
- 경관시뮬레이션 작업을 통해 경관영향을 예측한다(필요한 경우 낮/밤의 2가지를 작성한다).

2. 경관영향평가 실시

① 경관형성목표 설정
- 현황조사 결과를 바탕으로 대상 경관이 달성해야 할 목표를 설정한다.

② 요소별 경관평가
- 경관기준에 대한 적합성 평가 : 경관 변화의 요인이 되는 공작물 등의 시각적 점유율, 형태 · 색채 등을 전문가 자문 및 사례조사를 통해 평가한다. 공작물이 경관 기준에 적합 여부를 기반으로 경관과 조화를 이루기 위한 사항을 정리하여 특정 건축물 등 자기평가서를 작성한다.
- 경관 시뮬레이션에 의한 평가 : 공작물 등의 외관을 객관적이고 정확하게 예측하고 변화가 주변 환경에 미치는 영향을 파악하기 위한 평가단계로 주변경관과의 조화, 분위기 등에 대한 시뮬레이션 자기평가서를 작성한다.
- 경관고려사항 평가 : 주변 경관과의 조화를 위해 특별히 배려할 사항 등에 대해 구체적으로 기술하여 평가한다.

③ 종합평가
- 요소별 경관평가의 내용을 기준으로 종합적 평가: 경관형성목표 달성 여부를 평가한다.

3. 경관영향평가서 작성

① 경관영향평가준비서 작성
- 현황조사 결과, 경관예측 및 평가 결과 등을 기술한 경관영향평가준비서를 작성한다.

② 경관영향평가서 작성
- 경관영향평가준비서에 기재된 내용을 수정 · 보완한 내용과 주민 및 전문가 의견서에 포함된 내용을 반영하여 작성한다.

이상으로 환경영향평가 관련법 및 관련제도에 대해 알아보았다. 환경영향평가의 근거법인 환경정책기본법과 환경영향평가법은 개발 사업으로 영향을 받게 될 각종 환경의 보전에 대한 측면을 강조하고 있고, 자연환경보전법은 자연경관에 대해 시각적·심미적 측면과 생태적 측면을 동시에 고려하는 관점을 제시하고 있어 환경영향평가 시 경관에 대한 다각적 고려가 필요하다는 점을 보여준다. 그 외에 국토의 계획 및 이용에 관한 법률의 경우 국토이용 및 관리의 기본원칙으로 자연환경 및 경관의 보전과 훼손된 자연환경 및 경관의 개선·복원을 국토 관리의 기본원칙으로 두고, 이를 위한 용도지구(경관지구, 미관지구, 고도지구 등) 지정을 통해 경관의 질 향상을 위한 근거를 마련하고 있으며, 경관법 역시 각종 개발 시 우수 경관을 보전하고 경관의 시각, 자연, 역사·문화적 측면을 중요시해야 한다고 명시하고 있다. 이에 따라 환경영향평가에서도 체계적인 경관예측·평가 방안을 위한 절차 및 조사항목 등에 대한 내용을 다루고 있지만 실질적으로 환경영향평가에서 경관평가가 면밀하게 진행되는 경우는 드물다.

반면, 자연경관 심의지침의 경우 자연경관 지역에서의 개발 사업에 대한 경관영향예측 및 평가를 위한 세밀한 심의절차를 지니고 있으나, 심의대상이 자연경관에 국한된다는 점과 자연경관 개발사업 관련 규제로서의 내용이 환경영향평가와 중복된다는 이유로 폐지에 관한 논의가 시행된 바 있어 향후 경관영향평가에 대한 제도적 장치의 결핍이 우려되는 상황이므로, 이에 대한 개선이 필요하다.

3 현황

환경영향평가서 작성 등에 관한 규정에 의하면, 경관평가를 위해 경관영향이 미치는 예상지역을 대상으로 자연경관, 인문경관 및 조망경관의 현황 및 자원 조사를 실시한 후, 해당사업이 각 경관에 미치는 영향항목을 분석하도록 하고 있다(표 12.3 참조).

이처럼 환경영향평가 상에 경관영향 예측평가를 위한 지침이 존재하기는 하나, 실제 사례를 살펴보면 평가를 위해 수집되는 항목 및 대상범위의 기준이 모호하여 평가과정에서 평가자의 주관이 반영되는 경우가 많다. 또한 경관의 우수성 여부를 판단하기 위한 객관적인 기준이 없기 때문에 경관 변화에 대한 평가가 실질적인 규제성을 갖지 못하고 사업승인을 위한 형식적인 절차로 시행되는 경우도 많다.

각종 개발 사업은 그 내용 및 대상지의 특성에 따라 각기 다른 기준 및 평가자에 의해 평가되어야 한다. 또한, 현재의 환경영향평가 내의 경관영향평가의 대상은 시각적 경관에 치우쳐 있는데, 경관은 시각적 결과물과 더불어 경관형성을 위한 생태적 특성을 동시에 파악

표 12.3 환경영향평가의 경관영향예측평가 항목 및 지침(환경부, 2012)

분류	내 용
항목	• 사업으로 인한 자연경관, 인문경관, 조망경관자원에 미치는 영향항목을 분석한다.
범위	• 대상사업이 입지하는 대상지와 주변 환경의 특성을 고려하여 경관영향이 미치는 예상지역을 현황조사의 범위로 한다. 1) 대상지 주변에서 부지가 보이는 범위 2) 사업부지에서 외부 경관자원이 조망되는 범위의 두 가지 측면에서 영향예측의 범위로 설정한다.
방법	• 대상사업 및 주변지역의 경관적 특성과 경관적 변화를 잘 파악할 수 있도록 조감도, 사진합성, 와이어프레임, 매핑 등의 시뮬레이션 기법을 활용한다.
예측결과	• 자연경관, 인문경관, 주요 조망경관자원에 주는 영향예측의 결과를 기술한다.
평가	• 평가는 영향을 받는 지역의 특성, 경관변화의 정도, 특징적 경관의 변화 여부, 거리 등에 대해 정성적 · 정량적 평가를 동시에 고려한다.
저감방안	• 평가결과를 토대로 경관에 따른 영향을 사전에 예방하거나 최소화하기 위하여 경관을 고려한 계획 조정, 경관보전대책 등의 저감방안을 수립한다.
사후환경영향조사	• 해당 사업의 시행으로 인한 경관 변화 및 저감대책의 적정 이행 여부를 확인하고 필요시 추가적인 대책을 수립할 수 있도록 계획을 수립한다.

하여 평가 자료로 활용할 필요가 있다. 이를 위한 경관으로의 종합적 접근이 필요하며, 경관 특성에 따른 차별성 있는 평가방향 및 기준을 포함하는 경관영향평가 방안이 수립되어야 한다.

4 영향예측

1) 경관영향예측 · 평가방안

(1) 경관영향평가

본 절에서는 경관영향을 예측하고 평가하기 위한 일반적 평가방안을 제시하고, 평가대상이 되는 경관을 유형화하여 유형별 경관의 영향평가를 위해 고려되어야 할 특성에 대해 논의하고자 한다.

먼저 경관영향평가의 정의를 살펴보면, 경관영향평가는 경관에 영향을 미치는 사업계획을 수립함에 있어 경관에 미치는 영향을 미리 조사, 예측, 평가하여 자연환경, 인문환경, 시각환경에 대한 최선의 방안을 선택하기 위한 평가방법이다. 경관영향평가의 대상이 되는 것은 일정 규모 이상의 신축건물, 송전탑, 통신철탑, 케이블카, 도로, 절개면, 살림벌채, 교량, 광고탑 등이며, 경관에 시각적 영향을 미치는 모든 것이 대상이 될 수 있다(임승빈 · 주신하, 2002).

(2) 경관영향평가의 과정

경관영향평가는 '대지 주변경관 현황조사', '주요 조망점 선정', '사업 후 경관 시뮬레이션', '평가자 선정', '사업 전후 경관 평가', '조망차폐분석', '경관영향저감대책', '최종안 선택'의 단계로 구성되며 그 내용은 다음과 같다.

① 대지 주변경관 현황조사

사업개발이 실시될 대상지에 대한 현황조사를 실시하는 과정으로, 조사내용은 지형, 경사도, 전망, 지피상태, 주변건물, 색채, 간선도로 등이다.

② 주요 조망점 선정

경관영향예측 및 평가를 위한 조망점 선정은 '예비조망점 선정' → '가시권 분석' → '최종조망점 선정' → '조망점에서 실제조망 확인'의 순으로 이루어진다(표 12.4 참조).

③ 사업 후 경관 시뮬레이션

시뮬레이션 기법에는 투시도, 사진수정, 모형제작, 컴퓨터 그래픽 등이 있으며, 시뮬레이션 작업을 통해 사업 후 도출되는 경관 이미지를 작성하여 사업 전의 경관과 비교할 수 있도록 자료를 준비한다.

④ 평가자 선정

경관을 평가하기 위한 평가자는 전문가, 인근주민, 일반주민, 관광객, 전문가 등으로 선정할 수 있고, 크게 전문가와 해당경관 이용자로 구분할 수 있으므로(임승빈, 2009) 필요에 따라 적당한 평가자를 선정하도록 한다.[65]

⑤ 사업 전후 경관평가

이전 과정에서 작성된 시뮬레이션 자료를 기반으로 사업 전후의 경관을 평가하는데, 평가기준은 경관의 아름다움, 심리적 느낌, 상징성, 경관의 의미(장소성), 주변경관과의 조화성

65) 전문가가 평가할 경우 1명 혹은 수명이 평가를 하게 되므로 평가 작업이 단순해지고, 짧은 시일 안에 이루어질 수 있으므로 전문적인 식견이 있어 일반인들이 생각하지 못하는 점까지 고려할 수 있다. 단, 전문가는 실제 사용자가 아니며 전문가의 선호가 이용자의 선호와 다를 수 있다는 단점이 있다. 반면, 이용자, 즉 일반인이 평가할 경우, 해당경관을 직접 이용하는 사람들의 선호를 나타내게 되므로 일반 대중이 경관 평가에 직접 참여하게 되어 공공성이 높은 경관의 평가에서는 설득력이 높다는 장점이 있다. 그러나 이 경우에는 효과적인 표본추출을 해야 하며, 표본수가 최소한 30명 이상이 되므로 시간이 많이 소요된다는 단점이 있다.

표 12.4 주요조망점 선정과정

<table>
<tr><th>단계</th><th>내 용</th></tr>
<tr><td>예비 조망점 선정</td><td>
• 대상사업의 필요도면과 문헌을 통해 파악된 지역경관 특성을 기반으로 계획대상지에 대한 예비 조망점을 선정함
• 선정지점은 주변의 주요 경관자원이 보이는 곳, 계획에 의한 기존 경관의 변화가 현저한 지역, 이용 밀도가 높은 곳, 시설물의 배후녹지가 조망되는 곳 등을 선정함
• 계획대상으로부터 거리에 따른 조망점 선정 : 근경, 중경, 원경을 기본으로 조망점이 한 방향으로만 집중되지 않도록 각 방위와 거리에서 고루 분포되게 선정함
• 조망거리에 대한 설정은 다음과 같음
<table>
<tr><th>조망점</th><th>설 정</th></tr>
<tr><td>원경</td><td>• 시점과 조망대상과의 거리가 2 km로 물체의 윤곽(실루엣, silhouette)이 인지되는 거리</td></tr>
<tr><td>중경</td><td>• 시점과 조망대상과의 거리가 1 km 내외로 물체의 형상이 보이는 거리
• 지역적 경관특성 또는 단위적(가구 또는 블록)경관특성이 나타나는 범위</td></tr>
<tr><td>근경</td><td>• 시점과 조망대상의 거리가 500 m 내외로 각각의 경관요소들의 특성이 보이는 거리</td></tr>
</table>
출처 : 개발사업 등에 대한 자연경관심의지침(지정 2012.8.22).
일본디자인연구회(2004) 재구성.
</td></tr>
<tr><td>가시권 분석</td><td>• 기존지형의 지형모델 작성 및 가시성 분석은 사업대상지 주변 지형도나 수치지형도를 활용함
• GIS 프로그램 사용 가능함(예 : ArcView, ArcGIS)</td></tr>
<tr><td>최종조망점 선정</td><td>• 선정된 예비조망점과 가시권분석 결과를 기반으로 최종조망점을 선정함
• 사업대상부지를 중심으로 4개 방향에서 원경, 중경, 근경 별로 총 12개의 조망점을 선정함
• 선정된 최종조망점의 위치도 및 총괄표를 작성함</td></tr>
<tr><td>조망점에서 실제조망 확인</td><td>• 선정된 최종조망점 별로 사진을 촬영함
• 사진은 현지조사결과 예비조망점 선정 시 사용한 자료와 큰 차이를 보일 경우 사전작업을 현황에 맞추고, 그렇지 않은 경우 후보조망점에서 현황사진을 촬영함</td></tr>
</table>

등이다. 본 평가 과정에서 활용되는 지표는 조화성 지표와 다양성 지표, 그리고 통합지표로 구성된다(표 12.5 참조).

- 조화성 지표 : 조화성 지표는 전체적으로 보았을 때 개발 사업으로 인해 생성되는 경관이 크게 두드러지는 부분이 없고 각각의 요소가 조화로운지를 평가하는 지표이다. 조화성 지표의 허용한계는 허용가능, 허용고려, 허용불가로 구성된다.
- 다양성 지표 : 다양성 지표는 주변건물에 비하여 현저하게 높은 건물이 들어설 경우 경관의 다양성이 높아질 수 있으며, 흥미성 또한 높아지게 되는 점을 고려하는 지표이다. 또한 높은 건물이 랜드마크 역할을 할 수 있어서 경관구성에서 긍정적인 역할을 할 수

있다는 점을 고려하여 다양성 지표를 제안하고 있다. 다양성 지표의 허용한계 또한 허용가능, 허용고려, 허용불가로 구성된다.

표 12.5 경관영향평가에 활용되는 주요 지표기준

<table>
<tr><th>단계</th><th colspan="2">내 용</th></tr>
<tr><td rowspan="3">조화성 지표
허용한계 기준</td><td>허용가능</td><td>• 이 경우는 심의 없이도 허용이 가능한 범위를 말하는데, 건물 폭이 기존 주변건물의 폭과 유사하고 높이는 기존 주변건물 평균 높이의 150% 이내인 경우가 해당됨</td></tr>
<tr><td>허용고려</td><td>• 이 경우는 경관영향평가 심의를 거쳐 허가여부를 결정하는 범위를 말하는데, 신축건물의 폭과 주변건물의 평균 높이에 따라 차이가 있으나 대략 주변건물 평균 높이의 200~400% 이내가 여기에 해당됨</td></tr>
<tr><td>허용불가</td><td>• 이 경우는 심의와 관계없이 허용이 불가능한 경우를 말하는데, 역시 신축건물 폭과 주변건물의 평균 높이에 따라 차이가 있으나 대략 주변건물 평균 높이의 200~400% 이상이 여기에 해당됨. 이러한 기준이 사용될 경우 사업주는 사업계획을 세울 때에 불가능한 사업 규모를 피할 수 있게 됨</td></tr>
<tr><td rowspan="3">다양성 지표
허용한계 기준</td><td>허용가능</td><td>• 심의 없이 허용이 가능한 범위는 신축건물의 폭과 주변건물의 평균 높이에 따라 차이가 있으나 대체로 기존건물 평균 높이의 300% 이상일 경우가 해당됨. 이때에 신축건물의 폭이 너무 길 경우(약 80 m 이상)는 제외됨. 이 경우에도 무조건 허용하기보다는 주변경관 특성상 랜드마크가 필요하다고 판단될 경우에만 허용함이 바람직함</td></tr>
<tr><td>허용고려</td><td>• 경관영향평가 심의를 거쳐서 허용여부를 결정하는 범위는 역시 신축건물의 폭과 주변건물의 평균 높이에 따라 차이가 있으나 대체로 주변건물 평균 높이의 200~300%일 경우가 해당됨</td></tr>
<tr><td>허용불가</td><td>• 심의와 관계없이 허용이 불가능한 범위 역시 신축건물의 폭과 주변건물의 평균 높이에 따라 차이가 있으나 대체로 주변건물 평균높이의 200% 이하가 해당됨</td></tr>
<tr><td>통합지표</td><td colspan="2">• 조화성 지표와 다양성 지표를 통합하여 허용여부를 판단함
<table>
<tr><th>조화성</th><th>다양성</th><th>통합지표</th></tr>
<tr><td>허용가능</td><td>허용가능
허용고려
허용불가</td><td>허용가능
허용가능
허용고려</td></tr>
<tr><td>허용고려</td><td>허용가능
허용고려
허용불가</td><td>허용가능
허용고려
허용고려</td></tr>
<tr><td>허용불가</td><td>허용가능
허용고려
허용불가</td><td>허용고려
허용고려
허용불가</td></tr>
</table></td></tr>
<tr><td colspan="3">출처 : 임승빈 · 신지훈(1995), 임승빈 · 신지훈(1996), 임승빈(2005) 내용 재구성.</td></tr>
</table>

표 12.6 경관 측정방법 : 정성적 방법

단계	내 용
형용사목록법	• 일상생활에서 경관을 서술하는데 사용되는 형용사 목록을 만들고, 평가자로 하여금 해당 경관의 성격을 나타낸다고 생각되는 형용사를 고르도록 하는 방법
카드분류법	• 경관을 기술하는 문장을 카드 한 장에 하나씩 써서 보여주고, 평가자들이 각각의 문장 내용이 대상 경관의 특성과 가까운 정도에 따라 분류하는 방법
어의구별척	• 경관을 사진, 슬라이드 등의 방법을 통해 평가자에게 보여주고, 양극으로 표현되는 형용사 목록을 제시하는 방법. 형용사의 양극 사이를 7단계로 나누고 평가자로 하여금 어느 쪽으로 가까운지를 느끼는 정도에 따라 표시함
순위조사	• 여러 사항이 기록된 목록을 제시하고 이들 사항을 일정특성(중요성, 아름다움, 유용성, 바람직함)에 기초하여 상대적 순위를 매기도록 하는 방법
리커트 척도 (Likert Scale)	• 일정사항에 대한 기술을 하고 이에 대해 동의하거나 동의하지 않는 정도를 응답하도록 하는 방법
SBE 방법	• SBE(Scenic Beauty Estimation)방법은 경관을 평가할 때 개인적 기준의 차이로 인한 평가치의 차이를 보정하기 위하여 표준값(z-score)을 이용하는 방법
쌍체비교법	• 측정하고자 하는 여러 개의 자극을 두 개씩 한 쌍으로 놓고 비교해 이 결과를 '비교판단의 법칙(Thurstone's law of comparative judgement)'에 의거하여 자극에 대한 심리적 반응의 상대적 크기를 계산함
AHP 방법	• 계층적 분석기법(AHP : Analytic Hierarchy Process)은 의사결정의 계층구조를 구성하고 있는 요소간의 쌍대비교(pairwise comparison)에 의한 판단을 통하여 평가자의 지식, 경험 및 직관을 포착하고자하는 의사결정 기법
경제적 분석	• 경제적 분석(Economic Aspect of Esthetic Measurement)아름다움 또는 쾌적함 등의 경관의 속성을 금전적 가치로 환산하여 비교하는 방법

출처 : 임승빈(1990), 임승빈(1991), 임승빈 · 주신하(2002), 장준성(2008) 내용 재구성.

- 통합지표 : 경관영향평가에서는 조화성 지표와 다양성 지표를 통합하여 허용여부를 판단하기 위하여 통합지표를 제안하고 있다. 두 지표가 상충할 때에는 긍정적 지표를 우선으로 고려하는 것이 바람직하다.

경관평가를 위한 경관측정방법은 정성적인 방법과 정량적인 방법으로 나뉘는데, 먼저 정성적 측정방법은 형용사목록법(Adjective Check List)과 카드분류법(Q-sort deck), 어의구별척(Semantic Differential Scale), 순위조사(Rank-ordering), 리커트 척도(Likert Scale), SBE (Scenic Beauty Estimation) 방법, 쌍체비교법(Paired Comparison), AHP(Analytic Hierarchy Process) 방법, 경제적 분석방법(Economic Aspect of Esthetic Measurement) 등이 있다(표 12.6 참조).

경관영향 측정 시 정량적인 방법으로는 시각특성, 경관주체와 대상, 경관유형, 경관평가지표 및 경관표현방법 등이 활용되는데, 시각의 물리적 지표가 되는 것을 이용하여 경관의 변화를 예측하는 방법에 사용되는 지표로는 가시거리, 견입각, 상향각, 하향각, 시선입사각 등이 있다.

⑥ 조망차폐분석

사업내용이 대상지 주변 랜드마크가 되는 지형지물이나 우수한 전망 등을 가리지 않는지, 시각회랑(코리더) · 조망축을 방해하지 않는지 확인한다.

⑦ 경관영향저감대책

이상의 결과를 토대로 경관영향 저감대책을 수립한다.

⑧ 최종안 선택

이상의 경관영향평가 과정을 도식화하면 그림 12.5와 같다.

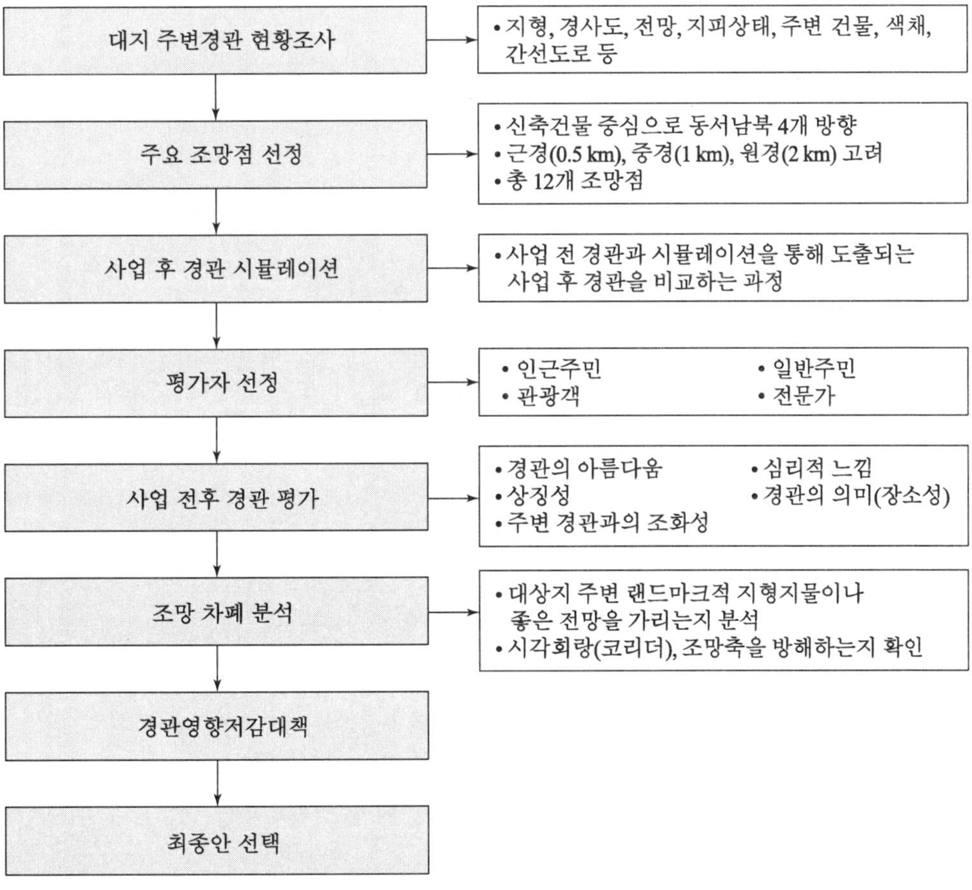

그림 12.5 경관영향평가의 절차
출처 : 임승빈 · 주신하, 2002, p.297 내용 도식화

2) 경관유형별 영향예측 · 평가 방안

(1) 경관유형 분류

각종 개발 사업이 경관에 미칠 수 있는 영향을 예측함에 있어서 기본적으로 지역의 특성을 고려한 유형구분이 필요하다. 일본의 경우, 평가대상을 자연경관에 한정하지 않고 다양한 경관으로 설정할 수 있다고 판단하여 경관 유형을 크게 도시경관, 농촌경관, 자연경관으로 구분하였다(日本財団法人自然環境研究センター, 2006).

각 경관은 경관을 인식하는 대상, 경관 활용방식, 경관구조, 경관특성 등의 차이점을 지니고 있고, 이에 따른 각기 다른 시각적 · 경관생태학적 특성을 보일 것이다. 따라서 각 유형별 경관 평가를 위한 차별성 있는 평가방향 및 시점을 가진 환경영향평가 전략이 필요한 바, 경관평가 과정에 있어 경관의 유형별 특성에 따라 요구되는 평가방향, 평가항목, 조망지점 및 평가자를 정리하면 다음과 같다.

(2) 경관유형별 영향예측 및 평가방안

① 도시경관

a. 도시경관의 영향예측 · 평가 방향

도시경관은 도시민이 살아가고 활동하는 경관으로서 도시 공간의 지형, 수목, 건축물, 도로 등의 구성물과 인간 활동에 의한 행위의 관계가 반영된 결과물이라고 할 수 있다(장희수 外, 2010). 도시경관은 농촌 · 자연경관과는 달리 생태 · 시각 · 역사 · 문화 · 산업경관 등 다양한 경관요소가 밀집해 있는데, 이러한 경우 여러 가지 요소들이 복합적으로 어우러진 형상을 나타내는 경우가 많으므로 경관상의 규칙성 · 조화성 등이 요구되면서도 지역의 정체성이 유지될 수 있도록 경관영향에 대한 세밀한 예측 · 평가가 필요하다.

b. 도시경관 영향예측 · 평가를 위한 조사항목

도시경관 평가에 있어 고려해야 할 경관요소는 크게 시각적 요소, 역사 · 문화적 요소, 사회적 요소, 생태적 요소로 구분할 수 있고, 각 경관요소에 따라 중시되는 특성은 다음과 같다(표 12.7 참조).

- 시각적 요소는 건축물 형태, 가로시설물, 옥외광고물 등 도시경관의 물리적인 요소로서 규모, 배치, 형태, 외관 등 물리적 특성이 중시된다.
- 문화재, 무형 역사자원 등 도시의 역사 · 문화적 경관요소는 대상물의 외형적인 면과 동시에 역사 · 문화적인 가치를 기반으로 평가된다.
- 도시이미지, 만족도, 환경보전상태 등 사회적인 경관요소는 실질적으로 눈에 보이는 대상은 아니지만, 경관 이용자 및 조망자의 만족도와 선호도를 기반으로 평가

표 12.7 도시경관 영향예측 및 평가를 위한 경관요소

구분	경 관 요 소	조망지점
시각적 요소	• 건축물 높이, 폭, 색채, 스카이라인, 조망축 · 조망점 · 조망거리, 가로시설물 · 옥외광고물, 도로, 가로수 등의 물리적 요소 • 대상물의 규모, 배치, 형태, 외관 등의 물리적 특성이 중시됨	원경, 중경, 근경
역사 · 문화적 요소	• 문화재, 무형의 역사자원 • 대상물의 외관에 더하여 역사 · 문화적 의미가 중시됨	원경, 중경, 근경
사회적 요소	• 도시 이미지, 만족도, 교통, 환경보전상태, 인구밀도, 녹지 접근성 등 비물리적 요소 • 이용자 및 조망자가 느끼는 만족도 및 선호도 등의 심리적 특성이 중시됨	-
생태적 요소	• 기후, 강수량, 지형, 하천유량, 수계, 지질, 녹지율, 녹지면적, 종다양도, 식생구조, 비오톱, 정원, 이동통로 등 • 도시의 경관생태적 기능 및 식생의 건강성이 중시됨	-

출처 : 임승빈(1993), 임승빈 · 신지훈(1995), 유완종(2000), 황재훈(2003), 나정화 · 류연수(2003), 신지훈(2004), KEI(2003), 이진숙 · 이미진(2004), 김승주(2004), 김용수 · 박찬용(2006), 최열 · 조승호(2011), 주신하 · 이송희(2012) 내용 재구성.

되는 심상적 경관요소라고 할 수 있다.

- 마지막으로 기후, 강수량, 지형 등의 생태적 요소는 경관생태적인 기능 및 식생의 건강성 등에 의해 평가된다.

도시경관요소들은 독립적으로 위치하는 경우도 있지만, 대부분 다양한 용도의 타 경관과 인접하는 경우가 많으므로, 대상물의 단독적인 평가보다는 주변 경관과의 관계성에 대한 평가가 세심하게 이루어져야 할 것이다.

c. 도시경관 영향예측 · 평가를 위한 조망점 선정

도시경관에 대한 영향예측 및 평가는 복잡한 도심지에서 이루어지는 경우가 많으므로 도심지의 특수한 상황을 고려한 거리기준, 방향기준 등을 고려한 조망점 선정이 필요하다. 도시경관 영향평가를 위한 조망거리는 기본적으로 근경, 중경, 원경으로 지정되지만, 사회 · 생태적 경관요소는 조망지점 및 거리에 따른 평가보다는 그 자체가 갖는 만족도나 기능에 초점을 맞추어 평가되어야 할 것이다. 그 외의 요소에 대한 조망점 선정은 일반 경관영향평가의 조망점 선정방법을 기반으로 하되, 인공요소와 자연환경요소가 복합적으로 구성된 복합적 경관인 만큼 조망대상 선정에서 최종 조망점 선정에 이르기까지의 과정을 세분화할 수 있다(표 12.8 참조).

d. 도시경관영향평가 평가자 설정

도시경관은 도시 구조적, 경관생태학적 측면 등 일반인이 평가하기 어려운 복합적 경관요소가 산재하지만, 실제 그 경관 내에는 다양한 이용객 및 거주민이 포함되어

표 12.8 도시경관 영향예측 · 평가를 위한 조망점 선정과정

단계	경관요소	세 부 요 소
1단계 : 조망대상 선정	• 조망대상경관이 인공경관요소인지 자연경관요소인지를 판단하고 인공경관요소인 경우 단일구조물인지 복합구조물인지 대상을 설정할 필요가 있음	
	인공물	단일구조물(건물, 교량, 철탑), 복합구조물(단지규모)
	자연물	구릉지, 하천, 폭포 등
2단계 : 가시권 분석	• 각 대상별로 가시범위 설정의 기준을 설정함	
	인공물	구조물 : 구조물의 최고점
	자연물	구릉지 : 7부 능선 / 하천 : 평수위 하천의 중앙선상
3단계 : 거리기준 설정	• 거리기준 설정에서는 기본적인 조망거리기준인 근경, 중경, 원경의 공통기준이 적용되지만, 도심지에서는 건물이 복잡하게 들어서 있는 경우가 많으므로, 조망대상으로부터의 거리기준을 조절함	
	공통	기본 : 근경(0.5 km), 중경(1 km), 원경(2 km)
	인공물	도심지는 건축물을 고려하여 가능한 짧게 설정
	자연물	기본 거리기준에 준하도록 설정
4단계 : 방향기준 설정	• 조망대상을 바라보는 방향을 설정하며, 일반적으로 조망대상을 중심으로 하여 동서남북 4개 방향을 설정하게 되나, 동서남북 방향에서 조망이 불가능한 경우에는 다른 방향으로 설정 가능함	
	공통	기본 : 동서남북 4개 방향 응용 : 조망대상 중심으로 직교축을 그려 4방향 설정
5단계 : 조망기회분석 및 예비조망점 선정	• 예비조망점 선정에서는 조망대상을 올려다보는 것인지 내려다보는 것인지에 따라서 앙각과 부각으로 나누어 선정	
	공통	앙각 : 지상에서 조망대상을 올려다보는 장소에서 통행인이 많은 곳 부각 : 조망대상을 내려다보는 곳
6단계 : 현장 확인 및 최종 주요 조망점 선정	• 예비조망점이 실제 현장에서 확인했을 때에도 적절한지를 파악하여 현장 확인을 통한 최종 조망점을 선정함	
	공통	조망점의 적정성을 현장에서 확인

출처 : 임승빈, 2008, 도시경관계획론.

경관을 유지해 나가고 있다. 따라서 도시경관의 변화를 예측 · 평가할 수 있는 평가자 집단으로는 전문가, 일반인(지역거주민 등)이 설정될 수 있을 것이다.

먼저 평가자가 전문가로 설정될 경우, 시각적 경관의 객관적 질을 평가할 수 있을 뿐 아니라 일반인의 시점에서는 파악하기 어려운 경관생태학적 요소 등 전문지식을 활용한 과학적 평가가 가능하다. 또한, 도시의 경우 각 지역에 따라 차별성 있는 지표를 가질 수 있는데, 전문가의 경우 해당지역의 특성 및 지역에 부합하는 지표

를 파악하고 적합한 평가를 할 수 있다는 장점이 있다. 반면, 평가자가 전문가와 일반인으로 설정될 경우, 전문가의 객관적인 평가와 더불어 일반시민들의 선호도 및 만족도 조사를 통한 다수의 의견 고려가 가능하다는 장점이 있다. 특히 도시경관은 필요에 따라 경관을 직접 이용하고 구성하는 거주민들의 의견 및 평가가 중요하게 작용할 수 있으며, 이와 같은 경우 거주민들을 대상으로 한 사업 전・후에 대한 평가를 실시할 수 있다.

② 농촌경관

a. 농촌경관의 영향예측・평가 방향

농촌경관은 지역의 자연환경・인공환경은 물론 당해지역에 거주하는 사람들에 의해 형성된 문화경관을 포함하는 개념으로(변병설, 2004), OECD(2001)는 농촌을 농업, 자연자원, 환경간의 상호작용과 쾌적성, 문화, 사회적 가치를 포함하는 가시적 결과라고 정의하고 있다. 이와 같이 농촌경관은 지역주민들의 생활 및 농업활동이 일어나는 공간이라는 특성을 지니고 있으므로 시각적 측면 이외에도 농촌생활, 농업생산, 자연환경 등의 다각적 평가가 필요하다. 또한, 농촌경관은 오랜 시간 생활해온 시간의 흔적에 따라 자연환경에 순응하여 생성된 경관구조(지형)를 지니고 있어 자연지형의 훼손 여부도 주요한 평가 기준이 될 수 있으며, 더불어 역사・문화적인 측면의 영향예측 및 평가도 필요하다.

b. 농촌경관 영향예측・평가를 위한 조사항목

농촌경관은 농촌지역 경관자원의 특성에 의하여 농경지와 같이 생산과 관련된 '농업생산경관', 농촌마을을 중심으로 하는 '농촌생활경관', 경작지 주변 산림 및 하천 중심의 '자연환경경관'으로 구분할 수 있다.

농촌지역을 대상으로 하는 사업의 경우, 도시 및 자연경관에 비하여 소규모 사업이 진행되는 경우가 많으므로 시각적인 경관 뿐 아니라 생활양식 및 프로그램 개발 등 정성적 분야의 내용까지 사업범위에 포함될 수 있다. 따라서 농촌경관 영향예측을 위한 조사내용은 조사자의 시점에서 분석되는 객관적인 내용 외에 대상지역 주민의 경관의식(거주지역의 주요경관, 인상적인 장소 등)에 대한 조사도 필요하며, 농촌경관 영향예측・평가가 적용될 수 있는 항목은 표 12.9와 같다.

c. 농촌경관 영향예측・평가를 위한 조망점 선정

농촌경관 영향예측・평가를 위한 조망점 선정을 위해서는 먼저 대상사업의 도면・문헌조사를 통해 파악된 지역경관 특성에 따라 주요 조망점을 선정한다.

농촌경관은 각 경관구성요소와 주변 자연환경과의 조화가 중요하므로 주요 조망점과 더불어 원경・중경・근경의 위치에서 조사하는데, 그 외에도 경관 안에서 일어나는 사회・문화적 현상도 중요하므로 지역주민 인터뷰・설문조사 등을 통해 의미상

표 12.9 농촌경관 영향예측 · 평가를 위한 주요 조사항목

구 분		경관요소	구 성 요 소
농업생산	농경지경관	논 · 밭	휴경 및 유휴상태, 경작지 형태, 경작 작목종류, 토양상태
		목초지	건조지 성초지, 습윤지 성초지, 초지식생, 초지이용현황, 면적, 형태, 초지 입지지역
		과수원	수종, 수형, 수관, 흉고직경, 생육상태, 식재패턴, 면적, 형태
		농로	포장유형, 길이, 폭, 주변경관, 주요 조망점
		농업시설	시설경작지 존재유무(비닐하우스, 온실, 우사), 농업용수로, 농업용 저수지, 농업시설 · 설비
농촌생활	생활시설경관	농가주택 · 시설	전통주택(기와, 너와, 초가 등), 굴뚝, 건축미, 주거지 스카이라인, 돌담, 흙담, 울타리
		공공시설	마을회관, 창고, 노인정, 마을마당, 어린이놀이터
		도로 · 안내시설	마을안길, 마을안내석, 표지판, 가로등
	문화역사경관	사적 · 유적	사적, 명승, 사당, 문화재, 신앙공간(성황당, 돌무덤, 당나무 등)
		도농교류시설	관관농원, 휴양단지, 민박, 보건소, 펜션
		마을상징물	솟대, 장승, 비석, 정자목
자연환경	산림경관	산림(경관림)	식생구조, 식생유형, 식생피복유형, 절개지, 암석 노출지, 산림습지, 사면절개지, 산세, 산림능선, 산골짜기, 산림계곡, 종다양도
		마을숲	식생상태, 수종, 면적, 녹지축과의 연계, 마을숲 위치, 종다양도
	계절 · 시간요소	일시적 경관	설경, 가을논, 단풍, 마을행사(축제, 제사, 동제, 명절 등)

출처 : 이동근 外(2005), 김상범 外(2006), 김상범 外(2008), 안명준 外(2008)내용 재구성.

주요한 지점을 선정할 수 있다. 특히 농촌경관은 4계절에 따른 자연환경변화의 영향을 많이 받게 되므로 필요한 경우 각 계절에 따른 조망지점 조사활동을 실시한다. 이상의 조사지점은 대상지의 전체경관이 조망되는 외부경관지점과 지역주민의 이용도가 높으면서도 구체적인 조사가 가능한 내부경관지점으로 설정 가능하다(표 12.10 참조).

d. 농촌경관영향평가 평가자 설정

농촌경관은 자연환경이 우세한 지역으로, 사업으로 인한 공작물 설치가 주변 자연환경과 조화를 이루지 못하는 경우 경관 전체의 질을 저해할 수 있어 경관에 대한 객관적인 시점과 판단능력을 지닌 집단의 평가가 필요하다. 동시에 농촌경관은 지역

표 12.10 농촌경관 영향예측 · 평가를 위해 고려되어야 할 조사지점

조사지점	내 용
외부경관	• 대상지의 전체경관을 조망하는 지점으로 원경, 중경거리의 주요지점을 설정함
내부경관	• 지역주민들의 이용도가 높으면서도 구체적인 조사가 가능한 중경, 근경 지점을 설정함 • 마을 안길 중 뚜렷한 경관변화가 나타나는 지점 • 마을 공동시설(정자목, 마을회관 등), 주요경관요소(하천, 도로, 교각 등) 등을 조망하는 지점

역 고유의 향토 · 문화적 요소가 함께 판단되어야 하는 경우가 많으므로, 지역에 대한 높은 이해도를 지닌 집단의 평가도 중요하다고 할 수 있다. 따라서 농촌경관 영향평가를 위한 평가자로 경관전문가, 현장전문가, 지역주민 · 농민, 관광객 등을 제안 할 수 있다.

- 경관전문가 : 농촌경관의 시각적, 생태적 질 향상을 위해 경관에 대한 교육을 받은 경험이 있는 전문가 집단의 평가를 통해 농촌경관에 대한 객관적인 평가를 실시할 수 있다.
- 현장전문가 : 사업대상지 인근 대학의 연구자, NGO 등도 지역의 역사와 문화에 대한 정보를 파악하고 있는 경우가 있으므로 평가 주체에 포함시킬 수 있다.
- 지역주민 · 농민 : 지역의 풍토적 경관은 문헌조사 혹은 외부전문가의 시점으로는 파악될 수 없으므로, 농촌경관의 역사성 · 분위기 · 상징성을 평가할 수 있는 지역주민 및 농업 종사자를 대상으로 인터뷰 · 설문조사 등을 실시하여 지역에 밀착한 평가를 실시할 수 있다.
- 기타 : 사업내용에 따라 필요한 경우 관광객 및 타지역 주민을 평가자에 포함시킬 수 있다.

③ 자연경관

a. 자연경관의 영향예측 · 평가 방향

자연경관이란 자연 환경적 측면에서 시각적 · 심미적인 가치를 가지는 지역 · 지형 및 이에 부속된 자연요소 또는 사물이 복합적으로 어우러진 자연의 경치를 말한다(환경부, 2000). 자연경관은 크게 녹지경관과 수변경관으로 나누어지는데 녹지경관의 경우 산악경관, 계곡 · 구릉지경관, 평야경관으로 분류되고, 수변경관은 하천경관, 호수경관, 해양경관으로 분류되며 각기 그에 따른 세부적 경관요소가 존재한다(표 12.11 참조).

자연경관은 경관의 구성요소의 대부분이 자연적인 요소로 이루어져 있기 때문에 조작성이 낮으며 실제 디자인 할 수 있는 범위도 작다. 또한 양적으로 인식되어 그

표 12.11 자연경관의 구성 요소

대분류	중분류	세부요소
녹지경관	산악경관	산, 능선
	계곡, 구릉지경관	계곡, 구릉지
	평야경관	초지, 대지
수변경관	하천경관	하천, 강
	호수경관	호수
	해양경관	바다, 섬

출처 : 임승빈(1991), 정태일 外(2003), 최봉문 外(2002) 내용 재구성.

경계와 형태가 명확하지 않으며, 지역에 따른 차별적 경관을 보인다(산림청, 2010). 따라서 자연경관의 영향을 예측하기 위해서는 첫째, 자연생태계 훼손 여부 및 아름다운 자연경관 유지 · 관리여부 평가, 둘째 생태적 · 경관적 보전가치가 높은 지역의 중점적인 평가실시, 셋째, 해당지역 및 인근지역 간의 연속성 훼손여부, 마지막으로 현재의 자연경관과의 조화성에 대한 평가를 실시하여야 한다.

b. 자연경관 영향예측 · 평가를 위한 조사항목

자연경관은 시각적 경관인 자연환경 및 인문환경, 그리고 비시각적 요소인 장소성, 이용자특성, 대상지수요, 역사 · 문화성 등이 복합적으로 어우러진 경관으로 경관영향 평가 시 이 요소들을 다각적으로 바라볼 필요가 있다(표 12.12 참조).

표 12.12 자연경관 영향예측 · 평가를 위한 조사항목

분류	항목	요 소
시각적	자연환경	수목, 지형, 조망기회, 능선 등
	인문환경	경관의 훼손도, 경관의 조화성, 경관의 역사문화 요소 포함 여부
비시각적	장소성, 이용자특성, 대상지의 수요, 역사문화소재 등	

출처 : 산림청(2010) 재구성.

자연경관은 다양한 지형을 복합적으로 볼 수 있는 경관으로서 자연경관 영향 · 예측 및 평가를 위한 조사항목은 점적 조사뿐만 아니라, 능선, 계곡, 해안선 등 자연 본래의 경관 구조를 파악하는 조사가 선행되어야 한다. 그리고 자연경관은 시각적 경관 뿐 아니라 생태적 요소의 보전도 중요한 기준이 되므로 자연경관을 평가할 시 생태적 건강성에 대한 지표를 추가할 필요가 있으며(표 12.13 참조), 그 외에도 의미적 경관에 대한 추가적 고려를 통한 영향 예측을 실시해야 한다.

표 12.13 경관생태적 지표 예시(산림경관 등급화 평가지표, 강미희・김성일, 2010)

평가범주	평 가 지 표 항 목
생태적 건강성	녹지자연도, 생태자연도, 수관 활력도, 병해충피해수준
경관성	자연성, 조화성, 다양성, 전통성, 심미성, 희귀성
민감도	관광휴양적 이용수준
방해요소	훼손지, 인공구조물

출처 : 강미희・김성일(2010).

c. 자연경관 영향예측・평가를 위한 조망점 선정

자연경관은 전망이 우수한 경우가 많아 사업시행으로 인해 기존의 조망권이 변화하고, 신설된 공작물이 가시권에 포함되어 경관에 미치는 영향이 크므로 조망지점 선정 시 가시영역과 출현빈도 등을 중점적으로 고려할 필요가 있다(표 12.14 참조).

표 12.14 자연경관의 조사지점 설정 및 주요지점 예시

조사지점 설정 기준	조사지점 예시
인구가 밀집되거나 통행이 많은 지역	주요도로 및 산책로, 이용도가 높은 지역
녹지를 바라보기 적합한 지역	우수한 경관 혹은 특이한 경관이 있는 지역
경관변화가 큰 지역	주요시설이 들어서는 지역
생태적 가치가 높은 지역	식생이 우수한 지역, 생태자연도 1등급지역

출처 : 임승빈(1991), 최윤・조동범(1994), 변병설(2000), 양병이(2002) 내용 재구성.

d. 자연경관영향평가 평가자 설정

자연경관은 도시경관, 농촌경관과 달리 인공적인 구조물에 의한 변화가 즉각적으로 나타나게 되므로 이에 대한 고려를 면밀하게 해야 하고, 특히 기존의 시각적 경관과 생태학적 관점에서의 경관을 통합적으로 논의할 필요가 있으므로 다음과 같은 평가자를 고려할 수 있다.

- 경관전문가 : 경관의 미적가치를 객관적으로 파악하고 주변과의 조화를 도출해 낼 수 있는 경관전문가를 평가자로 설정할 수 있다.
- 생태전문가 : 자연경관에 대한 생태학적 측면의 이해가 가능한 생태 전문가를 평가자로 포함시킬 수 있다.
- 인근지역 주민 : 사업시행으로 인한 경관영향에 가장 직접적으로 노출된 집단인 인근지역 주민을 평가자에 포함시킬 수 있다.
- 방문객 : 자연경관의 관광자원적 특성에 따라 관광객(등산객 등) 등의 방문 집단을 평가자에 포함시킬 수 있다.

5 저감방안

1) 경관유형별 저감방안

(1) 도시경관

도시경관의 영향 저감방안으로는 사업시행 전 · 후의 시점에 따른 경관조정을 통한 저감방안과 건축물 배치 · 규모 등의 외관조정을 통한 물리적인 저감방안을 제시할 수 있다(임승빈, 1991).

① 사업시행 전 · 후 경관을 통한 저감방안

도시경관 영향을 저감하는 방안으로는 개발사업 전의 방안과 개발사업 후의 방안으로 나눌 수 있다. 예를 들어, 사업개발 후 녹지율이 크게 저하되어 경관생태학적 지표의 저하가 예상되는 지역의 경우, 사전에 개발사업지 내의 녹지를 대체 또는 보완하여 녹지율을 높일 수 있는 방안을 제시할 수 있다. 반대의 경우인 개발사업 후의 저감방안은 이미 개발된 지역에 대한 경관관리를 통해 이루어지는 방안으로, 개발 후 경관에 대한 재평가를 통해 문제가 되는 경관들을 파악하고, 악영향을 저감할 수 있는 방안을 찾는 순서로 진행한다.

그러나 사업시행 후의 저감방안은 사업시행 전의 저감방안에 비하여 비용과 시간이 배 이상 소요될 가능성이 높다는 점을 인지하고, 개발사업 전에 문제가 되는 사항에 대한 저감방안을 사전에 고려하는 편이 좋다.

② 건축물 배치, 규모, 외관 조정을 통한 저감방안

건축물의 외관조정을 통한 저감방안으로는 건축물 배치를 조정하는 방안, 건축물 규모를 조정하는 방안, 그리고 건축물의 형태 및 색채를 조정하는 방안 등이 있다.

- 건축물 배치의 조정
  건축물이 주요조망을 차폐한 경우에는 건물의 배치를 조정함으로써 조망 혹은 전망을 확보할 수 있다. 예를 들어, 건축물이 간선도로에 지나치게 가까이 배치되어 통행자에게 위압감을 줄 경우 건물을 후퇴시킴으로써 부정적 영향을 완화시킬 수 있다.
- 건축물 규모의 축소
  시각적 영향을 완화시킬 수 있는 가장 직접적인 방안이지만, 건축물 규모의 축소는 사업성에 영향을 줄 수 있으므로 신중히 고려해야 한다. 건축물 규모를 축소하는 방법에는 높이를 낮추거나 모서리를 계단식으로 처리하는 방법 등이 있는데, 예를 들어 건축물이 스카이라인 위로 과도하게 돌출된 경우 건물 혹은 공작물(고압송전선 철탑, 통신철탑)의 높이를 전체적으로 낮출 수 있고, 일정한 조망점에서 시각적으로 노출이 심한 건축물의 경우 모서리를 계단식으로 처리하여 시각적 영향을 감소시킬 수 있다.

- 건축물 형태의 조정

 건축물의 형태가 주변경관과 조화되지 못할 경우에는 그 형태를 조정할 수 있다. 특히 건축물의 지붕 모양은 스카이라인 형성에 매우 직접적인 영향을 미치므로, 주변 구릉지와 조화를 이루고자 할 때에는 평슬라브 지붕보다는 경사지붕을 설정해 주는 것이 좋다.

- 건축물 색채의 조정

 건축물 외관색채가 주변경관과 부조화스러운 경우 이를 조정해야 한다. 색채선정을 위해서는 주변의 기존건물 및 자연경관의 색채현황을 파악하고, 이와 조화를 이루면서도 개성을 갖는 색채계획이 이루어져야 한다. 색채 계획 시에는 보통 주조색, 보조색, 강조색[66]으로 구분하여 계획한다.

(2) 농촌경관

농촌경관의 영향 저감방안 제시를 위해 영향예측・평가를 위한 조사항목으로 분류되었던 농업생산경관, 농촌생활경관, 자연환경경관 별 저감방안을 제시하였다.

① 농업생산 경관

농업생산경관인 논, 밭 등은 계절에 따라 변화하는 특성을 지니므로 계절별 경관에 대한 고려를 실시하고, 농업의 현대화를 위한 시설 도입 시 경관과 조화를 이루는 동시에 서식지 분절을 야기하지 않도록 유의하여야 한다. 이를 위하여 산자락과 연결되는 논・밭은 생태적 연결성과 지형보전을 위해 함부로 자르거나 파헤치지 않고 보존하는 방향을 지향하고, 농업생산활동과 관련된 공동창고나 공장은 대규모 형태가 아닌 작은 규모의 여러 건물을 연결하는 방안을 통해 주변 농경지나 산림과 조화를 이룰 수 있도록 한다. 그 외의 비닐하우스 등의 시설물을 도입할 경우, 작물에 그늘을 만들지 않는 범위에서 자연초지 등을 조성하여 농경지의 미관과 생태적 경관을 유지할 수 있다.

② 농촌생활 경관

농촌생활환경경관은 공공 건축물과 주택건축 등이 포함되며, 자연환경 및 생산 환경과 효과적인 조화를 이룰 수 있도록 하여야 한다. 이를 위한 경관영향 저감방안으로는 자연적 스카이라인 유지를 위한 건축물 규모 및 배치조정방안, 향토적 경관보전을 위한 공작물 형태・재료 및 색채 조절방안, 식재계획을 통한 자연・전원경관 보전방안 등이 있다.

---

66) 주조색은 넓은 면적을 차지하므로 낮은 채도의 색을 많이 쓰고, 강조색은 극히 제한된 면적에 사용되므로 높은 채도의 색을 사용할 수 있다.

- 자연적 스카이라인 유지를 위한 건축물 규모 및 배치 조정
  자연적 스카이라인 유지를 위하여 주변의 산에 대한 조망 및 구릉, 하천, 바다 등 자연경관이 이루는 스카이라인을 훼손하지 않고 주요 랜드마크를 향하는 시야를 방해하지 않도록 건축물의 위치 · 규모 등을 제한한다. 또한 구릉지 형태를 고려하여 정상부는 건축물의 배치를 피하고, 주거지나 구조물의 돌출을 규제함으로써 자연스카이라인을 보호하며, 이를 위하여 주요 조망점에서 바라볼 때 산의 높이의 60% 이하가 되게 주변 건축물의 높이를 유도하고, 산림지형의 경사도를 고려하여 건축물의 고도별 높이를 차등 적용하는 등 건축물의 규모 · 배치 조정을 통해 자연환경에 대한 영향을 최소화할 수 있다.
- 농촌의 향토적 경관보전을 위한 공작물의 형태 · 재료 및 색채 조절
  향토적 경관보전을 위한 공작물 재료 및 색채 조절 방안을 위해 건축물 · 시설물의 재료 선정 시 지역재료 중 유지 · 관리가 용이한 전통적 재료를 활용하고, 원색의 사용면적을 최소화하여 경관에 대한 영향을 감소시킬 수 있다. 또한 건축물의 경우 외벽 · 지붕색이 혼잡하여 무질서해 보이지 않도록 주민 합의 하에 지역별 색채구조(풍토색)를 파악하여 색채를 활용할 수 있으며, 그 외의 역사 · 문화경관이 수려한 지역은 주변 수목 높이 이하의 건축물 규모를 유지하여 경관영향을 줄일 수 있다.
- 식재계획을 통한 자연 · 전원적 경관 보전방안
  농촌경관의 자연 · 전원적 분위기를 보전하기 위해 차폐 · 완충식재 등의 식재계획을 통해 경관영향을 저감할 수 있다. 예를 들어, 주거지역이 원경에서 이질적인 요소로 판단될 경우 적정한 수림대를 조성하여 차폐할 수 있고, 송전탑 · 전신주 등 혐오시설 및 경관위해시설은 경관의 질을 저하하지 않도록 녹화를 통한 차폐 및 색채계획을 통해 개선할 수 있다. 또한 건축물은 호수나 연못으로부터 적정 거리를 이격하여 배치하고, 노거수 · 정자목 등의 주변 일정면적을 보존하는 등 경관요소의 배치를 조정함으로써 주요 조망지점의 차폐를 방지하고 주변 자연환경에 대한 영향을 감소시킬 수 있다.

③ 자연환경 경관

농촌경관은 오랜 역사에 따라 생성된 자연적인 지형, 스카이라인 등이 중요시 되는 경관이므로 가능하면 이를 변경하지 않고 유지하는 방향으로 사업을 유도하도록 한다. 신규 조성되는 지역 · 시설 · 관광지 주변에는 경관림을 조성하여 시각적 질을 향상시키고 천이가 진행되어 자연환경 경관으로 조성되도록 한다. 송전탑 등을 배치해야 할 경우 마을 주변 산능선을 따라 배치하면 자연경관을 해치고 시각적으로 위압감을 주므로 경작지 주변 산기슭이나 저지대 혹은 경작지 경계부 같은 시각적 흡수력이 높은 위치로 배치 · 이설하도록 할 수 있다.

(3) 자연경관

자연경관 영향의 저감을 위해서는, 경관 특성상 생태학적 특성을 보존・개선시킬 수 있는 형식의 개발이 이루어질 수 있도록 규제・유도해야 하고, 시각적 경관요소 외에 그 안에 내제되어 있는 다양한 지표를 고려한 평가 자료를 선정하여야하며, 자연적인 경관을 유지할 수 있는 넓은 틀에서의 시각적 경관조절 등이 필요하다.

① 경관생태적 특성을 보전할 수 있는 개발형태 유도

자연경관의 경관생태학적 연결을 통한 생태・시각적 경관의 보전을 위해 지역개발 시 주변의 자생식물을 이용하여 시각적・생태적으로 균형을 가진 경관을 유도하도록 한다. 또한 공작물의 개발이 불가피한 경우 생태통로[67] 등 친환경적 개발형태를 조성하여 경관의 자연적 흐름을 확보함과 동시에 주변자연지형과의 자연스러운 연결을 통한 시각적 통일성을 부여하도록 한다.

② 경관의 다방면적 측면을 고려한 평가자료 선정의 필요성

환경영향평가의 경관영향 평가 시 소수 시점에서의 시뮬레이션 자료를 이용하는 경우가 많은데, 자연경관의 경우 지형의 특성과 가시영역, 경관자원의 분포도 등을 중첩하는 수평적 분석을 동시에 실시하여 자연경관의 다방면적 영향을 예측하고 분석할 필요가 있다.

③ 자연스러운 경관유지를 위한 시설물 외관 조절방안

자연경관의 스카이라인 보존을 위한 건축물 배치 및 외관 조정을 통한 저감방안을 제안할 수 있다. 예를 들면, 해안지역의 건축물은 지역의 스카이라인을 보존하기 위하여 낮은 높이로 조성하고, 해안지형의 경우 계단식으로 조성된 경우가 많으므로 건축물 신・개축 시 구릉지 스카이라인이 손상되지 않도록 지형을 고려하여 배치하여야 한다. 또한, 건축물이 해안에 너무 인접하여 자연적인 해안경관에 부정적 영향을 미칠 경우 건축물을 후퇴시킴으로써 부정적 영향을 완화할 수 있다. 그 외에도, 자연경관의 분위기를 유지할 수 있도록 인공경관요소 및 건축물 설립 시 해변과 산림이라는 대단위 자연환경에 조화를 이루는 범위 내에서 디자인 및 색채 사용 범위를 설정하여야 한다. 산림이나 해안 등의 자연 환경을 배경으로 할 때, 콘크리트로 만들어진 구조물은 수림의 자연물에 비해 밝기와 색상이 확연한 대비를 이루므로 이를 저감할 수 있는 추가적인 색채고려를 실시할 필요가 있다.

67) 생태통로라 함은 도로, 댐, 수중보, 하구언 등으로 인하여 야생동식물의 서식지가 단절되거나 훼손 또는 파괴되는 것을 방지하고, 야생동식물의 이동을 돕기 위하여 설치되는 인공구조물, 식생 등의 생태적 공간을 말한다.

참고문헌

강미희 · 김성일, 2010, 산림경관등급화를 위한 평가지표 개발, 한국임학회지, 99(6), 777-784.

경희대학교, 2002, 지역자원활용을 고려한 농촌경관평가모델 작성 및 계획기법 개발, 농림부.

구자훈, 1993, 서울시도시경관 관리방안연구, 서울시정개발연구원.

김귀곤, 1998, 환경영향평가원론, 대원교과서주식회사.

김상범, 2006, 어메니티 향상을 위한 농촌경관의 보전 · 관리, 농촌진흥청.

김상범, 2008, 농촌경관의 보전 · 관리를 위한 경관평가지표 개발, 농촌진흥청.

김승주, 2004, 도시경관진단을 위한 평가지표개발에 관한 연구, 서울대학교 대학원 석사학위논문.

김용수, 박찬용, 2006, 도시경관계획을 위한 지표의 연구경향과 유형, 국토계획, 41, 117-129.

나정화 · 류연수, 2003, 도시계획지역 내 농경지의 잔여경관요소에 대한 경관생태학적 평가 및 보존방안. 한국조경학회지, 31(5).

변병설, 1999, 경관영향평가의 개념과 의의, 환경정책연구, 1(2), 10~11

변병설, 2000, 경관평가기법 개발에 관한 연구, 한국환경정책 · 평가연구원.

변병설, 2004, 도시주변 농촌경관의 문제점과 정책적 대응전략, ECO: 환경사회학연구, 6.

봉종진, 2006, 지구단위계획에서의 경관영향평가 기법에 관한 연구, 조선대학교 대학원 건축공학과 석사학위논문.

산림청, 2010, 산악/수변, 농산촌, 관광휴양지역 산림경관 디자인 및 관리기법 개발.

산림청, 2012, 산악/수변, 농산촌, 관광·휴양지역 산림경관 디자인 및 관리기법 개발.

성주인, 2005, 농촌 경관관리 실태와 정책 방안, 한국농촌경제연구원.

신지훈, 2004, 도시 경관계획 지표 연구. 서울대학교 환경대학원 박사학위논문.

안명준 · 배정한 · 주신하 · 신지훈 · 이동근, 2008, 농촌어메니티 경관의 평가체계 개발과 적용.

양병이, 1994, 우리나라 경관영향평가제도 정착을 위한 과제, 환경논총, 32, 90~109.

양병이, 2002, 도시 내 조망보호를 위한 경관관리방안 : 서울시 우면산 조망보호를 위한 경관관리를 중심으로, 환경논총, 40, 149-169.

오명성, 2004, 경관영향평가 항목선정에 관한 연구, 경북대학교 석사학위논문.

유완종, 2000, 도시경관의 객관적 해석을 위한 모형정립에 관한 연구, 국토계획, 35, 290-291.

윤희정, 2011, 국립공원의 자연경관 형태적 특성에 따른 경관평가 차이분석, 관광학연구, 35(5), 215-233.

이동근 · 옥주희 · 홍찬선 · 윤소원 · 박창석 · 유헌석, 2005, 농촌경관 보전 및 관리를 위한 경관자원 분류 및 평가에 관한 연구, 농촌계획학회지, 11(2), 21~34.

이영 · 안동만, 2010, 환경색채 추출을 통한 농촌마을 지붕 개선색채 선정방법에 관한 연구, 농촌계획학회지, 16(3), 1~10.

이진숙 · 이미진, 2004. 도시경관 색채 기본계획의 사례연구-대전광역시-, 한국색채학회지, 18(2).

일본디자인연구회, 2004, 경관용어사전, 경국사.

임승빈, 1990, 환경심리와 인간행태 : 친인간적 환경설계연구, 보문당.

임승빈, 1991, 경관분석론, 서울대학교출판부.

임승빈, 1993, 지역 및 도시개발의 문제와 대책 : 도시경관관리의 개선방안 (Some Suggestions for the Improvement of Urban Landscape Management), 건축,37, 74-76.

임승빈, 2005, 조경이 만드는 도시, 서울대학교 출판부.

임승빈, 2008, 도시경관계획론 : 경관 계획 · 형성 기준 연구, 집문당.

임승빈 · 신지훈, 1995, 경관영향평가를 위한 물리적 지표설정에 관한 연구, 대한건축학회, 11(10), 157-166.

임승빈 · 신지훈, 1996, 경관영향평가를 통한 심리적 지표설정에 관한 연구, 대한건축학회, 12(9), 153-161.
임승빈 · 주신하, 2002, 조경계획 · 설계, 기문당.
장준성, 2008, AHP를 이용한 국방 핵심기술 연구개발사업 업체선정 평가지표 개발, 충남대학교 박사학위논문.
장희수 · 류경무 · 황재훈, 2010, 도시경관계획의 계획지표 유형설정에 관한 연구, 한국도시설계학회 춘계학술대회, 177-187.
정재희, 2004, 도시경관관리의 제도적 개선방안 모색을 위한 해외사례 연구(I), 경남발전, 72-92.
정태일 · 오덕성, 2003, 우리나라 경관관련 법 · 제도 및 계획 속에 나타난 경관유형과 제어요소에 관한 연구, 대한건축학회논문집, 19(10), 111-120.
정호현, 2011, 농촌어메니티 경관자원 조사표 개선 및 평가방안 연구, 공주대학교 석사학위논문.
조용호 · 곽성남, 2007, GIS 공간분석과 시뮬레이션을 이용한 조망점 위치결정방법 모델링에 관한 연구, 한국지적정보학회지 9(2), 35-45.
주신하 · 이송희, 2012, 경관형용사를 이용한 도시하천 경관특성 분석, 국토계획, 47, 49-63.
최봉문 · 이재준 · 백운수 · 구자훈 · 강병수 · 심상욱 · 정태일, 2002, 경관향상지역 보전 및 관리방안, 대한국토도시계획학회 정보지, 240, 3-14.
최열 · 조승호, 2011, 도시경관 구성요소에 대한 시각적 · 정서적 평가 및 비교 분석, 국토계획, 46, 67-77.
최윤 · 조동범, 1994, 도시주변 능선녹지를 배경으로 하는 아파트 경관 시각적 영향 : 물리적 경관변수 및 주시점분석에 의한 다각적 접근, 한국조경학회지, 22(2), 81-103.
한국농어촌공사 농어촌연구원, 2012, 농어촌정비계획 수립지침 개발 및 농어촌계획시설 설계기준설정 연구(1), 농림수산식품부.
한국농촌계획학회 · 농업과학기술원 농촌자원개발연구소, 2007, 농촌어메니티 자원도 활용기술 지침서, 농촌진흥청.
한국환경정책 · 평가연구원, 2003, 경관생태학적 환경영향평가기법.
환경부 예규, 2012, 개발사업 등에 대한 자연경관 심의지침(2012.8.22 개정).
환경부, 2000, 자연영향평가 수립조례 지침.
환경부, 2008, 환경영향평가 관련 규정집, 환경부.
환경부, 2010, 생태통로설치 및 관리지침.
환경부, 2011, 전국 생태통로 선치 · 운영현황.
환경부, 2012, 환경영향평가서 작성 등에 관한 규정.
황재훈, 2003, 청주시 경관유형별 특성 및 평가연구, 건설기술연구소 논문집, 22(2), 407-410.
OECD, 2001, Environmental Indicators for Agriculture.
日本財団法人 自然環境研究センター, 2006, 環境影響評価技術調査報告書(2005) : 景観に関する環境影響評価の未来方案.

• 웹사이트
법제처 국가법령정보센터, www.law.go.kr
태권도공원 조성사업, 2012, 환경부, www.eiass.go.kr
한국기술교육대학교 증설사업 환경영향평가, 2012, 환경부, www.eiass.go.kr

• 기타
전통 마을숲 보존관리지침, 2008, 문화재청 행정지침 제45호.

제13장

사회 · 경제환경

1 개요

사회 · 경제환경은 환경영향평가 분야 중 자연환경, 생활환경과 더불어 환경영향평가의 3축 중 하나이나 관련 법령과 규정의 미흡, 예측 및 평가 기법의 비표준화, 전문가 부족 등의 이유로 환경영향평가 절차에 적극적으로 활용되지 못한 측면이 있다.

환경영향평가법 제4조 환경영향평가 등의 기본원칙 제3항에는 "환경영향평가 등의 대상이 되는 계획 또는 사업에 대하여 충분한 정보 제공 등을 함으로써 환경영향평가 등의 과정에 주민 등이 원활하게 참여할 수 있도록 노력하여야 한다"는 조문을 두어 대규모 개발사업의 의사결정 과정에서 주민참여의 중요성을 강조하고 있다. 아울러 제4조에는 "환경영향평가 등의 결과는 지역주민 및 의사결정권자가 이해할 수 있도록 간결하고 평이하게 작성되어야 한다"고 규정함으로써 의사결정 과정의 명료성과 효율성이 중요함을 강조하고 있다. 사회경제분야에 대한 평가 또는 사회영향평가는 주민들의 참여와 의사결정 과정에서 이해관계자의 참여라는 측면에서 중요한 의미가 있다.

1981년부터 국내에서 시행되어온 환경영향평가제도의 운영 지침이라고 할 수 있는 환경영향평가서작성 등에 관한 규정(환경부고시 제2001-7호)에서는 '사회 · 경제환경'을 인구, 주거, 산업, 교육, 교통, 공공시설, 문화재 등 7개 항목을 대상으로 하고 있다. 그러나 환경영향평가서작성 등에 관한 규정(환경부고시 제2012-112호)에서는 인구, 주거, 산업 등 3개 항목으로 축소함으로써 나머지 항목을 제외하고 있다. 사회 · 경제환경은 사회 및 경제 분야 평가 항목을 의미하나 평가제도 측면에서는 국제적으로는 사회영향평가(SIA : Social Impact Assessment) 제도로 분류하고 있다. 환경사회영향평가(ESIA : Environmental and Social Impact Assessment) 역시 빈번히 사용되는 용어이다. 2011년까지 국제영향평가학회(IAIA : International Association for Impact Assessment)의 학술회의를 통해서 사회영향평가 분야도 다양하게 논의되었다. IAIA 2011을 통해서는 일상생활(Using SIA to Restore and Enhance Livelihoods)과 관련된 문제와 자원 및 에너지 개발(Social Impact Assessment in

Mining, Oil and Gas) 문제가 다뤄졌다. IAIA 2010에서는 지역개발(SIA and Regional Development), 저감 수단(Moving from Mitigation Measures to Regional Plans), 민영화와 자본조달(Privatization and Project Financing for Better Performance)과 함께 거버넌스와 사회생태시스템(Socio-Ecological Systems), 사회생태성과(Social-Ecological Performance)가 논의된 바 있다. IAIA 2009에서는 지속가능한 발전(SIA and Sustainable Development), 갈등과 참여(Contention, Protest and Participation in Environmental Assessment), 참여적 절차(Social Licence to Operate and Participatory Processes), 원칙과 가이드라인(Revising the International Principles and Developing Guidelines for SIA)이 논의되었다. 이 장에서도 사회 · 경제환경 분야에 대한 평가를 사회영향평가와 같은 개념으로 다루고자 한다.

1) 정의

사회영향평가에 대한 정의는 1980년대 이후 여러 연구자에 의해 제안된 바 있는데, 정책(Policy), 프로그램(Programme), 프로젝트(Project) 등 계획 단계에서 3Ps가 사회에 미치는 영향을 사전에 평가-예측하는 것으로 정의한 연구자도 있으며, '과학적인 정책분석 통합 방법론'으로 정의한 연구자도 있다.

그러나 정부나 민간, 특정한 그룹에 의한 행위나 자연적인 현상에 의한 잠재적 영향을 조사하는 것으로 사회영향평가를 광범위한 의미로 정의하는 연구자도 있다. 일부 연구자는 사회적 조건과 절차에 미치는 과거와 현재의 영향을 분석하는 것으로 정의하였다. 사회영향평가는 통상 정부의 정책 행위나 대규모의 개발사업이 사회경제환경에 미치는 영향을 사전에 예측하거나 평가하는 행위로, 이주민의 발생과 같은 사회경제적 악영향이 큰 댐 건설사업의 경우 국가간 사례 연구가 시행된 바 있다. 미국상무성(US DOC, 1994)에서는 사회영향평가 가이드라인을 통해 다음과 같이 사회영향평가를 정의하고 있다.

> “새로운 정책의 채택이나 프로그램과 같은 특정한 정책 행위와 건축물 및 대형 개발사업, 자원 채굴을 위한 토지의 임대와 같은 정부의 특정한 행위로 인해 발생될 수 있는 사회적 결과를 그 행위에 앞서 평가하거나 예측하려는 노력을 뜻한다.”

이를 종합해보면 사회경제환경에 대한 평가인 사회영향평가는 정부 또는 민간의 개발계획이나 사업으로 인해 발생될 수 있는 사회경제적 영향을 사전에 예측 평가하는 도구라고 할 수 있다. 국내에서 사회영향평가 방법론과 관련해 주목할 만한 성과는 2001년 환경사회학회의 창립과 관련 학자들의 연구 성과와 깊은 관련이 있는 것으로 보인다. 사회학, 문화인류학, 지리학, 정치학, 행정학 등 사회과학 전공자들에 의해 사회영향평가가 시도된 바 있고[68], 사회영향평가의 이론과 방법 그리고 환경영향평가 제도의 보완적 차원에서 이 제도가

68) 사회영향평가의 사례로 '시화 간척사업에 대한 사회영향평가(1998)', '영월댐 공동조사단의 사회영향평가

논의된 바 있기 때문이다.

사회영향평가는 그림 13.1에 제시한 바와 같이 환경－경제－사회를 연계하여 조사 · 예측 · 평가함으로써 국가 또는 지역사회의 지속가능성을 제고하는 역할을 할 수 있다. 이를 통해 개발사업을 둘러싼 사업 주체와 지역주민들 사이의 사회적 갈등을 조정 · 통합하는 기능을 기대할 수 있다. 그러나 아직까지 개발사업으로 인한 사회적 불안을 통제할 수 있는 사회적 통제기제가 불완전하므로 사회영향평가를 제도화해야 한다는 주장이 제기되기도 하였다. 대형 국책사업 시행으로 인한 사회적 갈등역시 사회경제적 측면으로 인해 발생하는 경우가 많으나 국내에선 이를 체계화한 지침이 마련되지 않지 않다.

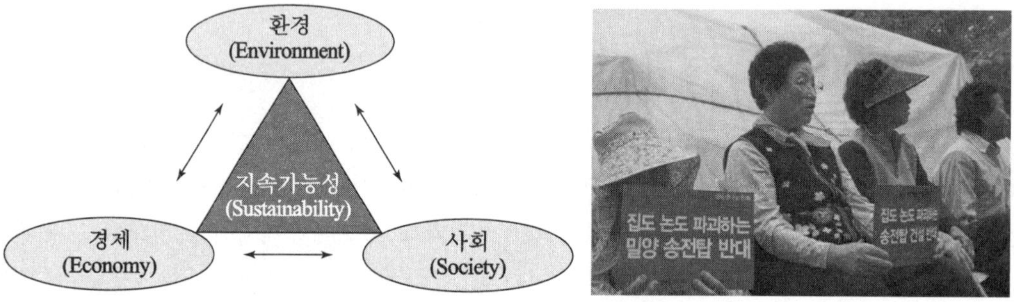

그림 13.1 '지속가능성'의 정의와 사회영향평가의 갈등 조정 기능
출처 : (좌) Wikipedia, 2016, (우) 나눔문화, 2012에서 재인용.

2) 평가 항목 및 지표

일부 선진국에서 운영하고 있는 사회 · 경제환경 평가 항목은 한국보다 포괄적이다. 표 13.1은 사회 · 경제환경 항목으로 운영되고 있는 13개 항목의 예로서 정부 재정, 교육, 주거, 노동력, 경제 수준, 환경질, 공중보건, 가정 수준, 공중 안전, 위락 기회, 문화재, 지방 정부 등의 항목이 제안되고 있다. 여기에서 제시되고 있는 공중보건, 위락, 환경질 항목의 경우 한국은 '생활환경' 평가 항목으로 분류하고 있다. 한국에서 운영해왔던 사회 · 경제환경 평가 항목이 7개이었던 것과는 차이를 보인다. 특히 정부 재정, 노동력, 경제 수준, 가정 수준, 공중 안전, 지방 정부와 같은 항목과 평가 지표는 한국에서는 일반적으로 평가 항목으로 다루고 있지 않다.

(2000)', '동강 생태계보전지역 지정을 위한 인문사회환경조사(2002)'를 들 수 있는데 이 사례들은 구조화된 방법론에 의한 것이 아니더라도 개발사업이 사회에 미치는 영향을 예측, 분석, 평가했다는 점에서 중요한 의미가 있다(구도완, 2002).

표 13.1 사회영향평가 항목 및 평가 지표

인 구	연령, 성, 인종, 직업, 가옥 보상
정부 재정	세율, 세 부담, 제출, 소득, 채무
교육	입학생수, 시설, 교원 배정 및 자격소지, 학생-교사 비율, 졸업률, 재정
주거	일람, 소유-임대 패턴, 형태-규모-연령에 따른 특성, 임대비, 주거 형태별 이용률
노동력	고용, 노동 참여, 산업 부문별 고용 분포, 취업 기회
경제 수준	지역경제 안정도, 수입, 수입 분포, 에너지 부문 지출, 산업 분야별 영향
환경질	먼지, 악취, 부유물질, 온배수, 소음(대화 방해), 사회적 행동에 미치는 영향(소음 등)
공중 보건	시설의 수 및 종류, 숙련 인력의 수 및 숙련 분야, 점유자 패턴, 진료비, 노인 및 저소득층을 위한 의료 서비스, 음용수 수질
가정 수준	결혼 정도, 가구 인원수, 결혼, 이혼, 재결합
공중 안전	화재 예방, 경찰 치안, 응급차 서비스, 구조 서비스
위락 기회	시설 형태, 소유 형태, 참여, 분포 및 접근성
문화재	역사-선사시대 장소, 독특한 주거지
지방 정부	계획, 규제 및 기준, 후생 보호, 교육, 행정, 법률 집행

자료 : Jain, R. K. et al., 2002.

예를 들어, 가정 수준 항목의 경우 결혼 정도, 가구 인원수, 결혼, 이혼, 재결합 등을 평가지표로 활용하고 있고, 공중 안전의 경우 화재 예방, 경찰 치안, 응급차 서비스, 구조 서비스 등의 평가지표로 구성되어 있다. 노동력의 경우 고용, 노동 참여, 산업 부문별 고용 분포, 취업 기회 등을 평가지표로 제안하고 있다.

한국의 경우도 표 13.2와 같이 사회경제 환경을 '지속가능성'(sustainability)이란 포괄적인 범주로 구분하고 있는 '국가지속가능발전지표 범주별 지표 구성'을 볼 경우 사회 분야의 경우 형평성, 건강, 인구, 취업과 임금 등 4개 중범주로 구성되어 있고, 각각의 중범주는 세부지표로 구성되어 있다.

예를 들어, 형평성의 경우 지니계수, 실업률, 여성 취업률, 여성임금 비율 등 4개 지료로 구성되어 있으며 건강 항목은 1인당 1일 총열량, 0세 사망자수, 0세 기대여명, 하수도 보급률, 상수도 보급률, 주택보급률, 의료보건비 지출, 범죄 발생 등 8개 지표로 구성되어 있다. 인구 항목도 총인구수, 인구 밀도, 총부양비, 노령화 인구, 인구 성장률, 도시화율 등 6개 지표로 구성되어 있어 환경영향평가의 사회 · 경제환경 분야 평가 내용과는 약간 상이한 내용을 보이고 있다. 취업과 임금의 경우 환경영향평가의 평가 항목과는 차별되는 경제 분야 지표로서 취업률, 월평균 임금지수를 평가 지표로 제시하고 있다.

표 13.2 국가지속가능발전지표 범주별 예비지표 및 최종지표

대범주	중범주	예비 지표	최종 지표
사회	형평성	지니계수, 실업률, 전체취업자 중 여성 비율, 남성 임금 대비 여성 임금 비율	지니계수[69], 실업률, 여성취업률, 여성 임금 비율
	건강	1인당 1일 총열량, 0세 사망자수, 0세 기대여명, 하수도 보급률, 상수도 보급률, 주택 보급률, (의료보건비 지출), 홍역예방접종자수, 의료보건지출비, 범죄발생	1인당 1일 총열량, 0세 사망자수, 0세 기대여명, 하수도 보급률, 상수도 보급률, 주택보급률, 의료보건비 지출, 범죄 발생
	인구	총인구수, 인구밀도, 총부양비 및 노령화인구, 인구성장률, 도시화율	총인구수, 인구밀도, 총부양비, 노령화인구, 인구성장률, 도시화율
	취업과 임금	취업률, 월평균 임금지수	취업률, 월평균 임금지수

이에 비해서 한국의 사회 · 경제환경 평가지표는 단순한 편이다. 예를 들어, 인구 항목의 경우 선진국 사례에서는 연령, 성, 인종, 직업, 가옥 보상 등을 평가지표로 다루고 있으나 한국의 경우 인구 현황, 인구 구성 현황, 인구 증감 현황 등의 지표를 권장하고 있다.

미국, 영국, 한국 등 3개 국가별로 사회경제환경 평가항목을 비교한 결과는 표 13.3과 같다. 한국의 경우 '경제' 분야 항목을 '산업'이란 항목으로 포괄적으로 다루고 있는 반면에 미국과 영국의 경우 '재정'이나 '경제 영향'과 같은 항목으로 다루고 있는 점이 차이가 있다.

표 13.3 국가별 사회 · 경제환경 평가항목 비교

국가	평가 항목	평가 내용
미국	인구	인구 추정과 계획, 노동력 및 고용수준, 인구변화율 및 성질, 가계평균소득, 연령구조, 및 재산수준에 따른 가계 분포
	주거	주택수, 주택가치 및 공간 비율, 호텔 등 숙박시설
	경제적 기반	노동력, 고용 및 실업특성, 경제활동 및 주요 경제 부분 내 추이를 포함한다. 또한 자본소득 당 총 개인소득, 중간 혹은 평균 가계소득, 중류층의 효과적인 구매소득, 소득 범주 내 가계소득의 분포 및 산업에서 산정한 임금 데이터 같은 지역소득 특성
	지역정부 재정	지방예산, 수입원, 소비범주 및 조세구조에 대한 정보를 포함한다. 직접적으로 전체 인구증가 및 유발된 경제성장은 지역에 시 당국이 제공하는 공동체 서비스의 양 및 수준

69) 지니계수(Gini's coefficient)는 이탈리아의 통계학자 C. 지니가 제시한 계수로서 소득 분배의 불평등도를 나타낸다. 0은 '완전 평등', '1'은 '완전 불평등'한 상태를 의미한다.

	토지이용	기존 토지이용 결정, 토지이용의 기준, 토지이용 변화
	공동체 서비스	상수공급체계, 저수지, 하수체계, 고형폐기물 처리 및 에너지 시설
	경관	경관의 미학적 가치
영국	인구	인구규모의 변화(일시적 및 영구적), 인구특성의 변화(가구 수, 월급수준, 사회경제적 그룹의 변화 등, 거주형태)
	주거	주거의 유형, 공용 및 비공용, 주택가격, 무주택 및 주택문제
	직접적 경제영향	지역적/ 비지역적 고용, 고용의 특성, 노동력 공급 및 훈련, 임금수준
	간접적 및 광역적 경제적 영향/지출	고용인의 소매지출, 주요 개발을 위한 관련된 공급자, 노동시장 압력, 넓게 증대되는 효과
	기타 편의시설	교육시설, 보건시설, 지역재정, 기타 공공시설
	사회문화적 영향	생활패턴/삶의 질, 사회적 문제(질병, 범죄, 미혼 등), 지역사회 갈등, 융합과 소외
한국	인구	인구변화, 인구구성 변화
	주거	주거특성 변화, 이주사항
	산업	산업구조 및 소득수준 변화, 자가 및 임대료 변화, 타사업과의 연계성, 대상사업의 특성 및 계획
	공공시설	공공시설의 분포 · 규모 등, 대상지역의 공공시설 계획
	교육	교육시설, 교육환경
	교통	교통량 변화, V/C, 서비스 수준의 변화
	문화재	문화재 및 매장문화재, 주위환경변화

자료 : 남영숙, 구도완, 금기용, 1998.

표 13.4와 같이 환경부 규정에서 제시하고 있는 사회 · 경제분야 주요 평가 항목별 내용으로는 '인구'의 경우 '인구밀집 지역에 대한 대책', '인구밀집에 따른 환경영향 및 대책' 등을 일반적인 평가지표로 제시하고 있으며 특정사업별로 평가 내용을 제시하고 있지는 않다. 이러한 사회 · 경제 평가 항목 및 내용상의 문제점 때문에 환경영향을 평가하기 위해 인구 추이, 이주 인구수, 계획인구의 예측 및 그 근거 등과 같은 항목을 포함시키는 것이 바람직하다는 의견을 제안한 바 있다.

표 13.5는 환경부의 환경영향평가 사회 · 경제분야 주요 평가내용을 예시한 것이다. 인구 항목의 경우 인구 밀집 유발의 정도, 인구 밀집 지역에 대한 대책, 인구 밀집에 따른 환경영향 및 대책을 제시하도록 하고 있다. 주거 항목의 경우 주거지역의 도로망 등 연결계획, 주거지역에 미치는 환경영향 예측 및 대책 등을 서술한다.

표 13.4 환경영향평가의 사회 · 경제분야 평가항목별 평가지표

구분	평가지표
인구	• 인구 현황 • 인구 구성 현황 • 인구 증감 현황
주거	• 가구수, 주택수, 주택보급률, 주택의 형태, 구조, 주거 환경의 적절성, 주택의 소유현황 • 이주민 발생조사
산업	• 산업별 활동상황(산업별 취업구조, 산업구조, 규모, 생산액, 산업배치 현황 등) • 산업진흥계획
교육	• 교육시설 현황(위치, 학교수, 교직원수, 학생수) • 교육환경 현황(교육환경의 문제점)
교통	• 기존도로망의 교통수단별 교통량, 주차시설 • 기존도로의 도로별 V/C, 서비스 수준
공공시설	• 공공시설 분포 현황과 규모 • 공공시설 수용능력과 이용 실태
문화재	• 문화재 분포현황(위치, 내역, 지정번호, 문화재 종류별 분포수, 관리자 등) • 문화재 보호구역 지정 여부

자료 : 환경부, 2001.

표 13.5 환경영향평가의 사회 · 경제분야 주요 평가 내용

구분	주요 평가 내용
인구	• 인구 밀집 유발의 정도 • 인구 밀집 지역에 대한 대책 • 인구밀집에 따른 환경영향 및 대책
주거	• 주거지역의 도로망 등 연결계획 • 주거지역에 미치는 환경영향예측 및 대책(이주대책 포함)
산업	• 주변 산업구조 변화 예측 • 어업권, 양식장, 농작물 등에 대한 피해 예측 및 대책
교육	• 교육시설의 수용 용량에 미치는 영향 및 대책
교통	• 교통량의 변화와 도로계획과의 관계분석 및 대책 • 주차장, 환승장 입지 및 용량의 적정성 검토(교통 분야와 통합평가시 생략) • 기존도로의 교통량 대 용량비(V/C) 제시 후 진입도로 확 · 포장 대책 등 • 가로 수목의 선택 및 적정 배치(교통 분야와 통합평가시 생략)
공공시설	• 공공시설의 수용용량에 미치는 영향 및 대책
문화재	• 문화재에 미치는 영향의 정도 및 대책 • 유적지에 대한 지표조사의 실시와 유물 등의 보호대책

자료 : 환경부, 2001.

그러나 구자건(2006)이 사회 · 경제환경 7개 항목 외에 댐 건설사업에 대한 평가 항목과 지표를 조사한 결과 표 13.6과 같이 '이주민 발생 수'에 대한 중요도가 가장 높게 나타났으며 인구 현황, 문화재보호구역 지정 여부, 문화재 분포 현황, 산업구조, 지역공동체 문화, 산업별 취업 인구, 도로 교통량, 교육시설 현황, 도로망 현황 등이 중요하게 평가해야 할 항목으로 나타났다. 그러나 환경부의 규정이나 지침 등에 제시되어 있지 않은 지역 공동체 문화, 피아노-미술학원 등 사교육시설에 대한 응답의 중요도도 높게 나타났다.

사회 · 경제환경에 대한 세부 내용 조사시 일률적인 항목과 지표를 조사하기보다는 지역의 특성을 반영한 지표 등을 조사하여 환경영향을 예측 · 평가하고 그 결과를 대안과 저감방안 설정에 반영하는 것이 개발사업 주체와 지역사회의 갈등을 줄일 수 있는 방법이 될 것이다.

표 13.6 댐 개발사업의 사회 · 경제분야 평가지표별 순위

순위	평가지표	점수	순위	평가지표	점수
1	이주민 발생수	4.86	17	주거환경의 적절성	3.54
2	인구 현황	4.30	18	피아노-미술학원 등 사교육시설	3.51
3	문화재보호구역 지정 여부	4.16	18	산업진행계획	3.51
4	문화재 분포현황	4.14	20	공공시설 분포 현황	3.42
5	산업구조	4.06	21	인구구성	3.40
5	지역공동체 문화	4.06	21	통학수단	3.40
7	산업별 취업인구	4.00	23	교통시설물 및 운영체계	3.28
7	도로 교통량	4.00	24	공공시설 이용 실태	3.26
9	교육시설 현황	3.97	25	주택의 소유현황	3.19
10	도로망 현황	3.89	26	공공시설 수용능력	3.15
11	인구 증감	3.82	27	도로 수용용량 대비 실제 이용률	2.95
12	산업규모 및 생산액	3.80	28	주택의 형태 및 구조	2.81
13	산업배치 현황	3.76	29	주차시설	2.66
14	교육환경	3.72	30	차량보유 현황	2.53
15	대중교통수단 운영	3.66	31	범죄 발생률	2.40
16	가구 및 주택보급률	3.63			

자료 : 구자건, 2006.

3) 평가 절차 및 방법

표 13.7과 같이 외국 연구자의 경우 사회 · 경제환경에 대한 평가, 즉 사회영향평가의 절

차를 범위 설정, 문제 규명, 대안 설정, 프로파일링, 예측, 평가, 분석, 저감방안, 사후조사, 관리와 같은 10개 단계로 제안하고 있다. 한국에서는 사회 · 경제환경에 대한 평가가 사회영향평가라는 독립된 평가제도에 의해 평가되기보다는 환경영향평가 제도의 틀 안에서 이루어지고 있기 때문에 이 같은 절차에 의해 시행되기보다는 자연환경 또는 생활환경 항목과 유사한 평가 절차에 의해 평가되고 있다.

즉, 사회 · 경제환경에 대한 평가는 그림 13.2에 제시한 개념과 같이 생활환경 및 자연환경에 대한 평가와 동일하게 현황조사 → 예측 → 평가 → 저감방안 수립과 같은 절차에 의해 수행하는 것이 일반적이다.

사회 · 경제환경에 대한 평가는 개발사업으로 영향을 받게 될 주민을 대상으로 하는 경우가 대부분이며 문헌연구, 심층면접, 설문조사 등과 같은 방법이 주류를 이루고 있다. 이를 사회과학적 조사방법론으로 분류할 경우 탐색조사와 기술조사로 구분할 수 있다. 탐색조사의 대표적인 방법은 문헌조사(literature review), 전문가 의견조사(expert survey), 사례조사(case study)를 들 수 있으며 기술조사의 방법은 패널조사(panel study), 추세조사(trend study), 코호트조사(cohort study) 등이 대표적이다.

표 13.7 사회영향평가의 일반적 절차

1	범위 설정	평가 수준, 조사 범위, 예산, 조사 일정, 조사팀 등을 설정
2	문제 규명	목표 설정, 사회적 영향을 받는 그룹과 이해 당사자의 규명
3	대안 설정	합리적 대안을 밝히고 대안과 관련된 정보를 수집
4	프로파일링	누가 영향을 받는 지 결정
5	예측	영향이 어떠한 효과가 있을 것인지 예측
6	평가	개발사업의 대안과 관련된 중요한 영향을 평가
7	분석	영향을 받을 가능성이 가장 큰 간접적, 누적적인 영향을 분석
8	저감방안	적용 가능한 저감방안, 회피책, 채택 안을 밝히고 이로 인해 발생할 수 있는 영향을 평가
9	사후조사	모니터링 진행 계획을 결정하고 검토
10	관리	목표를 검토하고 절차를 수정

자료 : Barrow, C.J. 2000.

현황조사 → 예측 → 평가 → 저감방안

그림 13.2 사회 · 경제환경에 대한 평가 절차

사회 · 경제환경 분야의 평가 방법론으로 표 13.8과 같이 대규모 국책사업의 타당성을 평가를 하는 예비타당성조사의 경제성 · 사회성 · 정책성에 대한 평가 방법을 활용할 수도 있다. 경제성 · 사회성 · 정책성 분야가 사회 · 경제환경과 유사하며 각각의 지표로 사회 · 경제 분야와 밀접한 관련이 있기 때문이다. 경제성 분야의 대표적인 분석 방법론인 비용편익분석(Cost-Benefit Analysis)은 각 평가 사항을 화폐가치로 환산하여 평가하는 방법이다. 사업의 경제성을 분석할 경우 B/C 비율을 산출하고 사업의 타당성 여부를 판단하는 기준으로 활용한다.

다지역 산업연관모형(KDI MRIO Model)은 한국개발연구원 공공투자관리센터에서 구축한 '다지역 산업연관모형'을 사용하여 생산유발 효과, 부가가치 유발효과, 고용유발 효과, 임금유발 효과, 지역간 연계 효과 등의 경제적 파급 효과를 분석하는 방법이다. 사회성 분야의 평가방법은 설문조사, 심층 인터뷰, 집단 면접, 민원서류 분석 등의 방법을 활용한다.

분석적계층화기법(AHP)은 분석하고자 하는 항목 간의 쌍대비교(paired-comparison)를 통해 상대적인 중요도를 산출하는 방법으로 공항, 도로, 철도, 전력설비 등 여러 이해집단의 의사가 엇갈릴 수 있는 공공시설의 입지선정 등에 많이 활용되는 의사결정방법이다. 델파이기법(Delphi Technique)은 직관적 예측 방법의 하나로서, 특정 주제에 대한 전문가의 의견을 반복적인 설문조사를 통해 조사하고 수합하여 의견을 도출해내는 조사 방법이다.

표 13.8 예비타당성평가의 경제 · 사회 · 정책분야 평가항목 및 평가방법

분야	평가 항목	평가 방법
경제성	비용(공사비, 용지보상비, 유지관리비, 예비비)	비용편익분석기법(Cost-Benefit Analysis)
	편익(홍수조절, 용수공급, 발전, 수질개선)	
	세수 감소	
	지방재정 악화	
	수몰 정도	
	지역경제 파급 효과 / 지역경제 기반 약화	다지역 산업연관모형(KDI MRIO Model)
사회성	지역 낙후도	분석적 계층화기법(AHP)
	지역주민 의견 / 민원발생 요소	민원서류분석, 현장조사, 심층인터뷰, 참여관찰, 집단면접, 설문조사
	전문가 및 NGO 의견	설문조사, 델파이기법(Delphi Technique)
	사회구조의 변화	참여관찰, 심층면접, 사회지표 연구
정책성	지자체 의견	집단면접, 설문조사

자료 : 한국개발연구원 공공투자관리센터, 2003.

4) 사례

국내에서는 환경영향평가 대상 사업에 대해서 사회 · 경제환경 평가를 독립적으로 시행한 사례는 많지 않다. 사회영향평가의 방식으로 시행한 사례는 <시화호 간척사업>이나 <영월댐 건설사업>, <동강 생태계 보전지역 지정> 등과 같이 사회적으로 이슈가 된 대규모 개발사업이나 민감한 사업을 대상으로 시행한 적이 있다.

이 같은 3개 사례의 경우 사회경제환경에 대한 조사항목도 매우 달라서 <시화호 간척사업>의 경우 사업의 특성, 인구 · 산업 · 리더십 종교 등 의례 생활, 사업에 대한 태도 등을 대상으로 하였다. 이와 달리 <영월댐 건설사업>의 경우 인구 등 행정 현황, 지가 변동률, 지역주민들의 태도, 지역 및 전국적 운동의 역사와 현황, 정책 제언 등과 같은 항목을 조사평가하였다. <동강 생태계 보전지역 지정>의 경우 인구수, 가구수, 이해 당사자, 지역의 리더십, 마을별 주민 태도, 정책 제언 등의 항목을 대상으로 조사하였다.

사회 · 경제환경에 대한 평가 방법의 경우 문헌연구, 심층면접, 설문조사 등이 주류를 이루었으나 참여 관찰이나 생애사 청취, 가구 조사 등과 같은 방법도 활용되고 있다.

표 13.9 사회영향평가 사례 비교

구분	시화호 간척사업	영월댐 건설사업	동강 생태계 보전지역 지정
조사 항목	• 사업의 특성 • 인구, 산업, 리더십 종교 등 의례 생활 • 사업에 대한 태도	• 인구 등 행정 현황 • 지가 변동률 • 지역주민들의 태도 • 지역 및 전국적 운동의 역사와 현황 • 정책 제언	• 인구수, 가구수 • 이해 당사자 • 지역의 리더십 • 마을별 주민 태도 • 정책 제언
주요 변수	• 시간 변수(사업계획 이전, 구체화, 실시, 완료 후) • 동적 변수	• 사회문화적 영향 • 지역의 이해관계 • 지역주민들의 태도	• 생태계보전지역 정책 • 부채의 양과 질 • 마을의 위치 • 직업 • 환경부와 지방자치단체의 정책
조사 방법	• 비공식적 인터뷰 • 참여 관찰 • 생애사 청취 • 가구조사 등	• 문헌연구 • 설문지 조사 • 심층면접	• 문헌연구 • 심층면접

자료 : 구도완, 2002.

2 관련법과 제도

환경영향평가 중 사회경제환경과 관련된 내용은 환경영향평가법에 근거 조항이 있으며 관련 규정으로 환경부의 '환경영향평가서 등 작성 등에 관한 규정', '환경영향평가서 등에 관한 협의업무 처리규정'(2013)을 들 수 있다. 매뉴얼 또는 가이드라인으로 한국환경정책 · 평가연구원이 간행한 '환경영향평가 작성 가이드라인 및 매뉴얼'(2009), '사회영향평가 지표 개발 및 운영 가이드라인'(2012)을 들 수 있다.

1) 환경영향평가법

사회 · 경제환경 분야의 평가와 관련해서 환경영향평가법(2013년 3월 23일) 제7조 '환경영향평가 등의 분야 및 평가항목' 제1항에는 "환경영향평가 등은 계획의 수립이나 사업의 시행으로 영향을 받게 될 자연환경, 생활환경, 사회 · 경제 환경 등의 분야에 대하여 실시하여야 한다"고 명시하여 사회 · 경제환경이 환경영향평가의 한 부분임을 명확히 하고 있다.

환경영향평가법 제11조 '평가서초안의 작성방법 등'에는 평가서초안에 대상사업의 시행으로 인하여 예상되는 주민의 생활환경 및 환경오염 피해, 자연생태 환경에 대한 영향 등에 관한 사항을 기술하도록 하여 지역주민에 미치는 영향을 고려하도록 하고 있다. 아울러 평가서초안에 주민의 생활환경, 사회 · 경제환경, 자연생태환경에 미치는 영향을 일반인이 이해하기 용이하도록 저감대책의 시행 전후로 구분하여 기재하도록 하고 있는데 이러한 조항은 환경영향평가에서 사회 · 경제환경 분야에 대한 고려를 강조한 것이라고 할 수 있다.

2) 환경영향평가서 등 작성 등에 관한 규정

환경영향평가서 등 작성 등에 관한 규정 제11조 예측 · 분석에 따른 평가에는 사업자는 평가 항목별로 예측 · 분석한 결과에 대하여 사람의 건강, 생활환경 및 자연환경보전, 사회경제환경 등의 관점에서 평가를 실시한다고 규정하고 있다.

사회 · 경제환경 분야 평가항목 및 범위 등의 설정을 위한 환경영향요소 추출에서도 환경영향의 조사 및 예측을 실시함에 있어 대상사업의 개발계획 등의 내용에 따라 공사 중 및 사업 완료 후의 전 단계에 걸쳐서 대기환경, 수환경, 토지환경, 자연생태환경, 생활환경, 사회 · 경제환경에 영향을 미칠 것으로 예상되는 환경영향 요소를 추출한다.

현황조사시 사업시행 지역과 사업시행에 따라 영향을 받을 지역의 환경 중 대기환경, 수환경, 토지환경, 자연생태환경, 생활환경 등과 함께 사회 · 경제환경을 조사 분석하여 기술하도록 권장하고 있다. 저감방안을 수립함에 있어서도 환경적으로 민감하거나 사회 · 경제적 가치가 있는 지역은 특히 그 저감대책의 수립에 유의하도록 하고 있다.

3) 환경영향평가서 등에 관한 협의업무처리규정

이 규정(2013)은 환경부장관과 지방환경관서의 장이 환경영향평가법에서 정하고 있는 사항에 대한 검토 · 보완 · 조정 · 협의 등에 필요한 사항을 정하고 있는 규정이다. 이 규정의 제36조 '조사시 민간참여 등'의 조항에는 "지방환경관서의 장은 다음 각 호의 사업장에 대한 협의내용의 관리를 위한 조사를 실시하는 경우에는 지역주민, 민간단체, 전문가, 승인기관 및 관할 지자체 공무원 등을 조사에 참여하게 할 수 있다. 다만 지역주민 또는 민간단체 등을 참여하게 하고자 할 경우에는 사업자의 동의를 구하여야 한다."고 규정하고 있다. 이 조항의 제4항에는 "환경피해가 발생하였거나 발생할 우려가 있어 사회적 논란이 되고 있는 사업"을 포함시키고 있어서 사회경제환경에 미치는 영향의 중요성을 감안하고 있다.

이 규정의 전략환경영향평가서 검토 의견에도 입지의 타당성 항목에 '사회 · 경제 환경과의 조화성'을 두고 있다. 그러나 사회경제환경 분야에 대한 항목별 검토 의견을 인구, 주거, 산업 등 3개 항목으로 좁게 해석하고 있다.

4) 한국환경정책 · 평가연구원의 사회영향평가 가이드라인

한국환경정책 · 평가연구원은 2009년에 '환경영향평가 작성 가이드라인 및 매뉴얼'을 발간한데 이어서 2012년에는 '사회영향평가 지표 개발 및 운영 가이드라인'을 제시한 바 있다. 2009년에 간행한 가이드라인의 경우 골프장 사업, 수자원 댐 사업, 토석 등의 채취 사업,

표 13.10 사회경제분야 평가 항목 및 평가 내용

사업 유형	평가 항목	평가 내용
토석 등의 채취 (산지 지구 사업)	인구, 주거	사업지구 현황 조사, 주변 주거지역에 미치는 영향, 교통량 현황 및 예측
	문화재	사업지구 현황 조사, 문화재 보전 및 관리 방안
도로사업	인구, 주거	주거지 현황 조사, 이주민 대책
수자원, 댐	인구 주거	수몰 이주민 대책
	교통	교통체계 변화 예측 및 저감방안
	문화재	수몰예상 지역 지표조사
골프장	인구, 주거	주거지 현황조사, 이주대책 수립
	문화재	문화재 보전 및 관리 방안

자료 : 한국환경정책 · 평가연구원, 2011.

도로사업에 대해서는 사회 · 경제 분야 가이드라인을 제시하였으나 하천정비, 택지, 사업단지, 관광단지에 대해서는 사회 · 경제 분야에 대한 가이드라인을 제시하지 않았다.
앞에서 살펴본 환경부의 환경영향평가서 등 작성 등에 관한 규정과 한국환경정책 · 평가연구원의 가이드라인을 통해 살펴보았듯이 한국의 사회영향평가는 환경영향평가의 한 부분으로 다뤄지고 있다. 특히 환경부의 규정은 다른 법 및 제도, 절차와의 중복성을 이유로 사회영향을 인구, 주거, 산업 등 3개 항목으로 제한하여 제시하고 있다. 조사 방법론 역시 기존 자료 및 통계 자료 조사로 한정하고 있는 편이다.

3 현황

현황은 환경영향평가의 단계 중에서 '현재의 환경 상태에 대한 조사', 즉 현황조사를 의미하며 조사 항목, 조사 범위, 조사 방법, 조사 결과로 나누어 작성하는 것을 기본으로 한다. 여러 유형의 개발사업의 시행에 따라 각종 환경 영향이 발생하므로 앞에서 제시한 인구 · 주거 · 산업 등의 조사 항목을 대상으로 조사를 실시한다. 이 절에서는 환경부의 '환경영향평가서 등 작성 등에 관한 규정'(2001, 2016)과 환경부 · 국토교통부의 친환경댐 건설을 위한 환경영향평가 지침(2013)을 근간으로 관련 내용을 정리하였다.

1) 인구

'인구'의 조사 항목은 대상사업의 종류, 규모 및 지역의 환경적 특성을 고려하여 설정하되 ① 인구 현황, ② 인구 구성 현황, ③ 인구 증감 현황과 같은 사항을 조사한다. 인구 조사 시 연령별, 성별, 산업별 인구 등 거주기간 등 자연 증감, 사회적 증감, 이주민수 등을 고려한다. 인구의 조사범위 중 공간적 범위는 대상사업 지역 및 대상사업 지역과 밀접한 관계를 맺고 있는 지역 등 사업 시행으로 인해 인구변화가 예상되는 지역을 포함하되 대상사업의 종류, 규모 등을 고려하여 설정한다. 조사방법은 기존자료를 조사하고 필요시 현지조사를 한다. 조사 결과는 조사 항목별로 표나 그림 등을 이용하여 서술한다.

인구 조사시 읍 · 면 · 동 사무소의 인구 통계자료를 조사하고, 필요시 통 · 리장 등 현지주민과 면담을 통해 인구 변화를 조사한다. 이와 함께 시 · 군, 읍 · 면 · 동 등 공공기관의 통계자료를 수집하여 정리하며, 필요시 통 · 리장 면담 등 현지조사를 실시한다.

2) 주거

주거 항목은 ① 가구수, ② 주택수, ③ 주택보급률, ④ 주택의 형태와 구조, ⑤ 주거환경, ⑥ 주택 소유 현황, ⑦ 이주민 발생 현황 등과 같은 사항을 포함하되 대상사업의 종류, 규모 및 지역의 환경적 특성을 고려하여 설정한다.

가구수, 주택수, 주택보급률, 소유 현황에 대해서는 대상사업 지역과 그 주변 지역을 구분하여 도표화하고, 주택의 형태, 구조는 각 지역별로 도식화하여 나타낸다. 또한 주거환경의 적절성은 인근 공공시설까지의 평균 도달거리 및 시간과 가용한 운송 수단을 나타낸다. 각 항목들이 과거 5년간 변화 정도의 추이에 따라 비교표를 작성하고 설문조사 결과를 항목과 연관하여 분석, 정리한다. 주거의 공간적 조사 범위는 대상사업 지역과, 밀접한 관계를 맺고 있는 지역을 대상으로 하되 대상사업의 종류, 규모 등을 고려하여 설정한다. 조사방법은 기존의 통계자료를 조사하되 필요시 현지 조사를 한다. 조사 결과는 조사 항목별로 표나 그림 등을 이용하여 서술한다.

3) 산업

산업 항목은 ① 산업구조, ② 주변 관련 산업, ③ 산업진흥계획, ④ 산업배치, ⑤ 산업별 생산물의 특성 등을 포함하여 산업별 활동 현황을 알 수 있는 항목들로 하되 대상사업의 종류, 규모 및 지역의 환경적 특성을 고려하여 산업에 미치는 영향을 적절히 파악할 수 있도록 설정한다.

공간적 조사 범위는 대상사업 지역 및 이 지역과 밀접한 연관 관계를 갖는 지역을 대상으로 하되 대상사업의 종류, 규모 등을 고려하여 설정한다. 조사 방법은 기존 자료를 조사하고 필요시 현지 조사를 실시한다. 조사 결과는 조사 항목별로 표나 그림 등을 이용하여 서술한다. 산업 항목과 관련이 있어서 사업 시행에 따라 영향을 주는 요소로는 ① 산업별 활동 상황, ② 지자체 투자 유치 계획, ③ 산업진흥계획 같은 사항이 있다.

조사 범위는 사업대상 지역과 사업 시행으로 인해 영향이 미칠 것으로 예상되는 지역으로 하며, 기존 자료를 기본으로 하되 필요시 현지 조사를 실시한다. 조사 결과는 주요 사업의 특성과 사업 구조, 주요 산업 배치도를 작성한다. 산업별 생산품목, 생산액 등은 표와 그림을 활용해 이해하기 쉽게 작성한다. 조사 대상 지역 특유의 전통 산업이 있는 경우 그 현황에 대해 분석하고, 개발사업이 시행될 경우 발생할 수 있는 전업, 폐업의 대상 업종 및 취업자 수 등에 대해서 기술한다.

4) 기타

(1) 공공시설

공공시설에 대한 현황조사는 공공시설의 분포, 규모, 수용 능력과 이용 실태 등을 대상으로 하며 조사 범위는 사업의 규모와 특성을 감안하여 대상사업의 실시로 인해 영향을 받게 될 범위를 대상으로 한다. 조사방법은 기존 자료를 수집하여 분석 · 정리하며 필요에 따라 현지 조사를 실시한다. 조사결과는 그림과 표 등을 활용하여 이해하기 쉽게 정리, 기술한다.

(2) 교육

교육 항목에 대한 현황조사는 교육시설 위치, 학교수, 교직원수, 학생수 등을 조사하고 교육환경 현황을 조사한다. 조사범위는 사업대상 지역 및 그 주변지역 주민들이 이용하고 있는 교육시설이 있는 지역을 대상으로 한다. 조사 방법은 기존자료의 수집 · 분석을 근간으로 하되, 자료가 충분하지 않거나 좀더 정확인 자료의 확인을 위해서는 현지조사를 실시한다. 현황조사 결과는 그림, 표로 제시하고 교육환경의 문제점이 발견될 경우 그 내용을 기술하고 통학에 따른 교통안전과 유치원, 초등학교 등 스쿨존의 현황을 정리하여 기술한다.

(3) 교통

교통 항목에 대한 현황조사는 기존 도로망의 교통 수단별 교통량, 대중교통 수단, 주차시설, 기존도로의 도로별 교통량 대 용량비(V/C), 서비스 수준 등을 조사한다. 교통영향평가 대상사업일 경우 관련 법과 규정, 지침에 의해 평가를 한다. 조사 범위는 기존 도로 및 교통시설물을 대상으로 하며, 사업대상 지역과 사업 시행으로 영향을 받을 지역을 대상으로 분석 · 정리하고 필요할 경우 현지조사를 실시한다. 조사결과는 그림과 표를 이용하여 정리 · 기술한다.

(4) 문화재

문화재 항목에 대한 현황조사는 문화재의 위치, 내역, 지정번호, 분포, 관리주체 등을 대상으로 한다. 문화재는 매장문화재도 포함시키며, 조사 범위는 사업지역 및 대상사업의 실시에 따라 영향을 받을 것으로 예상되는 지역을 대상으로 한다. 조사방법은 기존 자료를 분석하여 제시하되 필요시 현지조사를 한다. 조사결과는 도면, 지도, 그림, 표 등을 활용하여 기술한다.

4 영향예측

환경영향 예측을 할 경우 항목은 조사 항목을 기준으로 하며 사업으로 인해 변화될 주변 환경을 고려하여 필요한 항목을 추가하여 조사할 수 있다. 공간적 범위는 조사 범위를 기준으로 하되 사회적 여건 등을 고려하여 변화가 예상되는 지역을 대상으로 하며 필요시 그 범위를 확대한다. 시간적 범위는 공사 시와 운영 시로 구분한다. 이 같은 영향 예측 내용과 방법을 환경부(2001, 2012)의 규정과 환경부 · 국토해양부(2013)의 지침을 중심으로 서술하면 다음과 같다.

1) 인구

인구 항목에 대한 예측은 인구 변화, 인구 구성의 변화 등을 내용으로 하며 공간적 범위는 사업 시행으로 인구 변화가 예상되는 지역으로 한다. 시간적 범위는 운영 시로 하되 인구 증가가 최대인 때를 포함하도록 한다.

예측 방법은 대상 사업의 특성을 감안하고 본 사업과 유사한 인구 예측은 모형에 의한 추정, 자연증가분과 사회적 증가분을 고려한 추정, 유사사례 등을 참조하여 평가한다. 영향 예측의 범위는 대상사업 완료 후에 인구 변화가 예상되는 지역을 대상으로 하되 조사 범위에 준하는 지역으로 한다. 인구 추정 모형으로는 인구의 생존율을 중심으로 한 생잔모형, 과거의 추세를 분석하여 장래의 인구를 예측하는 추세연장법 등을 활용한다. 아울러 해당 자치단체의 도시계획 관련 계획서에서 추정한 장래 인구 추세를 참조한다.

(1) 공사시

대상사업 계획 내용과 유사 사례를 참조하여 유입 인구, 유출 인구, 인구 증감 등 인구변화를 추정한다. 공사 중의 인구 증감에 따른 가구수, 주택수, 주택보급률의 변화, 주택건설계획의 적절성에 대해 영향을 예측 평가하되 이주민 발생 여부를 면밀하게 검토한다. 또한 이주대상 부락수 및 가구수를 지역별로 표와 그림으로 정리하고 보상 계획에 대하여 기술한다. 아울러 유입 인구가 있을 경우 이들을 위한 주택 또는 기숙시설 건설 계획을 제시한다.

(2) 운영시

운영시의 영향 예측은 대상사업 완성 이후 환경 변화에 따른 유출입 인구, 인구 증감, 사회적 변화 등을 추정한다. 또한 대상사업의 자연환경 및 생활환경 변화를 감안하여 대상사업의 운영이 인구 변화에 미치는 영향을 조사한 후, 주거에 미치는 영향에 대하여 평가한다. 이주 대상에 관한 적절한 대책, 주택건설 계획의 적절성 검토 등을 평가한다. 예측 항목별로 예측된 결과를 표나 그림 등으로 정리하고 인구의 변화가 해당 지역에 미치는 영향을 서술한다.

2) 주거

주거 항목의 예측은 사업으로 인해 변화될 주거 특성과 이주 단지의 설치 등 이주에 관한 사항을 포함하여 평가한다. 예측의 공간적 범위는 조사 범위를 기준으로 하되, 필요시 영향이 미칠 것으로 예상되는 외부 지역을 포함한다. 시간적 범위는 공사 시와 운영 시로 구분하며 주거 항목이 인구와 밀접한 관련이 있는 점을 고려하여 인구가 최대인 경우를 포함한다. 예측 방법은 대상사업의 특성, 대상지역의 환경적 특성 등을 고려하여 유사사례를 참조하는 등의 방법으로 한다.

예측은 대상사업의 특성, 대상지역의 환경적 특성 등을 고려하여 유사사례를 참조하는 등의 방법으로 한다. 예측결과는 예측항목 상의 변화, 이외의 변화들을 종합하여 적절한 방법으로 결과를 서술한다. 사업 시행으로 인해 대상지역, 관련 있는 주변지역 및 이주단지 등에서의 영향 등을 포함하여 주거 환경에 미치는 영향을 평가한다.

예측 결과는 표와 그림, 지도 등 적절한 방법으로 서술하며 사업 시행으로 인해 대상지역, 관련 있는 주변지역 및 이주단지 등에서의 영향 등을 포함하여 주거환경에 미치는 영향을 평가한다.

3) 산업

산업에 대한 영향 예측은 대상사업의 특성, 대상지역의 환경적 특성 등을 고려하여 유사사례의 인용, 해석 등의 방법으로 한다. 예측결과는 산업별 구조 변화, 소득 변화, 지가 및 임대료의 변화 등을 포함하여 적정한 방법으로 정리 · 기술한다. 평가는 지역의 환경적 특성을 고려하여 사업 시행이 지역사회의 산업에 미치는 영향을 평가한다.

특히 댐 건설과 같은 수몰지역 발생 사업의 경우 수몰로 인한 농업 생산량 변화, 수몰지구 형성이 지역경제에 미치는 영향 등을 적절히 평가한다. 영향 예측은 이론식에 의한 방법, 유사사례의 활용 등을 이용하고, 장래의 산업별 종사자수 변화를 예측 평가한다.

(1) 공사시

대상사업과 주변 산업과의 연계성, 즉 산업구조 변화, 소득수준 변화, 지가 및 임대료 변화, 농업생산량 변화, 수몰지구 형성이 지역경제에 미치는 영향에 대한 내용을 예측한다. 영향예측은 대상사업의 규모 · 특성 등과 지리적, 사회적 여건을 감안하여 변화가 예상되는 지역을 대상으로 한다.

(2) 운영시

대상사업과 주변 산업과의 연계성을 중심으로 평가한다. 대상사업이 수몰을 유발하는 사업일 경우 농경지 수몰로 인한 농업 생산량 변화, 수몰지구 형성이 지역경제에 미치는 영향 등을 평가를 한다. 대상사업이 주변 지역의 산업진흥계획과 어떠한 관련성이 있는지 검토 제시하며, 사업 실시가 사업지역과 인근 지역에 미치는 영향을 평가 분석한다.

4) 기타

(1) 공공시설

공공시설에 대한 예측 · 평가는 현황조사 항목에 준해서 실시하며 예측 및 평가 범위는 사업 시행으로 인한 영향이 미칠 것으로 예상되는 지역을 대상으로 한다. 조사방법은 사업계획 내용의 검토와 시 · 군 등의 공공시설 배치 계획을 이용하여 예측한다. 공공시설의 분포, 규모, 수용 능력, 이용편익 등 예측결과는 그림과 표를 이용하여 정리하여 기술한다. 또한 기존 자료로 확인하기 어려운 내용이 있을 경우 관련 기관의 방문, 전문가 면담 등을 통해 예측 · 평가한다.

(2) 교육

교육 항목에 대한 예측 · 평가는 현황조사 항목에 준하여 실시하며 예측 및 평가 범위는 사업의 규모와 특성을 감안하여 사업 시행으로 인해 영향이 미칠 것으로 예상되는 지역을 대상으로 한다. 교육시설 위치, 학교수, 교직원수, 학생수 등을 예측 · 평가하고 교육환경의 변화가 있는 지를 평가한다. 예측 · 평가 범위는 사업대상 지역 및 그 주변 지역을 대상으로 한다. 예측 · 평가 방법은 사업계획 내용의 검토를 통한 합리적 추정과 유사사례를 참조하는 방법을 활용한다. 교육영향평가 대상사업일 경우 관련 법과 규정, 지침 등을 따르도록 한다.

(3) 교통

교통 항목에 대한 예측 · 평가는 현황조사 항목에 준하여 실시하며 예측 및 평가 범위는 사업의 규모와 특성을 감안하되 사업의 시행으로 인하여 직간접적으로 영향을 받는 도로, 교차로 및 기타 교통시설을 대상으로 한다. 시간적으로는 장단기적으로 교통에 영향을 미칠 것으로 예상되는 기간을 범위로 하고, 예측은 이론식에 의한 방법, 유사사례의 인용, 해석에 의한 방법 등을 활용한다. 예측 가로별로 시간당 또는 일(日)교통량을 사용하여 나타낸다. 이때 일교통량을 사용하였을 경우 첨두시간(peak time) 분담률을 반드시 기재하도록 한다.

(4) 문화재

문화재 항목에 대한 예측 · 평가는 현황조사 항목에 준하여 실시하며, 예측 및 평가 범위는 사업의 규모와 특성을 감안하되 사업의 시행으로 인하여 직간접적으로 영향을 받는 지역을 대상으로 한다. 예측 · 평가는 매장문화재도 포함시키며 문화재 지표조사 대상사업일 경우 관련 법과 규정, 지침 등을 따르도록 한다. 예측 결과는 도면, 지도, 그림, 표 등을 활용하여 기술하며 문화재 주위의 환경변화 정도 그리고 그에 따른 문화재의 가치 변화를 기술하고 필요시 관련 전문가의 의견을 정리하여 제시한다.

5 저감방안

저감이란 환경에 미치는 영향을 제거 · 감소 · 완화시키는 것을 말한다. 저감방안은 이러한 방안을 제시하는 것으로서 환경 현황 및 영향의 예측 · 분석 · 평가 등의 내용을 토대로 합리적이고 균형 있게 제시되어야 한다. 서술하는 내용 역시 구체적이어야 하며, 일반적인 학문적 · 기술적 내용을 열거하는 방식으로 서술하는 것은 바람직하지 않다.

'대안'이란 해당사업의 시행으로 인하여 환경에 미치는 영향을 저감 또는 방지할 수 있는 모든 합리적인 방안을 의미한다. 환경부의 지침은 대안을 "입지, 규모, 토지이용계획, 시기, 공법, 기타의 저감방안 등 조건이 다른 여러 가지 안"이라고 해석하고 있다. 환경영향평가서에 제시하는 저감방안은 가능한 둘 이상의 대안을 비교하여 그 장 · 단점을 객관적으로 기술하고, 그 선정 사유를 명시하는 것이 바람직하다.

1) 인구

인구에 대한 저감방안은 예측 · 평가 결과를 토대로 필요할 경우 사업 규모의 조정 등과 같은 저감방안을 수립해야 한다. 저감방안은 공사시와 운영시로 구분하여 내용을 구체적으로 기술한다. 저감방안을 제시할 경우 사업 시행이 인구에 미치는 영향을 평가해야 하며, 인구 변화가 현저할 것으로 예상될 경우 주거 · 교육 · 산업 · 공공시설 · 교통 등 사회경제적 요인을 파악하여 이에 맞는 대책을 수립한다. 재개발사업이나 댐 건설과 같이 이주민이 발생되는 사업의 경우 이주단지 조성, 이사비, 이주비, 건물 · 공작물 등 간접보상과 대체농지 등에 대한 구체적 내용을 제시한다.

2) 주거

주거에 대한 저감 방안은 예측 및 평가 결과를 토대로 지역의 환경적 특성을 고려하여 주거환경의 영향에 미치는 악영향을 저감하는 방안 제시한다. 저감방안은 공사시와 운영시로 구분하여 내용을 구체적으로 기술한다. 사업으로 인해 주거환경에 미치는 영향을 확인하고 필요 시 추가적인 대책을 수립할 수 있도록 조사 계획을 수립한다.

3) 산업

산업에 대한 저감방안은 예측 및 평가 결과를 토대로 사업 규모 조정, 위치, 시기, 공법 등의 조정 등을 포함한 저감방안을 수립한다. 저감방안은 공사시와 운영시로 구분하여 내용을 구체적으로 기술한다. 저감방안은 공사시과 운영시로 구분하여 그 대책과 계획 수립에 대한 내용을 구체적으로 기술한다. 공사시 저감방안은 현지 지역주민 우선 고용, 공사현장 소요 일상용품 및 식사 등의 현지 조달 등에 대한 내용을 기술한다.

4) 기타

공공시설 · 교육 · 교통 · 문화재 등의 항목도 이에 미치는 영향을 예측하고 평가한 후 저감방안을 제시한다. 저감방안은 영향의 종류에 따라 매우 다양하며 일반적으로 회피, 예방, 저감, 그리고 보상의 원리를 활용할 수 있다. 저감방안과 같이 활용되는 대안이란 해당사업의 시행이 환경에 미치는 영향을 예방할 수 있는 합리적인 방안으로서 입지, 규모, 토지이용계획, 시기, 공법, 기타의 조건을 달리하는 대체적인 안을 말한다.

저감방안 중 하나인 예방은 환경 영향이 발생하는 행위를 사전에 발생하지 않도록 하는 것을 말한다. 저감은 환경 영향의 크기와 영향권역을 줄여서 주변지역에 미치는 영향을 최소화하는 방법이다. 보상은 사업 시행에 의하여 불가피하게 나타나는 영향과 이로 인한 손실을 금전적으로 제공하는 것을 의미한다. 재개발사업이나 수몰로 인한 이주민에 대한 보상은 이에 속한다. 환경영향평가 대상지역 내에 교육시설, 문화재, 병원 등 환경적인 배려를 필요로 하는 시설이 있을 경우 이들 시설에 미치는 영향을 평가하여 저감방안을 강구하도록 한다. 공공시설의 경우 소방안전, 범죄 예방, 보건 및 의료 등의 측면도 감안하여 필요한 시설의 종류와 수, 서비스 제공 등에 대해서 기술하도록 한다. 교육의 경우 통학로 교통안전, 피아노학원 등 사교육시설에 대한 서비스 이용 정도 등을 평가하도록 한다.

사회경제 환경에 대한 영향을 최소화하기 위해서는 합리적인 대안을 통해 환경영향을 사전에 예방하는 것이 바람직하며, 대안 설정이 어려울 경우 저감방안을 통해서 환경영향을 최소화하는 방안을 제시해야 한다. 보상은 사업 시행에 의하여 불가피하게 나타나는 영향과 이로 인한 손실을 금전적으로 보상하는 것이므로 최후의 수단으로 활용하는 것이 바람직하다. 아울러 설문조사, 면접조사 등의 방법 주민들의 의견을 청취하고 주민들의 집단 의견의 경우 저감방안에 반영될 수 있도록 하는 것이 바람직하다. 또한 저감방안 수립 및 시행 이후 발생할 수 있는 환경영향에 대해서도 예측 · 평가하고 이를 토지이용계획 등에 반영할 수 있도록 한다.

참고문헌

구도완, 2002, 환경영향평가와 사회영향평가제도 도입과 발전방안, ECO, 3, 한국환경사회학회.
구자건, 이무춘, 2006, 환경갈등과 사회영향평가 방법, 연세대학교 출판부.
남영숙, 구도완, 금기용, 1998, 환경영향평가제도의 사회경제환경분야 개선 방안 연구, 한국환경정책평가연구원.
이정환, 2004, 사회영향평가 제도화 방안 연구, ECO, 6, 한국환경사회학회.
이종호, 2010, 대형 국책사업에 대한 사회영향평가, 환경영향평가, 19(2).
한국개발연구원 공공투자관리센터, 2003, 수자원(댐) 부문 사업의 예비타당성조사 표준지침 연구(제3판).
한국환경정책 · 평가연구원, 2009, 환경영향평가 작성 가이드라인 및 매뉴얼.
한국환경정책 · 평가연구원, 2012, 사회영향평가 지표 개발 및 운영 가이드라인.
환경부 고시, 2001, 환경영향평가서작성 등에 관한 규정(제2001-7호).
환경부 고시, 2012, 환경영향평가서작성 등에 관한 규정(제2012-112호).
환경부, 국토해양부, 2013, 친환경댐 건설을 위한 환경영향평가 지침.
환경영향평가법(개정 2013.3.23).
Barrow, C. J., 2000, Social Impact Assessment-An Introduction, London: Arnold.
Jain, R.K. et al., 2002, Environmental Assessment(2nd ed.), McGraw-Hill.
US DOC, 1994, Guideline and Principle for Social Impact Assessment.
WCD, 2000, Dams and Development-A New Framework for Decision-Making, London: Earthscan.

제14장

사후관리

1 사후관리의 개념

환경영향평가의 사후관리는 환경영향평가 협의 이후에 이루어지는 모든 것을 포함한다. 일반적으로 모니터링, 감사, 평가를 총칭한다(한상욱 외, 2003).

환경영향평가제도하에서의 사후관리는 환경영향평가서의 작성, 환경영향평가서의 협의검토 및 통보, 협의내용 관리로 이루어지는 일련의 절차 속에서 진행된다. 대상사업의 착공이후 발생될 수 있는 환경영향과 시설의 이용 및 운영단계에서의 환경영향을 조사하는 것이다. 그 결과를 환경부장관 및 승인기관의 장(승인 등을 얻지 아니하여도 되는 사업자의 경우에는 환경부장관)에게 통보하여야 하는 사후환경영향조사를 포함하여 사업시행이 허용된 이후 공사단계 및 시설 운영단계에서 사업자가 의무적으로 이행할 협의내용의 준수와 이의 이행 감독을 포함한다. 그럼에도 협의내용 이행과 사후환경영향조사가 비용 문제, 시기의 문제 현장여건의 문제 등에 의해 철저히 이행되지 못하는 점도 지적되고 있다(한상욱 외, 2000).

환경영향평가의 사후검토(Follow up)는 모니터링(Monitoring)을 기초로 한 감사(Au diting)와 이들을 포괄한 평가(Evaluation)를 함의하는 용어이다. 이 용어들은 의사결정과 실행 후에 변경된 현상을 조사하는데 관련된 모든 과정에서 감시와 판단의 의미를 포함한다. 평가는 사업, 계획의 영향에 관련된 정보의 수집, 구축, 분석, 감정에 관한 것과 이를 종합 해석한 결과로 복구행위나 의사소통 등이 포함된다(이진희 외, 2015).

모니터링은 예상된 영향의 정도를 예측할 목적으로 한 자료의 집합이다. 모니터링은 차량 이동, 소음, 고용 같은 공간과 시간에서 환경변수들의 특징과 기능에 대한 특정 정보를 제공하기 위한 활동으로 정의된다. 따라서 모니터링은 일반적으로 정의된 목적에 대해서 반복적인 관찰, 측정 및 변수들 기록의 프로그램과 연관된다.

감사는 실행이 예상과 기준에 적합한지에 대한 독립적·객관적 조사를 의미한다. 감사와 모니터링 사이의 중요한 특징은 감사와 미리 정의된 일련의 판정기준(criteria), 표준(standard) 또는 절차, 또는 예측과 함께 관찰의 구조를 결정하는 것과 연관된다. 감사는 감시와 모니터링 프로그램으로부터 유도된 기록의 시스템 확인 또는 연구와 관련된다.

평가는 정보를 모으고, 구조화하며, 분석하고 평가하는 일반적 과정을 뜻하며 모니터링과 감사가 결합된다. 평가의 과정은 명백히 주관적일 수 있으며, 절차와 결과의 영향에 대하여 정책적인 판단과 연관된다. 평가는 정책관점에서 취해지는 것이며 정책의 좀 더 발전된 결과로 진행될 수 있다. 사전·사후평가는 프로젝트 또는 계획에 대하여 기타 외적인 측정, 조정 또는 새로운 결정을 야기할 수 있다(그림 14.1 참조).

UNEP는 환경영향평가에 관련된 여러 가지 지침을 제시하여 왔고 1996년에는 「EIA Training Resource Manual」을 발간하였다. 동 매뉴얼에서는 「모니터링과 감사는 사업이 시행됨에 따라 어떤 영향이 실제로 일어나게 될 것인지를 확인한다. 그리고 앞으로 환경에 미칠 영향이 예측된 범위로 제어될 것인지, 실제 문제가 발생되기 이전에 예측치 못했던 영향들이 조절되거나 완화되는지 확인하는 수단이다. 이는 환경영향평가의 목적이 성취되고 있는지를 확인하는 것이다. 환경관리계획의 주기적 검토와 변경을 통하여 환경보호의 최적화를 위해서도 이용될 수 있다. 모니터링과 감사는 환경영향평가가 어떻게 수행되는가에 대한 환류 과정으로 이용된다.」 라고 서술하고 있다.

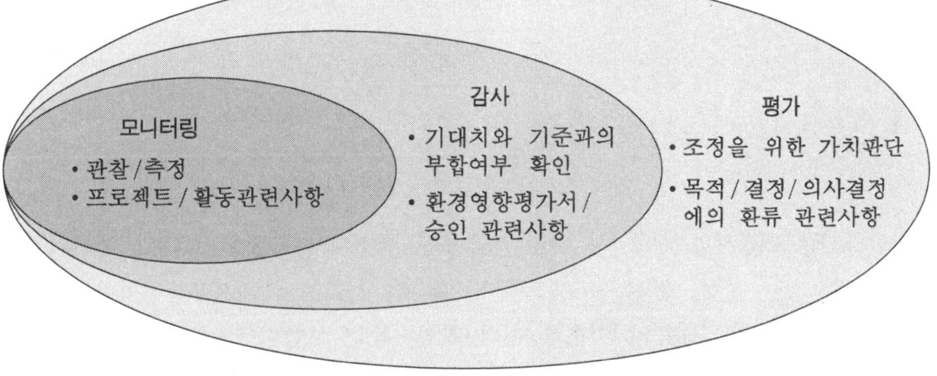

그림 14.1 사후관리 구성요소 및 관련성
출처 : UNEP, 1996, EIA Training Resource Manual.

이와 같이 환경영향평가의 사후관리는 환경영향평가 결과가 실제 상황에 부합되는지의 여부를 확인하고, 환경보호행위를 최적화하기 위해서 모니터링과 감사라는 도구가 활용하게 된다.

「환경영향평가법」 '제4절 협의내용의 이행 및 관리 등'에 해당하는 내용을 환경영향평가 사후관리로 보고 있는데(최준규 외, 2015), 이 부분에는 '제35조(협의내용의 이행 등), 제39조(협의내용 의 관리·감독)'와 '제36조(사후환경영향조사)'의 내용이 규정되어 있다. 따라서 한국의 환경영향평가 사후관리는 협의내용의 이행·관리와 사후환경영향조사가 포함되는 개념이다. 협의내용의 이행 · 관리는 사업자가 사업계획 등에 반영된 협의 내용을 이행하고 기록하며 승인기관과 환경부가 이에 대한 관리 · 감독하는 것이다. 사후환경조사는 해당사업의 환경에 미치는 부정적 환경영향을 조사하고 피해 감소를 위해 적절한 조치하는 것을 의미한다. 사후환경조사결과는 동법 시행규칙 별지 제7호서식 및 「사후환경영향조사결과 통보서 작성 가이드라인」(환경부고시)에 따라 작성한다. 환경영향 조사결과 환경영향평가서의 예측치와 결과가 다를 경우 원인분석 및 추가 저감방안을 시행해야한다. 사후환경영향조사결과 통보서에는 협의내용의 관리 · 이행현황을 기록해야 하며 환경영향조사계획, 예측·분석기법 등을 종합적으로 분석하여 기록하도록 하고 있다. 실무에서 적용할 수 있는 구체적인 사항은 환경부고시, 예규 등의 행정규칙을 통해 정하고 있는데 「환경영향평가서 등에 관한 협의 업무 처리규정」과 「환경영향평가서 등 작성 등에 관한 규정」이 포함된다. 환경영향평가 사후관리의 주요기능은 약속이행, 검증과 보정, 환류기능, 소통기능 등으로 볼 수 있다(최준규 외, 2015). 사후관리는 환경영향평가 협의내용의 이행과 사후환경영향조사를 포괄하는 개념으로서 사업계획의 구상, 사업계획 수립, 사업계획 조정·확정, 사업계획의 집행 · 관리 및 사업시행 관리감독으로 이루어지는 환경영향평가 과정에서 마무리하는 역할을 하게 된다.

2 사후관리의 목적과 의의

환경영향평가란 개발사업 시행 전 미리 환경보전 측면에서 충분한 배려가 이루어지도록 함으로써 환경오염을 사전 예방하는 제도이다. 따라서 사후관리는 사후환경영향조사계획을 포함한 환경영향평가 협의내용의 이행과 이의 확인감독을 포함한다. 사후환경영향조사결과 통보서 작성은 고려되어야 할 사항을 구체적으로 규정하여 사후환경영향조사서의 품질향상과 환경영향평가 제도의 실효성 확보 및 환류체계를 구축하고자 하는 것이다(환경부, 2015).

환경영향평가 협의 이후의 협의내용의 이행 및 사후환경영향조사를 위한 사후관리는 사후조치, 감독, 이행점검, 모니터링, 영향조사 등을 포함한다. 현실적으로 환경영향평가서에 기술된 모든 사항이 예측된 대로 재현될 수 없기 때문에 사업시행으로 인한 환경질의 변화나 영향의 정도에 대한 모니터링과 검증이 필요한 것이다(김임순 외, 2003). 이를 바탕으로 오차의 정도에 따라 새로운 저감방안 등을 필요로 하는 경우도 있다. 감지되지 못한 영향의 발생, 예측된 영향의 양적 질적 변화에 대한 인지와 검증의 수단으로서 그 의의는 매우 크다.

사후관리는 사업 착공 시부터 발생될 수 있는 환경피해를 방지하고, 환경영향평가가 적정하게 실시되었는지를 파악하기 위하여 사업자가 행하는 주변 환경에 대한 조사 분석 및 평가하는 행위이다. 해당사업으로 인한 환경변화를 모니터링하고, 예측결과와 공사·운영시 나타난 환경에 미치는 영향을 비교·평가하여 예측하지 못한 주변 환경 피해를 사전에 예방하는 것이다. 이는 협의내용의 성실한 이행관리를 통해 환경보전 대책이 적기에 이행할 수 있게 한다. 예측하지 못한 주변 환경피해가 발생 되거나 발생할 우려가 있는 경우 신속한 조치이행이 필요하다(환경부, 2014).

환경영향평가협의내용의 사후관리의 절차를 일반화시켜 볼 때, 사업자가 개발계획의 시행에 따라 야기될 수 있는 환경영향의 예측 · 평가한 내용을 환경영향평가서로 문서화하여 환경부서와의 협의절차를 거친다. 환경영향평가서 협의내용의 통보, 인 · 허가 승인기관에 의한 사업계획의 조정 · 보완 등 공식적인 의사결정을 포함한다. 환경영향평가서의 협의내용의 사업계획에의 반영 및 승인 그리고 이행으로 진행된다. 더불어 해당사업의 시행에 따른 환경에 미치는 영향에 대한 사후환경영향조사, 환경영향재평가, 설계에의 반영이 적절하게 이루어지는지 여부를 확인하고 개선을 도모하고자하는 일련의 활동을 의미하는 것으로서 환경감사가 포함될 수 있다. UNEP는 개발계획의 제안으로부터 환경영향평가 협의 및 승인과정과 환경영향평가 협의내용의 사후관리과정을 그림 14.2와 같이 제시하고 있다.

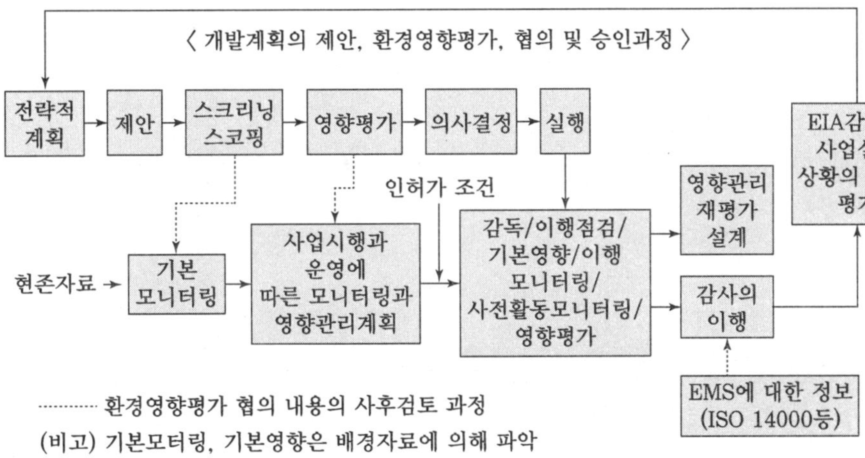

그림 14.2 환경영향평가의 과정과 모니터링과정
출처 : 한상욱 외, 2003, 환경영향평가, 동화기술.

사업자가 제출한 사업계획 및 인 · 허가승인기관의 사업계획 승인내용과 사후환경영향조사계획을 사업자가 이행하고 있는지의 여부와 아울러 승인기관의 장이 이를 적정하게 관리 · 감독하고 있는지의 여부를 조사 · 확인하는 것이다. 사후환경영향조사를 통하여 환경영향평가결과의 적정여부 및 사업계획의 실행과정에서 야기되는 환경문제를 발견하여 적정한 조치를 함으로서 환경영향평가의 이념을 구현시키는 것이라 할 수 있다.

모니터링과 감사는 예측된 영향의 정확성을 검증하고, 영향이 실제로 일어난 것을 파악하며, 저감수단의 효과를 높이기 위한 조치를 취할 수 있는 중요한 과정이다. 모니터링은 예측된 영향과 저감방법 등을 평가하는 것이다. 모니터링 수행 시 영향예측의 신뢰도 및 회피 · 저감방안 · 보상 등이 효과적인가(Effect Monitoring), 기준 또는 규제에 잘 부합되는가(Compliance Monitoring), 환경을 위한 운영기준(준거)을 잘 준수하고 있는가(Inspection and Surveillance) 등의 세 가지에 대한 파악을 분명히 하여야 한다. 이와 같은 결과는 개발사업자 또는 제3자에 의해서 심사 평가된다(그림 14.3 참조).

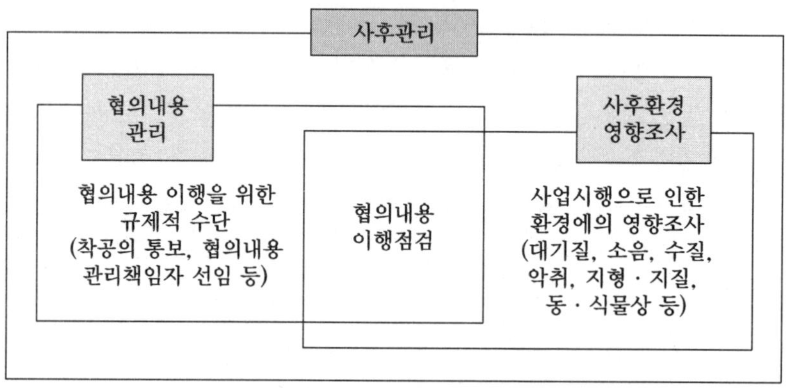

그림 14.3 환경영향평가 사후관리 체계
출처 : 한상욱 외, 2003, 환경영향평가, 동화기술.

3 사후관리제도의 변천과 법적 근거

1) 사후관리제도의 변천

한국의 환경영향평가 사후관리 제도는 「환경정책기본법」 제28조 '환경영향평가의 사후관리'에 의해 1990년 8월 1일 개정으로 처음 규정되었다. 이후 1990년대까지 협의내용 관리대장 비치, 협의내용 관리책임자 지정, 사후환경영향조사 결과 통보 및 조치 등에 대한 규정이 추가적으로 마련되었다. 1997년에는 '환경영향재평가 실시' 규정이 신설되어 개발사업 시행 당시에 예측하지 못한 중대한 환경영향에 대하여 환경 영향재평가를 실시할 수 있도록 하였으며, '한국환경정책 · 평가연구원 설립' 규정을 신설하여 환경영향평가서의 전문적인 검토를 비롯한 기타 관련 정책 및 기술의 연구 · 개발을 담당하도록 하였다. 2000년대에 들어서는 각종 사항에 대한 통보규정이 강화되었으며, 협의내용 이행사항에 대한 점검이 충실히 이행될 수 있도록 하는 규정들이 신설되었고, 사후관리에 대한 벌칙 및 과태료 처분 규정이 더욱 강화되었다. 이와 함께 법률에서 규정하고 있는 의무사항을 제대로 이행하지 못했을 경우에 대한 행정처분 규정도 점차 강화되고 있는 추세이다(주현수 외 2014).

법률 개정 내용을 바탕으로 환경영향평가 사후관리 제도 변천의 주요 내용은 표 14.1과 같다.

표 14.1 환경영향평가 사후관리 관련 법률 개정사항

개정일	시행일	제·개정	주요 내용	법률명
1990.8.1	1991.2.2	제정	• 환경영향평가 사후관리 제도 신설 - 환경처장관은 평가서에 대한 협의내용의 이행 여부를 조사·확인하고, 사업자가 협의내용을 이행하지 아니한 경우 관계 행정기관의 장에게 시정조치를 요청할 수 있도록 하고 관계 행정기관의 장은 이에 응하도록 함	환경정책기본법
1993.6.11	1993.12.12	제정	• 협의내용의 충실한 이행을 위하여 협의내용 관리 대장비치 및 관리책임자 지정을 의무화 - 사업자는 협의내용을 이행할 의무가 있으며 이를 위하여 협의내용 관리대장을 비치하고 협의내용 관리책임자를 지정하도록 함 - 승인기관은 협의내용을 이행하도록 사업자를 감독하여야하며 환경처장관과 승인기관의 장은 협의내용 이행과 관련한 자료제출, 현지조사를 할 수 있고 협의내용 미이행시 필요한 조치를 취해야 함 - 사업자는 착공 후 환경피해를 방지하기 위해 환경영향 조사를 하고 그 결과를 환경부와 승인기관에 통보해야함 • 협의내용 미이행에 따른 공사 중지 명령 위반 시에 대한 벌칙규정 신설	환경영향평가법
1997.3.7	1997.9.5	일부개정	• 환경영향재평가 실시 규정 신설 - 개발사업 시행 당시에 예측하지 못한 환경영향으로 중대한 것에 대하여 한국환경정책·평가연구원장에게 환경영향재평가를 실시하도록 요청할 수 있도록 함 • 한국환경정책·평가연구원 설립 규정 신설 - 평가서의 전문적 검토, 환경영향재평가의 실시 기타 환경영향평가에 관한 조사·연구와 환경 관련 정책 및 기술의 연구·개발을 위한 기관 • 관리대장 미비치, 협의내용 관리책임자 미지정, 사후 환경영향조사 결과 미통보에 따른 과태료 규정 신설	환경영향평가법

개정일	시행일	제·개정	주요 내용	법률명
1999.12.31	2001.1.1	폐지 제정	• 사후조사 결과에 따라 조치가 필요한 경우 통보 및 조치하도록 함 • 사후관리에 대한 벌칙 및 과태료 처분 강화 - 사후환경영향조사의 실시에서부터 통보에 이르기까지의 과정이 충실하고 적절하게 이루어지지 않았을 경우 행정처분 등의 조치를 강화함 - 협의내용 관리와 관련된 사항이 적절하게 이루어지지 않았을 경우 행정처분 등의 조치를 강화함	환경교통재해 등에 관한 영향 평가법
2008.3.28	2009.1.1	전부 개정	• 협의내용 관리책임자 지정 시 승인기관의 장과 환경부장관에게 통보하도록 함 • 사후환경영향조사 결과에 따라 조치가 필요한 경우승인기관장에게도 통보하도록 함(기존에는 환경부장관에게만 통보) • 협의내용에 오염물질의 배출농도에 대한 내용이 포함되어 있는 경우 환경부장관이 협의기준의 준수여부를 확인하고, 협의기준을 지키지 아니한 경우 사업자나 승인기관의 장에게 협의기준을 지키기 위하여 필요한 조치를 할 것을 요청할 수 있도록 함 • 평가서 등의 공개 조항 신설 • 사후관리에 대한 벌칙 및 과태료 처분 강화 - 평가서 복제 시, 조치명령 위반 시에 대한 처분 강화 - 공사 중지 명령 불이행, 자료제출 거부, 재평가에 따른 조치명령 위반, 사후환경영향결과에 따른 조치사항 통보, 관리책임자 미통보 시에 대한 처분규정 신설	환경영향평가법
2011.7.21	2012.7.22	전부 개정	• 사업 준공검사를 하려는 경우 협의내용의 이행 여부를 확인하고 환경부장관에게 통보하도록 함 • 협의내용에 협의기준에 대한 내용이 포함되어 있으면 환경부장관이 협의기준의 준수 여부를 확인하도록 함 • 사후환경영향조사 미실시에 따른 행정처분 규정 강화(2년 이하의 징역 또는 2천만 원 이하의 벌금)	환경영향평가법

출처: 주현수, 최상기, 박지현. 2014. 환경평가 사후관리 연차보고서. 한국환경정책·평가연구원.

2) 사후관리의 법적 근거

「환경영향평가법」과 「환경영향평가법 시행령」, 「환경영향평가법 시행규칙」을 비롯하여 환경부 고시 및 예규 등에 따라 사후관리가 실시되고 있다.

표 14.2 환경영향평가 사후관리 근거 법령

법조항	주요 내용
第5조 (협의 내용의 이행 등)	• 사업자는 사업계획 등을 시행할 때 협의내용을 이행하여야 하며 그 이행 상황을 협의내용 관리대장에 기록 하여야 함 • 사업자는 협의내용 이행 관리를 위하여 '협의내용 관리 책임자'를 지정·통보하여야 함
第36조 (사후환경영향조사)	• 사업 착공 후 해당 사업이 주변 환경에 미치는 영향을 조사하는 것이 사후환경영향조사임 • 사업자는 사후환경영향조사의 결과를 환경부장관과 승인기관의 장에게 통보하여야 함 • 사후환경영향조사 결과 환경피해를 방지하기 위하여 조치가 필요한 경우에는 그 사실을 통보하고 필요한 조치를 하여야 함 • 사후환경영향조사에 필요한 사항은 환경부령으로 정함
第39조 (협의내용의 관리 · 감독)	• 승인기관의 장은 사업자가 협의내용을 이행하였는지 확인하여야 함 • 환경부장관, 승인기관의 장은 사업자에게 관련 자료를 제출하게 하거나 사업장에 출입하여 조사할 수 있음 • 준공검사 시 협의내용의 이행 여부를 확인하고 그 결과를 환경부장관에게 통보하여야 함

출처 : 주현수, 최상기, 박지현. 2014. 「환경평가 사후관리 연차보고서」. 한국환경정책 · 평가연구원.

이에 따르는 행정규칙으로 「환경영향평가서 등 작성 등에 관한 규정」(환경부 고시) 및 「사후환경영향조사결과 통보서 작성 가이드라인」(환경부고시), 「사후환경영향조사결과 통보서 검토 가이드라인」(환경부고시), 「사후환경영향조사서 제출시기」(환경부고시) 등이 있으며, 사후환경영향조사계획 수립 방법, 사후환경영향조사서 제출시기 및 작성 형식에 따른 작성 방법 등이 구체적으로 규정되어 있다. 이 중 「사후환경영향조사서 제출시기」와 「사후환경영향조사결과 통보서 작성 가이드라인」, 「사후환경영향조사결과 통보서 검토 가이드라인」은 각각 2015년 3월, 2015년 6월, 2015년 12월에 시행됨으로써 환경영향평가 사후관리 관련 제도가 개선되고 있다(이진희 외, 2015).

3) 환경영향평가 사후관리 절차

환경영향평가 사후관리는 공사 착공 이후부터 시작되는데 크게 '협의내용 관리'와 '사후환경영향조사'로 이루어져 있다. 환경영향평가 사후관리에는 사업을 시행하는 사업자, 승인기관, 환경부와 지방환경관서, 한국환경정책 · 평가연구원(KEI)을 비롯한 관계 기관이 참여하게 된다. 환경평가 사후관리의 일반적 절차를 관련 주체별 역할은 그림 14.4, 그림 14.5와 같다.

표 14.3 환경영향평가 사후관리 관련 규정

구분	명칭	주요 내용
법령	환경영향평가법	• 협의내용의 이행 및 관리 등 기본적 사항
	환경영향평가법 시행령	• 협의내용 이행 관련 세부사항
	환경영향평가법 시행규칙	• 협의내용 이행 관련 세부사항
고시 및 예규	환경영향평가 작성 등에 관한 규정 (환경부 고시 제2016-22호)	• 사후환경영향조사계획서 작성방법 • 사후환경영향조사 결과 주변 환경피해 방지를 위한 조치사항 및 환경피해방지 조치 계획서 서식
	환경영향평가 협의 및 협의내용 관리 등에 관한 업무처리규정(환경부 예규 제566호)	• 사후환경영향조사 계획 수립 • 환경영향평가 협의, 협의내용 관리 등에 대한 업무처리 방법

출처 : 주현수, 최상기, 박지현. 2014.「환경평가 사후관리 연차보고서」. 한국환경정책 · 평가연구원.

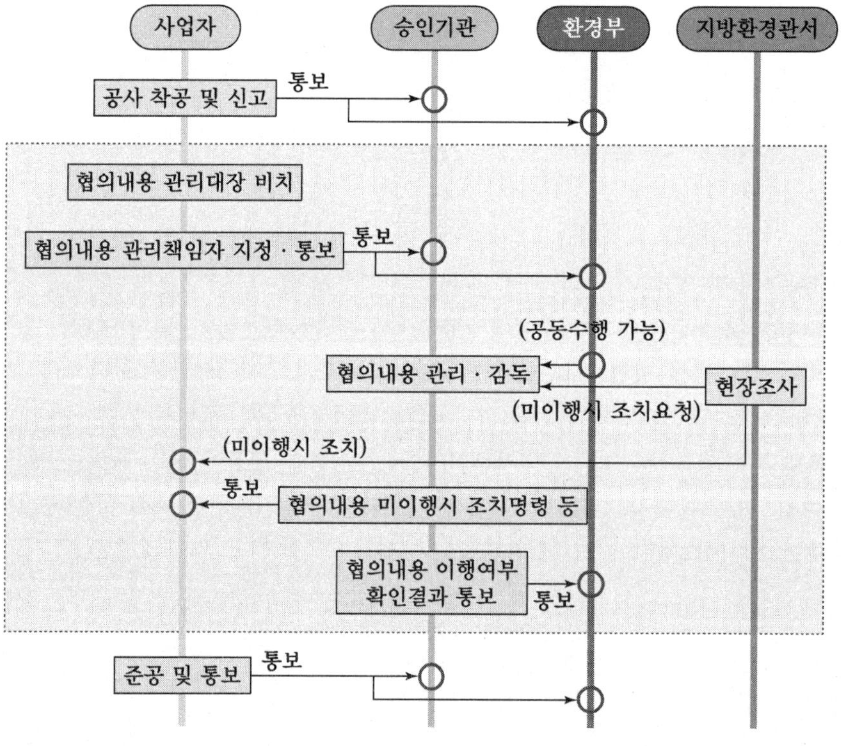

그림 14.4 환경영향평가 사후관리의 절차(협의내용 관리)
출처 : 주현수, 최상기, 박지현. 2014.「환경평가 사후관리 연차보고서」. 한국환경정책 · 평가연구원.

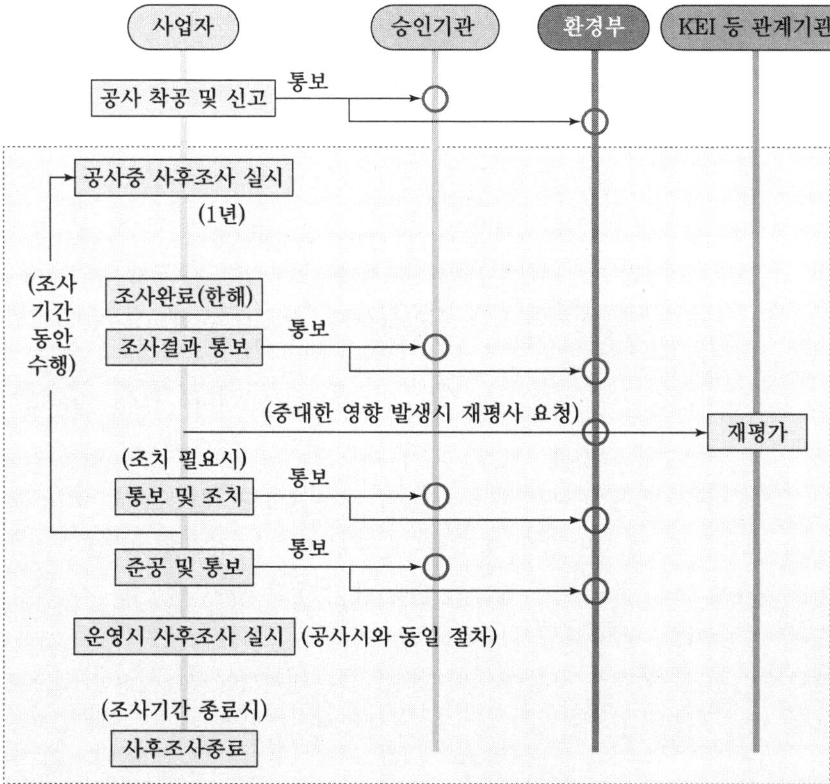

그림 14.5 환경영향평가 사후관리의 절차(사후환경영향조사)
출처 : 주현수, 최상기, 박지현. 2014. 「환경평가 사후관리 연차보고서」. 한국환경정책・평가연구원.

업무 추진 시 유의사항은 다음과 같다(환경부, 2014). 첫째, 사후환경영향조사는 환경영향평가 협의내용에 제시된 사후환경관리계획에 부합되게 실시하되 조사항목, 조사지점, 조사주기 등을 검토하여 추진한다. 사업계획변경, 현장여건 등으로 조사계획 변경이 불가피할 경우 사유를 명확히 기재하되 타당한 사유 없이 변경할 수 없다. 중대한 변경사항은 협의내용 변경 후 시행한다. 둘째, 사후환경영향조사의 대행은 환경영향평가업자만이 할 수 있다. 셋째, 공사로 인한 환경영향을 명확하게 측정하기 위하여 실제 공사가 이루어지는 상황에서 실시해야한다. 넷째, 발파소음은 발파가 이루어지는 상황에서 측정하고, 비산먼지는 공사가 진행되는 상태에서 측정해야 한다(환경부, 2014).

4 사후관리 현황

「환경영향평가서 등 작성 등에 관한 규정」 제2조에 의하면 '사후환경영향조사'는 "사업 착공 시부터 발생될 수 있는 환경 피해를 방지하고, 당초의 환경영향평가가 적정하게 실시되었는가를 파악하기 위하여 사업자가 행하는 주변 환경에 대한 조사 · 분석 및 평가 행위"로 정의된다. 「환경영향평가법」에는 사후환경영향조사에 대한 법적 근거가 명시되어 있으며 사업계획에 반영된 협의내용을 이행하도록 사후관리라는 틀에서 운영되고 있다(이진희 외, 2015).

환경영향평가 사후관리는 사업 착수 후에 발생할 수 있는 환경적 영향을 파악하고 문제 발생 시 적절한 조치를 추가로 취할 수 있도록 보완하는 역할을 수행한다. 이를 통해 착수 전에 실시한 조사 · 예측 · 평가 결과를 참조하여 환경보전목표에 대한 달성 여부, 저감대책의 적절성 등을 판단할 수 있으며 추가 저감대책의 수립 여부를 결정할 수 있다. 또한 사후환경 영향조사 내용에 대한 정보 공개 및 주민의견 수렴 등을 통해 갈등을 최소화할 수 있으며, 조사방법, 예측 기법, 평가 기법의 수준을 향상시킬 수 있다.

하지만 현재까지 환경영향평가 사후관리는 형식적으로 실시되어 온 측면이 있으며, 협의내용의 이행 및 관리 현황만을 파악하는 수준에 그치고 있는 현실이다.

1) 환경영향평가협의 현황

환경영향평가 협의건수는 등락은 있으나 전반적으로 감소추세이며, 2013년도에 는 전년도의 약 70% 수준으로 감소하였다. 사업유형별로는 '산업입지 및 산업단지 조성' 사업이 매년 가장 많은 협의실적을 나타내고 있다. 항목별 비율변화를 보면 2012년부터 '항만건설'사업이 차지하는 비중이 증가하였으며, '체육시설의 설치'사업의 비중은 감소하고 있다.

환경영향평가의 협의기간 및 보완기간은 증가추세이며 최근 5년 동안 약 10일 정도 기간이 늘어나 2013년에는 평균적으로 협의에 49일, 보완에 51일이 소요되는 것으로 나타나고 있다. 협의기간 준수율은 2009년에 99%에 달하였으나, 2013년에는 86%로 낮아지고 있다. 보완율은 2012년에 큰 폭으로 증가하여 2013년에는 76%이다(주현수, 2015).

2) 사후환경영향조사 대행 현황

(1) 사후환경영향조사 대행 실적

최근 5년간 사후환경영향조사 대행 건수는 증가추세이며 2009년 대비 2013년에는 약 1.4배 증가하고 있다. 2013년도의 평가대행 실적은 총 3,147건이며 이 중 사후환경영향조사가

1,466건(46%)으로 가장 큰 비중을 차지하고 있다.

(2) 사업유형별 사후환경영향조사 대행 실적

2013년도에 실시된 사후환경영향조사 중에서는 '도로의 건설' 사업이 347건 (24%)으로 가장 많았으며, '도시의 개발' 사업이 195건(13.3%), '산업입지 및 산업 단지의 조성' 사업이 190건(13%) 순으로 집계되었다. '도로의 건설' 사업은 지속적으로 가장 많은 사후환경영향조사가 실시되고 있다(표 14.4).

표 14.4 사업유형별 사후환경영향조사 대행 실적(단위 : 건)

구분	2009년	2010년	2011년	2012년	2013년
도시의 개발	130	154	189	24	195
산업입지 및 산업단지의 조성	94	121	164	186	190
에너지 개발	43	35	38	42	49
항만건설	89	77	112	84	111
도로의 건설	261	297	341	491	347
수자원의 개발	14	28	24	32	30
철도의 건설	51	54	55	61	62
공항의 건설	3	1	4	5	3
하천의 이용 및 개발	6	53	64	76	91
개간 및 공유수면의 매립	25	26	20	7	15
관광단지의 개발	46	49	58	57	63
산지의 개발	5	12	10	11	18
특정지역의 개발	21	29	7	12	14
체육시설의 설치	91	106	112	103	107
폐기물처리 및 분뇨처리시설의 설치	43	45	53	49	43
국방군사시설의 설치	10	12	13	9	11
토석모래자갈광물 등의 채취	88	99	102	91	117
합계	1,020	1,198	1,366	1,340	1,466

출처 : 주현수, 최상기, 박지현. 2014. 「환경평가 사후관리 연차보고서」. 한국환경정책·평가연구원.

3) 사후환경영향조사 대행 비용

사후환경영향조사의 총 대행 비용은 매년 증가하고 있으며 최근 5년 동안 약 1.7배로 증가하고 있다. 조사서 한 건당 평균 비용의 경우 2013년에 다소 감소하였으나 전반적으로는 증가추세로 나타나고 있다. 2013년에는 사후환경영향조사 대행 비용이 총 104,896백만 원으로 집계되었으며, 조사서 한 건당 평균 비용은 72백만 원인 것으로 나타난다.

사후환경영향조사의 총 대행 비용이 가장 큰 사업유형은 '도로의 건설' 사업이다. 조사서 한 건당 소요되는 비용이 큰 사업의 유형은 2013년도에는 '개간 및 공유수면의 매립', '에너지 개발' 순이며 '수자원의 개발' 사업도 건당 조사비용이 큰 사업에 속한다.

2013년 말 기준으로 환경영향평가협회에 등록된 평가대행업체에 고용된 기술자의 수는 총 3,533명이다. 한강유역환경청 권역에 등록된 기술인의 수가 가장 많으며 2013년 말 기준으로 전체의 약 47%를 차지하고 있다. 각 지방청에 제출된 사후환경영향조사서의 수를 지역별로 집계하면 2013년도에 경기도가 282건으로 다른 지역에 비해 사후환경영향조사 실시 건수가 많다.

5 협의내용 미이행 현황

협의내용 미이행 건수는 증가추세를 보이고 있으며, 평가유형별로는 전략 · 소규모 환경영향평가 대상 사업에서 협의내용 미이행 건수가 증가하고 있다. 공공사업에 비해 민간사업의 협의내용 미이행률이 높으며 격차가 커지고 있는 상태이다.

협의내용 미이행 건수가 많은 사업유형은 '도로의 건설', '체육시설의 설치'이며 2013년에는 '도로의 건설' 사업유형이 26건으로 가장 많은 미이행 건수를 나타내고 있다. 협의내용 미이행 비율은 '체육시설의 설치'와 '토석모래자갈광물 등의 채취' 사업에서 지속적으로 높게 나타나고 있다.

1) 협의내용 미이행 내역

2013년도 협의내용 관리 결과의 세부내역은 표 14.5와 같다. 토사유출 방지 시설의 미설치, 침사지 미설치 등 수질 관련 저감시설의 설치 및 운영에 관련된 협의내용을 이행하지 않은 경우가 가장 많다. 전체 미이행 내역의 40%를 차지하고 있다. 다음으로는 사후환경영향조사의 일부 또는 전부를 미실시한 경우이다.

표 14.5 협의내용 미이행 내역 분류기준

구분	세 부 내 용
저감시설 설치 · 운영(수질)	오수처리시설, 토사유출방지시설, 침사지, 오탁 방지막, 비점저감시설, 가배수로, 산마루측구 등의 설치 및 운영에 관련된 사항
저감시설 설치 · 운영(대기질)	세륜·세차시설, 비산방지막, 방진덮개 등의 설치 및 운영 관련사항
저감시설 설치 · 운영(소음)	방음벽, 가설방음 패널 등의 설치 및 운영 관련 사항
저감시설 설치 · 운영(동식물)	생태통로, 동물이동통로 조성, 동물서식처 등의 설치 및 운영 관련사항
저감시설 설치 · 운영(경관)	차폐수림 조성, 경관 가이드라인 작성, 교목 식재 등
사면적정처리	사면과다, 사면부 덮개, 사면녹화 등
협의기준 초과	오수처리기준 초과, 수질협의기준 초과 등
환경조사	사후환경영향조사 계획수립/수행 등
보전지 보호/훼손지 복구	훼손지 복구계획, 원형보전지 훼손, 동식물 서식지 훼손, 보호종 서식지 마련, 이식수목관리 등
녹지 확보	완충녹지 확보/계획, 하천습지, 조경녹지 등
불법경작	불법경작 실시 등
폐기물처리	공사폐기물, 입목폐기물 처리 등
협의내용 관리	협의내용 관리책임자 지정/관리대장 작성, 협의내용 전담 관리팀 운영 등
민원해결	각종 민원사항 해결 등
사전공사	사전공사 실시 등
예측 못한 피해발생/원인규명	녹조발생, 물고기 폐사, 외래식물 발견 등
지하수 초과개발	지하수초과개발 등
신재생에너지 도입	바이오가스도입 등
기타	환경보전위원회 구성, 공사 장비 운반사항, 부대시설 사용, 계획과의 부합 여부 등

출처 : 주현수, 최상기, 박지현. 2014. 환경평가 사후관리 연차보고서. 한국환경정책 · 평가연구원.

2) 협의내용 미이행 조치 현황

경미한 미이행 사항에 대해서는 이행조치 요청을 하고 그 조치 결과를 확인한다. 미이행 사항이 벌칙규정에 해당하는 경우에는 행정처분 등의 조치를 취하고 있다. 2013년에 행정처분을 받은 사업은 총 45건이며 2012년에 비해 다소 증가하고 있다(표 14.6).

표 14.6 협의내용 관리 결과 행정처분 등 조치내역(단위 : 건)

구분	2012년	2013년	합계	구분	2012년	2013년	합계
과태료	31	39	70	고발	1	0	1
벌칙	1	6	7	합계	33	45	78

출처 : 환경부, 2013.

6 사업유형별 검토

1) 중점 검토항목

사업유형별 중점검토항목을 공사시와 운영시로 나눠 정리하면 표 14.7과 같다.

표 14.7 중점 검토 항목(⊙ : 공사 시/운영 시, ● : 공사 시, ○ : 운영 시)

번호	사업유형	동식물상	기상	대기질	악취	온실가스	수질	해양환경	토양	지형지질	친환경적자원순환	소음진동	위락경관	위생공중보건
1	도시의 개발사업	⊙		⊙		⊙	⊙		⊙	⊙	⊙	⊙		
2	산업입지 및 산업단지의 조성사업	⊙		⊙	○	⊙	⊙	⊙	⊙	⊙	⊙	⊙		○
3	에너지 개발사업	⊙		⊙	○		⊙		⊙	●	⊙	⊙		○
4	항만의 건설사업	⊙		⊙			⊙	⊙		●	●	⊙		
5	도로의 건설사업	⊙		⊙		⊙	⊙		●	⊙	●	⊙		
6	수자원의 개발사업	⊙	○	●		●	⊙		●	●	⊙	●		
7	철도의 건설사업	⊙		⊙		⊙	⊙		⊙	⊙	⊙	⊙		
8	공항의 건설사업	⊙		⊙		⊙	⊙	⊙	⊙	●	⊙	⊙		
9	하천의 이용 및 개발사업	⊙		●			⊙		●	⊙	●	●		
10	개간 및 공유수면의 매립사업	⊙		⊙			⊙	⊙	●		⊙	⊙		
11	관광단지의 개발사업	⊙		⊙			⊙	⊙	●	●	⊙	●	⊙	
12	산지의 개발사업	●		●			●		●	●	●	●		
13	특정지역의 개발사업	⊙		⊙		⊙	⊙	⊙	●	⊙	⊙	⊙		

14	체육시설의 설치사업	⊙		⊙		⊙	⊙		⊙	⊙	⊙	⊙	○	
15	폐기물처리시설 · 분뇨처리시설 및 가축 분뇨처리시설의 설치사업	⊙		⊙	○		⊙		●	●	⊙	⊙		○
16	국방 · 군사시설의 설치사업	●		●			●		●	●	●	●		
17	토석 · 모래 · 자갈 · 광물 등 채취사업	⊙		⊙			⊙		⊙	⊙	⊙	⊙		

주 : 1) '해양환경' 항목은 대상사업지구가 해안에 위치하거나 해양에 미치는 영향이 예상될 경우에만 적용함.
2) '공항의 건설사업'은 「환경영향평가법」상 세부사업유형에 따라 조사시간(공사 시/운영 시)이 달라지므로 구체적인 내용은 '사. 사업유형별 검토 사항'을 참고하여야 함.
3), 4) 삭제 '산지의 개발사업'과 '국방 · 군사시설 설치사업'은 환경영향평가법상 운영 시 사후환경영향조사를 미실시 하는 바 운영 시 주요 검토 항목은 미 선정함.

출처 : 주현수, 최상기, 박지현. 2014. 「환경평가 사후관리 연차보고서」. 한국환경정책 · 평가연구원.

2) 항목별 중점 검토사항

평가항목별 중점검토항목은 표 14.8과 같다.

표 14.8 항목별 중점 검토사항

번호	항목	주요 검토사항
1	동 · 식물 상	• 사업지구와 주변지역 현황 및 변화양상(사업시행으로 인한 영향) 조사 여부 - 각 분류군별 출현종 및 서식 · 분포 현황 - 법정보호종 및 생태계교란식물 분포 현황 • 저감대책 이행 여부 점검 - 이식 수목 관리, 사면녹화, 생태통로 설치 등
2	대기질	• 사업으로 인한 대기질 영향 검토 - 환경질 측정결과 및 환경기준 초과 여부 - 예측결과와의 상관관계 및 예기치 못한 악영향의 발생 방지 • 저감대책 이행 여부 점검 - 환경 영향 저감시설의 적정 설치 · 운영 여부
3	악취	• 주변지역의 악취 영향 검토 - 영향예측의 적정성 - 환경질 측정결과 및 환경기준 초과 여부 • 저감대책 이행 여부 점검 - 악취관리대책 수립 및 지속적인 관리 여부

4	온실가스	• 온실가스의 관리 여부 검토 - 공사공정의 효율적 관리 이행 여부 - 신재생에너지의 활용 여부
5	수질	• 사업시행이 주변 수질(하천 및 지하수 등)에 미치는 영향 검토 - 환경질 측정결과 및 환경기준 초과 여부 - 예기치 못한 영향에 대한 대책 마련 • 저감대책 이행 여부 점검 - 비점오염처리시설(오 · 폐수처리시설 등)의 설치 · 운영 여부
6	해양환경	• 사업시행이 주변 해양(수질, 저질, 생태계 등)에 미치는 영향 검토 - 환경질 측정결과 및 환경기준 초과 여부 - 영향예측의 적정성 및 예기치 못한 영향에 대한 대책 마련
7	토양	• 사업지구 주변 토양의 오염도 측정 및 관리 여부 - 토양오염도 측정결과 및 환경기준 초과 여부 - 추가적으로 발생하는 환경영향에 대한 대책 마련 • 저감대책 이행 여부 점검 - 토양오염 저감시설(폐유보관시설 등)의 적정 설치 · 운영 여부
8	지형 · 지질	• 사업시행 전후의 지형 · 지질 상태 비교 여부 검토 - 대절토 및 성토구간 파악 - 절 · 성토지역의 처리상태 등 • 저감대책 이행 여부 점검 - 보전대상지형의 유지 여부, 비탈면 처리대책, 토사유출 방지대책 등
9	친환경적 자원순환	• 발생폐기물의 적정 처리 여부 검토 - 생활 · 지정 · 건설 · 임목폐기물 등
10	소음 · 진동	• 사업으로 인한 주변지역에 미치는 영향 정도 검토 - 환경질 측정결과 및 환경기준 초과 여부 - 공사시행, 발파로 인한 소음 · 진동 영향 • 저감대책 이행 여부 점검 - 소음 · 진동 저감시설 설치 여부 • 민원발생 시 적절한 민원 대처 여부

출처 : 이진희 외, 2015. 「환경평가 모니터링 사업 : (세부과제3) 사후환경영향조사서 검토 업무 매뉴얼 개발 연구」. 한국환경정책 · 평가연구원.

3) 환경영향조사 실시내용 및 조치결과

(1) 조사항목 작성방법

환경영향평가 협의내용(평가서 포함)에 포함된 항목을 사후환경 영향조사계획을 반영하고, 사후환경영향조사를 실시했는지 여부 등을 다음 표에 작성한다.

표 14.9 조사항목 작성방법

환경영향평가서 조사 항목		협의내용 추가제시 항목	조사계획 수립항목	조사 실시항목	비고
항목	세부항목				
대기질	PM-10				
	…				
수질	SS				
	…				
동 · 식물상					
해양환경					
토양					
⋮					

출처 : 환경부, 2015, 사후환경영향조사결과 통보서 작성 가이드라인.

(2) 조사지점 작성방법

환경질 조사지점을 환경영향평가시(협의내용 포함)와 사후환경 영향 조사시로 구분하여 다음 표에 작성한다.

표 14.10 조사지점 작성방법

구분		환경영향평가시(협의내용 포함)				사후환경영향조사		비고
항목	세부 항목	조사 지점	조사지점 특징	GPS 또는 TM좌표	사업지구와의 위치	조사 지점	조사지점 선정 사유	
대기질	PM-10					동일		
	PM-2.5	공란				추가		
수질	SS					동일		
	BOD					변경		
	Cr					삭제		

※ 항목별로 중요하게 다뤄야 할 내용을 조사지점 특징 칸에 작성하고, GPS 또는 TM 좌표를 기입(식생조사 지점, 법정보호종의 발견지점 및 서식흔 발견지점 포함)

※ 사업지구와의 위치칸은 조사지역이 사업지구외의 지역인 경우 사업지구로부터의 위치와 이격거리 기재(사업지구 내인 경우 사업지구 내 위치 표기)

※ 사후환경영향조사 조사 지점칸에는 환경영향평가시 조사지점과 일치하는 경우 '동일', 추가 또는 변경, 삭제된 경우 '추가', '변경', '삭제'로 표시하고 각 사유를 구체적으로 기재

※ 표 아래에는 조사지점을 명확하게 확인할 수 있도록 환경영향평가시와 사후환경영향조사시의 조사지점을 모두 도면에 표기

(3) 조사일시 등 작성방법

환경질 조사일시 및 방법을 환경영향평가시, 사후환경 영향조사계획시, 사후환경 영향조사시로 구분하여 표 14.11과 같이 작성한다.

표 14.11 조사일시 등 작성방법

구분		환경영향평가서 환경현황		사후환경 조사계획	사후환경영향 조사		비고
항목	세부항목	조사일시	조사방법	조사주기	조사 일시	조사방법	

※ 동·식물상 : 조사횟수(총 조사시간), 조사범위(사업지구 및 주변지역), 조사지점(조사경로), 조사방법(사용한 도구, 동정시 이용 문헌, 확인방법(흔적발견, 직접목격, 청문 등) 등을 구체적으로 제시
※ 대기질 : 대기환경기준의 항목별 조사일시, 조사방법(대기오염공정시험기준), 강우현황(조사시 3일 전까지 제시)과 함께 조사시 공사현황 (일토공량, 장비투입대수 등)을 구체적으로 제시
※ 수질 : 수질환경기준의 항목별 조사일시, 조사방법(지표수질은 수질오염공정시험기준, 지하수질은 수질오염공정시험기준 또는 먹는물수질공정시험기준기준)을 구체적으로 제시하고, 공사시 침사지 관련조사내용은 「수질 및 수생계보전에 관한 법률」의 비점오염관리기준에 따른 수질 및 침사지 관련조사(강수량, 수질분석 등)내용을 제시
※ 해양환경 : 항목별 조사일시, 조사방법(해양환경오염공정시험기준)을 구체적으로 제시

(4) 조사결과 작성방법

환경질 조사결과를 요약하여 세부 항목별로 작성한다.

표 14.12 조사결과 작성방법

항목	세부 항목	환경영향평가서(변경협의포함)			환경영향 조사결과	검토 결과	조치 사항
		환경현황	영향예측				
		조사결과	저감 전	저감 후	조사결과		

출처 : 환경부, 2015, 사후환경영향조사결과 통보서 작성 가이드라인.

(5) 환경영향조사 결과에 따른 조치 및 평가

조치사항 작성은 사후환경영향조사결과 법정 보호 동·식물의 발견, 환경기준 초과, 협의 기준의 초과 등에 따라 주변 환경의 피해를 방지하기 위해 필요한 조치를 한 경우 그 내용을 기재한다.

평가결과 작성은 환경영향평가서에서 제시된 항목의 환경현황과 환경영향 조사결과를 착공연도부터 현재까지 비교·분석하여 평가하고, 그 내용을 알기 쉽도록 비교·분석표 및 그래프 등으로 제시한다. 환경기준 충족여부, 평가 시 설정한 환경보전목표를 만족하는지 여부를 제시하고 기준 및 목표를 초과하거나 근접하는 경우 원인을 파악하고 저감대책의 적정성 검토, 추가 저감방안 수립 등의 대책을 마련하여야 한다.

7 사후관리제도의 개선방안

환경영향평가 사후관리를 위한 업무의 과중, 인력 및 조직의 한계 등의 문제점이 지속적으로 제기되고 있다. 따라서 사후 관리의 목적에 맞는 전문적이고 체계적인 검토가 필요하다. 이는 환경영향평가 사후관리의 철저한 이행과 환류과정이 포함되어야 할 것이다. 환경영향평가 사후관리의 중요성이 부각되면서 사후관리제도 개선에 대한 다양한 요구가 나타나고 있으므로 좀 더 적극적인 조치가 진행되어야 한다.

환경영향평가 사후관리를 위한 업무의 과중, 인력 및 조직의 한계 등의 문제점이 지속적으로 제기되고 있다. 따라서 사후 관리의 목적에 맞는 전문적이고 체계적인 검토가 필요하다. 이는 환경영향평가 사후관리의 철저한 이행과 환류과정이 포함되어야 하는 것이다. 환경영향평가 사후관리의 중요성이 부각되면서 사후관리제도 개선에 대한 다양한 요구가 나타나고 있으므로 좀 더 적극적인 조치가 진행되어야 한다. 이에 앞으로 개선되어야 할 부분을 정리하였다.

1) 법적 기반 정비 등 제도개선

사후관리가 본연의 기능을 하기 위해서는 법적 기반이 정비되어야 한다. 법 개정을 통해 사후관리의 기능, 목적, 범위 등을 명확히 하고. 이를 통하여 사후관리가 철저한 이행되어야 한다.

또한 대행자 변경에 따른 환류기능의 손실을 줄이기 위해 동일 대행자가 전 과정을 대행할 수 있는 제도가 검토되어야 한다. 동일 대행자는 예측과정의 정보를 활용할 수 있기 때문에 대행체제가 연속되는 것이 효율적이다. 환경영향평가와 사후관리가 분리 발주되고 있어 연속으로 계약하기에는 제약이 있으므로 법적인 보완이 필요하다..

우수 사후관리 사업장에 대하여 일정기간 사후관리를 면제하는 등 친환경 사업장에 대한 다양한 인센티브도 도입되어야 한다. 그리고 사후관리 시 승인기관과 협의기관 간 상호 정보제공이 적극적으로 제도화하여, 유기적인 협조체계를 마련하여야 한다. 또한 사업자가 자체적으로 사후관리를 실시하고 이에 대한 결과를 제출하는 방안도 효율적이다. 환경의 부정적인 영향이 미미한 사업인 경우 기간을 단축하고, 환경민감지역에서의 사업은 기간을 확대하는 방안도 연구되어야 한다.

2) 측정자료 데이터베이스 구축

사후환경영향조사계획은 환경영향평가와의 사후관리를 연계해 주었으나 항목별 환경영향 검토 시 부수적인 항목으로 인식되기도 하였다. 따라서 사업 특성이 반영되지 못한 사후환경영향조사계획이라는 지적이 있다. 따라서 사업 진행과정에서 나타나는 현장변화를 반영할 수 있도록 개선되어야 한다. 전 과정의 실효성을 개량화하기 위해서는 정량적인 도구 개발도 필요하며 사후관리의 특성을 반영한 지표 개발이 필요하다. 저감대책 성능 등 실효성을 정량화할 수 있는 기준을 설정하여 정책의 효율성을 높여야 한다. 또한 환경질 측정 자료를 데이터베이스화하여 자료를 제공함으로써 활용성을 높일 수 있다. 이를 위해서는 측정자료의 품질향상도 병행되어야 한다.

3) 사후관리 통합관리시스템 구축

온라인 관리시스템을 통해 불필요한 서류 작성을 간소화하고 업무 효율성을 증대할 수 있다. 업무 효율화가 이루어지면 제도의 실효성을 강화할 수 있다. 현재 환경영향평가 정보지원시스템(EIASS)에서는 사후환경영향조사서의 원문 및 사업명, 협의기관, 작성자 정보를 비롯한 사후환경영향조사서에서 추출된 일부 정보에 대한 내용을 확인할 수 있다. 조사년도, 협의기관명, 사업명, 사업코드, 조사기관명, 평가 대행자명 등으로 검색이 가능하도록 되어 있으나, 사업유형에 따른 검색은 어려운 상황이다. 추가적으로 열람할 수 있는 추출 정보에는 각 사업마다 제공되는 정보가 각각 다르게 설정되어 있어 자료의 분석 및 활용이 어려운 상태이다.

이를 개선하기 위해서는 정보지원시스템상의 사후환경영향조사 정보 제공 수준을 향상시키는 방안이 필요하다. 정보가 제시되어 있어도 조사 당시의 시간, 지점, 기상 등이 제시되어 있지 않은 상태인 경우 구체적인 정보를 제공하도록 입력체계를 개선해야 한다. 또한 협의내용 관리 이력 추가, 민원사항 추가 등 입력관리가 개선되면 지역 현황에 대한 기초자료로 활용할 수 있을 것이다.

4) 첨단 인터넷기술을 이용한 환경모니터링 · 감사기법 도입

환경영향평가제도가 원래의 목적을 이루기 위하여 대상사업의 제안 시점에서부터 설계, 건설 및 운영가동의 전 과정을 통하여 객관성 · 신뢰성이 확보되어야 한다. 이를 위하여 환경모니터링 · 감사(Environmental monitoring & audit, EM & A)제도의 도입이 필요하다. 현재 한국의 환경영향평가 과정상 사후관리단계에서 환경영향 조사를 위한 모니터링의무, 기록의무 및 보고의무가 사업자에게 부과되어 있으나 형식적인 수준에서 이루어지고 있어 이를 극복하기 위하여 모니터링·감사 기법의 실용기술개발이 요청되고 있다. 한국은 인터넷 기반구조가 조성되어 있어서 첨단 인터넷기술과 장비를 이용한 실시간의 다중매체(multi-media) 모니터링·감사 기법을 도입이 가능할 것으로 판단된다.

5) 사후관리 인력부족과 전문성 제고 방안

사후관리는 현장점검이 수반되는 업무로 사전준비와 미이행에 따른 이행조치로 업무량이 많다. 특히 대규모 환경영향평가 사업장의 현장점검은 많은 시간을 필요로 한다. 사후환경조사서는 당초 협의내용을 숙지하여야 하며, 수치와 데이터를 일일이 확인하여야 하는 등 검토에 충분한 시간이 필요하다. 협의내용 이행을 확인하기 위해서는 충분한 전담인력이 확보되어야 한다. 정규인력 확보가 어려울 경우 전문가로 구성된 사후관리단을 구성·운영하여 활용할수도 있으며 승인기관·협의기관 합동 준공검사를 활용하는 것도 검토되어야 한다. 환경평가 자문위원 또는 환경영향평가사로 구성된 사후환경영향조사서 검토·조사단을 운영하는 것도 대안의 하나이다. 현행 법령상 건설현장의 사후관리담당자는 전문담당자가 없이 타 업무와 병행하여 관리하고 있는 상황이다. 이에 추가적인 업무 과중과 환경분야 지식 부족 및 주기적인 담당자 교체 등으로 인하여 효과적 사후환경관리에 한계를 보이고 있다. 이에 타법(산업안전보건법 등)에서 규정하고 있는 일정규모(인력, 금액) 이상 개발현장 인력을 의무적으로 투입하는 등 전문적 지식을 갖춘 환경관리자가 전담하도록 제도화하는 것이 바람직하다.

6) 소규모 사업장 사후환경영향조사 실시와 방법론 개선

환경영향평가 사업의 경우는 사후환경영향조사제도를 통해 적정하게 관리되고 있으나 소규모 사업장에 대한 협의내용 이행여부에 대한 지속적인 관리는 이루어지지 못하고 있다. 이에 소규모 사업장에 대한 사후환경영향조사 확대가 필요하다.

사후환경영향조사는 환경영향평가 당시 예측결과와의 비교를 통한 평가의 적정성의 검증과 지속적인 모니터링을 수행한다. 사후환경영향조사시 일반적으로 월, 분기, 반기 등의 주기적이고 획일적인 현황조사를 시행하는데 건설현장에서 실제 영향이 발생되는 공정(발파, 항타, 수개발 등)과 실제조사시기와 상이한 시기에 현황조사가 이루어지는 경우가 발생한다. 사후환경영향조사시 측정결과는 사업으로 인한 영향유무를 파악하는데 있어 중요한 인자이다. 오류 발생 시 환경영향평가 예측결과의 적정성 검증에 있어 문제점을 야기할 수 있어 현장특성을 대표할 수 있는 조사방법의 마련이 필요하다. 이에 공사현장과 긴밀한 협조체제하에 주요 공정에 맞는 조사주기를 선정하며 모니터링장비(TMS) 설치 · 운영, 상시소음계측기 설치 및 주요 민원 집중지역의 경우 CCTV 설치 등의 관리방안 모색을 통해 조사결과의 신뢰성 확보를 높일 수 있다.

7) 환경저감시설의 재검토

환경저감시설 중 방음벽, 유도울타리 및 비점오염처리시설 등은 공사후기에 설치하는데 평가 협의시기와 실제 설치되는 기간이 약 5~10년 정도의 시차가 발생하게 된다. 이로 인해 주변 정온시설의 유 · 출입 변화 등 환경여건이 바뀌게 되어 저감시설의 효율성 및 실효성이 떨어지는 사례가 발생하며 이에 따른 재검토 방안이 필요하다.

8) 사후관리 교육 프로그램 개발

사후관리 업무에 대한 전문성 부족의 문제가 제기되고 있다. 협의내용의 이행점검은 작성된 평가서를 이해하고, 현장에서 확인하는 절차이다 따라서 평가서, 협의의견 등을 종합적으로 검토할 수 있어야 하며, 개발 사업에 대한 메커니즘을 이해해야 한다. 사후환경영향조사서도 당초 협의내용을 이해하고, 개발 사업이 주변 환경에 미치는 영향을 파악할 수 있어야 한다. 순환보직 등 지방환경청의 인력구조상 한 부서에 장기근무가 어려운 경우 사후관리 담당공무원은 사후평가에 대한 교육프로그램으로 보완해야 한다. 최근 환경영향평가법의 개정으로 사후환경영향조사서 제출시기가 조정되고 사후환경영향조사서 검토관련 조항이 신설되었다.

「환경영향평가법」의 개정으로 인해 사후환경영향조사서 검토 절차가 법적으로 강화되고, 사후환경영향조사서의 전문검토기관이 신규로 지정되었다. 따라서 지속적으로 개선되는 내용은 원활한 업무 수행을 위하여 재교육프로그램으로 운영하는 것이 필요하다. 또한 평가업체 및 협의기관의 대부분이 환경관련분야 출신으로 개발현장의 효과적 이해 및 점검을 위해서는 토목 및 건축 관련 교육프로그램도 제공되어야 할 필요성이 제기되고 있다.

9) 환경거버넌스 구축을 통한 사후환경관리 실효성 확보

환경영향평가시 공고·공람, 주민설명회 개최 등을 통해 주민의견을 수렴하고 있으나 개발사업의 지역주민 혜택 여부 등에 따라 찬반이 나뉘는 경우가 있다. 이런 경우 환경적 측면보다는 사업계획에 대한 의견이 대부분인 실정이다. 이에 사후관리 단계에서 주민들에게 정보 공유 및 참여기회 확대로 사후관리의 실효성을 높일 수 있다. 이를 위해서는 지역주민과 전문가가 참여하는 협력체계 구축도 필요하다. 계획이 변경되는 상황에서 최종계획에 대한 결정문서 없이 진행되어 추후 조사결과에 대한 확인·평가에 어려움이 발생하는 경우도 있다. 협의기관과 의견조율을 통하여 현장상황을 반영한 사업별 맞춤형 사후관리계획을 수립하려면 소통체계의 개선이 필요하다. 사업 특성에 따라 불필요한 조사를 줄이고 중요한 항목에 집중한 관리할 수 있어야 한다. 민원발생이 집중되는 지역은 사후환경영향조사 시 평가대행자와 지역주민, NGO 및 지역전문가 등이 참여하여 조사결과의 객관성 및 신뢰성을 높일 수 있다.

참고문헌

김임순, 한상욱 외, 2003, 환경영향평가, 동화기술.
유헌석 외 2012, 사후환경관리 평가제도 도입방안 마련 연구, 환경부, 79.
이진희 외. 2015. 환경평가 모니터링 사업: (세부과제3) 사후환경영향조사서 검토 업무 매뉴얼 개발 연구. 한국환경정책·평가연구원.
주현수, 최상기, 박지현. 2014, 환경평가 사후관리 연차보고서. 한국환경정책·평가연구원.
최준규, 박지현. 2015, 환경평가 모니터링 사업: (세부과제 1) 환경영향평가.
사후관리 발전을 위한 실천전략 마련」. 한국환경정책·평가연구원.
최희선 외 2013, 환경평가 사후관리제도 개선 및 통계구축, 한국환경정책·평가연구원, 13-16.
한상욱, 최재용, 이춘원, 김임순, 전숙진, 한정희, 2000, 환경영향평가 협의내용의 사후관리 합리화방안 연구, 한국환경영향평가,19(2), 119-126.
환경부, 2014, 환경영향평가 사후관리.
환경부, 2015, 사후환경영향조사결과 통보서 작성 가이드라인.
환경부, 환경영향평가서 등에 관한 협의업무 처리규정, 환경영향평가서 등 작성 등에 관한 규정.
UNEP, 1996, EIA Training Resource Manual.

제15장

평가기법

환경영향평가에서 평가기법은, 관련된 여러 과학에서 발전된 이론을 환경문제에 응용시키면서 명칭화시켜오기 때문에 일정한 범주(category)를 정하기가 어렵다. 여기서는 평가기법을 평가항목 선정기법, 대안평가기법, 종합적 기법으로 구분하여 살펴본다.

1 평가항목 선정기법

1) 환경영향의 개념

환경영향(environmental impact)이란, 어느 지역에서 일정한 환경적 수준(environmental parameter, 수직축)을 유지하고 있을 때, 일정 시점(time, 수평축)에서 개발사업이 시작되면, 그 지역의 환경적 수준은 점차 나빠지게 될 것(그래프가 올라간다)이다. 그러나 만약 개발사업이 시작되지 않았다면, 그 지역의 환경적 수준은 과거의 추세와 같이 점차 낮아질 것(그래프가 내려간다)이다. 이 두 그래프의 차이를 바로 해당 개발사업으로 인한 그 지역의 환경영향(A)이라 할 수 있을 것이다.

만약, 해당 개발사업에 대한 환경영향평가가 이루어졌다면, 이로 인해 환경영향이 줄어들었을 것이며, 이것은 환경영향평가의 효과(B)라고 볼 수 있을 것이다. 여기서도 줄이지 못한 환경영향들은 이 개발사업으로 인해 더 이상 줄일 수 없는 필연적인 영향일 것이며, 이를 우리는 '불가피한 환경영향(C)'으로 부르게 된다(그림 15.1 참조).

개발사업으로 인한 환경에의 영향은, 직접적 영향(direct impact), 간접적 영향(indirect impact), 누적적 영향(cumulative effect)으로 크게 구분할 수 있다(성현찬 · 한상욱, 1995).

- 직접적 영향 : 해당사업이 원인이 되어, 같은 시간, 같은 장소에서 발생하는 영향
- 간접적 영향 : 해당사업이 원인이 되나, 시간적으로 후에 발생하거나, 직접 영향으로부터 훨씬 떨어져 발생되는 영향, 합리적으로 예측가능한 장소(소백산 천문대의 산성비,

오존 형성 등)

- 누적적 영향 : 국가, 공공기관 혹은 개인이 맡은 사업과 관계없이, 과거, 현재, 그리고 합리적으로 예측 가능한 미래에 사업들이 추가 되었을 때, 제안된 사업으로부터 추가된 영향들이 누적된 결과로 발생되는 환경영향

누적적 영향은 개별사업으로서는 심각하지 않으나, 집합적으로는 심각한 초래하는 사업들이 시간을 이어 계속 이루어져 발생된 결과를 말한다(성현찬 · 한상욱, 1995). 예를 들면, 이따이이따이 병(카드뮴 중독), 미나마따 병(수은 중독), 도시의 과도한 포장과 하수처리로 인한 도시 홍수, 도시의 불투수층 확대로 인한 건천화 및 지하수 미충진 등이 그 사례이다.

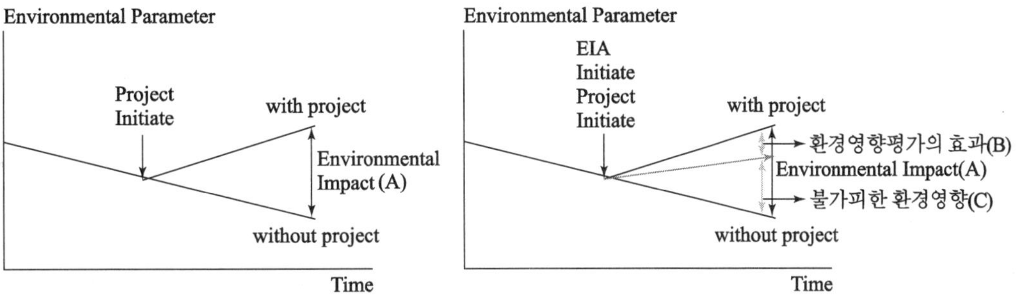

그림 15.1 개발사업으로 인한 환경영향의 개념
출처 : (좌) Peter Wathern, 1988. p.8; (우) 그림 (좌) 그림에서 수정하여 재작성.

2) 평가항목의 개념

환경영향평가 대상사업의 시행에 따라 환경은 직접적 · 간접적, 부정적 · 긍정적 또는 장기적 · 단기적, 누적적으로 영향을 받게 되는데, 이러한 영향이 미치는 환경의 모든 단위분야를 환경항목이라 할 수 있다.

개발사업이 시행될 때 환경의 모든 단위분야(환경항목)에 미치는 모든 영향을 전부 파악한다는 것은 불가능하거니와 시간 낭비도 우려되므로, 이러한 환경항목 중에서 특히 환경영향평가 시 고려되어야 할 항목을 평가항목이라 정의하고 있다.

환경영향평가서 작성 등에 관한 규정에 의하면 환경의 범주를 대기환경 분야, 수환경 분야, 토지환경 분야, 자연생태환경 분야, 생활환경 분야, 사회경제환경 분야 등 6개 분야로 설정하고, 총 21개의 세부 평가항목을 설정하고 있다.

3) 평가항목 선정기법

환경영향평가 과정은 주요 요소의 규명, 영향의 측정, 해석, 평가와 소통을 포함한다. 그러나 측정기술은 다양하며, 해로운 영향에서 긍정적인 영향에 이르기까지 영향의 해석도 다양하여 의사결정자들은 이들 사업들의 장 · 단점을 형평성 혹은 타협점에 맞게 결정하는데, 매번 어려움에 직면하게 된다. 그러므로 의사결정자와 일반인들에게 이들 영향들의 결과를 해석할 수 있도록 몇 가지 기술들이 개발되어 왔다.

이들 기술들은 특별평가법(Ad-hoc Method), 체크리스트법(Checklist Method), 매트릭스법(Matrix Method), 네트워크법(Cause-condition-effect Network Method), 지도중첩법(Overlay Map)를 포함한다(Rau and Wooten, 1980).

(1) 특별평가법(Ad hoc Method)

특별평가법(Ad hoc Method)은 제안되어진 광역지역의 가능한 영향들과 이들 가능한 영향들의 일반적 특성 등 종합영향평가에 대한 최소한의 지침을 제공한다. 예를 들어, 식물과 동물의 서식에 관한 영향은 최소한으로 서술되어지나, 반대로 지역경제에 미치는 영향은 심각하거나, 과도하게 이익이 많은 것처럼 서술된다(Rau and Wooten, 1980).

이러한 서술(보고서)들은 정성적이며, 주관적 혹은 직관적인 평가에 근거하거나, 혹은 정량적인 결과의 정성적인 해석에 의한 것일 것이다. 이 방법론에 의한 개발사업의 총 영향을 평가하기 위한 가장 단순한 접근은, 각 환경 분야를 고려하면서 그것에 미치는 영향, 예를 들어 영향 없음, 불확실한, 단기 혹은 장기, 돌이킬 수 있는 혹은 돌이킬 수 없는 영향인지 등의 특성을 규명하는 것이다.

표 15.1은 이 방법론의 예시를 보인 것이다.

전문가들로 팀을 구성하여 각 전문분야별로 환경영향을 파악하고, 관계법의 요건을 넘어서는 최소한의 지침만을 제시해 주는 방법으로 유사한 방법인 Delphi Method가 있다.

(2) 체크리스트법(Checklist Method)

체크리스트법(Checklist Method)은 환경영향평가 과정 속에서 고려되어질 필요가 있는 잠재적 영향 지역들의 목록을 결합시키는 방법이다. 이 접근법은 평가절차 속에서 고려되어질 필요가 있는 지역들의 사전 목록이 나타난 이후부터, 몇몇의 공공기관들에 의해 채택되어 왔다(Rau and Wooten, 1980).

특정한 범주의 사업과 관련된 전형적인 영향의 종류를 제시하여 주는 것으로서, 단순 체크리스트(Simple Checklist : 단순히 변수의 목록을 나타내며 환경변수자료의 측정방법과 해석방법에 대한 지침은 주어지지 않음), 서술적 체크리스트(Descriptive Checklist : 환경변수의 파악과 변수의 측정방법에 대한 지침포함), 척도 체크리스트(Scaling Checklist : 변수가

표 15.1 환경분야와 환경영향에 대한 Ad-hoc Method의 개념

Environmental Area \ Environmental Impact	No Effect	Positive Effect	Negative Effect	Beneficial	Adverse	Problematic	Short-term	Long-term	Reversible	Irreversible
Wildlife			O			O	O			
Endangered Species	O									
Natural Vegetation			O			O			O	
Exotic Vegetation	O									
Grading			O			O		O		O
Soil Characteristics	O									
Natural Drainage	O									
Groundwater		O		O						
Noise			O				O			
Surface Paving						O				
Recreation	O									
Air Quality			O		O			O		O
Visual Disruption	O									
Open Space			O		O			O		O
Health and Safety	O									
Economic Values		O		O				O		
Public Facilities(includes schools)						O	O	O		
Public Services	O									
Conformity to Regional Plans		O		O				O		

출처 : Rau and Wooten, 1980. p. 8-2를 수정.

치의 주관적 척도에 기초가 되는 정보, 즉 대안별로 각 영향을 −5에서 +5까지 상대적인 측면에서 척도화), 척도−가중치 체크리스트(Scaling-weighting Checklist : 하나의 변수를 다른 변수와 관련지어 상대적 비중을 주관적으로 평가한 정보가 추가되고, 각 변수의 가치를 척도화하고 중요도를 매김)가 있다.

이 방법론은 가능한 영향들을 찾을 수 있는 환경지표들의 특별한 목록들을 제공한다. 그러나 제안된 개발사업에 대한 직접적인 원인과 결과의 관계성을 요구하지는 않는다. 이 체크리스트는 어떻게 지표의 자료들이 측정되고 분석되어야 하는 지에 대한 지침을 포함할 수도 안할 수도 있다.

표 15.2 현재의 환경적 특성과 환경영향을 주는 행위를 통합한 Matrix Methods의 개념

Proposed Actions / Existing Environmental Conditions	Modification of Habitat	Alteration of Hydrology and Drainage	Surface Paving	Noise and Vibration	Urbanization	Cut and Fill (Land Fill)	Erosion Control	Landscaping	Traffic Circulation
Land Form	B	C	B	A	B	C	C	D	B
Water Recharge	A	B	B			B	A	D	
Climate	A				A				
Floods－Stability	C	C	B			B	A	D	
Stress－Strain(Earthquake)	B	C			A	B	A		
Open Space	D		D	B	C			D	B
Residential	D				D				
Health and Safety	D	B	B		B	B	A		C
Population Density	B			A	B				
Structures	B	B	B		B	B	A		B
Transportation	B		C		B				C
Total Computations	B	C	B	A	B	B	A	D	B, C

범례 : A - 토지와 환경에 해가 없는, 심각하지 않은 낮은 영향
B - 측정되어지는 영향, 그러나 적절한 계획과 구조물은 해가 없는
C - 환경에 강한 영향, 그러나 적절한 저감기술로 처리 가능함
D - 환경에 영향, 그러나 긍정적으로 판단됨
E - 환경을 해치는 영향

출처 : Rau and Wooten, 1980. p. 8-3.

(3) 상호작용 매트릭스(Interaction Matrix Method)

이 방법론은 개발 행위와 가능한 영향들의 목록, 그리고 잠재적으로 영향을 받는 환경수용체들의 목록을 통합한 것이다. 이들 2개의 목록들은 특정 행위들과 환경의 영향 사이의 원인－결과의 관계성을 규명할 수 있는 매트릭스에서 수평, 수직의 상호 관련성을 갖는다.

매트릭스는 ① 어떤 행위들이 어떤 환경요소에 영향을 주는 지 특정화거나, 혹은 ② 가능한 행위범주의 목록과 환경요소들 사이의 단순한 목록을 제공함으로써 생물학자, 연구자들에게 지침자료로 사용될 수도 있다(표 15.2).

환경요소에 영향을 주는 체크리스트(Checklist)에 계획 활동을 통합하는 것인데, 레오폴드(Leopold)는 100가지 행위를 행(行)에, 88가지 환경항목(요소)을 열(列)에 표시하는 Leopold Matrix를 1971년에 발표하였다. 이 기법은 영향을 받게 되는 항목과 영향을 일으키는 주요

행위와의 관계를 시각적으로 나타냄으로써 영향전달에 대한 가치 있는 수단을 제공하고 있고, 사회경제적 영향은 덜 강조되고 있다.

매트릭스의 셀 속에는 이들 원인–결과의 관계성에 대한 정성적 평가 혹은 정량적 평가 둘 중 하나가 기입된다. 제일 마지막 칸에는 대부분의 경우에, 각 점수들의 합인 총 영향 점수가 기입된다.

(4) 무어영향 매트릭스(Moore Impact Matrix)

미국 Delaware 3개 지역에서 사업활동과 잠재적 영향사이의 상호관계를 서술하기 위하여 개발된 절차모형으로서, 이 모형은 4개의 범주, 즉 제조 및 관련행위, 잠재적 환경변화, 주요환경영향, 인간이용에 미치는 영향으로 구분되고 이로 인한 잠재적 손상과 재해의 일반적인 크기가 포함되고 4단계(무시할 정도, 낮음, 중간, 높음)로 하고 크기도 같은 단계로 구분한다.

(5) 네트워크법(Network Method)

원인, 조건, 결과의 관계를 도입함으로써 매트릭스(Matrix) 개념을 확대시킨 것인데, 매트릭스법에서 제시되는 간단한 인과관계를 통해서는 적절하게 설명될 수 없는 누적적 혹은 간접적 영향을 파악할 수 있게 하는 것으로 소렌슨(Sorensen)에 의해 제시되었다.

이 방법론은 개발행위의 목록에서부터 원인–조건–결과의 네트워크를 수립하는 데까지를 일컫는다. 이것은 한 개의 개발행위가 시발점이 된 일련의 환경영향을 인식하기 위해 시도되어진 것이다. 이 네트워크 접근법은 일반적으로 가능한 네트워크의 세트로 정의되며, 적절한 개발행위를 모니터링하고, 선택하여 영향들을 규명하는 분석가를 포함한다.

이 유형의 접근은 기본적으로 개발사업에 의해 유발되어질 수 있는 영향들의 연계 시리즈를 규명하기 위한 시도이다. 그러므로 이 방법은 2차적–3차적 영향결과들을 규명하기 위한 접근 유형의 로드 맵(Road Map)을 제공한다(Rau and Wooten, 1980). 방법은 개발행위로 인해 첫 번째로 발생하게 될 영향들의 유형을 규명하도록 하는 것이다. 그 다음 단계는 각 영향을 선택하고, 그 영향의 결과로 유발되어질 영향들을 다시 규명하는 것이다. 이 과정은 모든 가능한 영향들이 규명될 때까지 반복된다.

그림 15.2에서 보는 것처럼, 형상이 나무를 닮았다고 해서 일반적으로는 Impact Tree(영향수, 影響樹)로 불린다. 이 유형의 접근의 이점은 이용자에게 그들이 일어날 것이라 기대되어지는 상황들을 선택하고 추적하여 그 영향을 규명하도록 해준다는 것이다.

원인–조건–결과 네트워크의 구축에서 중요한 문제점은, 의사결정에 참조할 세부적인 필요성의 정도를 결정하는 것이다. 한편으로 만약 환경조건의 변화들이 세부적으로 설명된다면 모든 가능한 상호관계가 포함되며, 결과적 영향 네트워크는 유용성에 있어서 너무 광범

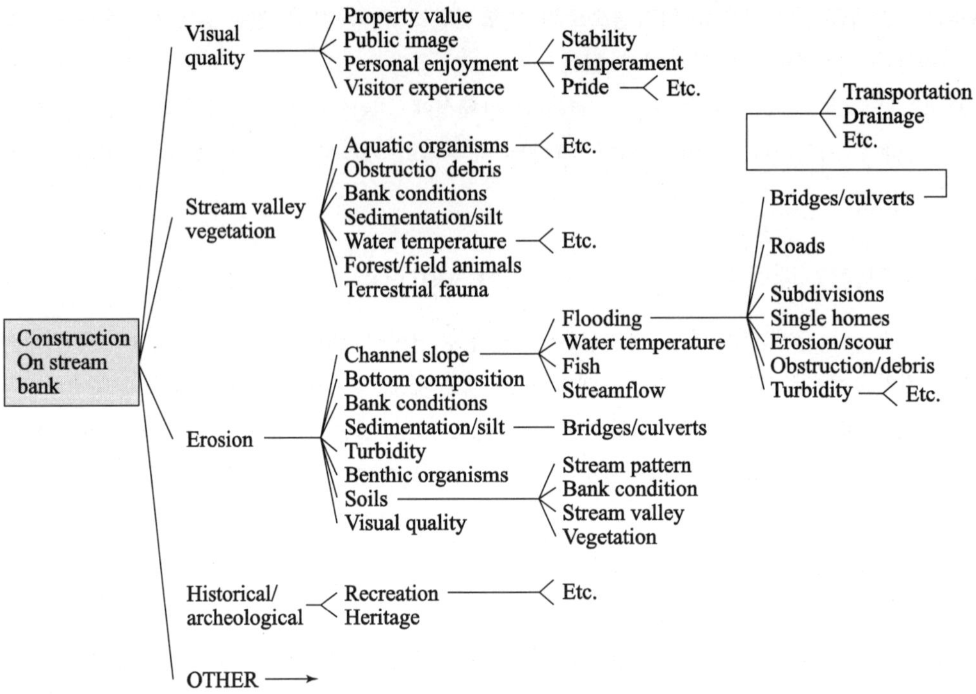

그림 15.2 하천 둑 개발사업에서의 영향 Network Method 사례
출처 : Rau and Wooten, 1980. p. 8-4.

위하거나 너무 종합적일 수 있다는 점이다. 이 접근의 한 예는 그림 15.2와 같다.

(6) 지도중첩법(Overlay Map)

계획분야나 조경분야에서 주로 이용하고 있는 접근방법으로 환경요소나 토지의 특징을 서술하는 일련의 지도를 결합하는 방법에 의하여 이루어지고 있다.

지도중첩법은 일반적으로 개발사업 부지의 환경적 특성(물리적, 사회적, 생태학적, 미적 등)을 나타내는 지도의 세트에 달려있다(Rau and Wooten, 1980). 이들 지도들은 부지가 가진 환경성의 완전한 특성을 만들기 위해 겹쳐서 분석되어 진다. 그리고 나서 영향들은 개발부지 내에서, 영향을 받는 환경적 특성을 부호화함에 의해 규명되어진다. 이 방법은 영향의 종류, 영향 받는 지역, 연계된 지리학적 위치 등을 그래픽으로 보여줄 수 있다. 이 방법은 때때로 맥하그 기법(McHarg Method)으로 불리기도 한다.

저명한 조경가이자 도시계획가인 이안 맥하그(Ian McHarg)와 생태적 계획에 대한 그의 이론들은 미국 국가환경정책법(NEPA)의 발전, 특히 환경영향평가서 작성에 있어서 커다란 공헌을 했다. 1969년(NEPA가 제정된 해)에 출판된 그의 책 'Design with Nature'에서, 맥하그는 생태적 계획이란 생태적 용량과 적합성에 근거한 계획으로서 체계적 접근(systematic approach)이라 불렀다(성현찬 · 한상욱, 1995). 이 개념을 적용하기 위한 그의 방법은 도면중첩법(Overlay Map)으로서, 어떤 종류의 개발을 위한 토지의 적합성과 인간의 행위를 지탱할 수 있는 토지의 용량을 결정하기 위해, 다양한 생태적 요인들을 중첩하는 방법이다(성현찬 · 한상욱, 1995). 생태적 평가를 통한 맥하그의 다학제적인 접근은 많은 연방기관들이 조기에 그들을 NEPA의 실행에 통합시킬 수 있는 일반적이고, 대중적인 모델이 되었다. 맥하그는 NEPA가 제정된 이후 몇몇의 국가환경질위원회(CEQ) 임원들에 대한 비공식적인 자문자로서 역할을 해왔으며, 그의 이론들은 NEPA뿐 아니라 연방 및 주의 환경관리 프로그램들에도 깊숙이 적용되고 있다.

대안을 선택하거나 영향을 파악하는 데는 효과적이기는 하나, 영향을 계량화하거나 2차적, 3차적 상호관계를 파악하는 데에는 미흡하다. 효과적인 자료분석을 위해 전산처리를 이용한 GIS (Geographic Information System) 기법이 활용되고 있다.

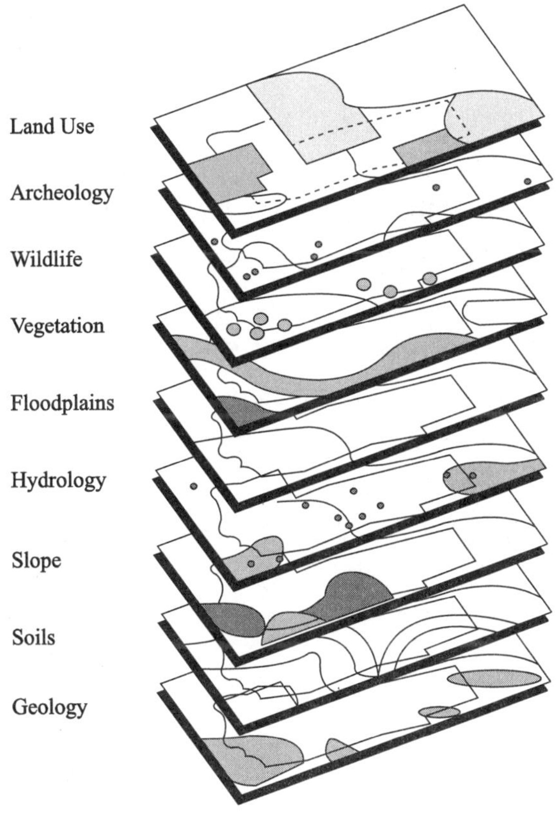

그림 15.3 부지의 환경적 특성을 파악할 수 있는 Overlay Map의 개념
출처 : 성현찬 · 한상욱, 1995. p. 70.

2 대안평가기법

1) 대안의 개념과 종류

(1) 대안의 개념

대안은 환경영향평가의 핵심부분이라고 할 수 있는데(성현찬 · 한상욱, 1995), 당해 사업이 환경에 미치는 영향을 고려하여, 당해 사업지역 위치, 사업규모, 사업시기, 토지이용계획 등 중요사항들에 대한 합리적인 안을 도출한 것을 말하며, 환경영향평가서에서는 합리적인 대안의 범위를 정확하게 연구하고, 객관적으로 평가해야 한다.

이러한 4가지의 요소는 대안을 설정하는 중요한 기준이 될 수 있다. 예를 들어, 사업대상지로 생각한 지역에 절대적인 보전이 필요한 생태계 서식처, 혹은 생태자연도 1등급지가 있다면, 사업지역 위치의 변경을 위해 여러 가지 입지지역에 대한 대안이 제시되어야 할 것이며, 혹은 보전지역을 부지외부로 제척할 수 있도록 사업규모를 축소하는 대안들을 제시할 수도 있을 것이다.

또한 인접한 지역에 상당한 환경영향을 미치는 사업이 같은 시기에 시작된다고 한다면, 본 사업의 사업시기를 조정하여 두 사업이 동시에 주변 환경에 미칠 영향을 순차적으로 조정하여 줄일 수 있을 것이며, 사업대상지 내 보전지역을 침해한 개발적 토지이용이 있다면 토지이용을 조정하여 이 지역을 보전할 수 있도록 토지이용계획을 변경하는 대안을 만들 수도 있을 것이다.

몇몇 제안사업들은 가능한 대안이 매우 많을 수 있고, 심지어 셀 수 없을 정도로 많이 존재할 수도 있지만, 환경영향평가서는 합리적인 범위 내의 몇 개의 대안을 평가하도록 해야 하는데, 합리적인 범위내의 대안이란 제안사업의 특성, 각 사업의 주변 환경과 사업의 실제 여건을 감안하는 것이다.

우리나라에서는 대부분의 평가서에서 대안을 중요하게 여기지 않고 있으며, 기존의 사업계획을 변경하기 싫다는 이유로, 주로 사업계획의 마지막 단계에서 검토하게 되는 하수처리방식이나 쓰레기 처리방식 등, 사업의 원래 목표달성에는 큰 영향이 없는 저감방안에 대한 대안을 제시하는 경향이 많다.

(2) 대안의 종류

① 사업을 실행치 않는(No Action) 대안

사업을 실행치 않는 대안이란 말 그대로 해당지역에 어떤 구상된 사업이 전혀 실행되지 않는 안과 제안된 사업이 기존 사업을 개선하거나, 새로운 관리계획을 가지고 있을 경우에는 기존 사업 또는 관리계획을 그대로 지속하는 안(성현찬 · 한상욱, 1995. p. 66)을 말한다.

제안된 사업이 일반적인 사업인 경우는 '사업을 실행치 않는' 대안은 제안된 사업을 실행하지 않는 것을 의미하며, 제안된 사업을 실행하지 않았을 때의 환경적 영향은, 제안된 사업을 시행하였을 때의 영향의 결과와 비교할 수 있는 기본적인 근거를 제공하게 된다.

a. '사업을 실행치 않는 대안'의 세부적 해석

- 첫 번째의 해석 : 기존의 법령과 계획에 의해 실행되어 진행 중인 사업이 새로운 계획이 만들어져 사업의 일부를 수정하여 시행하는 경우, 이때 사업을 실행치 않는 대안이라 함은 이미 시행되고 있는 사업추진을 변경하지 않는 것이 될 것이다. 즉, 전혀 사업을 하지 않는다는 것이 대안이 아니라, 사업이 변경될 때까지 현재의 사업을 그대로 진행하는 것이 될 것이다. 따라서 환경영향평가서에서는 제시된 대안의 종류별로 예상되는 영향들과 기존의 사업을 그대로 추진할 경우 예상되는 영향들이 비교 · 검토되어야 한다.
- 두 번째 해석 : 행정기관의 제안사업에 대한 결정과 같은 사례에서 살펴볼 수 있다. 즉 어떤 행정기관이 수립한 사업에 대해 사업을 실행치 않겠다고 하는 선택이 다른 행정기관의 다른 사업을 유발할 경우, 사업을 실행치 않는 대안(즉, 다른 행정기관의 다른 사업)에 따른 환경적 결과가 분석대상에 포함되어야 한다. 예를 들어, 어느 지역에 철도 신설을 "실행치 않겠다고" 하는 것은 도로의 신설과 트럭 교통의 증가로 이어지게 되므로 환경영향평가서에서는 도로의 신설과 트럭의 증가로 이어지는 영향, 즉 사업을 실행치 않는 대안의 환경적 결과를 분석하여 제시하여야 한다.

② 사업자에게 바람직한 대안

사업자에게 바람직한 대안이란, 사업자가 관련 법 테두리 내에서 경제적, 환경적, 기술적 및 기타 관련 인자를 고려하면서 가장 최적으로 완수할 수 있는 대안을 말한다. 그러나 사업자에게 '바람직한 대안'이 제시되더라도 환경영향평가서는 모든 대안들을 객관적으로 평가해야 하며, '바람직한 대안'을 지원하기 위해 다른 대안들보다 더 나은 점수로 평가해서는 안 된다.

③ 환경적으로 바람직한 대안

환경적으로 바람직한 대안이란 환경정책기본법에서 제시한 국가환경정책에 가장 알맞은 대안으로서 가장 환경친화적인 개발이 가능한 대안을 말한다. 일반적으로 이 대안은 환경에는 가장 적은 영향을 주며, 자연적, 문화적 자원을 가장 잘 보호하는 대안을 의미할 것이다. 그러나 경제적인 측면에서는 사업자에게 상당한 부담을 줄 수 있는 대안일 것이다.

2) 대안의 평가기법

그림 15.4는 양호한 산림이 예상노선의 중앙에 있는, A지점에서 B지점으로 도로를 개설한다고 할 때의 노선대안을 예로 든 것이다. 대안은 여러 가지가 있을 수 있으나, 현실적으로 본다면 산림을 절개하고 통과하는 안(대안 1)과 산림을 터널로 통과하는 안(대안 2), 그리고, 산림을 우회하여 통과하는 안(대안 3)이 있을 것이다.

산림을 절개하고 통과하는 대안 1은 환경에는 상당한 영향을 줄 것이나, 경제적으로는 비용의 절감으로 이익이 가장 많을 것이다. 산림을 터널로 통과하는 대안 2는 환경에는 영향이 적으나, 경제적으로는 상당한 비용이 소요되어 이익이 적을 것이다. 마지막으로 산림을 우회하여 통과하는 대안 3은 환경에 가장 영향을 적게 줄 것이다, 우회하여 길어진 도로길이로 인한 비용의 추가 소요로 경제적 이익이 적고, 이에 추가하여 대안 1과 2에 비해 곡선구간의 증대로 인한 도로개설의 목적(직선화로 인한 도로의 신속성) 또한 달성하지 못할 수 있을 것이다.

여기서, 대안 1은 환경에는 나쁘지만 사업자에게 바람직한 대안일 것이며, 대안 2와 대안 3은 사업자에게는 탐탁지 않지만 환경적으로 바람직한 대안일 것이다.

이러한 각각의 측면에서 대안을 평가하고 가장 최선의 대안을 찾을 수 있도록 하는 것이 대안의 평가기법일 것이다.

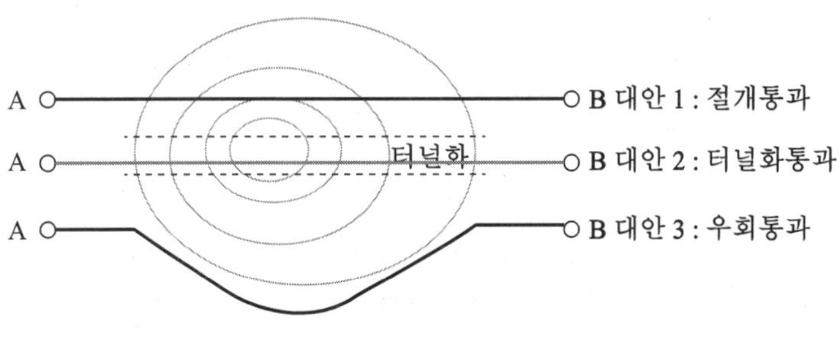

그림 15.4 A에서 B구간까지의 도로건설 시 대안의 개념도

(1) 비용편익분석(CBA : Cost-Benefit Analysis)

비용편익분석(CBA)은 미국이 1936년 「홍수방지법」을 제정하면서, 연방사업으로 인한 편익은 그 편익이 누구에게 귀착되든 비용을 초과하여야 한다고 규정하면서 적용되기 시작하였고, 1950년대 이후 강유역 사업의 경제성분석에 활용되기 시작하면서 발전한 기법이다.

비용편익분석(CBA)은 대안들 중에서 비용에 비해 가장 편익이 높은 것을 선택하는 것을 말하며, 경제적인 관점에 초점을 맞추는 것이다. 공공개발사업의 편익은 개발사업의 산출에 대한 개인의 지불의사(willingness to pay)에 의해 측정되며, 비용은 해당 개발사업의 실행에 필요한 투입되는 실제 금액에 근거한다(Leonard Ortolano, 1984). 가중치는 적용되지 않으며, 모든 결과들은 달러와 같은 금전화 단위로 측정되어지며, 단순히 합산된다.

비용편익분석(CBA)은 심각한 환경적 영향을 가지게 되는 개발사업의 의사결정을 돕기에는 제한성을 가진다. 왜냐하면, 비용편익분석은 금전화로 설명되지 않는 영향들은 체계적으로 설명하지 못한다(Leonard Ortolano, 1984). 생물 서식지 등의 보전지역은 금전화할 수 없거나 매우 낮게 평가되기도 하는 방법론적 문제점뿐만 아니라, 심지어 많은 사람들이 이론적인 기법으로 생물 서식지 등을 금전화하고 있다는 것이 더 큰 문제점으로 나타난다.

비용편익분석(CBA)의 또 다른 단점은 형평성 있는 평가가 어렵다는 것이다. 이 기법은 개발사업이 시행되었을 때의 손실과 이익의 전체에 대해서보다는, 경제적인 결과의 총합만을 강조하기 때문이다.

즉, 이 방법은 환경적인 측면의 배려는 미흡하나, 여러 가지 해결책 가운데 가장 비용 대비 효과적인 것, 즉 비용과 편익의 비율(B/C Ratio)을 최대화하는 해결책을 찾는 단순한 목적을 가지고 있고, 대안을 경제적으로 순위화하기에 가장 단순하고 명료하여, 개발자가 자주 사용하는 기법이다.

(2) 목표달성 매트릭스(The Goals-Achievement Matrix)

힐(Hill)의 방법으로, 도표식 나열과 가중치 원리를 논리적으로 확장시킨 것인데, 어떤 계획의 목표를 정하고 가중치를 두어서 목표를 달성하는 방법이다.

이 기법은 비용과 편익의 상호관계를 엄격히 고려하며, 각 목표들에 의해 영향을 받는 개인이나 단체들의 파악이 필요하다. 가중치가 각 목적들의 가치에 따라 주어진다.

예를 들면, 두 가지 목표인 접근성과 지역사회 파괴의 가중치가 2와 1이라고 하고, 계획 A의 목표 달성 값이 접근성이 2이고 지역사회파괴가 −3이면, 계획A의 목표 달성 값은 $2 \times (+2) + 1 \times (-3) = +1$이 된다. 같은 방식으로 계산하여 계획 B의 목표 달성 값이 −6이 나오면, 계획 A를 받아들인다는 것이다(Leonard Ortolano, 1984).

(3) 확대비용편익분석(ECBA : Extended Cost-Benefit Analysis)

비용편익분석(CBA)은 앞에서 서술한 단점 이외에도, 정부의 공공사업 프로그램들은 자주 '여러 가지 목적'을 달성하기 위한 것인데, 순 경제적 편익(Net economic benefits)을 최대화하는 한 가지 목적을 평가하는 데에도 때때로 부적절하다는 비판을 받는다. 왜냐하면 이러한 여러 가지 목적들을 체계적으로 평가하기 위해서는, 각 목적들에 일치하는 편익들의 분류가 정의되어야 하기 때문이다(Leonard Ortolano, 1984).

따라서, 비용편익분석(CBA)을 확대하여 한 가지 이상의 목적을 평가할 수 있도록 한 분석기법이며, 각 목적의 중요도에 따라 가중치도 적용하게 된다.

이 방법은 공업화가 덜 된 개발도상국가에 적합한 환경영향평가기법의 개발을 위한 몇 가지 구체적인 연구방법 중의 하나로, 비용편익분석을 환경영향분석기법으로 통합하는데 방향을 두고 있다. 즉, 이익의 최대화와 경제적 비용을 고려할 뿐 아니라 개발활동의 물리적, 화학적, 생물학적 영향을 이해하고 측정하도록 비용편익분석을 확대할 수 있다는 입장이다.

(4) 다목적계획기법(MOP : Multi-objective Programming)

환경영향평가는 대안의 합리적인 선택과정에서 단일목적이라기 보다는 사업의 경제성, 생태적 문제, 자원고갈, 환경오염 등 여러 목적을 만족시켜야 하는 상황에 직면해 있다. 그리고 금전화할 수 있는 것만 계량화해 가지고 평가한다는 것은 위험성을 내포하고 있다. 그리하여 효과적이고 현실적인 해결책의 제시를 위한 각 전문분야의 종합조정 및 통합에 입각한 다목적계획의 필요성이 매우 절실하다.

1960년대 이후, 여러 목적들에 대한 수학적인 최적화 기법들이 나타나면서 여러 목적들을 동시에 평가할 수 있는 기법들이 논의되었다. 이들 중의 한 이론이 다목적계획기법(Multi-objective Programming)이다(Leonard Ortolano, 1984).

다목적계획기법은 종전의 영향평가기법들에 비하여 다음과 같은 장점이 있다.

첫째, 개발계획자체에서부터 대안을 검토하여 사전에 영향평가를 할 수 있고, 완화대책이 마련됐을 경우 여러 가지 완화대책을 설정하여 평가를 할 수 있다는 것이다. 둘째, 대안평가시 금전화 할 수 없는 항목들을 평가할 수 있다는 것이다. 셋째, 대안작성과 평가를 분리할 수 있다는 것이다. 종래의 대안설정은 작성하는 자가 미리 대안 중 채택안을 선정하고 다른 안이 미흡하다고 설명하지만, 작성과 평가를 분리하여 각 대안이 가지는 특성을 파악케 하여 금전화할 수 없는 항목들의 평가로 말미암아 평가의 독자성을 가진다. 넷째, 대안의 미래평가에 용이하다. 계량화할 수 있는 항목들은 미래의 시점에서 정보가 부족한 상황에서는 어려운 점이 많지만 상대적인 값으로 계산을 하므로 오차를 많이 줄일 수 있다. 다섯째, 사업이 가지고 있는 제2, 3의 영향을 분석할 수 있다(제2, 3의 영향은 고용효과, 환경악영향 등을 말함).

우리나라 환경영향평가서의 대부분은 대안평가에 여러 환경적 요소들을 고려하지 않고 평가하고 있는 실정이다. 또한, 제기된 대안 중 최선의 안을 선정할 경우에, 항목들 간에 교량관계를 고려한 가중치 설정에 대한 가치판단의 문제가 아직 남아 있는 실정이다.

3 종합적 평가기법

1) 위험성 평가(RA : Risk Assessment)

위험성 평가란 환경오염물질, 독성물질이나 사고 등과 관련한 위해요소들이 사람이나 생태계에 미치는 위험성을 평가하는 것이다. 위험성 관리의 한 도구이며, 서로 다른 독성물질이나 환경오염물질에 노출된 사람들과 생태계의 증가되는 건강상의 문제를 평가하는 과정이다(성현찬, 1987).

환경영향평가가 개발사업으로 인하여 야기된 오염물질이나 독성물질의 농도가 환경기준을 초과하는지 안하는지의 여부만 평가하는 것이라면, 위험성평가는 더 나아가, 확률과 불확실성에 근거를 두어, 이러한 오염물질이나 독성물질들이 미치는 인체에의 영향, 생태계에의 영향에 대하여 구체적으로 그 위험성까지 평가하는 것이다.

즉, 개발사업으로 인한 폐기물의 소각으로 다이옥신이 발생한다면, 단순히 환경기준을 초과하는지를 평가하는 것 뿐 아니라, 이 초과된 다이옥신의 양이 주변 지역에 거주하는 사람들의 건강에 어떤 영향을 미치고, 그 결과 어떤 일이 발생할 것인지도 평가하는 것이다.

위험성 평가의 과정은 4단계를 거치는데, 위해요소의 규명(Hazard Identification), 용량반응평가(Dose-Response Assessment), 폭로평가(Expose Assessment), 위해특성파악(Risk Characterization)으로 구성된다(U.S. EPA, 1991, 그림 15.5).

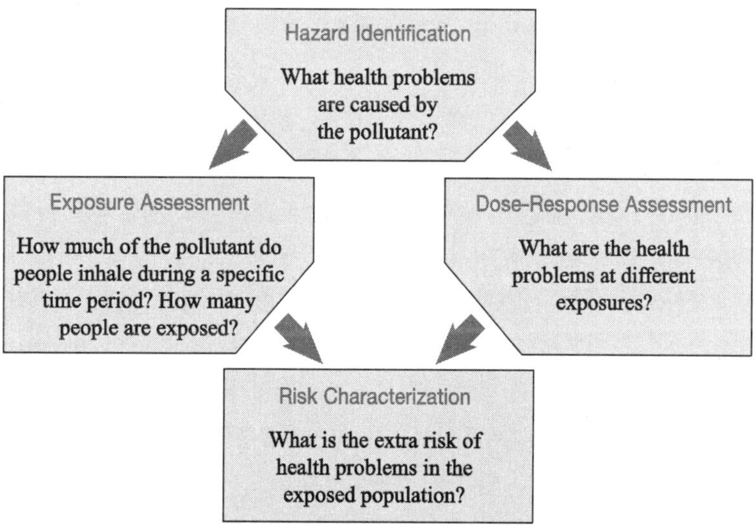

그림 15.5 위험성 평가의 4가지 단계
출처 : U.S. EPA, 1991. p. 2.

위해요소의 규명(Hazard Identification)은 노출된 위해요소들에 의해 어떤 건강상의 문제들이 야기되는지를 파악하는 것이며, 용량반응평가(Dose-Response Assessment)는 서로 다른 양에 폭로된 건강상의 문제가 무엇인지? 즉, 어느 정도의 수준에서 건강상의 문제를 야기하는 지를 파악하는 단계이다.

폭로평가(Expose Assessment)는 특정 시간동안 사람들이 얼마나 많은 양의 오염물질들을 흡입하였는지? 얼마나 많은 사람들이 폭로되었는지를 파악하는 단계이다. 마지막으로 위해특성파악(Risk Characterization)은 폭로된 사람들에게서 건강상 문제에 추가적인 위험성은 무엇인지를 파악하는 것이다.

현행 환경영향평가에서는 발생할 환경문제들의 예측과 평가에만 초점을 맞추고 있으나, 앞으로 이들 발생한 환경문제들이 사람들이나 생태계에 어떤 영향을 미칠 것인지에 대한 추가적인 평가가 가능하도록, 위험성평가 기법이 종합적 평가기법으로 도입되는 것이 바람직할 것이다.

환경부가 환경보건법(2009년 3월)을 제정하고, 국민건강에 영향을 미치는 개발계획과 사업에 대해 건강영향평가서를 작성하도록 한 것은, 바로 위험성 평가를 법제화한 것이라고 볼 수 있을 것이다.

2) 수명주기평가(LCA : Life Cycle Assessment)

요람에서 무덤까지의 평가로서 알려진 제품의 수명주기평가(LCA)란, “원재료의 채취에서 제조, 유통, 소비, 폐기까지의 각 과정에 있어 원료와 에너지 소비량 및 폐기물량 등의 환경부하량을 정량적으로 평가하고, 계획 및 개발단계에서 부터 환경부하의 저감을 기하며, 또한 환경부하가 적은 상품이나 용기 등을 선택하는 것 등의 환경성의 결과를 평가하는 방법”이다(김선희, 1994).

또 다른 정의를 살펴보면 “특정 제품(서비스 포함)의 전과정, 즉 원료 획득 및 가공, 제조, 수송, 유통, 사용, 재활용, 폐기물 관리 과정 동안에 소모되고 배출되는 에너지 및 물질의 양을 정량화하여, 이들이 환경에 미치는 영향을 총체적으로 평가하고, 이를 토대로 환경개선의 방안을 모색하고자 하는 객관적이며 적극적인 환경영향 평가방법이다(허탁, 1996)”.

우리나라에서는 1993년 경실련 환경개발센터가 ‘유리병 재활용 활성화 방안에 관한 연구’를 발표함으로써 처음으로 수명주기평가(LCA)가 소개되었다. 그 이후로 서울시립대학교와 한국과학기술원을 중심으로 논문이 발표되었으며 공업진흥청, 상공회의소, 환경과학연구협의회의 후원 하에 수명주기평가(LCA) 연구가 진행되었다.

이러한 정의를 토대로 수명주기평가(LCA)의 특징을 살펴보면,

첫째, 수명주기평가(LCA)의 대상은 제품, 서비스, 정책 등 환경과 관련된 매우 광범위한 인간행위를 대상으로 한다.

둘째, 수명주기평가(LCA)는 특정한 과정에 편중되지 않고, 전과정을 대상으로 평가를 실시한다.
셋째, 수명주기평가(LCA)는 환경부하를 객관적으로 정량화하려고 한다. 물론 정량화하는 데 있어 한계가 노출되고 있기 때문에 정성적인 평가가 덧붙여지기는 한다.
넷째, 수명주기평가(LCA) 평가의 목적은 환경개선 방안의 도출이다(이미홍, 1997).

수명주기평가(LCA)의 개념적 모델을 그림으로 나타내면 그림 15.6과 같다.

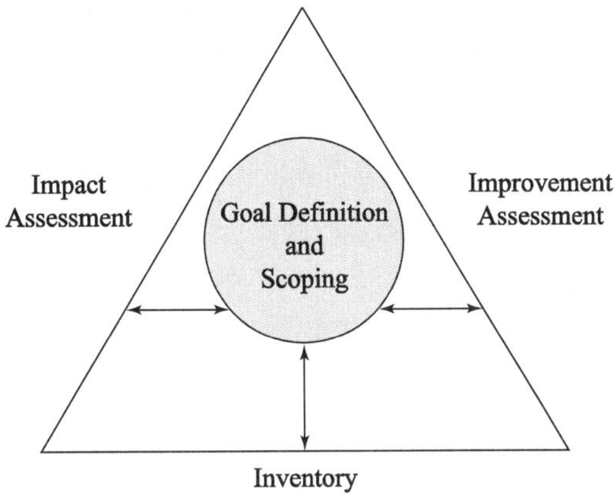

그림 15.6 수명주기평가(LCA)의 개념적 모델
출처 : Mary Ann Curran, 1996. p.1.4

1996년 SETAC에서 제시한 수명주기평가의 골격은 목적 및 범위설정(Goal & Scope Definition), 목록작성(Inventory Analysis), 영향평가(Impact Assessment), 전과정 결과해석(Life Cycle Interpretation)이다(이미홍, 1997).

첫 번째 단계는 목적 및 범위설정 단계이다. 여기에서는 연구의 목적, 범위, 기능단위(functional unit) 등을 정하는데 연구의 범위 및 정도를 가다듬는 것이다. LCA는 그 사용목적에 따라 수집하는 자료, 분석방법, 결과가 다르기 때문에 우선 LCA를 어떠한 목적으로 사용할 것인가를 명확히 해야 한다(김선희, 1994).

두 번째 단계는 목록분석을 만드는 것이다. 상품, 포장, 공정, 물질, 원료 및 활동에 의해 발생하는 에너지 및 천연원료 요구량, 대기오염물질, 수질오염물질, 고형폐기물 배출량 등의 환경오염부하량 등에 대한 기술적, 통계적 자료구축과정이다(김선희, 1994).

세 번째 단계는 영향평가 단계로 목록에서 제시된 항목에 가중치를 제시하는 과정이다. 일반적으로 이 단계는 특정한 잠재적인 환경영향들과 목록 데이터를 연결하고 이들 영향들을 이해하는 것을 포함한다(허탁, 1997).

일회용 종이기저귀와 천기저귀를 예로 들어본다면, 일반적인 상식으로는 천 기저귀는 여러 번 사용하고 폐기물로 버려지니 환경에 좋은 것으로 인식되나, 반대로 일회용 종이기저귀는 한 번만 사용하고 바로 폐기물로 버려지다보니, 환경에 나쁜 영향을 주는 것으로 인식된다. 그런데 이러한 인식은 한 시점을 중심(버려지는 시점)으로 판단하다 보니 발생하는 오류이다. 버려지는 시점에서만 바라보니, 천 기저귀는 여러 번 사용하고 버려지나, 일회용 기저귀는 단 한 번의 사용으로 그냥 버리게 되니, 당연히 쓰레기가 많이 나오는 것으로 인식되어 환경에 나쁜 영향을 주는 것으로 인식되는 것이다. 그러나 수명주기평가와 같이 제품의 원재료 채취에서부터 사용 후 폐기될 때까지의 전과정(Life Cycle)의 시점에서 환경에 미치는 영향(Assessment)을 살펴보면 문제가 달라진다.

일회용 기저귀의 경우, 나무를 벌채하여 종이의 원료인 펄프를 얻게 되니, 생태환경에 나쁜 영향을 주고, 흰색으로 표백하기 위해 표백제를 사용하며, 기저귀로의 가공과정에서 여러 화학물질이 일부 사용될 것이다. 또한 제품을 만든 후 상품화 과정에서 인쇄과정에서의 수질 영향도 있을 것이다. 그리고 1회 사용으로 바로 폐기물로 버려진다. 즉 생태환경에의 영향, 수질환경에의 영향, 폐기물로 버려지는 등의 환경영향이 발생한다.

천 기저귀의 경우 면 소재이므로 목화에서 원료를 채취하니, 목화를 생산하기 위해 드는 비료 등의 일부 토양과 수질에의 영향이 있다. 면을 만들어 천으로 가공하는 과정과 흰색으로 표백하는 과정에서 수질에의 영향이 있을 것이다. 문제는 천기저귀의 사용과정에서 약 30회 이용 후 폐기한다고 한다면, 30회 사용하는 동안 세탁 시 합성세제(ABS성분)가 사용되고 매번 수질에 영향을 끼치게 된다. 그리고 30회 사용 후 폐기물로 버려진다. 즉 상당한 수질환경에의 영향과 폐기물로 버려지는 환경영향이 발생한다.

두 경우의 원료채취에서 폐기될 때까지의 전 과정에서의 환경영향을 비교해보면 천 기저귀에서 발생하는 수질환경에의 영향이, 일회용 기저귀에서 발생되는 생태, 수질환경에의 영향보다 훨씬 많은 것으로 나타난다. 즉 폐기될 때의 한 시점에서만 바라보면 일회용 기저귀가 환경에의 영향이 더 큰 것으로 보이나, 실제로는 천 기저귀가 수명주기 전 과정에서 미치는 영향이 더 큰 것으로 나타나는 것이다.

환경영향평가에서도 개발사업으로 인한 환경에의 영향을 공사 중과 사업완료 후 2가지 시점에서만 바라보고 있는 것은 아닌지? 즉, 수명주기평가(LCA)를 활용하게 되면 개발에 필요한 재료에서부터 설계과정과 내용, 공사과정과 내용, 이용과정과 내용, 폐기까지의 전 과정을 통한 환경영향을 종합적으로 평가할 수 있는 것이다.

현행 환경영향평가 절차에서도 이를 보완하기 위해 사후 모니터링을 통해, 이용 후 과정까지 지속적으로 환경에의 영향을 평가하고 대비하고 있는데, 이것도 수명주기평가(LCA)의 한 과정으로 볼 수 있을 것이다.

그러나 아직 환경영향평가에의 적용 시, 환경에의 영향을 어떻게 종합하여 평가할 것인가에 대해 과학적으로 합의된 방식은 없다.

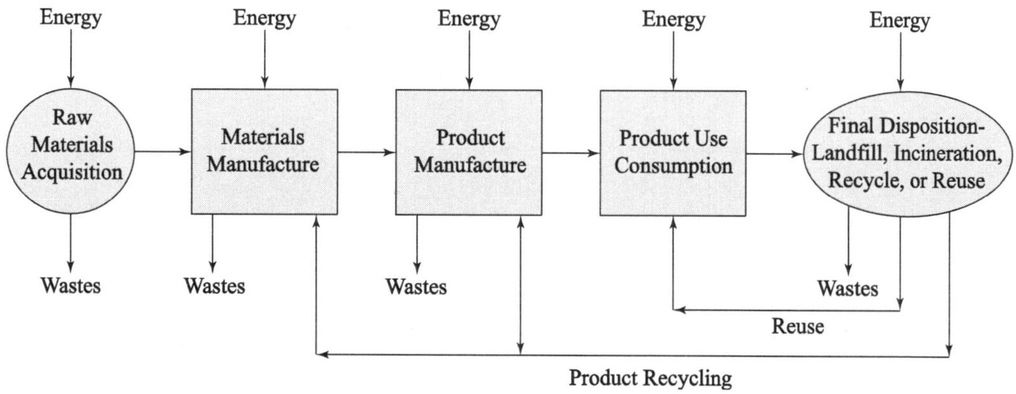

그림 15.7 일반적인 재료의 제품 수명주기에 대한 흐름도
출처 : Mary Ann Curran, 1996. p.2.5.

3) 환경정보체계 활용기법

복잡하고 다양한 환경정보를 체계적으로 수집, 구축, 분석하여 환경영향평가나 환경관리에 활용하려는 필요성이 증대되고 있고, 특히 도면정보, 속성정보를 원활히 구축, 처리할 수 있는 지리정보체계(Geographic Information System)를 도입하여 환경정보와 인적 자원을 통합한 환경정보를 체계적으로 수집, 구축, 활용할 수 있는 환경정보체계(EIS : Environmental Information System)를 활용하기 위한 기법개발이 진행되고 있다.

현재 구축된 정보만 보더라도 토지피복지도, 생태자연도, 국토환경성평가도, 각 시·군의 생태지도와 비오톱 지도 등의 자연환경 관련 정보, 국가소음지도, 수생태건강성평가지도, 폐기물 관련 정보 등 수많은 정보들이 누적되어 있으므로 환경영향평가에의 활용 가능성이 매우 높다고 할 것이다.

환경정보체계는 중첩분석, 대안평가, 누적환경평가에 활용성이 높을 것으로 보이는데 현재는 환경정보체계를 환경영향평가에 곧바로 적용할 수 있는 전문 인력, 장비 등이 미흡하지만, 앞으로 환경영향평가가 국내의 한 사업 단위에서 정책단위로 또한 국가 간, 지구단위로 확대되는 추세이므로 활용에 대한 투자와 인적 자원 확보가 필요할 것이다.

참고문헌

김선희, 1994, LCA의 방법론 및 적용에 관한 연구, 서울시립대학교 박사학위논문.

성현찬, 1987, 환경영향평가에 있어서 위험성평가의 적용에 관한 연구, 서울대학교 대학원 석사학위논문, 14-15.

성현찬 · 한상욱 공역, 1995, 미국의 환경영향평가, 동화기술, 39, 70.

이미홍, 1997, LCI기법을 이용한 폐 종이우유팩 처리방법 평가, 서울대학교 환경대학원 석사학위논문.

허탁, 1996, LCA 개념 및 국내외 현황, 건국대학교 산업기술연구소.

허탁, 1997, 환경 경영(ISO 14000)발전을 위한 LCA 추진 사례 발표회, 한국품질환경인증협회.

Curran, Mary Ann, 1996, Environmental Life Cycle Assessment, McGraw-Hill Book Company. 1.4, 2.5.

Ortolano, Leonard, 1984, Environmental Planning and Decision Making, John Wiley & Sons, 185-193, 200-206.

Rau, John G and David C. Wooten, 1980, Environmental Impact Analysis Handbook, McGraw-Hill Book Company, 8-1～8-29.

U.S. EPA, 1991, Risk Assessment for Toxic Air Pollutants : A Citizen's Guide, Air Risk Information Support Center, 2.

Wathern, Peter, 1988, Environmental Impact Assessment - Theory and Practice, Unwin Hyman, 8.

Environmental Ethics and Decision Making

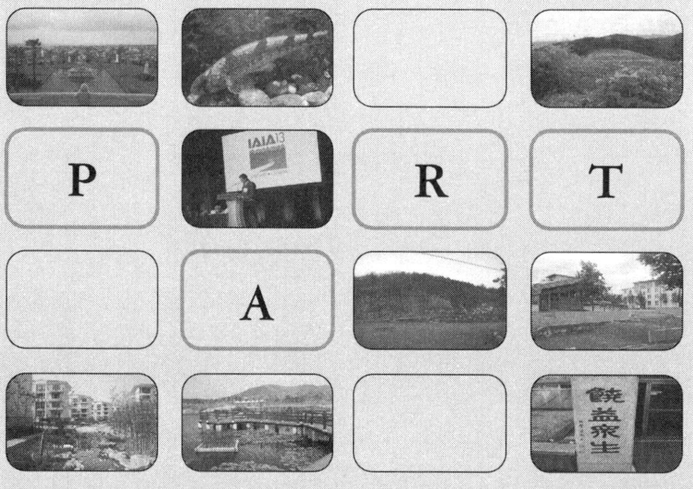

PART III

환경윤리와 환경의사결정

제16장

환경영향평가와 환경윤리

1 지속가능발전과 공학윤리

1) 서론

몇 해 전부터 공학윤리 교육에 대한 관심이 높아지고 있다. 그 배경은 2000년 이후 공학교육인증이 본격화된 것과 관련이 깊다. 공학교육인증원은 공과대학의 교육과정이 학생들로 하여금 엔지니어가 갖추어야 할 책임과 공학의 사회적 책무를 충분히 인식하도록 교육하고 있는지 증명하도록 요구하고 있기 때문이다. 미국 역시 EC2000 (Education Criterion)의 도입 이후, 공학윤리 교육에 커다란 변화를 경험하고 있다.

이러한 변화가 나타나게 된 근본적 이유는 현대 사회에서 과학기술의 영향력과 불확실성이 커짐에 따라 과학기술 전문가의 사회적 역할과 책임의식이 중요할 수밖에 없다는 사회 전체의 인식이 확산된 데 있다.

만약 과학기술에 대한 근본적 이해와 소양이 부재한 상태에서 과학기술의 발전 방향과 투자 전략 등 중요한 의사결정이 이루어진다면 자칫 '소 잃고 외양간 고치는' 일이 발생할 수 있기 때문이다. 불필요한 비용을 감수해야 하는 비효율성이 발생할 뿐 아니라 공동체 전체가 큰 대가를 치를 수도 있다. 그렇기 때문에 사후 처방에 의존하기보다는 오히려 도덕적 상상력(moral imagination)과 책임감을 지닌 전문 엔지니어를 양성하는 것이 훨씬 효과적일 수 있다는 판단이 나타난 것이다.

하지만 문제는 이제부터 시작된다. 서로 다른 학문 영역에서 각자의 전문성을 구축해 왔던 공학과 윤리가 어떤 방식으로 교육 시스템 안에 제도화될 수 있는지, 그리고 어떻게 실행가능한지의 질문은 공학과 윤리의 만남이 필요하다는 원칙적 선언과는 전혀 다른 이슈를 제기하기 때문이다.

즉, 현재의 교육시스템 안에서 공학윤리가 제도화되기 위해서는 첫째, 공학윤리의 제도화가 필요한 근거를 명확히 인식하고 이것을 선택의 문제가 아니라 공학 전문직의 필수 요건으로 받아들일 수 있어야 한다. 둘째, 공학윤리 교육의 실제 경험을 바탕으로 현실적으로 드러나는 문제는 무엇인지, 어떤 방식의 진행이 효과적인지를 살펴 실질적인 공학교육과정으로 구현할 수 있어야 한다는 것이다.

지금까지 공학윤리 교육은 각 국가의 사회적, 역사적 맥락과 독특한 제도화 과정을 거치며 체계화되어 왔다. 1900년대 초반 공학 대학의 학문분과로 구축되는 과정, 2차 대전 이후 과학기술의 막대한 영향력과 파급력에 대한 사회적 인식 증대와 그에 따른 윤리 의식 향상, EC2000의 도입 등 1990년대 후반 새롭게 시도된 공학교육 혁신의 노력을 계기로 지속적인 발전을 거듭해 왔다. 하지만 이 과정에서 철학적 관점을 적용하는 공학윤리 교육의 한계와 공학윤리강령 적용의 제한점이 인식되면서 이를 극복하기 위한 시도가 다양한 학제간 관점의 도입과 교수법 개발, 풍부한 사례 연구 등을 기반으로 활성화되고 있다.

2) 공학윤리의 배경

공학윤리란 무엇인가? 공학 윤리는 철학에서 다루는 일반윤리나 생명윤리, 연구윤리, 의료윤리와 비교할 때 어떤 차별성을 갖는가? 이 질문은 근본적으로 공학윤리의 독자성과 필요성에 대한 논의와 맞닿아 있다. 즉, 공학윤리는 개인윤리나 일반윤리가 아닌 전문적인 윤리(professional ethics)이다. 개인윤리나 일반윤리는 어떤 사회의 문화나 사회 구성원들이 공유하는 도덕적 이상들의 집합으로 나타나는 반면 전문직 윤리는 특정 분야의 전문가들이 채택한 기준을 지니고 있다(Harris 2006: 18).

의료윤리와 연구윤리, 공학윤리는 그런 점에서 전문적 윤리에 속한다. 하지만 공학윤리는 다른 전문적 윤리와도 차별화된다. 비교적 자율적인 환경에서 환자 개인과의 관계 속에서 스스로 의사결정에 주체가 되는 의사들과 달리, 대부분의 엔지니어들은 피고용인의 신분으로 일하고 있고 때로 피고용인으로서의 의무와 공공의 이익 우선이라는 가치 사이에서 갈등하게 된다.

이러한 특성 외에도 엔지니어들은 전문적인 기술적 능력을 갖추는 일이 대단히 중요하다. 플러먼(Samuel Florman)은 그의 저서(Civilized Engineer, 1998)에서 엔지니어들의 윤리적 실천은 도덕성이나 선함 그 이상이어야 함을 주장한다. 다시 말해, 엔지니어의 부주의함이나 엉성함, 게으름, 집중력 부족이 도덕적 공학에 더 큰 위협이 된다는 것이다. 따라서 능력과 선함 모두가 윤리적 엔지니어를 양성하는데 있어서 핵심 능력이 된다(Lincourt and Johnson, 2004: 353). 공학윤리를 뒷받침하는 전제는 여기에서 출발한다. 즉, 공학과 엔지니어들에게 기술적인 전문적 능력과 윤리적 책임을 어떻게 유기적으로 결합시킬 것인가?

공학이 발전하기 시작한 초기의 역사를 들어다보면, 처음부터 공학윤리에 대한 필요성이나 그 의미에 대한 인식이 확고했던 것은 아니라는 점을 발견하게 된다. 공학윤리 논의의 기원은 공학윤리강령이 제정되었던 1900년대 초까지 거슬러 올라간다(송성수, 김병윤, 2001:

177). 영국 토목공학협회가 역사상 최초로 공학윤리강령을 채택한 것으로 알려져 있는데, 다시 윤리강령 제정은 엔지니어의 사회적, 윤리적 책임에 대한 깊은 성찰에서 비롯된 것이기보다는 오히려 공학 전문직의 사회적 위상과 존재감, 정체성을 확고히 하기 위한 목적으로 추진된 것이다. 예를 들면, 예의 바른 영국 신사의 이미지 등이 초기 윤리 강령에서 중요한 위치를 차지하고 있는 것은 당시 영국사회에서 엔지니어의 사회적 정체성을 확립하려는 노력과 연관 지어 해석될 수 있다(한경희, 2008: 112).

엔지니어의 사회적 책임과 윤리적 의사결정이 갖는 중요성을 본격적으로 다루고 인식하게 된 계기는 과학기술의 발전이 인간의 통제 능력 밖에서 재앙을 가져올 수 있다는 의심을 하게 만든 일련의 사건들, 예컨대, 원자 폭탄, 전쟁과 환경 파괴, 새로운 질병의 등장과 연관된다. 20세기 전반까지만 해도 엔지니어들은 사회의 진보와 발전의 주체이자 영웅으로 인정받았지만 이제는 과학기술이 가져올 수 있는 재앙의 문제를 해결하기 위해 과학자와 엔지니어들이 좀 더 도덕적일 필요가 있다는 생각이 사회 각 분야에서 제기되었다.

이때 손쉽게 선택할 수 있었던 공학윤리 교육방법이 바로 철학적 윤리의 원리와 수단을 공학에 적용시켜 교육하는 것이었다. 즉 공리주의, 칸트의 정연명령(categorical imperative), 의무론 등을 공학의 다양한 사례와 연결하여 분석하고 교육하는 방식이다. 공학계와 철학계가 함께 참여하여 추진한 이와 같은 프로그램은 1980년대 중반까지 활성화된다.

공학과 철학이 유기적으로 결합되지 못한 결과는 공학대학 교육과정에 그대로 반영되어 1990년대 후반 미국 대학의 17%와 공대 졸업생 8%만이 윤리 관련 교과목을 가지고 있거나 해당 과목을 이수한 것으로 나타났다(Herkert, 2000: 303). 게다가 개설된 윤리 교과목도 공학윤리라는 전문 교과목이 아닌 종교나 철학 과목의 일부로 개설되곤 했다. 이러한 상황에 변화를 가져온 것은 미국공학교육인증기관에서 EC2000은 구체적으로 엔지니어가 갖추어야 할 자질과 능력을 구체화함으로써 과거의 실패한 공학윤리 교육의 경험을 교훈 삼아 효과적인 공학윤리 교육을 실행하려는 시도에 새로운 동기와 정당성을 부여해 주었다.

3) 공학윤리교육의 발전 과정

1990년대 후반부터 추진된 공학윤리교육 프로젝트는 추상적이고 형식적인 현실로부터 괴리된 전통적인 철학적 관점을 벗어나 엔지니어들이 일상의 경험세계에서 윤리적 민감성과 의지를 지니고 윤리적 판단을 내릴 수 있도록 돕는데 초점을 맞추기 시작했다. 이때, 철학뿐 아니라 철학 이외의 다양한 학문 분과들과의 소통도 활성화되기 시작한다.

예컨대, 1970년대 중반부터 본격화된 과학기술은 공학 윤리에 관심을 기울이기 시작하면서 공학윤리교육 발전에 기여하고 있다. 그 이유는 과학기술학은 기술적인 것과 사회적인 것 사이의 복잡한 상호짜임새를 이해하도록 돕고 그 동안 간과되었던 기술 개발이나 설계 과정 내부의 메커니즘을 분석하는데 유용한 개념과 이론적 틀을 제공하기 때문이다. 췔린져호 사건을 분석한 버컨(Vaughan, 1996)은 때로는 과거에 행해진 공학적 의사결정과 크고 작은 관행들이 오히려 정직하지 않은 경영자가 제공하는 위험보다 더 치명적일 수 있다는 사실을 설득력 있게 보여주고 있다. 즉 초기의 선택이 그 뒤에 선택을 정당화하면서 누적된 변화들이 그렇지 않다면 수용할 수 없었던 기술적 판단을 "수용할만한 위험(acceptable risk)"으로 간주하게끔 만들 수도 있다는 것이다.

공학윤리에 이처럼 다양한 시각과 관점이 도입됨에 따라 사고의 폭이 넓어지고 보다 심도 깊은 교육과 연구가 활성화될 수 있었다. 이런 점에서 최근의 공학윤리교육에 나타나고 있는 변화는 크게 세 가지 측면에서 조명될 수 있다.

첫째, 공학윤리교육이 점차 다양한 소재와 내용을 포괄하게 되면서 재난에만 초점을 맞추던 과거의 접근방식에서 탈피하여 일상의 현실적 문제를 다루기 시작했다는 것이다. 다음의 표 16.1에 나타난 두 대학의 사례(Ohio State University와 University of Tennessee)는 공학윤리 교육과정이 공학 및 엔지니어의 사회적, 역사적 맥락과 문화적 의미까지 포괄하며 다양화되고 있음을 보여준다. 오하이오 대학은 공학에서 흔히 말하는 의사결정의 특성을 사회적, 경제적, 문화적 맥락 속에서 이해하는 관점을 소개하고 있으며, 특히 공학설계 과정에서 윤리 이슈가 개입되는 실제 사례를 다루고 있다. 테네시 대학 역시 공학 전문적 윤리의 특성과 더불어 지식 재산이나 국제적 이슈, 환경 등에서 발생하는 공학적 의사결정의 의미를 윤리 교육 내용에 포함시켰다.

둘째, 철학과나 공과대학 등 제한된 전문 분야 교수진에 의한 강좌에서 과학사, 기술사, 과학철학 및 기술철학, 과학기술학, 사회학 등 다양한 학문분야 출신의 교수진에 의한 팀 티칭, 학제적 협력이 활성화되고 있다.

표 16.1 공학윤리 교육과정 사례

Ohio State University	University of Tennessee
전문직업의 이해	직업으로서의 공학과 사회에서의 역할
공학윤리와 의사결정	전문가 책무 : 피고용인으로서 엔지니어
공학의 성격	윤리 이론에 대한 간략한 소개
공공의 안전에 대한 엔지니어의 관심	윤리 강령
공학윤리 사례연구 : 대학편	신용과 지식 재산
공학윤리 사례연구 : 직장편	국제적 이슈
설계의 윤리 이슈	윤리적 성공과 실패
설계의 윤리 이슈 : 사례 연구	위험, 안전과 환경
엔지니어, 경영자 그리고 조직	전문적 윤리와 평생 학습
출처 : Passino(1998), Graber and Pionke(2006).	

앞에서 보았듯이, 공학윤리의 내용이 다양화되고 점차 일상의 문제를 다루게 되면서 학제 간의 교육의 중요성이 더욱 대두되는 상황이다. 대다수의 대학에서 팀 티칭이 활성화되고 있다. 다양한 배경과 관점, 다른 경험을 지닌 교수들 사이의 협력과 토론은 그 자체가 학생들에게 좋은 경험을 제공해 준다.

셋째, 과거 강의 위주의 강좌에서 온라인 사이트, 풍부한 논문자료, 사례 발굴과 탐색, 모듈 수업 등 다양한 자료와 교수 방법이 개발되고 있다. 온라인 수업 자료는 각 대학마다 정부 프로젝트의 지원을 받아 개발된 사례가 있다. 그림 16.1은 미국전문기술인협회(NSPE)에서 제공하는 온라인 사이트이다. 이 온라인 사이트는 엔지니어들이 일상에서 경험하기 쉬운 윤리 이슈를 접하고 그에 대한 해결 방안 등을 다양하게 토론할 수 있도록 꾸며져 있다.

또한 웹을 이용해 교수와 학생의 상호작용을 증진시키거나 특정사례에 대한 상세한 내용을 멀티미디어로 제작해 학생들에게 제공하기도 한다(Herkert, 2000 ; 308). 최근 발행되고 있는 공학윤리 교재들은 다양한 실습 사례들이 제공되고 있어 학생들의 소규모 토론에 사용하기가 용이한 편이다. 모듈을 개발하여 단기 강좌에 활용하는 사례도 있다.

Lncourt and Johnson (2004)이 소개하는 사례는 꽤 흥미롭다. 예를 들면, 전문적 엔지니어를 현장에서 실제로 문제가 된 사례를 제공한다. 이 현장 문제는 대학의 윤리 전문가들에 의해 학생들이 다루기 쉬운 방식으로 다듬어진다. 팀으로 구성된 학생들은 이와 관련한 윤리적 이슈를 분류하고 분석하며 나름대로 해결 방안까지 제시한다. 이후 실제로 이 문제를 경험한 엔지니어가 현장에서 문제를 해결했던 과정을 설명해 주고 학생들과 다시 토론하는 방식으로 이루어진다.

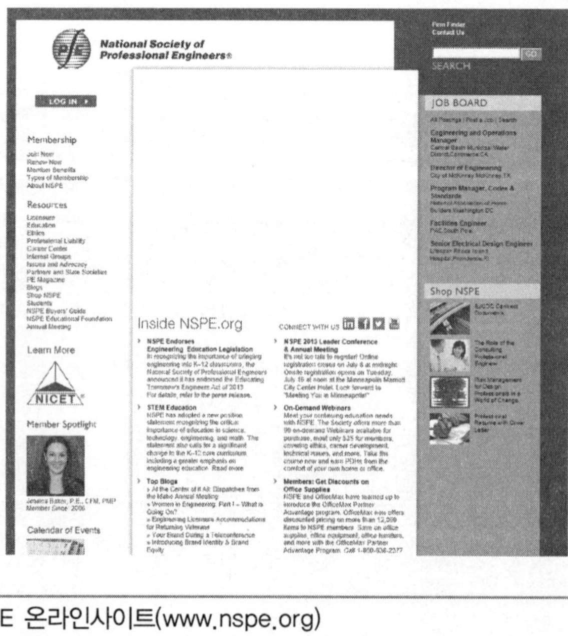

그림 16.1 NSPE 온라인사이트(www.nspe.org)

4) 공학기술자(Engineer)의 정의

초기의 과학 기술은 예술, 기예, 재주라고 표현 인식되었으며 기술의 역사는 거의 인류의 역사라고 보아도 과언이 아니다. 대학에서 공학이 가르쳐지게 된 역사는 지금으로부터 약 200여 년 전의 일이니 과학, 공학이라는 용어는 기술이라는 용어보다 훨씬 더 지난 이야기이다.

기술이란 어떤 목적을 가지고 활동하는 인간이 창조한 수단인 도구나 기계에 관한 지식의 체계를 의미하며 보다 넓은 의미로는 인간의 욕구나 욕망에 적합하도록 주어진 대상을 변화, 창조하는 모든 인간적 행위를 말한다. 이런 의미에서 본다면 인류인 우리 인간들은 모두 기술자이지만 기술자의 정의보다 구체적으로 논의하면 공학기술 윤리학에서 말하고 있는 기술자는 전문 기술자인 엔지니어(engineer)와 하급 기술자인 테크니션(technician)으로 구분하여 설명할 수 있다. 그러나 번역상의 영어에서는 기술자가 엔지니어, 테크니션 등의 다양한 명칭이 있다. 따라서 현재 번역으로 기술자라 하면 엔지니어를 비롯한 대부분의 공학기술 관련 사람들을 통칭하는 말로 쓰이고 있다. 다른 말로는 기술자(engineer = technician = technical expert), 산업기사(technical engineer)가 있을 수 있고 미국에서는 공과대학을 졸업하고 일정한 시험을 통과하여 기술자가 된 사람을 기사(fundamental engineer)라고 하여 우리나라에서 말하는 기능사(vocational technician), 기능공(skilled worker, craftsman) 등과는 구분하고 있다.

- 기술 : 어떤 목적을 가지고 활동하는 인간이 창조한 수단인 도구나 기계에 관한 지식의 체계를 의미하며 보다 넓은 의미로는 인간의 욕구나 욕망에 적합하도록 주어진 대상을 변화, 창조하는 모든 인간적 행위를 말한다.

사전적 의미에서의 기술자는 "engineer"와 "technician"이 동일한 의미로 사용되고는 있으나 "engineer"는 미국의 경우 전문 공학 기술자(P.E. : professional engineer)인과 보통의 공과대학을 졸업한 일반 기술자(F.E. : fundamental engineer)로 구분을 한다. 전문 공학 기술

표 16.2 과학기술자의 구분

과학 기술자	개 요
전문 기술자 (engineer, technologist, technical engineer)	공학 전문직의 합당한 일에 전문적으로 교육과 훈련을 받은 사람
일반 기술자 (vocational technician)	정규 4년제 공과대학 이하의 수준을 마치고 산업현장에서 실무에 종사하는 사람
기능공 (skilled worker, crafts man)	기업이나 사회 속에서 기술적 기능을 가지고 직접적 실천이나 행위를 하는 조직구성원을 의미

자인 P.E.는 우리나라의 기술사(技術士 : professional engineer)에 해당하는 의미라고 볼 수 있으며 공과대학을 졸업하고 일정한 기간 동안 실무 경험을 갖춘 사람들이 국가시험을 통과하여 얻는 자격을 말한다. 공학의 세계에서 가장 높은 자격의 지위를 일컫는 용어이지만 공학기술 윤리학에서 말하는 기술자는 일반적으로 전문직에 종사하는 모든 기술자를 대상으로 함으로 전문공학 기술자인 P.E. 및 일반기술자인 F.E. 그리고 통상적인 일반 용어인 engineer, technician 등을 통틀어서 의미한다.

그리고 vocational technician은 일반 직업 기술자의 의미를 가지고 있다. 이들은 전문 엔지니어의 지도와 감독을 받으며 동시에 기능공을 지휘, 통제하는 역할을 한다. 이런 의미에서 하급 기술자인 기능사(技能士 : skilled worker, crafts man)는 고등학교 정도의 기술자이다.

표 16.3 공학의 분류

• 나노공학	• 통신공학	• 재료공학	• 고분자공학
• 융합공학	• 기계공학	• 화학공학	• 원자핵공학/ 원자력공학
• 세라믹공학	• 자동차공학	• 생물공학	• 자원공학
• 산업공학	• 철도공학	• 생명공학	• 컴퓨터공학
• 전기공학	• 조선공학	• 섬유공학	• 지리정보공학
• 전자공학	• 항공공학	• 도시환경공학	• 항공전자공학
• 반도체공학	• 건축공학	• 우주공학	• … etc
• 디스플레이공학	• 토목공학	• 환경공학	
• 의용전자공학	• 금속공학		

자료 : 위키 백과사전 http:/ko.wikipedia.org/wiki/%EA%B3%B5%ED%95%99

표 16.4 공학기술 윤리교육 목표

1. 감각을 증대시키는 것
2. 충분한 판단기준을 가질 것
3. 판단을 명확히 할 것
4. 행동으로 실천할 것

자료 : Michael Davis, Illinois Institute of Technology.

표 16.5 공학윤리 교과목의 구체적 목표

• 감각능력 – 전문가의 직무에서 윤리적인 감각능력을 향상하는 것
• 지식능력 – 윤리헌장과 같은 전문가의 행동기준에 관한 지식의 향상
• 판단능력 – 도덕적 추리와 기술을 습득
• 책임능력(공약, 의무) – 모범적인 행동에 개인적 노력(헌신)을 강화하는 능력

2 지속가능발전과 환경윤리

환경문제들, 즉 증가하는 대기오염, 수질오염, 식량문제, 핵에너지의 위험, 에너지 위기, 살충제, 식품첨가제, 토지의 오용, 고형폐기물, 그리고 자원부족 문제 등에 대해 우리는 어떻게 대응해야 할 것인가? 심리학자 매이(Rollo May)는 우리는 이제 이러한 문제에 의해 압도되고 무기력해져서 더 이상 다른 사람이나 다른 것에 대해 신경을 쓸 수 없게 될 것이라고 말한다.

기술진보와 무책임한 자원남용의 긴 역사 끝에서 우리는 마침내 어떤 한계에 도달하고 있다. 더 이상 바르게 되어가는 것은 아무 것도 없다. 우리들의 삶은 비인간적이고 통제할 수 없는 힘에 의해 조종되는 것 같이 보인다. 우리들이 추구하는 목표는 의미가 없는 것이 되고, 우리들의 가장 착한 마음과 가장 귀중한 자원은 살육, 황폐화, 그리고 폐기물을 생산하는데 바쳐진다. 여기에 우리는 핵과 생태적 재앙에 의해 우리자신을 파괴하는데 우리의 힘을 보태고 있으니, 우리가 우리자신에게 희망이 있느냐고 묻는 것이 조금도 이상할 것이 없다. 그러나 이 물음에 대한 답은 긍정적이다.

1) 3개의 잘못된 관점

우리는 다음과 같은 세 개의 잘못된 관점을 피하기만 하면 향후 30년 이내에 지속가능지구공동체로 이행할 수 있다. 즉, ① 과학과 기술이 우리의 구세주라는 믿음을 가진 사람들의 맹신적 기술낙관주의 ② 희망을 포기한 사람들의 암울한 숙명론적 비관주의, 그리고 ③ 운명론적인 전망이나 순진한 현실관으로부터 발생하는 무관심이다. 기술에 대한 사람들의 명백한 태도변화가 일어나고 있다. 우리나라 인구의 과반수가 기술이 자연자원의 부족과 가격상승 문제를 해결할 수 없을 것이라고 대답하였다(Miller Jr. G. T., 1982).

(1) 과학과 기술의 맹신적인 관점

우리들이 늦게나마 알게 된 것은 ① 핵융합에너지와 같은 기술적인 문제는 불가능하지는 않을지 몰라도 해결하기에는 믿을 수 없을 만큼 어렵고, ② 핵발전소와 그로 인한 핵폐기물 처리 문제와 같은 복잡하고 집중적인 기술은 많은 양의 값비싼 물질과 에너지 자원, 거대한 자본 투입, 그리고 개발과 전반적인 상용화에 소요되는 긴 준비기간의 문제가 있고, 다음은 ③ 새로운 기술진보는 예측할 수 없는 해로운 부작용을 만들어 내는 경우가 많다는 것이다. 그렇다고 우리가 기술을 모두 버려야 한다는 것은 아니다. 대신 우리는 그 기술의 방향을 바꾸어 자원을 낭비하지 않고, 자연을 지배하려고 하기보다는 자연과 함께 일하도록 해야 한다.

(2) 미래에 대한 비관적인 관점

① 희망이라는 동력

비관적이고 숙명론적인 선입견 역시 우리들의 문제에 대한 해답은 아니다. 최근 우리는 충격적인 사실과 비관적인 예측을 많이 접하고 있다. 그러나 종말론적인 예언은 그 위험이 인정된 경우라 할지라도 사람들의 기본적인 행태를 바꾸는 데는 거의 아무런 영향도 미치지 못한다. 예를 들어, 미국의 흡연인구는 흡연이 암과 심장병으로 인한 조기사망 위험을 크게 증대시킨다는 사실에도 불구하고 눈에 띄게 감소하지 않고 있다. 과도한 비관론이나 숙명론은 전신을 마비시킬 뿐이다. 행동으로 옮기는 대신 불신, 무관심, 물러섬, 그리고 절망으로 나아갈 뿐이다.

그와는 대조적으로, 희망은 삶의 위대한 원동력 중의 하나다. 희망은 인간정신에 에너지를 불어넣어 불가능하거나 매우 불확실해 보이는 것을 가능하게 만들 수 있다. 가드너(John W. Gardener)가 우리에게 그 길을 가리키고 있다. "의심할 여지없이 이 세상은 눈물의 골짜기다. 세상은 설명할 수 없는 불합리로, 묵인할 수 없는 악으로, 용서할 수 없는 부정의로 가득 차 있다." 말과 생각으로 포화상태가 된 우리의 일부분인 의식과정은 너무나 비관적인 결론에 도달할 수도 있다. 그러나 우리에게 내재되어 있는 오래되고, 더 깊이 뿌리내린, 그리고 생물학적으로, 정신적으로 굳건한 부분은 희망, 노력, 삶에 대해 언제나 긍정적으로 말하고 있다.

② 새로운 세계관

현재의 바람직하지 않은 흐름이 우리가 가는 방향을 가리키고 있는 것은 아니다. 드보(Rene' Dubos)는 "추세는 목표와는 다르다"는 것을 우리에게 일깨워주고 있다. 만약 우리가 중요하고 바람직한 방향의 변화를 위해 희생을 감수하고 그 대가로 얻는 기쁨을 택한다면 우리는 현재의 파멸적인 추세를 희망적인 것으로 바꿀 수 있다. 노벨상 수상 화학자인 씨보르그(Glen T. Seaborg)는 우리들에게 현재와 미래를 새로운 눈으로 보기를 주장한다. 즉, "오늘날 우리들이 모든 사회적인 격변, 환경오염에 대한 경고와 불안, 그리고 일반적으로 거의 견디기 어려울 정도에 도달한 위기에서 목격하고 있는 것은 숙명을 예보하고 있는 것이 아니다. 그것은 새로운 세계관의 산통이라고 할 수 있다"는 것이다. 이를 베켓(Samuel Bekett)은 "우리는 죽음과 난산의 사이에 있다"고 말한다.

만약 인간의 행위와 직관이 향후 30년 동안 지난 50년간과 같이 변한다면 우리들은 지속가능지구공동체로 이행할 수 있다. 지속가능지구라는 의식을 가진다는 것은 우리가 내연기관을 가진 큰 차를 몰면 더 이상 깨끗한 공기를 기대할 수 없고, 효율적인 대중교통수단을 개발해야 한다는 것을 의미한다. 우리는 세계의 광물, 에너지 및 식량자원을 다른 사람들에게 문자 그대로 불행과 죽음을 가져올 정도로 사용하고 낭비하는 것을 더 이상 정당화할 수 없다는 것을 의미한다. 우리는 군비경쟁에 엄청난 돈과 희소자원을 낭비하면서 평화니, 영예니, 형제자매니, 정의니, 자유니, 빈곤과의 전쟁 등을 말할 자격이 없다.

(3) 무관심으로 일괄하는 관점

우리나라에서 가치혁명이 진행 중이라는 신호가 나타나고 있다. 사람들의 감정이 움직이고 있으며, 묻고, 듣고 그리고 행동하는 조직체를 만들고 있다. 그들은 묻는다. '진정한 복지란 무엇인가? 경제성장은 항상 진보를 가져오는가? 풍요로운 국가의 진정한 목적은 무엇이 되어야 하는가?' 사람들에게 진실을 말해 줄 지속가능지구공동체를 위한 지도자를 선출해야 한다는 인식이 확대되고 있다. 그 진실이란 우리는 모든 것을 다 가질 수는 없다는 것, 우리는 무엇인가 중대하고 어려운 변화를 해야 한다는 것, 우리가 보존하려고 하는 것을 위해서는 다른 것을 버려야 한다는 것이다.

미국 상원의원 모이니언(Patrick Moynihan)은 우리들에게 다음과 같이 말한다. 즉, '폭정의 진수는 복잡성을 부인하는 것이다.' 실재로, 희망이라는 말의 경우 중요한 부분은 보통시민들이 전문가나 지도자들보다 때로는 더 넓고 더 인간적인 견해를 가질 수 있다는 것이다. 정치가들이 종종 간단한 해결책을 제안하기도 하지만 일반대중은 '모든 문제에는 해결책이 있다. 그 해결책은 간단한 해결책, 깔끔한 해결책, 그리고 잘못된 해결책이 있다'는 것을 알고 있다.

① 사회적 변화의 4단계

스타이코스(J.M. Stycos)는 주요 사회적 변화는 4단계를 거친다는 견해를 밝혔다.

- 제1단계 : 말도 없고 실천도 없다.
- 제2단계 : 말은 있되 실천은 없다.
- 제3단계 : 말도 있고 실천도 있다.
- 제4단계 : 말은 없으나 실천은 있다.

1970년대 후반부터 우리나라 국민들은 환경에 대한 인식과 관심을 가지게 되었다. 지금도 환경문제에 관한 조사결과는 비용에 관계없이 지속적인 환경개선이 매우 중요하다는 의견이 다수를 차지하고 있다. 환경문제를 다루기 위해 중앙정부뿐만 아니라 지방자치단체도 환경행정기관을 가지고 있으며, 대부분의 대학과 대학교가 환경과목을 개설하고 있고, 많은 환경운동가들이 정부 및 산업계에 계속적인 영향력을 행사하고 있다.

② 3단계에 들어선 오염전선

오염전선에서 우리나라는 제3단계에 접어들었다고 할 수 있다. 몇 개의 환경문제에 대해서는 실재적인 진보를 이루었다. 1980년 이래, 공기, 물, 토양, 공중보건 등을 위해 수십 개의 법률이 통과되었으며, 수십조 원이 오염방지에 사용되었다. 1980년 이래 많은 대기오염물질의 농도가 거의 모든 대도시 지역에서 떨어졌으며, 대기오염도는 2000년 기준으로 몇 개의 도시를 제외하고 거의 모든 도시에서 수용 가능한 수준으로 떨어졌다.

③ 2단계에 머물고 있는 에너지 전선

에너지 전선에서는 우리나라는 아직도 '말만 있고, 실천은 없는' 단계에 머물러 있다. 우리나라는 에너지 효율을 높이기 위한 노력을 하고는 있지만 아직도 계속해서 엄청난 양의 에너지를 낭비하고 있다. 사람들 중에는 차를 덜 사용하고, 난방온도를 낮추며, 주택에 단열재를 많이 사용하고, 많지는 않지만 사람들이 태양에너지를 사용하여 난방을 하고 있다. 한 조사에 의하면 가장 선호하는 에너지원으로 태양에너지를 꼽았고, 가장 싫어하는 에너지원으로 핵에너지를 들었다. 그러나 아직도 많은 사람들이 법의 규정 때문에 에너지를 절약하거나 또는 에너지절약이 확실하게 돈 절약이 된다는 것을 알 수 있을 경우에만 에너지를 절약한다. 휘발유 값이 크게 상승함에도 불구하고 승용차공용제는 거의 없고, 국가적으로는 대중교통 또는 유사교통수단이 부족하고 자동차에 대한 의존도를 줄일 수 있는 자전거 길과 같은 대체적인 대책이 부족하다.

④ 4단계에 들어선 인구문제

인구문제에 있어서는 우리나라의 경우 제4단계로 진입했다. 영의 인구성장은 향후 40년 정도 후가 되겠지만, 1990년대 중반 이후 우리나라의 인구성장률은 급속히 둔화되기 시작했다. 2011년 우리나라 인구는 50,734천명인데 World Bank(2011년)에 의하면 우리나라 인구밀도는 단위면적(km^2) 당 504명으로, 인구 1,000만 명 이상을 가진 국가들 중에서는 1위를 차지하고 있다.

인구문제 외에도 우리가 지속가능지구공동체로 이행하기 위해서는 많은 문제를 해결해야 한다. 에너지위기, 비재생성자원의 고갈, 농약오염, 생태계의 단순화, 폐기물의 처리 및 재활용, 방사능폐기물의 장기적인 처리 및 보관, 사용가능한 수자원의 공급, 토지이용, 산림벌채, 자동차, 유독금속, 그리고 장기적인 지구온난화의 가능성 등 훨씬 어려운 문제들이 많이 남아 있다. 우리는 그러한 모든 문제들을 충분히 인식하고 연구하고 행동으로 옮기고 있으나, 그러한 문제들을 해결하거나 최소한 더 커지지 않게 하기 위해서 우리는 향후 30년 이내에 지속가능지구공동체로 이행해야 한다.

⑤ 환경주의자의 활동

우리나라의 환경주의자들은 1980년 이래 훨씬 좋은 조직과 정보망을 가지게 되었다. 그들은 환경의 남용을 방지할 수 있는 법적, 정치적 장치를 사용하는 방법을 배웠고, 엄격한 환경보호법을 통과시키기 위한 로비방법도 배웠다. 직접 또는 간접으로 환경주의자들은 댐이나 발전소, 고속도로, 비행장, 그리고 환경적으로 해로운 사업을 중단시키거나 연기시키고, 변경되도록 하였다.

시민단체들은 환경보호를 위해, 선출직 정치가들이 생각하는 우선순위와 가정을 바꾸기 위해, 소비자 보호를 위해, 조직화된 기업이나 기타 이익집단의 강력한 로비에 대항한 보통 사람들을 위한 로비를 위해, 그리고 기존 법을 사용하여 독창적인 방법으로 가난한 사람이나 불이익을 당하는 사람과 나아가서는 우리 모두를 보호하기 위해 활동하고 있다. 1980년대의 환경주의자들은 공장이나 기타 작업장 내에서 발견되는 비위생적 환경에 더 많은 초점을 맞추고 있었다. 그들은 노동자 단체와 연합하여 작업조건을 개선하였다. 환경주의자들이 초점을 맞추고 있는 다른 것으로는 기존 환경법과 규제법의 적용강화, 대기 중의 이산화탄소 농도 증가나 산성화물 축적과 같은 지구적 환경문제가 있다.

환경운동은 이제 그 복잡성이 더해가고 잘 보이지는 않는 단계에 들어서고 있다. 깨끗한 환경을 위해 거리를 행진하고 시위를 한 운동가들 대신에 고도로 훈련되고 전문적인 법률가, 과학자, 그리고 공무원 등 잘 훈련된, 기강을 가진 일단의 사람들이 내부로부터 체제를 바꾸고 있다. 환경운동단체인 씨에라클럽(Sierra Club)의 워싱턴지국 국장인 에반스(Brock Evans)는 "지금부터의 환경운동은 나와 같은 목청만 큰 어중이떠중이가 아닌 환경전문가를 필요로 한다. 지금까지의 투쟁은 환경청과 법원이라는 찻잔 속에서 진행된 것이다."라고 지적하였다.

정치 분석가들은 전문적인 정치 운동가들이 인구의 약 10%만 되면 큰 변화를 가져올 수 있다고 말한다(어떤 사람들은 5% 내지 그 이하라고도 하지만, 환경단체에 대항하는 반환경적인 5%에 대항하기 위해서는 추가로 5%가 필요).

⑥ 산업주의자의 인식전환

산업주의자 중에는 초기의 방어적인 자세에서 벗어나려는 경향이 있다. 많은 산업주의자들이 대중은 심각하게 대해야 할 대상이며, 장기적으로는 오염이 사업에 해로운 것이고, 오염방지를 늦출수록 방지비용은 증가하고, 환경오염방지산업은 주요 성장시장이며, 환경을 보전하는 주요 책임이 그들에게 있다는 것을 알기 시작했다.

⑦ 스웨덴과 중국의 예

국제적인 차원에서는 스웨덴과 중국이 다른 나라의 모범을 보였다. 모든 환경문제에서 스웨덴은 제4단계로 이행하고 있다. 인구는 영의 성장에 도달했으며, 국가토지이용계획을 제도화하고, 광범위하고 고도로 정밀한 오염방지체제를 제도화했으며, 국민의 자유로운 사용을 위해 긴 해안선을 보호하고 있고, 핵에너지를 폐기하고 재생성에너지로 전환하고 있으며, 현재는 국민총생산의 약 5%를 환경보전사업에 투자하고 있다.

또한 스웨덴은 DDT의 사용을 금지했으며, 메틸수은 종자처리제의 사용을 금지했다. 스웨덴 연구소는 세계에 대해 환경위험과 그 치유방법에 대해 경고하고 있다. 스웨덴의 개혁에는 폐기물 수집 및 자원회수를 위한 송기관의 설치, 무수 화장실 및 다른 선진국 기업들이 개발할 수 없다고 말한 삼원촉매장치의 개발 등이 포함된다. 스웨덴, 노르웨이, 네덜란드, 캐나다 등의 국가는 지난 수십 년 간 가난한 나라에 외국 원조를 제공한 몇 안 되는 부유국들이다. 다른 도시화 국가들과 같이 스웨덴도 심각한 사회적, 환경적 문제를 가지고 있다. 그러나 다른 나라들은 스웨덴의 지속가능지구공동체 행태로부터 분명히 많은 것을 배울 수 있다.

중국은 세계에서 가장 인구가 많은 나라로, 인구 억제라는 문제에서는 제3 단계로 진입하고 있다. 분명 중국은 세계에서 가장 효과적이고 엄격한 인구 억제 사업을 진행시키고 있다. 대규모의 인구에도 불구하고 중국은 소규모 분산적인 지역사회의 농장, 중간수준의 기술, 엄격한 정부통제 등을 적절히 혼합하여 그 많은 인구를 먹여 살리고 있다. 중국은 세계에서 가장 효과적인 식목사업을 하고 있기도 하다.

발명가이며 세계적인 지식인인 벅민스터(R. Buckminster)와 환경전문가 브라운(Lester R. Brown)에 따르면 중국은 세계의 어느 국가보다도 강한 환경윤리 의식을 가지고 있다고 한다. 물론 다른 나라들은 중국에서만 찾아볼 수 있는 강력하고 집권적인 정부의 통제를 원하지도, 가지고 있지도 않다. 중국 역시 서구산업국가들이 밟아온, 환경적으로 파괴적인 길을 따라 고도로 산업화된 사회를 개발하는 덫에 걸릴 수도 있다. 현재 그렇게 되고 있다. 그러나 중국이 지금까지 인구문제에 있어서만은 세계에 그 본보기를 보여주었다는 것은 틀림없는 사실이다.

우리는 여기서 세상 모든 일이 잘 되어가고 있다고 말하는 것이 아니다. 우리들은 단지 우리가 처한 곤경을 인식하기 시작했다는 것이고, 행동방향에 대한 결정은 아직도 멀었다는 것이다. 그러나 그 동안 얼마나 큰 진척이 이루어졌는지를 생각해보면 놀라울 따름이다. 어떤 견유학자(犬儒學者)는 생태학은 일시적인 유행이라고 말한다. 만약 그렇다면 마지막 유행이 되었으면 좋겠다. 환경운동에는 많은 혼란과 불협화음이 있다. 초기의 환경운동가들이 환경보전을 위해 필요한 기본적인 정치적, 경제적, 사회적 및 윤리적 변화가 무엇인지를 인식한 후에는 비환경적으로 전향하는가 하면 반환경적 입장으로 돌아서기도 했다. 그러나 환경문제에 대한 인식은 높아지고 행동하는 사람들은 증가하고 있다.

2) 지속가능지구의 윤리

(1) 지속가능지구를 위한 도구

① 5가지 주요 도구들

지속가능지구를 위한 5가지 주요 도구들은 에너지법칙, 자동제어체제, 정치, 경제 및 윤리이다. 열역학법칙은 폐쇄체제인 지구라는 유한한 체제에서 우리가 할 수 없는 것이 무엇인지를 말해주고 자동제어체제는 복잡하고 여러 가지 변수로 구성된 체제에서 우리가 할 수 있는 것이 무엇인지를 이해하는데 도움을 준다. 에너지법칙과 자동제어체제는 지속가능지구공동체를 이룩하는데 필요한 가장 중요한 2개의 도구이다.

정치, 경제 및 윤리는 이러한 사회를 이룩하는데 필요한 추가적인 도구들이다. 정치는 변화를 촉진하거나 늦추는데 도움이 되고, 경제는 변화를 촉진하거나 억제하는데 보상체제로서의 역할을 할 수 있다. 우리는 지속가능지구를 위한 정치와 경제체제를 발전시킬 수 있고 또한 발전시켜야 하며, 그들의 사용방법을 알아야 한다. 과학이나 기술처럼 지속가능지구 정치나 경제는 좋게도 나쁘게도 사용될 수 있다. 정치, 경제 및 윤리는 중요한 도구들이지만 어느 것도 우리에게 무엇을 해야 할 것인지에 대해서는 말해주지 않는다. 우리는 에너지법칙, 자동제어체제, 정치, 경제 그리고 윤리 간의 창조적, 상승적 상호작용을 통해서만 지속가능지구공동체로 이행할 수 있다.

② 우리의 태도

우리가 환경악화를 가져오는 우리의 태도와 가치문제를 다루지 않으면 생태적인 관심은 얼마가지 못하고, 생태적 행동은 절름발이가 되고 만다. 생태위기는 자연에 대한 우리의 태도, 기술에 대한 우리의 태도, 그리고 서로에 대한 우리의 태도 때문에 발생한다. 우리는 직접 또는 간접으로 환경적으로 파괴적인 습관과 행태를 계속하고 있는데, 그 이유는 우리가 세계를 보는 방법 때문이다.

우리가 하루 빨리 새로운 세계관과 생활양식을 채택하지 않으면 현대문명의 질병을 치료하는 대신 우리들 스스로를 파멸시키는 행동을 계속하게 될 것이다. 슈마허(E. F. Shumaher)는 다음과 같이 말하고 있다. "환경악화는 과학이나 기술 또는 정보의 부족, 훈련된 인력 및 조사연구 재원의 부족으로부터 생겨난 것이 아니고, 기본적인 믿음이나 종교로부터 생긴 현대세계의 생활양식에 기인한 것이다."

(2) 자연에 대한 태도

① 8가지 기본적인 믿음

자연에 대한 선진산업국가들의 태도는 다음과 같은 8가지 기본적인 믿음으로 표현될 수 있다.

a. 인간은 모든 가치의 원천이다.
b. 자연은 우리의 사용가치 때문에 존재한다.
c. 우리의 일차목적은 생산과 소비다. 성공은 물질적 풍요를 바탕으로 한다.
d. 생산과 소비는 끝없이 증가되어야 한다. 그 이유는 우리는 물질생활 수준을 끝없이 높일 권리를 가지고 있기 때문이다.
e. 물질과 에너지자원은 무한하다.
f. 우리는 자연환경에 우리를 적응시킬 필요가 없다. 그것은 우리가 자연을 다시 만들어 과학과 기술에 의해 우리들 자신의 필요에 적합하게 할 수 있기 때문이다.
g. 국가의 주요 기능은 개인과 기업이 그들의 복지와 힘을 증대시키기 위해 환경을 이용

하도록 도와주는 것이다. 가장 중요한 국가는 세계자원의 가장 큰 부분을 장악해서 사용하는 것이다.

h. 이상적인 사람은 자기 자신의 일을 하되 남을 다치지 않게 하는 자수성가형 개인이다.

② 유대교 대 기독교의 전통

우리들 대부분이 이러한 주장들을 모두 수용하지는 않겠지만, 우리는 개인차원, 기업차원 그리고 정부차원에서 이와 같은 행동을 하고 있다. 우리는 어떻게 해서 자연에 대해 이러한 태도를 가지게 되었을까? 역사학자 화이트(Lynn White, Jr)는 서구적 생태위기를 유대교 대 기독교 개념으로 거슬러 올라간다. 그 개념은 '열매가 풍성하고 늘어나니, 땅을 채우고, 그것을 정복할지니, 바다의 고기, 공중의 새 그리고 모든 살아 있는 것을 지배하리니.'(창세기 1 : 28)이다. 신학자와 기타 학자들은 이러한 이론은 서구문명의 역사에서 여러 가지 상이한 방법으로 작용해온, 풍부하고 다양한 믿음 대신 획일적인 구조로서 유대교 대 기독교 전통을 취급하고 있다고 지적한다. 유대교 대 기독교의 전통(또는 그 잘못된 해석)은 인간과 자연과의 관계를 오늘의 위기로 몰아온 요소 중 하나에 불과하다.

③ 잘못된 종교적 행위

성경의 창세기 이야기 등 몇 개 부분은 인간의 지배를 말할 뿐만 아니라 자연에 대한 책임과 존경, 그리고 선량한 관리자로서의 역할을 말하기도 한다. 또한 '지배한다'는 구절은 탐욕스러운 착취가 아닌 사랑이 깃든 돌봄을 의미하는 것으로 추론할 수도 있다. 문제는 기독교나 기타 종교에 있는 것이 아니고, 기독교나 다른 종교를 믿는 사람들이 그 종교적 행위를 잘못한 때문이다. 화이트의 이론은 다른 근거에 의해 논쟁거리가 될 수 있다. 과잉방목이나 토양침식, 과도한 산림벌채로 인한 토지의 오용과 파괴적인 착취는 비서구적, 비 유대교 대 기독교 문화에서도 발생하고 있다. 자연에 대한 파괴적인 태도에 대해 무엇을 비난할 것인가를 따지는 대신 우리는 그들을 건설적으로 만드는 방법에 초점을 맞추어야 한다.

(3) 지속가능지구윤리 접근방법

① 3가지 접근방법

우리는 자연에 대한 우리의 태도를 어떻게 바꾸고 그에 따른 행동을 어떻게 바꿀 수 있을까? 3가지 기본적인 접근방법이 있다. 생태적, 인간적 그리고 신학적인 방법이다. 이 세 가지는 서로 겹치거나 기본적으로 동일한 목표를 공유하고 있지만, 그들은 강조점과 동기유발 동력에서 서로 다르다.

② 생태적 접근방법

생태적 접근방법은 광대무변한 생명의 그물을 인정하는 것이다. 생명의 그물에서는 우리들의 과거, 현재, 미래의 모든 행위가 서로 영향을 미치며 이 중 일부는 예측할 수 없다는 것이다. 자연에서 우리가 하는 일은 어느 것이나 다른 것에 영향을 미친다. 우리들은 자연이 하는 일을 결코 전부 알 수 없고, 우리는 현재나 미래를 사는 다른 생물에 영향을 미치지 않고 완전히 나에게만 영향을 미치는 행위를 할 수 없다. 이러한 상호의존성, 다양성, 유한성 및 취약성의 세계관은 이 세상에서 우리들은 행동의 모델로서 역할을 해야 한다는 것이다.

칸(Robert Cahn)은 그의 말에서, "환경윤리의 핵심구성성분은 지구를 사랑하고 거기에 사는 모든 주민을 사랑하며, 남을 해롭게 하면서 자신의 이익을 추구하는 것을 억제하고, 매일을 살면서 가능하면 지구에 가장 가벼운 발자국만을 남겨놓는 것이다."라고 하고 있다. 퍼셀(Arthur Purcell)은 이것을 다른 말로 표현하고 있다. 즉 "환경보존윤리는 값진 자원의 낭비적 사용은 모든 사람의 생활의 질에 해롭고 나쁘다는 것을 인식하는 것이다. 소량폐기물사회에서의 생산품은 최소의 물질자원 및 에너지자원을 사용하여 가능한 한 가장 효율적인 방법으로 제조되어야 하고, 태양열이나 바람, 물과 같은 저공해재생성에너지에 많은 부분을 의존해야 한다. 우리가 사용하는 제품은 재활용 가능하고, 내구적이며, 재이용 가능하고, 다용도적이며, 표준화되어 있고, 간단해야 한다."

③ 인간적 접근방법

인간적 접근방법도 비슷하다. 이 지구상에 사는 다른 사람들에 대한 우리의 책임을 강조하는 것이다. 우리의 인생행로에서 함께 여행하는 우리 동료의 복지는 정상적으로 작동하는 지구의 생명유지체제에 직접 연결되어 있기 때문에 인간에 대한 관심은 역시 자연에 대한 관심이 될 수밖에 없다.

④ 신학적 접근방법

신학적 접근방법은 강조점이 약간 다르다. 생태윤리는 우리가 생태권을 위태롭게 하면 우리자신을 위태롭게 한다는 것이다. 생태윤리는 인간중심의 세계관을 포함한 다른 모든 생명에 대한 우리들의 의무에 바탕을 두어야 한다. 이와 같은 생명체에 대한 경외사상은 일찍이 시바이처(Albert Schweitzer)와 탁월한 신학자인 틸리히(Paul Tillich) 및 샌티마이어(Paul Santimire), 그리고 생태학자인 베이츠(Maston Bates)와 레오폴드(Aldo Leopold) 등에 의해 발전되었다.

어떤 사람들은 이러한 사상에 강력히 반대한다. 우리의 의무는 신과 인간에 대한 것이고 모든 생명에 대한 것은 아니라고 한다. 두보(Renee' Dubos), 쉴링(Harold Schilling), 그리고 신학자인 훼크리(Gabriel Fackre)는 우리는 관리자윤리를 채택하여, 여기서 우리는 현명하고 창조적이며 경외심을 가지는 마음으로 자연을 사용하고 그들을 인도하며 땅을 경작하고, 그리고 자연과 협력해야 한다고 주장하고 있다.

콕스(Harvey Cox)나 본호퍼(Dietrich Bonhoeffer)와 같은 신학자들은 성스러움과 은둔을 분리해서 생각하는 것을 거부한다. 사후의 생을 기다리는 대신 기독교인은 세상에서 책임 있는 관여를 통해 다른 사람들에 대한 그들의 관심을 표현해야 한다는 것이다. 그러나 그러한 관여는 우리 모두를 살게 하는 생태권의 완전성을 보호하고 유지해야 한다는 것을 전제로 한다. 어떤 사람들은 말하기를, 해답은 서구종교가 아닌 동방의 종교에 있다고 한다. 예를 들어, 도교나 선종은 인간과 자연의 조화와 통일의 개념을 포함하고 있으며, 불교는 모든 살아 있는 생명체에 대한 경외심과 자연의 아름다움에 대한 감사의 염을 북돋우는 역할을 한다.

그러나 비서구적 문명 역시 과잉방목, 토양침식, 과도벌채 등으로 토지를 파괴하고 있다. 비난의 대상은 종교가 아니고 종교를 행하는 인간의 잘못이다. 그러면 어떤 길, 어떤 접근방법이 가장 좋을까? 생태, 인간성, 서구종교, 동방종교가 우리에게 생명을 기르고 보존하는 방향을 가르쳐줄까? 우리에게는 여러 가지 길이 있는 것처럼 보인다. 역사는 남자와 여자가 이러한 다양한 가르침을 따라 자연과 인간생명에 대한 경외심을 가지고 행동해 왔다는 것을 보여준다. 한 신학자가 이렇게 물은 일이 있다. "유한한 생명을 가진 우리가 감히 어떻게 신이나 종교를 단 하나의 길로 가라고 제한을 가할 수 있는가?"

(4) 얕은 환경주의와 깊은 생태학

① 개혁환경주의

노르웨이 생태철학자 네스(Arne Naess)는 환경문제 해결을 위한 2 가지 접근방법을 제시하였다. 그는 그들을 각각 '얕은 환경주의'와 '깊은 생태학'이라고 불렀다. 얕은 환경주의(개혁환경주의라고도 부름)는 대체적으로 우주선지구 세계관과 일치한다. 그 목표는 기술, 경제, 전통적 정치를 사용하여 인구성장, 오염 및 자원고갈을 억제하는 것이다. 그것은 현대 산업사회의 경제적, 정치적, 사회적, 윤리적 기초에 대한 심각한 문제 제기 없이 이루어지는 것이다.

② 혁명적 생태학

이와는 대조적으로 깊은 생태학(혁명적 생태학이라고도 부름)은 ⓐ 생태권의 안정성, 완전성 및 다양성 보전, ⓑ 인간은 자연의 지배자가 아닌 평범한 시민이라는 인식, ⓒ 인간의 지배나 간섭을 받지 않고 생활하고 꽃 피울 수 있는 모든 생물종의 권리의 인정, ⓓ 지구자원의 낭비 금지, ⓔ 과도한 오염 및 생태계 교란 억제 등에 바탕을 두고 있다. 다시 말하면, 깊은 생태학은 위에서 논의한 지속가능지구공동체 세계관과 대체적으로 일치한다. 깊은 생태학적 세계관 주창자들 중에는 얕은 환경주의적 세계관을 가진 사람들을 예리하게 비판하는 사람들이 있다.

③ 얕은 환경주의와 깊은 생태학의 결합

그러나 그러한 공격은 후자에 속한 사람들이 1965년 이래 이루어진 대부분의 환경적 개혁을 이끌어 왔다는 사실을 인식하지 못하는데서 생기는 것이다. 얕은 환경주의자들의 세계관은 우리에게 시간을 벌어줌으로써 자연에 대한 태도와 행동에 있어 좀 더 전면적인 변화를 가져오고 현대산업사회의 근저에 놓인 잘못된 믿음을 총체적으로 다시 생각하게 하는 깊은 생태학적 세계관으로 그 추종자들을 유도할 수 있었다. 우리에게 필요한 것은 후자의 윤리원칙과 전자의 성공적인 전술을 결합한 것이다.

(5) 지속가능지구공동체 윤리

① 11개 윤리지침

지속가능지구공동체 세계관은 앞에서 말한 자연에 대한 8가지 태도를 다음과 같은 윤리지침으로 대신한 것이다.

a. 인간은 모든 가치의 원천이 아니다.
b. 자연은 원래 인간을 위해 존재하는 것이 아니고 모든 살아 있는 생물종을 위해 존재한다.
c. 우리의 일차적 목적은 생산과 소비가 아니고 지구의 자원을 보전하고, 새롭게 하며, 재충전하는 것이지 지구를 약탈하는 것이 아니다.
d. 생활의 질을 개선하고, 물질의 생산과 소비를 증대시키지 않는 것이 우리의 제 1차적 목표가 되어야 한다.
e. 지구자원은 유한하며, 사랑하고 새롭게 하고 낭비하지 말아야 한다.
f. 우리와 자연과의 관계는 인간과 자연과의 관계이어야 한다. 생태적인 이해와 협력에 바탕을 둔 모든 생물종과의 동반자 관계다.
g. 우리는 물리적, 생물적, 문화적 다양성을 보전하고 장려함으로써 생태적 안정성과 완전성을 보전해야 한다.
h. 국가의 주요 기능은 장기적 계획의 감독, 개인과 기업의 환경약탈 및 환경파괴 행위의 예방, 인간의 자유와 존엄의 보전 등이다.
i. 우리의 이상적인 목표는 나누고 돌보는 것이며, 개인주의를 완성하고 지배하는 것이 아니다.
j. 이 지구에 사는 개인은 누구나 독특한 존재로서 생태권의 자원에 대한 기본적인 몫에 대한 권리를 가진다.
k. 어떤 개인이나 기업 또는 국가도 유한한 지구자원에 대해 무한한 몫을 주장할 권리가 없다.

② 실천이 중요한 시점

만약 여러분이 인간주의나 세계의 위대한 종교의 교리를 추종한다면 여러분은 위와 같은 가치들에 대해 특별히 새로운 것을 발견할 수 없을 것이다. 그러나 지금 우리들은 새로운 지속가능지구공동체를 이룩하기 위해 말만이 아닌, 지금 당장 무엇인가 실천해야 할 시점까지 와 있다. 생태위기는 생명의 궁극적 의미에 대해 우리에게 묻고 있다. '우리는 누구인가? 우리들은 어디로 가고 있는가? 우리가 해야 할 것은 무엇인가?'

3) 개인적 실천사항

(1) 개인이 실천할 수 있는 10가지

결국, 모든 것이 우리가 하나의 개인으로서 또는 집단의 구성원으로서 무엇을 하려고 하는가 하는 문제로 귀결된다. 여러분자신이 다음과 같이 시작해 보라.

① 여러분은 세계관에 대해 여러분이 생각하는 방식에 따라 평가할 수 있고, 여러분 자신을 환경에 민감하게 하라. 일어서서 주위를 돌아보고 무엇을 무엇이 될 수 있는 것과 무엇을 할 수 있는 것과 비교하라. 여러분의 방, 집, 학교, 직장, 거리, 도시, 국가, 세계를 조사하라. 여러분 주위에 있는 어떤 것들이 여러분의 삶의 질을 진실로 개선할 수 있을까? 여러분 자신의 나쁜 환경적 습관은 무엇인가? 여러분의 세계관은 무엇인가? 그 가정은 현실세계의 타당성 있는 견해를 바탕으로 한 것인가?

② 여러분은 생태적 정보를 얻을 수 있다. 개척자적 단선적 세계관을 버려라. 지속가능지구관을 생각하고 너 자신을 거기에 침잠시키라. '모든 성장은 선이다.' 또는 '기술은 우리의 구세주다'라는 덫에 빠지지 말라. 생태위기의 특정 분야에 대한 전문성을 기르고, 여러분의 전문지식을 다른 사람과 나누어라. 모든 사람이 생태학자가 될 필요는 없다. 그러나 여러분은 여러분의 특정 전문이나 직업을 '생태화' 할 필요는 있다.

③ 에너지와 물질 소비를 폐기물 발생, 엔트로피 생산을 줄임으로써 여러분은 좀 더 단순한 생활양식을 선택할 수 있다. 에너지, 물질, 엔트로피 절식으로 나아가야 한다. 높은 에너지 사용은 많은 폐기물 발생, 높은 엔트로피를 생산하는 일을 하면 다른 많은 것을 포기해야 한다. 가능하면 높은 수준의 기술보다는 낮고 중간적인 적합기술을 사용하라. 그러한 생활양식은 싸고 우리를 자연과 서로 분리시키고 있는 플라스틱이나 기술적인 막을 허무는 방법을 배움으로써 많은 기쁨을 더해준다.

④ 여러분은 환경이 가정에서부터 시작된다는 것을 기억할 수 있다. 다른 것으로 바꾸려고 하기 전에 먼저 여러분의 생활 형태를 바꾸도록 하라. 직장 근처로 이사 가고, 직장이나 상점에 갈 때는 자전거를 이용하라. 쓰고 버리는 깡통이나 병에 든 맥주나 탄산음료를 사지 말라. 만약 여러분이 생태운동가가 된다면, 다른 사람들이 여러분 자신의 생태적 죄를 지적하게 하라.

⑤ 여러분은 기술적 낙관주의, 암울한 숙명적 염세주의, 운명론 및 무한성에 대한 기대라는, 아무 것도 하지 않는 3가지 덫을 피할 수 있다. 많은 사람들이 체제 변화의 어려움을 이야기 하지만, 다른 사람들(레이철 카아슨, 랄프 네이더, 마르틴 루터 킹 등)은

저만치 앞서 가면서 그것을 변화시키고 있다.

⑥ 여러분은 지방적, 국가적 차원에서 정치적으로 관여할 수 있다. 지방 환경단체를 만들거나 가입하고, 국가 환경단체에도 가입하라. 여러분 동네 또는 학교의 생태시민이 되는 것이다. 여러분의 노력을 확대시키기 위해 정의 상승작용을 사용하라. 우리가 정치적으로 활동적인 환경단체에 매년 헌금하면 환경을 몰라보게 개선될 것이다. 이러한 방법으로 여러분은 직업적인 원외운동자, 법률가, 전문가를 고용해서 여러분 일을 하게 할 수 있다. 지속가능지구 지도자를 선출하고 일단 당선되면 공무원에게 영향을 미치도록 노력하라.

⑦ 여러분은 조그마한 일을 할 수 있다. 소비하고 버리고 하는 등의 개인적인 행동은 오염에 얼마간 기여를 하게 된다. '이런 조그마한 것은 해롭지 않아.' 라고 말하고 싶을 때, 그것을 다를 수백 만 명의 사람들이 같은 말을 하는 것을 생각해보라. 한 개의 맥주 깡통을 줍는 일, 한 개의 전등을 끄는 일, 자동차 함께 타기에 참여하는 일, 종이의 양면을 사용하는 일, 포장이 많이 된 식료품을 사지 않는 일, 이들 모두가 매우 의미가 있는 행동이다. 이러한 조그만 행동마다 우리에게 생태적 사고를 일깨워주며, 다른 건전한 생태적 행동으로 이끌어 간다. 지금 당장 작지만 구체적인 행동으로 시작하면 그것이 더 많은 행동으로 옮겨간다. 이러한 행동은 우리가 앞으로 해야 할 일의 크기를 실감했을 때 느끼는 심리적 공황을 피하는데 도움을 줄 수 있다.

⑧ 여러분은 크게 오염시키는 기업과 대형 개발사업으로 인한 환경문제에 대해서는 일차적으로 정치적 행동으로 다룰 수 있다. 개인적인 행동이 오염을 줄이고, 소속감을 주고, 절대적으로 필요한 생태적 의식을 발전시켜 준다. 우리의 인식은 확장되어 대규모 오염과 환경교란은 기업, 도시, 대기업농 등에 의해 발생된다는 것을 알게 된다. 맥주 깡통을 줍는 것도 중요하지만, 그것이 남다코다주의 통제되지 않는 노천탄광을 허용할 수 있다는 것을 의미하는 것은 아니다.

⑨ 여러분은 환경문제 인식과 행동에 대해 반대로 된 J곡선을 그릴 수 있다. 여러분 이웃에 있는 두 사람을 변화시키면 세상이 변할 수 있다. 작건 크건 여러분이 하려고 결정한 것에 대해서 다른 두 사람을 설득해서 똑같은 일을 하게 하고, 그들이 다시 다른 두 사람을 설득하는 방식이다. 이러한 2배수 과정을 28만 반복하면 미국 국민 전체를 설득한 것이 된다. 32차례 반복하면 세계의 모든 인구를 설득하게 된다.

⑩ 사람들로 하여금 죄의식을 느끼게 하지 말라. 이웃 사람이 낭비가 심하다고 나쁘다고 느끼게 하지 말라. 대신 각자가 환경보호를 위해 하기를 원하는 것을 찾아주라. 할 것은 많이 있지만 누구도 모두 다 할 수는 없다. 부정적인 것보다는 긍정적인 대책(잃고 얻는 것보다는 얻고 얻는 게임)을 사용하라. 우리는 다른 사람들을 위협하기보다는 북돋우고, 다시 확신을 주고, 이해하는 것이 필요하다.

(2) 세상을 바꾸는 개인

개인차원에서 시작해서 앞으로 나가는 것이다. 다른 사람과 모여서 여러분의 행동반경을 넓힌다. 그것이 세상을 바꾸는 방법이다. 세상을 바라보되 모든 종류의 순환과 흐름으로 만들어졌음을 알아야 한다. 믿기지 않을 정도로 아름답고 다양한 상호관계의 그물과 변화무쌍한 모양과 율동으로 순환하고 흐른다. 형태와 율동의 복잡성과 여러 가지 가능성은 협력, 정직, 겸손, 그리고 사랑이 우리들 서로와 지구에 대한 우리들의 태도의 지침이 되어야 함을 일깨워 준다.

3 국제영향평가학회의 영향평가 윤리 의무

IAIA 비전, 임무, 가치, 전문가 행동강령 및 윤리적 의무
(Vision, Mission, Values, Professional Code of Conduct, and Ethical Responsibilities)

국제영향평가학회(IAIA : International association for impact assessment)는 2009년 2월 비전, 임무, 가치 전문가 행동지침과 윤리적 책임으로 구성된 윤리규정을 제정하였다. IAIA는 다양한 이해관계의 집합과 조직에 속해있는 전문가들의 자발적인 구성원으로 하는 조직이며, 참여자들은 환경의 청지기적 사명과 지속가능성에 많은 관심을 가지고 있다.

일괄적으로 언급하면 IAIA의 목적은 지구와 환경 그리고 거주하는 사람들을 해치지 않고 보호하는 것이다.

1) 비전(Our Vision)

IAIA는 영향평가에 있어서 정책(policy), 계획(plan), 프로그램(program) 및 프로젝트(project)에 대해 정보에 근거한 의사결정을 하는데 지구차원 네트워크의 선도적 위치에 있는 조직이다.

2) 미션(Our Mission)

모든 종류의 영향평가의 모범사례에 있어 선도적인 혁신과 대화를 통해 국제포럼에 제공한다. 이는 지방적(local), 지역적(regional) 그리고 지구차원의 영향평가의 역량을 개발하기 위함이다.

3) 가치(Our Value)

IAIA는 종합적이고 참여적인 방법으로 영향평가의 적용을 장려하고 있으며, 전문가집단의 최고수준의 기준을 수행한다.

IAIA는 환경, 사회적, 경제적, 문화적 및 건강에 대한 평가는 건전한 의사결정의 과정과 공평하고 지속가능한 발전에 매우 필요한 기여를 할 수 있다고 믿는다.

IAIA는 지속가능성을 장려하기 위함이며, 정보에 대한 자유로운 접근과 의사결정에 중요한 지역주민의 권리를 보장한다.

우리가 정책(policy), 계획(plan), 프로그램(program) 및 프로젝트(project)에 영향을 평가할 때, 우리는 완전하고 공평한 그리고 정확한 정보의 자유로운 흐름을 고양하는데 이러한 정보는 의사결정과 사업기관에 정확한 의사결정을 돕고자 한다. 우리는 영향평가가 포괄적이고, 총괄적이어야 하며, 보다 광범위한 사회적, 건강적 영향뿐만 아니라 생물-물리적인 환경에 대한 영향까지 고려해야 한다. 인간의 권리와 위엄에 대한 존경은 모든 평가에 밑바탕이 되어야 한다. 우리는 현재 및 미래세대를 돌보야 하는 의무를 가지는 것을 명심한다.

4) 윤리적 의무사항들(Ethical Responsibilities)

(1) 전문가 행동지침(Professional Code of Conduct)

IAIA는 조직체로서 아래의 사항을 지켜야 한다.

- 우리의 평가는 정직과 신뢰를 가져야 하며, 고의의 편견과 오류로부터 자유로워야 한다.
- 우리의 개인적 믿음은 정책(policy), 계획(plan), 프로그램(program) 및 프로젝트(project)의 잠재적인 영향을 표출하는 건전한 표현을 방해해서는 안 된다.
- 의사결정에 참여하는 주민의 권리와 정보접근의 자유로운 원리를 준수한다.
- 영향평가에 대한 총체적 접근을 찬동하여야 한다.
- 우리는 생태계와 사회기능에 대해 영향을 주는 인간의 행동에 대해 지속가능하고 공평한 결과를 찾는다.
- 우리는 사회의 어떤 분야에 대한 인간 권리를 보장하는 영향평가의 과정을 찾아야 한다.
- 우리는 영향평가와 관련된 어떠한 형태 혹은 영향평가를 방해하는 행동에 대한 폭력성, 과격함과 협박을 사용하는 것을 용납하지 않는다.
- 우리는 사회의 다양한 그룹에 대해 이익을 경험하는 그룹과 이로 인해 다른 측면에서는 해를 입을 수 있다는 것을 인정하는 영향평가를 수행한다. 우리는 사회의 다양한 계층과 성을 고려할 것이며, 특히 토착지역주민에 대해 특별히 배려한다.
- 우리는 영향평가의 근본적인 요소에 대해 형평성의 지대한 관심을 가져야 한다.

- 우리는 미래세대의 관심과 권리에 관해 관심을 제공한다.
- 우리는 우리의 지식과 기술의 향상과 유지에 대해 최상의 노력을 경주한다. 동료의 전문적인 발전을 장려하며, 전문가집단의 잠재력을 고양해야 한다. 공중과 고객 및 소속된 기관의 해가 되는 개인적 관심을 추구하지 않는다.

(2) 우리들의 윤리적 책임(Our Ethical Responsibilities)

① 사업 수행자의 윤리(Business Operations)

평가학회의 업무수행에 있어 지속가능성을 장려하는 IAIA 가치를 실효하기 위해, 학회는 그의 활동을 안내할 아래의 내부적 정책을 채택한다. IAIA 관리의 목적은 환경지속성에 대한 긍정적인 차이점을 만들기 위한 것이며 이를 위한 활동을 채택한다. 사업의 수행에 대해 IAIA는 행동에 대한 적응, 지속성의 환경을 위한 생산과 서비스를 다음과 같이 고려한다.

- 환경에 대한 우리의 활동에 대한 영향을 모니터링하고 관리하며, 특히 IAIA 컨퍼런스와 각종 회의에 관계된 자원과 이동에 따른 환경적 영향을 최소화한다.
- IAIA 자원과 네트워크의 긍정적 영향을 최대화하는 것을 통해 환경평가의 모범사례를 관련자와 다른 이들에게 장려할 수 있게 한다.
- 최대한 가능하게 환경을 생각하는 생산자로부터 친환경적인 제품과 서비스의 구매를 확장한다.
- 스태프들의 훈련을 보위하면서 그들이 환경에 대한 충분한 지식과 사업수행 능력을 가지도록 도와주며, 이들은 IAIA를 위한 일을 수행함에 있어 환경을 위한 고려를 한다.
- 환경에 대한 우리의 관심을 반영하는 정책을 수행한다.
- 재생용지와 재활용하는 제품을 사용하는 방안을 평가한다.
- 사무실 용기를 구입하고 자연자원을 보전하는 가구나 제품을 구매를 고려하며 환경오염을 최소화하는 실천을 우리거주공간에서 실현한다.
- 자연채광과 통풍을 고려한 사무실환경을 조성한다.
- 멤버나 스태프의 의사소통에 있어 서비스제공이 침해되지 않는 한 이들의 이동을 최소화한다.
- 종이 없는 계산서와 서비스를 지향한다.
- 가능한 최대한 환경을 고려한 사업의 수행을 찾기 위해 과정에 대한 평가를 수시로 수행한다.

② 우리전문가 행동지침(Our Professional Code of Conduct)

IAIA는 멤버에게 전문인의 행동지침을 추인하기 위한 개인 서약을 권장한다. 이 일을 위해 IAIA는 전문가멤버의 영역을 설정하였으며 아래의 선언문을 제출한다. IAIA에 의해 제안된 스스로 평가하는 전문가로서 아래의 정보와 서비스에 있어 나는 최대한의 신뢰성을 가지며, 나 스스로 아래의 내용을 선언한다.

a. 나는 청렴과 정직을 신조로 전문가적 행동을 하며, 고의적인 편견과 오류로부터 자유롭다.
b. 내 분야의 전문가적 행동을 위해 교육, 훈련, 경험을 통한 자신감을 가지며, 나는 자신감이 부족한 분야에 대해 다른 전문가들과 연계하며 훈련과정에 참여한다.
c. 나의 전문가적 행동의 고양은 지속적이고 평등한 행동을 고취하며 동시에 영향평가에 통합적인 접근을 달성한다.
d. 모든 정책, 계획, 프로젝트, 행동을 확인함에 있어 가능한 법률, 규정, 정책과 가이드라인을 일관성 있게 준수한다.
e. 이미 정해진 결정이나 결과를 위해 전문가에 반하는 편견이나 왜곡된 사실 혹은 누락이 요구될 때 전문가 정신을 생각하며 이를 단호하게 거부한다.
f. 이해가 충돌될 수 있는 어떤 개인이나 재정적 관심에 대해서는 그 내용을 고용인과 의뢰인에게 기록물로 공개하여야 한다.
g. 전문가의 지식과 기술을 지속적으로 향상시키기 위해 노력하며, 영향평가의 새로운 개발을 위해 그리고 나의 분야의 자신감을 위해 노력한다.
h. 보고서의 작성과 분석에 사용된 모든 종류의 정보원에 대해 감사하는 자세를 갖는다.
i. 전문가적 행위에 반하는 일이 없도록 IAIA 이사회에 의해 구성된 강령을 위배할 경우, 내가 스스로 서명한 IAIA 멤버의 리스트에서 내 이름이 삭제되어야 한다고 믿는다.

(3) 국제환경영향평가 규범 및 윤리

영향평가에서 윤리적인 고려는 매우 중요하며, 이런 중요성은 전문가의 신념을 무시하기 위해 종종 적용할 수 있는 압력이 존재하기 때문이다. 우수 영향평가는 의사 결정권자와 영향을 받는 자들에게 완벽하고 선입견 없는 정확한 정보의 자유로운 흐름을 높이기 때문이다. 영향평가는 광범위한 사회와 건강에 대한 권리 및 생물 다양성과 지속 가능성의 문제를 다룬다. 인간의 권리와 인간 존엄성에 대한 존중, 이와 관련된 사항에 대한 고려는 모든 평가에서 뒷받침 되어야 한다. 그럼에도 불구하고 이해관계자들(지지자, 고객, 기부자, 고용주)은 때때로 영향평가가 가능하면 특정요소에서 조심스럽게 행동하거나 과장되게 행동하여 그들의 입장이 강조되기를 원한다. 평가의 결론을 흔들리게 하는 압력의 요구에 굴복하는 것은 계약이나 또는 미래의 일에서 손실로 이어진다. 평가를 지불하는 당사자는 완전하고도 균형 잡힌 영향평가의 비용을 지불하는 것을 거절하기도 하며, 이럴 경우 전문가로 하여금 윤리적인 문제에 봉착할 수 있게 된다. 본 요령집은 전문적인 영향평가를 상기시키게 하는 것으로서, 이것들은 현재와 미래 세대 모두를 돌볼 의무가 있으며, 평가수행은 공평하고 지속하며 정확한 의사 결정의 촉진을 통해 사회의 이익을 제공하는 것을 의도한다.

① 영향평가에 있어 윤리적 딜레마의 사례들

아래와 같은 상황에서 전문적인 영향평가는 윤리적 딜레마에 직면하게 된다.

- 평가를 위한 부당한 조건이 연구를 제한할 때
- 압력이 평가의 범위를 제한하거나, 결과에 영향을 미칠 때
- 고객, 당국, 또는 영향을 받는 당사자들이 연구에 참여하는 것을 거절할 때
- 예산 제한은 분석을 수행하는 능력에 영향을 미치거나 적합한 모든 이익 당사자들과의 관계에 영향을 준다.
- 평가를 위해 할당된 시간이 적합한 연구를 위해 부적합할 때
- 어떤 특정한 전문 연구에 대한 요청이 수락되지 않았을 때
- 사업자는 특정한 사항에 대해 강조하거나 과장, 생략 또는 특정 주제를 공개하는 것을 제안한다.
- 요청이 초안 보고서에서 단어의 변경이나 강조로 만들어지는데 그것은 평가자가 동의하지 않는 해석의 변화로 볼 수 있다.
- 평가자는 의뢰인, 하위 컨설턴트, 정부 기관, 시민 단체, 기증자, 또는 대중에 의한 부정확한 보고내용이 있다는 것을 인식한다.
- 보수의 전체 또는 부분은 프로젝트 승인의 조건이다.
- 완료된 평가의 중요하거나 유리한 검토를 해달라는 요청이 있을 때
- 금융적이나 개인적인 관심을 가지고 또는 그들을 직접적으로 영향을 줄 수 있는 프로젝트를 평가하도록 요청할 때

② 이런 종류의 딜레마에 처했을 때 평가자가 할 수 있는 것들

- 불안의 감정을 억제하거나 숨기려고 하지 마라: 만약 당신이 신뢰하거나 존경하는 동료나 멘토, 상사가 있다면 문제에 대해 의논하라.
- 당사자에게 IAIA 전문가행동 강령(Code of Professional Conduct)의 복사본의 일부를 보여주며 그들의 요구, 기대, 또는 가정이 어떻게 당신 직종의 윤리적 강령과 상충하는지 지적하라.
- 전문가 행동강령과 충돌되는 것이 지속될 때 타협안을 받아들이도록 유혹되지 마라. 진실이 바른 것임을 기억하고 많은 시간이 걸리더라도 정확하고 정직한 평가를 만들도록 한다.

③ 중요하게 고려해야 할 다섯 가지 사항들

a. 영향 평가 전문가 및 시민 사회와 의사 결정자 간의 사회적 계약은 a) 영향 평가는 성실하게 실시되며, 허위 진술 또는 고의적인 편견에서 자유롭고, b) 영향 평가는 그들에게 영향을 주는 의사 결정에 참여하는 시민의 권리를 존중한다.

b. 영향평가는 전문가의 신념과 문화적 선호가 정책, 계획, 프로그램 및 프로젝트의 잠재적인 영향의 공정한 표현을 방해해서는 안 된다. 개인의 이익이 대중, 고객, 또는 의사결정자에게 폐를 끼쳐서 개인의 이익을 증가시키는 것 또한 부적절하다.
c. 영향평가 전문가들은 생태계 및 사회적 기능에 영향을 미치고 미래세대의 권리와 이익이 고려되는 인간의 행동으로부터 지속가능하고 공정한 결과를 찾는다. 다른 방식으로 사회적 경험의 이익과 피해가 있는 다른 집단에서 영향평가는 공정한 접근과 자원사용을 촉진하기 위해 노력한다.
d. 영향평가는 사회 모든 부분의 인권침해를 피하고 폭력, 괴롭힘, 위협 또는 과도한 무력사용행위를 용납하지 않는 방식으로 시행되어야 한다.
e. 영향평가 전문가들은 동료의 전문적인 발전을 장려하고 자신들의 지식과 기술을 유지하고 강화하며 잠재적인 직종 종사자들의 열정을 발전시킴으로써 더 우수해지기 위해 노력해야만 한다.

④ 다섯 가지 해야 할 중요한 것들

a. 자기 자신과 고객, 대중에게 정직하고 개방적이어야 한다. 어떤 허위 진술 또는 고의적인 편견으로부터 자유로우며 진실성 및 전문성을 가지고 전문적인 활동을 한다.
b. 전문적인 활동은 교육, 훈련 또는 경험을 통해 자신의 능숙한 분야에서만 전문적인 활동을 해야 한다. 만약 잘 모르는 분야 이외의 작업을 수행하도록 요청한다면 그 분야의 다른 전문가와 함께 하위계약을 하거나 같이 일을 해야만 한다.
c. 당신의 전문적 활동이 지속 가능하고 공평한 행동을 촉진하도록 주의를 기울여라.
d. 당신에게 호의적인 구체적인 대안, 사실의 생략이나 왜곡 또는 예정된 결과에 도달하기 위해 편견 있는 분석 때문에 합리적인 대안이 제외될 것으로 예상될 때, 당신은 언제든지 전문적인 서비스를 제공하기 위해 그것을 거부해야 한다.
e. 개인과 전문적인 이익의 충돌 사이에서 우려를 일으킬 때 모든 개인적이거나 금융적인 이익을 공개하라.

참고문헌

김동욱, 2004, 환경영향평가, 도서출판 그루.
김동욱, 류재근 2016, 삶과 환경, 신광출판사.
류재근, 2016, 환경영향평가사 실무교육교재, 한국환경영향평가협회.
김동욱, 류재근, 임재명, 2007, 알기 쉬운 환경과학, 신광출판사.
김정식, 최우승, 2009, 공학윤리, 연학사.
김창규, 2010, 한국의 교육 오늘과 내일, 평화연구원.
류재근, 2013, 환경영향평가와 환경윤리, 한국환경영향평가학회 추계학술대회 특별강의자료.
류재근, 2013, 환경영향평가와 환경윤리(상), 첨단환경기술.
류재근, 2014, 환경영향평가와 환경윤리(하), 첨단환경기술.
류재근, 류지영, 1985, 환경영향평가 실시기법, 신광출판사.
류재근, 정명숙, 박혜경, 2008, 환경보건과학 입문, 그루출판사.
이대식, 김영출, 2010, 공학인증을 위한 공학 윤리, 교보문고.
조효남, 2010, 현대과학 기술윤리, 구미서관.
한상욱 외 5인 편저, 2012, IAIA 윤리규정/전문가 표준/영향평가원칙 및 구현수단, 아·태 환경경영연구원.
한상욱, 김임순, 2000, 환경영향평가, 동화기술.

제17장

환경의사결정과 주민참여

1 개요

1) 의사결정론

계획은 개인이나 단체가 현실문제나 하고자 하는 일 또는 대상에 대한 구체성을 알아내어 해결방안을 찾아내거나 예상되는 문제(contingency)와 그 결과 등을 미리 따져 보는 작업이다. 여기서 예상되는 문제란 하고자 하는 행위 또는 행위로 옮겨가는 과정에서 따라가야 할 순서(priority)와 일어날 수 있는 현상 등을 의미하며, 계획은 이러한 사항을 미리 파악하여 대책을 세우는 활동과정이라 할 수 있다.

인간은 미래를 정확히 예측할 수 있는 능력을 가지고 있지 않으나 인간은 언제나 끊임없이 미래에 대한 기대 속에서 살고 있다. 이러한 상황에서 계획의 개념은 의사결정론으로 정의할 수 있다. 의사결정이란 어느 사안을 결정함에 있어서 누가, 무엇을, 왜, 언제, 어디서, 어떻게 할 것인지를 고려하는 육하원칙에 입각해서 문제를 검토한 후, 행동에 착수하기 위한 사전 준비행위로서 반드시 필요한 1차 조건이라 할 수 있다.

의사결정에는 여러 가지 정보가 필요한데, 결과를 도출하려면 어떻게 할 것인가의 방안을 정하고 그 정한 순서와 방법에 따라 추정한다. 이러한 문제제기, 분석, 해결방안의 도출과정이 계획과정이며, 이를 구체적으로 추진하는 의사결정 과정은 계획을 단계적으로 완성시켜 가는 과정이라고 할 수 있다. 계획의 성숙 단계에서의 의사결정은 그 내용이나 정도에 따라 차이가 있으나 각 단계는 다 같이 동일한 양상의 과정을 가지고 있다. 이것은 일반적으로 그림 17.1과 같이 정리할 수 있다.

의사결정 과정에 있어서 목표설정과 대안선택은 결정주체의 사고력, 분석, 판단력이 중심인데, 해결대안 도출과 상호평가 등은 여러 가지 정보의 검토와 종합판단으로 계획과정에서 가장 많은 시간과 노력을 필요로 한다. 따라서 다양한 정보를 효율적으로 수집 · 정리하여 준비해 두면 계획입안 과정에 도움이 된다. 각 대안을 비교 · 검토한 후 보다 실효성 있는 해결대안을 수립한다면 계획수준을 향상시키고 바람직한 결과를 도출할 수 있을 것이다.

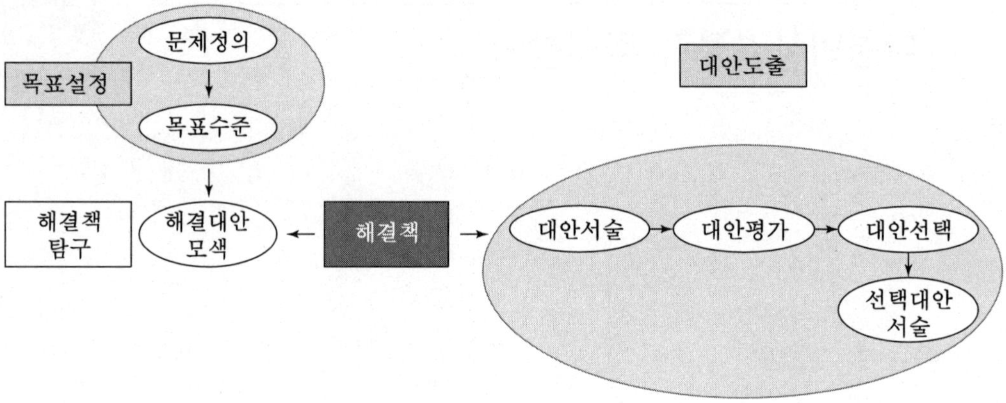

그림 17.1 의사결정 과정

2) 의사결정과 정보

사람은 사회적 동물이므로 사회적 집단의 구성원이다. 구성원 개인은 일상적 활동에서 상대적으로 집단생활에 서로 영향을 미치게 된다. 그리고 개인은 사회구성의 주체이므로 의사결정권은 천부적으로 개인에게 부여된다. 집단 속의 개인은 본인이 지향하는 목적달성에 필요한 행위를 하고 그 행위는 집단과 사회에 영향을 준다. 그러므로 본인이 필요로 하는 활동의 성격, 목적, 그리고 시・공간적 제약조건을 받아들여 결정하게 된다.

이 경우 의사결정 주체는 주어진 여건 속에서 모든 제약조건을 자기에게 유리하도록 추진함으로써 의도한 목적에 도달하려고 노력한다. 이 노력의 과정으로서 자신이 처해 있는 여건을 분석하고 의사결정에 필요한 정보를 수집하고 그 정보를 모든 지식을 동원하여 평가・분석하여 실현가능한 방안(plan)을 세운다. 그 방안에서 시간적, 경제적 제약조건을 감안하여 구체적인 실행방안(programming)을 마련한다. 이러한 실행방안은 목적달성의 시점에서 장기적인 방안보다 단기적인 관점을 중요시하여 집행함으로써 시행착오를 범할 수도 있다. 일반적으로 장기적 실행방안은 비교적 긴 시간을 두고 접근하여야 하는 과제를 의미하는데, 단기적 실행방안은 장기적 목표를 달성하기 위해 시간상의 보완역할을 하는 경우가 많다.

3) 계획의 기능

계획은 개인이나 집단이 하고자 하는 사안의 성격, 내용, 시간, 비용, 분량 등을 정성적・정량적(qualitative and quantitative)으로 미리 알아내어 방안을 결정하기 위한 사전 작업행위라 정의할 수 있다. 정성적 분석은 문제의 본질과 특성을 파악하기 위한 조사・분석으로 그 성격, 능력, 기능 등을 포함하며 사회과학적 종합 지식을 필요로 하므로 일반적으로 통계적

방법을 활용한다. 정량적 분석은 실질적인 물질특성(physical aspect)에 대한 수량과 수리적 특성 등을 포함하여 자연과학적 지식을 필요로 한다.

이러한 사안 자체를 규명하는 작업활동도 계획범주로 볼 수 있다. 타당성에 따른 목적(goal)이나 목표(objective)를 세우는 작업도 중요한 계획기능의 일부이다. 그런 다음 목표달성을 위해서 가장 합당한 수단(means)을 찾아내는 작업이 계획수립 행위의 핵심적인 과제이자 절차라 할 수 있다.

4) 환경의사결정 모형

(1) 합리모형

합리모형은 인간의 이성과 합리성에 근거하여 결정하고 행동한다는 이론이다. 이것은 관련된 모든 대안들을 고려할 수 있다는 객관적 합리성에 근거한 의사결정자에 대한 전능의 가정과 주어진 목표 달성의 극대화를 위하여 최대한의 노력을 한다는 주관적 합리성에 근거한 경제적 합리성을 추구하는 인간을 전제로 한 모형이다.

합리모형은 규범적 시사를 하는데 정책결정자는 문제를 명확히 인식하고, 명확한 목표를 세우며, 문제를 해결하기 위한 모든 대안을 작성하고, 명확한 인과 관계가 존재한다는 전제 하에 그러한 각 대안이 초래할 결과를 모든 가능한 정보를 동원하여 분석·예측하고 그가 당면한 현실 문제 및 목표와의 관련 속에서 장·단점을 중심으로 각 대안을 비교·검토·평가하여 최선의 대안을 선택한다는 것이다.

그러나 이러한 합리모형은 다음과 같은 점에서 현실성이 부족하다는 비판을 받고 있다.

첫째, 합리모형은 모든 정보를 동원하고 모든 대안을 고려·비교·평가할 수 있다고 하지만 인간의 능력은 한계가 있고 시간적으로도 긴 시간을 요한다. 더구나 선택되는 대안의 결과는 장래의 것이므로 그것은 불확실하며, 완전하게 예측하기 힘들다.

둘째, 매몰비용(sunk cost)과 관련된 한계가 있다. 합리모형에서 말하는 합리적 절차에 의해 최선의 대안을 선택하였다 하더라도 과거에 채택·실시되어 이미 많은 자원이 투입되어 있는 경우에는 과거의 대안을 계속 채택하거나 일부 수정하여 채택하는 것이 일반적이다. 셋째, 인간의 주관적 합리성에도 한계가 있다. 현실적으로 보면 주어진 목표 달성의 극대화를 위해 최대한의 노력을 한다기보다는 여러 가지 제약조건 때문에 의사결정자의 목적을 변경시키거나 환경과의 타협을 통해 어느 정도 만족할 만한 수준에서 노력하게 된다고 할 수 있다.

(2) 만족모형

만족모형은 합리모형의 현실적 제약점을 극복하기 위해 제시된 것으로 합리모형과는 달리

완전무결한 합리성이 아닌 제한된 합리성에 기초하고 있다. 모든 정보와 대안 및 그 대안이 초래할 모든 결과를 예측하기에는 인간의 인식 능력에 한계가 있다는 것이다. 따라서 정책 결정자는 자신의 외부 환경에서 일어나는 모든 문제를 완전히 이해하는 것은 불가능하므로 이것을 간소화시켜 인식하게 되며, 여러 가지 목표나 문제 중에서도 자기와 관련되는 일부분만을 관심의 대상으로 삼게 된다는 것이다. 또한 목표 역시 간소화시키게 되는데, 이는 목표-수단분석을 통해 목표를 상위목표와 하위목표로 나누는 요소화 작업을 통해 이루어진다.

그리고 대안 탐색과 선택도 모든 대안의 고려가 아니라 쉽게 찾을 수 있는 대안을 우선적으로 검토하고 그 대안이 당면한 문제를 해결하는 데 비교적 만족할 만한 것이라고 생각되면 그대로 채택하게 된다는 것이다.

만족모형은 활용 가능성, 비용, 기술, 시간 등과 같은 기존의 이론들이 비판한 합리성의 외재적 제약 요인에다가 ① 정보처리 과정상의 제약, ② 선호성의 제약, ③ 습관적 행동 성향이라는 세 가지 측면을 가진 개인의 심리적 제약 요인을 다루고 있다는 점에서 개인적·형태론적 정책결정 모형이라 할 수 있다. 그러나 이 모형은 주관적이라는 비판을 면하기 어렵고 대안의 만족도를 결정할 객관적 척도가 없다.

(3) 회사모형

① 갈등의 불완전한 해결

회사모형은 조직을 유기체로 보지 않는다. 조직을 상이한 목표를 가진 하위조직들 간의 조합체로 파악하고 그러한 하위조직들은 상호 느슨하게 결합되어 있기 때문에 각자의 활동에 어느 정도 독자성이 인정된다고 본다. 회사모형은 목표가 상호 충돌하여 상호 갈등적 관계에 놓여 있는 단위조직들 간의 갈등을 해결하는 것이 바로 정책결정이라고 본다. 이러한 회사모형에서는 갈등 당사자로서의 단위 조직들은 각자 다른 단위 조직과 연합하여 상호 협상이라는 수단을 통해서 정책결정을 해 나간다고 본다.

② 불확실성의 회피

회사모형은 조직을 둘러싸고 있는 환경을 유동적인 것으로 간주하므로 대안이 초래할 결과 역시 불확실한 것으로 본다. 결국 조직은 대안이 초래할 결과를 예측함에 있어 불확실성을 회피하려는 경향을 갖는다. 불확실성을 회피하기 위해 조직은 장기적 전략보다는 급박한 문제부터 해결하려고 하므로 즉각적인 피드백이 가능한 단기계획을 우선 해결할 문제로 다룬다. 그리고 환경과 타협하려 하므로 환경을 예측해야 할 외생변수보다는 통제하려는 경향이 강하다.

인간은 과거의 경험을 통해 의사결정, 문제해결, 갈등해소 방법을 배운다. 자신의 목표변경, 대안탐색, 성과평가도 학습에 의해 변화시켜 나간다. 이러한 학습과정으로서 표준운영절차(SOP : Standard Operating Procedure)는 그 동안 경험적으로 터득하게 된 행동규칙을 의미한다. 이러한 SOP는 조직의 실질적인 의사결정 형태를 지배하게 된다.

- 일반적 SOP : 장기적인 행동규칙에 관한 것으로 불확실성을 회피하고, 일단 적합한 의사결정 절차로서 확정되고 나면 특별한 경우가 아니면 그 절차를 바꾸지 않으며, 가능한 한 단순한 규칙을 사용하고, 그러한 단순성을 실현하기 위해 개인의 판단에 크게 의존하는 특성을 갖는다.
- 구체적 SOP : 단기적인 행동규칙에 관한 것으로 조직에 안정성을 주고 조직이 활동 방향을 제시하는 역할을 한다. 직무수행규칙, 의사결정 기록(ROD : Record of Decision), 정보처리규칙, 계획 등이 있다.

(4) 점증모형

점증모형은 현실적인 정책결정 형태에 근접한 것으로 정책의 실현 가능성을 높이기 위한 처방제로서 제시된 모형이다. 이 모형은 대안 모색에서 기존 정책과 유사한 형태를 추출하여 조금씩 달라지는 부분을 토대로 대안을 비교 선택한다. 그리고 정보가 충분한 몇 가지 대안에 국한하여 각 대안의 예상 결과를 분석한다.

설정된 목표도 수단적 대안의 탐색과 선택 과정 중에서 재조정한다. 대안의 탐색, 평가 과정에서 나타나는 새로운 정보와 자료들을 처리, 재구성하여 활용한다. 목표 설정에서부터 최종 선택에 이르는 분석, 평가 작업은 반복해서 연속적으로 행해진다. 대안의 분석평가는 예상되는 결과에 대해 처방적 조치를 추구한다. 점증모형이 설득력을 갖는 이유는 한정적 합리성과 사회적 지지를 계속 확보하고 기존의 정책 권력 유지를 위한 정치적 요인, 그리고 매몰비용 등을 들 수 있다.

(5) 혼합모형

혼합모형은 합리모형과 점증모형을 혼합시킨 것으로, 합리모형이 요구하는 이상적인 합리성을 현실화시키고 점증모형이 갖는 보수성을 극복함으로써 단기적 변화에 대처하면서 동시에 장기적 안목을 가질 수 있는 모형이다.

혼합모형에 입각한 환경정책 결정은 모든 대안 중에서 종합적 합리성에 입각하여 대안을 검토하는데 집행이 불가능하거나 결정권자의 기본적 가치에 위배되거나 지지를 얻어야 할 집단의 이익이나 가치에 상반되는 것은 채택되지 않는다. 검토 과정 끝에 채택된 것만을 대상으로 상세한 검토를 반복하여 최종적으로 바람직한 대안을 선택한다. 이러한 과정을 통해 채택된 대안을 집행하는데 필요한 결정을 하게 되며 집행의 매 단계마다 비교적 폭넓은 조사를 반복한다. 여러 차원의 조사를 위해서 어느 정도의 시간과 자원을 할당할 것인가에 관한 원칙은 종합적 합리성에 입각하여 설정한다. 이처럼 혼합모형에 입각한 정책결정은 기본적 결정과 세부적 결정의 지속적 교호작용에 의해 이루어진다.

(6) 최적모형

최적모형은 종합적 합리성에 기초하는 있는 합리모형과 지속적인 한정적 비교방법에 기초하고 있는 점증모형의 혼합을 주장하고 있는 점에서 혼합모형과 유사하나 합리성을 동시에 고려하는 최적치 중심의 규범적 최적성(normative optimization)을 제시하고 있다는 점에서 차이가 있다. 최적모형은 체제론적 입장에서 정책형성 체제 전체가 어떻게 합리적으로 운영되어 최적화를 달성하는가에 관심을 기울인다. 정책적 의미에서 최적치란 동원 가능한 투입물과 약정된 산출물 간의 관계를 나타내는 것이므로 최적모형을 양적 모형이 아닌 질적 모형이라고 한다.

이와 같이 전체적이고 동태적인 정책 작성 과정의 질적 적정화를 기하기 위해서는 정책결정자 개개인의 지적인 합리성만을 유일한 정책 작성의 투입 요소로 할 수 없고 직관, 판단, 창의와 같은 초합리적 요인이 중요시된다. 최적모형은 초정책 결정과정과 결정과정 및 체제의 의사 전달과 피드백으로 나누고 각각을 세분하여 일관된 결정 단계로서 제시하고 있다.

최적모형에서 제시하는 정책결정은 ① 초정책 결정 단계, ② 정책결정 단계, ③ 후기 정책결정의 단계, ④ 의사 전달과 피드백의 단계를 거친다.

이처럼 최적모형은 초합리성의 개념을 도입함으로써 합리모형을 한층 더 체계적으로 발전시키는데 공헌하였고, 사회적 변동 상황 하에서의 혁신적 정책결정의 정당화 이론이라 할 수 있다.

(7) 쓰레기통모형

조직이나 집단의 구성단위나 구성원 간 응집력이 약한 혼란 상태에서의 의사결정의 특징적 측면을 강조하는 집단적 의사결정 모형이다. 합리모형처럼 체계적으로 정책을 선택하는 것이 아니라 쓰레기통 속에서 뒤죽박죽되다가 우연히 결정된다는 이론으로 이 모형의 전제가 되는 조직화된 혼란 상태의 속성은 다음과 같다.

① 문제성 있는 선호 : 결정의 참여자가 선선호 후행동의 경우뿐 아니라 불분명한 선호 아래 일단 행동해 나가다가 특정의 선호를 갖게 되는 선행동 후선호의 양상을 보이기도 한다.

② 불분명한 기술 : 조직은 시행착오를 통해 운영되는 것이 현실이며, 이러한 시행착오를 통해 조직에 관련된 문제를 해결하는 방법을 학습하게 된다.

③ 일시적 참여자 : 정책결정 참여자가 그 자신의 시간적 제약 때문에 정책결정 과정의 전체적인 시간에서 보면 극히 일시적으로 참여하게 되는 것이다.

이러한 전제 아래 쓰레기통모형은 마치 갖가지 쓰레기가 우연히 한 쓰레기통 속에 모여지듯이 ① 문제의 흐름, ② 해결책의 흐름, ③ 선택 기회, ④ 참여자의 흐름과 같은 개별적인 네 가지 구성 요소의 흐름이 서로 다른 시간에 쓰레기통(garbage box) 안으로 들어와서 우연히 동시에 한 곳에서 모두 모여지게 될 때 비로소 결정이 이루어지는 것으로 본다.

쓰레기통 모형에서 본 정책결정 과정은 세 가지 유형으로 나눌 수 있다.

- 순수한 혼합 상태 : 각 흐름 간의 교체에 대해 전혀 인위적 규제가 가해지지 않은 상태로 서로 시간의 우연적 동시성 때문에 만나게 된다. 이 경우 문제와 해결방법의 접근구조 및 결정 구조는 개방적 성격을 갖는다.
- 과거의 행동이나 사건을 통한 피드백이 있는 경우 : 과거의 경험을 통해 학습한 것을 토대로 하여 문제, 선택 기회, 해결 방법을 다루게 된다.
- 네 가지 구성요소의 흐름을 규제하기 위한 조직적 수단이나 행정적 배치를 가하는 경우 : 흐름 간의 바람직하지 못한 교차를 미리 피하기 위해 계층제, 전문화, 정보의 배분, 시간 제약 등의 규제를 가하는 경우이다.

(8) 공공선택모형

공공선택모형은 전통적 정책결정 관점을 부정하고 새로운 각도에서 행정 현상을 이해하려는 특징을 갖는데 그것은 다음과 같다. ① 공공 재화와 용역은 여러 정책결정자 집단에 의해 제공된다. ② 정치의 장에 현실적으로 존재하는 각각의 조합적 기업조직에게 모든 기본적 결정들은 바람직한 것이어야 한다. ③ 다른 종류의 많은 조직들이 상이한 공공재화와 용역을 만들어 내는 데 이용될 수 있다. ④ 이러한 여러 상이한 조직들은 상호이익 도모를 위해 다양한 다조직적 관리 방식을 통해 조정될 수 있다. ⑤ 거부권을 가진 여러 기관에 권위가 분할되어야 하며, 복합적 명령체계와 다수 기능을 내용으로 하는 중심적 조직 구조를 형성해야 한다. 정책결정과 관련된 공공선택모형의 주요 개념을 살펴보면 다음과 같다.

- 공공선택모형에서는 분석의 단위로서 합리적 경제에 입각한 인간이 아니라 정책결정자로서의 개인을 가정한다. 그러한 개인에 대해 자기 이익추구 개인관, 합리적 인간관, 극대화 전략을 취하려 하는 개인관에 입각한다.
- 이 모형은 정치경제학적 성격이 농후하다. 정책의 구체적 내용으로서 각종의 정부기관들이 산출해 내는 공공재화와 용역을 중시한다.
- 정책의 파급효과를 강조한다. 이러한 파급효과는 의도한 효과로서 정책이 실현하려고 하는 부차적 목적이 현실적으로 이루어지는 긍정적 효과와 의도하지 않은 부차적 결과가 발생하는 부정적 효과로 나눈다.

정책결정이론에서 공공선택모형은 합리모형의 방법론적 엄격성을 유지하면서 동시에 국민의 대표적 참여 및 상황 적응적인 행정구조를 강조함으로써 합리모형이 갖는 정책의 경직성과 비인간성의 난점을 극복할 수 있는 가능성을 제시해 주고 있다.

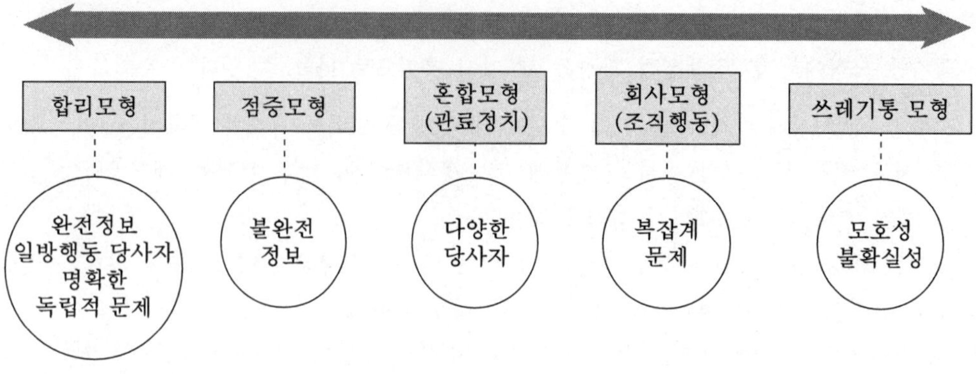

그림 17.2 환경의사결정 과정 모형의 다양성

2 현황과 문제점

1) 환경의사결정 방법

국가에서 개인에 이르기까지 사회집단은 특정의 목표를 달성하기 위하여 항상 결정을 내리고 있고, 이 목표를 달성하기 위하여 의사결정자는 의사결정을 위한 각 대안이 목표를 달성할 수 있는지를 판단하여 대안을 평가한다. 대안이 여러 가지 목표를 동시에 달성하기 어렵다는 사실은 의사결정자가 어떤 목표에는 낮은 가치를 부여하고, 또 어떤 목표에는 높은 가치를 부여하여야 한다는 것을 의미한다. 이 같은 종류의 비교는 상충관계(trade-off)가 발생하는 복잡한 의사결정 과정의 핵심을 이루며, 이것은 또한 본질적으로 복잡한 환경체계의 특성에서 비롯된다. 의사결정자는 어떤 대안을 정의하는 속성의 수와 종류를 결정하거나 전체 목표뿐만 아니라 각각의 특별한 목표달성에 있어 각 속성이 지닌 가중치를 결정하는 것은 의사결정 과정의 핵심을 이룬다.

환경의사결정 과정은 여러 가지 목표와 속성들이 조화를 이루어야 하고, 높은 불확실성과 많은 주관적 가치에 의사결정의 근거를 두고 있기 때문에 일련의 보다 광범위한 체계를 가진 결정과정에서 이루어진다. 그렇지 않으면 예측할 수 없는 상호작용이, 바람직한 대책에 부정적 영향을 미치도록 변형될 수 있다. 이런 관점에서 파악된 속성의 가치를 평가하는 적절한 방법을 결정할 필요성이 있다. 어떤 속성은 계량화하기가 쉬워 적절하게 측정될 수 있으나, 다른 속성은 무형성이나 불확실성 같은 복잡성을 지니고 있다. 계량화 문제는 여러 문헌에서 논의되고 있지만, 대부분의 경우에 의사결정을 위한 중요한 개념으로 생각되고 있다.

환경의사결정의 한 과정인 환경영향평가에서 사업이나 계획안에 대한 환경영향의 종합평가는 환경속성이 갖는 다양성 때문에 관련 학문에서 개발된 여러 계량적 기법들을 그대로 적용하는 데에는 어려움이 많다. 그러므로 체계적인 기법적용과 타당성 검토에 대한 노력이 요구된다. 미국의 경우 국가환경정책법(NEPA)에서는 각 행정기관에 대하여 체계적 학술적인 연구방법을 적용하고, 의사결정에 대응하는 경제적 · 기술적 고려와 함께 현재 상태에서 정량화되지 않은 환경의 쾌적함과 가치(amenity)에 대한 적절한 고려를 반영하는 방법과 절차를 규정하고 있다. 이에 따라 1970년 이래 많은 환경영향평가 방법이 개발되었는데, 환경영향은 사업추진에 따른 다양한 대안을 강구하게 된다. 인간 활동에 기인하는 물리화학적, 생물학적, 사회 · 경제적 영향을 추론하는 방법은 이들의 영향을 예측하고 평가하기 위해 체계적인 연구방법론을 적용하고 있다.

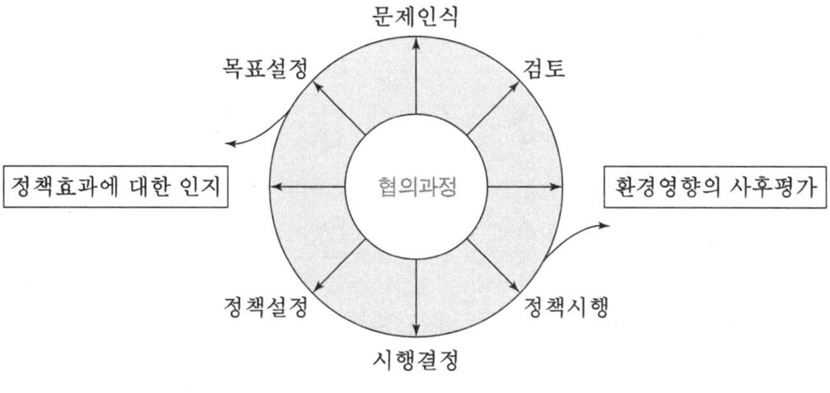

그림 17.3 정책형성과 검토과정

2) 종합평가 기법의 발전

환경영향평가의 일반적인 과정은 평가사업 결정, 중점 평가인자 선정, 현황조사, 예측 및 평가, 저감방안 설정, 대안평가, 사후관리로 이루어지고, 환경영향평가 기법들은 환경영향평가서를 통해 각 과정에 적용되고 있다.

환경영향평가서 작성 등에 관한 규정에서 종합평가 및 결론의 작성방법은 각 평가항목에 대한 개별적인 평가를 실시하고 개별적인 평가에 따른 영향정도를 종합적으로 평가하기 위해 종합해석 기법 등을 이용하여 가능한 한 정량적으로 나타내고, 정량적인 유도가 여의치 못할 경우에는 정성적인 내용으로라도 개별적인 영향정도를 개략 기술한 후 결론을 내린다고 규정하고 있다.

종합평가 및 결론도출 기법은 개별적으로 평가된 영향의 결과를 종합적으로 평가하는 기법으로 환경체계의 복잡성과 환경영향평가에 참여하는 이해당사자의 전문화된 기능의 다양성 때문에 모든 사업에 적합한 일관된 평가방법 개발은 현실적으로 어렵다.

종합평가 기법은 의사결정자나 일반대중이 사업의 찬반에 관한 의사결정을 내리는데 있어 도움을 주는 것이어야 하므로 몇 가지 환경인자(대기, 수질 등 환경매체) 중심의 평가기법이 아닌 포괄적 기법이라고 규정할 수 있다.

한 가지 환경인자 중심의 평가기법인 예측기법 등은 상당한 개발수준에 있으나, 종합평가 기법은 중점 평가인자 선정에서 매트릭스를 이용하는 정도의 수준이고, 대안평가에서도 종합평가라기보다는 토지이용과 관련한 저감방안으로서 시설과 종류에 대한 장・단점 분석정도로 그치는 경우도 있다. 이러한 환경의사결정의 결과물로서의 종합평가 결과가 미흡한 이유는 환경영향평가가 사업계획이 수립되어 사업입지가 선정된 사업단계에서 주로 평가를 하게 되어 토지이용 대안평가 등에 주로 적용되는 종합평가 기법이어서 활용성이 적은 것으로 보인다.

3) 주민참여

전 인류가 참여해서 환경문제를 해결하는 것이 필요하다는 견해는 오래 전부터 제기되어 왔다. 많은 국가와 지역에서 주민참여의 중요성에 대한 이해가 진전되고 환경관리에 대한 참여가 시도되어 왔으나 전 인류의 참여는 아직도 실현되지 않고 있다. 전 인류가 참여하려면 정보공개 등 민주주의가 더욱 확대되고 평등 의식과 인권 사상이 더욱 철저히 지켜져야 한다. 나아가 국익이나 지역 이익을 초월하여 인류 전체의 이익을 생각할 수 있는 사상을 양성함과 동시에 지역의 자주성 향상도 요청된다. 이처럼 주민의 주체적 참여라는 방식을 통해 환경관리는 사회 시스템의 근본적인 정립과 관련된다. 지속가능한 사회를 만들기 위하여 민주성과 리더십, 지역의 자립성과 지구 일체성 사이의 균형을 어떻게 성취하느냐가 중요하다.

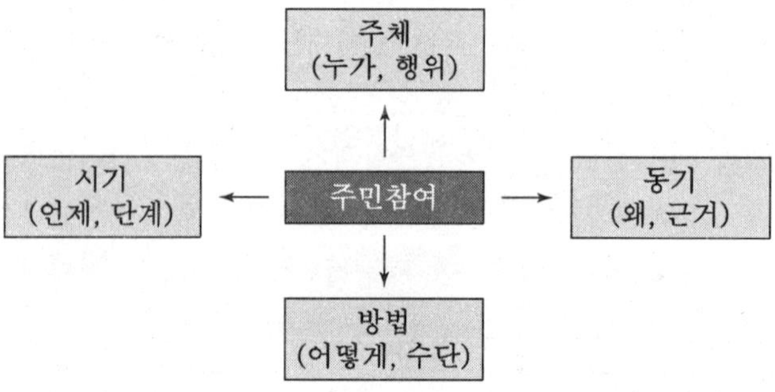

그림 17.4 주민참여 시행의 특성

(1) 주민참여와 환경문제 해결

환경문제는 전 인류의 공통 과제이다. 더 이상의 환경 악화를 방지하고, 지속가능한 사회를 만들기 위하여 모든 사람의 참여와 협력이 반드시 필요하다.

환경과 개발에 관한 리우선언(1992, 지구헌장)에 의하여 결정된 의제21은 모든 사람이 자신의 역할을 자각하고 각자의 지역 · 입장 · 생활에서 적절히 대처하는 것이 환경문제 해결에 가장 효과적이라는 점을 인식하고 여러 입장과 집단의 역할을 기술하고 있다.

주민참여를 촉진하기 위해서는 지속가능한 사회 창출을 위한 환경의사결정에 주민을 폭넓게 참여시키는 것이 중요하다. 이를 위하여 우선 환경 현황과 그에 관한 정확한 정보의 공개 및 적절한 제공, 그리고 환경영향평가 절차를 비롯한 지역의 환경관리 또는 환경계획 수립과정에 대한 참여 제도의 확립 등이 필요하다.

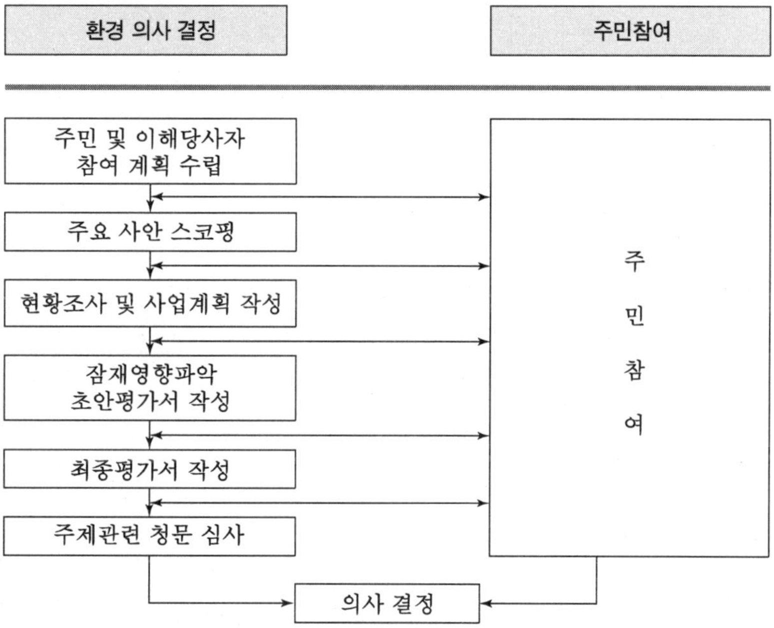

그림 17.5 환경의사결정과 주민참여 상호관계

① 주민참여 시스템의 확산

의제21 이후, 많은 국가와 지역에서 환경교육과 환경인식 증진을 위한 정보가 공개되고 제공되었다. 또한 환경계획을 수립하고 환경관리를 시행하는데 필요한 주민참여 제도를 이해시키려는 노력이 진척되었다. 그러나 제도화 · 법제화로의 이행에는 현실적으로 많은 문제가 남아있다. 이것은 사회의 민주화 또는 인권의 존중 등 사회 시스템의 기본과 관련되는 요소가 많기 때문이다.

민주주의가 성숙함에 따라 주민참여 제도도 충실해지는 경향이 있다. 서유럽이나 북미에서는 주민참여가 환경관리 활동의 중심을 이루고 있으며 동유럽이나 중앙아시아에서도 최근 민주화와 함께 정보공개가 추진되고 있어 환경문제에 대한 주민의 관심이 매우 향상되고 있다. 특히 중국에서는 여성의 권리 확대의 일환으로 환경정책 결정에 대한 여성의 참여가 보장되면서, 여러 환경정책이 여성을 중심으로 적극적으로 추진되고 있다.

표 17.1 각 지역의 주민참여 상황과 과제

지역	주민참여 상황과 과제
아시아 · 태평양 지역	• NGO 또는 지역주민 단체의 활동이 활발하고 이들이 행정의 파트너로서 환경교육 · 환경인식 증진, 환경보호 활동 등의 역할을 맡고 있으며, 이러한 활동을 통하여 사람들의 지구에 대한 관심이 높아지고 있음.
아프리카 지역	• 환경관리에 대한 의사결정에서 주민참여가 증대되고 있으나 여성이나 연소자에게는 거의 적용되고 있지 않음. • 주민참여 제도는 주민들이 갖고 있는 자연환경 회복에 대한 지식 · 기술을 효과적으로 활용하는 데 도움이 되지만 실시하지 않는 지역이 많음.
유럽 · 중앙아시아 지역	• EU에서 주민 및 주민단체는 환경에 대한 모든 행정 절차와 관련하여 권리를 보유하고 있음. 특히 환경영향평가는 주민참여를 확립하는 좋은 도구가 됨. 정부가 NGO를 경제적으로 지원하며 조직적 활동을 추진하고 있음. • 중부 유럽은 법적인 주민참여 제도를 서둘러 확립하고 있음. • 동유럽 또는 중앙아시아에는 법적 참여 제도가 있으나 그 권리 보호가 불충분함. NGO가 주동적인 역할을 하고 있으나 행정과의 협력 체제가 확립되지 못하고 있음.
남미 · 카리브 지역	• 민주주의 회복, 생활환경에 대한 관심이 높아짐에 따라 주민 참여 기회도 늘고 있으나 법적으로 확립된 것은 미약함. • 그러나 주민의 관심이 높아지고 있고 지방분권에 따라 주민참여 방법이 충분히 논의되고 있음.
북미 지역	• 환경의사 결정에 대한 주민참여가 환경관리의 중심이 되고, NGO나 주민의 참여는 모든 환경보전 계획에서 중요한 요소가 됨. • 특히 저소득층의 빈곤 대책과 통합된 지역 환경전략이 특징이며 환경 · 복지 · 주민참여의 연계를 꾀하고 있음.
서아시아 지역	• 환경보전에 대한 사람들의 관심이 높아져 환경정보 공개도 추진되고 있으나 아직 불충분함. • NGO의 활동은 전반적으로 활발하지 못하고 국가 주도의 환경보전 대책 · 보급 계몽이 중심이 되고 있음.

자료 : UNEP, 지구환경개황(GEO), 2010.

② 비정부단체 및 지역 주민단체의 활동

사회 시스템의 틀을 초월하여 주민에 대한 환경교육이나 환경계획 수립, 또는 환경관리를 실천함에 있어서 주민을 주체로 하는 지속가능한 사회 건설을 이끌고 있는 것이 환경 비정부단체(NGO) 또는 지역주민 단체이다. 특히 NGO는 국가나 지자체 등의 틀을 초월하여 불특정 다수와 지역 전체의 이익을 이념으로 내세워 활동하는 특징이 있다. 이 점을 살려 지구온난화방지회의나 환경보호 조약 등 국익이 우선되는 국제 교섭 무대에서 준비·조정 등과 같은 큰 역할을 하기도 한다.

지역적인 환경관리에서도 NGO나 지역주민 단체의 위상이 중요해졌다. 특히 아시아 태평양 지역에서는 환경문제에 대한 관심이 고조되면서 세계 각 지역에서 NGO의 활발한 활동을 볼 수 있다. 예를 들어, 인도에서는 수천 명의 NGO가 환경교육이나 정보제공 활동을 하면서 자주적 활동을 추진하고 있다. 또 필리핀에서는 NGO에 자금이 제공되면서 환경보호지역에 대한 종합보전 프로그램이 실시되고 있다.

몽골이나 오스트레일리아에서도 NGO나 주민 단체가 행정의 파트너로서 역할을 하면서 지역의 환경을 관리하고 있으며 이것이 주민의 환경 연구와 공동체 육성과도 연결되고 있다.

③ 주민참여의 과제

환경에 대한 주민의 관심이 높아서 NGO나 지역주민 단체가 열심히 활동을 하고 있으며 기업의 자율규제와 같은 자발적 선도 활동이 실시되고 있다. 그러나 정보공개나 주민참여의 체계화·제도화, 행정과의 연계처럼 현재 많은 과제가 진행 중이다. 지방분권화가 실시되고 있는 지금, 지역의 환경관리에 있어서 공동체나 주민 활동이 큰 역할을 담당하고 있으며 주민의 협력 체제 또는 행정과의 연계에 의한 체제 확립이 기대된다.

④ 향후의 주민참여 방향

주민참여 수준은 여전히 국가·지역에 따라 큰 격차를 보이고 있는데, 다양화·복잡화되는 사회 제도 속에서 주체적 주민참여를 통한 환경관리 확산을 위해 더욱 진전된 협력이 요구된다. 이를 위하여 국제연합 환경계획에서 발간된 지구환경개황(GEO, 2010)은 환경 NGO와 지역 공동체 역할의 중요성을 강조하고 그 강화를 제언하고 있다. 또한 세계 각지에서 볼 수 있는 지역의 분산·독립 움직임은 지역에 대한 주민의 관심을 높이고 자주적인 환경관리를 촉진할 것으로 기대된다.

각 지역과 개인이 지구 안에서 존재와 역할을 자각하는 것, 그리고 주변에서부터 그 책무를 다하는 것이 전체 인류 참여를 위한 첫 걸음이다. 최근 정보통신의 발전에 따라 크고 작은 행정구역의 경계를 초월하여 지역 또는 개인이 세계 속에서 정보를 주고받을 수 있게 되었다. 이러한 발전은 「지구 규모로 생각하고, 지구적으로 행동」하는 기반이 됨과 동시에, 세계 주민으로서의 존재를 자각하여 이념·지식·기술을 전 세계인과 함께 공유하는 기회를 크게 확대하고 있다.

(2) 주민참여 실행원칙(IAIA, 2006)

주민참여는 의사결정과정에서 주제가 되고 있는 사업, 프로그램, 계획 또는 정책에 의해 긍정적, 부정적인 영향을 받거나 관심이 있는 개인과 단체의 참여로 정의된다. 국제영향평가학회(IAIA)에서 제시한 모범적인 주민참여 실행원칙(Public Participation Best Practice Principle)은 영향평가 참여자에게 주민참여에 대한 의미 있는 실행을 증진시키는 데에 목적을 두고 있다.[70]

- 영향평가에 효과적이고 적절한 주민의 참여를 위한 필수요건을 정의한다.
- 참여과정을 신뢰할 수 있도록 하고 이해관계자의 관심과 참여를 극대화하기 위한 필수요건을 확인한다.

주민참여 실행원칙은 영향평가 과정에서 주민참여의 윤리와 성과를 향상시키기 위해 제정되었는데, 여기에서 제시된 원리들은 광범위하고 일반적이며 비규정적이다. 이는 주민참여가 영향평가 과정에서의 중요한 절차이자 기반이므로 계획된 주민참여의 모든 단계와 종류(전략 단계도 포함)에 적용하도록 하고 있다. 영향평가 뿐만 아니라 주민참여는 일반적으로 전 세계에서 적용되고 있다. 이러한 정황은 의학, 사회과학, 응용 및 순수과학 등의 더 많은 영향평가 참석자들이 회의(공청회)에 참석하거나 심지어 조정할 수 있도록 한다. IAIA는 이 원칙들이 영향평가에 있어 주민참여에 도움이 될 뿐만 아니라 이해관계자들이 토론하도록 하여 더 나은 개발사업, 협치(governance) 및 지속가능한 세계를 조성하는 데에 사용될 수 있다.

① 주민참여의 개념

주민참여는 제안된 내용(예 : 개발사업, 프로그램, 계획, 정책)에 의해 긍정적 · 부정적 영향을 받거나 관심을 가진 개인과 단체의 참여로 정의할 수 있다. 영향평가에서 주민참여의 단계는 수동적 참여 및 정보 수령(일방적인 참여 형식)부터 협의를 통한 참여(예 : 공청회와 공개토론) 및 쌍방 참여(예 : 워크숍, 협상, 중재, 공동관리)까지 다양하다.[71] 주민참여의 서로 다른 단계는 영향평가 과정 중 초기의 분석단계부터 의결승인, 모니터링 단계까지의 서로 다른 단계와 관련되어 있다.[72]

---

70) 1999년부터 영향평가 분야의 최초의 조직으로써 IAIA는 다양한 분야(예 : 환경영향평가, 전략환경평가, 사회영향평가)의 영향평가에 있어 최상의 실천에 대한 문서를 수집해 왔다. 이러한 문서들은 IAIA 구성원들에게 대다수가 동의하는 지침을 제공하고자 준비되었다.

71) Arnstein(1969, Journal of the American Planning Association, 35: 216-224)은 '주민참여의 사다리(ladder of citizen participation)'를 증명한 최초의 인물이다. 이것은 주민참여 과정이 결과를 수용하는 지지자와 함께하는 주민에 의해 직접 실행되는 것이라는 점에서 주민참여의 가장 강력한 형식이다. (R. Roberts, 2003, Involving the public, in H. Becker and F. Vanclay [eds], International Handbook of Social Impact Assessment, Cheltenham: Edward Elgar: pp. 259-260).

72) 주민참여(PP)는 주민 교섭기술 또는 참여의 자유를 제한하는 등에 의해 주민 의견을 조작하는 것은 포

② 주민참여의 목적

주민참여는 좋은 협치에 필수적이며 지역공동체에 권한을 부여할 것이다. 영향평가는 다음과 같이 다목적이다.

- 정의, 형평, 협력을 촉진하기 위한 의사결정과정에 영향을 받으며 관심 있는 단체의 참여
- 이해관계자(지지자, 주민, 의사결정자, 조정자)에게 통지 및 교육
- 공동체로부터 그들의 생활(문화, 사회, 경제, 정치적 특성 등)과 생물물리학적 환경뿐만 아니라 그들의 환경과 관련된 자료(관련 전통, 지역정보 등)에 대한 정보 수집
- 공동체로부터 계획된 중재에 대한 제공자료(사업의 규모, 시기, 부정적 영향 저감방안, 긍정적 효과 증대방안 또는 보상방안 등 포함) 수집
- 더욱 창의적인 개발, 더욱 지속가능한 중재와 결과적으로 더 많은 주민의 수용과 지지를 이끌어내는 분석 제공
- 이해관계자들에게 상호 공통적 지식과 주민참여와 영향평가의 개선·향상에 기여

③ 주민참여 실행 원리

기본 원칙은 영향평가의 주민참여의 모든 단계(전략부터 운영까지)에 적용된다. 이 단계들이 상호의존적이며 어떤 경우에는 대립된다는 것을 명심해야 한다. 영향평가가 그것의 목적을 만족하는지를 확인하기 위해 주민참여의 원칙을 적용할 때에는 균형 있는 접근이 중요하다. 운영 원칙은 기본 원칙을 평가과정의 주요 단계와 활동에 적용하는 방법에 대해 설명한다.

표 17.2 주민참여 기본원칙과 운영원칙

기본원칙(Basic Principle)	운영원칙(Operational Principle)
【기본전제】 주민참여는 영향평가의 모든 단계(전략부터 운영까지)에 적용하며, 상호의존적이고 균형 잡힌 접근이 필요	【기본전제】 기본원칙을 영향평가 과정의 주요 단계와 활동에 적용하는 방법에 대해 설명
【지도이념】 1. 상황에의 적응성 2. 정보제공과 예방성 3. 적응성과 전달성 4. 포괄성과 형평성 5. 교육성 6. 협력성 7. 입력성	【 적용방법】 1. 초기 착수 및 지속성 2. 협의 가능한 사안 계획 및 중점 3. 참여자 지원 4. 단계적 및 최적화 5. 공개적 및 투명성 6. 정황에의 기인성 7. 신뢰성과 엄격성
출처 : IAIA, 2006, Public Participation, Special Publications Series No. 4.	

함하지 않는다.

발전 지침은 영향평가 중 주민참여 향상을 위한 주요 방향을 설명한다. 원칙의 다음 단계는 특정 활동, 최첨단 기술 또는 미래 세대와 같은 주민참여의 원리에 직면할 수 있다는 것을 예견한다. 그러나 그들의 개발은 여기에 제시된 기본 원칙과 운영 원칙을 구축하고 확장하면서 분리된 노력을 구성할 것이다.

영향평가 과정에서 주민참여 실행 기본원칙은 다음과 같다.

- 상황에의 적응성 – 사업지역 내에서 공동체의 사회적 제도, 가치, 문화의 이해와 인지 계획된 사업으로 인한 역사, 문화, 환경, 정치적 영향을 고려한다.
- 정보제공과 예방성 – 주민은 그들의 생활과 생계에 영향을 미칠 수 있는 사업에 대해 미리 적절한 방법으로 정보를 제공받을 권리가 있다는 것을 인식한다. 관심과 참여 동기는 간략하고 이해하기 쉬운 정보의 확산에 의해 유발된다.
- 적응성과 전달성 – 불균일의 인구통계, 지각능력, 평가와 관심 등에 따라 다양하다는 것을 인식한다. 모든 개인, 당사자들을 고려하여 사람들 사이에 효과적인 의사소통의 규칙[73)]이 준수되어야 한다.
- 포괄성과 형평성 – 영향, 보상과 이익의 분배를 고려한 표현된 것과 덜 표현된 것을 포함하여 모두에 대한 관심사항이 존중되어야 한다. 원주민, 여성, 어린이, 노인과 빈민을 포함한 대표적이지 못한 그룹의 주민참여 또는 이익 보호를 장려해야 한다. 지속성 측면에서 현재와 장래 세대 사이의 형평성이 증진되어야 한다.
- 교육성 – 모든 영향평가 이해관계자들이 그들의 평가, 관심, 권리와 의무에 대하여 상호 존중과 이해에 기여한다.
- 협력성 – 대립보다는 협조, 수렴과 의견일치 구축을 증진한다. 대립하는 관점과 평가에 참여할 뿐만 아니라 지속가능한 개발을 증진하고 지지하고자 하는 결정에 대해 일반적으로 수용하고자 하는 노력을 추구해야 한다.
- 입력성 – 주민참여 과정의 결과를 고려한 연구를 바탕으로 하여 제안된 내용을 개선한다. 주민참여 과정의 결과를 고려한 연구(주민참여 과정의 결과에 대한 이해관계자의 보고와 반응), 특히 그들의 의견제공이 의사결정에 어떻게 기여해왔는지를 포함한다.

주민참여 실행기본 원칙과 관련하여, 이를 실행하기 위한 제도운영 원칙은 다음과 같다.

- 초기 착수 및 지속성 – 주민은 영향평가 과정 초기(주요 결정 전)에 규정적으로 참여해야 한다. 이는 참여자간에 신뢰를 구축하고, 주민참여를 위한 시간을 제공하고 의견을 제시할 기회를 증가시키며, 소문의 위험성을 감소시키고 또한 지지자의 공공 이미지

73) 영향평가 시행자(예 : 주민, 사업자, 의결자, 조정자)간의 의사소통이 효과적이기 위해서는 적극적인 경청과 서로 다른 시행자의 의견, 다른 사람들에 대한 태도, 각자의 역할관계 및 의사진행이 이루어지는 장소와 그 목적 등에 있어서의 일반적 상황 등에 주의를 기울여야 한다. 효과적인 양방향 의사소통을 위해서는 상대방, 문화, 전통 및 개인성향 등에 대한 존중이 필요하다.

를 증진시킨다. 이는 또한 조정자에게 그들의 결정에 대한 승인에 대해 더욱 확신을 줄 수 있다.

- 협의 가능한 사안에 대한 계획 및 중점 – 모든 영향평가 이해관계자들은 수행되는 주민참여의 목적, 규칙, 구성, 절차와 기대효과를 알아야 한다. 이는 관계된 모든 과정의 신뢰성을 증진시킬 것이다. 합의결과가 항상 실현가능하지는 않기 때문에, 주민 참여는 이해와 참여자의 평가와 관심에 중점을 두어야 하며, 의사결정에 관련된 협상을 할 수 있는 쟁점에 초점을 두어야 한다.
- 참여자 지원 – 주민대중은 사업과 주민참여 과정에 관한 충분한 정보 확산 및 공정한 자금조달 등을 통해 그들의 참여의지에 대해 지원받아야 한다. 자금조달과 지원은 특히 자금력이 없는 참여자 및 주민참여 문화가 없는 지역 또는 주민참여를 억제하는 지역 문화가 있는 곳에 제공되어야 한다.
- 단계적 및 최적화 – 주민참여 프로그램은 최적의 의사결정 단계에서 이루어져야 한다. 주민참여를 위한 적당한 시기에 대해 강조함으로써 규칙적으로 초청되어야 한다. 주민참여는 모든 영향평가 이해관계자의 자원(사람, 자금, 시간)을 소비하는 것이기 때문에, 시간과 공간의 최적화는 참여의 의미를 확고히 할 것이다.
- 공개적 및 투명성 – 사업에 의해 영향을 받고 관심이 있는 사람들은 그들의 인종, 성, 소득 등에 관계없이 모든 관련정보를 접할 수 있어야 한다. 이 정보(예 : 과업지시서, 보고서, 요약문 등의 내용)는 비전문가도 접할 수 있어야 한다. 비전문가들도 관련 워크숍, 회의 및 공청회 등에 참석할 수 있어야 한다. 이러한 참여자들을 위한 정보와 용이성이 제공되어야 한다.
- 정황에의 기인성 – 많은 지역사회들은 자원에 대한 주민의 접근, 갈등의 해결과 관리 등에 있어 그들의 공식적 비공식적 규칙을 가지고 있기 때문에, 주민참여는 사업으로 인해 영향 받는 지역사회의 문화, 사회, 경제, 정치적 측면의 구조에 맞게 이루어져야 한다. 이는 영향을 받는 지역사회에 대한 존중을 보여주며, 과정과 결과에 대한 주민의 신뢰를 증진시킬 것이다.
- 신뢰성과 엄격성 – 주민참여는 윤리성, 전문가적 행동 및 도덕적 책무를 고수해야 한다. 중립적 촉진자에 의한 주민참여의 촉진은 정보의 공정성과 형평성뿐만 아니라 절차의 공명정대성을 증진시킨다. 이는 또한 주민(대중)이 그들의 의사를 표현하는 것과, 긴장, 참여자간의 갈등의 위험, 부패의 기회를 감소시켜 신뢰성을 증대시킨다.

3 발전방안

1) 환경의사결정과 종합평가

환경평가 방법은 몇 가지 목적을 가지고 있는데 모든 환경인자가 그 분석에 확실하게 포함되어 있어야 한다. 이 목적은 환경이 물리화학적, 생물학적, 문화적, 사회·경제적 요인의 복합체라는 것, 각종 행위가 복잡한 영향과 상호간의 인과관계가 있어야 한다. 따라서 환경인자를 고려한 연구는 체계적인 것이 바람직하다. 환경평가 방법의 하나인 영향분석은 공통적·종합적 근거에 기인한 대안 평가의 방법에도 적용된다. 대부분의 환경영향평가서는 제안행위의 환경영향에 대해 적절한 분석결과를 제시하고 있지만 사업제안 행위의 대안에 대해서는 상대적 경제성 평가를 하고 있다.

환경의사결정의 결과로 나타나는 종합평가방법은 대안의 절대적 또는 상대적 영향을 평가하기 위한 방법이다. 영향평가와 관련하여 환경현황 기술, 제안행위에 관련한 요인의 기술적 영향의 예측과 평가에 대하여 정보자료가 부족한 경우도 있다. 영향분석은 의사결정을 위한 정보자료의 필요성을 확인하고 정밀조사 또는 추가조사 실시 계획에 도움이 된다.

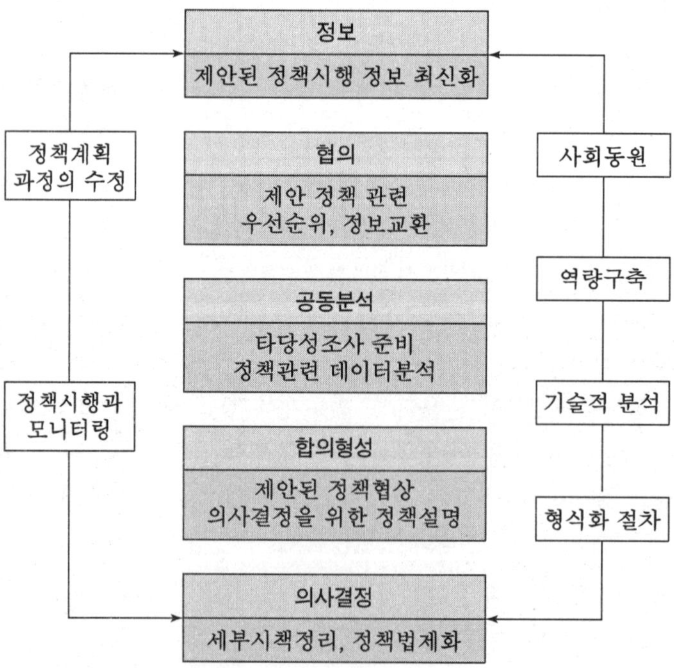

그림 17.6 참여적 정책결정 과정

영향분석의 한 가지 중요한 목적은 개발사업에 따른 환경영향 저감조치에 대한 평가이다. 개발사업 대안의 환경영향이나 제안행위를 최소한으로 억제하도록 함으로써 환경의사결정으로서의 종합평가방법은 제안된 저감조치의 효과평가에 도움이 된다.

종합평가의 중요한 목적의 하나는 주민참여에 대하여 요약한 형태의 정보를 제공하는 것이다. 체계적이고 조직화된 환경영향평가 결과 정보를 제공함으로써 영향분석의 타당성과 환경의사결정 과정에 대해 신뢰도를 높일 수 있다. 이 과정에서 평가방법론의 적용관련 정보공개에는 주민에게 정확한 정보를 제공함으로써 결과를 혼란스럽게 하는 일이 없도록 주의가 요구된다.

(1) 환경영향평가에 영향을 미치는 주체

- 사업자 : 계획이나 사업을 수립, 실시하는 자가 평가의 실시 주체가 됨
- 행정기관 : 사업소관과 환경보전의 관점으로부터 평가의 심사를 담당
- 전문가 : 조사 등에 종사하거나 심사를 할 때 전문적 관점에서 지자체 등에 정보제공
- 실무자 : 사업자에게서 위탁받은 컨설턴트 등이 조사 등을 실시하고 평가서를 작성
- 주민 : 평가를 할 때 정보를 제공하거나 주민 요구사항을 제출

(2) 환경영향평가의 단계(괄호 안은 국가제도로 대응하는 부분)

- 제1단계 : 평가의 진행방법을 설계하는 단계로 계획이나 사업의 단계·진행정도에 따라서 필요한 조사, 예측, 평가 등의 방법을 검토하고 명확히 함(스코핑, 평가계획서 작성 등)
- 제2단계 : 실제로 현지의 환경 상황을 조사하고 환경영향을 예측하여 환경보전 대책을 검토해서 환경영향을 평가하고 문서로서 정리함(준비서 등)
- 제3단계 : 평가서에 대한 여러 가지 정보를 활용하면서 필요한 조사, 예측, 평가를 추가·수정하고 최종적인 문서로서 정리함(평가서 작성 등)

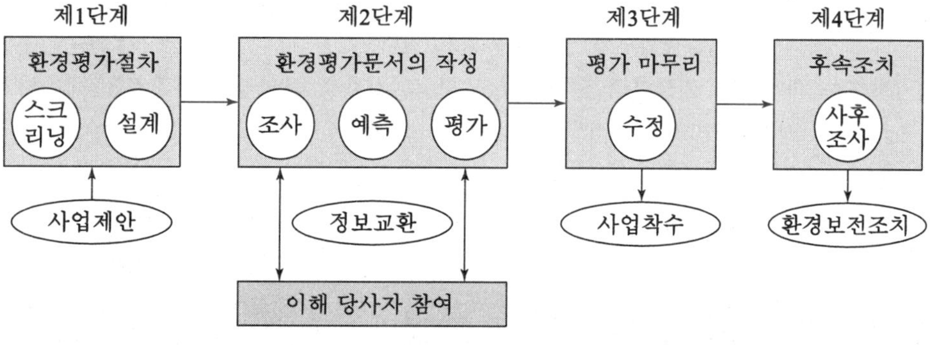

그림 17.7 의사결정으로 본 환경영향평가 과정

- 제4단계 : 사업에 착수한 후에도 필요한 항목에 대해서 환경영향을 조사하고 환경보전 대책의 추가·변경을 검토하고 실시함(협의사항 이행점검, 사후평가 조사 등)

2) 종합평가 기법의 활용

환경영향평가의 목적성을 염두에 둔다면 주민참여를 통한 환경의사결정 과정은 사업으로 인한 환경에 미치는 영향을 의사결정자나 주민에게 이해하기 쉽게 알리려는 노력이 필요할 것이다. 환경관리 문제가 자유방임에서 규제로, 규제에서 협상과 자율로 변화 발전하고 있는 상황에서 특히 주민이나 지역공동체와의 환경영향에 대한 갈등, 평가와 협상이 주요 문제로 부각되고 있다. 환경영향평가서 작성 시 진실하고 정직한 기법들을 적용, 체계적으로 평가하여 환경영향평가 과정은 바람직한 환경의사결정을 위한 도구이자 절차가 되도록 노력하여야 할 것이다.

개발과정이 정책, 계획, 프로그램, 사업의 4단계로 이루어진다고 볼 때, 지금까지 환경영향평가는 주로 세부사업의 개발에 의한 환경상의 악영향을 예측, 평가, 저감하는데 치중함으로써 주로 사업단계에서 이루어졌으나, 의사결정 초기단계부터 정책이나 계획과정에 대한 환경영향평가가 도입되는 것이 바람직하다. 따라서 환경영향평가의 전 과정에 이용될 수 있는 기법 개발이 요구된다. 이 과정에는 평가수단으로 도면정보, 속성정보 등의 다양한 환경정보를 구축하고, 이를 토대로 정책, 계획 단계에서 대안을 설정, 평가하여 개발가능지역을 선정하는 적지분석과 사업단계에서 환경오염 등에 의해 인근 주민과 지역사회에 미치는 영향을 중첩 분석하여 통합적인 환경영향평가가 이뤄지도록 하는 것은 매우 중요하고 시급하다.

이러한 과제를 해결하기 위해서는 무엇보다 먼저 현황파악과 미래예측에 기초가 되는 환경의 질, 환경상황, 토지이용, 인구 등의 속성정보와 위치 및 지역특성 파악 등에 활용되는 생태·자연도, 비오톱지도 등의 도면정보를 분류, 수집, 구축하고 이를 분석할 방법론 개발이 요구된다. 최근에는 효과적인 환경영향평가를 위하여 자연환경, 생활환경, 사회·경제 환경의 각종 환경관련 속성 및 도면정보를 체계적으로 구축, 분석할 수 있는 환경정보체계를 공간정보로 구현함으로써 환경영향평가에 활용되고 있다.

환경영향평가 과정에서 의사결정 지원체계란 의사결정자로 하여금 의사결정을 내리는 각 과정을 지원하는 것으로 자료를 용이하게 추출하고 해석하여 문제를 해결할 수 있는 기능을 제공하는 것으로 볼 수 있고, 환경영향평가 과정에서 의사결정자란 넓은 의미로 사업자, 주민, 정책 결정자를 포함한다.

환경영향평가에 이용되는 의사결정 지원체계는 공간적인 분석이 가능한 지리정보체계와 원격탐사, 다양한 환경인자를 예측하고 분석하는 각종 모델, 많은 환경자료들의 통합구축 등을 총체적으로 사용함으로써 복잡하고 다양한 환경인자와 자료에 대한 체계적인 접근이 가능 할 수 있도록 하는 것이다.

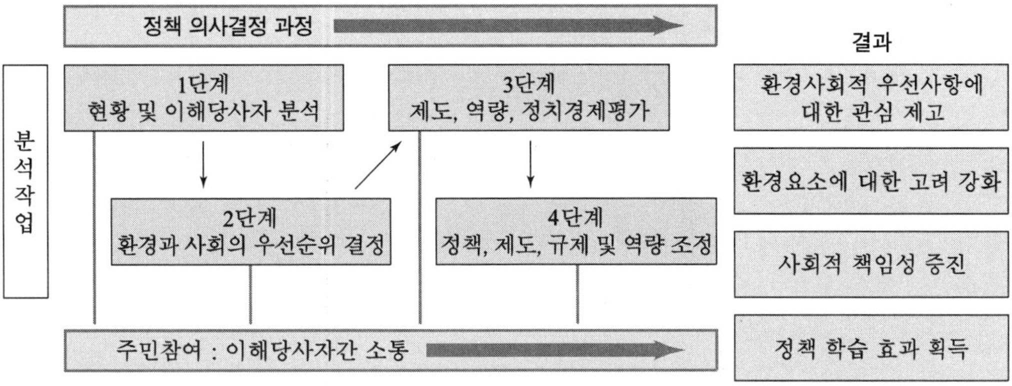

그림 17.8 환경의사결정 과정과 주민참여 상호작용

3) 주민참여의 효과 증진

주민참여의 목적과 목표는 이해관계자들에 정보제공을 통해 그들의 관점, 관심과 가치를 취득하고 공중의 신뢰 증진을 통해 의사결정에 있어서 투명성과 책임성을 증진시키는 데 있다. 주민참여 및 자문이 필수요건으로 강조되는 이유는 먼저 환경영향평가와 전략환경평가 제도의 발전은 주민참여와 자문의 지속적인 확대를 강조하면서 발전한다. 그런 다음 주민참여와 자문의 원리가 폭 넓게 적용될 수 있도록 법규 및 지침의 마련이 과제이기 때문이다. 사업 추진과정에서 의사결정에 공공투입의 보장으로 갈등을 완화하거나 감소시켜 주민참여의 효과를 증대시키기 위해 모든 참여자들은 다음의 사항들을 적극적으로 장려하여야 한다.

- 유용하고 관련 있는 정보에 대한 주민의 접근 : 정보가 일반적으로 접할 수 있는 것일지라도 비전문가도 쉽게 접할 수 있도록 하여야 하며 의사결정 과정에 더욱 중점을 두고 관련되도록 하여야 한다.
- 의사결정에 다양한 계층을 포함하고 참여
- 이해당사자들로 합의형성을 위한 획기적 방안
- 공정성과 형평성을 위한 노력

성공적인 주민참여 기법적용의 원칙은 올바른 정보의 제공, 검토와 대응에 대한 충분한 시간부여, 이해관계자 참여를 위한 적절한 기회와 수단제공, 관련 사안에 대한 중요한 관심과 대응, 주민참여 결과의 환류, 이해관계자를 참여 적응시키는 계기를 위한 재정과 시간의 선택이 중요한 요소로 작용한다.

주민참여를 회피하는 일반적인 이유는 의사결정에 긴 시간과 많은 비용이 소요되고, 대체로 사업에 반대의견이 비등함으로써 지역사회의 기대치 상승과 일반 대중의 몰이해를 꼽고 있다. 그러나 주민참여에서 중요한 목적 중 하나가 지속가능한 사회를 만드는 데 기여하는

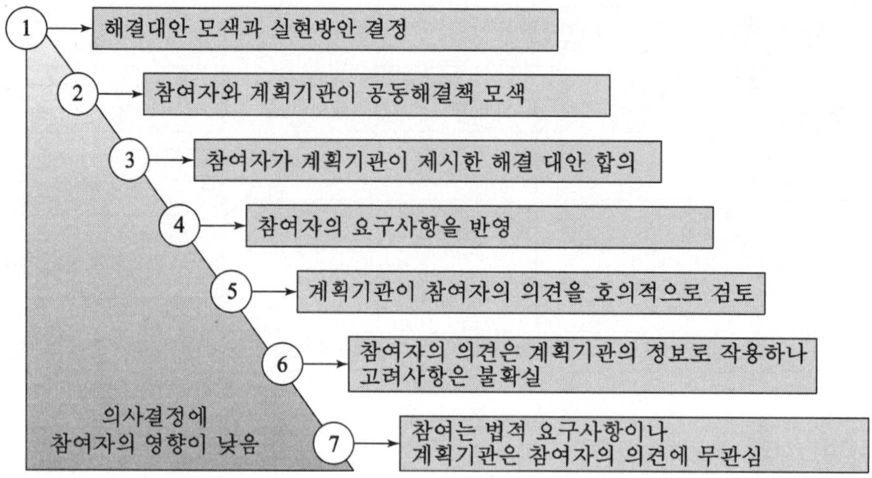

그림 17.9 참여의 수준과 의사결정의 효과성

것이라면 이해당사자간 칸막이 허물기를 위해 주민의 알권리(right-to-know)에 대한 원칙이 존중되는 것이 요구된다.

주민참여를 통한 갈등의 최소화 원칙으로는 모든 이해관계자를 포함시키고, 의사소통 통로 구축, 제안과 그 목적들을 기술하여 영향 받는 사람들의 우려와 관심의 청취, 주민들을 공정하고 공평하게 응대하는 것이다. 이 과정에서 영향저감과 손실 손해에 대한 보상, 지역 공동체 우려사항에 대한 인지와 환류로 저감 대안 공동모색 등이 포함된다.

이러한 관점에서 현행 환경영향평가법에서는 환경영향평가협의회 구성・운영(제8조)에 대해 환경영향평가 등과 관련된 사항의 심의를 위하여, 기존의 환경성검토협의회, 환경영향평가계획서심의위원회, 이의신청심의위원회를 환경영향평가협의회로 통합하여 운영하고 있다. 그리고 이와 같은 환경평가와 관련된 각종 심의를 환경영향평가협의회로 일원화함으로써 법 적용상의 혼란을 방지하고, 환경영향평가 등의 효율성을 높일 수 있을 것으로 기대하고 있다.

전략환경영향평가(제9조 및 제13조) 대상인 행정계획 중 정책적 성격의 계획은 의견수렴의 대상이 되는 주민의 범위를 설정하기 곤란하고, 의견수렴절차를 거칠 필요성도 적다. 전략환경평가의 대상이 되는 계획을 그 성격 등을 고려하여 정책계획과 개발기본계획으로 구분하고, 정책계획에 대하여는 평가서 초안의 작성과 의견수렴절차를 거치지 아니하도록 한다. 이와 같이 정책계획에 대하여 불필요한 평가서 초안의 작성과 의견수렴절차를 거치지 아니하도록 함으로써 전략환경영향평가를 원활히 수행할 수 있을 것이다.

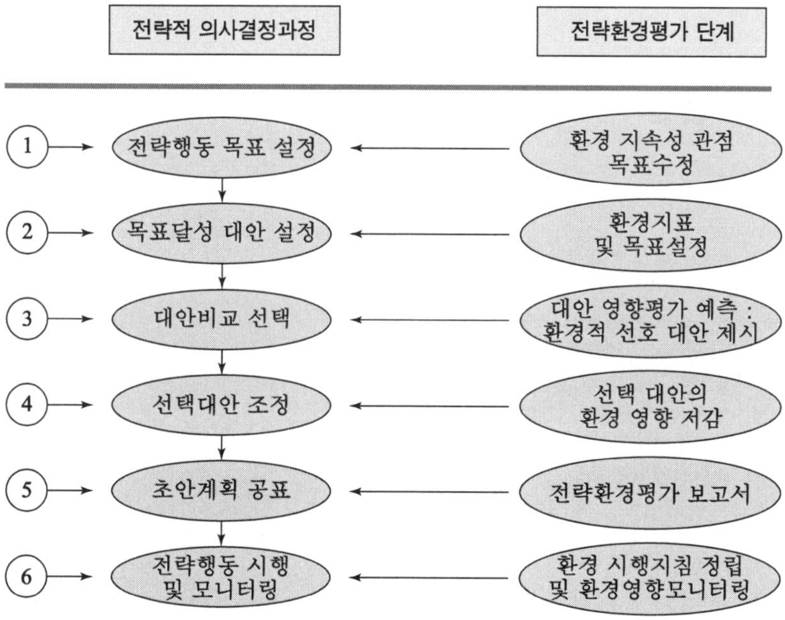

그림 17.10 전략의사결정 과정과 단계별 전략환경평가 관계

사업자는 개발기본계획 단계에서 전략환경평가서 초안에 대한 주민 등의 의견을 수렴한 경우에는 환경영향평가서 초안에 대한 의견수렴절차를 생략할 수 있도록 한다. 이와 같이 환경영향평가서 초안에 대한 의견수렴절차를 생략할 수 있도록 함으로써 환경영향평가 기간을 단축할 수 있을 것이다. 물론 이러한 절차의 간소화가 주민참여를 형식상의 절차로 간주한다면 절차상의 시행착오로 오히려 더 의사결정이 지연될 수도 있다.

참고문헌

국토교통부 고시, 2015, 국토계획평가에 관한 업무처리지침.
김동욱, 2004, 환경영향평가, 그루.
김임순, 한상욱, 2006, 전략환경평가, 북스힐.
박승조, 2001, 환경영향평가, 세종출판사.
한국환경정책평가연구원, 2002, 환경영향의 합리적 예측평가를 위한 기법 연구.
한상욱 외, 2000, 신제 환경영향평가론, 향문사.
한상욱 외, 2002, 환경영향평가제도, 도서출판 동화기술.
환경부 고시, 2012, 환경영향평가서 작성 등에 관한 규정.
환경부 환경공무원교육원, 1997, 환경영향평가연수.
환경부, 2011, 환경영향평가 스코핑 가이드라인-평가항목・범위 결정 등을 위한 지침서.
황용주, 1984, 도시계획원론, 녹원.
Becker, H and Vanclay, F., The International Handbook of Social Impact Assessment, 2003, Edward Elgar.
Canter, Larry W., 1996, Environmental Impact Assessment, McGrow Hill.
Dietz, Thomas and Stern, Paul C., 2008, Public Participation in Environmental Impact Assessment and Decision Making, Washington D.C.: The National Academies Press.
Eccleston, Charles H., 2011, Environmental Impact Assessment: A Guide to Best Professional Practices, CRC Press.
Glasson, John; Therivel, Riki; and Chadwick, Andrew, 2012, Introduction to Environmental Impact Assessment, Routledge.
Lawrence, David P., 2003, Environmental Impact Assessment-Practical Solution to Recurrent Problems, John Wiley & Sons.
UNEP, Environmental Assessment of Ogoniland, 2015, United Nations Environment Programme.

Cases and Paradigm Transition
of Environmental Impact Assessment

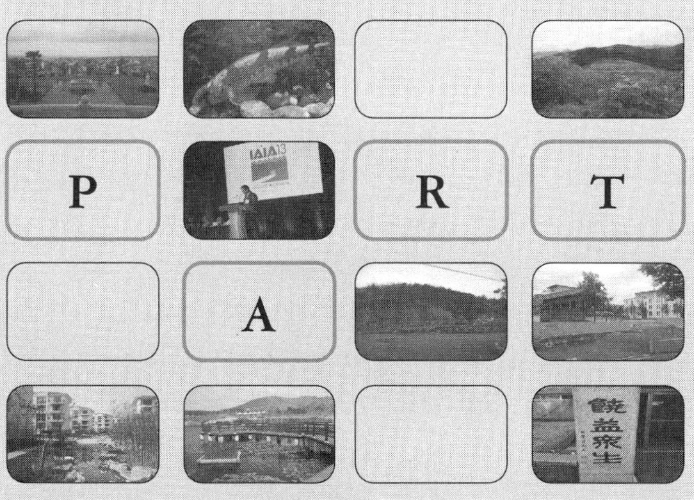

PART IV

영향평가 사례와 미래

제18장

생태평가 현황과 미래

1 개요

환경영향평가과정에서 생태평가를 하는 목적은 개발계획으로 인한 생태계 영향을 파악하여 그 영향을 최소화하고 생태계 복원 방안 등을 마련하는데 있다. 하지만 대부분의 사업과 개발계획은 서식지를 훼손하는 경우가 많다. 동양사상의 근간을 이루었던 도교의 무위자연(無爲自然)은 자연을 꾸밈없이 인위적 관리를 최소화하는 것으로 생태평가가 추구하는 하나의 기틀이 될 수 있다. 또 불교 경전 법화경에는 요익중생(饒益衆生)이라는 말이 있는데 살아있는 모든 생명들을 풍요롭고 이롭게 하자는 뜻이다. 생태계를 잘 보전하고 개발사업을 통해 파괴된 서식지를 복원하는 맥락이 생태계에 있는 모든 살아있는 생명들을 풍요롭고 이롭게 하는 방안으로 볼 수 있다(그림 18.1 참조). 서양에서는 인간과 생태 중 무엇이 우선이냐는 논리는 1900년 초 Gifford Pinchot 견해인 인간중심주의(Anthropocentrism)와 John Muir가 강조한 생물중심주의(Biocentrism)로 대별될 수 있다. Pinchot는 보전은 인간의 이익을 위한 자연자원의 현명하고 효과적인 이용을 뜻한다고 하였고, John Muir는 우주는 인간없이는 불완전하고, 미생물이 없을 경우도 불완전하다고 하였다(Ortolano, 1997).

그림 18.1 (좌) 제주시 조천읍 평화통일불사리탑 소재 요익중생, (우) 경내와 조천읍

개발계획이나 개발사업은 생태와 생태계에 영향을 미치고 있다. 개발과 보전에 대한 갈등도 어느 시각에서 보면 사회가 추구하는 가치에 따라 변하고 있다. 2003년부터 2005년까지 경부고속철도 천성산 터널공사(구자건과 이무춘, 2008)가 꼬리치레도롱뇽의 생존 위협으로 공사 중단과 재개를 반복하여 많은 사회적 비용을 부담했던 사건도 한편으로는 사회가 생태의 중요성을 인식한 배경에서 일어났다고 보인다.

또한 미국에서도 작은 민물어류인 스네일다터[snail darter(*Percina tanasi*)]가 1973년에 리틀테네시강(Little Tennessee River)에서 발견되어 1975년 멸종위기종 목록에 포함되었다. 테네시강유역개발공사(TVA)가 1970년 중반에 추진한 텔리코댐은 스네일다터와 관련된 소송을 하게 되었고, 결과적으로 1978년 대법원은 공사를 중단시켰다. 1979년 의회는 멸종위기종으로서의 가치를 인정하지 않아 목록에서 제외하였고 그 후 댐공사는 진행되어 완성되었다. 그 종은 1970년대 중반 이식작업이 잘 이루어졌고, 1980년대에 테네시뿐만 아니라 조지아, 알라바마 하천에서도 발견된 사례가 있다(Canter, 1996, 그림 18.2 참조).

그림 18.2 (좌) 꼬리치레도롱뇽 (출처 : 사진제공 국립환경과학원 이정현)
(우) 스네일다터 (출처 : Wikipedia)

생태는 동양적 사유에 근거하면 생물과 환경이 생동하는 아름다운 모습을 드러내는 상호관계로 생태란 말은 중국 남북조시대 양(梁)나라 간문제(簡文帝)의 쟁부(箏賦)를 비롯해서 동주열국지(東周列國志) 제17회 식규(息嬀)편, 당나라 두보(杜甫)의 시 효발공안(曉發公安) 등에서 보이고 있다. 서양에서 에코(eco)는 희랍어 오이코스(oikos)로부터 왔고, 오이코스는 좁은 의미로 집, 넓은 의미로 생식지나 생식원을 의미했다. 에코는 생물학의 개념으로 사용되었고, 생태로 번역되었다(고영섭, 2008, 김학훈과 이종호, 2013). 계(system)가 덧붙여진 생태계는 인간과 자연이 공생하는 하나의 큰 구조로 볼 수 있다. 자연환경보전법(2016)과 생물다양성협약(CBD, 1992)에서는 생태계를 식물, 동물 및 미생물 군집들과 무생물 환경이 기능적인 단위로 상호작용하는 역동적인 복합체로 정의하고 있다. 미국 대통령실 과학기술위원회(PCAST, 2011)는 생태계를 현존하는 종의 집합체일 뿐만 아니라 기후대나 물리적 조건에 의해 구분되는 종과 서식지의 상호 존재하는 집합체로 정의하였다.

그리고 리우에서 1992년 열린 첫 세계정상회의에서 생물다양성을 미래세대를 위해 지혜롭고 지속가능하게 보전하고 사용할 것을 강조하였다(IAIA, 2005). 국제영향평가학회(IAIA, 2002)는 2002년 정상회의에서 생물다양성을 환경영향평가와 전략환경평가에 연계할 것을 권고하였다. 생물다양성협약에도 영향평가는 보전과 지속가능한 이용의 핵심적 도구로 명시하였고, 추가적 손실은 받아들일 수 없는 "No Net Loss"를 전제로 하고 있다(Slootweg 등, 2006). 국제영향평가학회에서도 ① 불가역적 손실의 회피, ② 손실 최소화 대안의 탐색, ③ 자원 회복 저감대책의 이용, ④ 복원을 통한 손실의 보상, ⑤ 생물다양성 증진 기회 발굴의 다섯 가지 방안을 제시하였다(IAIA, 2005, 그림 18.3 참조).

그림 18.3 33차 국제영향평가학회(IAIA) 개회식(캐나다 캘거리, 2013년 5월 13일)

생태계는 개발 그 자체의 인위적 요소, 주변의 개발 상황, 기후변화 등에 의해 영향을 받을 수밖에 없다. 생태계는 복잡하고 유기적으로 연결되어 있어서 개발사업이나 개발계획에 대한 평가도 많은 불확실성을 갖게 된다. 근본적으로는 오랫동안 동식물이 사용해 온 서식지가 파괴되고 일부 복원이 된다 하더라도 인위적 요소가 강하기 때문에 자연성을 회복하려면 상당한 시간이 소요되기 때문이다(그림 18.4 참조). 서식지의 손상은 그 지역에 독특하게 살고 있는 멸종위기종이나 고유종을 교란시켜 결국에는 멸종이 되는 경우가 많고, 또한 생태계를 교란시키는 외래종이 침입하기도 한다. 1930~1940년대에 한국에는 호랑이, 늑대 등 대형 포유류가 많이 살았지만 조수구제 등 무분별한 포획과 지속적인 개발로 인해 서식지가 파괴되어 멸종되었다고 본다. 서식지가 파괴되면 종복원도 할 수 없게 되므로 동·식물에게는 서식공간이 중요하다.

그림 18.4 (좌) 석모도 산지 개발 현장(2009년 3월 21일 촬영)
(우) 지리산 사치재 절개지역(2013년 9월 7일 촬영)

그동안 생태평가는 사업지에서 생물종에 대한 조사를 하고 목록을 제시하였다. 종의 종류와 특성에 따른 다양도 지수 등의 변화에 대한 평가를 하고, 평가 결과에 따른 저감방안이 제시되었다. 저감방안의 내용도 표토의 재이용, 절개지역 보호공법, 서식지 훼손방지를 위한 방안 마련 등이 주를 이루었다. 평가의 실효성을 얻으려면 계획준비 단계부터 대안별로 영향을 평가하여 생태 훼손을 최소화할 수 있는 방안 등을 초기 단계부터 제시하여야 효과를 높일 수 있다. 크게는 국토계획 수립시부터 환경과 생태를 고려하여 계획을 수립하여야 한다. 우리도 전략환경평가 개념을 도입하여 초기 단계에서 평가를 추진하고 있지만 실효성 확보를 위해서는 방법 등이 지속적으로 발전되어야 한다. 그 동안 수질, 대기질이 주요 평가 분야였는데, 최근에 대형 국책사업에 따른 서식지 훼손에 의해 멸종위기종 감소나 멸종 등의 논란을 통해 환경영향평가의 생태조사와 평가에 대한 신뢰성 등으로 환경영향평가 문제가 확대되고 있는 것처럼 생태평가의 중요성이 더욱 커지고 있다.

생태평가의 실효성 확보를 위해서는 사업지에 대한 생태 정보가 사전에 체계적으로 구축되어, 토지의 매입 단계에서 생태자료들을 통해 적지분석과 수용능력분석을 체계적으로 수행할 수 있는 시스템이 갖추어져야 할 것이다. 2005년 유엔의 천년평가에서도 생태계가 갖는 생태계서비스의 기능을 강조하였다. 생태계 보전을 위해서는 사업의 초기단계에서 그 내용을 조정하여야 한다. 기본적으로 사업이 확정되어 추진될 경우 생태조사에서 발견되지 않았던 주요종이 발견되어 생태적으로 중요한 지역이 추가된다면 사업규모와 시설의 재평가를 통한 피드백과 저감방안 설정, 사업과정과 사업 후에 실효성 있는 모니터링을 하여야 한다.

또한 환경시료은행(environmental specimen bank)을 이용하여 사업 전후 직접적인 영향, 또는 주변사업과 연계된 누적적인 영향을 받는 주요 동식물에 미치는 환경오염 변화 등을 평가하는 체계적 모니터링이 필요하다. 그래서 환경에 대한 영향을 받는 시료에 대해 성분

변화 없이 체계적으로 보관하여, 추후 분석시스템의 변화에도 신뢰성 있는 분석자료 제공과 회고분석(retrospective analysis)이 가능하도록 해야 한다.

여기서는 국내외 생태평가 관련 사례를 제시하면서 방안을 설명하고자 한다. 사업의 초기 토지 구매 단계에서 혹은 스크리닝 단계에서 이루어지는 미국의 주거밀도모형(Rural Residential Density Matrix)의 평가방법, 사업 구상 초기단계에서 이루어지는 생태・자연도의 등급 산정과 변경, 환경오염과 생태계 연계분석 및 사후관리 평가에 필요한 환경시료은행의 내용, 영향평가 과정에서 생태계서비스 평가를 위한 방안 등을 서술하고자 한다.

2 현황과 과제

1) 주거밀도모형 사례

(1) 배경

지금까지 환경영향평가는 주로 사업대상지의 개발에 대한 환경의 악영향을 평가하는 과정으로 사업단계에 치중되었다고 볼 수 있다. 개발과정이 정책, 계획, 프로그램, 사업의 4단계로 이루어진다고 볼 때 개발사업 초기단계의 정책이나 계획과정에서 환경영향평가가 도입되어야 할 것이다.

정책수립이나 계획단계에서부터 환경에 미치는 악영향을 최소화하기 위해서는 개발 구상단계부터 환경 인자를 고려한 적정 사업지 규모 등이 지속적으로 각종 환경정보와 체계적으로 연계되어 분석되어야 한다고 볼 수 있다. 관련 연구에서 이명우(1993)는 환경정보 수립을 통한 적지분석의 중요성을, 김귀곤 등(1992), 김명진 등(1994)은 사업초기단계에서 개발가능지역의 적지분석과 수용능력분석을 통한 사업지역 평가를, Ortolano(1984)는 토지적합성과 수용능력분석을 통한 환경질의 목표 준수를, Westman(1985)은 토지의 적합성과 취약성 평가를 위한 토지특성 인자들의 사용을 제시하였다(김명진, 2003).

우리의 경우도 개발 계획에 따른 환경영향을 사전에 평가하기 위해 사전환경성검토와 환경영향평가제도를 실행하였고, 정책이나 계획 단계에서부터 환경영향을 평가하는 전략환경영향평가를 도입하였다. 그리고 환경영향평가와 관련된 여러 규정과 지침들을 수립하여 운영하고 있다. 예를 들면, 환경영향평가서등 작성 등에 관한 규정, 이상기후 등을 대비한 환경생태계획 수립지침, 환경영향평가 등의 자연생태조사 기초자료 작성에 관한 지침, 환경입지컨설팅제도 운영 지침 등이 있다(환경부, 2015).

우리나라의 경우 아직 개발자들이 환경을 고려하여 토지를 매입하고 사업을 추진해 가는 노력이 미흡한 것으로 보인다. 미국 캘리포니아 주 산타크루즈군(Santa Cruz County)에서 활용하고 있는 주거밀도모형 소개를 통하여, 토지 구입단계, 정책이나 계획의 입안 단계에서 환경을 고려하여 수용 가능 밀도를 산출하고, 토지 구입자가 부지에 대한 환경제한 인자 파악과 수용능력 및 환경상의 악영향을 분석하여 토지매입의 결정과 환경보전을 초기단계부터 실행하는 모형을 설명한다(김명진, 2003).

(2) 주거밀도모형 산출방법

① 대상지역

산타크루즈군은 캘리포니아 주의 샌프란시스코로부터 자동차로 1시간 30분 거리에 있고, 옛 캘리포니아 주정부가 있었던 몬트레이(Monterey)로부터 자동차로 30분 거리에 위치하며 태평양 연안을 끼고 발달한 자연 경관이 수려하고, 환경에 대한 관심이 높은 지역이다. 산타크루즈군정부에서는 토지구입 계약 시부터 토지에 대한 환경 자료를 분석하여 토지 구입자가 토지에 대한 환경영향을 사전에 파악하여, 향후 개발에 대한 적정 규모를 파악할 수 있도록 하고 있다. 불교사찰의 휴양시설을 건립하기 위해 88.8에이커(약 359천 m^2) 부지를 계약 후 1999년 2월에 주거밀도모형 평가 후 사찰 건물부지가 적게 산출되어 토지구입 계약을 파기한 사례를 제시한다.

② 주거밀도모형 산출방법

산타크루즈군에서 활용하고 있는 주거밀도모형은 1980년 12월 23일에 만들어졌다. 이 모형은 사업지에 대한 환경적합성을 고려하여 수용밀도를 산출하는 모형으로, 각종 도면과 자료를 이용하여 분석한다. 모형 산출건수는 감소하고 있으며, 연간 10건 정도(1999년 기준, 현재는 수가 줄어들고 있음)가 평가되고 있고, 군(지방정부)의 공무원뿐만 아니라 용역회사에서도 산출할 수 있다. 산출비용은 376불이며 개발자가 지불한다. 산출과정은 공개적이며 개발자는 의견 제시와 결과에 대한 토론을 할 수 있다.

각 부지의 환경 제약인자를 10개의 매트릭스(환경인자)로 설정하고 각각의 가중치를 고려하여 점수를 산정한다. 총점 합계는 0~100점으로 산출하고 개발 최소단위를 고려하여 개발 규모를 정한다. 각 매트릭스 계산을 위해 지형도 등 공식적인 지도를 이용하고 있으며, 토지에 대한 87개의 각종 환경정보가 GIS로 구축되어 있어(1999년 7월 20일 기준), 계산시 참고 자료로 활용되고 있다. 각 부지의 환경적 제약 요인인 지하수, 상수원, 산불위험지역, 지진, 경사, 멸종위기종 등의 여부를 파악하여, 점수 산출시 반영하고 있다. 주거밀도모형 산출 인자는 아래와 같다.

a. 위치는 부지의 토지이용, 면적, 접근로에 따라 0~15점 값이 9단계로 구분된다. 예를 들어, 교외지역 혹은 1~5에이커(1acre = 4,046.8 m^2) 지역이면서 군에서 관리하는 도로부터 500 ft 내에 부지가 있을 경우 15점, 산간주거 혹은 자원보전지역 또는 10~40

에이커 지역이면서 폭 12 ft인 도로가 있을 경우 0점으로 계산된다.

b. 지하수는 수질과 양, 지하수 공급원에 따라 0~10점 값이 15단계로 구분되어 산출된다. 적절한 양에 양호한 수질이며 군과 도시 수도공급지역은 10점, 부적절한 양과 양호하지 않은 수질이며 개인 혹은 공동우물의 경우는 1점이다.

c. 상수원 보호는 위생체계와 지하수 기반 형태(상수원 공급 등)에 따라 0~10점 값이 16단계로 구분되어 산출된다. 공공시설의 위생체계이고 주요 취수원과 상수공급원 밖의 지역일 경우 10점, 알려진 문제가 없는 지역에서 정화조로 처리하며 주요 취수원 밖과 상수공급원 안의 지역일 경우는 5점이다. 지역이 구분되어 있을 경우는 %로 구분하여 산출한다.

d. 목재 자원은 도시서비스 선(공동구)으로부터 거리와 부지 크기로 결정되며 0~8점이 6단계로 구분되어 있다. 0.5마일 내에 있고 부지 크기가 20에이커보다 적으면 8점, 20에이커 이상은 0점이다.

e. 생물자원은 민감한 서식지가 사업지에 있느냐 없느냐에 따라 0~10점으로 4단계로 구분되어 있다. 민감한 서식지가 사업지 밖에 있을 경우 10점, 사업지가 민감지역일 경우 0점이다.

f. 토양 부식은 기반암(bedrock) 종류와 평균경사에 따라 0~10점으로 12단계로 구분되어 있다. 예를 들어, 산타크루즈 이암(Santa Cruz Mudstone)이면서 경사가 16~30%일 경우 8점, 롬피코(Lompico)이면서 경사가 31~50%일 경우 5점이다.

g. 지진 활동(Seismic Activity)은 지진 가능성 지역과 강도에 따라 0~10점으로 25단계로 구분되어 있다. 지진대 아닌 지역이며 지진 가능성이 낮을 경우 9점, 자얀테(Zayante) 지역이며 지진 가능성이 낮을 경우 3점이다.

h. 산사태(Landslide)는 기반암(bedrock) 지질적 특성과 평균 경사도에 따라 0~10으로 21단계로 구분되어 있다. 충적토(alluvium)이면서 평균경사도가 16~30%일 경우 9점, 최근에 산사태 증거가 있으며 평균경사도가 0~15%일 경우 2점이다.

i. 화재 위험(Fire Hazard)은 소방차 도착시간, 도로성격에 따라 0~15점으로 20단계로 구분되어 있다. 10분 내에 진입하며 도로가 막 다른 길(Dead end Road)이 아니면서 18 ft 도로에 화재 위험지역을 벗어났을 경우 15점, 10분 내에 진입하며 도로가 막 다른 길이 아니고 18 ft 도로에 화재 위험지역이 일부 포함되어 있을 경우 10점이다.

j. 누적 제한 점수(Cumulative Constraints Points)는 위치부터 화재위험까지 9개의 매트릭스 값을 더하고, 그 인자 중 0점이 나온 인자가 2개일 경우 5점을 총 누계에서 빼며, 추가 0점이 있는 항목이 있을 경우 5점씩 줄여 나간다. 교외주거지역, 전원주거지역, 산간주거지역의 3개 지역 구분에 따라 최소 개발 크기가 설정되어 있다.

교외주거지역 경우는 8단계로 점수 60점 이하 5에이커, 91~100점 1에이커로 1~5에이커가 최소 개발면적 단위가 된다. 전원주거지역은 5단계로 20점 이하가 20에이커, 41~60점은 10에이커, 81~100점이 2.5에이커로 2.5~20에이커가 최소 개발면적 단위가 된다. 산간주거지역의 경우는 7단계로 20점 이하가 40에이커, 81~100점이 10에이커로 구분한다. 주거밀도모형 산출방법을 요약하면 표 18.1과 같다.

③ 수용밀도의 산출

수용밀도는 무제한사용(UTO : Unlimited Temporary Occupancy)과 제한사용(LTO : Limited Temporary Occupancy)으로 구분하여 무제한사용은 1년 동안 시설을 운영하는 것이고, 제한사용은 1년 미만으로 시설을 운영하는 것으로 여름 캠프 등을 예로 들 수 있다.

표 18.1 주거밀도모형 인자별 산출 예

내용	범주(등급)	특성(등급)	총등급	점수
위치	계획설계범주(3)	접근형태(3)	9	0~15
지하수 수질	지역(5)	공급형태(3)	15	0~10
상수원 보호	위생체계(4)	지하수기반형태(4)	16	0~10
목재자원	도시서비스선 거리(3)	부지크기(2)	6	0~8
생물자원	생물자원형태(4)	없음	4	0~10
토양부식	기반암지질(5)	평균경사(3)	15	0~10
지진활동	지진대(5)	지진강도지역(5)	25	10
산사태	기반암지질특성(5)	평균경사(3)	15	0~10
화재위험	소방차도착시간과 도로(4)	도로성격(5)	20	0~15
누적제한점수	교외주거지역 전원주거지역 산간주거지역	총점수 최소개발면적 개발허용평균부지면적	8 5 7	1~5 2.5~20 10~40

1주거단위(1 unit)는 10개 침대를 365일 동안 이용할 수 있는 것을 의미한다. 낮만 사용할 경우는 3배를 곱한다. 1주거단위의 경우 낮에만 사용시 30명이 365일 동안 이용할 수 있으며, 1년 중 3개월 낮에만 사용시 120명이 사용할 수 있다.

결과적으로 사업지 88.8에이커에서 산사태지역 66.6에이커와 100년 홍수빈도지역 1에이커를 제외한 21.2에이커가 개발가능지로 산출되었다. 모형의 총 산출 값은 53.91로 나와 전원주거지역 개발 단위 10에이커를 적용하여 나누면 2.12주거단위이고 관리동 1단위 제외하면 1.12로 낮게 평가되었다. 소방도로는 급경사로 절성토가 많아질 것으로 보여 우회시 환경영향평가서 작성 등의 의견이 제시되어 계약을 파기한 사례였다(김명진, 2003).

(3) 고찰

이 매트릭스(County of Santa Cruz, 1999)는 절대적으로 준수해야 하는 값은 아니며 참고자료로 활용되고 이 과정에서 구체적인 환경영향평가서(County of Santa Cruz, 1990) 작성 등도 검토된다. 세부적인 개발 추진은 관련법들을 따라야 하지만 대략적인 토지에 대한 환경성과 적정규모를 파악할 수 있는 장점이 있다.

이 모형의 특징은 첫째, 캘리포니아 지역을 고려, 지진과 관련된 경사, 산사태 등에 대한 인자들이 강조되었고, 화재 예방을 위해 소방도로 접근성을 중요한 인자로 평가하였다. 둘째, 개발제한 지역들은 개발대상지 자체에서부터 제외가 되어 초기 단계에서부터 개발을 제한하였다. 셋째, 경사가 급한 지역에서는 도로와 개발을 제한하는데 우회시 생태계 파괴가 심각해 질 경우는 환경영향평가서를 작성하도록 되어 있다. 획일적인 기준에 의해서 영향평가를 수행하기보다는 개발자와 시공무원간의 합리적인 토론과정을 거쳐 환경의 악영향이 예측될 때 평가서 작성을 유도하는 것으로 보인다.

이처럼 환경영향평가와 관련된 환경생태계획 등이 환경적지분석이나 수용능력분석과 제도와 방법상에서 체계화되어있다. 토지 구매 단계 등 사업 초기 단계에서부터 사업과 생태평가를 연계하여 사업 추진 여부나 규모 등을 결정하고 있다(김명진, 2003).

2) 생태 · 자연도 활용

(1) 생태 · 자연도 내용

생태 · 자연도란 국토자연환경을 생태적 가치, 자연성, 경관적 가치 등의 보전가치에 따라 1, 2, 3등급 및 별도관리지역으로 등급화 하여 1/25,000 축척의 수치지형도에 중첩 표시한 지도를 말한다. 환경부에서는 자연환경보전법 제30조 자연환경조사에 의해 10년 단위(2013년 5년으로 개정)로 전국자연환경조사를 실시하도록 하고 있으며, 제1차 전국자연환경조사 1986～1990년, 제2차 전국자연환경조사 1997～2005년, 제3차 전국자연환경조사가 2006～2012년 실시되었다. 제1차 결과를 토대로 현존식생도 및 녹지자연도가 제작되었고, 제2차 결과를 토대로 식생을 포함하여 지형, 동 · 식물상 등을 종합적으로 평가한 생태 · 자연도가 제작되었다. 최초 생태 · 자연도는 2007년 4월 11일에 고시되었고, 제3차 조사 중(2006～2010)의 결과를 반영하여 2013년 1월 8일에 갱신된 일부가 고시되었다.

생태 · 자연도는 「환경영향평가법」 제5조(환경보전목표의 설정 등)에서 환경보전목표 설정 시 참고하는 기준으로서, 「환경영향평가서등에 관한 협의업무 처리규정 제8조(중점평가사업)에서는 생태 · 자연도 1등급 권역을 중점적으로 검토하도록 하고 있다. 토지적성평가시에는 보전적성 관련 평가를 위한 지표로서 생태 · 자연도 1등급 및 별도관리지역을 적용하고 있다. 생태 · 자연도 1등급은 자연환경 보전 및 복원에 활용되며(자연환경보전법, 2016), 생태

· 자연도는 환경지리정보서비스(http://egis.me.go.kr)를 통해서 열람되고 있다(표 18.2 참조).

표 18.2 생태·자연도 등급별 활용

구 분	활 용
1등급	자연환경의 보전 및 복원
2등급	자연환경 보전 및 개발·이용에 따른 훼손 최소화
3등급	체계적인 개발 및 이용
별도관리지역	해당 법령에 따라 지정목적에 맞게 관리

(2) 생태·자연도 작성 및 수정

생태·자연도는 「전국자연환경조사」, 「겨울철조류동시센서스」, 「하구역생태계정밀조사」 등과 기타 생태계 정밀조사결과와 임상도, 타 법률에 의한 지적고시 내용 등을 반영하여 작성한다. 생태·자연도의 등급은 ① 식생우수지역, ② 멸종위기 야생생물의 서식 및 도래지, ③ 습지생태계가 우수한 지역, ④ 지형경관이 우수한 지역 등 네 가지 항목의 평가를 통해 작성된다. 예를 들어, 생태·자연도 1등급 권역은 포유류 경우 멸종위기 야생생물 I급 종이 식생보전등급 IV등급 이하 또는 임상도 2영급 이상 지역에 서식하거나 습지에 서식하는 경우, 서식지가 포함된 격자(250 m × 250 m)를 중심으로 사방 8개의 격자(750 m × 750 m)로 표시한다. 식물의 경우 멸종위기 야생생물 II급 종 2종이 이상 식생보전등급 IV등급 이하 또는 임상도 3영급 이상 지역에서 함께 서식하는 경우. 서식지가 포함되는 지역의 격자(250 m × 250 m)로 표시한다. 생태·자연도는 다각형(polygon)으로 표현되지만 멸종위기 야생 생물 서식지는 격자(grid)로 표현된다(환경부, 2015).

자연환경조사 방법 및 등급분류기준 등에 관한 규정(환경부, 2009)에 의하면 식생등급 I, II 등급은 생태·자연도 1등급, 식생등급 III, IV 등급은 생태·자연도 2등급, V등급은 생태·자연도 3등급에 해당한다. 식생보전등급 I등급은 평균수령이 50년 이상 된 삼림식생, 아고산대 침엽수림 등이 해당된다. 식생보전등급과 분류기준은 표 18.3과 같다.

표 18.3 식생보전등급과 분류기준

등급구분	분 류 기 준
가. I등급	(1) 식생천이의 종국적인 단계에 이른 극상림 또는 그와 유사한 자연림 (가) 평균수령이 50년 이상 된 삼림식생(난온대상록활엽수림, 낙엽활엽수림) (나) 아고산대 침엽수림(분비나무군락, 구상나무군락, 주목군락 등) (다) 산지 계곡림(고로쇠나무군락, 층층나무군락 등), 하반림(오리나무군락, 비술나무군락 등), 너도밤나무군락 등의 낙엽활엽수림

	(2) 삼림식생 이외의 특수한 입지에 형성된 자연성이 우수한 식생이나 특이식생 (가) 해안사구, 단애지, 자연호소, 하천습지, 습원, 염습지, 고산황원, 석회암지대, 아고산초원, 자연암벽 등에 형성된 식생. 다만, 이와 같은 식생유형은 조사자에 의해 규모가 크고 절대보전가치가 있을 경우에만 지형도에 표시하고, 보고서에 기재 사유를 상세히 기술하여야 함
나. II등급	자연식생이 교란된 후 2차천이에 의해 다시 자연식생에 가까울 정도로 거의 회복된 상태의 삼림식생 (가) 군락의 계층구조가 안정되어 있고, 종조성의 대부분이 해당지역의 잠재자연식생을 반영하고 있음 (나) 난・온대 상록활엽수림(동백나무군락, 구실잣밤나무－당단풍군락, 졸참나무군락, 서어나무군락 등의 낙엽활엽수림)
다. III등급	(1) 자연식생이 교란된 후 2차천이의 진행에 의하여 회복단계에 들어섰거나 인간에 의한 교란이 지속되고 있는 삼림식생 (가) 군락의 계층구조가 불안정하고, 종조성의 대부분이 해당지역의 잠재자연식생을 충분히 반영하지 못함 (나) 조림기원 식생이지만 방치되어 자연림과 구별이 어려울 정도로 회복된 경우 (2) 산지대에 형성된 2차관목림이나 2차초원
라. IV등급	인위적으로 조림된 식재림
마. V등급	(1) 2차적으로 형성된 키가 큰 초원식생(묵밭이나 훼손지 등의 억새군락이나 기타 잡초군락 등) (2) 2차적으로 형성된 키가 낮은 초원식생(골프장, 공원묘지, 목장 등) (3) 과수원이나 유실수 재배지역 및 묘포장 (4) 논・밭 등의 경작지 (5) 비교적 녹지가 많은 주택지(녹피율 60% 이상)

출처 : 자연환경조사 방법 및 등급분류기준 등에 관한 규정(환경부, 2009).

멸종위기 야생생물 중 식물의 경우는 멸종위기 야생식물 I급이 광릉요강꽃 등 9종, II급이 대청부채 등 68종이며, 곤충류의 경우 멸종위기 야생생물 I급이 장수하늘소 등 4종, II급이 물장군 등 18종이며, 어류의 경우 멸종위기 야생생물 I급이 미호종개 등 9종, II급이 가는돌고기 등 1종이다. 양서파충류의 경우 멸종위기 야생생물 I급이 비바리뱀 등 2종, II급이 구렁이 등 5종이고, 조류의 경우 멸종위기 야생생물 I급이 노랑부리백로 등 12종, II급이 새호리기 등 49종이다. 포유류의 경우 멸종위기 야생생물 I급이 사향노루 등 11종, II급이 삵 등 9종이다. 무척추동물의 경우 멸종위기 야생생물 I급이 두드럭조개 등 4종, II급이 겟개 등 27종이고 해조류의 경우 멸종위기 야생생물 I급이 그물공말, 삼나무말 2종이며 II급은 화경버섯 1종이다. 총 멸종위기 야생생물 I급이 53종, II급이 193종으로 246종이다(야생생물 보호 및 관리에 관한 법률 2012년 7월 27일 개정, 그림 18.5 참조).

그림 18.5 우리나라 멸종위기종 일부
출처 : 국립환경과학원 전국자연환경조사 및 DMZ 조사 결과 등에서 인용

고시된 생태·자연도는 몇 년 전의 생태조사 자료를 근거로 작성되어 그 지역의 현재 상태와 다를 경우가 있다. 대부분 개발계획을 추진할 때에는 생태·자연도 등급 여부를 확인하고 그동안 생태계가 많이 변화하였을 경우 등급에 대한 수정·보완을 신청할 수 있으며, 변화가 있을 경우 등급조사 결과에 따라 국민열람과 고시 절차를 거쳐 수정하게 된다(그림 18.6 참조). 2007년 4월 11일 고시자료를 기준으로 생태·자연도 1등급지역은 전국토 면적 대비 7.44%였고, 2등급 39.21%, 3등급 44.74%, 별도관리지역 8.6%였다. 생태·자연도 등급에 이의가 있는 경우 수정·보완 신청이 가능하며 수정·보완을 위한 신청에 따라 전체 혹은 일부가 개정되어 처리되고 있다.

예를 들어, 식생등급 I, II 등급이 III, IV 등급으로 변경되어 생태·자연도 1등급이 2등급 지역으로 변경되어야 하나, 멸종위기종 II급인 삵과 담비 흔적이 발견되어 그 지역은 250 m × 250 m 격자는 1등급으로 바뀐 예를 보여준다(그림 18.7 참조).

수정 · 보완 신청서 작성
<사업자 및 신청인>

⬇

생태 · 자연도 수정 · 보완 신청
<시 · 도 → 국립생태원>

⬇

현지조사(60일 이내)
<국립생태원>

⬇

국민열람 공고(14일 이상)
<국립생태원> ➡ 이의 신청 (→ 현지조사)

⬇

생태 · 자연도 수정 · 보완 고시 요청
<국립생태원 → 환경부>

⬇

관보게재 의뢰
<환경부 → 행정자치부>

⬇

생태 · 자연도 확정통보
<환경부 → 관련 기관>

그림 18.6 생태 · 자연도 등급 수정 신청 및 보완 절차
(2014년 1월 1일 이후 생태 · 자연도 업무는 국립환경과학원에서 국립생태원으로 이관)

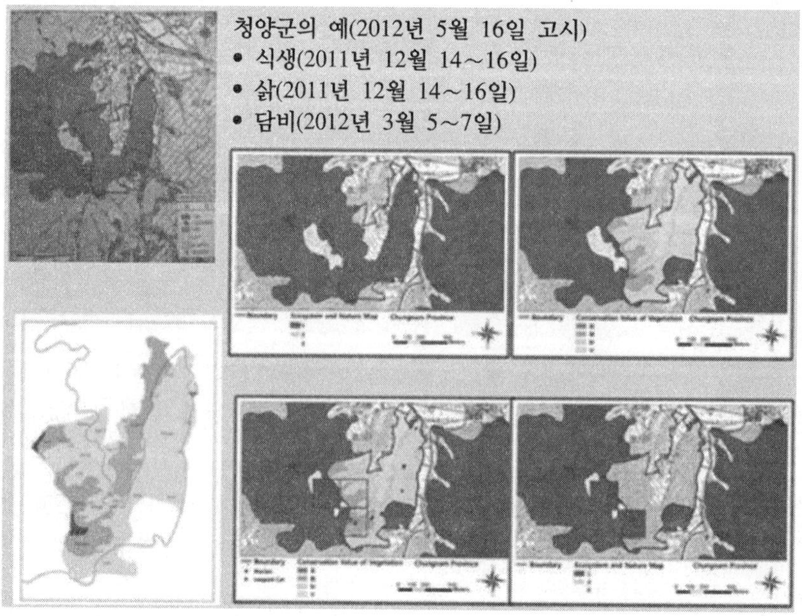

그림 18.7 생태 · 자연도 수정 예

(3) 고찰

생태·자연도는 고시 이후 다양하게 활용되고 있다. 정확도 향상을 위해서 2013년 자연환경보전법 개정에 따라 근거가 되는 전국자연환경조사도 종전 10년에서 5년 주기로 단축되어 2014년부터 적용하고 있다. 또한 2009년 1월 15일자로 생태·자연도 작성지침이 개정됨에 따라 생태·자연도의 고시 주기를 기존 10년에서 3년으로 단축하였으며, 2015년 7월 17일자로 자연환경조사 결과가 조사 종점일부터 2년 이내 생태·자연도에 반영되도록 하여(환경부예규 제547호) 자연환경의 변화상을 보다 정확하게 제공하고 있다. 2012년 7월 16일~9월 24일기간 개정고시(안) 국민열람 및 이의신청 접수결과, 국민열람 후 이의신청 없는 398도엽에 대하여 2013년 1월 8일에 개정고시하였다(표 18.4 참조). 2014년 제4차 전국자연환경조사를 위한 지침이 2012년 말에 작성되어 분류군별로 조사방법 등이 일부 개정되었다(환경부·국립환경과학원). 체계적 생태조사를 통해 최신의 자료를 반영하여 생태·자연도를 작성하여 활용하여야 할 것이다. 또한 전국자연환경조사자료는 생태·자연도 작성 외에 기후변화 등에 따른 종분포 모형연구 등 생태평가와 관련한 여러 분야에서 활용되고 있다(김지연 등, 2012).

표 18.4 생태·자연도 2007년 고시자료와 2013년 개정고시 자료의 비교

구분	2007년 고시자료	2013년 개정고시
고시일자	2007년 4월 11일	2013년 1월 8일
대상도엽	794도엽(전국)	398도엽(전국의 50.4% 갱신)
기초자료	1997~2003년 자연환경조사자료 (신규)	2004~2010년 자연환경조사자료 (수정·보완)
지형	1997~2003년 신규발굴 자료	1997~2010년 기존자료 재평가, 신규 발굴
멸종위기종	2005년 고시 목록(221종) 반영	2012년 수정 목록(246종) 반영
식생 보조자료	3차 임상도 (1986~1992년 제작)	5차 임상도 (2006~2010년 제작, 2012년 5월 공개)

3) 환경시료은행

(1) 환경시료은행 설립

산업의 발전과 다양한 개발로 새로운 오염원이 출현하여 그로 인한 인간과 생태계에 악영향을 미치고 있고, 그 원인과 영향을 파악하기 위한 여러 방법들이 개발되고 있다. 1962년 레이첼 카슨이 쓴 「침묵의 봄」은 무심코 사용했던 DDT 같은 살충제가 먹이사슬에 의해 새와 다른 동물 등에 몇 십 배의 농도로 농축되어 봄이 와도 새가 울지 못한다는 내용으로

(Ortolano, 1997), 오염물질과 생태계 영향에 대한 경종을 울리게 되었다. 이와 같이 인간을 포함한 생태계에 노출된 오염물질의 영향을 받은 동식물의 오염농도를 시대별로 분석하고 새로운 오염물질과 분석장비의 출현에 따라 추후에 분석할 수 있도록, 시료를 성분 변화 없이 체계적으로 보관할 필요성이 제기되었다.

왜냐하면 시료의 오염을 분석하는 장비의 발전으로 채취 당시 확인할 수 없었던 오염물질이 발견될 수 있어 추후에도 과거의 사실을 체계적으로 규명할 수 있기 때문이다. 특히 시대별 분석방법들의 변화로 수십 년 이상의 변화를 비교하는 것은 과학적으로 무리가 따르게 되므로, 수십 년간의 시료를 잘 보관하고 있으면 동일한 방법으로 그동안의 오염변화를 한 시점에서 분석할 수 있게 된다. 이러한 목적으로 1970년대 초에 독일과 미국 학자를 중심으로 영구히 시료를 보관할 수 있는 환경생태시료의 저장소(archive) 개념이 제안되었고, 이어서 1979년에 독일, 미국 및 일본에 환경시료은행이 설립되어(김명진 등, 2007; 김명진 등, 2012; 이장호 등, 2012), 2013년 9월 기준으로 15개 국가 25개 기관이 운영되고 있다(그림 18.8 참조).

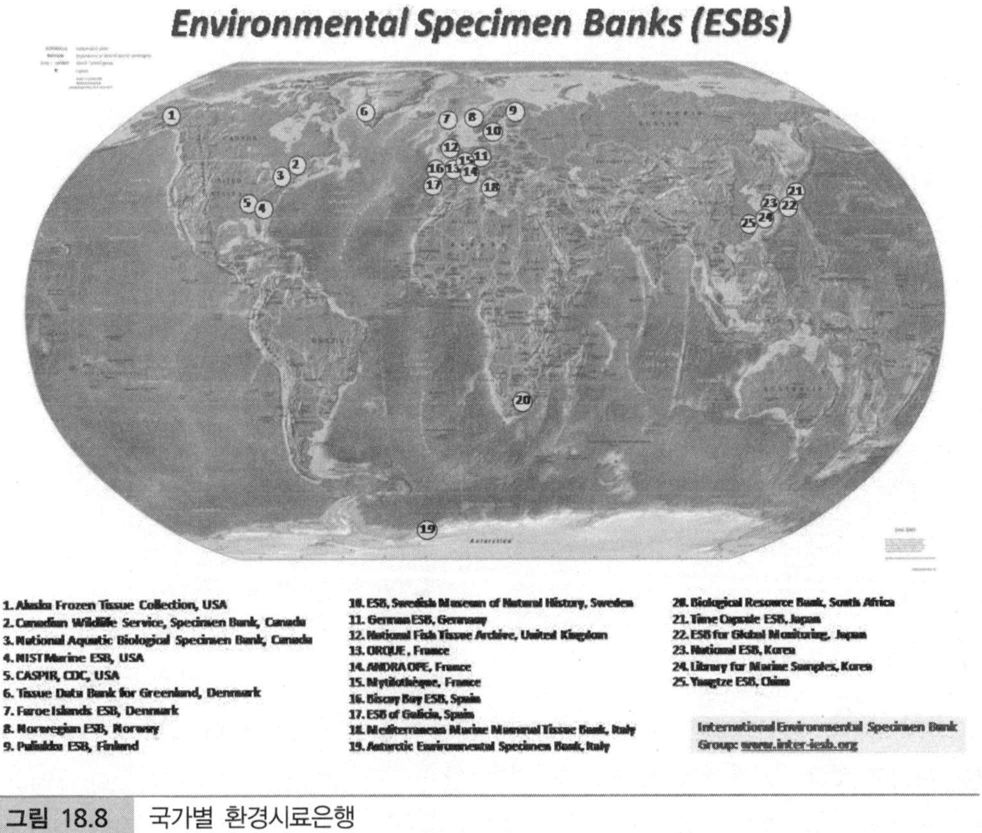

그림 18.8 국가별 환경시료은행

출처 : Becker, Paul, 미국해양시료은행.

(2) 환경시료은행 사례

① 독일 환경시료은행

독일은 1970년대 초에 환경시료은행의 필요성과 함께 1979년 시험사업이 진행되어 1980년에는 뮌스터에 인체시료은행을 설립하였으며, 1981년에는 환경시료은행에 대한 시범 운영을 시작하였다. 1985년에는 독일 연방환경청으로부터 은행을 인수하여 정기적으로 시료를 채취하였다. 환경시료은행은 2000년부터 쉬말렌베르그 소재의 프라운호퍼 분자생물학 및 응용생태학 연구소에서 운영하고 있다. 환경시료 중 생태시료는 먹이연쇄에서 각 생태계를 대표하는 종을 선정하며, 육상 생태계의 경우 독일가문비와 구주소나무 가지, 너도밤나무와 양버들 잎, 지렁이, 노루 간, 토양, 비둘기 알 등 8종, 하천생태계의 경우 얼룩무늬담치, 브림(잉어과), 저질 등 3종, 해양생태계의 경우 해초, 홍합류, 어류, 갈매기 알 등 4종으로, 총 15종의 시료를 채취・보관하고 있다. 인체시료는 4개 대학별로 학생 150여명의 혈액, 혈장 등을 연 1회 채취하여 저장하고 있다. 인체시료를 활용한 예로는 자동차 연료의 납 농도 저감 정책의 효과 파악을 위해 뮌스터 지역 조사 집단의 인체 혈액에서 납 농도가 1984년 80 μg/L에서 2003년 20μg/L로 현저히 떨어진 것을 규명하였다(Ruedel et al., 2007).

② 미국 환경시료은행

국립표준기술연구원(NIST)이 환경청(EPA) 지원 하에 환경시료은행 사업을 시작하여 1979년 국가환경생태시료은행(NBSB)을, 2002년에는 분소로 해양환경시료은행(Marine ESB)을 설립하였다. 미국은 환경청(EPA), 해양대기청(NOAA), 국립암센터(NCI) 등과 협력하여 채취한 시료를 저장하고 있다. 국가환경생태시료은행은 표준시료 제작과 인간의 간, 음식, 혈액과 홍합류, 굴, 어류 조직, 해양침전물 및 해양포유류의 시료를 보관하고 있으며, 현재는 시료의 추가 저장은 하지 않고 있다. 새로운 시료는 해양환경시료은행에서 저장하고 있으며, 분석업무도 담당하고 있다. 미국 환경시료은행은 2005년 연구에서 돌고래와 바다사자 등의 해양포유류에서 브롬화난연제 화합물(BFRs)의 증가를 규명하고, 기후변화와 연관된 먹이망 변화 등을 조사하였다(Becker et al., 2007).

③ 일본 환경시료은행

1979년부터 국립환경연구소(NIES)에서 운영하던 환경시료은행사업에 2002년에 멸종위기종 복원사업을 위한 동물시료 저장을 추가하였고, 2004년에는 환경시료타임캡슐을 새로이 건설하였다. 에이메 대학 환경시료은행에서는 해양시료를 주로 저장하고 있다. 환경시료타임캡슐에서 환경시료는 동경만 저질과 생물시료, 패류시료, 대기분진, 모유 등이며, 어패류 등의 일부를 분쇄하여 50 mL 용량의 병에 −150℃의 초저온액체질소탱크에 보관하고 있다. 모유는 −80℃ 전기냉동고에, 대기분진은 −60℃ 보행냉동고에 보관하고 있다. 1994년과 1995년부터 채집한 홍합류를 이용하여 1997년 1월에 나호드카호 기름유출 사건 이후 6년 이상 벤조피렌(B(a)P)이 사라지지 않은 것을 규명한 바 있다(Uehiro et al., 2007). 3국 비교는 표 18.5와 같다.

표 18.5 독일, 미국, 일본의 환경시료은행과 환경시료 비교

구분	독일	미국	일본
설립	1979	1979	1979
명칭	독일환경시료은행 • 생태(쉬말렌베르그) • 인체(뮌스터)	국가환경생태시료은행 해양환경시료은행	환경시료타임캡슐
시료 종류	• 육상 : 독일가문비와 구주소나무 가지, 지렁이, 노루 간 등 8종 • 하천 : 저질(부유물질), 민물 어류, 얼룩무늬담치 등 3종 • 해양 : 홍합류, 갈매기알 등 4종 • 인체 : 혈액, 혈장 등 6종	• 해양 : 저질, 어류, 홍합류, 굴, 해양동물 조직(간, 신장, 지방 등) • 조류 : 알과 깃털 • 인체시료 : 인간의 간, 혈액, 음식물	• 어패류와 해안 침전물, 대기 분진 • 멸종위기 동식물의 세포 • 인체 : 모유
주요 시설	• 초저온액체질소탱크 • 시료목록과 입출입 전산화 • 저장실의 안전 감시시스템	• 초저온액체질소탱크 • 전기냉동고(−80도) • 청정실 운영(ISO5-7) • 시료목록과 입출입 전산화 • 안전감시시스템	• 초저온액체질소탱크 • 보행냉동고(−60도) • 전기냉동고(−80도) • 시료목록과 입출입 전산화 • 안전감시시스템
운영 시스템	• 관련기관과 채취프로그램 운영 • 전국을 구획하여 시료 수집	• 관련부처 및 대학과 협력 • 필요에 따라 시료 수집	• 대학, 동물원, 연구소와 연계 • 특정지역에서 시료 수집

출처 : 김명진 등, 2007, 국가환경시료은행 표준운영체계 구축 연구(I), 58.

④ 한국 국가환경시료은행

a. 국가환경시료은행 건립

환경시료은행은 2005년 5월 "환경 예산투자 확대방안에 관한 연구"에서 "국가환경생태시료은행 설립 사업"이 우선순위 투자사업 9개 중 3순위로 선정된 후, 오염의 진전과 생태계의 반응 관계의 역추적이 가능한 매우 유용한 연구기반시설이라는 인식하에 2007~2010년까지 약 80억 예산으로 국립환경과학원에 건립되었다. 국가환경시료은행의 주요 시설은 초저온저장 및 지원시설로 초저온 액체질소탱크, 대용량 초저온 진동분쇄기, 액체질소 공급탱크, 액체질소성상 분리기, 자동통제시스템 등과 시료제조 청정실(Clean Room) 및 정밀분석 장비실 등이다. 독일, 미국, 일본의 시료은행이 갖추고 있는 시료조제실, 시료저장실, 시료분석실을 설치하고, 시료조제실 등은 미국과 일본을 참고하여 ISO Class 5 (지름이 0.5μm 이상인 분진 3,520개/m^3 이하)와 ISO Class 7

(지름이 0.5μm 이상인 분진 352,000개/m^3 이하)의 청정도를 유지하도록 시공하였다. 독일의 경우처럼 장기간 보관이 용이한 초저온액체질소탱크를 주요 저장 시설로 하여 74개 탱크를 2030년까지 점차적으로 설치하고 원활한 액체질소 배관을 위해 절연・진공 배관망을 이용하고 있다(김명진 등, 2007; Kim et al., 2010).

b. 환경시료의 선정 및 저장

시료는 환경 및 인체시료로 크게 구분할 수 있다. 환경 및 인체시료는 먹이 연쇄를 고려하고(그림 18.9 참조), 우리나라에 널리 분포하고 있는 종 중에서 독일 등의 환경시료를 검토하여 육상생태계에서는 소나무와 잣나무 가지, 신갈나무와 느티나무 잎, 토양, 지렁이, 집비둘기 알 등 7종, 하천생태계에서는 민물조개, 잉어, 저질 등 3종, 해양생태계에서는 해초, 바다조개, 숭어, 괭이갈매기 알 등 4종 등 14종(표 18.6 참조)을 제안하였고 인체시료의 경우 혈액, 혈장, 음모, 머리카락, 침, 소변 6종을 제안하였고, 시료 종류별 채취, 분석 및 보관 방법에 관한 표준운영절차를 작성하여 운영하고 있다(김명진 등, 2007; Kim, 2007). 2013년 9월 기준 소나무와 잣나무 가지, 신갈나무와 느티나무 잎, 집비둘기 알, 잉어, 말조개, 갈매기 알 등 8종의 환경시료를 채취 저장 중에 있고, 인체시료의 경우 2012년부터 산업단지 주변 주민의 혈액, 혈장 등 6종을 저장하고 있다.

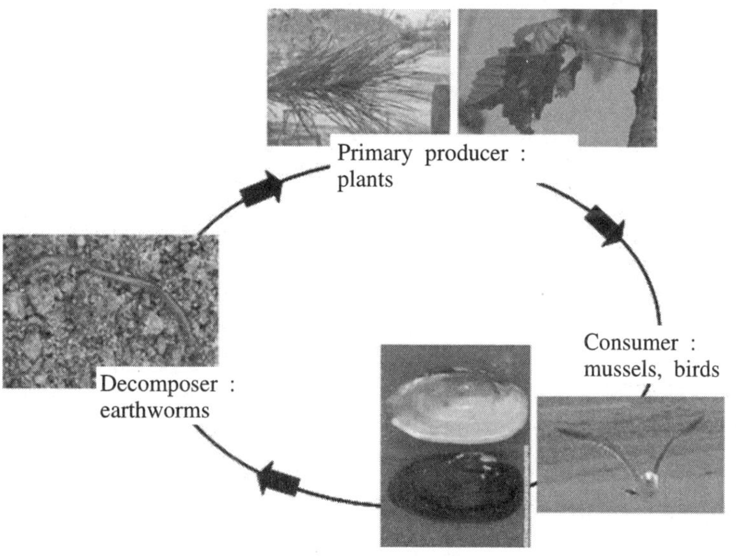

그림 18.9 생태계 먹이사슬의 도식

(3) 고찰

환경시료은행은 남극의 빙하에서 지난 세월의 환경변화가 기록되어 있어 현재와 과거를 잇는 회고분석을 통해 여러 가지로 활용될 수 있다(이종천과 김명진, 2012). 환경시료은행은 유전자은행이나 표본을 보관하는 은행이 아니라, 오염에 노출된 인간을 포함한 먹이 사슬을 대표하고 오염상황을 잘 규명할 수 있는 종을 선정하여 100～150년의 목표로 성분 변화 없이 지속적으로 시료를 보관하는 것이다. 어느 시점에서 20년, 30년간의 오염에 노출된 시료를 꺼내어 회고적 및 시계열 분석을 통해 시간적 변화를 체계적으로 파악하고 미래를 예측할 수 있는 종합적인 환경영향평가의 선진적인 도구라 볼 수 있다(김명진 등, 2008).

그동안 환경오염에 대한 평가가 환경기준치 초과 여부나 저감방안을 제시하는 일이 주된 일이었는데, 국가환경시료은행을 통해 사업 뿐 아니라 모든 환경정책의 효과를 실제적으로 영향을 받는 수용체를 중심으로 체계적으로 평가할 수 있다. 시료은행 운영과 관련한 선진화 기술도 연구 개발하고, 선진 국가의 운영 및 분석 방법 등도 잘 벤치마킹하여 30년 늦게 출발했지만 선진국과 어깨를 나란히 할 수 있는 시료은행으로 정착시켜야 할 것이다.

표 18.6 국가환경시료은행 환경시료 종류(안)

생태계	시료종류	학명	일반명	먹이연쇄	목표기관
육상	소나무	*Pinus densiflora* S. et Zucc	Red pine	Producer	First-year shoots
	잣나무	*Pinus koraiensis* S. et Zucc	Korean pine	Producer	First-year shoots
	신갈나무	*Quercus Mongolica* Fischer	Mongolian oak	Producer	Leaves
	느티나무	*Zelkova serrata* M.	Zelkova tree	Producer	Leaves
	토양			Medium	
	지렁이	*Lumbricus terrestris*	Night crawler	Decomposer	Body
	비둘기	*Columba livia var. domestica*	Domestic pigeon	Consumer	Content of egg
하천	침전물			Medium	
	잉어	*Cyprinus carpio*	Common carp	Consumer	Musculature, liver
	말조개	*Unio (Nodularia) douglasiae* Griffith et Pidgeon	Freshwater mussel	Consumer	Soft tissue
해양	지중해담치	*Mytilus galloprovincialis*	Mediterranean mussel	Consumer	Soft tissue
	숭어	*Mugil cephalus*	Mullet	Consumer	Musculature, liver
	괭이갈매기	*Larus crassirostris*	Black-tailed gull	Consumer	Content of egg
	해조류	*Ulva pertusa*	Sea lattuce	Producer	Plant body

출처 : Kim(2007), 인체시료는 혈액, 혈장 등 6종

4) 영향평가과정에서 생태계서비스 평가

(1) 생태계서비스 내용

새천년생태계평가(MEA)와 생물다양성과학기구(IPBES)는 '생태계서비스'를 사람들이 생태계로부터 받는 편익으로, WRI (World Resources Institute)는 생태계가 사람에게 제공하는 크고 작은, 직접 간접의 많은 편익으로, CEQ는 생태계가 환경과 인간에 주는 직접, 간접의 공헌으로 정의하였다(Landsberg, 2011; CEQ, 2009).

새천년생태계평가 보고서 발간을 전후하여 생태계서비스에 대한 논의가 활발하며 국제간의 공동 노력의 일환으로 독일 본에 IPBES 사무국이 결정되어 정부간 국제적 논의가 활발할 예정이다. 그림 18.10처럼 생태계의 서비스를 지원, 공급, 조절, 문화로 4개 부분으로 나누어 안전, 생활요소, 건강, 사회관계에 사회경제 인자들의 조정 잠재성, 생태계서비스와 인간복지와의 연결 강도를 설명하고 있다(UNEP, 2005). 이 보고서를 계기로 생태평가시 생태가 제공하는 서비스부분의 평가 중요성과 활용방안 등이 제시되고 있다.

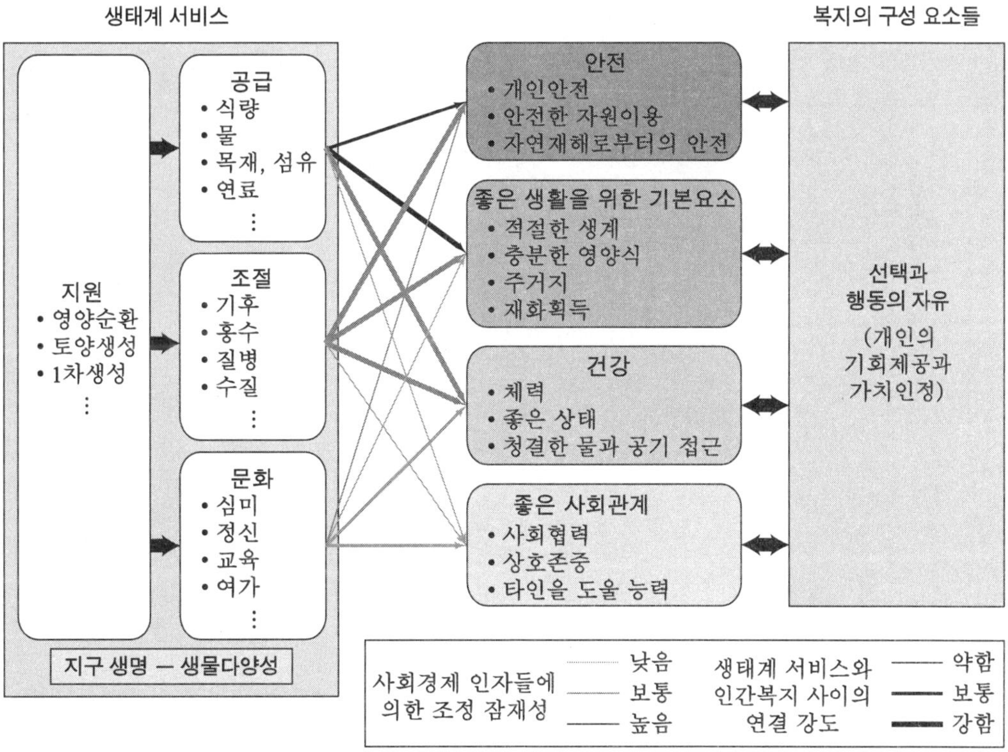

그림 18.10 생태계서비스와 인간 복지 영향과의 관련성
출처 : UNEP, 2005.

(2) 영향평가에서 생태계서비스

120개국 전문가가 참여하는 국제영향평가학회(IAIA)는 생태계서비스 작업반을 구성하여 WRI 등과 함께 영향평가 과정에서 생태계서비스 접목을 위해 노력하고 있다. 영향평가에서 생태계서비스를 접목하려는 시도는 다양한데 CEQ(2009)는 영향평가에서 생태계서비스의 분명한 고려를, IFC(2011)가 영향평가는 생태계서비스로부터 편익을 유지하는 것임을, CBD는 영향평가에서 생물다양성과 생태계서비스 포함(Slootweg, 2006)을, OECD(2008)는 전략환경평가에서 생태계서비스 포함을 제시하였다.

WRI는 생태계서비스 편익자의 복지, 생태계서비스, 생태계, 생태계변화의 직접적 관계자, 생태계서비스의 비간접적 관계자, 사업수행에 따른 생태계서비스에 대한 사업영향과 관련성 평가를 위한 개념 체계도를 그림 18.11과 같이 제시하였다. 영향평가과정에서 생태계서비스 목표는 생태계가 변화하더라도 생태계서비스를 현재보다 향상시키거나 최소한 현 상태를 유

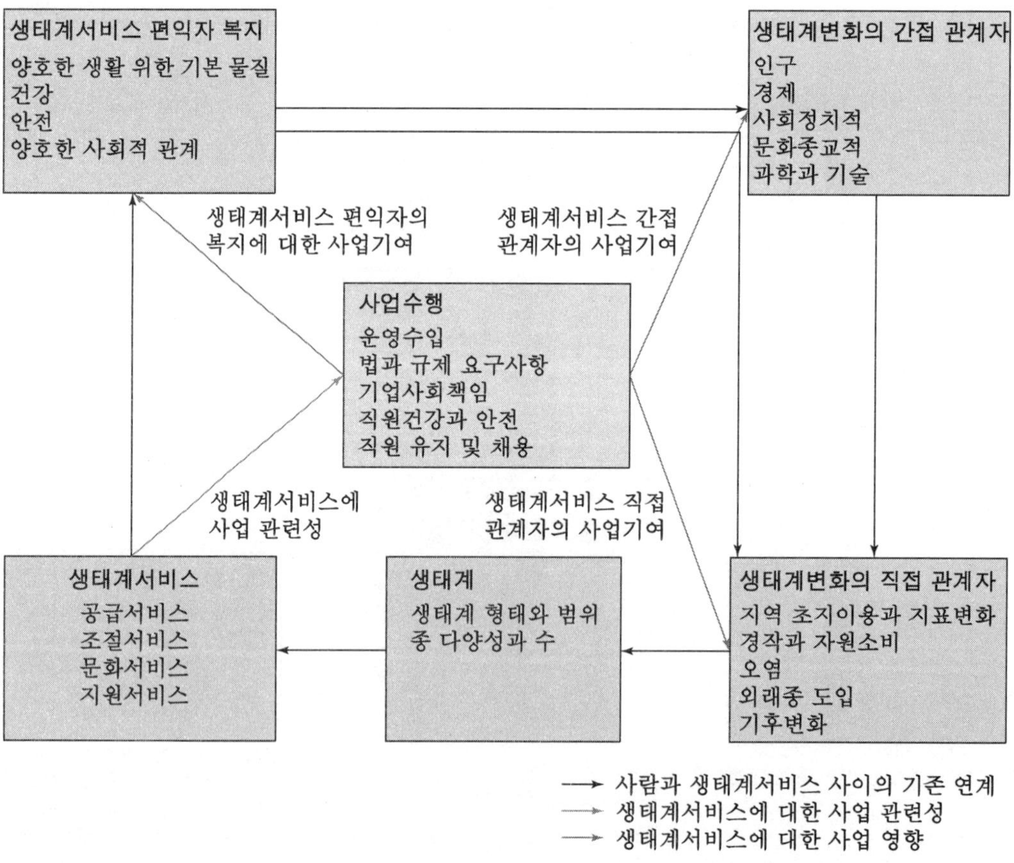

그림 18.11 생태계서비스에 대한 사업영향과 관련성 평가를 위한 개념 체계도
출처 : Landsberg, 2011.

지하는데 있다(Landsberg, 2011). 환경영향평가시 생태가 주는 서비스를 여러 관계자의 관점에서 종합적으로 평가할 필요가 있다.

(3) 고찰

순천만의 관광객 수는 2011년 360만명이었는데, 1,500억의 경제가치가 있는 것으로 발표되었다(환경부, 2013). 경제사회 문화 발전에 따라 여가 시간증가와 건강 복지에 대한 국민적 관심이 증대되어 국립공원과 인근 산을 찾는 등반객들이 증가하고, 도시의 소공원에는 많은 사람들이 찾고 있다. 국가적으로도 생태가 차지하는 비중이 높으며 국민들도 생태계가 제공하는 서비스의 중요성을 많이 인지하고 있다.

미국 대통령실 과학기술위원회가 생태계서비스의 근본이 될 생태 가치를 추정하였듯이(PCAST, 2011), 생태계서비스에 대한 연구 결과 등이 체계화되어야 할 것이다. 그래서 사업의 대안 평가시도 생태계 훼손과 연계하여 평가할 경우 무분별한 개발을 지양하고 환경적으로 건전한 생태를 보전하는 방안이 제고되어야 할 것이다. 앞으로 국제적 교류와 국내실정을 고려한 방법들을 꾸준히 검토하고 발전시켜 나가야 할 것이다.

3 결론

환경영향평가 제도를 개선하기 위한 노력은 국내외에서 활발하다. 근본적 취지는 사업전에 환경의 악영향을 저감시키는 방안을 마련하는 것이다. 환경영향평가에서 생태평가과정도 같은 맥락으로 보이며, 제도권의 환경영향평가 전단계에 생태인자를 포함하고 환경제약인자를 고려한 토지적합성과 수용능력 분석은 환경영향평가의 효과성을 제고할 것으로 보인다. Weaver (2000)가 주장한 것과 같이 환경영향평가를 통해 개발을 잘 유도할 수 있는 체계가 되어야 한다.

그리고 각종 화학물질오염사고와 개발로 인한 영향의 파악을 위해 국가환경시료은행에 지속적으로 시료를 보관하여 분석해 나가야 하며, 개발과 정책에 대한 영향을 체계적으로 평가하는 시스템이 갖추어져야 한다. 환경영향평가과정에서는 저감방안 설정 방안들이 체계적으로 제시되어 평가 과정에 접목되어야 하고, 생태복원방안 등이 제시되어 반영되어야 할 것이다.

모형과 제도는 각 나라의 문화적 배경과 경제적 여건 등 여러 인자들과 연계하여 발전되고 있어, 현재 각종 환경정보와 환경을 고려한 평가 등을 통해 지방자치 단체나 중앙 부처에서 계획 수립시 토지와 개발에 따른 문제를 이해하여, 체계적 생태평가를 통해 생태계 서식지를 보전하고 결국에는 사람들에게 생태계서비스를 제공하는 큰 틀을 이루어야 할 것이다.

참고문헌

고영섭, 2008, 불교생태학, 불교춘추사, 4-5.

구자건, 이무춘, 2008, 환경갈등과 사회영향평가 방법, 연세대학교 출판부, 10-13.

김귀곤, 김명진, 김익수, 서창완, 1992, 환경정보체계를 이용한 환경영향평가에 관한 연구(I): GIS 활용을 중심으로, 환경영향평가 1(1), 22.

김명진, 2003, 주거밀도모형을 이용한 환경영향분석과 수용능력 산출, 환경영향평가 12(3), 151-160.

김명진, 유병호, 이민효, 김태규, 이정연, 최태영, 이중효, 이선미, 이석조, 이종천, 이철우, 2007, 국가환경시료은행 표준운영체계 구축 연구(I), 국립환경과학원, 60-66.

김명진, 유병호, 이석조, 이종천, 이철우, 2008, 환경시료은행의 국제적 동향 및 우리의 대응, 환경영향평가17(4), 225-233.

김명진, 이장호, 최태영, 한아름, 송교홍, 이유진, 이종천, 2012, 국가환경시료은행의 표준운영절차 적용, 환경영향평가 21(2), 327-338.

김명진, 장준기, 이재운, 권명희, 강인구, 서창완, 1994, 환경영향평가 3(1), 8.

김지연, 서창완, 권혁수, 류지은, 김명진, 2012, 전국자연환경조사 자료를 이용한 종분포모형연구, 환경영향평가 21(4), 593-607.

김학훈, 이종호, 2013, 개발과 환경, 도서출판 동화기술, 166-186.

이명우, 1993, 자연공원의 환경분석 및 용도지역설정을 위한 전산환경정보체계의 수립과 적용, 환경영향평가 2(1), 45.

이장호, 이종천, 김명진, 한아름, 이유진, 바데 라빈드라, 김민성, 2012, 국가환경시료은행 시료 채취, 분쇄, 저장과 개선방안 고찰, 환경영향평가 21(6), 823-839.

이종천, 김명진, 2012, 선진국 환경시료은행의 특성 분석을 통한 국가환경시료은행의 발전방안, 자원환경지질 45(2), 169-180.

자연환경보전법(법률 제13885호, 2016. 1. 27 일부개정), 2016.

환경부, 2015, 생태・자연도 작성지침, 예규 제547호.

환경부, 2009, 자연환경조사 방법 및 등급분류기준 등에 관한 규정, 훈령 제822호.

환경부, 2015, 환경영향평가 관련 규정집.

환경부, 2013, 2012 환경백서, 334.

환경부・국립환경과학원, 2012, 제4차 전국자연환경조사 지침.

Becker, P., R.S. Pugh, B. J. Porter, M. B. Ellisor, A. J. Moors and S. A. Wise, 2007, Experiences of the National Institute of Standards and Technology (USA) in Establishing Environmental Specimen Banking Programs, Proceedings of NIER International Seminar. 3-31.

Canter, Larry W., 1996, Environmental Impact Assessment, McGraw-Hill, Inc., 343-389.

Council on Environmental Quality (CEQ), 2009, Proposed National Objectives, Principles and Standards for Water and Related Resources Implementation Studies, 25.

County of Santa Cruz, 1990, Environmental Review Guidelines.

County of Santa Cruz, 1999, Rural Density Matrix Worksheet, Planning and Zoning Regulations.

International Association for Impact Assessment (IAIA), 2002, The Linkages between Impact Assessment and the Sustainable Development Agenda, and Recommendations for Actions, Statements and Policy Briefing for the World Summit on Sustainable Development, 4-10.

International Association for Impact Assessment (IAIA), 2005, Biodiversity in Impact Assessment, Special Publication Series No. 3, 1-5.

International Finance Corporation (IFC), 2011, International Finance Corporation's Performance

Standards on Social and Environmental Sustainability, 1.
Kim, M., 2007, Establishment and Applications of National Environmental Specimen Bank in Korea, Proceedings of NIER International Seminar, 35-54.
Kim, M., Choi, T., Han, A., Shin, J., and J. Lee, 2010, The National Environmental Specimen Bank in Korea: Establishment and Standard Operating Procedures, Interdisciplinary Studies on Environmental Chemistry-Environmental Specimen Bank, Terrapub, 125-132.
Landsberg, F., Ozment, S., Stickler, M., Henninger, N., Treweek, J., Venn, O., and Mock, G., 2011, Ecosystem Services Review for Impact Assessment, Introduction and Guide to Scoping, World Resources Institute (WRI), 1-34.
Organization for Economic Co-operation and Development (OECD), 2008, Strategic Environmental Assessment and Ecosystem Services, 9.
Ortolano, L., 1984, Environmental Planning and Decision Making, John Wiley & Sons, 232.
Ortolano, L., 1997, Environmental Regulation and Impact Assessment, John Wiley & Sons, 3-19.
President's Council of Advisors on Science and Technology, 2011, Report to the President Sustaining Environmental Capital: Protecting Society and the Economy, 11-23.
Ruedel, H. and C. Schroeter-Kermani, 2007, the Environmental Specimen Bank Program in Germany. Proceedings of NIER International Seminar. 67-90.
Slootweg, R., Kolhoff, A., Verheem, R., and Hoft, R., 2006, Biodiversity in EIA and SEA, Background Document on Biodiversity-Inclusive Impact Assessment, Commission for Environmental Assessment, The Netherlands, 1-79.
Uehiro, T., Y. Shibata, A. Tanaka, T. Horiguchi, H. Mukai, Y. Takazawa, M. Hirota, M. Yoshikane, T. Kuwana, T. Kawashima, K. Hashimoto, M. Onuma, H. Imazato, F. Kasai and M. Kawachi, 2007, Characteristics of Environmental Specimen Bank in NIES, Proceedings of NIER International Seminar, 95-106.
UNEP, 2005, Millenium Ecosystem Assessment Synthesis Report, 13.
United Nations, 1992, Convention on Biological Diversity, 3.
Weaver, A., 2000, The Flip Side: A Vision for Impact Assessment in the 21st Century, IAIA President's Visions for Impact Assessment: Where will Impact Assessment be in 10 Years and How Do We Get There?, 113-118.
Westman, W. E., 1985, Ecology, Impact Assessment, and Environmental Planning, John Wiley & Sons, 201-202.

제19장

생태복원

1 서론

1) 인공습지와 생태복원의 개념

(1) 인공습지

인공습지는 대체습지라고도 하며, 통상 환경영향평가 협의과정을 통해 개발로 인해 훼손된 자연습지에 대한 보상대책으로 제안된다. 근래에는 이상기후 등으로 인한 홍수예방목적의 우수유출저감시설로서 공원, 단지, 하천변 등에 저류시설로서 인공습지가 조성된다. 이러한 저류습지는 다기능 저류지로서 비점오염 수질정화 및 생물서식공간의 기능도 동시에 부여할 수 있다.

(2) 생태복원

생태복원은 협의로는 훼손된 생태계를 원상태로의 회복이라는 의미이지만 적절한 기능을 갖도록 재생 및 개선, 대체 및 창출한다는 확장된 개념을 갖는다. 아울러 생태복원이란 생물종보호와 생태계복원이라는 의미로 접근한다. 생태계복원의 규모는 생태연못과 같은 소생태계에서 유역생태계를 대상으로 하는 하천생태계와 산림생태계 등에까지 이른다. 환경영향평가의 악영향 저감방안으로 제시되는 대체서식처는 소생태계 복원에 해당된다.

2) 사례와 쟁점

(1) 전주시 삼천 생태하천 복원사업

① 사업대상지 및 기간

a. 사업대상지 : 삼천(전주 평화동 완주군시계~전주 서신동 전주천 합류점 10.97 km구간)
b. 사업기간 : 2011년 11월~2012년 8월

② 사업의 성격 및 목적

하천기본계획에서는 하천법 제25조 및 동법 시행령 제24조 규정에 의거 하천의 치수, 이수 등 환경에 관한 제반 사항을 조사 분석하여 하천의 종합정비 및 이용과 자연친화적인 하천관리계획을 수립하였다. 하위계획으로 생태하천 복원사업 실시설계에서 깃대종(반딧불이) 복원과 친수공간 조성계획을 수립하였다. 이 사업은 하천구역 사업계획 면적이 10,000 m^2이상 개발사업에 대한 사전환경성검토(현재는 전략환경영향평가)가 실시되었다.

③ 쟁점사항

a. 생태하천 복원을 고려한 하천기본계획

하천기본계획에서는 홍수예방 및 하천의 종적 연속성 강화를 위해 보를 정비하였다. 사업 전 구간에 걸쳐 주변 침수피해의 원인이 되거나 기능을 상실한 이수보와 삼천 취수보는 경사식 낙차공으로 교체하며, 나머지 3개보에 대해서도 여울형 치수보로 재설치하였다. 제내지 수해 발생구역을 하천구역으로 편입하여 야생동물 서식처로 제공하였다. 도심형 하천구간의 저수호안의 수충부는 식생이 생육가능한 자연석 쌓기로 교체하고, 비수충부는 보전을 원칙으로 하였다. 수질개선을 위해 수질정화블럭공법을 사용하여 수질정화습지를 도입하였다.

b. 단일종 복원에서 복합적 생물서식처복원으로 확대

초기 생물서식처 복원계획에서는 삼천 상류 전원형 하천구간에 서식하는 환경지표종 늦반딧불이와 전구간에 걸쳐 환경부지정 멸종위기야생물 I급종인 수달의 서식환경을 개선하는 것을 주 복원 목표로 하였다. 계획수립 과정 동안 자문 및 몇 차례 현장조사를 실시하여 늦반딧불이, 애반딧불이, 운문산 반딧불이의 서식환경 복원이 가능함을 확인하고, 다양한 곤충, 양서・파충류와 조류 등 복합적 생물서식처 복원을 목표로 확대하였다.

c. 전계획과정에서 생태하천협의회의 참여

전주시에서는 생태하천 복원 및 관리를 위한 민관학 협의체가 운영되고 있다. 삼천 생태하천복원사업 초기단계부터 계획내용을 검토하고 보완하는 역할을 수행하였다. 생태하천협의회 자체적인 생물조사 및 하천이용조사를 토대로 한 세부적인 보전, 복원, 정비구간에 대한 대안을 제시하여 협의 결정하였다. 하천구역 내 국한된 본 사업의 과업범위 한계를 극복하기 위해 추후에도 시에서 추진가능한 제내지 수변지역 및 유역에서의 관리방안을 도모하고 있다.

(2) 전주시 오송제 습지생태계 복원사업

① 사업대상지 및 기간

a. 사업대상지 : 전주시 덕진구 송천동 오송제 및 주변 농경지 일대(205,341 m^2)

b. 사업기간 : 2009년 2월~2009년 12월

② 사업의 성격 및 목적

이 사업은 환경부 자연환경보전법에 의한 "생태계보전협력금 반환사업"으로 공원의 이용보다는 생태계의 보전 및 복원에 중점을 두며 최소한의 시설만 도입하였다. 도심지 내에 희귀종이며 생태지표종인 낙지다리와 쇠물닭을 목표종으로 선정하였고 다양한 생물서식처 보전 및 복원을 통해 생물종 다양성 유지가 가능하도록 하였다. 도심 개발로 인하여 훼손된 오송제와 주변 생태계를 복원하여 지역주민들에게 친환경적인 공간 및 자연학습장을 제공하였다.

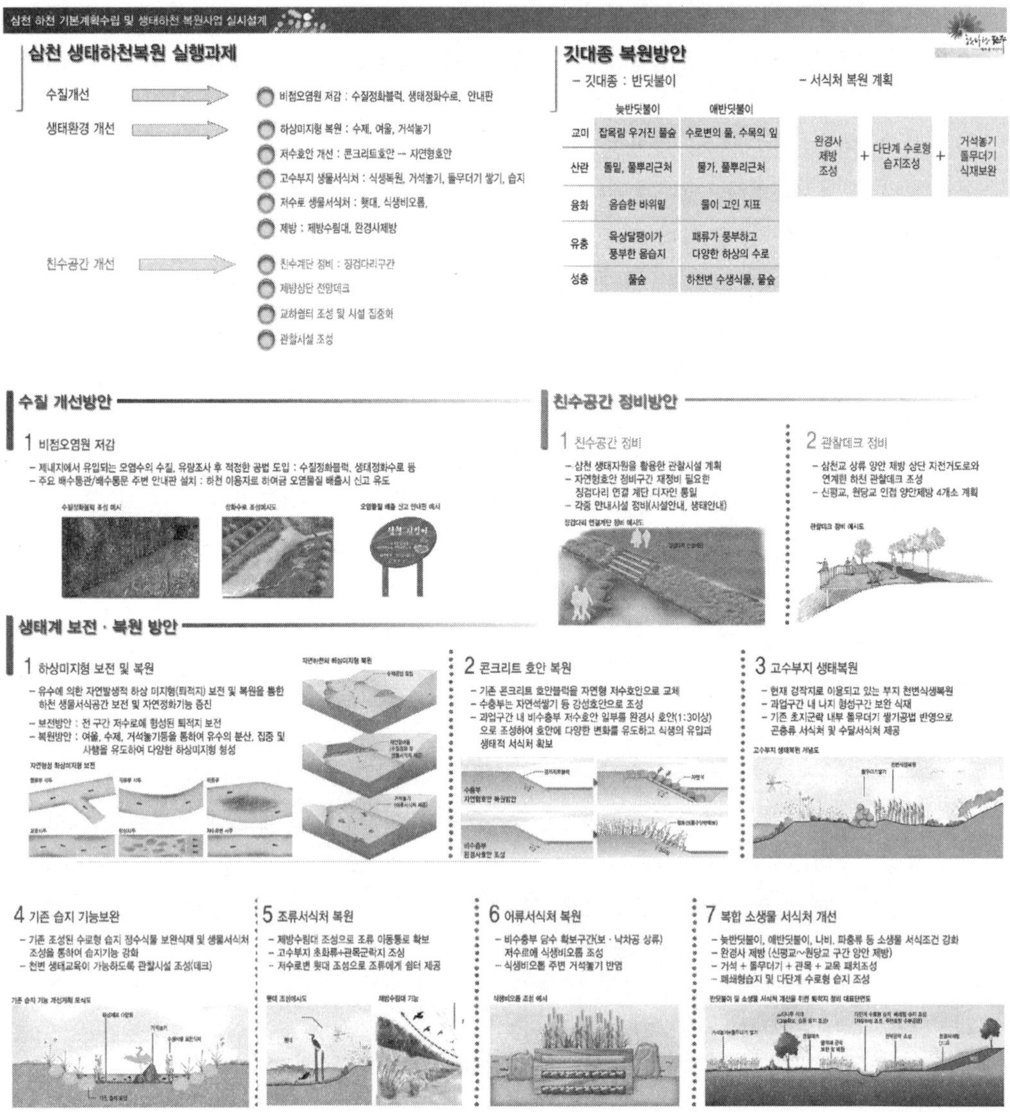

그림 19.1 전주시 삼천 생태하천 복원사업계획

그림 19.2 전주 오송제 습지생태계 복원계획

③ 쟁점사항

이 사업은 한국토지주택공사에서 생태계보전협력금 반환사업의 일환으로 생태계 훼손지역의 보전·복원사업을 시행함으로써 도심지 내 생태복원 사례의 모델이 되었다. 수질정화를 위해서는 주변 과수원으로부터 유입되는 비점오염원 저감을 위해 주변 경작지 소유주들과의 협의 등을 통한 유역관리가 이루어질 필요가 있다. 사업 시행 이후 산림청 지정 희귀종이자 생태지표종인 낙지다리 군락지의 훼손을 막고 주변 생태계를 개선함으로써 생태교육장으로서 역할을 하고 있으며, 사후 유지관리 및 이용실태·지속적 생물서식 모니터링이 요구된다.

2 환경정책과 친환경계획

1) 환경정책

우리나라 환경정책의 기본기조는 환경오염과 환경훼손을 예방함으로써 환경을 지속가능하게 관리보전하는 데 있다. 환경오염이란 대기, 수질, 토양오염 및 소음, 악취, 일조장해 등 사람의 건강이나 환경 등 생활환경에 피해를 주는 상태를 말한다. 환경훼손이란 생태계질서의 교란, 야생동식물의 남획 및 서식지의 파괴, 자연경관의 훼손 등 자연환경에 중대한 손상을 주는 상태를 말한다. 1990년 환경정책기본법이 제정되었을 때는 주로 대기, 수질, 소음 등 생활환경의 오염규제와 환경영향평가 등이 환경관리의 주된 수단이었다. 한편 자연생태계 및 멸종위기종 보호 등 생태계 훼손에 대한 적극적인 환경보전 및 복원정책이 시행되기 시작한 시점은 1992년 자연환경보전법의 제정 이후이다. 자연환경 및 생태계에 대한 훼손이라는 의미가 "자연경관"에 대한 훼손이라는 개념으로 확대가 된 것은 2006년 자연환경보전법상에 생태계보전지역이라는 용어가 생태 · 경관보전지역으로 변경되고, 환경영향평가협의를 위한 자연경관심의제도가 도입되면서 부터이다.

환경관리의 기본원칙은 환경오염과 환경훼손의 사전예방, 환경과 경제의 통합적 고려, 자원과 에너지의 절약 및 순환촉진에 두고 있다. 환경관리의 사전예방원칙 등에 따라 국가 및 지자체는 국가환경종합계획 등을 수립해야 한다. 이러한 환경보전계획에는 수계 및 생태계 권역 등 영향권별로 환경의 보전과 복원, 환경기준에 따른 생활환경오염의 저감방안 등이 포함된다. 아울러 환경정책기본법에서는 국토환경성지도 등을 기반으로 개발사업 등이 환경에 미치는 영향을 최소화하기 위해 환경친화적 계획기법을 수립하도록 규정하고 있다. 이 계획기법에는 친환경지표, 친환경계획기준 및 절차, 토지이용 관리기준 등이 포함되도록 하고 있다. 이러한 방침과 환경영향평가협의를 위해 환경친화적 기법 및 내용이 포함된 도로, 철도, 댐 건설기준이 제정되어 운영되고 있다. 건축에서도 친환경건축물인증기준 등을 수립하여 적용하고 있다.

(1) 자연환경보전

자연환경보전이라는 의미는 생물다양성증진을 위해 자연생태계와 자연경관을 대상으로 체계적으로 보존, 보호, 복원하는 것이라고 정의할 수 있다. 자연환경보전법상의 기본방침은 크게 생태계보존과 생태복원으로 구분할 수 있다. 즉, 생태계보존과 관련된 기본방침에는 자연환경의 체계적 보전과 지속가능한 이용, 중요 자연생태계와 생물종의 보호, 생태경관보전지역의 지정 등이 있다. 생태복원과 관련된 기본방침에는 자연환경 훼손지 복원과 복구, 생태통로, 소생태계, 대체자연 등의 조성 등이 있다. 이것 이외에도 자연환경에 관한 국민교육과 민간 활동의 활성화, 국제협력 등도 기본방침으로 제시하고 있다.

생태·자연도는 보전계획의 수립과 친환경계획의 기초가 되는 도면인데, 자연환경의 생태적, 경관적 가치에 따라 3등급 권역 및 별도관리지역으로 구분한 지도이다. 1등급 권역은 생태경관보전지역을 포함하여 보전가치가 대단히 높은 지역에 지정되며, 2등급 권역은 장차 보전가치가 있는 권역에 지정된다. 3등급 권역은 개발 또는 이용이 가능한 지역이다. 한편 별도관리지역은 다른 법률에 의해 보전 보호되는 지역에 지정된다. 생태계 보전을 위한 구역에는 자연공원법에 따른 자연공원구역 및 자연공원 특별보호구역, 습지보전법에 따른 습지보호구역, 산림보호법에 따른 산림유전자원보호구역 등이 있다.

① 생태·경관의 보전

생태·경관보전지역은 생물다양성이 풍부하거나 자연경관이 수려한 지역 등에 지정된다. 이 지역은 핵심구역, 완충구역, 전이구역으로 구분하여 지정된다. 완충구역은 핵심구역을 보호하기 위해 필요한 지역이며 전이구역은 완충구역외곽에 위치한 취락지역 등에 지정된다. 생태경관보전지역안의 마을은 생태마을로 지정될 수 있다. 생태마을은 자연생태우수마을과 자연생태복원 우수마을로 구분하여 지정된다. 생태마을을 포함하여 생태계 보호의 중요성을 체험하고 교육할 수 있는 지역은 생태관광지역으로 지정하여 이에 필요한 교육, 생태관광자원의 조사, 이용시설의 설치 등을 할 수 있도록 하고 있다.

자연경관심의제도는 생태경관보전지역주변 및 기타 개발사업으로 인한 자연경관영향을 심의하기 위해 도입되었다. 즉 생태경관보전지역, 습지보전지역, 자연공원지역으로부터 300 m에서 2 km 이내에서의 사업 등이 대상이 된다. 자연경관심의는 현황 분석 및 조망점 선정, 자연경관영향예측 및 저감방안제안의 단계로 진행된다.

② 훼손지역의 생태복원

생태계복원 우선보호대상지역은 멸종위기종 서식공간으로서 자연성이 높거나, 생태계가 훼손되거나 교란되어 있는 경우에 지정하여 관리하도록 하고 있다. 도시의 생태적 건전성을 높이기 위해 생태축의 설정, 자연경관의 보전, 바람통로의 확보, 개발로 인해 훼손우려가 있거나 방치된 지역에 대한 생태복원, 소생태계 조성, 생태통로 설치 등을 하도록 되어 있다. 생태통로는 야생동물의 이동 및 생태적 연속성이 단절되지 않도록 설치되는 것으로 야생생물서식현황 및 사고발생우려가 높은 생물현황 등의 조사를 기본으로 한다. 자연환경보전 및 이용시설에는 보전시설, 훼손복구시설, 생태관찰시설, 자연보전관 및 홍보시설 등이 포함된다.

생태계보전협력금제도는 환경관리의 경제적 부과금제도로서 일정 규모이상의 환경영향평가대상사업인 경우 부과징수되는 제도이다. 이 협력금은 대체자연의 조성 및 생태계복원 등의 사업을 시행하는 경우 일정한 금액을 반환하여 지원하도록 하고 있다.

③ 생물종 보호

a. 멸종위기종과 야생생물특별보호구역

멸종위기종은 야생생물보호 및 관리에 관한 법률에 규정되어 있다. 멸종위기종이란 개체수가 현저하게 감소되어 멸종위기에 있거나 예상되는 종을 말한다. 멸종위기종의 보호 및 번식을 위하여 야생생물특별보호구역을 지정한다. 멸종위기 1급으로 총 51종, 2급으로 총 195종이 지정되어 있다.

포유류의 경우 멸종위기 1급에는 산양과 수달 등 11종이 지정되었으며, 멸종위기 2종에는 담비, 삵, 하늘다람쥐 등 9종이 지정되어있다. 조류의 경우에는 멸종위기 1급으로 검독수리, 노랑부리백로, 두루미, 매 등 12종이, 멸종위기 2급으로 검은머리갈매기, 고니, 따오기, 붉은배 새매, 수리부엉이, 흑비들기 등 49종이 지정되어 있다. 양서파충류의 경우에는 멸종위기 1급으로 비바리뱀과 수원청개구리 2종이, 멸종위기 2급으로 금개구리, 남생이, 맹꽁이, 표범장지뱀, 구렁이 5종이 지정되어 있다. 어류의 경우에는 멸종위기 1급으로 감돌고기, 미호종개, 퉁사리, 흰수마자 등 9종이, 멸종위기 2급으로 가는돌고기, 모래주사, 부안종개, 열목어 등 16종이 지정되어 있다. 곤충은 멸종위기1급으로 산굴뚝나비, 상제나비, 수염풍뎅이, 장수하늘소 등 4종이, 멸종위기2급으로 꼬마잠자리, 붉은점모시나비, 비단벌레, 쇠똥구리, 큰수리팔랑나비 등 18종이 지정되어 있다. 육상식물은 멸종위기 1급으로 광릉요강꽃, 나도풍란, 만년콩, 섬개야광나무, 암매, 죽백란, 털복주머니란, 풍란, 한란 등 9종이, 멸종위기 2급으로 가시연꽃, 가시오갈피, 단양쑥부쟁이, 매화마름, 미선나무, 복주머니란, 산작약, 삼백초, 전주물꼬리풀, 제비붓꽃, 진노랑상사화, 층층둥굴레, 파초일엽 등 68종이 지정되었다. 한편 무척추동물의 경우 멸종위기1급으로 귀이빨대칭이 등 4종이, 갯게 등 멸종위기 2급으로 27종이 지정되었으며 해조류와 고등균류은 멸종위기 2급으로 각각 2종, 1종이 지정되어 있다

b. 천연기념물과 천연보호구역

천연기념물은 문화재보호법에서 지정되어 있다. 천연기념물이란 동식물 및 자연환경이 역사적, 경관적 또는 학술적으로 가치가 큰 것으로 정의한다. 천연기념물의 지정은 동식물의 경우에는 한국 특유의 동식물 및 축양동물, 노거수 및 진귀한 산림상 및 원산지 등이 해당된다. 범위가 비교적 넓고 복합적인 경우 천연보호구역으로 지정한다. 2009년 현재 천연기념물은 404개가 지정되어 있다. 천연기념물 1호는 대구의 도동 측백나무 숲이며, 하회마을의 만송정숲은 천연기념물 473호이다. 남한의 천연기념물은 식물, 동물, 지질 및 광물, 천연보호구역으로 대분류할 수 있다. 식물의 경우에는 노거수(142건), 희귀식물(17), 자생지(27), 수림지(33)로 구분되고, 동물인 경우는 포유류(9), 조류(44), 어류(7), 곤충류(3)로 구분된다. 지질 및 광물은 천

연동굴(13), 암석 및 광물(4), 지질(14), 화석(13)으로 구분된다. 천연보호구역은 10개소로서 홍도(170호) 설악산(171호) 한라산(182호) 등이 있다.

c. 희귀식물종과 산림유전자원보호구역

산림보호법에서는 자생식물의 종류를 멸종위기 야생식물, 희귀식물, 특산식물과 유용식물로 구분한다.

희귀식물은 총 571종으로서 야생멸종 등급(EW : extinct in the wild) 4종, 멸종위기종 등급(CR : critically endangered) 114종, 위기종 등급(EN : endangered species) 122종, 취약종 등급(VU : vulnerable) 119종, 자료부족종 등급(DD : data deficient) 112종으로 구분한다. 특산식물이란 특정지역에만 자라는 지역고유식물(endemic plant)을 말하며 한반도 특산식물은 진노랑상사화 등 328종이며, 특산식물속은 6가지로서 미선나무속, 개느삼속, 금강초롱속, 금강인가목속, 모데미풀속, 부전바디속 등이다. 자생식물분포지는 영향권역을 포함하여 5,000 m^2 이상의 산림유전자원보호구역으로 지정관리한다(자생식물 및 산림유전자원보호구역 관리요령).

(2) 환경영향평가

① 환경영향평가의 특성과 과정

우리나라의 환경영향평가법은 2012년 7월 전면개정을 통해 전략환경영향평가, 환경영향평가 및 소규모 환경영향평가로 구분되어 시행되고 있다. 환경영향평가는 도시개발, 도로개발, 하천개발 등 18종의 개발사업을 대상으로 하며, 개발기본계획이나 정책계획의 수립시에는 전략환경영향평가를 시행한다. 일정 규모 이상의 보전적 용도지역에서의 사업은 소규모 환경영향평가를 시행한다(관리지역, 생태경관보전 지역 등 9개의 개별법대상).

환경영향평가의 목적은 개발사업 등으로 인해 환경에 미치는 악영향을 조사, 예측하여 불가피한 환경에의 영향의 파악과 저감방안을 마련하는데 있다. 그 과정은 평가서의 작성, 평가서 협의와 검토, 협의내용의 이행관리단계로 구분된다. 변경협의절차의 완료 이전에는 대상사업의 공사를 금지하는 것을 원칙으로 한다(법 제34조 사전공사의 금지). 사후환경영향조사는 사업 착공 후에 시작하여 공사완료 후 3~5년까지 수행하도록 규정되어 있다. 공사착공 후 협의당시 예측하지 못한 상황이 발생하여 환경에 영향이 미치는 경우에는 재평가를 시행할 수 있다(법 제36조 사후환경영향조사).

② 환경영향평가 분야

각종 환경영향평가에 관련되는 환경의 분류체계는 자연환경, 생활환경, 사회・경제환경의 3가지로 대별된다. 근래에 기후변화, 수생태계, 토지이용 등에 관한 항목이 주요 관심이 됨에 따라 이를 별도로 추출하여 자연생태환경, 대기환경, 수환경, 토지환경, 생활환경, 사회・경제・환경 분야의 6가지로 구분하였다.

a. 자연생태환경 분야는 생태계 전반에 대한 동물상과 식물상을 대상으로 한다. 아울러 지형·지질, 동·식물, 문화재 등에 분산된 자연환경자산에 대한 항목을 새롭게 포함하였다.
b. 대기환경 분야는 기상과 대기질과 악취와 온실가스 등으로 구분하였다. 기상의 문제는 지구온난화 등과 관련된 환경문제까지를 포괄하기 위함이다.
c. 수환경 분야는 지표수와 지하수를 포함한 수질, 수리·수문 및 해양환경으로 세분된다.
d. 토지환경 분야는 토지이용, 토양, 지형·지질로 세분된다. 토지개발과 토지이용항목의 중요성으로 인해 이를 토양 등의 자연환경과 함께 분류하였다.
e. 생활환경 분야 중 폐기물항목은 자원절약 및 재이용 촉진을 유도하기 위하여 친환경적 자원순환 항목으로 명칭이 변경되었다. 그리고 소음·진동과 위생·공중보건 등과 함께 위락·경관 등의 심미적인 측면의 항목과 근래 문제가 되고 있는 전파장해와 일조장해에 대한 항목을 포함하고 있다.
f. 사회·경제환경 분야에는 인구, 주거, 산업으로 세분된다. 인구영향평가나 교통영향평가 등에서 검토가 되는 경우에는 제외된다. 기타 공공시설이나 교육, 문화재 항목 등은 제외되었다(환경영향평가법 시행령 [별표 1] 환경영향평가 분야별 세부 평가항목).

③ 자연생태환경 평가내용

자연생태환경 분야는 동식물상과 자연환경자산으로 구분한다. 동식물상은 식물상, 육상동물상, 육수생물상 등을 의미하며 자연환경자산은 멸종위기 야생동식물, 습지보호지역, 산림유전자원보호림, 백두대간보호지역, 천연기념물 등 법령 등에 따라 지정보호되는 동식물을 말한다. 환경영향평가서 작성내용은 다음과 같다.

a. 현황조사 : 동식물 및 생태계현황파악을 위하여 분류군별로 조사하며 생태·자연도 및 생태계현황 등에 대해 현지조사, 문헌조사, 탐문조사 등의 자연환경조사방법을 시행한다.
b. 영향예측 및 평가 : 영향의 원인을 파악하고 유사사례를 참조하여 정량적 또는 정성적 방법을 활용하여 예측하여, 중요성에 따라 사후 회복가능성을 평가한다.
c. 저감방안 : 중대한 영향을 회피할 수 있는 사업계획의 조정, 환경변화를 최소화 또는 보상할 수 있는 저감방안을 강구하며, 저감목표를 제시한다.
d. 사후환경영향조사계획 : 공사시 및 운영시 동식물과 생태계에 미치는 영향 및 저감대책 이행여부를 관리하는 계획을 수립한다. 동식물상의 경우는 보호가치가 있어 지정된 동식물 서식 등에 대해 공사시에는 반기 1회 이상, 운영시에는 연 1회 이상을 조사한다(환경영향평가서 작성 등에 관한 규정 [별표 2]).

2) 친환경계획

우리나라에서 환경친화적 국토관리와 지속가능한 국토발전을 국토 및 지역개발의 기조로 법제화한 것은 2002년 국토기본법과 국토의 계획 및 이용에 관한 법률(이하 국토계획법)이 제정되면서 부터이다. 즉, 난개발을 양산했던 국토건설종합계획법이 폐지되었고, 도시지역과 비도시지역을 구분하여 도시계획법과 국토이용관리법으로 분할관리되었던 것이 통합되었다. 국토기본법에 의하면 지속가능한 국토발전을 위한 국토환경 보전 및 개선에 대해 국토종합계획을 수립하도록 하였다(국토기본법 제10조).

이에 따라 국토의 이용 및 관리를 위해 준수해야 할 기본원칙 8가지 중에 2번째 항목으로 자연환경 및 경관의 보전과 훼손된 자연환경 및 경관의 개선 및 복원이라는 내용이 명문화되었다(국토계획법 제3조). 토지이용계획인 용도지역계획 수립시에는 토지적성평가를 기반으로 하도록 하였다. 각종 도시개발사업도 일정 면적이상이 되면 환경영향평가협의를 하도록 법제화되어 있다. 도시관리계획으로 수립해야 하는 지구단위계획의 6번째 항목에 생물서식공간의 보호, 조성, 연결 및 물, 공기 등의 순환에 관한 계획을 수립하도록 하고 있다.

(1) 지속가능한 신도시

지속가능한 신도시계획기준(2007년 1월)은 택지개발촉진법 제7조에 따라 330만 m^2 이상의 신도시개발계획과 실시계획의 지침과 기준제시를 위한 것이다. 이 계획기준은 생태복원 및 영향평가와 관련된 핵심적인 내용을 포괄적으로 다루고 있다.

① 지속가능성

이 계획기준에서는 지속가능성의 유형을 사회·문화적 지속성, 경제적 지속성, 환경적 지속성으로 정의하였다. 사회·문화적 지속성에서는 커뮤니티 중심공간의 활성화, 다양한 주거유형도입을 통한 사회적 통합, 문화경관의 보전과 조성을 통한 역사·문화적 지속성확보로 구분하였다. 경제적 지속성에서는 직주근접실현을 통한 지역경제기반구축에 목적을 두고 판매, 업무, 연구 등의 기능을 갖는 자족적 기능의 시설을 설치하고, 미래의 개발수요대처를 위한 개발유보지의 확보, 홍수예방을 위한 유수지의 조성 등을 주요 내용으로 한다. 환경적 지속성에서는 보행친화적 도시구조확보를 위한 인구밀도/대중교통계획, 신재생에너지 이용계획과 우수처리 등 자원순환계획, 기존 지형의 보전 등에 관한 자연순응형 개발계획, 공원녹지 확충 등과 관련된 생태적 환경조성계획, 영향평가협의를 위한 친환경계획을 주요 내용으로 한다.

② 생태적 환경조성

환경지속성 주요 항목인 생태적 환경조성 계획기준에서는 공원녹지율, 생태면적율 지표 등을 확보하도록 하면서 광역적 차원의 기법과 세부적 차원의 기준을 제시하고 있다. 광역적 차원에서는 생태녹지축과 공원녹지체계의 형성, 수생태계의 보전과 창출이라는 개념을 제안하고 있다. 즉, 도시 내외부의 핵심생태계와 주변완충지역을 연결할 수 있도록 최소 300 m 폭의 광역녹지축, 최소 30 m 폭의 도시녹지축, 최소 5 m 폭의 단지녹지축 등 3단계 유형의 녹지축이 설정되도록 제시하고 있다. 수생태계보전을 위해 자연적 곡류하천의 비대칭성과 여울 습지 등의 지형과 수변생물 보전과 생태수로 및 생태저류지 등의 조성을 제시하고 있다. 이 생태저류지는 생물서식공간으로 뿐만 아니라 수질정화기능을 갖도록 다단계 습지 등을 조성하도록 하였다.

개발부지와 관련된 세부적인 생태복원기법으로는 생태적 식재와 도시환경림조성, 생물서식공간과 생태연결통로의 조성을 제안하고 있다. 먼저 야생동물의 서식환경을 고려하여 자생식물종을 위주로 한 다층식재, 도시환경림 조성, 복원녹원 등에 관한 내용이 제시되어 있다. 조성공원에는 생태연못, 습지비오톱, 자연체험학습장 등의 시설을 도입하도록 하고 있다. 자연천이를 이용한 사면과 절초지역에 대한 생태복원과 불가피한 훼손의 경우에는 대체 습지 및 녹지를 조성하도록 제시하고 있다. 습지비오톱으로서 소생물서식공간의 조성과 육교형 통로 등의 설치가 제시되고 있다.

③ 영향평가협의를 위한 친환경계획

환경영향평가협의와 연관된 친환경계획수립은 환경적 지속성과 관련하여 기술되어 있다. 그 내용은 토지이용계획부문, 생활환경부문, 자연환경부문, 에너지순환부문, 어메니티(amenity) 부문 5가지로 구분된다. 생활환경부문에는 청정환경이라는 개념을 도입하여 수질오염처리, 대기순환 및 바람통로계획 등의 내용이 포함되어 있다. 자연환경부문에서는 자연공생이라는 개념을 도입하여 하천, 습지, 저수지 등의 향상 및 유지, 훼손된 생태계 및 녹지축의 복원, 조성된 공원의 생태공간 창출, 도시내부의 비오톱(소생물서식공간) 공간 조성 등의 내용을 담고 있다. 물순환시스템 도입은 에너지순환부문에 포함되어 있다. 보행로, 건물녹화, 경관형성계획은 어메니티부문에 포함된다.

(2) 자연친화적 하천

자연친화적 하천관리에 관한 통합지침(2009년 12월)은 하천기본계획지침(2005), 하천설계기준(2005), 하천 내 나무심기기준(2007)을 통합한 것으로서 하천법과 수질 및 수생태계보전 등에 관한 법률 등과 관련되어 있다. 자연친화적 하천관리란 지금까지 하천정비를 위한 치수이수기능 이외에도 생태계 및 친수기능을 부여하기 위한 것으로 정의되고 있다. 이 지침은 대개 중소하천에 적용되도록 작성되었다.

① 통수단면과 유지수량

친환경하천에서의 통수단면에서는 하천 지형학적 형태를 유지하며 강변저류지 등을 통해 설계홍수량을 소통시키도록 한다. 따라서 제방후퇴, 방수로 설치, 복단면 하도 설치 등을 통해 홍수 방어를 하며, 홍수 범람지 등은 평상시에는 생물서식공간으로 활용되도록 한다. 확률 홍수량 및 계획홍수량에 따른 통수단면 확보를 위해 하상굴착, 확폭, 제방후퇴 등의 기법을 사용한다.

하천유지유량이란 하천의 정상적인 기능을 유지하기 위한 최소한의 유량으로 정의된다. 이 유량은 생활용수 등의 이수량 및 수질개선, 생태계유지량 등을 고려하여 산정하도록 한다. 수질개선계획은 하수, 산업폐수, 축산폐수 등 점오염원과 임야, 농경지, 도로 등 비점오염원 등을 고려하여 수립하도록 한다.

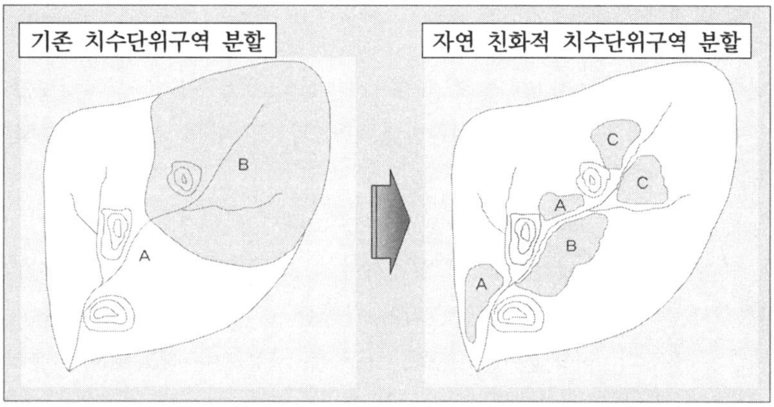

그림 19.3 자연 친화적 치수단위구역 분할 개념도

② 하천조사·평가와 하천구간

하천조사는 물리조사, 화학조사, 생물조사, 공간조사로 구분한다. 물리조사 항목에는 수리, 수문, 하천형태, 하도, 하상재료 등이, 화학조사 항목에서는 수질, 저니질과 토양 등이 있다. 생물조사에는 동물과 식물 분류군별로, 식물상 및 생물상, 식생도, 군집구조, 서식상황 등이 포함된다. 공간조사에서는 경관특성과 이용자 및 시설물을 조사한다. 하천조사를 기반으로 수행되는 하천환경평가기법으로 3가지가 제시되어 있다. 첫 번째는 생물종의 종류 및 풍부도를 기반으로 ① 생물학적 수질, ② 종 다양성, ③ 생태계 구조, ④ 서식처 다양을 정량화하여 4등급으로 평가하는 방법이다. 두 번째는 수생생물에 대한 정량적 평가로 부착조류, 저서성 무척추동물, 어류 등을 조사하여 유기물지수, 영양염지수 등을 산출하여 각각 건강성 등급을 4등급으로 평가한다. 세 번째는 독일연방물연구관리청(LAWA)에서 개발한 하천 물리구조 조사 및 평가방법으로 종단 및 횡단 특성, 하상구조 및 하안구조, 하천변 토지이용 등의 6개 항목을 대상으로 하여 7등급체계로 평가한다. 이러한 평가에 근거하여 보전가치, 복원가치, 친수적 가치 등을 부여하여 보전구간, 복원구간, 친수구간을 지정하고 관리시설, 관찰시설, 체험시설 등의 관련시설을 설치한다.

표 19.1 자연친화적 치수단위 구역 모니터링 평가항목(Kondoll와 Michell, 1995)

통수능력과 하도안정성	수생서식처 개선	수변서식처 개선	수질 개선	친수성 개선
• 하도단면형 • 홍수위 • 폭/수심 비 • 종단면형 • 항공사진	• 수심/유속/수온 • 어류서식처/은신처 • 여울과 소 • 하상재료 • 생물상	• 식생의 천이 • 동물 종변화 • 동물의 번식상황 • 항공사진	• 부수성 • 부영양성 • 독성 • 병원성 • 혼탁성	• 경관 특성 • 이용형태 • 주민참여도

③ 호안 · 하도설계와 생물서식처

호안은 자연형 호안을 적극 도입하도록 하며, 하상침식 등을 막기 위한 하도안정화기법으로서 낙차보, 사방시설, 수중수제 등을 설치한다. 수목과 초본류의 식재는 치수적 영향과 생태적 특성을 고려하여 도입한다.

대표적인 생물서식처조성 항목으로는 여울과 어도, 수제와 하중도, 하도습지, 거식 및 돌보 등이 있다. 여울은 수심이 낮은 지역에 설치하며 하천 폭을 늘리거나, 종단경사를 부여하는 방법을 사용한다. 수제는 저수로에 돌출되어 다양한 흐름을 조성하기 위한 것으로 거석이나 방틀수제를 사용한다. 하도습지는 점토질 토사를 사용하여 식물생육에 유리하도록 하며, 우회수로, 우각호 등을 조성하도록 한다. 여울과 소 등을 조성할 수 있는 거석은 군집형태로 설치하도록 하며, 파쇄석을 집중적으로 활용한 돌보도 도입할 수 있다. 이외에 자연친화적 하천관리에 필요한 모니터링 및 적응관리, 주민참여와 유지관리 등의 유의사항이 제안되고 있다.

3 인공습지와 생태복원

1) 인공습지

(1) 우수저류시설

(소방방재청, 2010, 우수유출저감시설의 종류, 구조, 설치 및 유지관리기준)

이상기후, 무분별한 녹지개발로 인해 대형 자연재해가 빈번히 발생하고 있다. 이는 우수의 직접유출량이 증가되어 우수관거 및 하도에서 수용할 수 있는 홍수량을 초과하기 때문이다. 자연재해대책법에서는 우수의 직접유출량을 저감시키거나 첨두 유출시간을 지연시키기 위하여 우수유출저감시설을 설치하도록 규정하고 있다. 이러한 저감시설은 확률홍수량빈도와 토양 불투수율(CN계수)에 따른 유효유량 산정 및 홍수량 산정, 저류시설 임계지속시간과 유출총량의 산정, 유출목표저감량 산정에 따라 저류시설의 유형과 규모에 따라 배분된다. 우수유출저감시설은 크게 저류시설과 침투시설로 구분하며, 저류시설은 다시 유역 저류시설과 하도 저류시설로 세분된다.

① 유역 저류시설

유역 내 지표유출저감을 위한 저류시설종류는 지역 내 저류시설과 지역 외 저류시설로 구분된다. 지역 외 저류시설(Off site retention)은 다목적 유수지나 방재조절지(조정지)라고도 하며 배수역 말단부에 건식 저류지(Dry Pond)나 습지(Wet pond) 등의 형태로 조성된다. 지역 외 저류시설은 홍수방지와 우수유출로 인한 비점오염 정화와 생물서식공간으로의 기능을 가질 수 있다. 지역 내 저류시설(On site retention)은 유역저류시설과 주택단위저류시설로 구분한다. 유역저류시설은 비교적 넓은 공원, 학교, 공동주택 등의 유역을 대상으로 하며 주택단위저류시설은 건물사이공간, 저류탱크, 지붕이나 화단 등의 저류공간을 의미한다. 이러한 저류시설의 설치를 위해 배수역 구간을 보수지역, 유수지역과 저지지역으로 구분한다. 보수지역이란 우수를 침투, 체류시키기 위한 지역으로 지역 내 저류시설과 침투시설을 설치하며, 유수지역은 하천의 유수를 유입시키는 지역으로 지역 외 저류시설을 설치하며 저지지역은 홍수 범람의 위험이 있는 지역으로 배수펌프장 및 침수형 저류시설을 설치하게 된다. 도심지의 전용저류시설은 대부분 지하저류조의 형태로 설치된다.

침투시설은 우수의 직접유출량을 감소시키기 위해 지반으로 침투를 용이하게 하기 위한 시설로 대부분 지역 내에서 발생한 우수 유출량을 해당지역에 침투시킬 수 있도록 설치된다. 침투시설에는 자연배수기능을 갖는 침투통, 침투트랜치, 측구, 투수성 포장을 의미한다. 녹지공간의 지점표고를 인근 포장공간보다 낮게 하여 우수저류 및 침투기회를 증진시킬 수 있다.

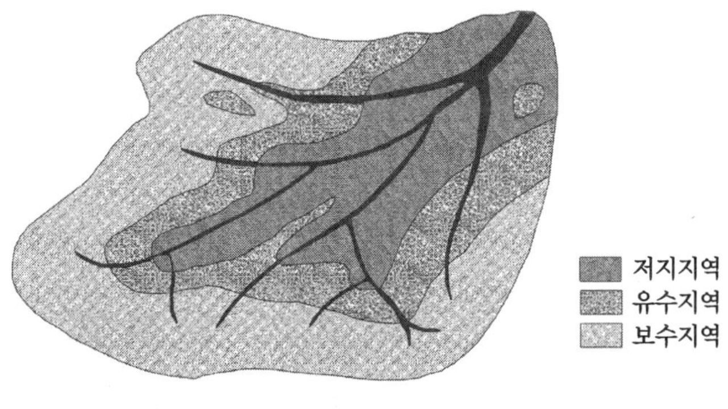

그림 19.4 배수구역 내 지역구분

② 하도 저류시설

하천구역 내의 홍수량을 저감하기 위한 저류시설은 하도 내(On line) 저류시설과 하도 외(Off line) 저류시설로 구분한다. 하도 내 저류시설은 보나 댐과 같은 형식을 가지며 상시 방류구를 갖는다. 하도 외 저류시설은 하천구역 이외의 지역에 설치하는 저류시설로서 제내지 등의 구역을 포함하며 횡월류웨어의 기능을 갖는 방류시설을 갖는다.

표 19.2 유역지역 외 저류시설의 구조형식에 따른 분류

형 식	구조의 개념	특 성
댐식 (제방고 15 m 미만)	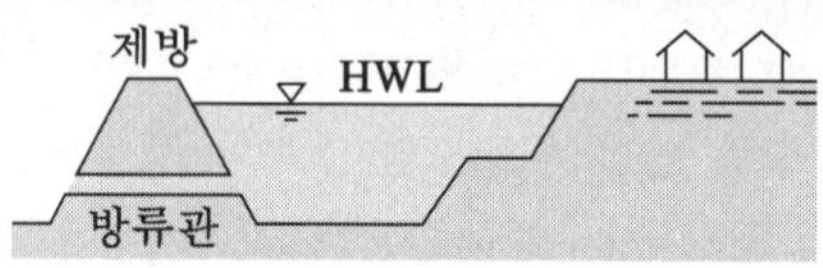	주로 구릉지를 이용해 설치하는 방법으로 방재조절지나 유말조절지에서 댐식을 많이 이용한다.
굴착식	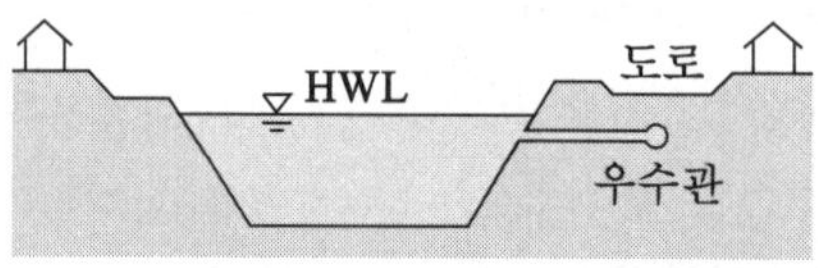	평탄한 지역을 굴착하여 우수를 저류하는 형식으로 계획수위고(HWL)는 주위 지반고 이하이다.
지하식	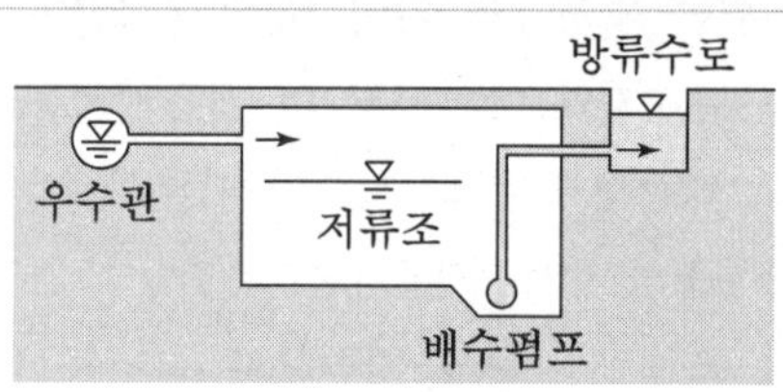	지하저류조, 매설관 등에 우수를 저류시키는 것으로써 연립주택의 지하에 설치한다.

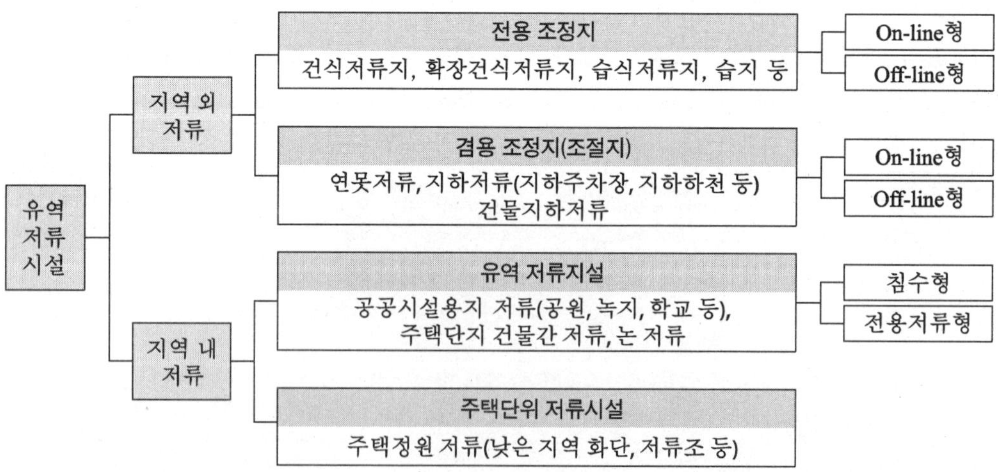

그림 19.5 유역저류시설의 종류

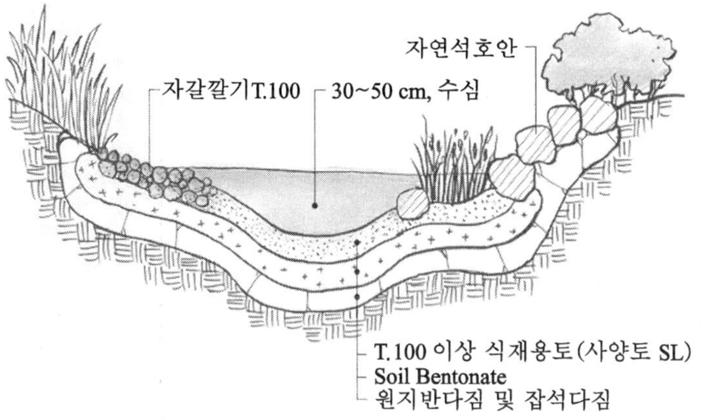

그림 19.6 저류지 조성 단면

사진 19.1 원지반 확보 / 실개천 조성 / 유수지와 관찰 데크 조성사례

(2) 수질오염 정화습지

① 정화습지의 유형 : 토양여과형 침강지와 식생여과형 정화지

수질 및 수생태계보전에 관한 법 시행규칙 [별표 6]에서는 비점오염저감시설을 크게 자연형 시설과 장치형 시설로 구분한다. 자연형 시설로는 첫째, 빗물처리를 위한 저류시설, 침투시설 등 우수유출저감시설과 둘째, 토양의 여과능 및 식물정화능력을 이용하는 인공습지와 식생형시설(식생여과대, 식생수로) 등의 오염정화습지로 구분한다. 장치형 시설은 여과형 시설, 응집침전형 시설과 생물학적 처리형 시설 등으로 구분한다. 오염정화습지는 침전, 여과, 정화기능을 통해 수질오염을 저감하게 된다. 즉, 체류시간 확보를 통해 부유물 및 세사 등을 침전시키는 침강지 및 침사지, 지하흐름을 통한 초기유출 흡착오염물질의 여과를 위한 토양여과지, 수생식물 뿌리에 의해 용해된 영양물질을 정화하기위한 수생식생지 및 개방수면습지를 2단이나 3단형 등으로 하여 설계된다.

② 정화습지의 설계

정화습지는 하나의 큰 규모로 조성하기보다는 작은 규모로 여러 개를 만드는 것이 유리하며, 그 최소크기는 200 m^2로 제안되기도 한다. 미국의 경우 오염정화습지의 규모는 평균 1만 m^2에서 1백만 m^2까지 다양하게 도입되고 있으며 체류시간은 10～15일 정도, 습지의 최소거리는 20～40 m, 거리와 너비의 비율은 2 : 1 정도를 적절하다고 보고 있다. 수심은 통상 30 cm이고 설계유량은 4～75,000 m^3/day가 이용된다(농림부, 2004). 수질정화만을 목적으로 했을 때 습초지(수생식물면적)가 85%까지 극대화되고, 생물서식공간을 위해서는 개방수면을 50%까지 유지할 필요가 있다. 호안의 모양은 요철상태를 불규칙적으로 다양하게 유지(습지 내부면적 대비 주연부 길이 : E/I)하면서 호안경사는 1 : 3～1 : 5로 하여 모래, 자갈, 진흙 등의 환경조건이 다양하도록 한다. 오염정화습지 유입구의 거리를 길게 확보하여 습지식생을 도입하고, 다단습지를 조성하고, 유출구는 유입구 폭의 1/3 이하로 만들면 오염정화 효과를 올릴 수 있다.

이러한 오염정화습지 조성을 위해서는 습지의 3대요소인 수문, 토양, 식생에 대한 검토가 선행된다. 적절한 유량확보를 위해 진흙다짐 방수를 기본으로 방수시트, 벤트나이트, 부직포 등을 활용하여 습지바닥을 조성한다. 인공습지 수질정화용 식물로는 다년생 초본류로서 정수식물인 갈대, 줄, 부들, 물억새 등이 이용된다. 이외에도 고랭이류, 물옥잠, 도로박이류, 연꽃 등도 오염정화를 위해 이용된다. 한편 생물 다양성향상을 위하여 부엽식물인 수련, 어리연꽃, 노랑어리연꽃, 마름, 개구리밥, 좀개구리밥과 침수식물인 검정말, 말즘, 붕어마름, 가래, 물수세미 등도 개방수면지역에 도입할 수 있다.

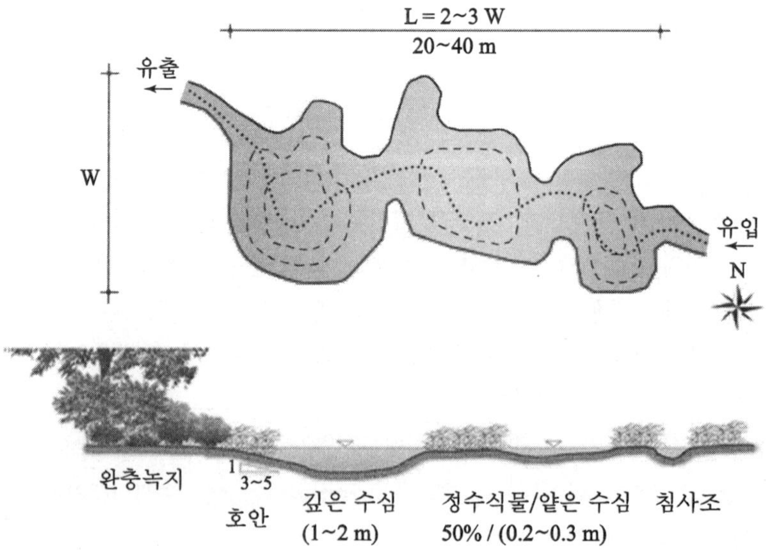

그림 19.7 수질정화습지

2) 생태복원

생태복원이란 질적 양적으로 훼손된 생태계의 회복을 도와주는 과정이라고 정의된다(국제생태복원학회, SERI : The Society for Ecological Restoration International). 따라서 협의로 해석하자면 각종 개발행위로 인해 훼손된 자연생태계를 훼손된 바로 그 장소에서 원상태로 회복(Restoration)시키거나 적절한 기능을 부여한 재생, 재활, 복구, 개선(Renewal, Rehabilitation, Reclamation, Enhancement)한다는 의미를 갖는다. 그러나 최근에는 생태복원의 의미가 확대되어 개발사업에 따른 악영향 저감방안으로서 대체서식지인 생물서식공간을 조성 및 창출(Creation)한다는 개념과 생태축과 생태계를 구축(System Structurizing)하고 멸종위기 생물종 서식환경을 복원한다는 광역적 의미를 포함하고 있다.

(1) 생물서식공간계획

생물서식공간 복원계획은 개발사업시에 환경친화적 계획의 일환으로 수립된다. 환경친화적 계획에서 수행되는 생물서식처계획에서는 광역적 규모로서 생태네트워크(Eco-network)구축과 산림·녹지생태계보전을 위해 지형경관적 특성을 고려한 생태축, 생태공원과 생태숲 등 거점공간, 생물이동공간 확보를 위한 생태통로 등을 조성하게 된다. 국립공원구역이나 생태경관보전지역 등 생태거점지역에서는 반달가슴곰, 따오기 등 멸종위기종을 대상으로 하여 생물종복원계획이 수립되기도 한다. 근래에 주목을 받고 있는 자연친화적 하천계획에서는 하천·습지생태계를 기반으로 자연형 하천형상의 복원, 천변저류지의 도입과 어류서식공간 조성 및 복원에 목적을 둔다. 소생태계라고 지칭되는 공원 내 저류지나 생태연못 등은 비교적 작은 규모이지만 각종 생태복원계획의 기본단위가 된다. 이 소생태계는 다기능 인공습지계획을 통해 홍수예방목적의 우수유출저감이나 비점오염원 수질정화 등의 기능을 수행하면서 동시에 생물서식공간으로의 역할을 한다.

다양한 규모의 생물서식처 계획수립을 위해서는 비오톱 지도가 근간이 된다. 비오톱(Biotope)이라는 의미는 작게는 소택지부터 크게는 산림에 이르기까지 균질적인 경관단위를 갖는 생물군집의 서식처라는 개념으로 사용된다. 생물서식공간의 특성을 나타내기 위한 비오톱 지도는 토지피복의 특성유형에 따라 작성된다. 지형이나 기후 등 보다 광역적인 경관특성을 나타내는 개념을 에코톱(Ecotope)이라고 한다. 일본에서는 소택지와 같은 소규모의 대체 서식지를 포함하여 인공적으로 조성되는 모든 생물서식공간을 통칭하여 비오톱으로 정의하여 사용하고 있다.

① 소생태계

a. 생물종과 목표종

생물 서식공간계획을 위해서는 생물들의 산란과 번식, 이동과 은신, 먹이 등 라이프

사이클과 관련된 환경적 요인을 검토한다. 그 다음 단계는 공간입지 결정과 복원목표 생물종(목표종)설정이다. 복원목표종을 깃대종(Flagship Species)이라고 지칭하기도 한다. 깃대종이란 홍천의 열목어, 무주의 늦반딧불이 등 특정지역의 생태계를 대표할 수 있는 중요 동식물을 대표한다는 의미이다. 복원목표종은 설계 부지내외의 생태계조사평가를 통해 설정되며, 통상 법정 보호종으로 지정된 멸종위기종, 희귀종, 고유종, 특산종, 천연기념물 등을 대상으로 선정한다. 생태계조사평가에 있어서 생태적 건강성을 나타낼 수 있는 무척추저서생물 등을 생태적 지표종이라고 한다. 생물서식공간 조성시에는 목표종 복원과 함께 먹이사슬로 연결된 생물종 군집을 고려해야 한다. 맹금류와 같은 상위포식자인 우산종(Umbrella Species), 어류의 먹이가 되는 새우나 플랑크톤과 같은 핵심종(Keystone Species), 유사한 생활환경을 갖는 지위유사종이나 길드종 등의 동서종(Guild Species) 등을 고려하게 된다. 생물종 군집들은 상호 공생적 관계를 통해 공진화하고, 생물종 다양성이 확보된다.

b. 소생태계의 복원

자연환경보전법에서는 소생태계를 생물종 다양성과 생태계 연속성 증진을 위해 조성하는 인공적인 생물서식공간으로 정의한다. 소생태계라는 개념은 소생물 서식공간의 의미이며 대체자연, 대체녹지 등 대체서식지라고도 한다. 자연형 하천계획, 생태숲(녹지)계획, 친환경단지계획은 다양한 소규모 소생물 서식공간 조성을 기본내용으로 한다. 대표적인 소생태계는 생태연못과 같은 소택형 인공습지공간이다. 조동길(2004)은 이와 관련하여 생물다양성 증진형, 경관향상 및 저관리형, 건축물 인공지반형의 모델을 제시하였다. 첫 번째 모델에서는 개방수면을 80% 정도 확보하고, 나머지에 식생군집이 정착 후 자연적으로 확산되는 모형이다. 목표종이 잠자리인 경우 정수식물인 갈대, 부들 등을 식재한다. 나비가 목표종인 경우, 제비꽃, 기린초, 까지수영 등의 흡밀식물을 식재한다. 이러한 곤충류의 서식처는 가능한 10,000 m^2 이상의 면적을 확보할 것과 초기 식재 개체 수는 각 종마다 20포기 이상으로 추천하고 있다. 양서류가 목표종인 경우에는 개방수면의 면적을 80% 이상 확보하고, 갈대, 부들, 매자기와 침수식물로 검정말 등을 식재하였다. 도롱뇽 서식환경에는 수련, 어리연꽃 등 광엽성 부엽식물을 식재한다. 양서류를 위한 수질은 pH가 5.0 이하이다. 경관향상형은 개방수면비 60%와 왕모래나 자갈이 많은 토양을 도입한다. 인공지반형은 개방수면비 50%, 점토와 사질양토도입구간과 왕모래와 자갈을 도입하는 구간이 설정된다.

곤충류 목표종으로 제안되는 것에는 나비목, 잠자리목, 딱정벌레목(반딧불이)이 있다. 이 곤충은 알, 애벌레, 번데기와 성충이 되는 변태과정을 거친다. 애벌레에서 바로 성충이 되는 것을 불완전 변태라고 한다. 곤충류서식지는 연못의 크기를 50 m^2 이상 100 m^2를 확보하여 수생식물을 식재하고, 숲 가장자리에 넓은 면적의 초지, 적절한 녹지지역과 마운딩 등을 하여 흡밀식물을 식재한다. 예를 들어, 호랑나비과인 경우는 운향과식물, 참나무류와 버드나무류는 부전나비 및 딱정벌레류의 먹이식물이다. 잠자리 등의 산란지로 사용될 수 있도록 자연형 다공질재료를 호안 및 주변지역에 설치한다. 환경영향평가의 대체서식지에 제안되고 있는 양서류의 목표종에는 참개구리, 금개구리, 맹꽁이, 청개구리가 있다. 양서류서식공간은 2개의 습지로 구성되며 깊은 곳은 수심 100～150 cm, 낮은 곳은 30 cm 이하로 각각 조성하고 그 중간에는 구릉진 초지를 조성한다. 참개구리의 서식반경은 100 m, 맹꽁이는 50 m이다. 서식지주변에는 갈대, 부들, 매자기 등의 정수식물과 검정말, 나사말 등의 침수식물을 식재한다.

습지식생은 정수식물, 부엽식물, 부유식물과 침수식물로 구분된다. 정수식물은 수심 20 cm 이상인 경우 생육되는 갈대와 부들, 매자기와 세모고랭이, 창포와 줄이 있고 20 cm 이하인 경우에는 벗풀과 보풀, 택사와 갈풀, 미나리와 개구리자리, 흑삼릉과 달뿌리풀이 있다. 부엽식물로는 마름과 가래, 물옥잠과 자라풀, 수련과 노랑어리연꽃이 있다. 부유식물에는 생이가래와 개구리밥이 있으며 침수식물로는 말즘과 검정말, 물수세미와 붕어마름이 있다.

하원식생으로는 초본류로는 띠와 수크령, 석잠풀과 익모초, 금불초와 털부처꽃이 있고 목본류로는 깃버들과 키버들, 버드나무와 왕버들, 조팝나무와 참느릅나무 등이 있다. 흡밀식물로는 민들레와 토끼풀, 제비꽃과 엉겅퀴, 쑥부쟁이와 자운영 등과 얼레지와 기린초, 제비쑥과 까치수영, 족도리풀과 쥐방울덩굴, 현호색과 오이풀, 구절초와 낭아초 등이 있다.

② 하천생태계

a. 자연하천경관

하천은 능선 분수령에 의해 구분되는 유역생태계를 기반으로 수계망을 형성하게 된다. 우리나라의 경우는 백두대간이라는 능선 분수령을 따라 한강, 낙동강, 금강, 섬진강, 대동강 등 대유역을 형성하고, 독자적인 생태환경과 문화적 특성이 형성되며 배산임수라고 지칭되듯 금강산, 소백산, 속리산, 모악산 등과 함께 도읍입지의 근거가 되기도 한다. 하천이 소속된 유역 면적과 지형특성에 따라 강우량분포 및 홍수량 차이가 발생하여 하천에 따른 홍수범람의 빈도가 나타난다. 하천수질오염의 경우에 도시지역이나 농업지역 등 토지이용특성에 따라 비점오염원에 의한 오염이 발생하게 된다.

자연형 하천은 첫 번째로 감입곡류에 의한 사행하천(Serpentine River)이라는 경관적 특성을 갖는다. 강우 등으로 인한 우수유출은 돌출된 지형에 부딪치면서, 수충부에 하식애가 나타나고 반대쪽에는 사주 퇴적부가 형성되면서 다양한 하상환경이 형성된다. 한편 지형경사가 심한 상류에서는 모래나 세사 등의 작은 토양입자는 쓸려 가고 하상에 자갈이나 바위가 남게 되고, 하류에 이르기까지 하중주, 사주 등 다양한 사주 퇴적지를 형성한다. 강하구 삼각주에서는 넓은 강폭에 유량은 많아지고, 경사가 낮아 유속이 늦어지면서, 점질성 토양의 퇴적량이 많아져, 넓은 갯벌형 습지가 발달하며, 농경지가 발달하게 된다. 두 번째로 홍수주기에 따른 수위변동경관의 특성을 갖는다(Fluctuating Flood Level). 몬순기후에 속하는 우리나라는 하절기에 강우집중과 태풍 등으로 홍수가 주기적으로 발생한다. 이러한 홍수범람 등으로 인해 하도에는 수충부와 만곡부의 형상이 더욱 두드러지게 나타나고, 다양한 하도토양특성을 갖는 자연형 소택지와 여울, 자연제방과 배후습지 등이 형성된다. 하도와 수변지역에는 이러한 자연변동특성에 적응한 버드나무류나 고랭이 등 초본류 식생이 나타나고, 이는 매년 하천생태계에 생명성을 부여한다.

근세에 이르러 하천의 상류부에는 전력수요와 용수공급 등 이수적 목적의 대규모 다목적 댐이 축조되면서, 동시에 홍수발생이 줄어드는 치수효과가 있지만, 상류에는 정체수역인 정수역(Lentic Standing Lake)이 형성되고, 하류에는 유량이 부족한 건천이 형성되어 심각한 생태계훼손이 유발된다. 하천 하류부에는 농업용수 등을 위한 하구언이 축조되어 염수와 담수가 섞이는 기수역 생태계가 상실되고, 물길이 단절되어 회유성 어류이동을 저해하고 있다. 근래 미국, 유럽, 일본 등에서는 이러한 대형 댐들의 수명이 완료됨에 따라 폐기하여 자연상태로 복원하여 연어 등이 강의 상류로 이동할 수 있도록 하고 있다(Lotic, Flowing River Concept). 대형 댐보다는 지역환경용량에 따른 소규모 댐, 저수지를 설치하고 있다. 방재시설로 취급되는 하천에 대한 정비와 고향의 강 사업 등을 하면서 높은 제방고와 직강화와 석축호안 사업 등으로 자연형 생태경관이 훼손되고 있다. 근래 우리나라는 4대강사업으로 인해 수심 6 m 확보를 위한 준설공사와 15 m 높이 보의 설치로 인해 유수역 하천경관이 정수역의 호소경관으로 변모하였고, 이로 인한 수질오염, 생태계파괴 문제가 심각하게 대두되고 있다. 이 사업으로 인해 멸종위기종인 표범장지뱀, 귀이빨이 대칭이, 담양쑥부쟁이 등의 소실 등은 물론, 고유한 하천경관성과 생태적 다양성이 철저하게 파괴되었다. 4대강 사업 및 고향의 강 사업에 대해서 엄정한 하천생태계 위해정도 및 건강성에 대한 평가를 통해 하천생태계 복원이 절실히 필요한 시점이다.

b. 하천생태계복원

직강화 및 보설치 등으로 훼손된 하천생태계복원을 위해서는 자연하천의 고유경관특성을 복원할 필요가 있다. 먼저 사행하천 경관특성의 복원이다. 제방제거 및 후퇴를 통해 천변저류공간을 확보하여 홍수시에는 홍수터를 확보하고, 건기시에는 오염정화 및 생물서식공간으로의 기능을 부여한다. 이 홍수범람지에는 우각호, 개방형 습지와 폐쇄형 습지가 형성되도록 하고, 폐천과 구하도를 활용하도록 한다. 하도내에는 상하류 유속 및 하도 특성을 고려하여 수충부와 만곡부, 여울과 소가 자연적으로 조성되면서 모래, 자갈, 진흙 등 다양한 하상특성이 자연적으로 형성되도록 한다. 두 번째로는 수위변동 경관특성의 복원이다. 즉, 저수로와 고수부지, 제방과 제방 숲으로 연결되면서 수면부의 개방수역, 수변부의 초지와 연목림대, 제방인접부위의 하반림과 제방숲 등의 경관이 복원되어야 한다. 이를 위해서는 현재와 같은 하천유지수량개념에서 계절변화에 따른 생태유량개념(Ecological Flow)의 유량관리가 요구된다. 상하류의 수온차이에 적응될 수 있는 어류서식공간이 형성되도록 한다.

하도 내 구조물로는 저수호안변의 주연효과를 높이기 위해 다양한 수제(나무말뚝수제, 날개수제, 거석수제)를 도입한다. 다양한 유속효과 및 수질향상을 위해 부지에 적합한 여울(V형 여울, 레버린스보형 여울, 계단형 여울)을 형성한다. 호안재료는 소류력 및 수충부 등을 고려하면서 생물이 서식할 수 있는 재료를 사용한다(거석쌓기공법과 방틀공, 섶단호안과 야자섬유두루마리, 환경블럭). 친수공간시설은 생태적 민감성과 치수안정성을 고려하여 배치한다. 이용공간에는 하천 생태환경에 부합하는 자연관찰 및 학습, 경관감상과 산책, 휴식 위주의 정적 친수활동을 도입할 수 있다. 친수공간을 위한 도입시설은 최소한의 휴식 및 편의시설, 관찰 및 학습시설(관찰데크, 해설판 등)에 국한하여 접근성 등을 고려하여 적지를 선정한다. 각 시설은 자연경관과 조화하는 재료와 디자인을 선정하고, 홍수로 인한 유실을 최소화할 유형과 배치를 고려한다.

어류 서식처 목표종으로는 상류 자갈구조에 서식할 수 있는 버들치류, 중류 자갈과 모래가 겸비된 구조에 서식하는 납자루류와 종개류, 하류의 모래에 서식하는 참붕어 등이 있다. 산란특성상 모래자갈형으로는 피라미, 갈겨니, 버들치가 있고, 물풀부착 산란형으로 붕어, 미꾸라지, 송사리가 있다. 납자루는 조개류에 산란을 한다. 어류들은 웅덩이나 수초인접지역에서는 밤에 휴식하거나 겨울을 지내게 된다. 웅덩이는 여름철 수온상승과 겨울철 동결심도를 고려하여 1 m 내외로 형성한다. 멸종위기종인 미호종개 대체서식처계획에서는 우회수로지역을 조성하여 여울과 소와 평여울이 형성되도록 하였다. 평여울은 수심 20～40 cm로 조성하였고, 여울은 자갈과 모래를 많이 배치하여 부착조류인 규조류가 번식하도록 하였다. 그 사이에는 수심 1 m에 이르는 웅덩이를 조성하고 자갈을 배치하였다. 수변지역에는 갈대군락과 버드나무를 식재하였다.

복원목표종으로 하는 물새류는 먼저 수변 생활형과 수체 생활형 등으로 구분된다. 수체생활형은 수면성 조류(쇠오리 등)와 잠수성 조류(논병아리 등)로 구분한다. 수변생활형은 모래자갈 생활형(꼬마물떼새, 노랑할미새, 흰물떼새 등)과 수변식생 생활형(개개비, 물닭, 청둥오리, 왜가리 등)이 있다. 이러한 생활형 주변 환경을 조성하되, 유수의 계절별 변동 특성에 따라 자연적으로 형성될 수 있도록 한다. 수면성

오리는 대부분 초식성이므로 수변에 수변식물을 식재하도록 한다. 물새들을 위해서는 개방수면의 면적이 50% 내외로 유지하도록 하고, 모래사주나 자갈사주인 하중도 등(면적 4 m^2 이상 200 m^2 이하, 길이와 폭의 비율 5 : 1～10 : 1)을 조성하고 가장자리로부터 15 m 이상 이격할 필요가 있다. 수심은 식물 성장한계인 2 m 이하로 다양하게 조성할 필요가 있다. 물새들이 몸을 숨길 수 있도록 수변부에는 갈대, 부들, 줄 등의 정수성 식물군집과 관목 숲을 조성하고, 이러한 식생군집 내에 각종 수생동물과 곤충류의 서식밀도를 높여 조류의 먹이생물이 되도록 한다. 강 하구나 바닷가의 철새를 위해서는 인접 농경지의 곡식류 등이 먹이가 될 수 있는 방안을 강구한다(순천만 자연생태공원). 물새의 간섭거리를 고려하여 조류관찰대 등을 관찰하도록 한다. 멸종위기종인 두루미류는 4대강 사업 등으로 생태환경이 교란되어, 그 방문개체수가 줄어들고 있다. 이를 해결하기 위해서는 0.5 h 이상의 잠자리와 취식지인 농경지가 16 ha 이상이 요구된다. 이 잠자리는 수심이 20 cm 이상 1 m 미만의 수변식물이 요구되며, 취식지는 수심 30 cm 미만의 수면공간이 요구된다.

③ 산림생태계

a. 산림식생경관

우리나라 산림식생은 첫째 기후조건 및 산림권역 특성에 따른 기후대별 경관특성(Climate Geographical Landscape)을 갖는다. 백두대간의 지형적 특성을 기반으로 한 반도적 형상과 태평양 쿠로시오난류와 계절풍 등에 인한 기온과 강우량에 따라 상록수림대와 낙엽수림대라는 경관특성을 나타낸다. 기후특성에 따른 산림대는 북위 35° 이남 남해안 일대의 상록활엽수 난대림, 한반도 대부분의 낙엽활엽수 온대림, 북한 고원 및 고산지대 상록침엽수 한대림으로 구분된다. 난대림의 상록활엽수의 북한계선은 함평(붉가시나무), 정읍 내장산(굴거리나무), 부안 변산반도(후박나무), 옹진 대청도(동백나무) 등이다. 이러한 기후대 경관특성은 해발표고가 높은 산악지역에서 나타나는데 평균표고 500 m 이하는 난대림, 1,500 m 이상은 한대림의 특성을 보인다. 1,800 m 이상은 바람과 토양수분부족으로 관목성 수목과 초지 등의 경관이 나타난다. 한라산, 지리산, 덕유산, 태백산, 오대산, 설악산 등에서 이러한 분포특성을 확인할 수 있다. 이러한 기후대경관특성은 인문지리적 특성을 반영하여 산림권역을 구분하기도 한다. 즉, 산악권역으로 백두대간 산악권역, 중부산악권역, 남부산악권역으로 구분하고 나머지는 하안 및 도서권역으로 구분한다. 이 산림권역은 생태지역으로 세분되어 백두대간권역은 중부내륙, 남서내륙, 남부산간, 낙동 상류, 낙동 하류로 구분하고, 동해안은 강원 해안, 울영 해안, 형산 태화 등으로, 남해안은 남해 동부와 남해 서부, 서해안은 전라서부, 충남 해안, 경기 인천, 임진 하류 등으로 구분한다. 제주도와 울릉도는 특수지역으로 분류한다.

두 번째는 국지적 지형과 토양 특성에 따라 형성되는 생태천이 경관특성(Ecological Succession)을 갖는다. 생태천이는 초기의 무식생 상태에서 선구식생도입단계, 종간 경쟁단계를 거친 극상상태의 안정화 단계(Climax) 등의 천이계열을 형성한다. 식생 천이는 산림군집이 발달하여 내음성이 높고 수명이 긴 수종이 우점종을 이루는 다층적 구조를 형성하여 종 다양성이 높아지게 된다. 천연활엽수림에 음수인 서어나무, 피나무, 고로쇠나무, 당단풍나무, 까치박달나무 등은 양수 또는 중간 내음성 수종인 참나무류, 자작나무류, 물푸레나무류, 느릅나무류로 구성된 산림에 지속적으로 침입하여 그 구성 비율을 높이게 된다. 또한 특정 환경조건에서는 이 양수나 중간 내음성 수종이 정착하기도 한다. 소나무림이 대표적인 사례로 화강암과 화강편마암에 의한 모래질이 많은 갈색산림토양에 생육 정착하게 된다. 소나무 우점현상은 산능선, 사면부의 암만노출지역 등에서도 나타난다. 토양이나 지형 특성, 산불이나 생물조건, 인간 간섭 등의 환경조건에 따라 다양한 극상이 형성되는 이론을 다극상설이라고 한다. 이러한 시계열에 따른 천이현상은 공간적으로 도시나 농촌지역개발 등으로 도시 내 식생경관이 단순한 지역, 그 주변에 초본이나 관목 등에 의해 형성되는 추이대 지역, 교목과 아교목이 주를 이루는 생태거점지역이 형성되면서 나타난다. 마을 숲 등을 중심으로 작은 생태천이공간이 나타나기도 한다.

그러나 우리나라는 각 기후대나 산림권역별로 도시주변은 물론 산악지역까지도 고유한 극상상태의 임상은 대부분 훼손되었고, 침활혼효림, 소나무림 등으로 변화되어 있다. 그 요인은 1970년대부터 시작된 속성수인 일본잎갈나무, 리기다소나무 등 단순림조성을 위한 조림사업이 큰 영향을 미쳤다. 단순림으로 조성된 산림의 경우는

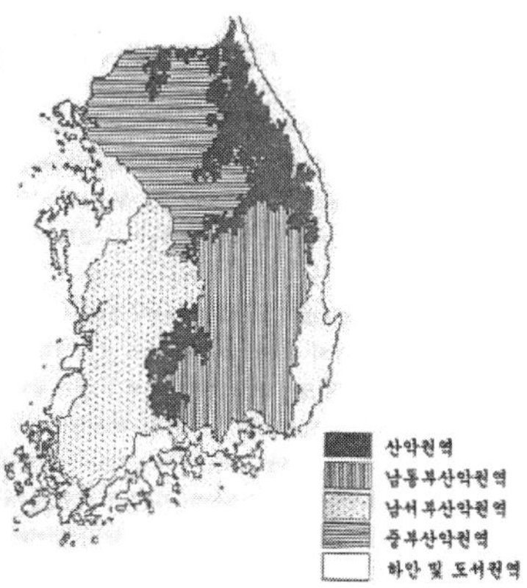

그림 19.8 기후특성과 산림대
그림 19.9 남한의 산림권역
그림 19.10 남한의 산림생태지역

산불, 병충해, 산사태 등 자연재해에 취약한 특성을 갖는다. 근래에는 골프장, 스키장 등의 산림휴양시설의 개발과 골재채취를 위한 채석장개발 등으로 산림지형훼손과 함께 그나마 천이과정을 진행하고 있었던 산림이 훼손되고 있다. 산림경관복원을 위해서는 기존 지형의 보전 및 수목의 존치가 요구되며 불가피한 경우에는 훼손지 복구를 위한 대체녹지조성 등이 요구된다. 기존 단순림 조림지에 대해서는 기후대별 자생수종으로 변경하고, 식생천이 등을 고려한 식재가 요구된다.

b. 산림생태계복원

생물서식공간으로서 산림생태계를 복원하기 위해서는 먼저 자생수종 등을 기초로 한 기후대 및 산림권역별 식생경관도입이 요구된다. 이를 위해서는 온량지수와 한랭지수를 검토하기도 한다. 해안 및 난대림지역 주변에서는 상록활엽수인 붉가시나무, 후박나무, 구실잣밤나무, 녹나무, 종가시나무, 생달나무 등의 교목과 동백나무, 감탕나무, 참식나무 등 아교목류, 덩굴류로는 마삭줄, 남오미자, 왕모람, 멀꿀나무나무 등을 도입할 필요가 있다. 내륙 및 온대림지역도 온대남부, 온대중부, 온대북부 등의 기후대 구분과 지리적 특성에 따른 산림권역 특성을 고려하여 주변 산림의 자생식물분포 특성을 고려하여 수종을 도입한다. 여기에서는 서어나무, 참나무류, 박달나무류 등의 교목류와 단풍나무, 나도밤나무, 윤노리나무, 사람주나무, 생강나무 등이 도입될 수 있다.

두 번째로는 생태천이적 식생경관복원이다. 극상림이라는 생태서식공간의 복층림 식재공간, 농경지, 주거지 등에 면하여 활동공간에 면하는 추이대 식재공간, 그리고 수변지역 및 해안가의 수변식생공간의 조성이라는 공간적 특성에 따른 식재기법이 도입될 필요가 있다. 흔히 생태식재기법이라고 제안되는 다층식재에서는 혼효림과 이령림이라는 특성을 갖도록 한다. 교목성 수종으로는 신갈나무와 서어나무, 산벚나무 등을 도입하고, 아교목층으로 당단풍나무, 생강나무, 때죽나무와 쪽동백 등을 도입한다. 관목성으로는 철쭉, 진달래, 덜꿩나무, 국수나무, 병꽃나무, 조록싸리 등을 도입하게 된다. 생태식재란 자체적이고 자연적으로 식생천이가 진행되도록 하는데 목적을 두게 된다. 생태식재공간에서는 가능한 한 교란간섭을 줄이면서, 바람직한 방향으로 빠른 시간 내에 극상에 이르도록 하는 관리가 요구된다. 이러한 생태적 기법은 단지나 도시 식재에서도 적용이 가능한 바, 열식보다는 군식을 도모하며, 다층적 구조를 형성하도록 한다. 이러한 생태적 식재를 위해서는 자연지형의 재생, 안식각 및 배수를 반영한 경사안정, 표토 성토를 통한 식재토심 확보 등을 기본으로 한다.

포유류는 먹이사슬에서 맹금류와 함께 최상위포식자이다. 근래에 지리산 반달가슴곰, 설악산 산양, 소백산의 여우, 우포습지의 따오기, 하늘 다람쥐 등의 멸종위기종 증식복원사업이 진행되고 있다. 이러한 종복원사업에서는 원종 및 증식공간 확보,

개체군변동특성과 활동영역권의 범위특성 등을 검토하여 서식처복원사업을 진행하게 된다. 산양의 경우 전국에 700마리가 서식하고 있지만, 백두대간 서식주변에서는 10개체 이하로 최소존속개체수가 확보되지 않아 멸종위기에 놓인 경우가 많다. 산양은 한번 선택한 서식지를 영구적으로 이용하며, 인공의 영향을 받는 지역에서는 거의 발견되지 않는다. 사유림과 인근 마을, 경작지 등에 대해 정기적으로 체계적인 관리 및 단속이 요구된다. 산양의 구조된 개체를 치유하고 자연에 적응하기 위한 공간을 위해서는 사육동과 전망대, 계류장 및 급여통, 습지공간과 돌무더기 등을 설치하여 자연상태와 유사한 상태를 조성하고, 외부에 펜스를 설치하여 외부인의 접근을 방지하도록 할 필요가 있다. 하천 생태복원사업과 함께 수달 서식처복원이 이루어지고 있다. 수달은 천연기념물 330호로서 국제적으로도 IUCN 보호등급 I에 해당되며 수환경의 핵심 종이자 지표종이다. 수달은 주로 어류나 갑각류, 양서류를 먹이로 하는 야생성 동물이다. 수달의 서식환경을 높이기 위해서는 어류, 조류, 포유류의 서식안정도를 높여야 한다. 수달의 활동영역을 위해 털 다듬기 및 배설장소, 보금자리 및 은폐장소 등이 요구된다. 따라서 초본류, 모래, 바윗돌 공간 등을 활용하여 수달이 서식할 수 있는 환경을 조성할 필요가 있다.

조류는 포유류와 함께 고차원 소비자이다. 조류는 주행성과 야행성으로 나눠진다. 주행성 조류의 경우 일반적으로 일출 후 수시간 사이 가장 활발하게 움직인다. 일반적으로 산림이 크고, 구조적 다양성이 높을수록 조류다양성은 증가한다. 산림에서는 수관층위별로 선호하는 조류가 다르다. 교목 층에서는 할미새사촌, 동고비, 흰눈썹황금새 등이 이용하고, 아교목층에는 쇠딱다구리, 큰유리새, 박새와 오목눈이 등이 있으며 관목류에는 휘파람새, 산솔새, 멧새, 쇠유리새 등이 서식하게 된다. 이러한 산새들은 숲내부종, 주연종, 들새 등에 따라 그 먹이, 산란 및 활동 특성에 차이가 있다.

④ 해안생태계

a. 해안의 고유경관

해안(선)이란 바다와 육지가 접하는 부분으로서 갯벌, 모래사장, 사구 등이 형성되고, 하구 등의 민물과 바닷물이 만나는 기수역이 형성되는 전이적 환경을 갖는다. 우리나라의 해안이 갖는 자연고유경관 특성은 한반도가 갖는 지형적 특성으로 인해 서해안, 남해안, 동해안이 각각 독특한 특성을 갖는다.

서해안의 고유경관특성은 대륙붕과 조석간만의 차이로 인해 형성되는 조류에 따라 파랑과 해풍이 생성되고, 이로 인해 형성되는 갯벌경관이다. 이 조류는 자전하는 지구를 따라 도는 달의 위치가 태양과 일직선상에 놓일 때와 수직으로 놓일 때 기조력의 차이로 인해 형성된다. 즉, 바닷물은 기조력이 최대가 되는 일직선상에서 바닷물이 부풀면서 썰물과 함께 간조(조금)가 되어 수평선이 멀리 형성되고, 갯벌과 모래사장이 최대로 노출된다. 그리고 6시간 12분 후에는 달의 위치가 태양과 수직이 되고 기조력이 작아지며 밀물과 함께 만조(사리)가 되어, 해안가로 물이 차오르며 갯벌과 모래사장을 바닷물로 덮게 된다. 이러한 만조는 12시간 25분마다 형성된다.

연안습지의 토양형성은 하천상류 육지의 유출수에 의한 침식에 의해 주로 형성된다. 하천경사가 완만하고, 대륙붕이 형성된 서해안은 해안가를 따라 형성되는 연안류의 유속이 낮아지면서 입자가 작은 토양이 축적되어 갯벌이 형성된다. 돌출부는 조류의 굴절현상으로 파랑의 에너지가 집중되며 침식이 이루어져 암벽과 해식동굴 등이 형성되고, 만곡부로는 회절현상이 발생하게 된다. 이 만곡부위에 빠른 유속을 갖는 하천이 있는 경우에는 부분적으로 모래사장이 입지하고, 배후지역의 모래사구와 함께 사구습지가 형성되기도 한다. 서해안 갯벌에는 유기물이 많고, 함수량이 높아 칠게 등의 갑각류, 바지락과 고막 등의 조개류와 고동류, 갯지렁이와 쭈구미 등 많은 해양생물이 서식하고 있다. 따라서 이 갯벌은 철새들의 이동경로에서 매우 중요한 취식 및 휴식장소로서의 역할을 하고 있다. 갯벌 염습지(Tidal Marsh)에는 명아주과 식물들이 우점종을 이루고 있다. 즉, 칠면초와 나문재, 퉁퉁마디와 해홍나물, 갯능쟁이와 댑싸리 등이 염도특성에 따라 분포한다. 갈대, 산조풀, 통보리사초 등의 벼과와 사초과식물도 생육한다. 서해안과 동해안은 대만 인근에서 시작되는 쿠로시오 난류의 영향으로 중위도까지 난대성 식물인 호랑가시나무, 후박나무 등이 자생한다. 우리나라의 서해안은 유럽의 북해, 캐나다동부, 미국동부, 아마존강 하류와 함께 세계 5대 갯벌로 알려져 있다.

남해안의 고유경관은 리아스식 융기해안과 다도해로 형성된 도서경관이다. 리아스식 융기해안은 인근 도서 등의 입지로 인해 유로폭이 좁아지면서 조류의 빠른 유속 등의 이유로 서해안과 같은 갯벌은 형성되지 않는다. 섬진강, 낙동강과 같은 대하천이 바다와 만나면서 넓은 삼각주형태의 갯벌이 형성되는 특징을 갖는다. 도서경관은 파랑과 해풍 등으로 인한 해식애, 파식동굴, 파식대지 등을 형성하고, 자갈해안 경관이 형성된다. 도서가 육지와 비교적 가깝게 형성된 경우에는 제주도의 성산일출봉 등과 같이 사주가 발달하여 육계사주나 육계도의 경관이 형성되기도 한다.

동해안은 백두대간에 면하여 하천경사가 급고, 조수간만의 차이가 미미하고, 수심이 깊어 갯벌이 형성되지 않고 해빈이라고 부르는 모래사장이 형성되면서, 경포호 등과 같이 사취, 사주, 석호 등 모래에 의해 형성되는 독특한 해안경관이 형성된다.

이 자연고유경관과 함께 해안선 인근에는 어촌이나 농경지 등이 형성되면서, 방풍림, 염전 등의 문화경관이 형성되고 있다. 태안반도, 변산반도, 남해안 등지에는 오랜 역사를 갖는 방풍림이 조성관리되고 있다.

b. 해안생태경관의 복원

우리나라의 서해안은 간척을 통한 농경지, 남해안은 공업단지, 동해안은 해수욕장를 비롯한 관광지개발로 고유한 해안경관이 대부분 파괴되어 있는 실정이다. 금강, 낙동강과 같이 대하천 하류에는 하구언이 축조되어 자연상태의 기수역이 소멸하고 바다쪽으로 물러난 상태이고, 그나마 하구언이 없는 섬진강 같은 경우에는 상류유역에 섬진강댐, 주암댐이 축조되어 하구역의 염수역 확대로 인한 피해가 증가되고 있다. 특히 새만금지역은 철새와 어촌을 배경으로 한 서해안 연안갯벌생태경관에서 대규모의 농업용 간척지와 산업단지, 관광단지, 연안도시 등으로 인공도시경관으로 변모되고 있다.

해안경관회복은 먼저 조석간만의 변동특성 및 기수역을 유지하고, 갯벌, 모래사주, 배면 습지와 초지 등 해안선 생태적 건강성 유지에 요구되는 최소한의 환경용지를 확보하고 보전하는데 있다. 기존의 어촌마을과 농경지 주변의 방풍림 등을 최대한 보전보강할 필요가 있다. 새로운 개발지역을 형성할 경우에도 해안경관 훼손에 따른 보상적 대체서식처 조성, 해풍 등의 영향을 저감할 수 있는 방풍림 조성 등의 방안이 요구된다. 이미 주요한 거점생태공간이 소멸되었지만, 해안사구 등이 복원, 조성되고 보전된 방풍림, 기존의 어촌과 농경지경관, 산림 등의 생태적 연결성을 강구할 수 있는 방안이 강구될 필요가 있다. 대체서식지의 경우 겨울철새들의 중간기착지로의 기능을 수행할 수 있는 환경조건을 부여할 수 있어야 할 것이다.

(2) 대체서식지 조성

(환경부, 2013, 대체서식지 조성·관리 환경영향평가 지침, 환경부 국토환경평가과)

국립환경과학원에 의하면 1982년부터 2008년까지 환경영향평가협의 의견은 약 3,800건이다. 그 중 대체서식지협의건은 68건으로 1999년 이전까지는 총 3건이었으나 2000년 이후 총 65건으로 큰 폭으로 증가하였다(환경정책평가연구원, 2011). 대체서식지로서 소생물 서식공간의 조성은 생태계보전협력금 반환조건이 된다.

① 개념과 절차

대체서식지(compensatory habitat)란 개발사업으로 인한 훼손의 우려가 있는 생물서식공간에 대해 보상을 목적으로 사업대상지 내외에 인공적으로 조성되는 서식지를 의미한다. 대체자연(자연환경보전법 제2조)이나 인공습지(습지보전법 18조), 대체습지 및 대체녹지도 유사한 의미로 사용된다. 이 대체서식지조성은 원상태로의 회복을 뜻하는 복원(restoration), 기존 서식지를 개선하는 향상(enhancement), 새로운 서식지를 조성하는 창출(creation)의 의미를 포괄한다.

자연환경보전법에서는 자연환경보전의 기본방침을 생태계와 생물자원의 보호, 훼손지의 복원복구, 생태통로, 소생태계, 대체자연조성통한 생물다양성의 보전 등으로 제안하고 있다. 아울러 개발사업이 생태계에 미치는 영향이 현저한 경우에는 생태계보전협력금을 부과하고, 대체자연의 조성, 생태계의 복원 등에 사용할 수 있도록 지원하는 규정을 가지고 있다(자연환경보전법 제50조 생태계보전협력금의 반환지원). 국토계획법령에서는 대부분 행정규칙제정을 통해 대체서식지관련 내용을 규정하고 있으며, 환경영향평가시 저감방안의 수단으로 제시되고 있다(국토교통부, 2007, 지속가능한 신도시계획기준 ; 환경부, 2009, 친환경댐건설을 위한 환경평가지침 ; 환경부, 2010, 환경친화적 도로건설지침 등).

표 19.3 대체서식지 조성절차와 세부내용

단계	절차	세부내용	구분
	대체서식지 조성여부 결정	(개발 악영향이 예상되는 주요종 서식처)	계획설계단계
1단계	대상지 현황 조사·분석	• 생태계 구조·기능 파악 • 개발사업으로 인한 영향예측 • 대체서식지 필요여건 조사·분석	계획설계단계
2단계	대체서식지 조성목표 실행기준 설정	• 서식지 조성 목표 및 목적 설정 • 실행기준 및 조성전략 수립	계획설계단계
3단계	대체서식지 입지 평가 및 선정	• 원서식지를 고려한 입지선정 기준 도출 • 항공사진, 도면 등을 활용한 입지 평가 • 입지대안 도출 및 최종입지 선정	계획설계단계
4단계	대체서식지 기본구상 및 계획·설계	• 대체서식지 조성 기본구상 및 계획 • 서식지 실시설계	시공관리단계
5단계	대체서식지 시공 및 서식지 관리, 모니터링	• 대체서식지 조성 시방서 작성·적용 • 서식지 유지·관리계획 수립 • 모니터링 실시(매년) 및 평가(3년)	시공관리단계
6단계	대체서식지 성과평가	• 대체서식지 공사 전과 후로 구분하여 평가	시공관리단계

대체 서식지 조성절차는 계획설계단계와 시공관리단계로 대별할 수 있으며 6단계로 세분된다. 계획설계단계는 대상지 현황조사, 대체서식지 조성목표설정, 대체서식지 입지선정, 대체서식지 계획설계의 4단계로 구분된다. 시공관리단계에서는 모니터링 및 성공여부에 대한 진단이 진행된다.

② 계획설계시 고려사항

a. 목표종 설정과 입지 선정

대체서식지의 복원목표종은 사업대상지에 대한 문헌조사와 현장조사를 바탕으로 지역주민과 전문가 등의 의견수렴을 통해 선정한다. 선정기준은 법정보호종을 포함하여 생물생태학적 희귀성, 사회·경제적 중요성 등을 고려한다. 복원목표종 선정 후 사업대상지 및 주변지역의 생물종과 생태환경 정밀조사를 실시하여, 목표종 서식지의 구조, 기능 및 총량 등을 파악한다.

대체서식지의 입지는 해당 사업대상지 유역이나 동일한 행정구역범위에서 제안한다. 최종 입지선정을 위해 제안되는 서식지입지 대안들은 향후 개발압력에서 자유로워야 하며, 장·단점들이 비교되어야 한다.

b. 저감방안 및 조성계획 수립

개발대상지내 서식지훼손을 저감하고 개선기능을 높이는 대안의 경우에는 자연적 토지피복(물웅덩이, 식생군락, 습초지 등)의 구성 비율을 높여야 한다.

대체서식지의 규모는 훼손된 서식지를 상쇄하면서, 목표종 분류군별로 일정규모이상의 개체군을 지탱할 수 있도록 충분히 확보되어야 한다. 대체서식지는 취식공간, 번식 및 은신공간, 월동공간 및 이동통로 등 목표종의 활동영역이 보장하기 위해, 핵심서식지와 완충서식지를 구상한다. 대체서식지의 엄격한 관리를 위해 야생동식물보호구역 등의 법정보호지역으로 지정할 수 있도록 한다. 주변지역의 습지와 녹지 등을 검토하고 생태통로 등을 설치하여 외부 서식지와 연결될 수 있도록 한다.

③ 시공관리시 고려사항

a. 시공, 시설물, 식물관리

공사시 생태분야 전문가 및 주민이 참여하여, 소음이나 진동으로 인한 환경영향을 최소화한다. 대체서식지내의 구조물이나 시설물의 운용실태를 주기적으로 점검 보수한다(수문 및 수위조절시설, 제방 및 어도 등, 횃대, 인공섬 및 물웅덩이, 저습지 및 모래톱 등). 야생동물에 영향을 주는 가로등이나 자동차 소음을 차단한다. 식물군락의 경우 2~3년은 제초작업, 간벌을 통한 관리를 수행하고 그 이후는 자연천이를 유도한다.

b. 이용자관리, 모니터링, 성과평가

목표종의 서식환경에 중요한 번식기 등에 출입제한 등 이용자관리를 위한 관리요원 배치, 표지판설치, 환경교육프로그램 등을 실시한다. 모니터링은 최소 3년간 시행하며, 목표 생물종의 출현 시기를 중심으로 한 종수와 개체수의 파악, 서식기반이 되는 주변 환경과 식물 종 조사 등을 수행한다. 이 결과는 매년 보고서로 작성하여 다음 해의 관리에 반영한다. 성과평가는 공사이전, 공사시, 공사이후로 구분하여 목표종의 안정적인 개체수와 번식률 유지여부를 대상으로 한다. 또한 홍수 등 주기적 교란요인에 대한 적응여부, 주변 환경과의 조화와 연계여부, 외래종이나 교란종의 위협여부 등을 평가한다. 3년이 지난 후의 유지관리 점검표를 작성하여 주기적으로 점검한다.

참고문헌

국토교통부, 2007, 지속가능한 신도시계획기준.

국토교통부, 2009, 자연친화적 하천관리에 관한 통합지침.

문석기 등, 2007, 환경계획학, 보문당.

변찬우, 2010, 생태하천, 나무도시.

소방방재청, 2010, 우수유출저감시설의 종류・구조・설치 및 유지・관리기준.

이경재, 2011, 환경생태계획, 광일문화사.

이덕순, 2012, POE 기법을 통한 생태환경복원 정책평가, 전북대학교 대학원.

이동근 외, 2004, 경관생태학, 보문당.

이명우, 2013, 조경법규, 기문당.

이명우외, 2011, 조경계획, 기문당.

조동길, 2011, 생태복원계획・설계론, 넥서스 환경디자인연구원 출판부.

한국종합기술엔지니어링, 2012, 삼천 하천기본계획수립 및 생태하천 복원사업 실시설계.

한국토지공사, 2009, 전주시 오송제 및 주변 생태계복원사업.

한국환경정책・평가연구원, 2011, 환경영향평가시 주요생물종에 대한 대체서식지조성 가이드라인.

환경부, 2013, 대체서식지 조성관리 환경영향평가 지침.

Briggs, S. Malcolm D. Hudson, 2013, Determination of significance in Ecological Impact Assessment: Past change, current practice and future improvements. Environmental Impact Assessment Review, 38, 16-25.

Gawlik, Dale E., 2006, The role of wildlife science in wetland ecosystem restoration: Lessons from the Everglades, Ecological Engineering, 26, 70-83.

Lawrence, David P., 2003, Environmental Impact Assessment-Practical Solutions to Recurrent Problems, John Wiley & Sons.

Lin, Zhenshan, Zhenglei Xie, 2005, Does habitat restoration cause species extinction? Biological Conservation, 123, 349-354.

Marsh, W. M., 1997, Landscape Planning, John Wiley & Sons.

Randolph, J., 2013, Environmental Land Use Planning and Management, Island Press.

Royal Society for the Protection of Birds, 2004, Strategic Environmental Assessment and Biodiversity: Guidance for Practitioners, English Nature.

Tanaka, Akira, 2008, How to assess "no net loss" of habitats : A Case Study of Habitat Evaluation Procedure in Japan's Environmental Impact Assessment, Musashi Institute of Technology.

US EPA, 1999, Considering Ecological Processes in Environmental Impact Assessments.

제20장

건강영향평가

1 개요

1) 배경

세계보건기구(WHO : World Health Organization)는 건강을 단순히 질병이 없거나 쇠약하지 않은 상태가 아니라 육체, 정신 및 삶의 질이 양호한 상태이며 이는 개인이나 집단이 목표를 실현하고 욕구에 대해 만족하며 환경의 변화에 적응할 수 있는 상태도 포함한다고 정의하고 있다. 따라서 건강을 유지한다는 것은 단순히 질병을 예방하거나 건강에 대한 좋지 않은 영향을 저감하는 것 외에도 삶의 질을 양호하게 보전하는 것이라고 볼 수 있다.

건강에서 개개인이 직접 관리할 수 있는 요인은 많지 않다. 이는 인간의 삶은 다른 인간, 자연, 사회, 경제 환경과 서로 지속적으로 영향을 주고받는 관계이기 때문이다. 예를 들어 인간이 도시개발, 산업단지 개발, 도로 확장 등 계획을 세워 추진하거나, 특정 사업을 추진하게 되면 그러한 계획이나 사업에 의해 자연, 주거, 산업, 사회, 경제적 환경이 영향을 받고 또한 변화하게 된다. 이 변화된 환경은 다시 신체적, 정신적 건강과 고용, 소득 수준과 같은 삶의 질 등 다양한 방면에 영향을 주게 된다. 이 외에도 인간의 삶의 질은 비의도적인 자연 재해, 환경 사고, 환경오염 등에 의해 직간접적으로 영향을 받는다.

2) 정의

환경부에서 발간한 "건강영향 항목의 평가 매뉴얼(2011)"에는 건강영향평가를 정책, 계획, 프로그램 및 프로젝트가 인체 건강에 미치는 영향과 그 분포를 파악하는 도구, 절차, 방법 또는 그 조합이라고 세계보건기구 산하 유럽보건정책센터의 정의를 인용하고 있다. 또한 단기 및 장기 영향을 모두 고려하며 평가 결과에는 가용한 주요 증거가 어떤 것인지, 그 신뢰도는 어느 정도인지에 대한 확인도 포함된다고 설명한다(WHO ECHP). 그러나 우리나라 환경부가 정의하는 건강영향평가 대상에는 정책, 계획 및 프로그램은 포함되지 않고 사업만 포함된다고 부연설명하고 있다.

3) 가치

세계보건기구는 건강영향평가의 가치를 다음과 같이 제시하고 있다. 건강영향평가를 통해 대중은 그들의 삶에 영향을 줄 수 있는 개발 정책, 계획, 프로그램 및 사업 추진 결정에 참여할 수 있다. 또한 건강영향평가 결과로부터 그 영향이 어떻게 분포하게 되는지 어떤 집단이 주로 영향을 받는지를 평가하여 민감계층을 확인할 수 있다. 따라서 건강영향평가를 통해 특정 계획, 사업 등의 추진에 의한 건강영향이 고르게 분배되도록 계획, 사업 내용 등을 수정하거나 대안을 제시하여 건강영향이 특정 집단에 편중되는 것을 예방할 수 있다. 이러한 이유로 세계보건기구는 건강영향평가의 가치를 민주주의, 평등, 지속가능한 발전 및 증거의 윤리적인 활용의 4가지로 정의하고 있다.

4) 목적

(1) 우리나라 환경부

우리나라 환경부는 건강영향평가의 목적을 "다양한 사업 추진이 특정 인구집단의 건강에 미치는 (잠재적)영향을 확인하여 인체건강에 미치는 긍정적인 영향은 최대화하고 부정적인 영향을 최소화하는 것이다. 또한 사업추진으로 인해 야기될 수 있는 건강불평등을 최소화하기 위해 필요시 사업계획을 조정하거나 대안을 마련하도록 결정권자에게 정보를 제공하기 위함이다"라고 규정하고 있다(환경부, 2011).

(2) 세계보건기구(WHO)

세계보건기구는 건강영향평가에 대한 주요 개념과 접근 방식을 제안하고 있는 고텐베르그 합의문(WHO ECHP, 1999)에서 환경과 건강보호, 악영향 저감 및 예방을 건강영향평가의 3가지 목적으로 제시하고 있다.

공공분야, 사기업 등 다양한 이해당사자들은 그들이 소유 또는 관리하고 있는 지역, 집단과 관련하여 계획을 수립하거나 사업을 추진한다. 여기서 계획, 사업은 도로, 교량, 고속철도, 공항 등과 같은 교통 인프라 건설, 주거지, 상업단지, 산업단지 조성, 교육기관 설립 등과 같은 지역 개발, 탄광 개발 및 폐쇄, 기존 시설의 이주 등 다양한 활동을 포함한다. 이러한 계획 또는 사업의 추진의 여파로 인구와 교통량이 증가 또는 감소하기도 하고 이에 따라 대기질, 소음, 교통사고 등에 의한 상해, 사망, 노동력의 상실 등이 영향을 받을 수 있다. 더불어 교통 인프라 구축에 의한 2차 영향으로 물류가 원활해짐에 따라 주변 상권의 변화, 추가 산업단지 조성이 가능할 것이다. 이 결과로 지역 주민의 취업률 상승, 소득 증가, 복지

혜택 증가 등의 사회 경제적 변화가 있을 수 있다. 추가 산업단지 조성은 외부 인구의 유입 외에도 환경질의 변화와 이에 따른 건강 영향, 특정 산업과 관련된 직업병 발병률이 변화될 수 있으며 이로 인한 의료비 증가 등 사회·경제적 부담의 증가가 발생 할 수 있다. 이와 같이 특정 계획의 수립 및 사업의 추진은 직접적으로는 환경과 건강 외에도 사회·경제적 환경에도 영향을 주고 이러한 변화가 다시 환경과 건강에 영향을 미친다. 따라서 이러한 순환적이고 연쇄적인 영향으로부터 환경과 건강 뿐 아니라 삶의 질과 사회·경제적 편익을 보장할 수 있도록 계획의 수립 및 사업의 추진이전에 이에 대한 평가가 필요하다. 건강영향평가의 목적은 첫째, 계획 수립 또는 사업 추진에 의해 환경과 건강에 대한 영향과 취약 집단 및 지역을 사전에 확인하여 환경과 건강을 보호하는 것이다. 둘째, 영향을 피할 수 없다면 그 영향을 줄일 수 있도록 기술 전환, 자재 교체, 지역 범위 수정 등을 통하여 그 영향을 줄이도록 노력한다. 셋째, 계획 또는 사업 추진 이전에 그 영향을 평가하여 발생할 수 있는 영향을 사전에 예방하고 관련된 사회·경제적 비용을 저감하는 것이다.

5) 기능

(1) 우리나라 환경부

① 의사 결정 과정 중 대중의 참여 유도

우리나라는 특정 사업 또는 계획의 추진을 결정하기 이전에 건강영향을 평가하도록 환경영향평가법(제14232호, 2016)과 환경보건법(법률 제13893호, 2016)에서 규정하고 있다. 이 과정 중에 이해당사자가 참여하는 위원회를 구성하고 공청회를 여러 번 개최하여 다양한 분야의 전문가(학계, 연구계, 정부), 관련 사업자(산업계), 지역 주민(대중), 승인 기관 등이 평가 과정에 참여하도록 한다. 이러한 과정 중에 대중의 의견을 수렴하고 그 반영 여부를 공개하도록 되어 있어 대중이 건강영향평가에 참여하고 이를 통해 계획 또는 사업의 추진을 결정할 때 직간접적으로 참여할 수 있도록 한다. 따라서, 충분한 소통을 통해 투명성이 확보되면 건강영향평가 결과에 대한 여러 이해당사자간의 공감 형성이 비교적 용이해진다.

② 잠재적 건강 불평등의 확인

건강영향평가 과정에서 사업의 추진으로 인해 발생할 수 있는 긍정적·부정적 건강영향과 잠재적 영향까지 포함하여 정성적·정량적으로 평가한다. 평가 과정 중에 해당 지역 주민이 받는 영향의 정도를 파악하고 취약집단(성, 연령, 직업 등) 또는 지역을 확인한다. 그 결과에 근거하여 특정 인구 집단이 받는 건강상 부정적인 영향은 축소하고 긍정적인 영향은 유지하며 특히 취약 계층이 받는 영향을 저감하는 방향으로 사업내용을 수정하거나 대안을 제시할 수 있다. 이러한 과정을 통해 계획 또는 사업 추진으로 인해 발생할 수 있는 건강 불평등을 최소화 할 수 있다.

③ 이해당사자간의 협력 개선

사업의 추진으로 인해 발생하는 긍정적인 영향 외에도 부정적인 영향과 관련이 있는 발병률, 유병률, 사망률 변화 등 건강영향과 관련된 주요 요인을 파악하고 관리가 가능한 요소를 확인한다. 예를 들어, 부정적인 영향이 특정 공법, 자재, 지역 범위 등과 관계있는 경우 관련 이해당사자를 확인하고 이해당사자간 정보를 공유하고 서로 소통할 수 있는 기회를 마련한다. 결과적으로 소통의 대상이 다양화되고 소통의 기회가 많아지게 되면 발생할 수 있는 건강영향과 저감 필요성에 대해 공감하게 된다. 이를 바탕으로 당사자 간의 협력을 개선하고 용이하게 할 수 있는 기초를 다지게 된다.

④ 취약집단의 건강상태에 초점을 맞추는데 기여

건강영향평가를 통해 주로 영향을 받게 되는 집단과 특정 영향에 민감한 집단을 확인할 수 있다. 주로 영향을 받는 집단은 특정 업종에 종사하는 집단 등 특정 활동 관련 세부집단 또는 특정 지역 주민 등 지역적 특성 관련 세부 집단 등이다. 또한 노약자, 임부, 산부, 영유아 또는 특정 질병을 갖고 있는 세부 집단 등 특정 영향과 관련된 민감 계층을 건강영향평가 결과에 근거하여 확인할 수 있다. 이러한 과정을 통해 취약계층을 확인하고 관련된 요인을 규명하여 이들을 어떻게 관리하고 관련 영향을 어떻게 저감할 것인지를 제안할 수 있다. 이러한 일련의 제안을 도출하는 과정을 통해 취약 계층의 건강 영향을 줄이고 건강을 유지하는데 기여할 수 있다.

⑤ 비용 절감

건강영향평가 결과로부터 예상되는 건강 영향, 민감 집단을 포함한 취약 계층, 지역 등을 확인할 수 있다. 이에 근거하여 사업 또는 계획을 수정하거나 대안을 찾아서 발생할 수 있는 부정적인 영향을 줄이고 취약 계층을 보호할 수 있다. 따라서 부정적인 영향에 의한 특정 질병 발병으로 인한 병원비, 간병비 외에도 장, 단기적 노동력 손실 등에 의한 비용 상실 등을 줄일 수 있다. 지역의 경우, 환경오염으로 인한 정화 및 복원 비용을 절감할 수 있다. 또한 산업계의 경우 오염 방지 시설 설치 및 안전시설 보완 등으로 작업자의 건강을 보호하여 향후 발생할 수 있는 보상금 등의 지출, 이미지 훼손에 의한 매출 감소 등에 기인한 기업의 이익 손실을 미연에 방지할 수 있다.

(2) 세계보건기구

세계보건기구는 건강영향평가의 기능을 정책 결정을 할 수 있도록 명확하고 투명한 최적의 증거를 제공하는 것이라고 규정한다.

2 현황과 문제점

1) 환경영향평가법과 환경보건법

2013년, 우리나라 환경부는 2원화되어 있었던 사전환경성검토와 환경영향평가를 하나의 법률에 규정하여 복잡한 평가절차의 효율성을 제고하고 환경평가간의 일관성과 연계성을 확보하기 위해 환경영향평가법을 전부개정하였다. 개정된 환경영향평가법(제11690호, 2013) 에서는 행정계획에 대해 사전에 환경성을 검토하기 위한 전략환경영향평가와 개발사업에 대해 사전에 환경성을 검토하기 위한 (소규모) 환경영향평가에 대해 규정하고 있다. 그동안 환경영향평가에 대한 평가항목범위를 결정하고 평가협의 내용을 조정하기 위해 환경성검토위원회, 환경영향평가계획서 심의위원회와 이의신청 심의위원회 3개의 유사한 위원회를 운영해 왔으나 이를 환경영향평가협의회로 통합운영하기로 하여 그 효율성을 제고하였다. 또한 여러 이해당사자간 소통을 통해 환경영향을 투명하게 평가하여 사회갈등 요인을 사전에 줄이고 평가결과에 대한 수용을 용이하게 하기위해 주민의견 수렴절차를 보완하고 개선하였다. 즉 평가 이전에 관련 계획 수립단계에서 주민의견을 수렴하고 환경영향을 평가할 때에도 공청회 개최, 의견 재수렴, 주민의견 수렴결과 반영 여부 공개 등을 동법에 규정하였다(그림 20.1).

건강영향평가는 환경보건법에 규정되어 있다. 환경의 변화는 직간접적, 장 · 단기적으로 건강에 영향을 줄 가능성이 있으므로 특정 사업의 추진 및 계획의 수립과 관련하여 환경영향을 평가할 때에는 건강영향을 포함하여 환경영향을 평가하는 것이 바람직하다고 볼 수 있다. 이러한 이유로 환경보건법(법률 제13893호, 2016) 13조(건강영향 항목의 추가평가 등)에는 환경영향평가법(법률 제14232호, 2016) 제9조, 22조에 따라 환경영향평가의 대상이 되는 계획 또는 사업 중 대통령령으로 정하는 행정계획 및 사업에 대해 검토 · 평가 항목에 환경유해인자가 국민건강에 미치는 영향을 추가하여 환경부장관이나 지방환경관서의 장에게 검토 · 평가에 대한 협의를 요청해야한다고 규정하고 있다. 그러나 두 평가 결과를 어떻게 연계하여 사업 추진, 계획 수립 및 대안 마련의 정책적 판단의 근거로 할 것인지는 관련 하위 법령이나 지침서에 명시되어 있지 않다.

2) 지침서 부재

환경영향평가법은 환경영향평가를 정의하고 그 절차에 대해 규정하고 있다. 그러나 이는 거시적인 절차, 특히 의사결정단계 관련 절차에 중점을 두고 있어 평가 자체에 대한 절차, 범위, 필수 요소 및 항목, 조건 및 평가 기준에 대한 상세 조항이 명시되어 있지 않다. 이를

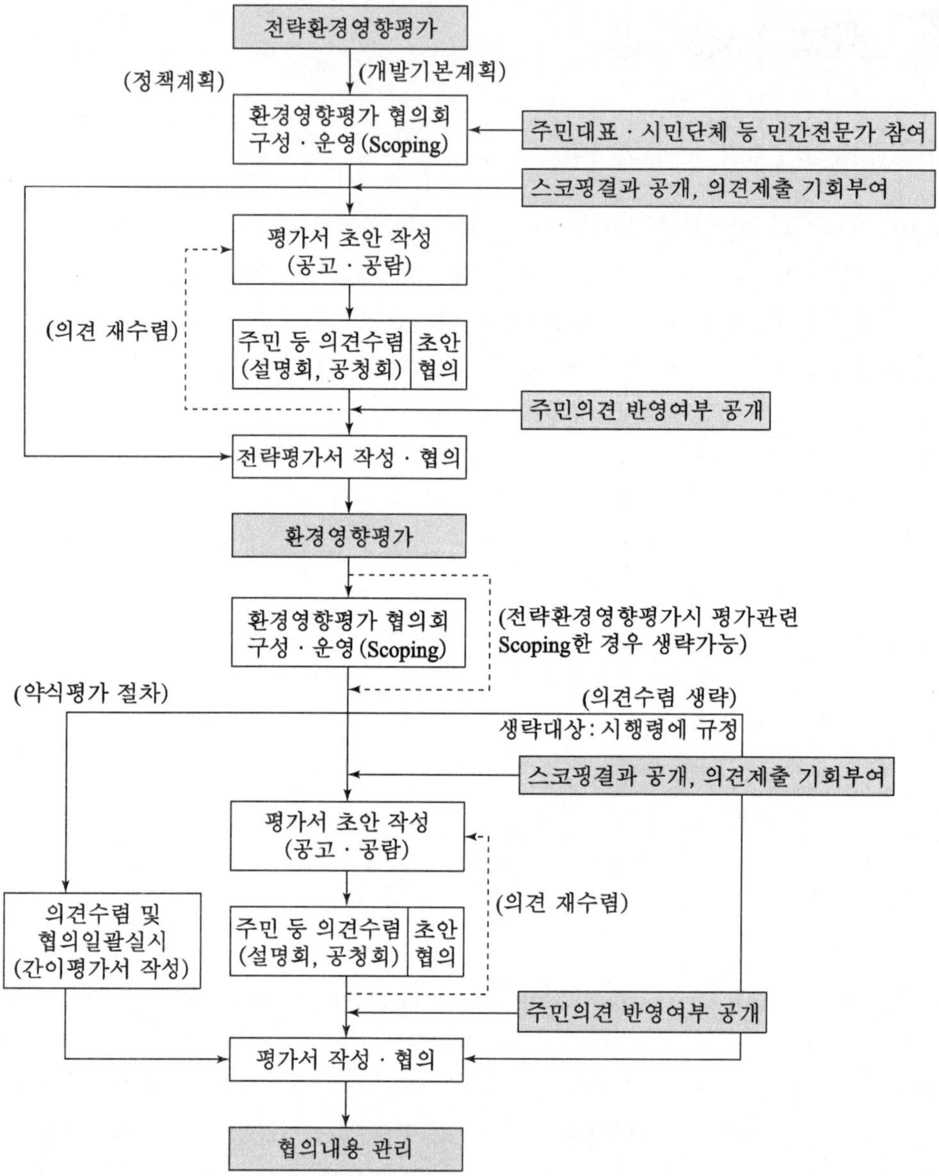

그림 20.1 환경영향평가협의절차
출처 : 환경부, 2012, 환경영향평가법 전부개정법률안 설명자료.

개선하여 투명하고 일관된 건강영향을 평가하기 위해 환경부는 환경보건법에 의거하여 건강영향 항목의 검토 및 평가에 관한 업무처리지침(예규)을 시행하고 건강영향 항목의 평가 매뉴얼(2011)을 발간하여 단계별 영향평가의 틀, 평가 방법, 평가 필수 및 보조 항목과 각 항목에 대한 기준, 보고서 형식 및 작성 방법을 제시하고 있다. 그러나 삶의 질과 관련된 분야 중 건강영향으로 인한 사회, 경제적 영향에 대한 평가 방법은 제시하고 있지 않다.

미국, 유럽 등 선진국의 경우는 의료비 외에도 수명 단축, 장애, 특정 질병 발생에 의한 노동력 손실, 행동의 불편 또는 실업으로 인한 삶의 질 저하 등을 시간 및 경제적 가치로 환산하여 제시하고 있다. 이를 근거로 건강영향평가는 건강상에 발생할 수 있는 악영향에 대한 평가에 그치지 않고 이로 인한 사회적 경제적 손실 또는 기여를 정량적인 가치로 환산하여 제시할 수 있는 틀을 갖고 있다. 계획 또는 사업의 추진 및 중단과 대안의 설정과 관련된 가치·편익을 분석하여 결론에 반영하고 이로부터 건강에 미치는 영향을 과학적이고 논리적으로 기술하여 사회·경제적인 효과를 포함한 근거 자료를 정책 결정자에게 지원한다. 이를 바탕으로 관련 이해 당사자와 소통할 수 있는 근거를 마련하고 정책을 추진하도록 지원한다. 따라서 우리나라도 건강영향평가에 사회·경제적 영향 분석의 과정을 포함하여 해당 사업 또는 계획의 추진으로 인한 편익을 평가하여 발전과 보호 간의 균형을 맞출 수 있는 선진화된 건강영향평가의 틀의 마련이 필요하다.

3 사회·경제적 영향 분석을 포함한 건강영향평가 방법 및 절차

1) 건강결정요인

국제보건기구, 국제영향평가학회, 유럽연합 및 선진국은 건강영향을 평가할 때 건강의 상태 평가지표로 건강결정요인을 제안하고 있다.

(1) 세계보건기구(WHO) 유럽지부의 건강 결정 요인

국제보건기구 유럽지부는 개인 및 가족, 환경적 요인과 제도적 요인 3개의 군으로 분류하고 각 분류군에 따른 세세항목을 제안하고 있다(표 20.1).

표 20.1 세계보건기구 유럽지부에서 제시한 건강 결정 요인

개인 및 가족	환 경	제 도
• 생리학적 요인 : 나이, 영양 상태, 장애, 성별, 면역성, 민족성 • 행동양식 : 위험유발행동, 직업, 교육, 위해성 인식 • 사회·경제적 상황 : 빈곤, 실업	• 물리적 환경 : 대기, 수질, 토양 매개체, 기반시설, 병원 매개체, 가구, 에너지, 토지 이용, 오염, 농작물과 식량 • 사회적 환경 : 가족구조, 지역 공동체 구조, 문화, 범죄 • 재정 환경 : 고용, 투자	• 건강관리기구 : 1차 건강관리, 전문가 서비스 • 기타제도 : 치안, 운송, 공공사업, 자치기관, 지역정부 • 정책 : 규정, 법, 목표, 기준, 우선순위

표 20.2 국제영향평가학회(IAIA)에서 제안한 건강 결정 요인

개 인	사회 · 환경	제 도
• 성(性) • 나이 • 식습관 • 물리적 활동 수준 • 흡연 습관 • 음주 습관 • 개인적 안전 • 삶의 제어 감각 • 고용 상태 • 교육 수준 • 자아 존중 • 생활 기술 • 스트레스 등	• 서비스 및 지역사회로의 접근성 (건강, 쇼핑 등) • 사회적 지원 혹은 고립 • 환경질 (대기, 수질, 토양) • 주거 환경 • 수입 수준 • 부의 분배 • 먹는 물 관리 및 위생 • 질병 매개체 산란지 • 성적 관습 및 내성 • 인종 차별 • 장애인에 대한 태도 • 신용 • 토지이용 • 도시계획 • 정신적, 문화적 중요성이 있는 지역 • 지역 교통망 등	• 서비스 이용 (건강, 교통, 소통 등) • 교육 · 고용의 기회 및 조건 • 환경 · 공중보건법 • 환경 · 건강 모니터링 시스템 • 작업실 설비 등

(2) 국제영향평가학회(IAIA)의 건강결정요인

국제영향평가학회는 건강결정요인을 개인, 사회 환경 및 제도의 3개의 군으로 분류하고 각 분류군에 따른 세세항목을 제안하고 있다(표 20.2).

(3) 유럽연합의 건강결정요인

유럽연합은 건강결정요인을 생물학적 요인, 개인 생활방식, 사회 및 공동체와 생활 및 근로 조건의 4개의 분류군으로 나누어 제안하고 있다(표 20.3).

표 20.3 유럽연합에서 제안한 건강 결정 요인

생물학적 요인	개인 생활방식	사회 및 공동체	생활 및 근로조건
• 성(性) • 나이 • 유전적 요인	• 개인 활동(식습관, 운동, 흡연, 음주, 약물 오용) • 개인 안전 및 고용 상태 • 교육적 성취 • 가처분 소득을 포함한 수입 • 자부심과 신뢰 • 마음가짐, 믿음(내외통제)	• 사회 지원 및 통합 • 사회적 배제 • 공동체 의식 공공정책에 대한 • 지역사회 참여 • 의사결정 • 고용 • 교육/훈련(이용가능성, 질, 적정성)	• 주거(조건, 이용성) • 작업조건(위험요소에 대한 노출) • 대기, 수질, 토양의 질 • 소음 • 폐기물 처리 • 에너지 사용과 자원의 지속가능성 • 토지 이용 • 생물다양성 • 인구, 장소, 생산품에 대한 접근성

2) 우리나라의 건강영향평가 방법 및 절차

우리나라의 건강영향평가 방법 및 절차는 환경부에서 제정한 환경보건법, 환경보건법 시행령 및 건강영향 항목의 검토 및 평가에 관한 업무처리지침(환경부예규 제474호, 2013)에 근거한다.

환경보건법 시행령 및 건강영향 항목의 검토 및 평가에 관한 업무처리지침은 건강영향평가 단계를 현황 조사, 건강영향 확인, 저감방안 마련, 사후 환경영향 조사, 불가피한 건강영향 확인의 5단계로 제시하고 있다.

우리나라 환경부의 건강영향평가의 경우 계획 또는 정책의 수립에 의한 영향은 포함하지 않고 다만 사업 추진에 의한 영향만을 평가한다는 점이 세계보건기구와 다르다. 대부분의 경우 건강영향을 평가할 때 정보의 제한 등의 이유로 화학물질의 유해성, 위해성 및 노출평가 결과 또는 역학 조사 결과를 이용한 용량반응평가 결과에 근거하여 건강영향을 평가하는 경우가 많다. 이러한 과정을 통해서 건강에 영향을 미치는 주요 화학물질과 사업 추진 과정 중 어떤 절차 또는 활동이 건강에 주요한 영향을 주는지 또한 어떤 세부 집단이 특정 영향에 민감하게 반응하거나 취약한지 등을 확인할 수 있다. 이러한 결과에 근거하여 주요 물질, 절차, 활동 및 취약계층에 중점을 둔 대안을 제시할 수 있다.

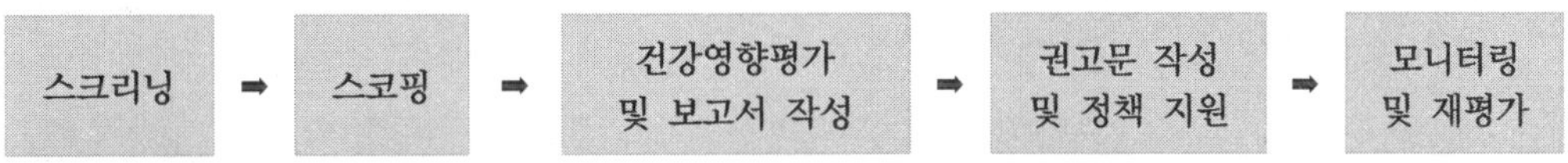

그림 20.2 건강영향평가 단계

(1) 대상사업 선정 : 스크리닝

환경보건법 시행령은 건강영향평가 대상 사업을 제시하고 있으며 이는 산업입지 및 산업단지의 조성, 에너지개발 및 폐기물처리시설, 분뇨처리시설 및 축산폐수공공처리시설의 설치의 3개 분야에 해당하는 사업에 대해 「산업입지 및 개발에 관한 법률」 제2조 5호, 「산업집적활성화 및 공장설립에 관한 법률」 제2조 또는 13조, 「전원개발촉진법」 제2조 2호 「전기사업법」 제2조 1호, 「폐기물관리법」 제2조 8호, 「가축분뇨의 관리 및 이용에 관한 법률」 제2조 8호 또는 제9호에 근거하여 그 면적 및 용량에 따라 건강영향평가가 필요한 대상사업을 선정하도록 하고 있다.

경제개발협력기구(OECD)에서 발간한 지침서(OECD, 2008)는 스크리닝단계를 사업 또는 계획을 추진하기 전에 해당 경우에 대해 건강영향을 평가하는 것이 필요한지를 결정하는 단계라고 기술하고 있다. 또한 이 단계에서 해당 사업 또는 계획의 추진이 건강에 긍정적인

표 20.4 건강영향 항목의 추가·평가 대상사업
[환경보건법 시행령(대통령령 제27336호, 2016) 별표 1]

<table>
<tr><th>구분</th><th>대상사업의 범위</th></tr>
<tr><td rowspan="2">1. 산업입지 및 산업단지의 조성</td><td>가. 「산업입지 및 개발에 관한 법률」 제2조 제5호 가목 및 나목에 따른 국가산업단지 또는 일반산업단지 개발사업으로서 개발면적이 15만 m^2 이상인 사업</td></tr>
<tr><td>나. 「산업집적활성화 및 공장설립에 관한 법률」 제2조 제1호에 따른 공장의 설립사업으로서 조성면적이 15만 m^2 이상인 사업. 다만, 가목에 해당하여 법 제13조에 따른 협의를 한 공장용지에 공장을 설립하는 경우는 제외한다.</td></tr>
<tr><td rowspan="2">2. 에너지 개발</td><td>가. 「전원개발 촉진법」 제2조 제2호에 따른 전원개발사업 중 발전시설용량이 1만킬로와트 이상인 화력발전소의 설치사업</td></tr>
<tr><td>나. 「전기사업법」 제2조 제1호에 따른 전기사업 중 발전시설용량이 1만킬로와트 이상인 화력발전소의 설치사업</td></tr>
<tr><td rowspan="2">3. 폐기물 처리시설, 분뇨처리 시설 및 축산폐수 공공처리 시설의 설치</td><td>가. 「폐기물관리법」 제2조 제8호에 따른 폐기물처리시설 중 다음의 어느 하나에 해당하는 시설의 설치사업
1) 최종처리시설 중 폐기물매립시설의 조성면적이 30만 m^2 이상이거나 매립용적이 330만 m^3 이상인 매립시설
2) 최종처리시설 중 지정폐기물 처리시설의 조성면적이 5만 m^2 이상이거나 매립용적이 25만 m^3 이상인 매립시설
3) 중간처리시설 중 처리능력이 1일 100톤 이상인 소각시설</td></tr>
<tr><td>나. 「가축분뇨의 관리 및 이용에 관한 법률」 제2조 제8호 또는 제9호에 따른 처리시설 또는 공공처리시설로서 처리용량이 1일 100 kL 이상인 시설의 설치사업. 다만, 「하수도법」 제2조 제9호에 따른 공공하수처리시설로 분뇨 또는 축산폐수를 유입시켜 처리하는 처리시설은 제외한다.</td></tr>
</table>

영향을 주는지에 대해서도 고려해야 한다고 기술한다. 여기에는 향후 대안이 제시될 경우 대안이 어떤 편익을 주는지, 공공의 안전이 어느 수준까지 유지되어야 하는지 환경이 어느 수준까지 보호되어야하는지에 대한 범위 선정도 포함된다.

(2) 평가항목에 대한 스코핑

사업 지역 및 주변 지역에 대해 개괄적인 현황을 조사하여 건강영향평가 목적을 설정하고 조사항목을 확인하는 등 건강영향을 평가하기 위한 조사항목의 범위를 정하는 단계이다.

① 현황조사

조사항목은 대상 집단, 인구 및 인구 집단분석(인구추이, 연령별·성별 인구), 어린이, 노인 등 환경취약계층의 분포 현황, 사망률, 유병률, 이해관계자, 시공간적 범위, 예상되는 영

향, 주요 평가 항목, 가용한 자료, 수집이 필요한 자료, 적용 가능한 건강영향평가 방법, 대안, 소통 등이다. 또한 계획 또는 사업의 추진으로 인한 직접적 영향 외에도 2차 영향 및 잠재적인 영향에 대한 평가 범위도 선정하게 된다. 사업 시행으로 인하여 건강에 영향을 받을 것으로 예상되는 인구 집단과 그 활동 범위에 근거하여 평가 지역의 범위를 선정한다.

표 20.5 사업별, 매체별 예상 오염물질

매체	사업	예상 오염 물질	비고
대기	산업단지	아황산가스(SO_2), 이산화질소(NO_2), 미세먼지(PM10), 오존(O_3), 납(Pb), 벤젠, 일산화탄소(CO), 포름알데히드, 스티렌(C_8H_8), 시안화수소(HCN), 염화수소(HCl), 암모니아(NH_3), 황화수소(H_2S), 니켈(Ni), 6가크롬7)(Cr^{+6}), 염화비닐, 카드뮴(Cd), 비소(As), 수은(Hg) 등	산업단지 내 석유정제시설의 경우 톨루엔, 에틸벤젠, m-자일렌, n-헥산, 시클로헥산도 검토 필요 업종별로 평가 대상 물질을 선택 가능
	화력발전소	아황산가스(SO_2), 이산화질소(NO_2), 미세먼지(PM10), 오존(O_3), 납(Pb), 벤젠, 일산화탄소(CO), 비소(As), 베릴륨(Be), 카드뮴(Cd), 6가크롬(Cr^{+6}), 수은(Hg), 니켈(Ni) 등	발전 연료에 따라 평가 대상 물질 선택 가능
	소각장	아황산가스(SO_2), 이산화질소(NO_2), 미세먼지(PM10), 오존(O_3), 염화수소(HCl), 납(Pb), 벤젠, 일산화탄소(CO), 다이옥신, 암모니아(NH_3), 황화수소(H_2S) 아세트알데히드, 수은(Hg), 비소(As), 카드뮴(Cd), 6가크롬(Cr^{+6}), 니켈(Ni) 등	폐기물 종류에 따라 평가 대상 물질 선택 가능
	매립장	이산화질소(NO_2), 미세먼지(PM10), 황화수소(H_2S), 암모니아(NH_3), 벤젠, 톨루엔, 에틸벤젠, 자일렌, 1,2-디클로로에탄, 클로로포름, 트리클로로에틸렌, 염화비닐, 사염화탄소 등	LandGEM 모델을 이용하여 발생량 산정
	분뇨처리시설, 가축분뇨(공공)처리시설	복합악취, 암모니아(NH_3), 황화수소(H_2S), 아세트알데히드, 스티렌(C_8H_8) 등	
수계		구리(Cu), 납(Pb), 수은(Hg), 시안(CN), 비소(As), 유기 인, 6가크롬(Cr^{+6}), 카드뮴(Cd), 테트라클로로에틸렌(PCE), 트리클로로에틸렌(TCE), 페놀, 폴리크로리네이티드비페닐(PCB), 1,2-디클로로에탄, 벤젠, 클로로포름, 안티몬(Sb) 등	폐수의 처리수가 상수원보호구역, 취수장 또는 정수장이 있는 하천·호소로 유입되는 경우에 한하여 평가 (단, 처리수를 공공하수처리장으로 유입·처리하는 경우 및 공업용상수원으로 유입되는 경우는 제외)

출처 : 환경부, 2013, 환경영향평가서 내 위생공중보건 항목 작성을 위한 건강영향 항목의 평가 매뉴얼.

② 예측 항목 선정

환경부 건강영향 항목의 평가 매뉴얼(2011)은 건강예측 항목을 사업의 추진으로 인해 발생하는 대기와 수계에 존재하고 건강에 영향을 줄 가능성이 있는 오염물질로 제한하고 있다. 그러나 수계 중 오염물질이라도 이것이 공공하수처리장 또는 공업용상수원으로 유입되는 경우는 대중이 해당 물질에 노출될 가능성이 미약하다고 보고 이러한 물질은 평가에서 제외하고 있다. 이 매뉴얼에서 제시하고 있는 사업별 매체 중 예상 오염물질은 표 20.5와 같다.

③ 예측 범위 선정

수집한 자료를 분석하고 관련 현장을 조사하여 선정한 범위를 준용한다. 여기서 대상 사업 또는 계획에 대한 건강영향평가를 정성적, 반정량적, 정량적으로 할 것인지를 결정해 볼 수 있다.

(3) 건강영향평가

시나리오와 관련 자료에 근거하여 사업, 계획 등의 추진에 의한 영향 확인

⬇

사업/계획 추진 및 대안에 의한 영향을 평가하기 위한 자료 수집

⬇

건강영향, 사회• 경제적 영향(무역, 경쟁구도, 경제발전 등)을 정성적 또는 (반)정량적으로 평가

⬇

영향 및 불확정성 평가 과정상의 일관성 확인

그림 20.3 영향 확인 및 평가 단계

① 정성, 반정량 영향평가

건강영향에 대해 우선적으로 정성적으로 평가하고 그 과정 중에 수집한 자료가 건강영향을 정량적으로 평가하기에 충분하고 신뢰도가 있는지도 평가한다. 만약 건강영향을 정량적으로 평가하기 위해 필요한 자료가 부족하거나 자료가 있더라도 그 신뢰도를 확인할 수 없을 때 건강영향은 정성적으로 평가한 결과에 의존하여 보고한다. 정성 또는 반정량 영향평가는 사업 시행에 따른 유해 및 노출 특성을 확인하고 잠재적 건강영향의 종류, 정도 및 가능성에 대해 평가하여 그 결과를 정성적으로 기술하거나 그 영향이 심해지거나 저감될 때 그 정도를 상중하 정도로 기술할 수 있다.

스크리닝 및 스코핑 결과에 근거하여 건강에 영향을 줄 수 있는 주요 물질, 매체 및 활동

에 대해 문헌을 조사하여 독성, 노출 경로, 용량 반응 등 관련 정보를 수집한다. 또한 통계청, 노동부, 환경부 등 관련 부처에서 이미 공개하고 있는 환경기준 및 특정 활동 관련자에 대한 인류학적 정보 및 해당 활동과 관련된 (노동)환경에 관한 정보를 수집한다. 대상 집단에 대해 설문지 조사, 지방 정부 또는 통계청 등 관련 기관을 통해 나이, 성별, 생체지수, 주거지, 교육 수준, 직업군, 소득 수준 등의 자료를 수집한다. 수집한 자료에 근거하여 직업, 주거 환경, 나이 등 건강 영향과 밀접한 항목에 근거하여 전체 대상 집단을 세부 집단으로 나누어 건강영향을 평가하고 그 결과에 근거하여 특정 건강영향에 대해 위험군 및 민감군을 확인한다. 주요 물질 및 활동과 관련하여 발생 가능성이 증가하는 질병이 있는 경우 사전에 분류한 세부 집단별 유병률, 사망률을 추정한다. 이러한 일련의 결과를 분석하여 건강영향을 평가하고 기술한다.

평가 결과는 영향을 규명하고 그 영향의 정도를 심각성의 정도로 영향을 받을 가능성을 이론적으로 가능, 가능성이 있음, 가능성이 높음 등으로 구분하여 해당 세부집단에 대해 평가 결과를 서술한다. 또한 영향을 받을 대상을 지역 주민, 주변지역 주민, 취약집단, 특정 직업군 등으로 구분하여 평가결과를 서술한다. 이 때 각 항목에 대해 수집한 정보의 가용성 및 그 신뢰도에 근거하여 정량평가 가능성을 평가하고 그 결과를 서술한다. 여기서 유해성과 건강 영향간의 연관성, 자료 신뢰성, 용량 반응성, 불확실성 및 위험군의 크기 추측 가능 여부 등을 고려하여 해당 자료가 정량평가에 사용 가능한 지를 판단한다. 그러나 반정량평가도 불가능하고 독성 등 유해성 정보가 부족하거나, 특정 질병과 연관지울 수 없는 등 관련 자료가 제한적인 경우 주요 매체 중 해당 물질의 농도와 환경기준을 비교하여 평가하기도 한다.

② 정량 영향평가

정량평가는 주로 건강 영향인자에 따른 용량반응, 노출군의 크기 정보 및 노출 모델링 결과를 이용한다. 이 때 사업 추진 전후에 대한 자세한 시나리오, 용량 반응에 근거한 실험값, 역학 자료에 근거한 정량 정보 등을 이용하여 평가하며 결론은 특정 요인과 밀접한 질병 관련 예측값으로 평가결과를 도출하는 경우가 많다. 이 과정에서 불확정성 분석이 꼭 수반되어야 한다.

우선 계획 및 사업 추진 전후의 건강영향 요인 및 그 변화 방향성, 관련 지점의 수 및 영향을 받는 위험군의 크기 및 특징 등을 시나리오에 대해 기술하고 시나리오에 포함된 각 항목에 대한 정보를 수집하고 분석한다. 성별, 나이, 환경, 고용, 교육 및 소득 수준 등에 관한 개인정보는 지역 또는 관련 기관에서 얻을 수 있다. 그러나 대상 집단의 식습관, 물리적 활동 수준, 흡연 및 음주 습관 등에 관한 자세한 내용은 기관보다는 설문지 또는 면담을 통해 더 상세한 정보를 수집할 수 있다. 그러나 설문지 및 면담을 통해 정보를 수집하는 경우 설문지 응답자가 대표성을 갖는지, 또한 응답자가 얼마나 객관적으로 작성하였으며 개인간

정량성의 차이를 어떻게 처리하느냐가 매우 중요한 문제이다. 체중, 흡연, 음주, 운동량 등과 같은 민감한 항목일 경우 응답자의 이성적 판단에 정서적 판단이 더해져서 신뢰성 있는 자료를 수집하기 어려운 경우가 있다. 실제로 설문조사시 이러한 민감한 질문에 대해 응답하지 않은 경우도 있을 수 있다. 용량 반응에 근거한 실험 결과를 이용한 정량적 건강영향평가의 경우 발암성, 관련 질병에 대한 유병률 자료를 바탕으로 주로 외삽법을 사용하여 건강영향을 추측한다. 노출의 경우 작업자 등 위험군의 노출을 근사적으로 평가하고 작업장, 주거 및 자연 환경으로부터의 노출 등 다양한 노출 경로를 고려하여 평가한다. 또한 역학 자료에 근거하여 정량적 건강영향평가를 수행할 수 있다. 이때에는 관련 질병에 대한 위해 근사값 및 노출 기간을 설정하고 주로 발병률에 근거하여 평가한다. 또한 성별에 따라 독립적으로 건강영향을 평가하기도 한다.

건강 영향 항목의 평가 매뉴얼(환경부, 2011)은 매질에 따라 건강 결정 요인을 제안하고 그 요인에 대한 건강영향평가를 주로 관련 물질의 위해성을 고려하거나 환경기준과 비교하여 평가하도록 제안하고 있다.

자료 수집과 신뢰성 확보의 어려움 때문에 건강영향은 주로 위해도 지수나 발암 잠재력에 근거하여 평가한다.

위해도 지수는 해당 인구가 특정 인자에 노출되는 정도와 노출 참고치를 비교하여 산출할 수 있다.

$$\text{위해도지수} = \frac{\text{농도}}{\text{노출 참고치}} \qquad \text{식(20.1)}$$

$$\text{노출 참고치} = \frac{\text{악영향 무관찰량 또는 악영향 최소관찰량}}{\text{불확정성 인자} \times \text{첨가상수(MF)}} \qquad \text{식(20.2)}$$

건강영향을 발암위해도에 근거하여 정량적으로 평가하기도 한다. 발암위해도는 해당 요인의 발암잠재력과 노출량을 고려하여 산출할 수 있다[식(20.3)]. 여기서 환경에 의한 노출의 경우 피부 또는 경구에 의한 노출에 비해 호흡에 의한 노출이 주를 이루는 경우가 많다. 예를 들어, 호흡에 의한 인체노출량과 발암위해도는 식(20.4)와 식(20.5)로 정의될 수 있다.

$$\text{발암위해도} = \text{발암잠재력}[(\text{mg/kg/day})^{-1}] \times \text{인체노출량(mg/kg/day)} \qquad \text{식(20.3)}$$

$$\text{인체노출량(mg/kg/년)} = \frac{\text{오염도}(\text{mg/m}^3) \times \text{일일호흡률}(\text{m}^3\text{/일}) \times \text{노출빈도(일/년)} \times \text{노출기간(년)}}{\text{체중(kg)} \times \text{기대수명(년)} \times \text{평균노출기간(일/년)}} \qquad \text{식(20.4)}$$

$$\text{발암위해도} = \text{호흡단위위해도} \times \text{대기 중 또는 실내공기 중 농도} \qquad \text{식(20.5)}$$

그러나 피부를 통해 흡수될 수 있는 물질의 경우 경피노출 경로를 고려할 필요가 있다.

예를 들어, 수영장 뿐 아니라 바다, 강, 계곡 등에서의 물놀이와 같은 여가활동의 경우 경피 및 경구에 의한 노출을 고려해야 한다. 여기서 경피노출에 의한 건강영향은 주로 해당 물질의 농도, 흡수율 및 노출 면적, 빈도 및 기간 등에 의해 결정된다. 해당 물질이 호흡, 피부 및 음용 등 다경로로 노출될 가능성이 있다면 주요 노출 경로를 확인하여 주 노출 경로에 의한 발암위해도에 근거하여 건강영향을 정량적으로 평가할 수 있다. 그러나 다른 노출 경로를 무시할 수 없을 만큼 그 기여도가 크다면 주요한 모든 경로에 의한 총노출에 대해 발암위해도를 산출할 필요가 있다.

특정 계획 또는 사업의 추진에 의해 노동환경의 변화가 발생하고 이로 인해 건강이 영향을 받을 것으로 예상된다면, 특정 노동자 집단에 대한 산업장 노출을 산출한다. 이 경우 1일 작업시간을 8시간으로 산출한 시간가중 평균노출기간[식(20.6)]을 이용하여 산출한다.

$$\text{시간가중 평균노출기준} = \frac{\sum_i \text{농도 측정치}(C_i) \times \text{발생시간}(T_i)}{8} \qquad \text{식(20.6)}$$

(4) 권고문 작성 및 정책 지원 : 저감 방안 마련

건강영향평가 결과에 근거하여 긍정적이 영향은 최대화하고 부정적인 영향은 최소화하기 위해 계획의 수정, 규모 제한, 복원 등의 대안을 마련해야 한다. 저감방안은 특정 영향요인을 없애기 위해 관련된 공법, 과정이나 활동을 조정하여 해당 요인에 노출될 기회를 낮추는 등 주로 노출 요인을 조절하는 방향으로 설계된다. 이렇게 마련한 저감방안에 기초하여 권고문을 작성하는 등 정책을 지원한다.

(5) 모니터링 및 재평가(사후 환경영향 조사)

건강영향평가 결과에 근거하여 대상 집단, 주요 영향 요인(물질, 과정, 특정 활동 등)에 대한 사후환경영향 조사계획을 수립할 수 있다. 계획 또는 사업 추진 후 건강영향에 대한 모니터링을 시행하고 그 결과에 근거하여 건강영향을 재평가하고 필요시 사업을 재 수정할 수 있다. 또한 수집된 자료는 유사한 사업 추진 결정을 위한 건강영향평가 수행 시 기초 자료로 활용될 수 있다.

3) 사회 · 경제적 영향분석

사회 · 경제적 영향분석은 RPA(2011) 보고서에 근거한다.

(1) 건강 영향에 대한 사회 · 경제적 분석

계획, 사업 추진 전후에 영향을 받는 사회 · 경제적 활동에 대한 시나리오를 작성하고 고려 기간, 지역 및 영향에 대해 평가한다. 비용과 편익을 분석하고 경제, 사회, 무역, 경쟁 관계에서의 위상 변화 및 경제 발전에 미치는 영향 등을 평가한다. 이 때, 정량평가가 가능한 경우 그 결과를 경제적 가치로 환산하여 도출하기도 한다. 사회·경제적 영향평가를 포함한 건강영향평가는 범위선정, 정성적 평가, 정량적 평가 및 가치 평가의 4단계로 구성된다(그림 20.4).

(2) 범위 선정

사업 내용, 영향 받는 집단의 특성과 크기, 관련 집단과 환경 노출 정보, 관련 산업 규모에 대한 특성을 정성적 및 정량적으로 확인한다. 또한 만성호흡기 질환, 특정 장기 손상과 같은 2차 영향 가능성에 대해서도 확인하고 가능성이 있는 경우 이러한 2차 영향이 갖는 사회·경제적 영향에 대해 조사한다. 이를 바탕으로 사업 추진 전후 및 대안에 대한 시나리오를 작성한다. 시나리오에 근거하여 발생 가능한 영향을 예측하고 이에 근거하여 고려해야 할 영향과 세부평가가 필요한 영향을 선정하고 특정 영향에 대한 그 심각성을 확인할 수 있는지 조사한다. 또한 2차 영향에 대한 규제 관련 주요 정보를 확인하고 대안에 의한 영향변

범위선정

⬇

정성적 평가

- 유해성 확인
- 노출 확인
- 영향 확인
- 정량 가능성 평가

⬇

정량적 평가

- 시나리오 작성(사업추진 전, 사업추진 후, 대안)
- 실험자료에 근거한 평가
- 역학자료에 근거한 평가
- 가치 추정 가능성 평가

⬇

가치 평가

- DALY에 근거하여 질병건수 변화에 의한 가치 변화와 WTP 비교
- 각 질병 건수 감소에 의한 의료비, 노동력 상실 등 관련 비용 절감
- WTP 감소에 대한 가치 평가
- 각각의 경우에 대한 통합적 고려 및 중복성 검토

⬇

각 영향에 대한 비교

그림 20.4 사회·경제적 평가 단계

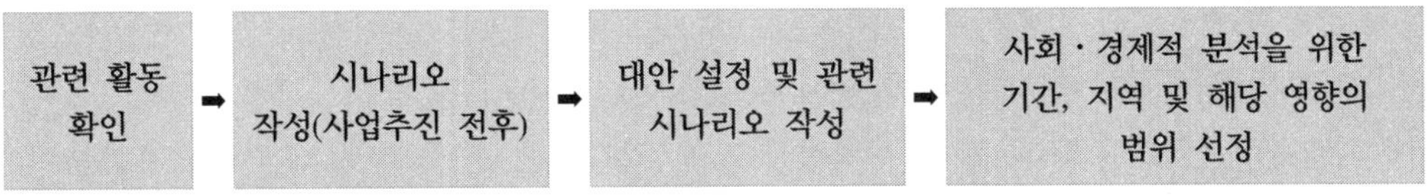

그림 20.5 범위선정 절차

화 정도를 조사한다. 이에 근거하여 영향을 받게 되는 기간, 지역 등 평가 대상 범위를 선정한다(그림 20.5).

(3) 사회 · 경제적 비용에 대한 정량 분석

사회 · 경제적 분석이 추가되는 경우 정량적 건강영향평가를 위한 시나리오를 작성할 때 계획 및 사업 추진에 의한 영향의 특징과 방향성, 관련 지점의 수, 위험군의 크기 외에도 관련 시장점유율 및 산업계의 규모 등이 추가된다. 시나리오에 근거하여 용량 반응 자료와 역학 자료 및 노출군의 크기 정보와 노출 모델링 결과를 이용하여 정량적인 건강영향평가를 수행한다. 이 결과에 대해 계획 또는 사업 추진에 따른 편익과 건강영향에 대한 경제적 가치, 즉 의료비, 생산성 저하, 노동력 손실 등에 대해 평가한다. 건강영향에 대한 사회 · 경제적 비용은 여러 가지 요소에 대해 통합적인 정량화가 필요하다. 예를 들어, 질병 발병에 의한 사회 · 경제적 비용과 특정 질병을 피하기 위한 지불 의사간의 통합적 정량평가를 통해 질병에 의한 사회 · 경제적 영향에 대한 총비용을 좀 더 현실에 맞게 가치화할 수 있다. 그러나 여러 요소를 통합적으로 가치화 할 때는 특정 항목이 중복적으로 고려되고 있지 않는지 확인해야 한다.

① 장애보전손실년수를 이용한 건강영향의 경제적 가치 산출

RPA(2011) 보고서는 특정 질병의 발병으로 인해 발생하는 건강영향에 대한 경제적 가치를 발병에 기인한 조기사망에 의해 단축된 수명, 생활 장애로 인해 손실된 건강년수, 관련 집단의 크기와 발병 가능성에 근거를 두고 산출하는 것을 제시하고 있다. 사회 · 경제적 영향에 대한 가치 산출 방법 하나인 장애보전손실년수(DALY : Disability-adjusted Life Year)는 Murray and Lopez(1996)가 세계보건기구(WHO)에 제시한 개념(WHO, 2005)으로 질병 또는 장애에 기인한 양적 · 질적 삶(생활)의 변화를 연수(number of year)로 나타낸 것이다. 양적 변화는 발병에 의한 수명의 감소로 표현하고 질적 변화는 발병에 의해 불편해진 인생의 길이에 근거하여 연수로 나타내었다. 건강영향의 경제적 가치를 산출할 때, 장애보전손실년수는 집단 개개인의 나이와 무관하게 1년이란 기간은 같은 가치로 평가하고 특정 질병에 기인한 조기사망으로 인한 수명의 손실(YLL : years of life loss)과 질병 발병으로 인한 생활의 불편함을 겪는 연수, 즉 발병 및 장애로 인해 손실된 건강년수(YLD : years of life disabled)의 합으로부터 산출하기도 한다(AG. Schuur 등, 2008). 여기서 수명의 손실, 발병 및 장애로 인해 손실된 건강년수 및 장애보전손실년수는 위암, 간암 등 각종 암 외에도 생활에 지장을 주는 간질, 치매 등의 신경정신 질환, 감각기관 관련 질병, 심장병을 포함한 심혈관계 질환, 천식 및 폐 섬유종과 같은 호흡기계 질병, 소화계 질병, 근골격계 질병, 비뇨기과 질병, 선천적 질병에 대해 문헌 값을 사용할 수 있다. 장애보존손실년수가 개개인에 대한 값임을 고려할 때, 대상 집단에 대한 건강 영향(damage)에 대한 가치는 집단의 크기, 즉 대상 집단을 구성하는 인구수(Np)와 대상 질병이 발생할 확률(Rd)을 대상 질병에 대한 DALY의 총합에 곱해준 값을 근거로 산출할 수 있다.

$$DALY = YLL + YLD \qquad \text{식(20.7)}$$

$$Damage = Np \times \Sigma DALY \times Rd \qquad \text{식(20.8)}$$

장애보전손실년수는 발병 또는 장애로 인한 삶의 부담을 연수로 정량화한 것이다. 그러나 장애보전손실년수는 1년을 단위로 환산한 값이기 때문에 암과 같은 장기간 고통을 받거나 생명의 단축이 예상되는 질병, 수명의 단축보다는 삶의 질에 보다 많은 영향을 주는 선천적 또는 만성적 질병 및 급성 질병의 경우에 따라 접근방법, 추가 고려항목 및 불확실성의 근원에 차이가 있을 수 있다. 특히 독감(influenza), 식중독 등과 같은 급성 질환의 경우, 1년 내내 고통을 받는 질병이 아니므로 질병에 의해 영향을 받는 실제 기간을 연수로 환산(a fraction of year)해서 장애보전손실년수를 평가하거나(Murray and Lopez, 1996), 질병의 경중(weight factor)을 고려할 때 실제 기간에 이 요인을 고려하여 장애보전손실년수를 평가할 수 있다(AG Schuur 등 2008). 단 이때에도 이러한 요소가 중복으로 고려되었는지에 대해늘 확인해야 한다.

② 질병 비용 정량평가

질병 비용(COI : cost of illness)은 대상 질병으로 인해 지불한 실제 의료비 또는 사용할 것으로 예상되는 의료 서비스와 그 사용 횟수로부터 산출할 수 있다. 보통 세금을 제한 수입과 여가시간의 상실에 대한 기회비용에 근거하여 발병으로 인한 수입의 감소를 산출한다. 여가시간의 상실에 의한 기회비용은 보통 세금을 제한 후의 수입의 약 1/3~1/2 정도로 추정한다.

총 질병 비용은 질병으로 인해 하루 동안 소비하는 약과 하루 동안 받은 의료 서비스 이용 등을 위해 지불하는 비용, 일일 수입 손실 및 여가시간 상실에 대한 가치의 합을 발병기간과 질병 횟수의 곱에 근거하여 산출한다. 유럽연합(ECHA, 2003)과 미국은 관련 비용을 질병에 따라 제시하고 있다.

③ 질병/사망을 피하기 위한 지불의사에 대한 정량적 평가

건강영향 평가 수행 시 사회·경제적 영향을 분석하여 계획 또는 사업의 추진에 의한 건

강상의 편익을 주로 특정 질병을 피하기 위한 개인의 지불의사(WTP : willingness to pay), 생산성 손실 저감, 간병 비용 절감 등에 근거하여 산출한다. 질병 또는 사망을 피하기 위한 지불 의사는 장애보전연수에 의한 손실 비용으로부터 이를 회피하기 위한 비용으로 역산되기도 한다. 유럽연합과 미국의 경우 자국민의 건강상태, 발병률, 소득 등을 기반으로 특정 질병에 대해 여러 범위의 지불의사비용을 산출하였다. 우리나라의 경우 외국의 경우처럼 각각의 질병에 대한 지불의사에 대한 정량적인 값이 산출되어 있지 않다. 따라서 보다 정확하게 건강영향에 대한 사회·경제적 평가를 수행하기 위해 우리나라의 국민 소득, 건강 상태에 맞는 지불의사 비용을 산출하는 것이 필요하다.

4) 불확정성 분석

(1) 불확정성 분석이란?

건강 영향을 평가할 때 발생할 수 있는 불확정성 유발 요인을 확인하고 각 요인이 평가 결과에 미치는 영향의 정도를 어느 정도인지를 정성/정량적으로 평가하는 것이다.

(2) 불확정성 분석 방법

① 불확정성 유발 요인 확인

세계보건기구에서 제시한 불확정성 분석 지침서(WHO, 2009)에서 불확정성은 시나리오, 적용한 모델 및 사용한 매개변수(parameter) 세 개의 부류에 의해 유발된다고 제안한다. 첫째, 시나리오의 경우 평가대상 활동, 물질, 집단, 물질의 배출, 거동, 노출 경로 등 영향을 정의하는 것과 관련된 모든 요소라고 설명하고 있다. 둘째, 모델과 관련된 불확정성은 주로 잘못되거나 불완전한 정보, 관련 요인에 대한 미흡한 정량적 조사, 잘못된 모델의 선택 또는 주요한 요인에 대한 고려가 결여된 것 등에 기인한다. 또한 모델 적용시 사용한 가설과 식의 종류에 따라 불확정성이 발생하고 그 정도와 방향성이 다르다고 볼 수 있다. 특정 요인이 모델에서 고려되지 않았거나 각 요인과 결론간의 상관관계, 요인간의 상관관계, 평가하고자 하는 영향에 적합한 모델의 부재로 대체 모델을 사용하는 경우 불확정성이 발생한다. 셋째, 매개변수에 기인한 불확정성이 있다. 각 변수에 대한 부정확한 보정, 기계오차, 설문지 설계 오류 등에 대한 측정값 오류, 대표성, 민감 계층, 지역 범위 등에 대한 선정 오류, 정확한 상황에 맞는 자료가 없어 대체 자료를 사용하거나 전문가 의견을 수렴하는 경우 각 전문가마다 그 의견이 다를 수 있기 때문에 발생하는 불확정성이 여기에 해당된다. 또한 자료가 부족하여 모델에 초기 설정된 변수 등 대표성이 결여된 자료가 포함하고 있는 불확정성, 예를 들어 어른의 경우로부터 유아, 어린이, 청소년, 임산부 등에 대해 외삽하는 경우의 불확정성이 있다.

② 단계적 분석 : 불확정성 분석 방법 선택

가용한 자료의 범위와 신뢰성에 근거하여 불확정성을 정성적으로, 반정량적으로 또는 정량적으로 분석할 것인지를 결정한다.

③ 불확정성 유발요인 평가

불확정성 분석은 불확정성을 야기할 수 있는 가능한 모든 요인을 확인하고 각 요인에 대해 불확정성의 정도, 이를 판단하기 위한 자료의 가용성 및 이러한 판단이 주관적인지 또는 객관적인지를 반정량적인 결과로써 서술한다.

불확정성 유발요인 중 평가를 위해 사용한 자료에 불확정성이 내포되어 있다면 해당 자료의 정확성, 신뢰도, 과학적 일관성, 가능성 등에 근거하여 판단한다. 반면에 불확정성이 건강영향을 평가할 때의 주관적인 선택에 기인한다면 이 때 선택의 차이, 각 이해당사자간의 선택의 차이, 상황적 제약이 선택에 미치는 영향, 평가자의 개인적 견해가 선택에 미치는 정도와 이러한 선택이 평가 결과에 미치는 영향에 고려하여 불확정성을 평가한다.

(3) 불확정성 평가 결과

① 중복 고려

건강영향 평가 및 사회 경제적 가치 평가의 모든 단계에서 중복적으로 고려된 사항이 없는지에 대한 확인이 필요하다. 이는 주로 여러 요소를 통합적으로 평가할 때 특정 항목이 중복적으로 고려되어 건강 영향이나 이와 관련된 총 사회·경제적 가치가 과평가되는 것을 방지하기 위함이다.

② 불확정성 유발 요인 확인 및 민감성 평가

시나리오, 모델, 매개변수 상에서 건강영향을 평가하거나 사회·경제적 영향을 분석할 때 고려되는 모든 요소에 대해 각 요소가 갖고 있는 불확정성을 확인하고 평가결과에 미치는 영향의 크기를 정성적 또는 정량적으로 비교해 본다. 최종 평가결과에 미치는 영향과 민감성이 비례한다고 볼 수 있다.

③ 불확정성에 대한 정성적 평가

불확적성 유발 요인을 확인하고 각각의 요인에 대해 시나리오, 모델, 매개변수가 변할 때 각 요인이 건강 영향과 이와 관련된 사회·경제적 가치를 과평가 또는 저평가 중 어느 방향으로 유도하는지에 대해 정성적으로 평가한다. 가능하다면 각 요소의 영향의 정도를 상중하로 나타 낼 수도 있다.

④ 불확정성에 대한 정량적 평가

불확적성 유발 요인을 확인하고 각각의 요인에 대해 시나리오, 모델, 매개변수가 변할 때

각 요인이 건강 영향과 이와 관련된 사회·경제적 가치를 과평가 또는 저평가 중 어느 방향으로 유도하는지에 대해 정량적으로 평가하는 것이다. 대부분의 경우는 각 시나리오와 항목에 대한 정보 부족으로 인해 세밀한 정량화는 매우 어렵기 때문에 불확정성의 방향과 그 정도를 상중하 정도로 나타내는 반정량적 평가를 주로 수행한다.

5) 결과 도출

(1) 결론 도출

건강영향평가 또는 이에 대한 사회·경제적 영향분석을 수행한 결과 영향 비교, 건강 영향의 분포 확인 및 평가, 불확정성 평가 및 결론 도출 가능성 또는 추가 분석에 대한 결정의 4단계로 결론이 도출된다(그림 20.6).

우선 수집한 자료와 작성한 시나리오에 근거하여 발생 가능한 영향을 확인하고 그 정도를 평가하여 주요 영향을 도출한다. 이에 대해 사회, 경제, 지역적 특성에 따라 각각의 영향의 분포를 확인하고 평가한다. 이 과정을 통해 민감 계층, 취약 집단 및 지역을 확인할 수 있다. 또한 이를 통해 관련 집단 또는 지역이 받는 부정적인 영향을 저감하고 이들의 환경과 건강을 보호할 수 있도록 사업이나 계획을 수정하거나 대안을 제안한다. 영향평가 결과가 도출되면 다시 수집한 자료와 과정을 검토하여 관련된 불확정성 요인과 그 정도를 확인하여 불확정성이 건강영향평가 결과 도출에 미치는 결과를 확인하고 만약 불확정성을 감소시킬 수 있다면 평가를 다시 수행한다.

위의 과정을 통해 결론 도출 가능성을 확인한다. 만약 가능하다면 해당 지역, 집단에 대한 건강영향의 종류와 정도를 정성적 또는 정량적으로 기술한다. 그리고 그 결과가 갖는 사회·경제적 영향도 분석하여 정성적 또는 정량적으로 기술한다. 그러나 결론 도출이 어렵다면 추가로 수집해야할 자료와 분석의 필요성을 결정하고 제안한다.

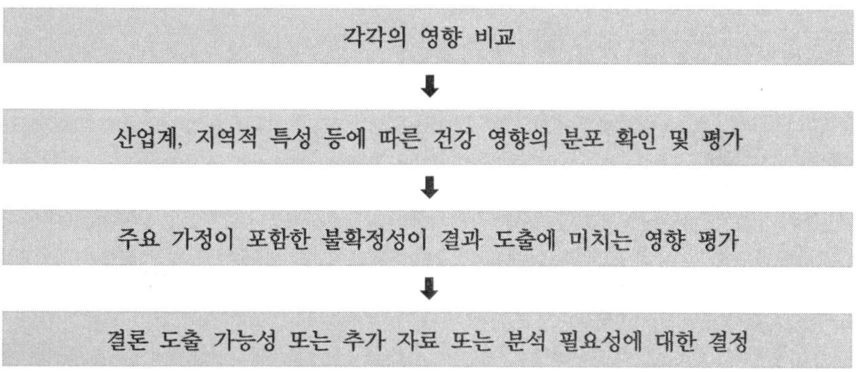

그림 20.6 결과 도출 단계

(2) 보고서 작성

사업 또는 계획의 추진에 의한 영향을 사전에 확인하고 평가하여 환경과 건강을 보호하고 부정적인 영향을 저감 예방하기 위해 필요시 대안 마련이 필요하다. 또한 건강영향평가의 가치 중의 하나인 여러 이해당사자들의 참여를 통한 투명성 제고를 위해 평가 결과를 공유하는 것이 중요하다. 따라서 건강영향평가 보고서에 필요한 모든 정보를 기술하고 이를 여러 이해당사자가 이해할 수 있도록 작성하는 것이 중요하다.

이 보고서에는 해당 사업 또는 계획에 대한 정보와 건강영향을 평가하는 목적을 기술하고 평가 결과인 확인된 영향과 그 정도, 관련된 집단과 지역을 제시하는데 이때 주요 영향, 취약 집단 및 지역을 우선 기술한다. 또한 대안이 필요한 경우 대안을 제안하기도 한다. 여기서 필요시 부족한 정보의 유무와 수집 필요성 등을 기술한다. 부족한 정보 또는 불확실성 요인을 기술하면 향후 비슷한 경우에 건강영향을 평가할 때 자료 수집 또는 평가 과정을 개선하는데 도움이 된다.

6) 건강영향평가 협의

건강영향평가를 추진할 때 계획서 작성 단계부터, 평가 진행, 평가 결과 도출 등 전 단계에서 관련된 이익단체와의 협의가 포함되어 있다. 건강영향평가 협의 단계(환경부, 2013)는 그림 20.7과 같다.

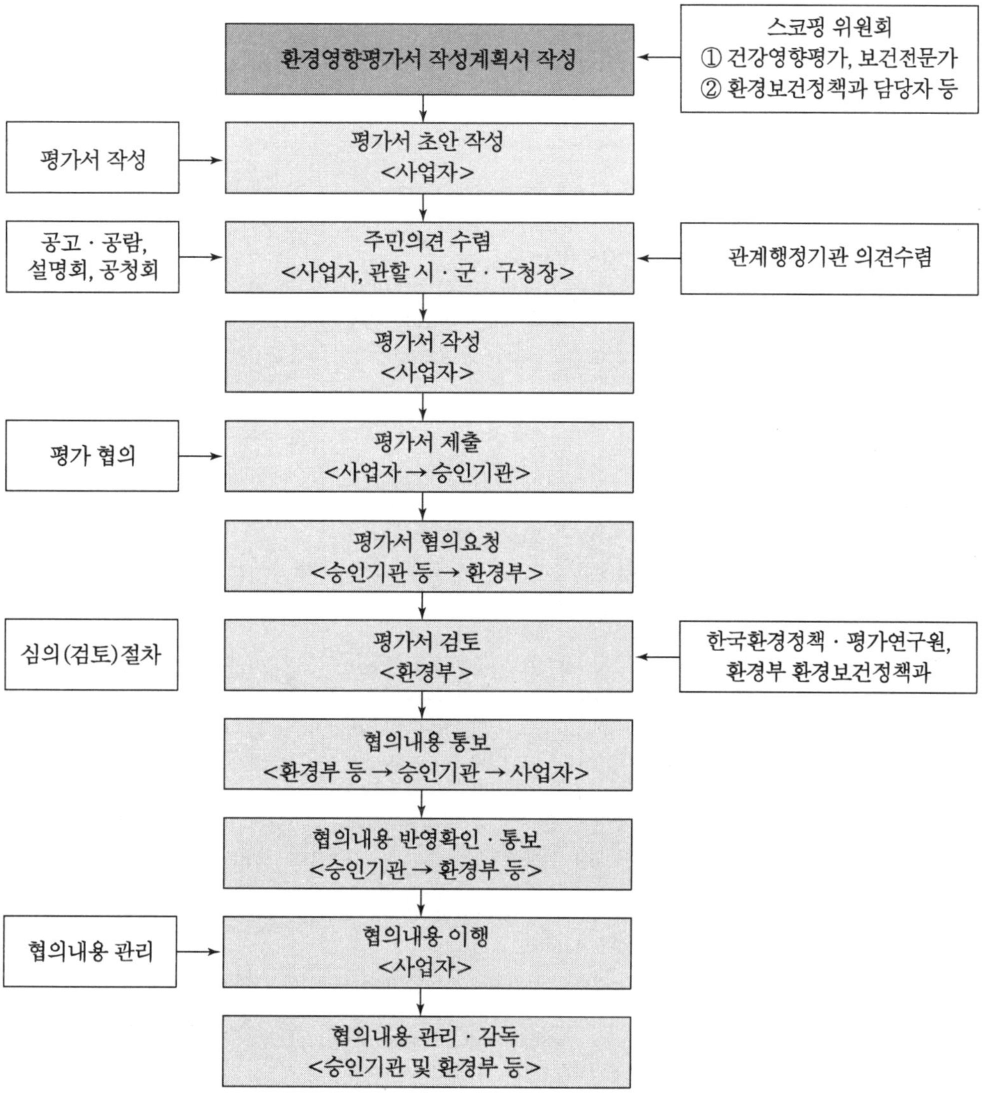

그림 20.7 건강영향평가협의 단계

출처 : 환경부, 2013, 환경영향평가서 내 위생공중보건 항목 작성을 위한 건강영향 항목의 평가 매뉴얼.

참고문헌

김임순 외, 2004, 환경정책, 12(2), pp. 81-110.
한상욱, 2003, 2003년도 한국환경정책학회 정기총회 및 학술대회자료집, 9-49.
한상욱, 2004, 2004년도 한국환경영향평가학회 추계학술발표회 자료집.
환경부, 2013, 환경영향평가서 내 위생공중보건 항목 작성을 위한 건강영향 항목의 평가 매뉴얼.
환경부, 2011, 건강영향 항목의 평가 매뉴얼.
환경부, 2016, 환경보건법.
환경부, 2016, 환경영향평가법.
환경부, 2016, 환경보건법 시행령
환경부, 예규, 2013, 건강영향 항목의 검토 및 평가에 관한 업무처리지침.
환경부, 자연보전국, 2012, 「환경영향평가법」 전부개정법률안 설명자료.
황희연, 2003, 국가균형발전정책과 환경정책방향, 환경정책의 새로운 패러다임 모색을 위한 정책토론회, 한국환경정책학회, 139-160.
ECHA, 2003, The ECHA guidance on SEA and Restrictions.
European Commission, 2001, Contract No. B4-3040/99/136634/MAR/B4 (1999) SEA and Integration of the Environment into Strategic Decision Making, 1-7.
Imperial college, London, University of Stuttgart, 2011, Risk and policy analysts Ltd., Assessing the Health and Environmental Impacts in the Context of Socio-economic Analysis Under REACH.
Murray, C. J. and Lopez, A. D., 1996, The global burden of disease. Harvard University Press.
OECD, Applying Strategic Environmental Assessment; Good Practice Guidance for Development Co-operation, 2006.
Schuur, A. G., et al., 2008, Health impact assessment of policy measures for chemicals in non-food consumer products, RIVM Report.
WHO EUROPE, 1999, Declaration Third Ministerial Conference on Environment and Health London, 16-18 June 1999, 1-17.
WHO EUROPE, 1999, Health Impact Assessment, Main Concept and Suggested Approach. Gothenburg Consensus Paper December 1999, 1-10.
WHO EUROPE, 2001, Health Impact Assessment as part of strategic environmental assessment, 1-30.
WHO EUROPE, 2002, Environmental Health Indicators for the WHO European Region Survey Methods for Environmental Health Assessments, 3-35.
WHO EUROPE, 2002, Technical Briefing Health Impact Assessment, Regional Committee for Europe, Fifty-second session, Copenhagen, 1-9.
WHO, 1998, Health for all Policy for the 21C.
WHO, 2001, Health Impact Assessment in Development Policy and Planing, Report of an Informal WHO Consultative Meeting, Cartagena, Colombia 28 May, 5-23.
WHO, 2002b, The World Summit on Sustainable Development Report by the Secretriat, Fifty-Fifth World Health Assembly Provisional Agend Item, 13.3.

제21장

환경영향평가의 패러다임 전환

환경영향평가는 예방적 환경정책 도구로서 1969년 미국 국가환경정책법에 최초로 도입된 이후 전 세계적으로 운용되고 있다. 우리나라도 1977년에 환경보전법에 '사전협의' 형태로 도입된 이후 국제사회의 정치이념으로 자리 잡은 지속가능발전 개념이 활발하게 논의된 1990년대를 거쳐, 녹색성장을 우리나라의 지속가능발전 전략으로 제시한 2008년 이후 지속적으로 발전되어 왔다. 아울러 2013년부터는 우리나라 국정의 주요정책 기조인 창조경제의 틀에서도 환경영향평가제도는 중요한 사전적 예방환경정책 수단으로서 시행착오를 겪으면서 꾸준히 개선되어 오고 있다.

이 장에서는 환경 및 환경정책 개요를 살펴보고, 환경영향평가가 정책수단으로서 역할, 그리고 지속가능발전, 녹색성장, 지속가능발전목표(SDGs)를 살펴보고, 환경영향평가제도의 패러다임 전환을 통한 발전방안을 제시하고자 한다.

1 환경쟁점과 환경정책

1) 환경쟁점

환경에 대한 접근방법에 따라 환경영향평가에 대한 접근방법이 달라지기 때문에 환경영향평가를 논하기 전에 '환경'의 개념을 검토할 필요성이 있다. '환경'이라는 용어는 프랑스의 B. Pascal(1623～1662)에 의하여 처음 사용된 것으로서, '중심에 존재하는 물체를 둘러싸는 것'이라는 의미로 'milieu'를 사용하였는데, mi는 영어의 middle(중심), lieu는 place(장소)를 의미한다. 독일계 덴마크 시인인 J. I. Baggensen은 1800년에 지은 '나폴레온(Napoleon)'이라는 송시에 '환경', 즉 'Umwelt'를 사용하였는데,[74] 바겐센은 '경험하는 나'의 반대로서 '외부'라는 의미로 '환경'이라는 단어를 사용하였다.[75] 이후 A. Conte(1789～1857)는 생물학

74) 독일어인 Umwelt는 um (around) + welt(world)의 합성어로서 세상을 둘러싼 것을 의미한다.

에 이 용어를 도입하여 '생물의 존재에 필요한 모든 외적 조건'이란 의미로 사용하기도 하였다.[76)]

환경의 개념은 협의의 환경과 광의의 환경으로 구분하여 정의할 수 있다.[77)] 우리나라 환경정책기본법 제3조는 '환경'을 자연환경과 생활환경으로 정의하여 협의의 환경개념을 사용하고 있다. 자연환경이란 지하・지표(해양을 포함) 및 지상의 모든 생물과 이들을 둘러싸고 있는 비생물적인 것을 포함한 자연의 상태를 의미하고, 생활환경이란 대기, 물, 폐기물, 소음・진동, 악취 등 사람의 일상생활과 관계되는 환경을 의미하는 것으로 규정하고 있다. 한편 광의의 환경이란 생물의 생활을 영위하는 공간, 즉 모든 생물이 사는 서식처이며, 또한 이에 영향을 주는 생활권을 의미한다. 이는 인간의 물리적・기술적・경제적・사회적 생활여건과 생활관계를 결정하는 외부적인 현상을 총칭한다고 볼 수 있다. 따라서 광의의 환경은 협의의 환경에 경제적・사회적・문화적 부문을 포함시킨 것이라고 볼 수 있다.[78)]

환경에 대한 인간의 관심은 인류 역사만큼이나 오랫동안 지속되어 왔고, 인류는 환경과 직결되어 있어서 환경의 영향을 받고, 또 환경에 영향을 주면서 살아오고 있다. 그런데 우리 인류에게 1960년대 이후 환경문제는 자연과 역사발전에 대한 인류의 세계관, 정치경제적 사회구조와 생산소비 메커니즘, 기술과학의 발달과 그에 의존한 삶의 패턴 등 다양한 요소들이 얽힌 복합적인 문제로서 부각되기 시작했다.

최근 가장 중요한 전 지구적 환경문제로 부각된 기후변화의 원인을 살펴보면 크게 자연적인 원인과 인위적인 원인으로 구분할 수 있다. 자연적인 원인에는 대기, 해양, 육지 등의 상호작용에 의한 변화, 화산폭발에 의한 화산재, 먼지 등의 분출물에 의한 변화, 태양 활동의 변화, 지구 공전궤도의 변화 등이 있다. 한편, 석탄, 석유, 천연가스 등 화석연료를 에너지원으로 사용하면서 대기 중 온실가스 농도가 증가하는 등의 변화와 산불, 벌목 등에 의한 숲의 파괴가 가져온 자연환경의 변화 등이 주된 인위적인 원인이 되고 있다. 특히 자연적인 원인보다 인위적인 원인이 최근 기후변화의 큰 문제가 되고 있다. 유엔 '기후변화 정부간 패널'(IPCC : Intergovernmental Panel on Climate Change, 2013)은 지구에너지에 불균형을

75) 환경의 기능은 크게 네 가지로 분류되는데, 첫째, 생산의 기능, 둘째, 운반의 기능, 셋째, 정보의 기능, 넷째, 규칙의 기능이다(Summerer, 1989).

76) 홍시환, 김추윤, 권동희, 1994. 환경계획학. 도서출판 신라.

77) 환경을 물리적환경과 사회적 환경, 그리고 자연환경과 인공환경으로 분류하는 사례도 있다[김안제, 「환경과 국토」, 1979, 25면]. 물리적 환경은 자연의 법칙에 의해 만들어진 환경으로서 자연적 및 인공적인 것이 포함되며, 사회적 환경은 인간사회의 질서와 능률을 확보하기 위하여 인간에 의해 형성된 인공환경을 의미하고, 자연환경은 우주의 생성과정에서 자연적으로 만들어진 것이며, 인공환경은 인간의 편의를 위해 의지와 노력이 투입되어 이루어진 환경을 의미한다. 물리적 환경에는 지형, 지질, 지표수 및 지하자원, 수질, 대기질, 기후 등이 포함되며, 사회적 환경과 인공환경에는 인구동태와 분포, 사적지 및 고고학적 의의가 있는 입지, 인간복지의 경제적 지표 등이 포함된다. 그리고 자연환경은 수종, 초목류, 물고기, 파충류, 조류, 포유동물 등을 포함하며, 그 지역의 동・식물이 포함한다(안기희 외, 1989, 환경경제론).

78) J. Henry and G. Heinke, Environmental Science and Engineering, 1989.

초래하는 모든 물질과 과정이 기후변화의 원인이며, 특히 대기 중의 CO_2 농도가 주요 원인이라고 밝혔다.[79)]

이러한 전 지구적 기후변화 등의 환경문제는 인간의 인위적 활동이 지속불가능한데서 발생된다고 볼 수 있으며, 따라서 온실가스의 배출을 증가시키는 인간의 활동에 대한 조정이 가장 중요한 21세기의 당면 과제임을 알 수 있다.

국내적으로는 기후변화로 인한 환경영향을 포함한 미세먼지 및 초미세먼지 등 대기 환경문제가 크게 화두가 되고 있다. 또한 4대강 개발사업, 밀양 송전탑 건설사업, 최근 성주 사드배치 등의 갈등은 사회적 문제로 대두되면서 환경영향평가의 신뢰성 및 객관성 문제를 제기하고 있다(표 21.1). 이와 같이 환경갈등을 해소하는 지속가능한 사회 기반 구축을 위하여 환경영향평가의 신뢰성 확보는 지속적 환경정책과제가 될 것이다.

표 21.1 환경 문제 관련 갈등 사례

환경갈등 사례	문제점	주요 관련 영역	비고
4대강 사업(2010) 태안 조력발전소(2011)	• 4대강 수질 악화 • 갯벌 파괴와 수질변화	수환경 및 수생태계	
설악산 케이블카 건설사업(1995~2015) 강원도 골프장 건설(2011)	• 고산 희귀식물 소실 • 산작약, 삵, 담비 등의 멸종위기식물 서식지 파괴	자연생태환경	
경기 동탄 2신도시 개발공사(2013)	• 법적 보호종 서식지 누락	자연생태환경	
성주 사드 배치(2016) 밀양 송전탑 사건(2014)	• 레이더 전자파 위해성 • 송전선로 발생 전자파 위해성	전자파 등	

2) 환경정책 원칙

환경정책은 환경문제의 해결을 위한 정부의 공공정책을 의미한다. 다시 말하면 환경에 나쁜 영향을 미치는 생산·소비활동이나 열악한 환경현상을 대상으로 하는 정부의 공공정책을 말한다. 이렇게 볼 때 정부가 환경오염행위나 환경파괴행위를 규제하거나 환경시설의 설치 및 환경보전사업에 투자함으로써 바람직한 환경상태의 달성과 유지를 추구하는 여러 가지 정부정책을 총칭하여 환경정책이라 말하는 것이다.

환경정책의 목표는 환경정책이 추구하는 바람직한 상태를 말한다. 정부가 각종 환경정책수단을 이용하여 환경문제를 해결하려는 궁극적인 목표는 쾌적한 환경을 조성하여 생활의 질을 향상시키는 것이라 할 수 있다. 최근 우리나라 정부가 지향하고 있는 환경정책목표는 "국민행복을 완성하는 고품위 환경복지"로서 건강하고 안전한 환경조성, 환경의 새로운 가

79) CO_2 농도는 2011년 391 ppm으로 1750년 산업화 이후 인간 활동에 의해 40% 증가한 것으로 분석되었다.

치와 기회창출, 환경과 경제가 상생할 수 있는 환경정책 등 주요 정책과제를 설정하고 있다(환경부, 2015).

그러나 이러한 환경정책의 목표는 일정불변한 것은 아니고 국가마다 그 나라의 국토환경 그리고 경제·사회적 상황에 따라 환경에 대한 가치기준이 다르므로 가변적일 수밖에 없다. 즉, 환경정책의 목표는 그 시대의 환경조건, 산업구조, 기술구조 그리고 국민의 환경이념이나 환경의식의 변화에 따라 달라진다고 볼 수 있다.

환경문제는 결과적으로는 경제개발과정에서 발생되는 것이기 때문에 양자는 서로 상충관계에 있게 된다. 경제개발을 위하여 추진되는 도로 등 사회간접자본시설의 건설, 공업단지 조성, 대단위 아파트 단지 조성 등은 필연적으로 자연의 훼손과 각종 오염이라는 결과를 초래한다. 이와 같이 서로 상반되는 정책목표는 이해집단간의 타협과정을 통하여 절충되어 결정되는데, 이렇게 볼 때 환경기준의 설정은 과학적인 판단으로부터 출발하여 정책적 타협으로 종결되는 상당히 비합리적 결과물이라 할 수 있다.

정책과정에서 언제나 가치의 문제가 결부되어 다양한 가치들이 동시에 실현되기를 기대하고 있다. 성장과 안정, 개발과 보전, 효율과 형평 등은 각각 상충관계에 있는 가치들로서 어느 하나의 가치도 소홀히 할 수 없는 것들이다. 그렇지만 어떤 정책을 전개함에 있어 이러한 가치들을 동시에 실현하기란 거의 불가능하다는 것이 현실적인 한계이다. 바로 여기에 정책결정자의 딜레마가 있다. 이 중 가장 두드러진 것은 소위 '개발과 보전의 딜레마'이다.

환경정책의 범위는 국가마다 다르다. 구체적으로는 대기, 물, 토양 등의 환경문제를 줄이고 자연생태계를 유지·보전하려는 정책을 가리키는 것이 보통이다. 환경정책을 광의로 해석하면 토지이용정책, 에너지정책, 산업정책, 과학기술정책 등의 공공정책 중에서 그 일부가 환경보전을 의도한다면 이들 정책 역시 환경정책에 포함된다 할 수 있을 것이다. 다만 이러한 정책은 자기 나름의 기능과 정책목표를 갖고 있기 때문에 이들 중 어디까지를 환경정책의 범위에 포함시켜 추구하느냐의 결정은 의사결정권자의 정책의지에 달려있다 할 것이다.

그리고 실제로 각 나라의 환경정책을 전담하는 중앙부처의 기능을 보면 각양각색이다. 예를 들어, 영국의 환경전담 중앙부처는 우리나라의 환경부 기능에 더하여 국토교통부가 담당하는 국토계획 전반을 포괄하는 환경정책을 수립·추진하는 기능을 갖고 있다. 독일의 연방환경부는 1986년 설치되면서 환경 및 자연보호 기능에 우리나라의 안전행정부가 갖고 있는 '안전' 기능을 함께 다룬다. 사실상 정부정책 중에서 어느 정책에 우선순위를 두어 정책조화를 도모할 것인지 또는 어느 범위까지 다루어야 할지가 환경정책의 범위를 정하는 관건이 된다. 이는 그 나라의 경제적·사회적 여건과 전통 그리고 정치세력 및 의사결정권자의 가치판단에 달려있다 할 것이다.

환경정책을 수립하고 이를 집행하는 데는 기본적으로 적용하여야 할 기본원칙이 있어야 한다. 국가의 환경보전은 환경법 및 환경정책적 기본원칙에 기초하고 있는데 이 원칙들은 헌법의 환경권 규정과 환경보호에 관한 기본법인 환경정책기본법, 기타 개별 환경법의 규정들로부터 도출될 수 있다. 오늘날 환경법의 기본원칙으로는 사전예방의 원칙, 원인자 책임의 원칙, 상호협력의 원칙 등이 일반적으로 적용되고 있다.

첫째, 사전예방의 원칙(Precautionary Principle)은 개인, 기업, 정부 등 모든 행동의 주체들이 환경에 영향을 미치는 의사결정을 함에 있어 환경보전에 적합한 예방적인 고려를 하도록 한다는 원칙이다. 환경보호를 위해서는 환경에 대한 오염이 발생한 후 그 오염을 제거하는 것만으로는 부족하며 이를 넘어서 사전에 환경오염이 발생하지 않도록 노력해야 한다는 원칙을 말한다. 환경파괴를 미리 예방하는 것이 가장 경제적이고 효과적인 방법이라 하겠다. 사전예방의 원칙에 의거한 대표적인 수단이 환경영향평가이다.

또한 사전배려의 원칙은 사전예방의 원칙이라고도 하는데, 규제를 하지 않는다면 회복할 수 없는 심각한 환경파괴의 결과를 가져올 가능성이 있는 경우에는 그 결과의 발생에 대한 과학적 입증이 존재하지 않는 경우에도 사전배려의 차원에서 조치가 취해지거나 금지가 내려져야 한다는 원칙을 의미한다. 즉, 환경피해의 원인을 파악하고 대책을 마련함으로써 원인의 사전제거를 통하여 환경오염 및 이로 인한 피해가 일어나지 않도록 대처하여야 한다는 원칙이다.

둘째, 오염원인자부담원칙(PPP : Polluter Pays Principle)은 환경오염의 원인을 제공한 자가 환경오염의 방지·제거 및 손해전보에 관하여 책임을 져야 한다는 원칙을 말한다. 이 원칙은 주로 '환경비용을 누가 부담할 것인가'라는 '비용귀속의 원칙'으로서 기능을 하지만, 그 밖에 환경오염의 방지·제거를 위해 오염자에게 일정한 작위 또는 부작위의 의무를 부과하는 것도 포함하는 것으로의 '실질적 책임 귀속의 원칙'을 말하기도 한다.[80] 오염자부담원칙의 전통적인 개념은 오염자가 환경을 만족스러운 상태로 유지하기 위해서 필요한 환경오염 방지 및 통제 비용을 부담하여야 한다는 것이다. 환경오염이 발생한 경우 오염원인자를 확정하는 것은 쉬운 일이 아니다. 오염 원인자의 확정문제는 환경정책의 목표달성을 위한 입법자의 형성의 자유에 속하는 것이지만, 일반적으로 생산자와 소비자가 원인자의 범주로 포함될 것이다.[81]

셋째, 상호협력의 원칙이란 환경보전 목표를 달성하기 위하여 국가와 국민, 사업자들이 서로 협력하여야 한다는 원칙이다. 여기서 협력이란 개인, 환경단체, 과학계, 산업계 등이 환경

80) OECD에서 1972년에 경제원칙으로 출발하여 점차 환경과 경제원칙으로 발전하였다.

81) 리우선언 제 16조 원칙에서 "국가당국은 원칙적으로 '오염자가 공공이익에 대한 적절한 배려와 국제무역과 투자를 왜곡함이 없이 오염비용을 부담하여야 한다'는 원칙을 고려하여 경제적 수단의 사용과 환경비용의 내재화를 촉진하기 위해 노력하여야 한다"라는 새로운 개념을 제시하였다. 여기서의 오염비용 또는 환경비용(cost of pollution or environmental cost)에는 오염의 예방, 통제 그리고 저감조치에 따른 비용, 환경복원조치에 따른 비용(저감조치에 의해 충족되지 못한 환경의 정화 및 복원 비용), 피해보상조치에 따른 비용(환경피해자의 피해에 대한 배상), 생태적인 피해에 대한 비용(환경생태계에 대한 피해비용, 공공당국에 대한 잔여피해 배상, 과도한 오염에 대한 벌금 등), 환경오염 부과금 비용 또는 동등한 경제적 수단(오염허가증 거래제도, 환경세, 생태부담금) 등을 포함한다.

에 대해 공동책임을 지는 것을 의미하기도 하며, 환경부문내에서 뿐만 아니라 환경부문과 타 부문 사이의 협력이라는 이중적 의미를 갖는다. 이 원칙은 환경정책의 목표를 가능하면 광범위한 지지기반 위에서 달성하고자 하는 정치적 절차를 정한 것이다. 정부는 경제주체와 사회집단들이 환경정책의 목표와 수단의 설정과 집행과정에 참여할 수 있도록 노력해야 할 것이다.

2 환경영향평가의 구성체계

환경영향평가의 핵심가치로는 첫째, 환경보전을 위한 장치로서의 지속가능성(Sustainability), 둘째, 환경영향평가의 과정은 합의된 기준과 원리와 부합되는 완전성(Integrity), 셋째, 균형 있고 신뢰할 수 있는 정보를 의사결정에 제공함으로써 갖는 유용성(Utility) 등이 있다.[82)]

환경영향평가는 예방적 환경정책도구로서 환경정책 수단으로서 특성을 갖고 있는데, 첫째, 정책 제도적 측면, 둘째, 절차적인 측면, 셋째, 내용과 방법론적인 측면 등 세 개로 구성되어 있다(그림 21.1).

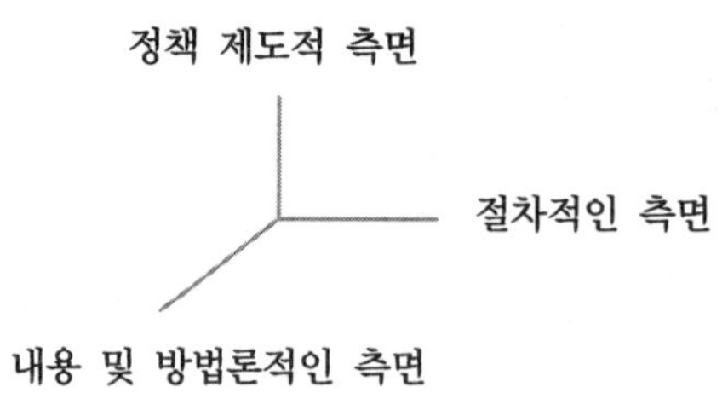

그림 21.1 환경영향평가의 구성체계

1) 환경영향평가의 정책제도적 측면

환경영향평가의 정책제도적 측면은 환경평가의 결과가 계획의 변경 및 개발사업의 실시여부 등을 결정하는, 즉 계획하고 있는 사업의 환경영향의 정도를 평가하여 사업의 실시여부에 관한 의사결정에 영향을 줄 수 있는 중요한 자료가 된다. 환경영향평가는 정책계획 및

82) IAIA(2002)

개발기본계획의 수립 시에 의사결정의 중요한 도구의 하나로서 그 결과가 사업시행여부에 영향을 미치므로 정책제도적 측면의 특성이 있다.

환경영향평가의 주목적은 환경영향평가서를 작성하여 계획된 개발행위의 진행과정으로 인하여, 또는 그 결과로부터 환경에 미치게 되는 모든 영향을 정확히 밝혀내어, 이들 영향을 피하거나 극소화할 수 있는 방안을 모색하는데 있다. 또한 자연자원의 효율적인 합리적인 이용으로 생활수준을 제고함으로써, 사회 각 분야의 발전에 촉매적 역할로서 기여하는 기본계획 도구로서 개발사업의 실행과 운영을 통하여 환경을 개선하고, 정책결정자와 기업가 그리고 일반 주민에게 환경에 대한 위험성을 경고하는 동시에 가장 합리적인 결정을 선택하게 함으로써 국가 지방자치단체, 기업가, 주민이 일체로 되어 양호한 환경의 질의 보전과 천연자원을 관리하려는 데 두고 있다. 즉, 환경영향평가는 의사결정 자료로서의 역할을 다 할 수 있도록 사업자가 계획을 수립하는 과정에서 환경에 최소한의 영향을 미치는 방향으로 유도한다.

Sabatier와 Mazmanian (1983)은 법적 제도적 인자가 집행과정에 가장 큰 영향을 미치는 요인이라고 강조하였다. 이에 따르면, 환경평가의 정책제도적 측면의 내실화를 위해서는 정책지향의 일관성과 명확성, 정책입안 및 집행권자들의 권위, 지속적 제도적 지원 등이 필수적이다. 이로써 평가 결과가 정책적으로 계획 및 프로그램의 수정 및 보완되거나, 계획의 취소 등의 정책적 결정은 환경평가제도의 위상을 높이고, 지속가능발전을 달성할 수 있다.

2) 환경영향평가의 절차적 측면

환경정책의 도구인 환경영향평가는 법적 절차로서 법률에 의해 정해진 제도화된 절차에 의해 실시되는 것을 말한다. 특히 환경평가는 정책, 계획, 프로그램에 대한 주요 의사결정 시점에서 효과적으로 기존의 절차 내에서 실시하여야 하는 절차적 특성이 있다.

평가제도의 내실화를 위하여 중복방지를 통해 절차를 간소화하여야 한다. 즉, 계획단계에서 전략환경영향평가가 이루어지고 그 결과가 도출된 경우에는 이어서 실시되는 동일사안에 대한 환경영향평가에서는 전략환경영향평가 당시 그 성격상 조사할 수 없었던 환경영향에 대해서만 그 조사할 수 있도록 하는 것이 바람직하다. 이는 전략환경영향평가든 환경영향평가든 양자가 가지고 있는 상호관련성을 최대한 고려하여 실질적이고 효율적인 환경평가를 하여 양 절차간의 조화를 이룬다.

또한 환경영향평가 및 전략환경영향평가의 효과 여부는 어떤 행위를 시작하기 전에 가능한 가장 빠른 단계에서 환경에 미치는 영향을 분석하고 평가하여 적절한 대안이나 대책을 강구하느냐에 달려 있는 측면에서 효율성을 제고할 수 있다.

3) 환경영향평가의 내용 및 방법론적 측면

환경영향평가를 구성하는 세 번째 요소는 내용 및 방법론적인 측면으로서, 환경영향평가서의 문서적 기록은 의사결정시의 중요한 기본 자료가 되므로 평가서는 과학적 사실에 근거를 두고 객관적, 이론적, 체계적으로 작성되어야 한다. 이를 위하여 환경영향평가서는 자연과학, 사회과학, 응용과학 등을 종합적으로 활용하여, 사업으로 인해 영향 받는 모든 환경매개체를 조사, 서술, 분석하여야 한다.

환경영향평가서 및 전략환경영향평가서는 정책결정에 중요한 기본 자료가 되기 때문에 평가서의 질적 수준은 제도의 실효성에 영향을 미치는데, 환경평가의 효과적 운용을 위하여 다음과 같은 9개의 체크리스트가 제시되고 있다.[83)]

즉, 첫째, 환경영향평가참여자와 평가자간에 적절한 의사소통이 있어 참여자의 의견이 환경영향평가서에 반영되는가? 둘째, 사업내용에 관련된 모든 충분한 대안들이 환경영향평가서에서 다루어지는가? 셋째, 환경영향평가서의 모든 대안들은 공정하고 체계적으로 비교되어지는가? 넷째, 최종대안의 선택은 정확 명료히 분석된 데이터와 합리적인 기준에 의하여 정해지는가? 다섯째, 해당사업에 관련된 중요한 모든 환경영향평가인자가 환경영향평가서에서 다루어지는가? 여섯째, 해당사업으로 인한 긍정적, 부정적 영향 및 직 간접적인 영향까지 환경영향평가서에서 다루어지는가? 일곱째, 해당사업에 관련된 모든 행위의 총체적 영향이 환경영향평가서에서 파악되는가? 여덟째, 환경피해를 절감하는 대책이 환경영향평가서에서 체계적으로 다루어지는가? 아홉째, 파악되어진 모든 대안 하나 하나와 관련된 환경영향이 모두 평가서에서 다루어지는가? 등이다.

3 지속가능발전, 녹색성장과 지속가능발전목표

1) 지속가능발전

1992년 리우 유엔환경개발 회의(UNCED)에서 채택된 지속가능발전(Sustainable Development)이라는 개념은 1987년 4월에 발표된 지구환경문제에 관한 포괄적인 보고서 '우리 공동의 미래(Our Common Future)'에서 유래되었다. 이 보고서는 지속가능발전을 '미래 세대의 필요를 충족시켜 줄 수 있는 능력에 손상을 주지 않고 현재 세대의 필요를 충족시키는 개발'로 정의하였다(OECD, 2008).

83) 최용복(1999)

유엔환경개발회의(WCED)는 가속화되고 있는 환경훼손 및 자원고갈이 사회경제적 발전에 심각한 피해를 유발할 수 있음을 전 세계가 인지하여야 한다고 주장하고 다음 두 가지를 기본 이념으로 제시하였다. 첫째, 환경수준, 경제발전 및 삶의 질은 불가분의 관계에 있고, 둘째, 지속가능발전은 전 지구적 협력을 필요로 한다는 것이다. 이러한 이념이 현실적으로 의미하는 것은 지속가능발전 위해서는 의사결정 단계에서 사회, 경제 및 환경 영향을 통합적으로 고려하여야 하며 그 과정에서 지역 간, 부처 간, 계층 간, 세대 간에 차별적으로 발생하는 영향을 적절히 조절하여야 한다는 것이다.[84)]

그림 21.2에서와 같이 지속가능 발전은 단순히 하나의 측면만을 포함하는 것이 아니라 환경적, 사회적, 경제적인 관점을 모두 포함한다. 지속가능발전은 사회정의(형평성), 문화 다양성, 민주적 참여 등의 사회적 측면과 인간 활동과 환경과의 관계 인식, 건강한 삶의 질, 건강한 생태(종 다양성), 지구 환경시스템 유지 등의 환경적 측면을 포함한다. 또한 지속가능발전은 경제정의 (정부, 사회적 책임), 환경보전 가능한 발전, 자원의 효율적 이용 등의 경제적 측면을 포함한다.

'지속가능발전'은 선진국과 저개발국간의 인식차이를 비롯하여 선진국 중심의 개념이라는 비판을 받기도 했지만, 우리나라 환경정책의 이념으로 자리 잡고 있다.

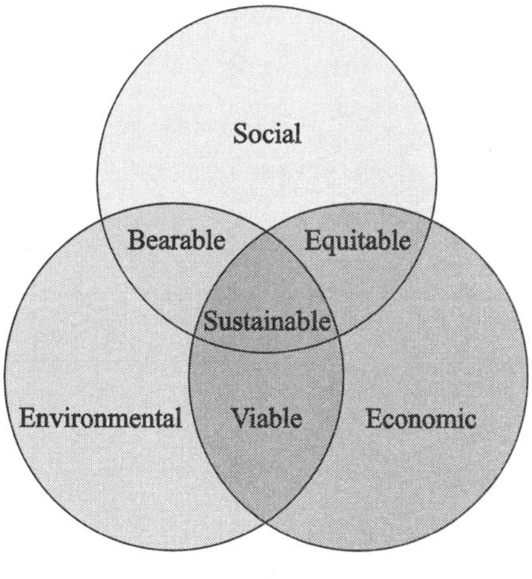

그림 21.2 지속가능발전의 구성체계
출처 : 조공장 외, 2008.

84) 지속가능발전 개념은 미래세대의 욕구충족 가능성을 저해하지 않는 발전, 경제, 사회, 환경의 동시적이고 균형된 발전, 주어진 환경용량 내에서의 발전, 내일의 웰빙을 감소시키지 않는 오늘 웰빙의 증가, 일인당 웰빙이 시간이 지나도 감소하지 않는 발전으로 정의한다(UNEP, 2011).

2) 녹색성장

지속가능발전은 경제성장의 기회비용으로 간주되던 환경적 요소와 내재적으로 고려되지 않았던 사회적 요소를 통합적으로 포함하여 사회경제적 발전을 정의하려는 새로운 개념이다. 경제성장을 위한 핵심 투입요소인 자연자원의 고갈, 생산이나 소비과정에서 발생하는 환경오염은 그 자체로 다양한 유형의 비용을 발생시키는 동시에 지속적인 경제성장을 가로막는 장애요인이 되고 있다. 지속가능발전에서는 이러한 환경적 영향과 경제적 성과간의 상호연관성을 고려하고 적절한 수준에서 균형을 유지할 것을 제안하고 있다.

우리나라는 2008년 "저탄소 녹색성장"을 새로운 정책기조로 내세워 경제성장과 환경보전의 상생발전을 도모하였다. 녹색성장이란 "온실가스와 환경오염을 줄이는 지속가능한 성장"으로서 "녹색 기술과 청정에너지로 신 성장동력과 일자리를 창출하는 신 국가발전 패러다임"이다.[85] 즉, 저탄소녹색성장의 핵심은 경제성장과 환경보전이 상충하는 관계가 아니며 선순환 구조를 통해 시너지 효과를 발휘하는 것이다.

녹색성장위원회에 따르면 녹색성장은 "지속가능한 발전의 추상성·광범위성·정책실현가능성 측면에서 보완하여, 경제성장을 하되, 경제성장의 패턴을 환경 친화적으로 전환시키는 것"이라고 정의한다. 정부는 저탄소 녹색성장 정책으로 생태효율성과 탄소 집약도를 높이고자 하였고 이러한 성장의 새로운 동력이 될 녹색기술의 투자를 추진하였다. 경제성장을 추구하되 녹색기술과 녹색산업을 통해 자원이용과 환경오염을 최소화하고 이를 다시 경제성장의 동력으로 활용하는 선순환구조를 이루어간다는 논리이다.[86]

녹색성장 정책은 기존의 지속가능발전 개념이 제시하는 것보다 적극적인 정책과 계획을 포함하고 있는 '한국형 지속가능발전 전략'이다. 녹색성장 국가전략은 녹색기술의 개발과 녹색산업의 육성을 통해 경제구조를 개선하여 경제적 성과를 제고하는 한편 환경압력 발생을 감소시켜 환경-경제 간의 상충성을 근본적으로 해소하려는 전략이다. 또한 녹색성장 전략은 환경보존에 대한 지구적 관심이 창출하고 있는 새로운 수요와 시장에 대응하는 기술 개발

85) 녹색성장이라는 개념이 처음 사용된 것은 2005년 UN ESCAP (Economic and Social Commission for Asia and Pacific)이 주최하여 서울에서 열렸던 제 5차 환경과 개발에 관한 아시아·태평양지역 장관회의에서이다. 이 회의에서는 빈곤문제를 해결하기 위해 경제성장을 필요로 하는 저개발 국가들이 경제성장과 동시에 환경을 보전할 수 있는지에 대해 논의하였다. 이 논의에서 저개발국가들이 환경파괴를 동반한 경제성장을 일구어 온 선진국들과 달리 경제성장을 추구하면서도 환경을 훼손하지 않는 방안으로 "녹색성장"을 추구하기로 합의하며 이 용어가 처음 사용되었다.

86) 녹색성장의 다양한 정의: 환경과 경제가 상생하는 발전, 환경을 파괴하거나 오염시키지 않는 경제성장(최영국 외, 2008), 자연보호와 경제성장 사이의 상충관계를 극복하기 위하여 고안해 낸 것(Mori, 2007), 경제성장으로부터 환경적 압력을 줄이는 동시에 빈곤을 완화하는 경제성장을 지속하는 것(UNESCAP, 2005). 국제사회에서는 녹색경제라는 용어도 활발하게 사용하고 있다. 녹색경제는 인간 복지를 증진시키고 사회적 형평성을 향상시키면서 동시에 환경위험과 생태적 희소성을 현저히 완화시키는 경제, 저탄소, 자원효율성, 사회통합을 이루어내는 경제(UNEP, 2010, 2011)를 의미한다.

및 산업 육성을 통해 경제성장과 환경보존을 동시에 추구하는 전략이다. 이는 국가발전 전략인 동시에 경제, 산업, 기후변화, 에너지, 환경등 주요 국가 현안들에 대한 정책계획이다.

우리나라 녹색성장 정책은 2009년에 발표한 녹색성장 5개년 계획을 통해 녹색기술 및 산업, 기후변화 적응역량, 에너지 자립도·에너지 복지 등 녹색 경쟁력 전반에 걸쳐 2020년까지 세계 7대, 2050년까지 세계 5대 녹생강국 진입을 목표로 한 녹색성장 국가전략에 압축되어 있다. 그러나 기후변화에 대한 전략, 지방정부와의 연계 대책 마련, 에너지 및 환경기술 개발, 사회적 공감대 형성 노력을 위한 구체적인 정책 수립과 적극적인 대응은 미비한 것으로 평가된다.

환경정책기본법 제15조 2항(환경친화적 계획기법 등의 작성·보급)에 따르면, 환경에 영향을 미치는 행정계획 및 개발사업이 환경적으로 건전하고 지속가능하게 계획되어 수립시행될 수 있도록 환경친화적인 계획기법 및 토지이용·개발기준 등을 작성·보급할 수 있도록 하고 있다.

3) 지속가능발전목표(SDGs : Sustainable Development Goals)

지속가능발전목표(Sustainable Development Goals, 이하 SDGs)는 UN 회원국들이 향후 15년 동안 의제와 정책에 대한 토의시에 고려될 새로운 세계적 논의 지표이다. SDGs는 2000년, UN에서 선언한 밀레니엄발전목표(Millennium Development Goals, 이하 MDGs)의 기한이 만기 되어 세워진 새로운 기준이다. 기존에 사용된 목표 MDGs는 세계 각국의 정부들의 정책을 해외 구호 활동과 연결시켜 세계에 만연한 빈곤, 기아를 막는데 기여하고, 비정부 기구들을 결집시키는데 성공하였다는 점은 고무적이나 그 범위가 너무 좁았다는 점에서 비판을 받아왔다.

국제연합이 2015년까지 달성하고자 노력한 새천년 개발 목표(MDGs)의 8가지 빈곤 퇴치 목표에 근거하여 만들어졌다. 2000년도에 채택된 새천년 개발 목표인 MDGs는 빈곤, 기아, 질병, 성 불평등의 퇴치와 물과 위생시설에 대한 접근을 포함한 문제들을 제기하였고 이를 통해 거대한 진보를 이루었다. 그러나 이러한 MDGs의 성공에도 빈곤으로 인한 문제는 끝나지 않았다. 이에 UN에서는 2000년부터 2015년까지 시행된 MDGs를 종료하고 MDGs에서 더 나아가 사람들을 위한 발전에 대한 보편적인 요구를 반영하여 2016년부터 2030년까지 SDGs(유엔 지속가능발개발목표)를 새로이 설정하였다.

2015년 9월 28일 유엔총회에서 193개국 정상들의 서명으로 발효된 SDGs는 인류의 보편적 문제(빈곤, 질병, 교육, 여성, 아동, 난민, 분쟁 등)와 지구 환경문제(기후변화, 에너지, 환경오염, 물, 생물다양성 등), 경제 사회문제(기술, 주거, 노사, 고용, 생산 소비, 사회구조, 법, 대내외 경제) 등 17개의 주목표와 169개 세부목표로 이루어져 있다. 지속가능 발전을 위해 제시한 SDGs의 17개 목표는 표 21.2와 같다.

표 21.2 지속가능발전목표와 의미

지속가능발전목표(SDGs)	목표 의미
Goal 1. 빈곤퇴치	모든 곳에서 모든 형태의 빈곤 종식
Goal 2. 기아종식	기아 종식, 식량 안보 달성, 개선된 영양상태의 달성, 지속가능한 농업 강화
Goal 3. 건강과 웰빙	모두를 위한 전 연령층의 건강한 삶 보장과 웰빙 증진
Goal 4. 양질의 교육	모두를 위한 포용적이고 공평한 양질의 교육 보장 및 평생학습 기회 증진
Goal 5. 성평등	성평등의 달성과 모든 여성 및 여아의 자력화
Goal 6. 깨끗한 물과 위생	모두를 위한 물과 위생설비에 대해 가용성과 지속가능한 유지관리 보장
Goal 7. 모두를 위한 깨끗한 에너지	모두를 위한 적정가격의 신뢰할 수 있고 신재생에너지의 접근 보장
Goal 8. 양질의 일자리와 경제 성장	모두를 위한 지속적·포용적·지속가능한 경제성장, 완전고용과 양질의 일자리 증진
Goal 9. 산업, 혁신 그리고 사회 기반시설	복원력 높은 사회기반시설을 구축하고, 포용적이고 지속가능한 산업화 증진 및 혁신 장려
Goal 10. 불평등 감소	국내 및 국가 간 불평등 감소
Goal 11. 지속가능한 도시와 공동체	도시와 주거지를 안전하고 지속가능하게 보장
Goal 12. 지속가능한 생산과 소비	지속가능한 소비와 생산양식 보장
Goal 13. 기후변화와 대응	기후변화와 그로 인한 영향에 긴급 대응
Goal 14. 해양생태계 보호	대양, 해양, 심해 자원의 보존과 지속가능한 사용
Goal 15. 육상생태계 보호	삼림 관리, 사막화 방지, 토지황폐화 중지 및 복구 등을 통한 지속가능한 육상생태계 보호
Goal 16. 정의, 평화 그리고 효과적인 제도	평화롭고 포용적인 사회 증진 및 모두를 위한 정의에의 접근, 모든 수준에서 효과적인 책임성 있는 제도 구축
Goal 17. 지구촌 협력	실행 수단 강화와 지속가능발전을 위한 글로벌 파트너쉽의 활성화

4 지속가능한 사회를 위한 환경영향평가 발전방안

21세기는 환경을 중심으로 한 새로운 패러다임으로 전환하고 있으며, 환경 또는 자연자원의 희소성이 우리 삶의 중심적인 동기가 될 것이라고 전망하고 있다. 이처럼 환경쟁점들과 환경문제로 인한 여러 가지 변화들을 극복하고 지속가능발전을 추구하기 위해서 환경정책 분야도 새로운 패러다임 변화가 요구된다.

우리나라 초기 환경정책은 보건위생문제를 다루었고, 1970년대에는 공해문제에 대한 해결에 치중하였다. 그러다가 환경오염문제를 거쳐 최근의 환경정책관심사는 환경적으로 건전한 지속가능한 개발을 지향하고 있다. 그러나 오늘날 환경정책의 궁극적인 지향점은 지속가능성이 핵심적인 목표가 되어야 하며 다음과 같은 세 가지 가치와 목표를 추구해야 한다.

첫째, 지구 생물계에 있어서의 인간의 활동규모가 생태적으로 지속가능한 범위 내에서 이루어지는지를 평가하고 이 범위 내에서 이루어지도록 하는 것이다. 즉, 지구(또는 지역)의 환경용량을 평가하고 이 범위를 초과하지 않도록 인간의 경제활동을 제한하는 것이다.

둘째, 자원이나 재산권을 현세대내는 물론 현세대와 미래세대간 그리고 인간과 생물종간에 공평하게 나누어지도록 하는 것이다. 자연환경은 현세대 인간의 복지만을 위한 것이 아니고 미래세대와 여타 생물종의 생존을 위해서 필수 불가결하다는 점을 인식하고 이를 구현하기 위한 것이다.

셋째, 위의 제약 하에서 자원을 효율적으로 배분하도록 유도하는 것이다. 여기서의 자원은 시장재는 물론 비시장재를 포함하는데 특히 생태계의 서비스가 강조된다. 자원을 효율적으로 이용한다고 함은 결국 환경용량의 보전 그리고 형평성의 증진을 위해서도 필수적이다.

지속가능발전은 오늘날 인간의 일상적 삶과 경제·사회적 활동이 자연과 분리되고 생태계의 원리와 상충하고 있음을 반성하고 지구사회를 위협하는 여러 문제들을 근원적으로 해결하고자 기존의 물질과 기술 중심의 경제적·도구적 합리성에서 간과되어온 생태계의 원리와 환경적 관점을 강조하고 있다. 환경정책의 목표는 거시적인 관점에서는 인류의 생존터인 지구환경을 보전하고 지속가능발전을 보장하는데 있다. 이러한 목표 달성을 통해 지속가능한 사회로 발전하고자 하는 환경정책은 보다 포괄적이고 체계적인 접근(comprehensive system approach)을 해야 할 것이다. 따라서 향후 환경정책은 지속가능한 사회 구축을 위하여 규제개혁과 규제개혁에 대한 판정의 기준을 종래의 경제성 기준에서 지속가능성 기준으로 치환해야 한다.

지속가능발전은 이러한 반성과 새로운 관점을 토대로 지금까지 진행되어온 인간의 삶과 경제·사회체제의 근본적인 패러다임 변화를 추구한다. 즉, 이상적 목표에 도달하기 위한 구체적 비전으로서의 지속가능발전은 '자연과 분리된 인간의 삶을 자연과 다시 연결시키기 위해 순환성, 다양성, 그리고 상호연관성의 생태계 원리에 따라 자연환경을 이용하고 경제·사회 체제를 운영하는 발전'으로 정의한다. 지속가능발전은 환경 · 경제 · 사회 체제가 서로 상호보완적으로 작용하는 이상적인 사회상으로서의 의의를 지닌다. 구체적인 이상적 목표로서의 지속가능발전은 인간의 삶과 경제 · 사회활동의 근간이 되는 자연을 지혜롭게 사용함으로써, 건강한 자연을 토대로 자연 생태계와 인간의 삶을 풍요롭게 하고 이를 다시 자연과 인간사회발전으로 재생산하는 사회를 지향한다.[87]

결국 지속가능발전이란 결국 자연환경을 훼손하기보다는 영원토록 혹은 아주 장기적으로 보존할 수 있는 수준으로 자원을 사용하면서 인간의 물질적 효용이나 복지를 증진시키는 것이라 할 수 있다. 이러한 개념에 의거한 넓은 의미의 지속가능한 성장 전략은 인간과 자연의 조화를 지향하는 것이어야 하며, 이를 실행하기 위한 환경정책의 목표는 거시적인 관점에서는 인류의 생존터인 지구환경을 보전하고 지속가능발전을 보장하는데 있다 하겠다.

즉, 대립보다는 협력을, 개별적으로 다루기보다는 보다 포괄적인 접근을, 경직적인 접근보다는 가변적인 여건에 잘 적응할 수 있도록 하는 환경정책의 유연성이 반드시 수반되는 한편 엄정한 분석, 학제적인 평가 그리고 문제의 본질에 대한 직접적인 평가 등을 통한 환경정책에 대한 체계적인 접근이 필요하다.

1) 지속가능발전과의 연계성 강화

토마스 프리드먼(2008)은 21세기는 지금까지 전혀 경험하지 못한 '에너지기후시대'로 접어들고 있는데 새로운 시대의 특징은 에너지와 자원의 부족, 기후변화, 에너지빈곤에 따른 빈부격차의 심화, 생물다양성 감소 등이며 이러한 문제를 여하히 극복하는가에 따라 국가와 기업의 미래 결정된다고 제시하고 있다.

최근 창조경제가 강조되고 있으나, 이는 지속가능발전의 개념 속에 포함된다. 지속가능발전은 환경문제를 넘어서는 경제구조, 경제발전, 생활양식, 의식개혁 이슈이다. 지구온난화문제로 인한 논의가 5차례에 걸친 IPCC 보고서가 잦은 기상재해로 세계적인 관심과 노력을 촉진하고 있으며, 에너지를 비롯한 각종 자원가격이 급속히 상승하면서 경기변동과 자연자원 부족에 대한 경각심이 일고 있다. 이들 문제를 종합적으로 해결할 수 있는 길은 경제적 효율성을 뛰어 넘는 새로운 이념과 전략으로서 효율성, 형평성, 민주성, 대응성을 모두 포괄한 개념인 지속가능발전이다.

지속가능발전의 맥락에서 환경영향평가의 기능을 강화한다는 것은 크게 다음과 같은 두 가지 측면에서 볼 수 있다. 첫째는 지속가능성 관리를 위해 환경평가의 운영방향을 조정하는 것이다. 이는 환경평가의 운영목적을 지속가능발전의 촉진으로 구체화하고 이를 위해 기존 환경평가의 제도적 구조, 절차 및 역할을 조정한다는 것이다. 둘째는 평가를 통해 제공되

87) 지승현, 남영숙, 2007

는 정보를 지속가능성 관리에 맞게 조정하는 것이다. 이는 기존 제도를 조정하지 않고 최종 결과물로 제공되는 정보를 지속가능성 관리에 적합한 형태로 재구성 혹은 보완하는 것이다. 결국 기존 환경평가의 유효성을 어느 정도 수준에서 유지할 것인가에 따라서 대안적 접근의 양태가 결정되는 것이다.

SEA의 개념은 EIA가 처음 도입되던 1969년부터 이미 확장된 EIA의 형태로 적용되어 왔다. 하지만 구체적인 방법론으로 인식되기 시작한 것은 1970년대 후반부터이고 1990년대에 들어서서 EIA와 구분된 독립된 절차로 발전하기 시작하였다. SEA는 EIA와 비교하여 두 가지 유용성을 가지고 있다. 첫째는 사업(projects)단계에서 조정할 수 없는 환경영향 요인을 반영할 수 있다는 점이고, 둘째는 상위 의사결정 단계에서 지속가능발전 목표를 반영할 수 있다는 점이다. 따라서 우리나라에서 운용되고 있는 전략환경평가는 상위 의사결정단계인 계획의 수립단계에서 개별 개발사업 단계보다는 더욱 지속가능발전 목표를 반영할 수 있도록 하여야 할 것이다.

본질적으로 SEA는 사업단계를 포함한 모든 의사결정과정에서 환경평가를 시행한다는 접근방식이다. EIA에서 환경은 사업이 충족해야 하는 제약조건의 성격이 강하다면 SEA에서 환경은 의사결정과정에서 하나의 독립된 기준으로 고려된다. 환경을 통합적으로 반영한 의사결정과정에서 SEA의 역할은 지속가능발전의 개념이 확대되면서 더욱 강조되고 있다.

초기단계의 SEA에서는 EIA를 통해 조절되지 않는 환경적 영향을 사전적으로 조절한다는 측면이 강조되었으나 이는 점차 환경적 혹은 모든 분야에서의 지속가능성을 강화한다는 측면으로 그 역할이 확대되고 있다. 표 21.3에서 보는 바와 같이 이러한 SEA의 발전은 환경 이외에 사회·경제적 영향을 포함하는 '지속가능성 평가'(sustainable appraisal)로 그 범위를 더욱 확대해 나갈 것으로 예상되고 있다.[88] 이에 따라 환경영향평가의 미래 지향적 측면을 고려하여 지속가능성평가 모형 개발을 위한 정책적 지원과 관심이 수반되어야 할 것이다.

표 21.3 환경평가의 발전과정

발전단계	주 요 내 용
1세대 환경영향평가(EIA)	개발이 사회, 건강을 비롯한 환경생태계에 미치는 전반적인 영향 검토
2세대 전략환경평가(SEA)	정책(Policy), 계획(Plan), 프로그램(Program) 등의 정책결정단계에 적용
3세대 환경지속가능성평가(ESA)	주요환경자원, 생태적 기능 등 환경에 미치는 부정적 영향을 검토·예방하기 위하여 EIA/SEA 시행. 환경변화/영향으로 인한 자본손실 및 변화 진단
차세대 : 지속가능평가(SA)	사업이나 정책이 환경, 경제, 사회에 미치는 통합적 영향/비용 고려
자료 : Chaker, et al., 2006.	

88) 김호석 외(2007)

2) 녹색성장과 영향평가

정부는 녹색성장을 추진하기 위해 핵심환경기술·산업을 신성장동력으로 육성하고자 하였다. 실천과제로서 환경기술·산업 인프라 확충, 핵심환경산업육성, 자원순환성 제고, 녹색경제기반 조성을 제시하고 있다(표 21.4). 실천과제의 세부 내용은 도시의 개발에 관한 계획이나 사업, 산업입지 및 산업단지의 조성에 관한 계획이나 사업, 에너지 개발에 관한 계획이나 사업 등에 반영될 수 있으며, 또한 이들 계획이나 사업에 대한 전략환경영향평가나 환경영향평가시 대안이나 저감방안으로서 제시될 수 있을 것이다.

표 21.4 녹색성장 산업 추진방향 및 실천과제

추진방향	핵심 환경기술·산업을 신선장동력으로 육성
실천과제	• 환경기술·산업 인프라 확충 1. 환경기술개발 투자확대 및 효율적 R&D 프로그램 운영 2. 환경기술 이전·사업화 3. 환경 신기술 창업촉진 및 성장지원 4. 국제표준에 부합되는 환경표지제도 확립 5. 환경기술 시험·인증·표준시스템 구축 6. 환경산업 해외진출 및 수출확대 7. 환경산업 외국인 투자유치 8. 국내외 정보협력 네트워크 구축 9. 무역환경규제 대응
	• 핵심 환경산업 육성 1. 폐자원 및 바이오매스 에너지 2. 폐금속자원 재활용산업 3. 그린카산업 4. 물산업 및 먹는샘물 수출확대 5. 토양정화산업 6. 기상산업 7. 생물자원산업 8. 그린화학산업 9. 환경컨설팅산업
	• 자원순환성 제고 1. 자원순환 관리체계 구축 2. 폐자원의 고부가가치 재활용 3. 하수처리수 재이용
	• 녹색경제 기반조성 1. 녹색경영 확산 2. 녹색금융 촉진 3. 탄소시장 활성화 4. 환경전문인력 1만명 양성 5. 환경에너지 전문대학원 설립

출처 : 환경부, 2010, 저탄소녹생성장을 위한 환경부 녹색성장중앙추진계획, p.59.

이 영역에서는 기반 조성을 위한 전문성 확충이 중요하다. 환경전문인력 1만명 양성, 환경에너지 전문대학원 설립이 그것이다. 전문인력 양성시의 교육프로그램은 기반조성 목적에 부합하여야 한다. 녹색성장의 핵심적 내용들에 대한 실천과 환경친화적 운용을 위해서 환경영향평가에 대한 깊은 이해가 필수적이다.

3) 계획과의 연계 및 지속가능발전목표의 반영을 통한 발전방안

조공장 등(2008)이 실시한 환경평가제도 30년의 성과분석에서는 환경영향평가가 계획자체의 질적 향상에 기여하였다고 제시하고 있다. 환경평가의 가장 근본적인 효과로서 계획내용의 친환경적인 변화를 제시하였다. 계획이 친환경적으로 설계되기 위해서는 사업자가 처음 구상하는 초기계획의 질을 높이는 것이 중요하다. 이러한 효과를 얻어낼 수 있었던 이유는 1990년대 이후 환경영향평가가 본격적으로 시행되면서 친환경 설계지침의 개발 및 활용한 데에 기인한다고 제시하고 있다. 예를 들면, 환경부와 국토해양부(현 국토교통부)가 공동으로 수립한 환경친화적인 도로건설 지침 등이다. 이 지침은 도로 노선선정시의 유의사항, 도로 설계시의 유의사항, 환경보전을 위한 입지고려지역 등 계획의 각 단계별로 유의하여야 할 내용을 제시하고 있다.

따라서, 환경영향평가서 작성대행자 또는 사업주체를 위하여 정책개발 및 계획 수립단계에서의 다양한 설계지침을 개발하여 보급함으로써 환경영향평가의 실효성을 제고시킬 수 있을 것이다.

그리고 지속가능발전목표 17개 목표의 구체적인 내용을 살펴보면, 많은 영역에서 환경영향평가제도의 활성화를 통하여 구현될 수 있는 것을 알 수 있다. 특히, 목표 11의 포용적인, 안전한, 회복력있는 지속가능한 도시와 거주지 조성 영역에서의 11.8a 국가와 지역수준에서의 개발계획의 강화함으로써 도시－근교도시－지방간 경제, 사회, 환경적으로 긍정적인 영향의 확대이다. 목표 12에서 2030년까지 자연자원의 지속가능한 관리와 효율적 사용을 요구하고 있으며, 화학물질을 환경친화적으로 관리하여 인간의 건강과 환경에 미치는 악영향을 최소화하도록 하고 있다. 목표 13에서는 기후변화와 그 영향을 대책을 위하여, 국가 정책, 전략, 계획과 기후변화 대응방안 통합을 위하여 전략환경영향평가제도의 역할을 기대할 수 있다.

4) 환경영향평가제도의 다른 학문과의 융합 확대

최근 STEAM과 융합 등이 창조경제와 아울러 사용되고 있는 영역이다. STEAM이란 Science, Technology, Engineering, Art, Mathematics의 첫 자를 따서 STEAM으로 사용되고 있는데, 이를 융합인재양성을 총칭하기도 한다. 이는 기존의 이론 중심 수학과 과학 교육에 기술, 공학, 예술교육을 연계함으로써 실생활 문제해결능력을 갖춘 창의적 인재를 양성하기 위한 교육으로 정의된다.

환경영향평가는 정책, 계획, 전략적 의사결정을 지원하기 위한 도구이며 기후 변화와 무역, 민영화, 구조조정과 같은 광범위한 이슈와 정책에 관한 결정의 상황에 적용되어야 한다. 따라서 21세기의 복잡한 환경에서는 환경영향평가를 다른 학문 또는 정책과 융합이 필수적이다. 즉 지속가능성 평가, 프로젝트 평가, 기술영향평가, 보건영향평가, 문화영향평가, 사회영향평가 등 다양한 영역에서의 지속가능성을 확보할 수 있도록 엄격한 환경영향평가 기법을 적용하는 것이 중요하다고 본다.

한 예로 기술영향평가의 경우, 기술의 특정 과학기술이 전 사회에 미칠 수 있는 긍정적 · 부정적 영향력을 예측하여, 긍정적 효과를 극대화하고 부정적 효과는 최소화하기 위한 정책 제언을 생산하는 것을 목적으로 한다. 기술영향평가의 대상 기술 선정을 위한 지표를 살펴보면, 크게 ① 사회적 합의의 필요성 ② 결과의 활용 가능성 ③ R & D 투자의 공공성 ④ 사회 · 문화적 파급효과의 크기 ⑤ 기술의 특성 등이다. 각각의 평가지표에 대한 설명은 표2와 같다(표 21.5).

이러한 지표를 활용하여 기술영향평가를 할 기술을 선정하게 되는데, 이러한 다섯 가지의 지표에는 과학기술이 환경적인 측면에서 야기할 수 있는 부정적인 효과에 대해서는 미리 예측하는 '지표'가 없는 것으로 보인다. 따라서 측정지표에 "대상 기술이 적용되었을 때 환경적으로 발생할 수 있는 위험성이나 부정적인 효과 및 논란"에 관련된 내용을 추가하는 것이 바람직하다고 본다.

표 21.5 기술영향평가 평가지표

측정지표	내 용
사회적 합의의 필요성	대상기술이 사회적으로 적용되었을 때 발생할 수 있는 위험성 · 가치판단 · 불평등 등과 관련하여 사회적 공감대 또는 협의를 형성해야할 필요가 있는가?
결과의 활용 가능성	기술영향평가를 통해 도출된 전문적 제언이 관련 과학기술정책에 반영되어 대상기술과 관련된 논란을 해결할 수 있는가?
R&D 투자의 공공성	현 시점에서 대상기술을 개발하거나 사회적으로 적용하기 위한 과정에서, 정책적으로 자원(자금, 인력 등)이 투자되고 있는가?
사회 · 문화적 파급효과의 크기	대상기술이 사회 · 문화적으로 미치는 파급효과의 크기와 범위가 사회 전반에 이를 정도로 큰가?
기술의 특성	현재 시점에서 대상기술의 개념과 범위를 평가에 적합하게 한정할 수 있는가?

5) 사후관리 강화방안

서로 다른 법률에 근거하여 추진되어 온 환경평가가 환경영향평가법 제정을 계기로 전략환경영향평가와 환경영향평가로 용어를 재정립하고 상호역할과 연계를 곤고히 할 수 있는 기반을 마련하였다. 환경부는 2013년 4월 계획단계, 시행단계, 사후관리 등을 포함하는 전과정 환경영향평가 강화정책을 발표하였다.[89] 보다 세부적으로는 법률의 제정을 통해 상위정책계획과 개발기본계획단계에서는 전략환경영향평가를 개발사업단계에서는 환경영향평가를 실시하는 것을 명시하였으며, 정부는 더 나아가 계획단계, 시행단계, 사후관리 등을 포함하는 전과정 환경영향평가를 강화를 포함해, 사후환경영향평가제도 도입을 통한 평가환류시스템 강화를 정책방향으로 제시하였다.

이와 함께 환경영향평가의 강화와 실효성을 확보하기 위한 수단으로써 사후환경관리의 중요성도 대두되고 있다. 이는 사후환경관리의 철저한 이행을 통해 사업으로 인한 영향 파악 및 개선, 환경영향평가서 작성 단계의 불확실성에 대한 검증 및 예측기법 개선 등이 가능할 것이기 때문이다.

그러나 우리나라의 사후관리는 법·제도적 기반에 비하여 현실적으로는 실행하는데 여러가지 어려움이 있으며, 현재 협의내용 이행여부를 확인하는 수준에 그치고 있는 실정이다.

이러한 현실적 장애요인을 해결할 수 있도록 제도개선 방안강구가 필요하다고 본다.

외국의 사례를 보면, 미국의 경우 중요한 사업에 대하여 주관기관의 결정사항이 이행되는 것을 모니터링 하도록 규정하고 있다. EPA는 환경영향평가를 협의한 사업 중 일부는 일정한 기준에 의해 모니터링과 후속조치를 반드시 시행하도록 정책화 하고 있다.

독일은 연방환경영향평가법(제14조2항 9번)에 사후관리(모니터링)가 규정되어 있으며, 계획과 프로그램 집행과정에서 모니터링 방안을 강구하며, 그 결과는 연방과 각주의 환경정보법에 의거하여 공공에게 열람이 가능하도록 하고 있다. 한편 사후관리 및 모니터링이 아직 초기단계로서 현재 전국적으로 수행되는 모니터링의 결과를 하나의 통합시스템에 구축하여 환경평가 뿐만 아니라 기후변화대응책을 강구하는 데에도 활용할 수 있는 방안을 모색하고 있다.

89) 2013년 4월 환경부는 보도자료 '미래를 준비하고, 국민행복을 완성하는 환경복지 실현: 2013 환경부 업무보고'를 통해 전과정 환경영향평가 강화 정책을 발표하였다.

참고문헌

구연창, 1991, 환경법론, 서울: 법문사.

김덕우, 2004, 전략환경평가의 국내도입 및 관련제도정비방안 연구, 광운대학교 환경대학원 석사학위 논문.

김임순, 김윤신, 서용석, 장성언, 최원욱, 한상욱, 2003, 전략환경평가의 제도화 동향과 국내 도입 방안. 환경영향평가, 12(3), 171-188.

김임순, 송철우, 한상욱, 장성언, 신강수, 유헌석, 정종관, 2011, 환경평가제도개선에 관한 연구-국내외 환경평가제도의 비교 고찰. 환경영향평가, 20(3), 411-424.

김임순, 최원욱, 한상욱, 1998, 환경영향평가제도. 신광문화사.

김임순, 한상욱, 2006, 환경영향평가-전략환경평가, 북스힐.

김지영 외 2007, 전략환경평가제도 도입에 관한 연구, 환경부.

김호석, 송영일, 김이진, 임영식, 2007, 환경평가와 지속가능발전지표 연계운용 방안에 관한 연구, 한국환경정책・평가연구원 연구보고서.

남영숙, 2013, 우리나라와 독일의 전략환경평가제도의 비교연구, 한국법제연구원.

남영숙, 2007, 지속가능한 사회를 위한 환경영향평가론, 한국교원대학교 환경정책평가연구실.

박균성과 함태성, 2012, 환경법, 박영사.

박길용, 윤종설, 2000, ESSD를 위한 전략적 환경영향평가 모델, 한국사회과학논총, 10(2), 117-141.

박수영, 1994, 도시행정론, 서울: 박영사.

유헌석, 2006, 전략환경평가제도의 이해, 도시정보, 297, 7-12.

이정열, 2006, 한국에서의 지속가능한 발전과 환경평가의 연계방안에 관한 연구, 광운대학교 환경대학원 석사논문.

이종열, 이재호, 1999, 환경영향평가제도 비교 연구, 한국행정학보, 33(3), 145-160.

이현우 외, 2010, 전략환경영향평가 내실화를 위한 평가단계별 방법론 마련 연구, 환경부/환경정책평가연구원.

조공장, 최준규, 박영민, 정주철, 임영신, 2008, 환경평가제도 30년의 성과분석과 발전방향, 한국환경정책평가연구원 연구보고서.

최영국, 2008, 녹색성장과 지속가능한 국토관리, 국토연구원.

최용복, 1999, 환경영향평가제도 실효성 측정을 위한 이론적 근거와 적용.

토마스 프리드먼, 2008, 코드그린. 뜨겁고, 평평하고 붐비는 세계.

한규영, 2012, 전략환경영향평가 실효성제고를 위한 체크리스트 개발, 연세대학교 대학원 석사학위 논문.

홍상표, 2011, 지속가능성과 환경평가의 연계에 관한 연구, 환경영향평가, 20(3), 269-280.

홍시환, 김추윤, 권동희, 1994, 환경계획학. 도서출판 신라.

환경부, 2007, 전략환경평가 제도의 효율적 운영기법 마련을 위한 연구.

환경부, 2008, 외국의 환경영향평가법령 및 제도의 조사・분석 연구.

환경부, 2010, 저탄소녹색성장을 위한 환경부 녹색성장중앙추진계획.

환경부, 2015, 환경백서.

Balla, S., Wulfert, K., Bosch and Peters, H-J., 2008, Leitfaden zur Strategischen Umweltprüfung, Umweltbundesamt, Fassung der Bekanntmachung vom 24. Februar 2010(BGBI. I. S. 94).

Chaker, A., El-Fadl, K., Chamas, L. and Hatjian, B., 2006, "A Review of Strategic Environmental Assessment in 12 Selected Countries', Environmental Impact Assessment Review 26.

Fischer, T. B., 2002, Strategic Environmental Assessment in Transport and Land Use Planning,

Earthscan Pub. Ltd., London. 284.
Goodland, R., 2005, Strategic Environmental Assessment and the World Bank Group, International Journal of Sustainable Development and World Ecology, 12(3), 245-255.
Henry, J. and Heinke, G., 1989, Environmental Science and Engineering.
IAIA, 2002, The Linkage between Impact Assessment and the Sustainable Development Agenda, and Recommendation for Actions.
IPCC, 2013, 제5차 평가보고서.
Partidario, M. R., 2003, Strategic Environmental Assessment(SEA), Current Practices, Future Demands and Capacity-building Needs, IAIA Training Courses.
Partidario, M. R., 1996, Strategic Environmental Assessment(SEA): Key Issues. Emerging from Recent Practice, Environmental Impact Assessment Review, 16: 31-55.
Sadler, B., 2000, Environment Assessment in a changing World. Evaluation Practice to Improve Performance - Final Report.
Sabatier, P. A. and Mazmanian, D. A., 1983, Implementation and Public Policy, Glenview: Scott, Foresman and Co.
Stoeglehner, G., 2004, Integrating Strategic Environmental Assessment into Community Development Plans - A Case Study from Austria. European Environment, 14(2), 58-72.
Storm, P. and Bunge, T., 2009, Handbuch der Umweltverträglichkeitsprüfung, Erich Schmigt Verlag.
Therivel, R., E. Wilson, S. Thompson, D. and Pritchard, D., 1992, Strategic Environmental Assessment, London: Earthscan Pub. Ltd., 181.
UNEP, 2011, Annual Report 2011.
United Nations, 2016, SDGs 17 Goals.

찾아보기

▮ ABC ▮

■ 바 ■

■ 사 ■

■ 아 ■

■ 자 ■

▮ 차 ▮

▌카 ▌

▌타 ▌

▌파 ▌

▌하 ▌

환경영향평가 정가 29,000원

발 행 2016년 9월 10일 2판 1쇄

저 자 이종호 · 구자건 · 김명진 · 김임순 · 남영숙 · 류재근 · 박영민
성현찬 · 이동근 · 이명우 · 이무춘 · 이상돈 · 이상희 · 장영기
정종관 · 최준규 · 하성룡 · 한상욱 · 홍기훈 · 홍상표 · 황상일

발행인 정우용

발행처 도서출판 동화기술
경기도 파주시 광인사길 201(문발동, 파주출판도시)
Tel (031)955-4211~6 donghwapub@nate.com
Fax (031)955-4217 www.donghwapub.co.kr
(등록) 1977년 12월 19일/9-16호

Copyright ⓒ 2016 by 한국환경영향평가학회

Printed in Korea

ISBN 978-89-425-9093-3

불법복사는 지적재산을 훔치는 범죄행위입니다.
저작권자와 출판사의 허락 없이 내용의 일부를 발췌하거나 복사하는 것을 금합니다.